Executing Data Quality Projects
TEN STEPS to Quality Data and Trusted Information Second Edition

データ品質プロジェクト実践ガイド

質の高いデータと信頼できる情報を得るための 10 ステップ

編著 Danette McGilvray
監訳 木山靖史・宮治徹・井桁貞裕

本書『Executing Data Quality Projects 2nd edition』（Danette McGilvray著）はElsevier Inc.との取り決めにより出版されるものです。

この翻訳は日経BPの責任において行われたものです。

> **免責事項**
>
> 本書に記載された情報、方法、化合物、実験を評価し、使用するにあたって、実務者と研究者は常に自らの経験および知識に頼らなければなりません。特に医学において急速な進歩があるため、診断および薬物投与量については独立の検証をすべきです。
>
> Elsevier Inc.、著者、編集者または寄稿者は、法律の及ぶ最大限の範囲において、本書の翻訳関して、また本書に含まれる方法、製品、指示、アイデアの利用や操作に起因する製造物責任、過失等による人または物への傷害ないし損害について、いかなる責任も負いません。
>
> Copyright © 2021 Elsevier Inc. All rights reserved, including those for text and data mining, AI training, and similar technologies.
>
> Publisher's note：Elsevier takes a neutral position with respect to territorial disputes or jurisdictional claims in its published content, including in maps and institutional affiliations.

原著　ISBN　978-0-12-818015-0
本書　ISBN　978-4-296-20519-6

Ten Steps to Quality Data and Trusted Information™、Ten Steps to Quality Data™、およびTen Steps™はGranite Falls Consulting, Inc.の登録商標である。

> **お知らせ**
>
> この分野における知識とベストプラクティスは常に変化している。新しい研究や経験によって理解が深まるにつれ、研究方法、専門的実践、または医療行為の変更が必要になることがある。
>
> 実務者および研究者は、本書に記載された情報、方法、化合物、実験を評価し、使用する際には、常に自らの経験と知識に頼らなければならない。そのような情報や方法を使用する際には、自分自身の安全性と、専門家として責任を負うべき関係者を含む他者の安全性に留意すべきである。
>
> 法律の及ぶ最大限の範囲において、発行者、著者、寄稿者、編集者は、製造物責任、過失、その他、本書に含まれるいかなる方法、製品、指示、アイデアの使用または操作による、人または所有物への傷害および／または損害について、一切の責任を負わないものとする。

推薦の言葉

素晴らしい本というのは本棚に置かれ、折り目もなく美しく保たれた状態で存在するものではない。最高の本は貴重なデスクスペースを占有し、ページの端が折られ、ハイライトで埋め尽くされるものだ。この基準に照らし合わせれば、Danette McGilvrayの著書「データ品質プロジェクト実践ガイド：質の高いデータと信頼できる情報を得るための10ステップ™」は、間違いなくボロボロになるまで使い込まれ、常に手の届くところに置かれるだろう。彼女が一冊にまとめた内容と技法の威力が、この本自体の価値を示している。この本に書かれている原則を実践することで、読者はデータ品質の道程のあらゆる段階で役立つ知識とツールを得られる。この本は一度読んで棚に置かれるものではなく、日々あなたを導く忠実な伴侶となるだろう。

Anthony J. Algmin, Founder, Algmin Data Leadership

私の専門分野であるコンピューターセキュリティでは、「データ品質」という概念にはあまり触れてこなかった。しかし今、私はデータ品質がコンピューターセキュリティにとって不可欠であり、セキュリティの専門家はデータ品質を実践に取り入れない限り、システムの防御を成功させることはできないと確信している。その手始めとして、McGilvrayの著書「データ品質プロジェクト実践ガイド：質の高いデータと信頼できる情報を得るための10ステップ™」を読むことをお勧めする。私は文字通り、この本が私の（仕事上の）人生を変えたと人々に話している。この本は私のような初心者でも理解し、消化し、適用できるような方法で、データ品質の中核となる概念を教えるという素晴らしい仕事をしてくれただけでなく、この本の真髄である「10ステップ」自体が驚くほど実用的である。実用性と文脈の明確化に圧倒的な重点を置いているため、組織のデータ品質を向上させるためにほとんど全ての環境で使用できるフレームワークが作成されている。

Seth James Nielson, PhD, Founder and Chief Scientist,
Crimson Vista, Inc.

実践者から学ぶことに勝るものはない。
建築家はデザインを考え、設計図を描き、その建築物がいかに人間のニーズを満たす素晴らしいものであるかを本に書くことはできる。しかしハンマーで釘を打つことはないかもしれない。
しかし誰かが自分の知っていることだけでなく、実際に行ったことに基づいて書くとき、それこそが価値あるものとなる。Danetteのデータ品質に関する本の第2版は、まさにそれに当てはまる。
Danetteは2008年にデータ品質に関する素晴らしい本を書いただけでなく、さらに学び、変更を加え、進化させ、そしてまた書くことにした。第2版は第1版と同様に重要で優れた内容となっている。データ実務者にとっては必読書であり、あなたの本棚に並べ活用する必要がある。

John Ladley, Data Thought Leader and Practitioner, Consultant
and Mentor for Business and Data Leader

私は10年前から10ステップとDanetteを知っている。この10年間で中国の多くのデータ実務家が、この方法論を実際のデータ品質やデータガバナンスのプロジェクトやプログラムに適用している。そうすることで組織はより高いデータ品質の恩恵を受けている。10ステッププロセス自体が進化し、より多くのデータ、より多くの人々、より多くの組織が、本書に込められた深い思考と経験からより多くの価

値を得ることができると信じている。データコミュニティに対する本書のレガシーは、いくら強調してもしすぎることはない。

Chen Liu, CEO of DGWorkshop（御数坊）

私達が、データが重要な価値を持つ、知識経済の中で生きていることを認識していないのであれば、そろそろ認識すべき時である。しかし南オーストラリア大学とExperience Mattersによる3大陸でのさらなる調査は、データがうまくマネジメントされていないことを明確に示している。他にも多くの発見があるが、データの価値と利益は測定されていない。取締役会や経営幹部はなぜ情報資産が重要なのかを理解しておらず、金融資産とは異なり誰もそのマネジメントについて真に責任を負っていない。「データ品質プロジェクト実践ガイド：質の高いデータと信頼できる情報を得るための10ステップ™」は、データを適切にマネジメントするための知識豊富で実践的なガイドである。データから収益を上げたい、あるいはサービスの提供を向上させたいと考えている人にはぜひお勧めしたい。そしてこれを読んでいる大半の人がそうであろう。

James Price, Managing Director, Experience Matters

Danetteから「データ品質プロジェクト実践ガイド：質の高いデータと信頼できる情報のための10ステップ™」の第2版に取り組んでいると聞いたとき、私の最初の反応は「なぜ？第1版はとても素晴らしく、プロセスも確立されているのに」というものだった。しかし嬉しいことに、第2版はさらに素晴らしいものになっている。第2版では、McGilvrayがプロセスのステップとサポートテンプレートを明確にし最新化しているだけでなく、貴重な事例やケーススタディ「10ステップの実践例」も取り入れており、過去10年間における技術やデータ生成の進化にも対応している。プレゼンテーションは明快で簡潔だ。データ品質マネジメントに初めて触れる人は、この本を最初から最後まで読むべきである。経験豊富な実務家は常にデスクに置き、参考にすべき一冊である。

Laura Sebastian-Coleman,
Auther, Measuring Data Quality for Ongoing Improvement

私は何年も一貫してこの本を授業で使ってきたし、アーカンソー大学リトルロック校の情報品質大学院プログラムの学生全員にこの本を薦めている。「データ品質プロジェクト実践ガイド：質の高いデータと信頼できる情報を得るための10ステップ™」は、組織のデータの卓越性を目指す旅路を進むための優れたガイドである。Danette McGilvrayは、難しいトピックを簡単にする素晴らしい仕事をしている。本書のコンセプトは理解しやすい。彼女の「10ステップ」プロセスと、これらのステップを様々なプロジェクトに適用する方法についての推奨は、簡単に実行できる。彼女が紹介するテクニックは簡単に実践できる。まとめると、本書はデータを素晴らしいものにするための、よく書かれた、実用的で効果的なアドバイスを見つけようとする人のためのものである。

Dr. Elizabeth Pierce, Chair, Information Science,
UA Little Rock

世界の最新動向を反映した実践的なデータ品質の本をお探しなら、本書が最適だ。初心者にも、データ品質の経験者にも、本書はプロジェクトの様々なフェーズであなたを助け、成功への最良のポジションに導いてくれるだろう。

Ana Margarida Galvão,
金融サービス業界で20年以上働き、10年以上はデータ品質に注力してきた。

アーカンソー大学リトルロック校の情報品質大学院プログラムでは、2012年以来、「データ品質プロジェクト実践ガイド」の初版を、プロジェクトとチェンジマネジメントに関するコースの教科書として使用しており、学生にとって非常に有益なリソースであることが証明されている。包括的で詳細でありながら、実践的なアドバイスや役立つテンプレートが満載の本書は、世界中の情報品質担当者にとって「必携の書」となっている。新版は、さらに豊かで深い内容となっている。初版の基本を守りつつ、初版以降のデータマネジメントやテクノロジーの変化や新たなトレンドに対応するため、新しい内容を盛り込んである。学生たちに新版を紹介できることをうれしく思う。

Dr. John R. Talburt, Acxiom Chair of Information Quality, University of Arkansas at Little Rock, and Lead Consultant for Data Governance and Data Strategy, Noetic Partners

Danetteが本書の初版を執筆して以来、あらゆる組織のデータ量は膨大な量に膨れ上がっている。もし今、あなたの組織が高品質のデータを確保し、このデータを貴重な資産としてマネジメントすることにリソースを投資していないのであれば、あなたはトラブルに直面していることになる。本書で概説する「10ステップ」の方法論は、経験豊富なデータ実務者だけでなく、これからデータ品質の旅に出ようとする人にとっても、非常に貴重なガイドとなることが証明されている。さらに高品質なデータに投資することのメリットを経営陣に納得してもらう必要がある場合、本書は貴重な出発点となる。

Peter Eales, CEO MRO Insyte, and project leader of ISO 8000-110 edition 2

あなたがデータ品質の専門家であれ、ITリーダーであれ、データアナリストであれ、あるいは単に複雑な問題を解決しようとしている人であれ、Danetteの「10ステップ」のアプローチは、そのプロセスを通してあなたを支援する完璧なガイドである。「データ品質プロジェクト実践ガイド：質の高いデータと信頼できる情報を得るための10ステップ™」は、教科書としても、情報提供のための読み物としても、また私の好みでは"ショップマニュアル"としても利用できる。改訂された第2版は、読者が現代の構造化されていないデータベースの問題を解決する手助けをする。

Andy Nash, Data Quality Professional

Danette McGilvrayの「データ品質プロジェクト実践ガイド」は、私達のデータ品質イニシアチブを理論的なものから実現可能なものへと変えてくれた。Danetteが教えてくれたテクニックは、データガバナンス委員会を通じてデータ品質イニシアチブを実現するための、具体的かつ実践的な方法を提供してくれた。データ品質イニシアチブの投資対効果（ROI）を示すことは、この取り組みにとって常に最も困難な努力の一つだった。質の高いデータへの10ステップは最終的に成功し、持続可能な実施につながるROIのアイデアを育てることに役立った。

Brett Medalen, Principal Architect, Navient

データ主導の組織として、Seattle Public Utilitiesはデータマネジメントにクラス最高の方法論の活用を継続的に模索している。Danette McGilvrayの「質の高いデータと信頼できる情報を得るための10ステップ™」は、そのような方法論のひとつだ。堅牢で拡張可能かつ透明性の高いDanetteの方法論は、表面化したデータ品質の問題に迅速かつ効果的に適用することができる。おそらくより重要なことはこの第2版においてDanetteは、この方法論をソフトウェア／システム開発ライフサイクル（SDLC）においてどのように活用できるかを説明していることである。そうすることで組織のデータの使いやすさを向上させ、不適切な意思決定や結果のリスクを低減し、大規模な組織全体のデータマネジメントにかかるコストを削減する、積極的にマネジメントされたデータ品質につなげることができる。

Duncan Munro, Utility Asset Information Program Manager, Seattle Public Utilities

この本の名前は、この本が何について書かれた本なのかを網羅している点で注目に値する。しかし名前からはあまりわからないのは、この本の内容の質である。

McGilvrayの文章は非常にうまく、その構成は多くの情報を伝えるのに理想的である。彼女が言うように、"進め方を示すのに十分な構成があるが、自分自身の知識、ツール、テクニックを取り入れることもできる十分な柔軟性がある"。

本書の中心には、データ品質のキーコンセプトに関する広範な記述に加え、10ステップのそれぞれを実行するための手順とガイダンス、それに続くプロジェクトの構成方法、その他のテクニックやツールが掲載されている。

本書を推薦できることを大変うれしく思う。

David C. Hay, Data Modeler emeritus, Essential Strategies International

自分の組織のためにデータ品質評価尺度を設計することを命じられ、白紙に直面した私はDanette McGilvrayの著書「データ品質プロジェクト実践ガイド」の第2版を手にした。短期間のうちに評価尺度に関する情報を活用し、プロジェクトをスタートさせることができた。第2版ではより実践的なアドバイスがたくさん掲載されているので、第1版をすでにお持ちの方には、アップグレード版として強くお勧めする。

Julie Daltrey, Senior Data Architect, Intellectual Property Office, UK.。

McGilvrayはデータ品質を向上させるための、実用的なアプローチを考え出した。本書はあなたのスキルを高め、データの課題に直面したときに役立つツールを提供し、質の高いデータを確保するための課題に対するあなたの視野を広げるだろう。そして実際、誰もが日常生活でデータを扱い、ほぼあらゆるテクノロジーによってデータが至る所で作成されるため課題が存在する。本書は何から始め、誰を巻き込み、説得し、どのような行動を取るべきかを知る助けとなるだろう。

Håkan Edvinsson, author, trainer and practitioner
in data governance and business data design,
the inventor of the Diplomatic Data Governance approach.

Danette McGilvrayの著書「データ品質プロジェクト実践ガイド」の第2版「質の高いデータと信頼できる情報を得るための10ステップ™」は、データ中心主義を重視する全ての人と組織にとって、タイムリーで必読の書である。初版が登場してから13年の間に、データ品質はほぼ全てのデータ関連プロジェクトやプログラムで成果を示すために必要な推進力となっている。データ分析、データサイエンスから、

推薦の言葉

データガバナンス、メタデータマネジメント、相互運用性の改善まで、データ品質は成否を決定する主要な要因である。Danetteの率直なアプローチと、本書を通じて彼女が共有する実践的なツールとプロセスは、全ての人の情報状況に即座に適用でき、組織の目標達成に向けたペースを速めるだろう。本書を強く推薦する。

Robert S. Seiner – KIK Consulting & Educational Services (KIKconsulting.com)
and The Data Administration Newsletter (TDAN.com)

Danetteは、ビジネスゴールと目標をサポートする信頼できるデータのために、今日から将来にわたって使用できる簡単なアクションステップを備えた確かな方法論を提供している。第2版はデータテクノロジーの進化やデータの爆発的増加に伴い、ますます重要性を増すデータ品質に関する必携の参考書であり、ガイドとなっている。

Mary Levins, President Sierra Creek Consulting LLC

Danetteの「質の高いデータと信頼できる情報を得るための10ステップ™」に非常に感銘を受けた。というのもバイオバンキング研究のためのオントロジー主導のデータ品質フレームワークを開発し、がん研究のための臨床試験データを収集するデータ品質プロジェクトを始めたところだったからだ。この本は企業全体のデータの全体的な品質基準を向上させるための、シンプルでタイムリーかつ強力な10ステップをデータ実務者に教えてくれる。特に洞察と分析、規制コンプライアンス、データリテラシー、デジタルトランスフォーメーションを網羅するビジネス成果を達成しながら、企業全体にクリーンで信頼できるデータを提供するために、多くのデータリーダーがこのステップを活用する姿が目に浮かぶ。

Kash Mehdi - Data Governance Domain Expert, Informatica
Ph.D. Candidate Information Science, University of Arkansas at Little Rock in collaboration with MIT

過去10年間、Danette McGilvrayはデータ品質とその改善における傑出した国際的専門家であった。指導とコンサルティングの両面における彼女の豊富な経験は、本書でも明らかである。

Michael Scofield, M.B.A. Professor

データと情報マネジメントおよびガバナンス分野の研究者として、また「リーダーのためのデータ宣言」の著者の一人として、そして産学連携の強力なサポーターとして、Danette McGilvrayの本書を推薦できることを光栄に思う。私達が生きるデジタル世界では、データと情報の重要性に対する認識を高める必要性が高まっている。データと情報の品質に対する理解はかつてないほど重要であり、重要なものとなっている。Danetteが提案するように「明日のリーダーたちにデータを意識するよう教えることは、良い出発点だ」。実際、全ての生徒が、データや情報を重要な資産としてマネジメントしなければならない理由、その質を向上させる方法、その結果としてあらゆる業界の組織にもたらされる利益について学ぶ必要がある。本書で最も印象的なのは、実社会を教室に持ち込むための方法である。データと情報の質を高めるためのテンプレート、詳細な例、実践的なアドバイスは、学生たちの将来のキャリアに大いに役立つことだろう。私はデータと情報マネジメント、プライバシー、ガバナンス、品質に関連するコースを学ぶIT修士課程やMBAの学生たちに、本書を推薦したいと思う。
私はDanetteの使命を強く支持する:「データや情報を会話に加え続けよう……」。

Associate Professor Nina Evans, Professorial lead: UniSA STEM, University of South Australia

以下の人たちにこの本を捧げる：

Jeff
あなたの愛と支えに感謝します ── あなたのおかげで、私はより良い人間になれました

Mom
いつも私を信じてくれてありがとう ── この本が完成したことをあなたが見届けてくれて嬉しいです

Dad and Jason
お二人が空から微笑んでいてくれることを願っています

Tiffani, Tom, Aidric, Michaela, Zora, Christie, Coby, Chancey
あなたが想像する以上の愛を込めて

私の親愛なる友人たち、そして広がる大家族たち
誰のことかは分かっていますね ── 皆んなが私の人生にいてくれて幸運に思います

全ての読者
この本の内容を活かして、世界をより良い場所にしてくれることを願って

さあ、旅人よ、行って探し求め、見つけなさい
Walt Whiman, Leaves of Grass

翻訳者序文

長年、データマネジメントに関連する仕事に就いてきた。データマネジメント協会(DAMA)日本支部と関わりを持ち、『データマネジメント知識体系ガイド』(DMBOK)を読み解く努力をしてきた。DMBOKはデータマネジメントに必要な様々な活動領域について、Why（ビジネス上の意義）、What（本質的な概念）、How（アクティビティ）が網羅されており、全体を理解するのには時間がかかる。にもかかわらず各章はたかだか3、40ページなので、アクティビティが概念的である。DAMA日本支部ではこのHowを求めて、特にデータ品質については分科会で数年に渡り検討を重ねてきた。

DMBOKの中でもデータ品質は最重要領域である。ビジネスが求めるデータを、ビジネスが求めるデータ品質で、ビジネス上許容されるコストをかけてデータマネジメントし続けないと、ビジネスの目標が達成できないばかりか、不必要なリスクを取る羽目に陥る恐れがあるからだ。

しかしデータ品質のマネジメントは難しい。ビジネスにとって重要なデータエレメントをどう選ぶのか。そのデータに求められるデータ品質をどう定義するのか。ユーザーはデータオーナーになりたがらず、なかなか要件としての品質を定義してくれない。どう定義したら良いのか分からないからだ。品質プロジェクトはどう進めていけば良いのか。マネジメントのためにどれだけのコストをかけられるのか。ユーザーしか定義できないことをユーザーの言葉で紐解いて、誰かがサポートしていく必要がある。

Danette McGilvray氏の『データ品質プロジェクト実践ガイド：質の高いデータと信頼できる情報を得るための10ステップ』はこれらの問いに対し回答を得るための道筋を提示してくれている。コアとなる10ステッププロセスは初版から高い評価を受けていた。様々な実践が積み重なり、第2版ではビジネスインパクト・テクニックが強化された。これはビジネスと対話し、ビジネスにとってデータ品質がどれだけ貢献し、コストをかける価値があるものなのかを理解してもらう鍵となるものである。

「車輪の再発明をしないように（よく調べて利用できるものは活用）しよう」は耳にする機会の多いフレーズだ。本書でもMcGilvray氏自身がそう述べている。その言葉通り、本書にはデータ品質について先達が残してくれた様々な多くの知恵が盛り込まれている。いずれ引用されている原著に触れるかもしれないが、先ず本書を読み進めていただければ大事なエッセンスは網羅されている。

この本をお届けするにあたって、編集や構成に尽力いただいた日経BPの松原敦氏、原著出版社との契約の調整をいただいた日経BPの谷島宣之氏、翻訳者を支えていただいた家族の皆様に感謝の意を表したい。

データ品質プロジェクトの道筋は示された。この10ステップの実践を積み重ね、ビジネスのためのデータ品質を起点としたデータマネジメントの取り組みが進んでいくことを願っている。

2024年11月

木山靖史

宮治徹

井桁貞裕

目次

推薦の言葉 3
謝辞 15
謝辞（2008年初版より） 17
序文 19
イントロダクション 21

第1章　データ品質とデータに依存する世界 35
あらゆる場所にデータ、データ 36
高品質なデータのトレンドと必要性 39
データと情報 - 管理すべき資産 42
リーダーのためのデータ宣言 43
あなたにできること 45
変わる準備はできているか 48

第2章　データ品質の実際 49
第2章のイントロダクション 50
ツールについて一言 51
実際の問題には実践的な解決策が必要 51
10ステップの方法論について 53
データ・イン・アクション・トライアングル 55
人材の育成 62
管理職の巻き込み 66
重要用語 69
第2章 まとめ 72

第3章　キーコンセプト 73
第3章のイントロダクション 74
情報品質フレームワーク 74
情報ライフサイクル 87
データ品質評価軸 96
ビジネスインパクト・テクニック 106

> データカテゴリー 112
>
> データ仕様 121
>
> データガバナンスとスチュワードシップ 139
>
> 10ステッププロセスの概要 143
>
> データ品質改善サイクル 145
>
> コンセプトと活動 - 関連性を整理する 148
>
> 第3章 まとめ 153

第4章　10ステッププロセス 155

> 第4章のイントロダクション 156
>
> ステップ1　ビジネスニーズとアプローチの決定 164
>
>> ステップ1のイントロダクション 164
>>
>> ステップ1.1　ビジネスニーズの優先順位付けとプロジェクトのフォーカスの選択 168
>>
>> ステップ1.2　プロジェクトの計画 175
>>
>> ステップ1　まとめ 190
>
> ステップ2　情報環境の分析 192
>
>> ステップ2のイントロダクション 192
>>
>> ステップ2.1　関連する要件と制約の理解 199
>>
>> ステップ2.2　関連するデータとデータ仕様の理解 205
>>
>> ステップ2.3　関連するテクノロジーの理解 213
>>
>> ステップ2.4　関連するプロセスの理解 221
>>
>> ステップ2.5　関連する人と組織の理解 225
>>
>> ステップ2.6　関連する情報ライフサイクルの理解 230
>>
>> ステップ2　まとめ 238
>
> ステップ3　データ品質の評価 240
>
>> ステップ3のイントロダクション 240
>>
>> ステップ3.1　関連性と信頼の認識 246
>>
>> ステップ3.2　データ仕様 247
>>
>> ステップ3.3　データの基本的整合性 255
>>
>> ステップ3.4　正確性 269
>>
>> ステップ3.5　一意性と重複排除 278
>>
>> ステップ3.6　一貫性と同期性 291
>>
>> ステップ3.7　適時性 295
>>
>> ステップ3.8　アクセス 299
>>
>> ステップ3.9　セキュリティとプライバシー 307

- ステップ3.10 プレゼンテーションの品質 ... 315
- ステップ3.11 データの網羅性 ... 320
- ステップ3.12 データの劣化 ... 322
- ステップ3.13 ユーザビリティと取引可能性 ... 326
- ステップ3.14 その他の関連するデータ品質評価軸 ... 329
- ステップ3 まとめ ... 330

ステップ4　ビジネスインパクトの評価 ... 332
- ステップ4のイントロダクション ... 332
- ステップ4.1 エピソード ... 340
- ステップ4.2 点と点をつなげる ... 347
- ステップ4.3 用途 ... 353
- ステップ4.4 ビジネスインパクトを探る5つのなぜ ... 356
- ステップ4.5 プロセスインパクト ... 359
- ステップ4.6 リスク分析 ... 363
- ステップ4.7 関連性と信頼の認識 ... 367
- ステップ4.8 費用対効果マトリックス ... 374
- ステップ4.9 ランキングと優先順位付け ... 381
- ステップ4.10 低品質データのコスト ... 387
- ステップ4.11 費用対効果分析とROI ... 393
- ステップ4.12 その他の関連するビジネスインパクト・テクニック ... 396
- ステップ4 まとめ ... 398

ステップ5　根本原因の特定 ... 400
- ステップ5のイントロダクション ... 400
- ステップ5.1 根本原因を探る5つのなぜ ... 406
- ステップ5.2 追跡調査 ... 410
- ステップ5.3 特性要因図／フィッシュボーン図 ... 413
- ステップ5.4 その他の関連する根本原因分析テクニック ... 422
- ステップ5 まとめ ... 422

ステップ6　改善計画の策定 ... 425
- ステップ6 まとめ ... 436

ステップ7　データエラー発生の防止 ... 438
- ステップ7 まとめ ... 445

ステップ8　現在のデータエラーの修正 ... 446
- ステップ8 まとめ ... 451

ステップ9　コントロールの監視 *453*
     ステップ9　まとめ *461*

  ステップ10　全体を通して人々とコミュニケーションを取り、管理し、巻き込む *463*
     ステップ10　まとめ *481*

  第4章　まとめ *483*

第5章　プロジェクトの組み立て *485*
  第5章のイントロダクション *486*
  データ品質プロジェクトのタイプ *486*
  プロジェクトの目標 *496*
  SDLCの比較 *497*
  SDLCにおけるデータ品質とガバナンス *498*
  データ品質プロジェクトにおける役割 *508*
  プロジェクトの期間、コミュニケーション、巻き込み *511*
  第5章　まとめ *513*

第6章　その他のテクニックとツール *515*
  第6章のイントロダクション *516*
  問題とアクションアイテムの追跡 *517*
  データ取得とアセスメント計画の策定 *518*
  結果に基づく分析、統合、提案、文書化、行動 *527*
  情報ライフサイクルのアプローチ *535*
  サーベイの実施 *543*
  評価尺度 *549*
  10ステップとその他の方法論と標準 *559*
  データ品質マネジメントツール *566*
  第6章　まとめ *575*

第7章　最後に一言 *577*

付録 クイックリファレンス 581

- 情報品質フレームワーク 582
- POSMAD相互関連マトリックス詳細 587
- データ品質評価軸 587
- ビジネスインパクト・テクニック 588
- 10ステッププロセス 589
- ステップ1〜4のプロセスフロー 591
- データ・イン・アクション・トライアングル 592

- 用語集 596
- 図、表、テンプレートのリスト 619
- 参考文献 624
- 索引 631
- 著者について 639

謝辞

「感謝の気持ち。」「多くの人の知恵や力が必要でした。」「あなたなしではできませんでした！」これらの使い古されたフレーズも、この本が実現するにあたり多くの方々に支えられたことを考えると、決して陳腐には感じられません。

私のサービスやソリューションの一環としてこの方法論を活用してくださったクライアント、私の講座に参加してこの方法論を応用してくださった方々、他の教育機関を通じてこの方法論を学んだ学生、あるいは自ら初版の本を手に取り実践された方々に感謝いたします。多くの方々がこの後のページで言及されていますが、彼らの貢献に心から感謝しています。同様に、名前を挙げられる方々、匿名にせざるを得なかった方々、そして同じように素晴らしいことをしてくれたにもかかわらず、スペースや時間の制約のために含めることができなかった方々にも感謝いたします。「10ステップ」は、経験を重ねるごとに改善され、この第2版の読者は、皆様が共有してくださったおかげで恩恵を受けることでしょう。

誰かを漏らしてしまうリスクはありますが、それでもなお、感謝を表すべき何人かの方々の名前を挙げたいと思います。

Tom Redman, John Ladley, James Price, Laura Sebastian-Coleman, Gwen Thomas, David Plotkin, Michael Scofield：私がインスピレーションを得たい時、アイデアを話し合いたい時、率直なフィードバックが欲しい時、あるいは「ちょっとした」質問がある時に頼りにする人たちです。誰もがこのような人たちを必要としています。私は彼ら全員から学び、その多くがこの本に反映されています。

Anthony Algmin, Masha Bykin, Peter Eales, David Hay, Mary Levins, Chen Liu, Dan Myers, Andy Nash, Daragh O Brien, Katherine O'Keefe, Dr. John Talburt：特定のテーマについて時間と専門知識を惜しみなく分かち合ってくれた人たちです。そのおかげで、この第2版はより良いものになりました。

Michele Koch and Barbara Deemer：長年にわたるサポートと序文の執筆に感謝します。彼らのような人たちやそのチームと仕事ができたことを幸運に思います。

Carlos Barbieri, Maria Espona, Walid el Abed, Ana Margarida Galvão, Jennifer Gibson, Brett Medalen, Kash Mehdi, Duncan Munro, Seth Nielson, Graeme Simsion, and Sarah Haynie：その励ましの言葉が、まさに必要な時に私を奮い立たせてくれました（おそらく彼らはそれに気づいていなかったでしょう）。そしてCarlos、いつも私の母のことを気にかけてくれてありがとう。

Larry P. English：情報とデータ品質の世界は、昨年、優れた指導者であり偉大な思想家を失いました。彼が私にデータ品質の道を示してくれ、彼から学んだことは今もなお私の仕事に影響を与え続けています。

Elsevierの同僚たちへ：第2版の出版を後押ししてくれたシニア・アクイジション・エディターのChris

Katsaropoulos、何カ月にもわたって最も多くの時間を共に過ごし、的確なアドバイスを提供し、本を作る過程の浮き沈みにも耐えてくれたシニア・エディトリアル・プロジェクト・マネージャーのAndrae Akeh、内装デザインを開発し、第2版のブックカバーを更新する過程で忍耐強く私と共に取り組んでくれたシニア・デザイナーのMiles Hitchens（私はそのデザインが大好きです）、そして制作チームとの間を取り持ち、私の質問に迅速に答えてくれたプロダクション・プロジェクト・マネージャーのOmer Muktharに感謝します。また、直接お会いすることはなかったものの、この本を完成品にするために多くの時間と専門知識を注いでくれたElsevierの方々にも感謝します。

Laura Sebastian-Coleman：彼女にはもう一度感謝を伝えたいと思います。彼女をコピーエディターとして迎えることができ、コピーエディティングのスキルだけでなく、専門知識も活用してくれました。彼女は私が頼りにする一人であり、この本を書く長い過程で常に私の話に耳を傾けてくれる存在でもあったことは、私にとって本当に幸運でした。

Connie Brand and Julie Daltrey：何時間にもわたる校閲と有益なフィードバックに感謝します。

Miriam Valere：私がこの本を書いている間、グラナイトフォールズを支え、重要なことを見落とさないようにしてくれ、自身でもチェックとレビューを行ってくれました。

Rick ThomasとProTechnicalの彼のチーム：私のシステムを動かし続け、私が求める最高のITサポートを提供し続けてくれています。

Jeff：私の夫であり、親友であり、応援団長でもある彼。彼のおかげで、私の人生は想像以上に幸せで楽しいものになりました。この第2版の執筆という長い過程における彼の支援と励ましも、彼がいなければ成し遂げられなかった多くの例の一つです。私達がいつも言うように、「私達は最高のチームです！」

第2版は第1版なしには成り立たないので、以下に第1版の謝辞をそのまま掲載する。ありがとう、ありがとう、そしてありがとう！

謝辞（2008年初版より）

今では、著者が感謝の意を表する長い人々のリストに対して、より深い理解を持つようになりました。書籍を書くことは決して一人でできることではなく、この本も例外ではありません。

Judy Kincaidへ：彼女は知らぬ間に私を情報品質の道に導いてくれました。何年も前、彼女は私をオフィスに呼び入れ、ヒューレット・パッカードに情報品質のコンサルタントとして来る予定だったLarry Englishと一緒に仕事をするよう頼みました。彼女は彼と一緒に働くことで、彼が去った後も私達が得た知識が会社に残ると感じていたのです。彼女の言葉は「今週はフルタイムで、後は徐々に減らしていく」でした。Judyのおかげで、その仕事が私のキャリアを大きく変え、15年以上経った今でも私は情報品質にフルタイムで取り組んでいます！

私はLarry Englishに多大な感謝の意を表します。彼は私に情報品質の初歩を教え、私の最初のプロジェクトを指導し、この重要なトピックに注目を集めてくれました。

Mehmet Orun, Wonna Mark, Sonja Bock, Rachel Haverstick, and Mary Nelsonに特別な感謝を捧げます。彼らは私が最初に私の方法論を全て書き上げた際、フィードバックや時間、専門知識を提供してくれました。彼らの知識、鋭い質問、思慮深いコメント、洞察力がそのバージョンを形作り、この本の基盤を築いてくれました。彼らの尽力がなければ、この本は存在しなかったでしょう。

原案や詳細な原稿を検討してくださった方々、あるいは本書の特定の部分について時間をかけて議論し、意見を提供してくださった方々に感謝します。— David Hay, Mehmet Orun, Eva Smith, Gwen Thomas, Michael Scofield, Anne Marie Smith, Lwanga Yonke, Larissa Moss, Tom Redman, Susan Goubeaux, Andres Perez, Jack Olson, Ron Ross, David Plotkin, Beth Hatcher, Mary Levins, Dee Dee Lozier — そして匿名を希望された方々へ。改善に向けた率直なコメントや、うまくいった点に関する励ましが、この本をより良いものにしてくれました。

また、これまでに様々な組織でスポンサーやプロジェクトマネージャー、チームメンバー、実務者として、ここで紹介されているアイデアを実践し、また支援してくださった方々にも感謝します。残念ながら、全ての方のお名前をここに記すことはできませんが、その経験から得られた知識や実践が、他の人々の情報品質への旅路を支援するために活用されています。

さらに、私のワークショップやコースに参加してくださった皆様にも感謝します。ご参加いただき、アイデアや教訓、成功体験を共有することをいとわず行ってくださったおかげで、この本を書くモチベーションが生まれました。皆様の熱心なフィードバックと反応が、この本を書く大きな動機となりました。

この分野や関連分野の多くのリーダーたちへ、私や他の人々が学べるように時間を割いて執筆や教育をしてくださったことに感謝します。参考文献を一目見れば、私がどれだけ感謝しているかが分かると思います。彼らの努力のおかげで、私は大きな恩恵を受けました。特に感謝を捧げたいのは、

Tom Redman, David Loshin, Larissa Moss, Graeme Simsion, Peter Aiken, David Hay, Martin Eppler, Richard Wang, John Zachman, Michael Brackett, John Ladley, Len Silverston, and Larry English.です。

さらにプロフェッショナルな協会を率い、私が教える場や出版する場を提供してくださった方々や、舞台裏でアドバイスや支援をくださった方々にも感謝します。全員の名前を挙げることはできませんが、Tony ShawやWilshire Conferencesの皆様、TDWIの皆様、IRM UKのJeremy Hallとスタッフの皆様、IAIDQおよびDAMA Internationalに関わる方々、Mary Jo Nott, Robert S. Seiner, Larissa Moss, Sharon Adams, Roger Brothers, John Hill, Ken Rhodes, and Harry Zoccoliに感謝します。

Morgan Kaufmannの同僚たちにも感謝の意を表します。特にNate McFaddenには、その指導と洞察に感謝します。また、Denise Penrose, Mary James, Marilyn E. Rash, Dianne Wood, Jodie Allen、そしてこの本を現実のものにしてくれた制作チームの皆様にも心から感謝します。

The Logan City School DistrictおよびUtah State Universityの先生方へ。私が今日の私へと、導かれた機会を生み出してくれた教育を受けたことに感謝します。

KeithとMyrtle Munkへ。私は教育の重要性を強調し、私の活動を奨励し、私自身が自分を信じられない時でさえ、常に信じてくれた両親に恵まれました。私は大家族と、楽しさや笑い、そしてたくさんの愛情あふれる支援を提供してくれる友人たちのネットワークの一員であることを幸運に感じています。それが私が一生懸命働く理由であり、人生を価値あるものにしてくれます。

娘のTiffani Taggart、そして亡き息子のJason Taggartへ。彼らが、困難な時でも私を奮い立たせ、前に進む動機となってくれました。

そして、最も特別な感謝を捧げたいのは、私の夫Jeff McGilvrayへ。彼の揺るぎない愛情、励まし、そして支援がなければ、何一つ成し遂げることはできなかったでしょう。

序文

私達の企業のデータガバナンスの取り組みは2006年に始まった。その後数年間にわたり、私達は定期的にデータガバナンス評議会のメンバーに、解決したデータ品質の問題に対するビジネス価値をどのように定量化できるかを尋ねた。メンバー全員が収益の増加、運用コストの削減、リスクの低減等により、会社に利益をもたらしていることを本能的に理解してはいたが、そのビジネス上の利益を一貫して測定し報告する方法を思いつくことができなかった。私達にはその壁を乗り越えるための経験、技術、またはスキルセットが不足しており、多くの人々が今なお同じ課題に直面している。この状況はデータガバナンス・プログラムの下で、正式なエンタープライズデータ品質プログラムを開発するための資金を得るまで、数年間続いた。この取り組みの一環として、私達はデータ品質の状態を改善することのビジネス価値を示したいと考え、データ品質の問題に取り組み解決するための実践的なアプローチを探していた。そこで私達は、Danette McGilvrayと彼女の**質の高いデータと信頼できる情報を得るための10ステップ**の方法論に辿り着いたのである。

Danetteとは2009年に、正式に企業向けデータ品質プログラムに着手した際に契約を結んだ。2009年以前はデータ品質への取り組みは草の根的なもので、正式なトレーニングや事後対応から事前対応に移行するための方法論はなかった。Danetteは私達と一緒にデータ品質プログラムの設計と確立に取り組み、彼女の10ステップの方法論を教えてくれた。Danetteは私達がデータ品質サービスの構造と内容を定義し、プログラムの評価尺度を決定するために、彼女の方法論をどのように活用できるかを教えてくれた。さらにDanetteは、私達がデータ品質を向上させるために行っている作業のビジネス価値を判断するための、シンプルで効果的なテクニックを教えてくれた。私達は使いやすく、私達の組織文化に合わせてカスタマイズできる10ステップの方法論を選んだ。

本書で紹介されている**質の高いデータと信頼できる情報を得るための10ステップ**の方法論を採用することで、データ品質への取り組みを定量化し、当社の上級管理職やエンタープライズ・データガバナンス・プログラムに参加する全員にビジネス価値を示すことができた。この方法論は私達がこの分野でより成熟し、データ品質の問題に対処するための構造を採用し、計画的かつ一貫した方法で取り組む上で非常に役立った。Danetteはデータ品質評価軸、ビジネスインパクト・テクニック、データ品質のカテゴリー、役割と責任の特定等、多くの有用なヒントとベストプラクティスを提供している。

Danetteのステップ・バイ・ステップの説明と情報品質に関連する基本的な概念の説明は、私達がそうであったように、ビジネス価値を成功裏に実証することに役立つ。その結果私達のプログラムは、長年にわたっていくつかの業界賞を受賞してきた。本書とDanetteのアプローチが、その成功に貢献したのである。本書とDanetteのアプローチが、あなたとあなたの組織にも当てはまることを願っている。

10年以上が経った今でも、私達のデータ品質への取り組みは組織に価値をもたらし続けている。この期間中に私達が達成したビジネス上の利益は、会社の他の取り組みの資金となり、収益の増加、コストと複雑さの削減に貢献した。何よりも重要なのは、データに対する信頼を得られたことと、組織全体でデータリテラシーが向上したことである。

私達はDanetteに感謝し続けている。彼女が私達と協力し専門知識と経験を共有してくれたこと、そして彼女の**質の高いデータと信頼できる情報を得るための10ステップの方法論**を教えてくれたことに感謝している。それと同時に、私達は彼女と良い友人にもなった。

- Barbara Deemer, Chief Data Steward and Managing Director of Corporate Finance, Navient
- Michele Koch, Data Governance Program Director and Senior Director of Enterprise Data Intelligence, Navient

素晴らしい同僚であり友人であったBarb Deemerを偲んで。
彼女の前向きな姿勢、寛大さ、そして愛にあふれた精神は、関わる全ての人を勇気づけた。
彼女がいなくなるのはとても寂しい。（2021年4月）

-MicheleとDanette

イントロダクション

> 組織が本質的に成長する機会は、データの中に眠っています。データには様々な未開発の可能性が秘められています。データにより競争優位性が確保され、新たな富や雇用が創出され、医療が改善され、人類がより安全に、より幸せに生きられる状況が生まれるのです。
> リーダーのためのデータ宣言、dataleaders.org

この本の出版理由

私の人生はデータ品質の問題そのものだ。最初は気付かなかった。自分の仕事に集中しているときにデータ品質の問題が私を襲った。それは何度も繰り返し起こった。興味深いことに個人としての**あなた自身**の人生もデータ品質の問題だ。あなたの会社もデータ品質の問題だ。政府機関もデータ品質の問題だ。教育機関もデータ品質の問題である。実際どのような組織にも、データ品質の問題は存在する。ただほとんどの組織が、まだデータ品質問題と名付けていないだけなのだ。全ての組織は製品やサービスを提供するためにデータと情報に依存しており、**例外はない**。多くの場合このデータと情報の品質は、ビジネスの要求を満たしていない。

自分の経験を振り返ってみてはどうだろう。消費者また患者として、過大請求されたり医療記録が誤っていたりしたことが何度あっただろうか。また市民として、政府があなたの名前を重複して記録していたために（1度でよいものを）年に何度も陪審員として呼ばれたことが何度あっただろうか。口座の識別データが間違っていたために携帯で情報にアクセスできなかったり、自動決済ができなかったりしたことが何度あっただろうか。あるいは手術当日になって、医師の診察室と病院の間で配偶者の医療情報がミステリーのように変わってしまったことはないだろうか。これらは全て私自身に起こったことだ。

あなたの組織ではどうだろう。適切な品質の情報は在庫管理者がサプライチェーンを無駄のない状態に維持したり、CEOが信頼できる業績指標に基づいて成長のための長期計画を立てたり、ソーシャルサービスが支援を必要とするリスクの高い若者を特定するのに役立つ。適切な品質の情報は選挙結果が正確であるという信頼を有権者に与え、パンデミックの際に政府当局が貴重な資源をどこに投入すべきか判断するのに役立つ。市場調査であれ、特許出願であれ、製造改善指標であれ、受注登録であれ、支払の受領であれ、試験結果の分析であれ、情報は組織や社会が機能するうえで不可欠なものであり、競争力を提供するものである。

適切な情報を、適切なタイミングで、適切な場所に、適切な人々に提供することで、高品質なデータは競争力をもたらす。欠陥があり不完全で誤解を招くようなデータでは、人間でも機械でも効果的な意思決定を行うことはできない。製品やサービスを提供し顧客を満足させる業務を行うためには、正確で最新で信頼できるデータと情報が必要だ。

組織が戦略と目標を達成し、問題へ対処し、チャンスを生かすといった投資の恩恵を最大限に享受しようとする際に、しばしばデータ品質の問題がその妨げになっている。そのため顧客満足度、製品、サービス、オペレーション、意思決定、ビジネスインテリジェンスのプロセスにおいて、期待された改善が得られないのである。

データや情報の品質の問題は組織が達成しようとしていることの妨げになっているが、しかし幸いなことに、私達はこれに対処する方法を知っている。本書の主題である**質の高いデータと信頼できる情報を得るための10ステップ**と呼ばれる方法論である。

この章の残りの部分では対象とする読者と本書の利用方法について要約する。続いて第2版が必要とされた理由と読者の皆さんに対する私の目標を説明し、そして「始めよう！」の後に、本書の構成について説明する。

本書の内容

本書は10ステップの方法論について説明している。これはあらゆる組織におけるデータと情報の質を確立し、評価し、改善し、維持し、管理するための、構造化されていながらも柔軟なアプローチである。この方法論は3つの主要分野から構成されている。

- キーコンセプト　読者にとってデータ品質ワークを適切に実施するために理解すべきであり、この方法論の不可欠な構成要素となる基本的な考え方（第3章）
- プロジェクトの組み立て　仕事を組み立てるためのガイダンスだが、他のよく知られたプロジェクトマネジメント手法に取って代わるものではなく、これらの原則をデータ品質プロジェクトに適用するためのもの（第5章）
- 10ステッププロセス　10ステッププロセスを通して主要なコンセプトを実行するための手順 - 方法論全体の名前の由来となった実際の10ステップ（第4章）

その他の章には10ステップの実践に役立つ資料が含まれている。この**イントロダクション**の最後にある**本書の構成**のセクションには、各章とその内容についての要約を記載している。

この本は、必要なものを素早く簡単に見つけられるように構成されている。本書を最初から順に読むこともできるが、特定の疑問や懸念に対応するためのステップやテクニックを探して読むこともできる。データ品質に関する新たな状況やプロジェクトが発生した際には、本書をリファレンスガイドとして活用してほしい。

データ品質ワークの手段としてのプロジェクト

本書ではデータ品質ワークの方法論を適用する手段としてプロジェクトを使用する。しかし「プロジェクト」という言葉を狭い意味で捉えてはならない。一般的にプロジェクトとは、特定のビジネスニーズに対処するための1回限りの作業単位である。その期間は求める結果の複雑さによって決まる。

Introduction
イントロダクション

本書ではプロジェクトという言葉を、構造化された取り組み、具体的に言うとビジネスニーズに対処するために10ステップの方法論を活用する取り組み全般を意味するものとして幅広く用いる。以下に一般的な3つのプロジェクトタイプについて説明する。

- **データ品質改善を主目的としたプロジェクト** プロジェクトの責務がビジネスに影響を与える特定のデータ品質問題を扱うことである場合。例えばサプライチェーン・マネジメントで使用されるデータや、分析およびビジネスインテリジェンスで使用されるデータの改善等である。このバリエーションとして、10ステップを使用して組織独自のデータ品質改善方法論を作成することもできる。
- **一般的なプロジェクトの中でのデータ品質活動** より広範な目的を持っている大きなプロジェクトであっても、データがプロジェクトの重要な構成要素でありプロジェクト計画の中でデータ品質が組み込まれている場合。例えば新しいアプリケーションを構築しレガシーシステムからデータを移行する場合や、組織の分割によるデータの混乱を解消する場合等である。これに関連するバリエーションとして、10ステップを使用して、アジャイルや逐次型等の組織の標準的なソリューション／ソフトウェア／システム開発ライフサイクル（SDLC）を強化する方法がある。10ステップの方法論はあらゆるプロセスの欠陥を排除する「シックスシグマ」や、無駄を最小限に抑えながら顧客価値を最大化する「リーン」のような、他の進化した方法論も補完する。
- **10ステップ／テクニック／アクティビティの一時的な部分適用** 短期的な必要性に対処するために10ステップの一部を使用する場合。例えば重要なビジネスプロセスが停止し、データがその一因であると疑われるケースにおいて10ステップのテクニックを使って根本原因を明らかにすることで問題に対処し、プロセスを復旧させられる。このような10ステップの活用は通常、従来の意味での「プロジェクト」とはみなされないが、本書で使われている広い意味でのプロジェクトには当てはまる。

データ品質プロジェクトでは10ステッププロセス全体を適用することも、ステップやテクニックの一部を適用することもできる。プロジェクトチームは小規模から大規模まで対応でき、1人、数人、または多人数で構成される。非常に複雑なプロジェクトでは全体的な要件を満たすように調整しながら、必要に応じて複数のチームがこの手法を適用することができる。プロジェクトは数週間から1年以上かかることもある。データ品質プロジェクトは一つとして同じものは無い。10ステップは柔軟な性質を持つので、この方法論は全てのプロジェクトに適用することが可能である。

「中間」と「必要十分」

データマネジメントやデータ品質における他の参考資料に対し、本書がどのような位置づけとなるかを理解しておくことも有用である。データ品質のコンセプトを徹底的にカバーしたり、方法論の概要を解説したり、データマネジメントの「何（What）」について論じている資料もある。また重複レコードの扱い方だけにフォーカスした本のように、データ品質ワークのいくつかの側面について深く掘り下げているものもある。私はそれらから学び、それらを利用できることに感謝している。10ステップのアプローチは、データ品質の全体像における大局的な概念と、非常に詳細な個別の側面との「中間」に位置している。私はこれらのほとんどを補完する位置づけだと考えている。

本書に何を取り込むべきかに関しては、私の「必要十分の原則（Just Enough Principle）」が、もう一つの指針となった。「必要十分の原則」とは、「最適な結果を得るために、必要な分だけの時間と労力を費やす」というものだ。この本には基本概念についての必要十分な記述がなされている。それはデータ品質に必要となる、構成要素の理解の助けとなる。これらの概念の知識は、10ステップを適用可能な多くの状況で役に立つ。この10ステッププロセスには、ステップ・バイ・ステップの手順、事例、テンプレートが必要十分に用意されており、何をなぜ行う必要があるのかの理解を深めることに役立つ。10ステップの進め方を示すのに必要十分な構造となっているが、その一方で独自の知識やツール、テクニックを取り入れるための十分な柔軟性も備えている。10ステップのいくつかの側面について、仕事の幅を広げるためにより詳細な情報が必要な場合は、本書の文中や参考文献に記載した他の資料を利用できる。

10ステップを使う際にはこの原則を適用しなければならない。必要十分というのは杜撰であったり、手抜きをしたりすることではない。不必要に細部にこだわり過ぎたり（分析麻痺）、逆に解決すべき問題が何なのかを知る前に真っ先に解決策に飛びついたりすることがある。混乱や不必要な手戻りを引き起こすというような極端な事態を避けるためには、優れた批判的思考力が必要となる。何が必要十分かを見極める能力は、経験を積むにつれて高まっていくだろう。

データ品質のアートとサイエンス

10ステップの方法論はデータ品質の**サイエンス**、すなわちデータマネジメント分野におけるデータ品質の原則の知識と考えることができる。どのステップ、アクティビティ、テクニックが必要か選択することと、それらを効果的に適用することはデータ品質の**アート**の一部である。10ステップの方法論は、データや情報の品質が優先順位の高いビジネスニーズ（顧客を満足させ、製品やサービスを提供するために取り組まなければならない戦略、ゴール、問題、機会）に、影響を与えるあらゆる状況で使用できる。10ステッププロセスは柔軟に設計されている。順番に進めることもできるが反復的であるため、後で細部が必要な場合には前のステップを見直すこともできる。ガイドラインはどの時点で何が関連し、どの程度の掘り下げが必要か判断するのに役立つように作られている。しかし自分の状況を知っているのは自分だけである。ステップ・バイ・ステップの指示があっても、それらの指示やアドバイスをどのように解釈するか、いつ何をすべきかを選択する判断、様々な状況やプロジェクトでそれらを適用する能力、これら全てがデータ品質のアートの一部である。10ステップを使えば使うほどスキルが向上する。

対象読者と本書の利用方法

本書は組織内のデータや情報の品質に責任を持つ人、あるいはその品質に関心を持つ全ての人に役立つだろう。しかしながら個人の役割が異なれば、方法論で有用と感じる側面も異なる。10ステップのような実証されたアプローチを使うことで機動力が増すので、基本的なことに多くの時間を費やすのではなく、方法論を特定のニーズに適用することに時間を費やすことができる。

個々の担当者と実践者

対象者
データ品質プロジェクトチームのメンバー、または日常業務の一環としてデータ品質マネジメントの実作業を行うスタッフ。

職種例
データアナリスト、データ品質アナリスト、データスチュワード、ビジネスアナリスト、対象領域の専門家、デベロッパー、プログラマー、ビジネスプロセス・モデラー、データモデラーやデザイナー、データベース管理者。データサイエンティストは期待された「本来の」仕事を始める前に、低品質のデータを扱う立場に置かれている。

利用方法
目次に目を通し第4章の各ステップのサマリー表を眺め、本の最初から最後までざっと目を通すことで10ステップの方法論に慣れる。そうすることでこの本のどこに何が書かれているのか把握できる。

プロジェクトが進む中であるいは日常業務の中で、必要となった際に特定のセクションやステップに戻り詳細を確認する。例えば以下のような目的で10ステップを使う。

- プロジェクトで取り組むべき重要なビジネスニーズと、データ品質問題および関連する重要な情報を理解し、優先順位を付け選択する。
- データ品質がビジネスニーズや課題にとって重要である理由を他者に示す。
- データについてIT用語だけでなく、ビジネス用語で話す方法を学ぶ。
- 上司、プロジェクトマネージャー、チームメンバー、その他の関係者から取り組みに対するサポートを得る。
- 優先順位の高い状況、課題、ニーズに10ステップを適用する。
  - 実際にどのように作業を行うかを決定する。
  - 実際にそれを実行する。
- 上司、プロジェクトマネージャー、チームメンバーに価値を示し支援する

> **注記**
> 本書から利益を得られるような個々の担当者は他にもいる。彼らは自分の仕事を「データ」の仕事だとは考えていない。しかし彼らはデータを使用し、日々の業務の中でデータを作成し、更新し、削除することでデータに影響を与えている。例えばバイヤーはどの商品を購入するかを決定するためにデータを使用し、購入依頼書を作成する際にデータを作成する。

これらのデータ利用者(情報消費者、情報顧客、知識労働者とも呼ばれる)は、日々の業務を遂行する上でデータ品質が低いことの痛みを感じている。データ品質が自分たちの組織にどのような影響を与えるかをデータ利用者が理解していれば、問題が明確になり、問題への対処のための支援を得ることができる。コアチームのメンバーとして、または専門知識が必要なときに相談され意見を述べる支援のチー

ムメンバーとして、データ品質プロジェクトに貢献することができる。このような読者が本書を利用できるように、以下のマネジメントのセクションで提案している内容を参照してほしい。

マネジメント

対象者
以下のようなチームや個人のマネージャーで、

- データ品質プロジェクトチームに所属している。
- 日常業務の一環としてデータ品質ワークを行っている。
- 担当する職務を果たすために日常業務でデータを使用し、作成し、更新し、削除している。これらのユーザーは自分がデータ品質に与える影響を認識している場合もあれば、認識していない場合もある。

さらにサプライチェーン・マネジメントのようなビジネスプロセスの責任者やデータ主導の取組みを指揮する者は、このようなチームを支援する関係者の存在を認識することで恩恵を受けるだろう。

職種例
マネージャー、プログラムマネージャー、プロジェクトマネージャー、スーパーバイザー、チームリーダー、ビジネスプロセス・オーナー、業務領域のマネージャー、アプリケーションオーナー。

マネージャーにはマトリックス型組織のマネージャーも含まれる。一部のマネージャーは組織上、自分の配下ではないチームメンバーの仕事にも責任を持つ。このようなマネージャーはチームメンバーを評価し、自分自身もチームのパフォーマンスで評価される。例えばエンタープライズ・データスチュワードは、組織全体の特定のデータ対象領域を担当するチームを率い、データの品質に強い関心を持つ。

利用方法
データ品質が極めて重要である理由、データ品質に関連するキーコンセプト、10ステッププロセスの概要については、この**イントロダクション**と**第1章**、**第2章**、**第3章**を読んでほしい。

第4章には10ステッププロセスを実施するための詳細が書かれているが、全てを読む必要はない。しかしどういう内容が含まれているかを知っておくのは役に立つだろう。10ステップの各ステップの最初にある「ステップサマリー表」は各ステップの概要を簡潔に示している。これを見れば、10ステッププロセスにすぐに慣れることができる。たった10個の表だけである。インプット、アウトプット、チェックポイントの質問の流れによるステップ間の関係や、達成すべきこととその理由、データ品質プロジェクトの人材とプロジェクトマネジメントの側面に取り組むことで、成功を高めるためのアイデアが分かる。10ステップを以下の目的で利用できる。

- なぜデータ品質が組織全体、ビジネスユニット／部門／チームにとって重要なのかを知る。
- その知識を使って経営幹部、上級管理職、リソースの優先順位を決める人たち、仕事を遂行するの

に必要な人たちやそのマネージャー等、必要な人たちからの支援を得る。
- データ品質ワークが何を意味し、どのように達成されるかの概要を理解する。
- 予算、人材、時間、ツール等、適切なリソースを割り当てる。
- データ品質ワークを遂行するために必要となるスキルや知識と、そのプロジェクトに現在参加可能な人員と、それらのギャップを埋める方法を見極める（例：人材はいるがスキルと知識がない - 訓練とコーチングを提供する。またはスキルと知識を持つ人材はいるが手が空いていない - 配置を変更する等）。
- データ品質ワークにおける障害を予測し、防止する。
- 障害物があれば取り除く。
- 個々の担当者とチームメンバーをサポートする。

役員、幹部、上級管理職

本書はこのような上位の役職者向けのものではないが、このイントロダクションや第1章、第2章、第3章から価値を見出す人もいるはずである。なぜならこのような役割の人たちは資金調達や、データ品質ワークが優先されるかどうか、そしてその取り組みが支援されるかどうかについての意思決定を下すからである。これらの人々は高品質なデータを得るために必要なことに、他の人々が参加するか否かに影響する方向性や姿勢を打ち出す。質の低いデータによる収益の減少、リスクとコストの増加、その他数値化しにくいがインパクトの大きいもの等、組織がどのような影響を受けるかをこれらの役職の人々が理解することは不可欠である。

マネージャーや専門の担当者は、しばしば役員、幹部、その他の上級管理職からデータ品質ワークに対する賛同を得なければならない。本書に書かれていることはそのために活用できる。経営幹部が高品質なデータが組織にもたらすものを本当に理解すれば、そのためのワークを一日も早く完了したいと思うようになることを保証する！ 本書のような（必要であればトレーニングやコンサルティングも含めた）リソースが存在することを知ることで、チームは迅速に着手し、効果的かつ効率的に仕事を進められるようになる。

全ての読者

データ品質そのものを目的としてデータ品質ワークを行わないこと。顧客、製品、サービス、戦略、ゴール、問題、機会に関連する、組織の最も重要なビジネスニーズに対処するプロジェクトにのみ、時間、労力、およびリソースを費やすこと。10ステップを様々な方法で活用し取り組みを強化すること。最良の結果は、上記の役割を代表する適切な人々が協力して取り組むことによってもたらされる。

なぜ第2版を出したのか

私がデータ品質プロジェクト実践ガイドを書いたのは、10ステップの方法論がプロジェクトの効果にどのような違いをもたらすか、またデータ品質に焦点を当てることでどのような利点が得られるかを目の当たりにしたからである。私はこの効き目のある方法を、他の人たちが活用できるように共有した

かったのである。私は10ステッププロセスには柔軟性があり、データが構成要素となる数多くの状況に適用でき、あらゆる種類の組織に適用できると確信しており、それは実践を通じて証明されてきた。さらにこの方法論は国や言語、文化に関係なく適用できることも学んだ。多くの人々が創造的で有益な方法で10ステップを実践し組織を助けていることは、とてもエキサイティングなことだった。この第2版で新設した「10ステップの実践例」と呼ばれるコールアウトボックスで、様々な国やタイプの組織での活用法を紹介している。

データ品質ワークが組織のビジネスニーズ（顧客、製品、サービス、戦略、ゴール、問題、機会）と結び付く必要があることは引き続き強調しておく。概要レベルの10ステッププロセス自体は、3つのステップのタイトルをより明確にするために少し変更しただけであまり変えてはいない。情報品質フレームワークの構成も変えていない。私は2つの新しいデータ品質評価軸と3つの新しいビジネスインパクト・テクニックを追加し、注目に値する分野を取り上げた。全体を通して人々とコミュニケーションを取り、プロジェクトを管理し、巻き込むことの重要性がさらに強調されている。

全ての章、ステップ、テクニックが、初版以来得られた経験に基づいて更新されている。本書はプロジェクトに焦点を当てているが、データ品質に取り組む方法はプロジェクトだけではないことは分かっている。そのため、読者がプロジェクトとデータ品質ワークを行う他の方法とを関連付けて考えることができるように、「データ・イン・アクション・トライアングル」を盛り込んだ。

第1章データ品質とデータに依存する世界でも説明するが、初版以降私達の世界は変化し続けているが、一方で多くのことは変わっていない。10ステップの方法論は時の試練に耐えており、本書に書かれていることは今でも通用する。データ品質は初版が出版された当時よりも、さらに重要性を増している。私はデータ品質を管理することについて私達が知っていること（管理する理由、方法、組織にとっての利点）が、私達の世界の変化から生じる興奮や恐怖の渦の中で失われないようにしたいと思った。私にとっての最も重要な動機は次の世代、あるいはそれ以降の世代がここで提供されるものから学び、それを有益に活用できるようになってほしいということである。

あなたに対する私のゴール

本書を執筆したのは、このアプローチを用いることでデータ品質ワークの効果にどのような違いが生まれるかを実際に体験したからである。私は高品質なデータが顧客、製品、サービス、組織にとって重要なものに利益をもたらすことを見てきた。あなたに実現して欲しいことを以下に述べる。

違いを生み出す！

ニーズが最も高いところから着手し、組織にとって最も重要なことに取り組もう。重要なビジネスニーズを特定しよう。そのニーズを支える最も重要なデータと情報を見つけよう。10ステップを使って賛同を得たり、他者を教育したり、現在の状況に実践的に適用しよう。顧客、サプライヤー、従業員、ビジネスパートナー、組織に価値をもたらそう。人々が10ステップを様々な形で活用しているのを見るのは、私にとってエキサイティングなことだ。

Introduction
イントロダクション

学び、考え、応用する！

新しいことを学んだり、知っていたが忘れていたことを思い出したり、すでにやっていることに名前をつけたり、自分の進む方向について確認したり、見慣れたことを別の視点から見たりしよう。この10ステップに書かれていることを実際に活用し、データ品質に焦点を当てることで解決策を提供し、重要なビジネスニーズに対応することができる。そうすれば直面する様々な状況に、適用するための思考を身に付けることができるだろう。

スキルを高める！

10ステップを使えば使うほどその方法論は使いやすくなり、どのステップや活動がどのような状況に最も当てはまるかを適切に選択できるようになることを理解しよう。あなたの経験から学ぼう。あなたの組織を助ける能力は高まるだろう。

他の人の知識を活用する！

たとえあなたが組織で初めてデータ品質の問題に取り組もうとしていたとしても、あなたは一人ではないことを知っておこう。データ品質のマネジメントに関する概念、ツール、手法には強力な基礎がある。多くのデータ専門家が長年にわたってこのテーマに取り組んできた。私は彼らから学べたことに感謝しており、本書でも何人かの名前を挙げている。何年も前に考案され現在でも通用する手法に加え、最近の手法も紹介する。世界各国の様々な組織で10ステップの適用に成功した人たちの経験も紹介する。また各章や参考文献の中にある多くの参考資料も、さらなる手助けとなるだろう。

他の人と分かち合う！

10ステップを他の人と共有し、その人たちも10ステップの恩恵を受けられるようにしよう。

始めよう！

データ品質は私がすべき最も重要なことでないと思ったときは、いつでも別の問題が私の肩をつかみ私の目を見つめて「データ品質を忘れるな！」と言った。データ品質の分野でキャリアを始めてから25年以上、本書の初版を執筆してから12年経った今も、私はこうして人々がデータ品質のゴブリン（訳註：goblins：悪魔、悪戯好きの妖精）と格闘するのを手助けしている。

私はこの第2版を書くにあたって、私達の世界に存在する多くの問題は、それらの問題の根底にある情報やデータの品質に配慮することで解決できる、あるいは最小限に抑えることができると、これまで以上に確信している。私達が直面している問題は緊急性が高く、圧倒されるように思えるかもしれない。しかし希望はあり本書はその助けとなるためにある！ あなたの組織がデータと情報の品質の問題に悩まされ、何から始めればよいかわからない場合、「心配しないで、私達には10ステップがある」と言えるはずだ。行動を起こして価値を提供しよう。あなたにはこの本がある！

本書の構成

本書には全てのステップを実行するための数多くのテンプレート、詳細な例、実践的なアドバイスが含まれている。同時に読者が直面する様々な状況に対処するために、関連するステップを選択し様々な方法で適用する方法もアドバイスされている。キーコンセプトや定義、重要なチェックポイント、コミュニケーション活動、ベストプラクティス、警告等を、強調した使いやすいレイアウトですぐに参照できる。また10ステップの実践例のクライアントや利用者の経験は、「10ステップの実践例」と呼ばれるコールアウトボックスで強調されている。

主要セクション

第1章　データ品質とデータに依存する世界
今日の世界におけるトピックを取り上げ、それらがいかにデータや情報に依存しているか、そしてなぜデータ品質がかつてないほど重要で相互に関連しているかを示す。

第2章　データ品質の実際
10ステップの方法論の概要を説明し、データ品質がプログラム、プロジェクト、運用プロセスを通じてどのように実践されるかを示す「データ・イン・アクション・トライアングル」を紹介する。

第3章　キーコンセプト
方法論の不可欠な構成要素であり10ステッププロセスの土台となる哲学と基本概念について説明する。第4章の手順をうまく適用するためには、この概念を理解する必要がある。

第4章　10ステッププロセス
情報およびデータの品質改善プロジェクトを完了するためのプロセスの流れ、手順、アドバイス、例、テンプレートを提供する。この章は具体的な手順、例、テンプレート、ベストプラクティス、注意事項を含む10ステッププロセスの全容が記載されているため、最も長い章となっている。

第5章　プロジェクトの組み立て
データ品質プロジェクトの一般的な種類を説明し、データ品質プロジェクトを立ち上げる際の手助けを提供し、プロジェクト計画の作成、時期、チームの編成に関するアドバイスを与える。

第6章　その他のテクニックとツール
本書では方法論の随所に様々な方法で適用できるテクニックを概説している。またデータ品質マネジメントツールに関するセクションもある。このアプローチは特定のデータ品質ソフトウェア（例えば、データプロファイリング・ツールやクレンジングツール）に特化したものではなく、またそれを必要とするものでもないが、これらのツールを導入する場合には、この方法論を用いることでより効果的に実装することができる。

第7章　最後に一言
他の章の要約と激励の言葉。

付録：クイックリファレンス
本書を通して紹介された重要な資料を読みやすいリファレンス形式にまとめた。手元に置いておけば、仕事中に一目で参照できる。

図、表、テンプレートのリスト
説明されているデータ品質活動の出発点として使用できる図、表としてフォーマットされた情報、テンプレートのタイトルとページ番号を一覧化している。10ステップに慣れてきたら、よく使うサンプルを手早く見つけるのにこのセクションを使うと良いだろう。

用語集
本書で取り上げられている用語のアルファベット・五十音順リストとその意味。

参考文献
本書の執筆中に参照した書籍、記事、ウェブサイト、その他の資料のリスト。データ品質に関する仕事を進め、知識やスキルを深めるために利用してほしい。

関連サイト
関連サイトのwww.gfalls.comでクイックリファレンスに掲載されている項目や、本書で紹介されているテンプレートの多くがPDFでダウンロードできる。

表記規則

イタリック体
イタリック体は、本書の章、ステップ、サブステップ、図、表、テンプレート、重要な単語やコンセプトへの参照を示すために使用される（例：**ステップ1ビジネスニーズとアプローチの決定**を参照、**ステップ4.6リスク分析**に進む、**第3章キーコンセプトの情報品質フレームワーク**を参照）。
（訳註：日本語フォントではイタリック体は識別しにくいため、太字で表現した。）

コールアウトボックス
表 I.1 に、本書で使用されるコールアウトボックスの種類と記号、説明を示す。コールアウトボックス内では、特定のトピック（定義されている単語等）は**太字**で表記する。

表I.1 コールアウトボックス、説明、アイコン

記号	コールアウトボックスのタイプ	説明
	定義	キーワードやフレーズを説明
	キーコンセプト	重要で、本質的な、大切なアイデアを記述
	ベストプラクティス	10ステップを最も効果的に実施するための、経験に基づく推奨
	10ステップの実践例	10ステップの方法論が実際にどのように適用されたかを示す実例とケーススタディ
	覚えておきたい言葉	記憶に残すべき発言
	警告	注意点と気をつけるべきこと
	コミュニケーションを取り、管理し、巻き込む	人々と効果的に働き、プロジェクトを管理するための提案
	チェックポイント	各ステップが完了し、次のステップに進む準備ができているかを判断するための、質問形式のガイドライン

10ステッププロセスのフォーマット

第4章10ステッププロセスでは、10ステップのそれぞれに以下の要素とセクションを含めている：

- **現在地表示**。各ステップ（1～10）は「現在地」という図から始まる。これは10ステッププロセスの図であり、全体的なプロセスの中であなたがどの位置にいるのか、どのステップについて説明するのかを示している。
- **ステップサマリー表**。10ステップのそれぞれにはそのステップの案内となる「ステップサマリー表」が含まれている。この表には特定のステップの簡単な概要と、10ステップそれぞれの主な目標、目的、インプット、ツールとテクニック、アウトプット、コミュニケーションに関する提案、チェックポイントの質問が記載されている。ステップサマリー表の各セクションの詳細については、**表I.2 ステップサマリー表の説明**を参照のこと（ヒント：10ステッププロセス全体に素早く慣れるには、各ステップのステップサマリー表を順番に読むと良い。インプット、アウトプット、チェックポイントの質問のフローを通じてステップ間の関係を確認できる。さらに達成すべきこととその理由、そしてプロジェクトの人材管理やプロジェクトマネジメントの側面に取り組むことで成功を高めるためのアイデアが見えてくるはずだ）。

表I.2　ステップサマリー表の説明

セクション	説明
目標	**私は何を達成しようとしているのか。** ステップのゴールまたは意図する結果
目的	**なぜやらなければならないのか。** このステップの活動が重要な理由
インプット	**このステップを実行するには何が必要か？** 他のステップからの入力を含む、ステップ実行に必要な情報
テクニックとツール	**このステップを完了させるために何が役立つのか。** ステップのゴールを達成するため、またはプロセスを促進するためのテクニック、ツール、プラクティス
アウトプット	**このステップの結果、何が生まれるのか。** ステップを完了した結果。ほとんどのステップには、サンプルアウトプットもしくはテンプレートが含まれている。
コミュニケーションを取り、管理し、巻き込む	**この取り組みにおける人的要素とプロジェクトマネジメントの側面にどう対処すればいいのか。** ステップを実施中に人々と効果的に働き、プロジェクトを管理するための提案
チェックポイント	**どのようにすれば、作業が完了したか、次のステップに進む準備ができたかを判断できるのか。** ステップの完了と次のステップに進む準備を判断するためのガイドライン

- ビジネス効果とコンテキスト。このセクションにはそのステップを理解するのに役立つ背景や、ステップを完了することで得られるメリットが記載されている。
- アプローチ。このセクションにはステップを完了するための、ステップ・バイ・ステップの手順が記載されている。
- サンプルアウトプットとテンプレート。このセクションには作業のガイドのために、またプロジェクトのアウトプットを作成するために使用できる記載例やフォーマットが含まれている。

> **注記**
> 10ステップの中のいくつかには、詳細な手順が記載されたサブステップがある。これらのサブステップも前述のビジネス効果とコンテキスト、アプローチ、サンプルアウトプットとテンプレートと同じフォーマットで示されている。

Chapter 1

第1章
データ品質とデータに依存する世界

ビッグデータ、ブロックチェーン、サイバーセキュリティ、データサイエンス、デジタルディスラプション等に人々が熱狂していることは認識しているが、揺るぎない真実は、これらの素晴らしい、輝くようなアイデアは、高品質のデータなしには効果的に機能しないということである。

- James Price, Managing Director, Experience Matters

本章の内容

- あらゆる場所にデータ、データ
- 高品質なデータのトレンドと必要性
- データと情報 - 管理すべき資産
- リーダーのためのデータ宣言
- あなたにできること
- 変わる準備はできているか

あらゆる場所にデータ、データ

データ、データ、データ。データを追え。データが必要なのだ！私はコロナウイルスの世界的大流行中にでこの本を書いている。国際的な話題の中でデータがこれほど大きく取り上げられたことはかつてなかった。一般市民と最初に共有された情報は、検査対象者数、陽性率、入院患者数、死亡者数を示す地域別のレポートという形だった。その後徐々に単純な対策（マスクの着用、社会的／物理的距離を置くこと、手洗い、群衆の規模を制限すること）がCOVID-19の蔓延を遅らせるのに役立つことがデータで明らかにされていった。接触者の追跡にはデータが必要だった。世界中で製薬会社がワクチンの開発に取り組んだ。ワクチンのテスト、次に進むかどうかの決定、承認等に、そのプロセスを通して起こった全てのことを表すもの、すなわちデータが必要だった。

私がこの章を更新した2020年12月には、最初のワクチンが世界中の優先順位の高い人々に投与されようとしている。このような取り組みは、あらゆる段階でデータに依存している。輸送中ワクチンは低温に保たれなければならない。氷点下での保管が必要なものもある。必要な温度でワクチンを保管できるのはどこなのか。製造業者から病院や薬局等の管理拠点にワクチンが移動するコールドチェーン全体で何が起こっているのか。各拠点には何回分のワクチンを送るのか。接種を2回受ける必要があるワクチンもあるが、誰がいつ2回目の接種を受けるのか。誰が2回目の接種を受けていないのか。その人たちにどのように連絡すればよいのか。各拠点に何回分の持ち合わせがあるのか。あと何回分をいつ送らなければならないのか。副反応があったのは誰か。どんな反応なのか。ワクチン接種の成功は、効果的な対応が取れるよう品質の高いデータが作成され、収集され、共有され、全ての段階で適切に管理されているかどうかにかかっている。

データを有効に活用するためには、2つの質問の答えがイエスでなければならない。

- **データは高品質か**。つまり、現実世界で起きたことを正確に表しているか、必要なときに利用できるか、不正アクセスや不正操作から守られているか、等である。
- **我々はデータを信頼しているか**。つまり、私達はデータや情報に根拠があると思えるか、それが高品質であると信じられるか、ということである。

悲しいことに、COVID-19に関するデータには信頼が欠けていた。信頼の欠如は健康のパンデミックをインフォデミックに変えた。正当なデータソースは意図的に偽情報（個人、団体、組織、国を欺き、害を与え、操るために意図的に作られた偽情報）を叫ぶ人々や、不注意に誤情報（偽情報だが、害を与える意図をもって作られたり共有されたりしたものではない情報）を共有する人々によって覆い隠された。人々はウイルスの深刻さ、感染者数、死亡率に関するデータを信じなかった。多くの人々はマスクの着用や、ウイルスの蔓延を遅らせるために自分ができる簡単な行動をとることを拒否した。事実に基づいてどのように行動すべきか、それについての正当な議論や意見の相違は予想されることである。しかし事実を否定したことが、パンデミックによる死者数と経済的に壊滅的な影響を招いたのである。

ワクチンが登場した今、関係者は質の高いワクチンを接種するだけでは十分でないことに気づいている。

Chapter 1

第1章　データ品質とデータに依存する世界

人々がワクチン接種の根拠を納得しなければならない。そのため、信頼を築くために不可欠なコミュニケーション、マーケティングキャンペーン、公共サービスアナウンスが始まっている。リーダーたちは自分の番が来たらワクチンを受けるという意思を共有するために、一歩前に踏み出している。同じようにデータの専門家も、データに関する業務での人的な要素に取り組むために、人々とコミュニケーションを取り、関わりを持たなければならない。経営幹部や管理職はデータに関する業務のこの側面をサポートし、自らの役割を果たさなければならない。高品質なデータとそのデータに対する信頼は対のものである。もちろん政治やその他の動機によって、データや情報がどのように使用されどのように伝達されるかは影響される。しかしデータの専門家として、私達には可能な限り高品質なデータを提供しそれに対する信頼を高める責任がある。それが基本である。さらにリーダーには情報の使い方について誠実である責任がある。

データ品質と信頼は両立しなければならない。これこそが本書で取り上げている10ステップの方法論が、その両方に対応している理由である。10ステップの方法論はどのような組織でも、データと情報の品質を定義し、改善し、維持し、管理するための構造化されていながらも柔軟なアプローチである。10ステッププロセスの最初の9ステップは、高品質なデータの確保に関するものである。10番目のステップは、人々とコミュニケーション、管理、人の巻き込みに関するものである。ここで信頼が重要になる。**ステップ1～9**のどのステップを実施する場合でも、個々の担当者とチームは人々と関わりながら、根拠に基づく信頼を築かなければならない。データ品質ワークを成功させるためには、**ステップ10**を成功させなければならない。

パンデミックはデータと情報がいかに複雑に社会、組織、そして私達の個人生活に織り込まれているかを示した。このような明確な例があるにもかかわらず、私達はデータに依存した世界に生きることの意味を本当に理解していると言えるだろうか。

データドリブンではなく、データ**依存**と言ったことに注意してほしい。この違いは何だろうか。データドリブンとはデータを通じてビジネスの効率性を向上させたり競争上の優位性を獲得したりするために、組織が行う**具体的かつ意図的な**取り組みを指す。私はビジネスがデータドリブンで意図的にデータを活用することを**支持する**。データ品質を管理することは、全てのデータドリブンな組織にとって不可欠である。

データ依存という言葉はより多くのことを指している。社会、家族、個人、そしてあらゆる種類の組織（営利、非営利、政府、教育、医療、科学、研究、社会サービス等）は全て、**意識しているかどうかにかかわらず**成功するために情報に依存している。より良い活用のために意図的にデータや情報を管理しているかどうかにかかわらず、全てがデータに依存しているのだ。重力の法則はその原理を理解している科学者にも、自分が宇宙空間に浮遊していない理由があることを意識していない小学生にも作用する。

個人として私達は毎日、一日中データや情報に基づいて意思決定をしている。カレンダーにアクセスするため、電話番号を知るため、迎えの車にメールするため、株価を見るためにスマートフォンを見る。選挙結果は信用できるのか。今日の大気の状態はどうか。家計の収入と支出の比較はどうか。子どもたちは登校するのか、それともオンライン授業か。データと情報は全ての人にとって不可欠である。

データ依存についての私の定義はデータのあらゆる用途を広くカバーするものであるが、本書では組織が成功するために必要なデータと情報の品質を管理するために、**組織内の人々ができることにフォーカス**する。従業員、ボランティア、委託業者は皆情報に基づいて意思決定を行い、行動する。ある者は業務処理の完了のためにデータを利用する。またマーケティング戦略を調整し、販売地域を割り当てるためにレポートを使用する者もいる。多くの意思決定はデータとアルゴリズムに基づいて自動化されている。在庫が少なくなると人手を介さずに部品が定期的に発注される。製品価格は顧客のタイプとそれに対応する割引に基づいて計算される。洗練されたテクノロジーを駆使する多国籍企業から、紙のノートを使う小さな商店主までの全てが、顧客対応、代金回収、補充発注を行うためにアカウント、購買嗜好、在庫に関する正しい情報に依存している。

意識的にデータドリブンを目指している組織は、本書が提供するものを活用できる。正式なデータドリブン施策が実施されていなくても、日常業務を遂行するために使用しているデータに不満を持っている担当者は10ステップの方法論を活用できる。自分の組織がデータに依存していることを認識するからこそ、自らデータ品質に取り組み、周囲を巻き込むことができるのだ。

データに依存することは新しいことではない。新しいのはより多くのデータ、より多くの種類のデータが保管され、より多くのデータが作成され、より自動化され、データがどのように流れ使用されているのかその内部構造が見えにくくなり、情報が世界中をますます速く移動するようになっていることである。新しいテクノロジーへの興奮は、それが作成したり使用したりするデータを軽視させてしまう。データを作成し、更新し、保存し、利用可能にする環境はますます複雑で不透明になっている。その影響は大きい。組織の従業員、ビジネスパートナー、および機械によって毎分どれだけの意思決定が行われているか。これらの意思決定からどのような行動が生まれるか。データ品質、または品質の欠如は、従業員の行動にどのような影響を与えるか。

もし私があなたに高品質なデータや情報を提供したとしても、私にはあなたが優れた決断を下し、適切かつ効果的に行動することを保証することはできない。それはあなたの専門的なスキルや知識、経験といった要素に基づくものだ。政治、懸念、個人的な価値観も絡んでくる。しかしもしあなたのデータや情報が悪い（すなわち、不正確な、あるいは間違った）ものならば、いかなる決断やその結果としての行動も少なくとも効果が薄くなるし、多くの場合、悲惨な結果になることを保証できる。

私達は生き残るためにデータと情報を持たなければならない。そしてデータ品質が高ければ高いほど、私達は社会、家族、個人としての私達自身、そして組織のためにより良い決断を下し、効果的な行動を取ることができる。この文章を読んでいる皆さんの多くは、何十年もの間、何気なく口にしてきた「Garbage in, garbage out（ゴミを入れればゴミが出てくる）」という格言を、うんうんと頷きながら繰り返してきたことだろう。しかしこの言葉の実際の意味は何だろうか？あなたの組織はその組織が依存するデータや情報が信頼でき、高品質であることを保証するために必要な業務を行っているだろうか。

良いニュースはデータ品質の問題を改善し、予防する方法がわかっていることである。本章の残りの部分ではデータに依存する今日の世界で情報とデータの品質が非常に重要である理由と、行動と改善を可能にするために10ステップの方法論ができることの例を取り上げる。

高品質なデータのトレンドと必要性

Global Data Excellenceの創設者兼CEOであるDr. Walid el Abedはかつて、法規制の津波とデータの津波という2つの津波によって引き起こされる問題を解決する必要性を説いた。この2つの津波に、私はテクノロジーの津波を付け加える。

法規制の津波
GDPR、DPA、HIPAA、CCPA、APPI等、組織はデータ保護、セキュリティ、プライバシー、データを共有する能力に関連した、アルファベットの羅列のような法律や当局の規制要件を遵守しなければならない。またその他の様々な規制要件にも準拠していることを証明しなければならない。そのコンプライアンスはどのように示されるのか。データを通じてである。

どの国にも独自の法規制要件がある。その多くはその国の物理的な境界線の外にある組織にも影響を及ぼす。法律は次々と施行され、変化に対応しなければならないというプレッシャーが高まっている。組織は手順を確立し、コンプライアンスの証拠を示さなければならない。データ品質を管理する上で不可欠なのは、データに適用される要件を知り遵守することである。

悲しいことに、多くの組織はこうした規制を重荷としか考えていない。悪評と高額の罰金の脅威、そしてCEOが刑務所に入るリスクが、最低限のレベルでのコンプライアンスを動機づけるのだ。なんという機会損失だろう！　コンプライアンスがプロセスを改善し、リスクを低減し、顧客を満足させる機会を増やすことを理解しているからこそ、熱意を持って取り組むことができるのだ。データ品質を向上させれば、全てに手が届くようになる。

テクノロジーとデータの津波
テクノロジーのおかげで、私達は驚くべきことができる。寝ている患者の呼吸を機械がトラッキングし、その情報を医師に送信する。農家が作物の収穫量をモニターし、成長パターンを予測するのをセンサーが助ける。識別のためにバイオチップ・トランスポンダーを動物の皮下に挿入する（耳タグや焼き印は不要になる）。スマートフォンから洗濯機をスタートさせる。誰がドアベルを鳴らしているかをアプリが表示する。スマートビルディングが自動的に温度を調整する。ウェアラブルデバイスが健康をモニターする。カーナビゲーションのデータが機器の故障を予測し、より安全な道路を設計するのに使われる。センサーでいっぱいのスマートシティが環境を理解し制御するのに役立つ。これらの例を実現する能力を与えるデバイスはIoT（モノのインターネット）の一部である。ありふれたものもあれば、まだその潜在的な可能性にまで至っていないものもあるが、全体として日々拡大している。

テクノロジーはその目的を達成するためにデータを作成し、変更し、利用する。データはデジタルトランスフォーメーション、つまりデジタルテクノロジーを使った問題解決と、その結果として生じる文化的変化に不可欠なものである。以下のトピックは最近の技術的革新とデータの密接な関係を示している。

モノのインターネット (IoT)

IoTとは、センサーと固有の識別子（UID）を持つ、相互に関連する「モノ」が接続されたシステムのことで、人間対人間、人間対コンピューターのやりとりを必要とせずに、インターネット経由でデータを転送することができる。モノというのはコンピューティング・デバイス、機械、物体、動物、あるいは人間でもありうる。IoTは、何十億ものスマートデバイスからなるセンサーネットワークであり、人、システム、その他のアプリケーションを接続してデータを収集し、共有し、相互に通信し、対話する。

IoTにはいつでもどこからでも、どんなデバイスでも情報にアクセスできる等多くの利点がある。その一方で、デバイスから生成される膨大な量のデータを収集し管理することは難しい。またハッカーが侵入して情報を盗む潜在的なリスクも高い。高品質なデータの必要性は、IoTの一部であるあらゆる「モノ」から恩恵を受けるための基本である。

5G

通信において5Gは携帯電話ネットワークの第5世代テクノロジー標準であり、現在の携帯電話のほとんどに接続を提供している4Gネットワークに取って代わるものである。5Gは帯域幅の高速化とレイテンシー（データがあるノードから別のノードに移動する間の期間または遅延時間、もしくは刺激／指示に対する応答の遅延）の短縮により、ダウンロード速度を向上させる。帯域幅の拡大は5Gが携帯電話だけでなく、ラップトップやデスクトップ・コンピューター向けの一般的なインターネット・サービスプロバイダーとしても利用できることを意味する。簡単に言えば5Gはデータをより速く移動させる。良質なデータをより速く移動させることは良いことだ。しかし低品質のデータをより速く移動させることは、単にリスク、コスト、収益への影響を加速させるだけである。

ビッグデータ

データとそれを管理するテクノロジーとの密接な関係を説明するために、2005年にRoger Mougalasによって初めて現代的な文脈で使われたビッグデータという言葉について考えてみよう（Dontha, 2017）。コンピューター、スマートフォン、モノのインターネットを通じて接続されたデバイスから、ますます大量のデータが生成されるようになった。これが従来のリレーショナルシステムでは十分に処理できなかった大量のデータ（ビッグデータ）を扱うための非リレーショナルシステム（NoSQL – Not only SQLの意味）の開発に火をつけた。データレイクはビッグデータテクノロジーと、データウェアハウスはリレーショナルデータベースとある程度同義語になっている。すでに現実が示しているように、データレイク（湖）の多くはデータスワンプ（沼）と化している。またしてもデータ品質の問題である。

当初ビッグデータは、Doug Laneyによって以下の3つの「V」を使って説明されたVolume（膨大な量のデータ）、Velocity（生成、作成、更新、処理されるデータの頻度と速度）、Variety（構造化および非構造化両方の異なる形式と種類のデータ）。George Firican (2017)はさらに以下のVを追加してビッグデータを説明した。Variability（一貫性のないデータ）、Veracity（データの信頼性に対する懸念、またはデータソースの確実性を知ること）、Vulnerability（セキュリティ上の懸念）、Volatility（データの劣化速度）、Visualization（大量のデータを視覚的に描写するための課題）、Value（データの分析から得られる洞察）。

Chapter 1
第1章　データ品質とデータに依存する世界

これらの「V」による課題がデータ品質に対する要求を高めている。私達はビッグデータから組織の競争力を高め、収益を上げ、環境を保護し、安全な社会を確保し、社会悪に対する答えを見つけるのに役立つ価値ある洞察を求めている。データ品質はこれ以上ないほど重要になっている。

既に語られていることであるが、ポスト・ビッグデータ時代とは膨大なコンピューティング能力、膨大なデータ、そして膨大なデータを迅速かつ確実に学習し推論する必要性から来るチャレンジの時代である。人工知能と機械学習の登場だ。

人工知能と機械学習

PwCは人工知能（AI：Artificial Intelligence）テクノロジーが2030年までに世界経済に15兆7000億米ドルをもたらすと予測している。PwCによるAIの広義の定義は、「環境を感知し、思考し、学習し、感知したものや目的に応じて行動を起こすことができるコンピューターシステムの総称」（2020）である。機械学習（ML：Machine Learning）はAIの一分野であり、高度なアルゴリズムを用いてコンピューターソフトウェアがより適切な判断を下せるようにするものである。AI、ML、および関連トピックについては、Thamm, Gramlich, Borek, The Ultimate Data and AI Guide（2020）を参照されたい。

イギリス南西部のソールズベリー近郊に除草ロボットのプロトタイプを開発している企業がある。そのプロトタイプには作物と雑草の違いを認識する能力が組み込まれており、この画像認識の背景にはMLとAIがある。MLとAIは人々が購入する商品の関連性から洞察を深め、それを利用して売上を伸ばすためにも使われる。銀行はそのアルゴリズムを使って詐欺を防止している。その他にも音声認識、医療診断、予測等の用途があるが、それらも多くの用途のほんの一部にすぎない。しかしマイナス面もある。2020年6月、ある男性が顔認識テクノロジーによる誤った照合結果に基づいて不当に逮捕された。この出来事が、アメリカで起きた初の事例として記録されている（Allyn, 2020）。

Metawright代表のDonald Soulsbyは、昔から親しまれている漫画（作者不詳）を引き合いにして述べている。元々の漫画はボスが4人のプログラマーに向かって、「私は顧客の要望を探ってくるから、残りの者はコーディングを始めろ！」

と言う、というものだ（訳註：本来は要望を踏まえてコーディングを始めるべき）。Donaldはこれを、異星人ロボットのボスが4人の異星人ロボットのプログラマーに向かって「私が顧客の要望を探ってくるから、残りの君たちはアルゴリズムを始めてくれ！」と言う、とアップデートした。彼は「ものごとは繰り返される」、つまり環境がどんなに変わっても、同じようなことが繰り返し起こるのだと言った。過去の過ちを繰り返さないようにしよう。

AIとMLへの期待と可能性を、リスクを最小限に抑えながら達成するためには、高品質なデータは欠かすことができないパーツである。Tom Redman（2018）は、「データ品質の低さは、機械学習を広く有益に利用するための最大の敵である」と指摘している。彼はさらに問題が一番多くみられるのは予測モデルを訓練するために使用される履歴データで、二番目はそのモデルが将来の意思決定を行うために使用する新しいデータであると説明している。

Tom RedmanとTheresa Kushnerは、「データ品質と機械学習のレディネステスト」を開発した。この

テストは組織が持つテーマに関する最も重要な問題と現状を把握し、短期的に取り組むべき課題を決定するのに役立つように設計されている（Redman & Kushner, 2019）。レディネステストはdataleaders.orgで見ることができる。

データ品質に取り組まなかったために、テクノロジーへの期待と可能性、そして組織や個人生活、社会を改善する様々な方法を見逃してしまうことがあってはならない。

> **覚えておきたい言葉**
>
> 「AIは誤った呼び名である。なぜならAIは本当にはインテリジェントではないからだ。AIは事実と虚構、善と悪、正と偽を本質的に区別することはできない。AIにできるのは、大量のデータを消費しプログラミングの指令を満たすパターンを探すことだけである。もしデータが正しくないか間違って解釈されたものであれば、パターンは歪められ結果は誤ったものになる。
>
> このように考えると人工知能の背後にある真のインテリジェンスがどこにあるかというと、常に人間の頭脳なのである。データの収集と準備における適切な監視によってのみ、AIはデジタルサービスとオペレーションに最大の利益をもたらすことができる。
>
> 「私達がデータについてより賢くなればなるほど機械もより賢くなり、より高い生産性を実現できるだろう」
>
> - Arthur Cole, The Crucial Link Between AI and Good Data Management (2018)

データと情報 - 管理すべき資産

私達の世界が依存しているデータの品質を保証するために、私達は何ができるだろうか？最初の一歩はデータと情報が他の資産と同様に意図的に管理されるべき重要な資産だと認識することである。資産としてのデータと情報には価値があり、組織が利益を上げるために使用される。データと情報はビジネスプロセスを実行し、組織の目標を達成するために不可欠なリソースである。歴史的に組織は、人とお金は価値を持つ資産であり、成功するためには管理されなければならないと理解している。しかし情報はしばしばテクノロジーの副産物としてしか見られず、データに対してリップサービスはするものの行動としてはテクノロジーだけにフォーカスしがちである。いくつか比較してみよう。

情報のマネジメント vs. お金のマネジメント

どの組織も多くの場合、最高財務責任者、管理者、会計士、簿記担当等の役割を持つ専門の財務部門を通じてお金を管理している。どの役割も金融資産のマネジメントに役立っており、彼らなしで会社を運営しようとは誰も考えないだろう。しかし情報に関しては、データ品質を管理する専門的なスキルを持つ人々が存在することさえ、どれだけの人が知っているだろうか。

財務関連の役割には予算が必要であり、人を雇わなければならないことは誰もが知っている。財務ソフ

トのサポート担当者が勘定科目を設定するとは誰も思っていない。それなのになぜ組織が、データを中心とした専門知識を持つ専門家を雇うという考えに抵抗する必要があるのだろうか。ほとんどの人は会計士が必要であることを知っているし、彼らが何をするのかも大体理解している。それと同じように、私が生きている間にほとんどの人がデータの専門家の仕事を一般的に知るようになり、彼らの専門知識なしに企業を運営しようと考える組織がなくなることを願っている。

情報のマネジメント vs. 人のマネジメント

どの組織も人材を管理しなければならない。このプロセスを監督するのは人事部だが、多くの役割が関与している。マネージャーが人を雇い契約を結ぶ際には、中央の人事部門が定めた職務クラス、職種、役職、報酬ガイドラインの枠内に収めなければならない。ラインマネージャーが会社全体を代表して福利厚生パッケージについて交渉する権限を持っていないことは、誰もが理解している。しかし情報に関して言えば、マネージャーは自分のニーズを満たす全社的な情報リソースがすでに存在していることを考慮せずに、独自のデータベースを作成したり外部のデータを購入したりすることがよくあるのではないだろうか。それは情報資産の賢明なマネジメントだろうか。同様にそれぞれデータを作成し、データを更新し、データを削除し、業務でデータを使用する人（つまり全ての人々）がデータに影響を与えている。しかし情報という重要な資産に自分が与える影響を理解している人がどれだけいるだろうか。もし人々が自分たちがどのように影響するかを理解していないのであれば、私達はデータや情報という資産を管理していると本当に言えるだろうか。

データと情報のマネジメントシステム

人的、財務的資源と情報資源のマネジメントの類似性は明らかである。細かいことを言えば人はお金とは違う方法で管理されるし、データや情報とも違う方法で管理される。特定の資源や資産タイプから最大の価値を引き出すためには、適切なマネジメントシステムが必要である。マネジメントシステムとは、組織がプロセス、役割、人々の関わり方、戦略、文化等、相互に関連する多くの部分、つまり「物事の進め方」をどのように管理しているかを指す。また、Tom Redman (2008) がデータのマネジメントシステムと呼ぶものも必要である。データと情報の品質マネジメントは、データマネジメントに不可欠な要素である。

経営者や管理職は、十分な資金と時間、そして適切な人数のスキルを持った人員を投入し、データが適切に管理されるようにデータ品質に投資しリードしなければならない。個々の担当者ができるのは同僚が情報資産の価値を理解するように手助けし、情報資産を適切に管理するために自分の役割を果たすことである。

リーダーのためのデータ宣言

「リーダーのためのデータ宣言」（私、John Ladley, James Price, Tom Redman, Kelle O'Neal, Nina Evansの共著）という文書はデータと情報を重要なビジネス資産として捉え、そのような資産として管理するために必要な変革を促す、新たな方法を提示している。図1.1を参照。

リーダーのためのデータ宣言

組織が本質的に成長する機会はデータの中に眠っています

データには様々な未開発の可能性が秘められています。データにより競争優位性が確保され、新たな富や雇用が創出され、医療が改善され、**人類がより安全に、より幸せに生きられる状況が生まれるのです。**

一方で組織がデータに基づいて経営されているとは言えません ほとんどの企業は、

1. どんなデータを持っていて、どれが最も重要なデータかを完全に把握しておらず
2. 「データ」を「IT」や「デジタル化」と混同し、結果としてどれも野放しにされ
3. データがビジネスにどう貢献するのかを示すビジョンや戦略が欠けており
4. データを管理するために必要な努力を軽視し、それを実行する組織構造もない状態にあります。

小規模なデータ分析やガバナンス、データ品質管理などの取り組みに成功している組織は多いでしょう。しかし、**根本的かつ永続的な全社的変革を成し遂げられた例はほとんどありません。**
それを実現するためには全組織レベルを巻き込んだリーダーシップと積極的関与が必要なのです。…もちろん、組織の至る所に散在するデータの価値を解き放つことが如何に難しいかは十分認識されるべきです。

―だからこそ、変革をリードしていただきたいのです―

ボードメンバー、エグゼクティブ、リーダーの方々へ：データに対する既成概念を打ち破ってください

データを IT やコンピュータシステムの中に埋没させず、新しい無限の可能性を持った源と考えてください。データが持つ潜在力は、データサイエンティストなどの専門家の方々だけにではなく、すべての人にとって重要であり、競合他社に対して真の差別化を実現する方法となることに気付いてください。データが自らの重荷となっている古いしきたりから自分たちを解放してくれる一助となると考えてください。データが自分自身の資産であるとは、どういうことかを考えてみてください。リーダー層は株主や関係者に対して、データビジョンを示す責任があります。まず次のことに焦点を当てましょう：

1. 最も重要なデータの品質に着目し、データをより適切に管理すること
2. データを活用する様々な方法を試し、競争優位性を確保すること
3. データに要求される品質に応じて管理システムを改善すること

業務でデータを扱う全ての人々へ：変化を促進させるためデータ活用を唱えるエージェントになりましょう

チャンスは至る所にありますが、着手したい分野を 1 つか 2 つ選びましょう。例えば、データ品質の向上、より深いデータ分析方法の発見、新しい品質指標の開発、データが生み出す価値を定量化するアイデアの提供、データを使った部門間連携などを考えてみましょう。

データプロフェッショナルの方々へ：

より積極的に行動し、業務担当者とコミュニケーションを取り、主張を伝え、データの重要性を説き、人々が自分自身のサクセスストーリーを生み出せるよう支援しましょう。

さあ、行動の時です

今はエキサイティングかつ危険な時代です。なぜエキサイティングか。それは、データにより競争力が向上し、既存の製品やサービスが改善され（さらに新しいものを生み出し）、顧客に対する理解度が深まり、コストを削減する機会が訪れるからです。なぜ危険か。それは、いったん時代遅れになってしまえば、それを修正するのは大変だからであり、ここで長い間足踏みをしていたら取り残されるかもしれないからです。

この宣言が意味するところ理解され、**共有し、話し合っていただければ、**きっとあなたの組織に役立つはずです

マニフェストの日本語訳をしてくださった林幹高さんに感謝します。
©2021 dataleaders.org

図 1.1 リーダーのためのデータ宣言、Copyright©2017 dataleaders.org 許可を得て掲載

図1.2は、宣言の3つの主要セクションを強調している。1) データへの約束、2) データに関するほとんどの組織の現状、3) ボードメンバーおよびエグゼクティブリーダー、業務にデータを扱う全ての人々、データプロフェッショナルの3者に向けた行動への呼びかけを示したものだ。図の3列目は、データと情報資産のマネジメントについて会話を始めるための質問を示している。

これが「データリーダーの宣言」ではないことに注意してほしい。あくまでも「リーダーのためのデータ宣言」であり、データ専門家やデータを管理する人たちだけでなく、全てのリーダーを対象としたものだ。dataleaders.orgで宣言をダウンロードできるので見てほしい。本書の執筆時点で14カ国語で提供されている（訳註：翻訳時点では23カ国語になっている）。宣言に署名しあなたの組織で実践することで、これらの考えへの支持を示してほしい。ディスカッションの論点として活用しよう。他の人と共有して、1人でも良いので他の人に署名してもらってほしい。また他言語への翻訳を申し出たり、サイト上の他の無料リソースを活用したりしてほしい。

世の中の全ての人が、そして特にあなたの組織が、情報とデータ資産を管理することの重要性を理解すればするほど、実際にデータを管理することに費やせる時間は増え、それを行うべきだと周囲を説得するために費やす時間は減る。リーダーのためのデータ宣言は、データ資産のマネジメントに対する支持を得るための一助として提供されるものであり、データ品質に関するワークを前進させるものでもある。

あなたにできること

テクノロジーに注目し資金を費やす割には、データや情報を管理する有能な人材の確保に同じような資金や注意が払われていない。あなたにはどんなことができるだろうか。どのような組織においても誰にでも、以下のようなことができる。

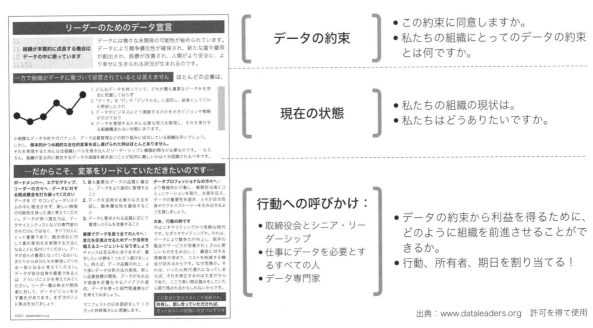

図1.2 リーダーのためのデータ宣言と議論のための問いかけ

- 先述の「リーダーのためのデータ宣言」にある行動への呼びかけを実行する
- データや情報を会話のトピックに加える
- 職場におけるデータリテラシーを高める
- 教育機関にデータ（品質）マネジメントを取り入れてもらう

データと情報を会話のトピックに加える

戦略を実行し、機会を創出し、目標を達成し、問題を回避し、高品質の製品とサービスを通じて顧客を満足させるための最善の方法に関する会話にはほとんど全て、人材、プロセス、テクノロジーといういつもの三要素が含まれている。欠けているものは何か。データと情報だ！

役員、経営幹部、あらゆるレベルのマネージャー、プロジェクトマネージャー、プログラムマネージャー、そして個々の担当者たちへ私が呼びかけるのは、データや情報を会話のトピックに加えることである。役員、経営幹部、シニアマネージャーは本書の読者ではないので、本書の内容を広めるかどうかは他の皆さんの努力にかかっている。彼らに本書を渡し、第1章に印を付けて読んでもらいフォローアップしてほしい。人材、プロセス、テクノロジーに関する議論に参加する際に、データや情報を持ち込んでみよう。会話を深めるために次のような質問をしてみよう。

- 特定の戦略、ゴール、問題、機会（具体的にあなたのケースに置き換えて欲しい）を実行するために必要なデータや情報は何か。
- よりお客様の役に立てるように商品とサービスを提供するためには、どんな情報とデータが必要か。
- 我々は必要なデータを持っているのか。
- 我々が持っているデータや情報は信頼できるのか。
- 実際のデータ品質はどうなのか、それは求められるレベルに達しているのか。

これはプロセス、人材、テクノロジーにあまり注意を払わないということではない。組織が依存するデータと情報の品質にも同等の注意を払い、投資するということである。本書で示すデータ品質への幅広いアプローチには、全ての側面が含まれる。なぜなら様々なことを組み合わせて機能させなければならないからだ。10ステップの方法論という助けがあることを他の人に知らせよう。詳細を知る必要がある人もいる。また、適切な人々が実績のあるアプローチに従い、良い結果を出していることだけを知る必要がある人もいる。

職場におけるデータリテラシーを高める

本書の執筆時点で、データリテラシーはよく使われる言葉である。データリテラシーは一般的なリテラシーという概念、つまり文字を読む能力と比較されることが多い。しかしリテラシーとは、単に文字を読むことができるだけではない。リテラシーを身につけるには、読んだ内容を理解し応用することも必要だ。私達の暮らしにおけるデータの重要性を踏まえて、多くの組織がデータリテラシーという大義を掲げている。それは良いことだ。しかしデータリテラシーの定義は様々であり、どの組織が定義を行うか、あるいはベンダーがどのような製品を売りたいかによって異なるかもしれない。ほとんどの定義にはデータを扱うこと、データを分析すること、データを文脈に沿って表現すること、コミュニケーションすること、さらにはデータを使って議論することといった考え方が含まれている。これらの定義はデー

タを理解し解釈できることを重視している。データリテラシーの定義に欠けているのは、データのソースを理解する必要性と、そのソースが信頼できるかどうかを判断する手段である。データについて嘘をついていたり、より評価の高いソースと矛盾しているデータを使用したり、そもそもそれらを確認する必要があることすら認識していない場合、その人はデータリテラシーが高いとは言えない。またこの定義では、使用するデータを適切に準備する能力もデータリテラシーの一部であることを認識していない。私自身のデータリテラシーの定義についての説明はさておき、広く言えば、組織のあらゆるレベルでデータの重要性、データにおける全員の役割、それぞれがなすべきこと、そして本書で概説されているデータ品質の基本についての認識を高める必要がある。もちろん対象者に応じて概要なのか詳細なのかの適切なレベルはあるが、これらはデータリテラシーの一部と考えるべきである。

求められるデータの知識とスキルを身につけて労働力になるまで、私達は雇用主が従業員に与えるデータスキルを学び、身につける機会に頼らざるを得ない。例えば経営者や組織は、社内研修や現場研修、公開研修（対面またはオンライン）、カンファレンス、認定資格、学位プログラムの費用を負担できる。雇用主は業界団体や支部会議への参加を奨励したり、資格のある専門家によるコンサルティングやコーチングを手配したりできる。保険や金融等特定の業界や、チーフ・データ・オフィサー等データに関する特定の役割のための団体や会議がある。車輪の再発明をしないように（よく調べて利用できるものは活用）しよう。雇用主が従業員のスキルを向上させるために研修や教育に投資すれば、組織も生産性と有効性の向上から利益を得られる。10ステップの方法論は、データ専門家であれば誰でも学べ、発展させることができる既存の知識基盤の一部である。

あらゆるレベルの教育機関にデータ（品質）マネジメントを取り入れてもらう
初等・中等教育、高等教育、専門課程等、あらゆるレベルの教育機関にデータ品質マネジメントを取り入れるよう求めよう。

- **コーディングとデータ**。若い人にコーディングを教える際には、データマネジメントとデータ品質に関する情報を盛り込み、コーディングを行う理由、彼らのプログラムから生成され使用されるデータへの影響、倫理的な方法でそれを行う責任を理解させよう。
- **情報品質の学位**。私は工学、会計学、法学の学位があるのと同じくらい、データと情報の専門家のための学位が欲しいと思っている。それに比べ本書の執筆時点では、高等教育におけるデータと情報品質に関する学位の提供状況には大きなギャップがある。目を引く例外として、高等教育のリーダーであるアーカンソー大学リトルロック校の情報品質大学院プログラムは、米国を拠点とし世界中の学生に通信教育を提供している（https://ualr.edu/informationquality/参照）。私達はより多くの大学で同様のプログラムを必要としている。彼らが行っていることから学ぼう。
- **データマネジメント、データ品質とMBA**。全てのMBA（経営学修士）プログラムにデータマネジメントとデータ品質に関する教育を取り入れてもらおう。MBAの学生は組織が時間、資金、労力をどこに集中させるかを決定するリーダーとなる。MBAの学生は会計、人事、財務、経済、マーケティング、組織行動等のビジネス分野を学ぶ。しかし、彼らが成し遂げなければならない全ての根底にあるデータや情報に関しては、触れる機会がプログラミング、コンピューターサイエンス、データサイエンスに限定されることが多い。悲しいことに、リーダーたちの多くは組織に入って品質の低いデータに苦痛を感じて、初めてデータと情報の重要性とそれらを管理するために必要なス

キルについて学ぶ。データ品質を教育の一環として取り入れることが、こうした問題を防ぐ最善の方法だ。

- **データマネジメント、データ品質と生涯教育**。生涯教育や、短期コース、専門プログラムにデータマネジメントとデータ品質の要素を取り入れてもらおう。どのような分野であれ、専門家が自分の知識や技能を向上させる際には、それが自分が扱うデータ品質にどのような影響を与えるか、また、自分が仕事をする上でいかにデータ品質の高さに依存しているかを意識する必要がある。
- **専門家のためのデータ品質の知識**。少なくともデータと情報に依存する職業（つまり全ての職業）は、教育の一環としてデータとデータ品質に関するセクションまたはモジュールを持つべきである。専門職は、その専門職にとってデータ（つまり正しい品質のデータ）がどのような意味を持つのか、データを信頼して利用できるようにデータを管理するために何が必要なのか、そして品質を実現するためのその専門職の役割を理解する必要がある。彼らはこれらのことについて十分な知識を持ち、自分たちが依存するデータについて、その品質を確保するために必要なリソースの優先順位を決められなければならない。

これを読んでいる皆さんには、あらゆるレベルの教育機関、母校、あるいは勤務先の近くにある教育機関にコンタクトを取ることをお勧めする。あなたの仕事に関連するコースや学位について、情報、データ、データ品質がどのように含まれているかを調べてみよう。ゲスト講師を申し出てもいい。学科長や教授と協力して、データ品質が授業に適切に含まれるようにしよう。既にこのような取り組みを行っている他の大学にコンタクトを取り、何が効果的であったかを学ぼう。

変わる準備はできているか

データに依存するこの世界で、高品質で信頼できるデータの必要性がなくなることはないだろう。組織におけるデータの質を創造し、改善し、管理し、維持しなければならないというプレッシャーは増すばかりである。問題はこのような要求に応えるために必要なことをする気があるかどうかだ。テクノロジーと同じくらいデータと情報を重視しようと思えるだろうか。課題に対処するために変わろうとするのか、それとも今と同じことを続け、何の違いもない結果を迎えるのか。

何年も前に私の机の上にあった素晴らしい漫画を思い出す。作者はB. Kliban。私の説明を頭の中で想像してみてほしい。まず二人の男と荷馬車用の丸い車輪をいっぱい積んだ一台の荷馬車がある。一人の男が必死に引っ張り一人の男が力いっぱい押して、二人は丸い車輪をいっぱい積んだ荷馬車を動かしている。しかし荷馬車自体の車輪は四角なのだ！どんな絵か思い浮かべることができたら、もし男たちが荷馬車の四角い車輪を彼らが運んでいた丸い車輪と取り替えていれば、車輪を取り替えるのにかかる労力よりもはるかに少ない労力で、より早く目的地に到着できることが分かるだろう。彼らは目の前にある解決策を利用しなかったのだ。

これは、私達の組織で日々起きていることを見事に表現していた。私達は目的地に向かって進んでいる。しかし目の前にある解決策、つまりより早くより少ない労力で目的地に到達できる解決策を用いようとしない。10ステップの方法論はその丸い車輪である。もがくのをやめて、この本で紹介されている解決策を組織のために活用しよう。ページをめくり、その道のり を楽しもう！

Chapter 2

第2章
データ品質の実際

成長する経済、より良い医療、より自由でより安全でより公正な社会、そしてその他の私が大切にしている全てのことは、より良いデータとそのデータを活用できる人々にかかっている。

- Tom Redman
「データ宣言：TDAN.comインタビュー」(2017)

一度に一つずつデータエレメントを取り上げながら、良い世界にしていく。

- Navientデータ品質プログラムのキャッチフレーズ

本章の内容

- 第2章のイントロダクション
- ツールについて一言
- 実際の問題には実践的な解決策が必要
- 10ステップの方法論について
- データ・イン・アクション・トライアングル
- 人材の育成
- 管理職の巻き込み
- 重要用語
- 第2章 まとめ

第2章のイントロダクション

「先生、左腕が痛いです！」医師は三角巾で腕を吊り、アスピリンを処方し、帰宅して良いと言う。しかしもしあなたが心臓発作を起こしていたらどうだろう？ 医師がすぐに病状を診断し、緊急で救命措置を講じることを期待するだろう。医師の第一の仕事は患者の生命を守ることである。病状が安定した後、医師は検査を行い、心臓発作の根本原因を突き止め、（可能であれば）受けたダメージを回復させ、発作の再発を防止するための対策を取るだろう。その後、定期的な検査と経過観察のために再受診し、医師は患者の状態を診察し、治療が順調に進んでいるかを判断する。経過が思わしくない場合は、薬物療法、運動療法、生活習慣の見直し等を行い、健康増進と心臓発作の再発防止に努める。

健康状態を維持するためには定期的な運動、良い食習慣、規則正しい生活習慣等、患者自身の努力が必要である。患者は知識を持つ様々な人々（医師、看護師、技術者）と交流し、検査機器等の利用可能な機材を活用する。患者側と医療従事者側の意欲と、患者の状態に関する正しい情報も不可欠である。患者が健康で長生きできるよう、患者の生涯を通じてあらゆる側面で協力し合う。

健康について語るとき、これらは常識のように思える。しかしデータや情報に関しては質の低いデータの症状を表面的に修正することだけを行い（腕吊りとアスピリンのような、簡単だが不適切な対応方法）、それで全てが解決すると勘違いすることがどれほどあるだろうか。確かに重要なビジネスプロセスを継続させるためには、データを迅速に修正しなければならないこともある。これは患者を生かし続けることに似ており、もちろんそれは最優先事項である。しかし緊急事態の収束後は、データ品質問題の場所や大きさを特定するためのテストや評価が行われず、根本原因の分析も行われず、予防措置も講じられず、継続的なモニタリングも行われない。そして再発したり、新たな問題が現れたりするとびっくりしてしまう！

高品質のデータと情報は、何も手をかけずに実現するものではない。データ品質がビジネスニーズ（顧客を満足させ、製品やサービスを提供するために取り組むべき戦略、ゴール、問題、機会）と結びついた動機付けが必要である。情報ライフサイクルを通じて、データそのもの、プロセス、人材と組織、テクノロジーという4つの重要な構成要素が連携しなければならない。

医師が身体、健康、病気への対処について教育を受けているように、データの責任者もデータと情報の品質を保証するための効果的な方法について教育を受けなければならない。**質の高いデータと信頼できる情報を得るための10ステップ**という方法論の出番である。

10ステップの方法論をより効果的に活用するためには、詳細に入る前に大筋の流れを知っておくのが有効だ。この章ではツール、10ステップを適用できる様々な状況、データ・イン・アクション・トライアングル（データ品質がプログラム、プロジェクト、業務運用プロセスを通じてどのように実践されるか）について説明する。データ品質は訓練された人材と適切なサポートなしには実行に移せないため、管理者を巻き込むための提案と人材育成のためのリソースにも触れる。本章の最後には、本書で使用されているいくつかの重要用語を解説した。

ツールについて一言

話を進める前にツールについてひとこと。データ品質とはツールを買うことだと考えている人が多い。「ツールさえ手に入れれば、データ品質の問題は全て解決する」。ツールだけに頼るのは、「適切なレントゲン装置を手に入れさえすれば、我々は皆健康になれる」と言っているようなものだ。

もちろん体内を確認し情報を得るためには、優れたレントゲン装置は必要である。レントゲン装置は熟練した技術者の手によって適切な時と場所で使用され、資格を持った医師の指示により健康をより適切に管理するための情報を与えてくれるが、重要なのはテクノロジーだけではない。レントゲン装置は、私達の健康を管理するために必要な数ある側面のひとつにすぎない。

同じように適切なツールは、データ品質を管理するのに役立ち、場合によっては不可欠となるが、それだけで済むというものではない。データ品質ワークを支援するツールがあることは幸いだが、それをいつどのように使うのが良いかには、さらなるスキルと知識が必要だ。そこで登場するのが10ステップの方法論である。これはテクノロジーに加え、データ品質のプロセス、人材、組織的側面に対応するものである。10ステップはデータ品質ツールの「ラッパー」と考えられる。10ステップのアプローチは特定のツールに特化したものではないが、手持ちのツールをより良く利用したり、必要と考えられる適切なツールを選定したりすることにも役立つ。ツールについては第6章で詳しく説明する。

 キーコンセプト

> 適切なツールがデータ品質の問題を全て解決してくれると考えるのは、適切なレントゲン装置があれば健康になれると信じるようなものだ。適切なツールは役に立つが、それだけで済むというものではない。ツールは、データと情報の健全性を管理するために必要な数ある側面の一つに過ぎない。

自分の健康と同じように、データ品質の問題の多くは防ぐことができる。問題が発生した場合は、原因を調査し対策を講じることができる。この章では、組織のデータ品質の健康管理に役立つ 10ステップの方法論を紹介する。10ステップの方法論は、データと情報のための健康維持プログラムの一部だと考えてほしい。

実際の問題には実践的な解決策が必要

以下のような状況に心当たりはないだろうか。これらは実際の問題を伴った現実であり、実践的な解決策が必要だ。10ステップの方法論を適用することで、これらの解決につながる行動を起こすことができる。

- 低品質のデータは組織に問題を引き起こしているが、その本当の影響やその問題に対処するためにどれだけの投資をすべきなのか、誰もわからない。
- その会社はデータレイクに多額の投資を行った。大量のデータがそこに投入され、組織にとって価値ある洞察を生み出すために利用されることが期待されている。しかしデータサイエンティストは、本来の活動である複雑な問題の解決支援を始める以前に、データの探索とクリーニングに大半の時間を費やしている。
- ビジネスインテリジェンスとアナリティクスのグループから発信されたレポートを使用している人々は、そのレポートを信用せず、品質に不満を漏らし、検証のために自分自身のスプレッドシートの活用に逆戻りしている。
- その会社はレガシーソースからのデータを統合する、サードパーティ・ベンダーのアプリケーションを初めて導入している（もしくは導入済み）。低品質のデータがプロジェクトのスケジュールに影響を与え、移行やテスト結果に支障をきたしている。本番稼動後も情報の信頼性は低く、以前は1つのビジネス機能だけが使用していたデータが、今回の統合によりエンド・ツー・エンドのプロセスで使用されるようになり、悪い結果を引き起こしている。
- 新しいアプリケーション開発プロジェクトは予定通りほぼ予算内で稼動し、そのソリューションは利用されている。しかし数カ月後には不満が表面化し始める。データ品質の調整のニーズに対応するために、追加スタッフが必要になる。最終的なソリューションには、ユーザーが業務運用プロセスで必要とする情報が不足していることが判明する。さらに悪いことに誤った情報が意思決定者に提示され、コストを要するミスにつながる。
- その企業は吸収合併した企業のデータを統合するプロジェクトを開始しようとしている。プロジェクトチームには厳しいスケジュールが課せられているが、統合されるデータには品質上の問題があることがすでに分かっている。
- 会社の主要部門が売却された。この部門に関連するデータを既存のシステムから切り離し、新しいオーナーに引き渡さなければならない。
- 会社のある部門が廃業した。ノートパソコンやサーバー等の資産を売却する前に、この部門に関連するデータを適切に削除またはアーカイブしなければならない。
- 世界規模の組織として、データ保護、セキュリティ、プライバシーに関する様々な（時に相反する）標準や規制に準拠しなければならない。
- 組織は外部ソースからデータを購入するが、ビジネスニーズを満たすためのデータ品質に達していない。
- 機械学習でのモデルのトレーニング、検証、チューニングを行う場合等データを最大限に活用するためには、ラベルの質を上げることが必要なデータや新たにラベル付けが必要なデータが大量にある。
- 会社が顧客、取引先、従業員、製品情報等、大規模なマスターデータのクリーンアップ・プロジェクトに投資した。数年後データ品質が低下し再びビジネス上の問題が起きたため、新たなクリーンアップ・プロジェクトが開始された。データ品質に重点を置いたそのプロジェクトはリソースを有効に活用し、クリーンアップだけではなく予防と監視も含んでいたので、費用のかかるクリーンアップを数年後に再度行うようなことはなくなる。
- 組織はデータプロファイリング・ツールを購入した。ベンダーのトレーニングによりツールの使用方法は説明されたが、ツールはまだ効果的に利用されていない。ツールの利用と最も重要なビジネスニーズとは結びついておらず、どのデータが評価に値するかが不明確となっている。プロファイ

リングが完了しても、誰も根本原因を調べたり結果に対して行動を起こしたりしていない。
- 会社でシックスシグマ・プロジェクトに携わっており、プロジェクトの情報やデータに関してより多くの支援が必要となっている。
- データマネジメントのいくつかの側面（ガバナンス、品質、モデリング等）が、あなたの日常業務の重要な一部となっており、時にはその全責任を負うこともある。
- データ品質のマネジメントは自身の日常業務とは直接関係ないが、データ品質の問題が業務の妨げになっていることに気付いている。

これらの懸念事項は、この方法論が解決を支援することができる多くのケースのほんの一例に過ぎない。データと情報の側面を認識し、これらを解決するために行動を起こす方法を従業員が知ることが不可欠である。繰り返しになるが、10ステップの方法論は役に立つのだ！

10ステップの方法論について

10ステップの方法論はデータと情報の品質を創造し、改善し、管理し、維持するためのアプローチである。10ステップは、重要なビジネスニーズとそれに関連するデータ品質の問題に取り組むための行動を起こすことを目的としている。**イントロダクション**では、10ステップの方法論の要点を説明した。ここでさらに詳しく説明しよう。この方法論は以下の主要部分から構成されている：

キーコンセプト
読者がデータ品質ワークを適切に実施するために理解すべき重要な考え方。コンセプトは10ステッププロセスを形成する方法論の不可欠な構成要素である。読者は10ステップをうまく適用するために、データ品質についての考え方を知る必要がある。医師に対しては医学の理論や概念を理解し、具体的な医療行為に正しく適用できることを求める。同様にデータ品質に関しても、基本的な概念を理解したうえで（**第3章：キーコンセプト**）、ビジネスニーズやデータ品質問題に対して正しいやりかた（How to）を適用できるようにする必要がある（**第4章：10ステッププロセス**）。キーコンセプトには、高品質な情報を保持するために必要な構成要素を可視化した概念的なフレームワークである情報品質フレームワークや、情報ライフサイクルの基本フェーズ（計画:Plan、入手:Obtain、保管と共有:Store and Share、維持:Maintain、適用:Apply、廃棄:Dispose）の頭文字をとったPOSMAD等がある。

10ステッププロセス
10ステッププロセスは、キーコンセプトをどのように実行に移すかを示すものである。**第4章10ステッププロセス**は、この本の中で最も長い章である。各ステップには個別のセクションがある。各ステップには、ビジネス上の効果、そのステップが重要である理由の背景、手順、サンプルアウトプット、テンプレートが掲載されている。また、ある組織が10ステップをどのように適用したかの実例も掲載されている。これらは全て、読者がコンセプトを実践し、組織の成功に不可欠なデータや情報の品質を実際に管理するのに役立つ。情報ライフサイクルやデータ仕様といった用語が説明の中で使われているが、すでにそれらの意味は理解している前提である。10ステッププロセスには多くのテクニックが含まれている。その他の複数のステップで使用できるテクニックについては、**第6章その他のテクニックと**

ツールで取り上げている。

プロジェクトの組み立て

本書ではプロジェクトをデータ品質ワークの手段とし、この方法論がどのように適用されるかを説明している。ワークをうまく組み立てることが不可欠である。その方法は**ステップ1.2 プロジェクトの計画**（第4章）と**第5章 プロジェクトの組み立て**に掲載されている。ここで述べられているアドバイスは他のよく知られたプロジェクトマネジメント手法に取って代わるものではなく、それらの原則をデータ品質プロジェクトに適用するものである。またデータ品質問題の認識から、実際の問題解決への移行も支援する。

料理の例え

料理に例えて、10ステップの方法論の3つの主要分野について理解を深めよう。**図2.1**を参照のこと。私の母は世界一の自家製キャラメルを作った。そのレシピには「シュガーシロップを沸騰させ、キャラメル状になるまでかき混ぜる」と書かれていた。もしあなたがキャラメルを作るのが初めてで、キャラメル状が具体的にどのようなものか明確でなかったなら、その意味を調べなければならないだろう。もしシロップをもう火にかけていたら、意味を調べている間にキャラメルは焦げすぎて間違いなく台無しになっているだろう。基本的な用語を知っておくことは大切だ。（念のため補足するが、キャラメル状とは、シュガーシロップが摂氏112°から116°（華氏234°から240°）に達することを意味する。キャンディー用温度計が無い場合は、冷たい水の入ったカップに少量のシュガーシロップを滴下するという方法で温度を測定できる。指で挟んで転がすとキャラメルのような柔らかい球状になる。他の種類のキャンディーのレシピでは、シュガーシロップを他の温度まで加熱する。シュガーシロップを冷水に垂らす

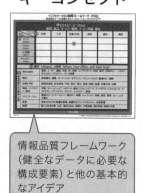
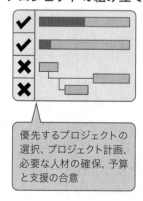
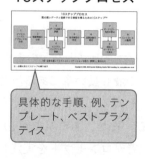

図2.1 10ステップの方法論—コンセプトから結果まで

とその温度によって反応し、べっこう飴状、キャラメル状等と呼ばれる状態になる）。

あなたがディナーパーティーを主催したいと考えているとしよう。あなたはその開催の背景や、メニュー、開催場所、人数、招待する人、食事制限等を考慮し、イベントを計画する。イベント当日は料理の準備をする。ある程度の料理の経験があり基本的な用語を知っていれば、レシピを参考にして様々なメニューを作ることができる。ゲストの特別な食事制限や人数に合わせてレシピを調整する。料理はとても美味しく、食事は大成功だ。友人や家族が集まり、一緒に食べて、互いの時間を楽しむという目標が達成される！

同様に10ステッププロセス（レシピ）に従うためには、キーコンセプト（基本的な料理用語）を理解する必要がある。このような背景があればプロジェクト（イベントの計画）を適切に組み立てることに加え、10ステッププロセスの手順、サンプル、テンプレート、ベストプラクティスをより適切に適用できる。あなたはデータの品質が要因となる多くの状況に対して、10ステッププロセスの適用を調整できる。もちろん、ゴールは組織のビジネスニーズをサポートするために情報に基づいた意思決定を行い、効果的な行動を取ることだ。ここで言うビジネスニーズとは、組織の戦略、ゴール、問題、機会のデータ品質の側面に取り組むことで、顧客を満足させ、製品とサービスを提供することである。このことはデータ品質プロジェクトにおいて、方法論の3つの側面全てを連動させることの重要性を示している。

データ・イン・アクション・トライアングル

前述のとおり、本書はプロジェクトをデータ品質ワークの手段とし、10ステップの方法論がどのように適用されるかに焦点を当てている。その視点を少し広げ、プロジェクト以外の方法でどのように10ステップの方法論が使えるか確認することも有益である。ほとんどの組織での業務はプロジェクト、運用プロセス、プログラムを通じて行われる。**図2.2 データ・イン・アクション・トライアングル**を参照のこと。データワークも同様である。データ品質をうまく管理するためには、全てに取り組まなければならない。これら3つの側面は異なっているが、補完し合っている。これら3つの側面は互いに関係し合い、どのような組織においてもデータ品質を維持するために必要である。この三角形は、データガバナンスやメタデータ等、他のデータマネジメントの知識領域にも適用できることを付記しておく。

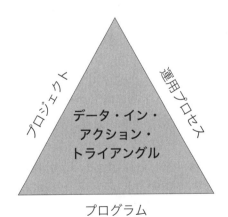

Copyright ©2015,2020 Danette McGilvray, Granite Falls Consulting, Inc. www.gfalls.com

図2.2 データ・イン・アクション・トライアングル

プロジェクト

プロジェクトとは、ビジネス上のニーズに対応する1回限りの取り組みである。プロジェクトの期間は期待される要件の複雑さによって決まる。プロジェクトでは継続的な生産プロセスや運用プロセスの実装を目的とすることが多い。プロジェクトは一人、あるいは大規模なチームによる構造化された取り組みであることもあれば、複数のチームによる調整が必要となる場合もある。ITの世界では、プロジェクトはソフトウェア開発プロジェクトにおけるアプリケーション開発チームによる業務とほぼ同じ意味である。

私達のコンテキストでは、プロジェクトはデータ品質（DQ）活動、手法、ツール、およびテクニックを適用して、ある特定のビジネスニーズに対処するものである。プロジェクトには次のようなものがある：1）組織に影響を与える特定のデータ品質改善を主目的としたプロジェクト、2）一般的なプロジェクトや方法論の中に組み込まれたデータ品質活動、3）10ステップ／テクニック／アクティビティの一時的な部分適用。本書は、データ・イン・アクション・トライアングルのプロジェクトの側面をカバーしている。

運用プロセス

一般的に、**運用プロセス**とは、（プロジェクトの環境とは対照的に）運用の環境の中で行われる、特定の目的に向けた一連の活動のことである。ITの世界で運用プロセスは、本番環境でソフトウェアをサポートするIT運用チームが行う業務と同義である。ここでは日常業務、実行プロセス、または本番サポート業務の中に、データ品質を向上させる、またはデータ品質問題の発生を防止する活動を含めることについて話している。たとえば新入社員研修にデータ品質を意識させること、サプライチェーンプロセスで発生した課題に10ステップの考え方を迅速に適用すること、またはデータ品質モニタリングの結果に対して行動を起こすことを、担当者の通常業務の役割の一つとすること等がある。

プログラム

一般的に**プログラム**とは、関連する活動やプロジェクトを全体的に調整しながら管理し、個別に管理するだけでは得られない利点を得るための継続的な取り組みのことである。複数の事業部門がそれぞれ独自のサービスやデータ品質アプローチを開発すると、重複した時間、労力、コストが生まれてしまうが、プログラムはこれを回避する。多くの事業部門が利用する共通のサービスを提供するプログラムがあることにより、各事業部門は自分たちの特定のニーズに合わせてサービスを調整することに専念することができる。

データ品質（DQ）プログラムは、プロジェクトや運用プロセスで活用されるデータ品質に特化したサービスを提供する。例えばトレーニング、DQツールの管理、データ品質の問題に対処するための専門的な知識やスキルを活用した内部コンサルティング、データ品質のヘルスチェックの実施、データ品質に関する意識の向上と業務への支援、標準としての10ステップの採用や独自のデータ品質改善手法の開発への活用等である。

DQプログラムは、あなたの会社に合わせてどのような組織構造にも組み込むことができる。例えばDQプログラムは、データ品質サービスチームの一部として、データガバナンス・オフィスの一部とし

ての独立したプログラムとして、データマネジメント機能の一部であるデータ品質センター・オブ・エクセレンスとして、全社的なビジネス機能として、またはエンタープライズデータ・マネジメントチームの一部として組み込まれることがある。

データ品質プログラムを持つことは、組織内のデータ品質を維持するために不可欠である。データ品質への取り組みはデータ品質プロジェクトを実施することで開始されるが、プロジェクトは最終的には終了する。このプログラムにより、プロジェクトで使用されたデータ品質プロセス、手法、ツールの知識、スキル、経験を持つ人材が、新しいプロジェクトや運用プロセスでも引き続き利用できるようになる。

私の経験では（プロジェクトだけに集中してしまい）健全な継続的プログラムがなければ、データ品質ワークは2年以内に衰退し始め、最終的には消滅してしまう。その後、誰かがデータ品質の重要性に気付き、数年前の状態を再構築する。このような非効率的でコストのかかるデータ品質を管理する方法は、基本的なプログラムを確実に導入することで回避できる。私の仕事は組織がデータ品質とガバナンスのプログラムの立ち上げを支援することが中心となっているものの、プログラムの側面については、本書の主題であるプロジェクトほど詳細に書いたことはない。プログラムについては、Handbook of Data Quality：Research and Practice（McGilvray, 2013）のData Quality Projects and Programsの章を参照されたい。

データ品質プログラムはデータガバナンス・プログラムとどう関係するか。多くの場合、データガバナンス・プログラムの主なゴールの1つは、組織内のデータ品質を確保することである。データ品質は正式なデータガバナンスがなくても**始める**ことができるが、データガバナンスがなければ**維持する**ことはできない。データガバナンスと呼ぶか否かにかかわらず、データ品質にフォーカスし続けるためには、一定以上の管理者の支援が必要である。このためデータ品質プログラムとデータガバナンス・プログラムは、組織内で密接に連携する必要がある。選択肢としては、データ品質プログラムをデータガバナンス・プログラムの管理下に置くことが考えられる。逆にデータ品質プログラムを全体的なプログラムと位置付けて、その配下にデータガバナンスを置くこともできる。もう一つの選択肢は、データ品質とデータガバナンスを別々の、しかし対等な「姉妹」プログラムとして密接に連携させることであるが、この場合、連携して同期を保つことが難しくなる恐れがある。

データ品質プログラムが組織内でどのような位置付けにあるとしても、プログラムとして認知させることが重要であることに変わりはない。データ品質を管理し維持するためには深い知識やスキルが必要となるため、データ品質をデータガバナンスやデータマネジメントに完全に吸収することにはリスクもある。

車の例え
車に例えて、データ・イン・アクション・トライアングルの3つの側面の関係をさらに説明しよう。図**2.3**を見てほしい。

車を製造する
自動車製造工場では、車が生産ラインを離れる前に品質工程が組み込まれており、ここで要件や仕様に

適合していることを検査する。ブレーキが正常に機能し、ハンドルが正しい位置にあることが保証される。

同様に、企業はビジネス戦略やゴール達成、問題への対処、機会の活用を推進するプロセスや手順を構築するためのプロジェクトを立ち上げる。このようなプロジェクトは特にデータ品質に焦点を当てているわけではないが、データはプロジェクトの重要な要素である。どのような方法論やアプローチがプロジェクトで使用されようとも、データ品質活動で特に重要なものはそれらに組み込まれる。このようなプロジェクトはそのゴールを支えるデータの品質が高いほど、成功する可能性が高まる。これが「一般的なプロジェクトの中でのデータ品質活動」と呼ばれるタイプのプロジェクトである。

大規模修理の実施
車を購入し、運転する。ある程度時間が経過したのち、ボンネットの下からボンボンと異音がする。しばらく無視していたが結局修理工場に持って行き、新しいトランスミッションが必要だと言われた。トランスミッションを交換し、車を運転し続ける。

トランスミッションの交換は「データ品質改善を主目的としたプロジェクト」と呼ばれるタイプのプロジェクトに似ている。プロジェクトアプローチの方法論として10ステップを使用する。そうすることで、10ステップを適用して特定のニーズに対する解決策を生み出すことに全力を費やすことができる。そうでなければ特定のニーズへの対応に取り掛かる前に、アプローチの検討や新しい手法の構築に多くの時間を費やすことになる。データ品質問題の評価と修正、根本原因の特定、改善策とコントロールの実装（修正と予防の両方の観点から）に、10ステップを使用する。多くの場合、このようなプロジェクトから新しい運用プロセスや修正された運用プロセスが生まれる。

車の製造
一般的なプロジェクトの中での
データ品質活動

パンク修理
データ品質問題や
緊急修正

データ・イン・アクション・トライアングル
プロジェクト／運用プロセス／プログラム

大規模修理の実施
データ品質改善を主目的とした
プロジェクト

オイル交換
確立されたオペレーションと
コントロールによる
データ品質

基盤と管理
（トレーニング、ツール、手続き、サービス 等）
データ品質プログラム

Copyright ©2015,2020 Danette McGilvray, Granite Falls Consulting, Inc. www.gfalls.com

図2.3 データ・イン・アクション・トライアングル―車の例え

パンク修理

道路を走っているときに、タイヤに釘が刺さりパンクした。ロードサービスを呼び、すぐにパンクを修理してもらい、また出発する。

これは、データ品質問題を処理するための標準プロセスが存在する場合と似ており、例えば第一レベルのサポートは、最小限のダウンタイムで迅速な修正を行う。しかし、同じ修正が続いたり標準プロセスでは解決できないような大きな問題が発生したりすると、運用サポートプロセスからトライアングルのプロジェクト側に業務が戻ることがある。

オイル交換

車を快適に走らせ続けるためには、オイル交換、チューニング、タイヤのローテーション等の定期的なメンテナンスが含まれる。

これは、重複レコードの生成を事前に防止するデータ作成手順や、有効な住所を検証するツールの実行等、確立されたプロセスにデータ品質活動が組み込まれている場合と同様である。また、データ品質のモニタリングやダッシュボードの利用等の継続的な制御も含まれる。

基盤となるサービスの提供

自動車メーカーには安全プログラムの導入、リコールの管理、新車モデルの設計、工場設備の改修、新しいテクノロジーに対して常に最新知識を維持するための技術者のトレーニング等、工場全体に適用される特別な責任がある。このような取り組みは、特定の車種に関係なく適用可能であり、複数の工場に適用することもある。

同様にデータ品質プログラムは、トレーニング、内部コンサルティング、データ品質ツールの管理等、データ品質に特化したサービスを提供する。そのためプロジェクトや運用プロセスでは、個別のニーズに合わせてデータ品質プログラムを自由に適用することができる。例えば10ステップの方法論は、トレーニングとともにデータ品質プログラムによって提供される標準となり得る。このプログラムには10ステップの適切なデータ品質活動を、他のプロジェクトに組み込むのを支援することができるデータ品質の専門家が必要かもしれない。例えば複数のレガシーシステムから新しいプラットフォームにデータを移行して、統合するプロジェクトのような場合である。プログラム実践の担当者は、事業部門の重点施策であるデータ品質改善プロジェクトをリードしたり、チームの一員となったりすることができる。プログラムは組織全体のチェンジマネジメントや、データ品質の文化的側面をリードすることがある。プログラムは、データ品質ツールとベンダーやITツールのサポートチームとの連絡役になることもある。

関係

図2.4は三角形の3辺の関係を示している。進行中のプログラムは、プロジェクトと運用プロセスの両方が利用できるサービスを提供する。プロジェクトは運用プロセスを開発し実装する。プロジェクトが終了し実稼働が始まった後は、その運用プロセスが継続する。通常のビジネス（運用プロセスの遂行）の過程で、ビジネスニーズは進化し問題や新たな要件が発生する。このような問題に対処するために新たなプロジェクトが開始され、三角形のプロジェクト側に業務が戻されることがある。

データ品質戦略（あるいはあらゆるデータ戦略）を策定する際には、ロードマップと実行計画において三角形の各辺を考慮する。三角形のどの辺から始めてもよく、各辺を並行して実施しても、順に実施してもよい。自分にとって最適な方法を選択する。しかし組織でデータ品質を維持するためには、ある時点で全ての辺に取り組まなければならない。

なぜ区別が有用なのか

なぜこのような区別にこだわるのか。区別する唯一の理由は、その区別に基づいて何か違うことをするかどうかである。プロジェクト、運用プロセス、プログラムが同じように扱われるのであれば、違いを指摘する理由はない。どれかに分類することで、次のような意思決定がしやすくなる：

- **業務の優先順位付け、計画、実行**　三角形の各辺の中で活動に優先順位をつけるときは、それぞれの違いと互いの依存関係を考える。この3つは関連しながらも異なるため、業務の優先順位や実際の業務の進め方はそれぞれ異なる。また、優先順位、計画、実行は、以下のような要因の影響を受ける。どのような組織においても、これらの要因は、業務のリソースの確保に関する意思決定に影響を与える。
- **範囲と複雑さ**　正式なプロジェクトなのか、誰かのToDoリスト上の活動なのか。業務は単純か、それともかなり複雑か。
- **資金と財源**　いくらかかるのか。資金はどこから調達し、誰がその使い道を決定するのか。多くの場合、プロジェクトは委員会の資金配分の承認プロセスを経るが、運用プロセスは個々のマネージャーがコントロールする予算内で賄われる。
- **時間とスケジュール**　業務にはどれくらいの期間を必要とし、いつまでに終わるのか。人的資源はいつまで必要か。その業務は終了するのか、それとも継続的な通常業務の一部になるのか。
- **人的資源**　どのようなスキル、知識、経験が必要か。それらの人材はどこから割り当てるのか。プロジェクトは終了するので、時間やスケジュールと密接に関連している。しかし運用プロセスやプログラムは継続するものなので、人材がどれくらいの期間必要かという考慮が必要となる。

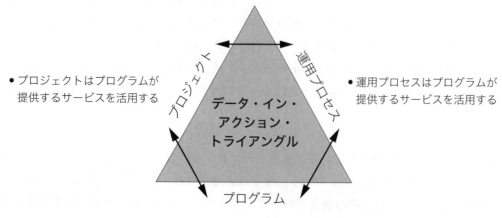

図2.4　データ・イン・アクション・トライアングル―関係

- **サポート** 特に管理者等、誰がその仕事をサポートする必要があるのか。どのようなサポートが必要か。チアリーダー、エバンジェリスト、同僚を説得する人、リソースを提供し管理する人等。
- **職務規定、決定権、説明責任** これらはデータガバナンスの管轄であることが多いが、各データ品質プロジェクトの範囲に合わせて特定する必要がある。正式なデータガバナンス・プログラムはあるか。そうでない場合、プロジェクト内では誰がデータに対して説明責任を持ち、誰が意思決定できるかを特定する必要がある。これはプロジェクトに余計な時間をかけるようであるが、成功するためには不可欠だ。プロジェクトのために導入されたものは全て、プロジェクト終了後に別途制定される正式なデータガバナンス・プログラムの出発点にすることができる。
- **コミュニケーションと組織チェンジマネジメント** データ品質ワークによってもたらされる変化の影響をどのように管理するのか。誰がコミュニケーション計画を策定し、実行するのか。プログラム、プロジェクト、運用プロセスによって、誰が何を知る必要があるかは異なる。プログラムとプロジェクトのコミュニケーションは業務の状況にフォーカスすることが多い。運用プロセスでのコミュニケーションは、効率評価尺度と問題管理にフォーカスする傾向がある。
- **いつ、どこで、どのように10ステップの方法論を適用するか** 10ステップは三角形の異なる側面に対して異なる方法で使用できる。10ステッププロセスはデータ品質改善を主目的としたプロジェクトの基礎にできる。10ステッププロセスの各ステップ、アクティビティ、テクニックは、他のプロジェクト、SDLC、方法論に組み込める。プログラムはデータ品質に取り組む標準的なアプローチとして10ステップを採用し、トレーニングを提供できる。一旦10ステップの方法論を学べば、データ品質問題を対処する際に迅速に適用できる。この10ステップは、データ品質に関する継続的モニタリング方法を開発するプロジェクトで使用できる。本番稼動後は、モニタリング方法は運用プロセスとなる。

私があるグローバル企業でエンタープライズデータ品質プログラムのマネージャーをしていたときに、結果的にはデータ・イン・アクション・トライアングルとなったその区別に気づいていればよかったと思う。非常に多くの要求が私のところにやってきて、最初に何に取り組み、どのように計画を立て、前に進めるべきかを決めるのに苦労していた。同じような状況にある人たちに、データ・イン・アクション・トライアングルが業務を整理するのに役立つ。例えばどのような依頼でもこれはプロジェクトなのか、運用プロセスなのか、プログラムの要素なのかを考える。そしてリクエストに優先順位をつけ、スケジューリングする上で必要なものは何かを理解するために、今説明した区別を考える。

DevOpsとDataOpsについて

ここまで、ほぼ全ての組織に適用されているプログラム、プロジェクト、運用プロセスについて見てきた。データ・イン・アクション・トライアングルの基本的な考え方は、DevOpsとDataOpsの両方の環境でも適用できる。DevOpsという用語は、歴史的に分離していたITチームと運用チームとの間のコラボレーションや共有テクノロジーを組み合わせるか少なくとも促進するというアプローチを表している。ITチームはアプリケーションのソフトウェアを開発してリリースし、運用チームはソフトウェアのデプロイ、保守、サポートを行う。DevOpsは自動化、継続的インテグレーション（CI）、継続的デリバリー（CD）を使用してこれらのチームを統合し、アジャイル開発を適用することでソフトウェアの構築を加速することをゴールとする。DevOpsという用語が初めて使われたのは2009年で、Patrick DeboisがDevOps Daysと名付けたカンファレンスがきっかけだった。2013年に出版されたGene Kim,

Kevin Behr, George Spaffordの著書The Phoenix Projectによって広まった（Mezak, 2018）。DevOpsは浸透してきているが、全ての組織がこのアプローチを採用しているわけではない。私はDevOpsをデータ・イン・アクション・トライアングルのプロジェクト側と運用プロセス側の組み合わせだと考えている。DevOpsアプローチを使用している場合でも、データ品質を管理する際には10ステップが適用できる。

DataOpsは近年の用語であり、本書執筆時点でもDataOpsの定義は様々である。DataOpsには、より良いデータマネジメントやアナリティクスを実現するための考え方が含まれている場合が多い。それには共同プロセスやツールの使用、分離されている可能性のあるチーム（ビジネスユーザー、データサイエンティスト、データエンジニア、アナリスト、データマネジメント等）間のパートナーシップに関するもの等が含まれている。あなたの組織がDataOpsを適用しているのであれば、10ステップの該当するステップ、テクニック、またはアクティビティを取り入れてほしい。

図2.5はデータ・イン・アクション・トライアングルをDevOpsとDataOpsに適用したもので、これらのアプローチで実行される主なアクティビティを示している。言葉は異なるが、元のデータ・イン・アクション・トライアングルの根底にある考え方は同じである。しかしDevOpsとDataOpsのアプローチは、逐次的というよりも反復的である。このDevOpsとDataOpsのセクションに関連する意見や参考図を提供してくれたAndy Nashに感謝する。

人材の育成

仕事をするための知識とスキルを持った人材がいなければ、何事も実行に移すことはできない。成功するための教育、トレーニング、サポートを社員に提供してほしい。各事業部の財務チームに対して、自分たちでどのように財務を管理したいかを考え、自分たちで勘定科目を作成し、気が向いたときに財務報告を行い、オンライン税務プログラムの使い方を知っている人をコントローラーとして雇うように指示する。そんな会社を想像できるだろうか。しかし組織が他の専門知識を持つ者にデータ品質の専門家の役割を期待すると、これと同じようなことが起こる。「優秀なデータ入力担当者を確保すれば、デー

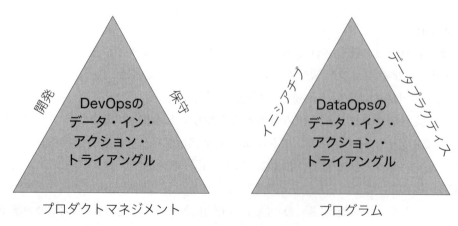

図2.5 データ・イン・アクション・トライアングル　DevOpsとDataOpsの場合

タ品質は問題ない」という言葉をよく耳にする。しかしデータ品質にはデータ入力以外の多くのものが必要だ。もちろん現時点でスキルを持っていない人でも学ぶことはできる。残念なことにデータを任された人が、この分野には豊富な経験と知識を持つ専門職が存在することに気づいていないことが多い。そして彼らを担当させたマネージャーもまた、それを知らないかもしれない。

データ品質ワークに必要な基礎知識の獲得を支援するリソースを見つけてほしい。10ステップのような実績のある方法論のトレーニングを受け、それを活用してほしい。誰にでもすぐに始められる。そうすることで基本的な部分を一から作り直すのではなく、その方法論を自分たちのニーズに合わせて適用することにより多くの努力を注ぐことができる。業界団体や認定資格を活用するとよい。そのうち2つの例をこの後に記載する。

個人として、率先して自分のスキルを向上させよう。本を読んだり、対面またはオンラインの講座に申し込んだり、カンファレンスや業界支部の会合に出席したりすると良いだろう。学ぶ機会を追求し、コース費用の負担や休暇取得に関しては上司に積極的に相談し、それが組織にどのような利益をもたらすのかを訴えよう。仮にサポートが得られなかったとしても、自分自身のスキル向上を止めてはいけない。

IQインターナショナルとIQCP認定

IQインターナショナル（2004〜2020）は、質の高いデータと情報によってビジネスの有効性を向上させるために設立された専門組織であった。組織のほぼ全ての部門がデータを使用してビジネス（財務、法務、オペレーション）をサポートしているにもかかわらず、組織運営のほぼ全ての側面に適用できるアクティビティはデータ品質マネジメントだけだ。IQインターナショナルは、データリーダーの組織構築、認知、昇進をサポートするために、情報品質分野の包括的な習得にフォーカスした情報品質認定プロフェッショナル（IQCP：Information Quality Certified Professional）を開発した。長年にわたって開発された全ての資料とリソースは、今後も利用可能である。本書の発行時点で、この認定資格は別の組織に移管されている。

この認定資格の開発から生まれたものは、引き続きデータ品質の専門家に適用される。私は業界の実務家、学者、コンサルタントで構成されるチームにその一員として招かれ、オリジナルの認定資格を開発した。私達は認定資格の作成を専門とする企業に、そのプロセスを指導された。最初のステップのひとつは、情報品質の専門家とは何を意味するのか定義することであった。私達は何時間もかけて情報品質の専門家の基本的な役割を明確にした。これは特定の担当者の特定のアプローチや方法論に基づいているのではなく、グループの知識を結集したものだ。

その結果、情報品質の専門家に不可欠と考えられる6つの主要な知識の領域（ドメインと呼ばれる）が特定され、定義された。この定義には、これらの各ドメインの実現を成功させるために必要なアクティビティ、知識、スキルが含まれていた。これはデータ品質マネジメントが、実際に必要とされるスキルと知識が求められる、真の専門職であることを認識させることに大きく貢献した。これを維持し、認知度を継続させることが重要である。

情報品質の専門家に不可欠な知識を構成するドメインの概要については、**表2.1**の最初の3列を参照のこと。最後の列は、本書の中でそのドメインに該当する箇所を示している。各ドメインと関連するタス

クは、表中のウェブサイトにあるIQCPフレームワークで詳細に解説されている。ドメインとアクティビティは引き続き関連性があり、データ品質マネジメントに活用できる。

- 個人として、自分自身の知識と経験を評価し、改善すべき分野を特定できる。Dan Myersは、Know Thy Self という評価ツールを作成した。これを使用しIQCPフレームワークの各タスクに関連する自分の経験を評価できる（Myers, 2018）。
- データ品質チームを構築しているマネージャーは、ドメインを見て、表内で示されている各タスクの責任者を組織内で決定する。チームを担当する責任者は、チームの目標を達成するために必要な知識とスキルがあるかどうかを判断し、トレーニングやコーチングでギャップを埋める。
- データ品質プログラム管理者は、データ品質に関連する能力またはデータ品質プログラムが提供するサービスを開発するための基礎として、このドメインを使用することができる。

表2.1 情報品質（IQ）プロフェッショナルに不可欠な知識*

ドメイン	説明	アクティビティ	本書の参照箇所
IQ戦略とガバナンス	このドメインには、組織のデータに関する意思決定を行うための構造とプロセスを提供する取り組みと、ライフサイクル全体を通じて情報を管理するために適切な人材を確保する取り組みが含まれる。	主な活動には、主要なステークホルダーと協力して、データ品質の原則、方針、戦略を定義し、実施すること、データ品質を向上させるために、主要な役割と責任を定め、決定権を確立し、シニアリーダーとの不可欠な関係を構築することによって、データガバナンスを組織化すること等が含まれる。	第2章：データ品質の実際 ・データ・イン・アクション・トライアングル、管理職の巻き込み 第3章：キーコンセプト ・情報品質フレームワーク 第4章：10ステッププロセス ・ステップ1-ビジネスニーズとアプローチの決定、ステップ2-情報環境の分析、ステップ10-全体を通して人々とコミュニケーションを取り、管理し、巻き込む
IQ環境と文化	このドメインは、組織の従業員が顧客のニーズを満たすために情報品質を継続的に特定し、設計し、開発し、生成し、提供し、サポートすることを可能にする背景を提供する。	活動には、情報品質の教育トレーニングプログラムの設計、キャリアパスの特定、インセンティブと統制の確立、業務運営の一環としての情報品質の推進、情報品質戦略・原則・実践にあらゆるレベルの人々を参加させることを目的とした組織全体の協力体制の促進、が含まれる。	第2章：データ品質の実際 ・データ・イン・アクション・トライアングル、管理職の巻き込み 第4章：10ステッププロセス ・ステップ9-コントロールの監視、ステップ10-全体を通して人々とコミュニケーションを取り、管理し、巻き込む 第5章：プロジェクトの組み立て ・データ品質プロジェクトにおける役割
IQバリューとビジネスインパクト	このドメインは、データ品質がビジネスに及ぼす影響を判断するために使用される手法と、情報品質プロジェクトの優先順位付けのための手法で構成される。	活動には、情報品質とビジネス課題の評価、情報品質イニシアチブの優先順位付け、情報品質プロジェクト提案の決定、情報品質改善の価値を組織に示すための結果報告等が含まれる。	第3章：キーコンセプト ・ビジネインパクト・テクニック 第4章：10ステッププロセス ・ステップ 4 - ビジネスインパクトの評価

第2章 データ品質の実際

情報アーキテクチャの品質	このドメインには、組織のデータ設計図の品質を保証するタスクが含まれる。	活動にはデータ定義、標準、ビジネスルールの確立への参加、課題を特定するための情報アーキテクチャの品質テスト、情報アーキテクチャの安定性、柔軟性、再利用性を高めるための改善努力の指導、メタデータおよびリファレンスデータマネジメントの調整等が含まれる。	**第3章:キーコンセプト** • データ仕様、メタデータ、データ標準、リファレンスデータ、データモデル、ビジネスルール、データカテゴリー **第4章:10ステッププロセス** • ステップ2.2—関連するデータとデータ仕様の理解、ステップ3.2—データ仕様
IQの測定と改善	このドメインは、データ品質改善プロジェクトの実施に関わるステップをカバーする。	データに関するビジネス要件の収集と分析、データの品質評価、データ品質問題の根本原因の特定、情報品質改善計画の策定と実施、データエラーの防止と修正、情報品質コントロールの監視等が含まれる。	**第3章:キーコンセプト** • データ品質評価軸、データ仕様、データカテゴリー **第4章:10ステッププロセス** • ステップ2 - 情報環境の分析、ステップ3 - データ品質の評価、ステップ5 - 根本原因の特定、ステップ6 - 改善計画の策定、ステップ7 - データエラー発生の防止、ステップ8 - 現在のデータエラーの修正、ステップ9 – コントロールの監視 **第5章:プロジェクトの組み立て** • データ品質プロジェクトのタイプ、SDLCの比較、SDLCにおけるDQとDG、プロジェクトの期間、コミュニケーション、巻き込み
情報品質の維持	このドメインは、継続的な情報品質を保証するプロセスとマネジメントシステムの導入に重点を置く。	例えば、データ品質活動を他のプロジェクトやプロセス(データ変換や移行プロジェクト、ビジネスインテリジェンス・プロジェクト、顧客データ統合プロジェクト、エンタープライズ・リソースプランニング・イニシアチブ、システム開発ライフサイクル・プロセス等)に統合すること、データ品質レベルを継続的に監視し報告すること等が含まれる。	**第3章:キーコンセプト** • 情報品質フレームワーク、情報ライフサイクル、データ品質改善サイクル **第4章:10ステッププロセス** • ステップ2 - 情報環境の分析、ステップ3 - データ品質の評価、ステップ5 - 根本原因の特定、ステップ6 - 改善計画の策定、ステップ7 - データエラー発生の防止、ステップ8 - 現在のデータエラーの修正、ステップ9 - コントロールの監視、ステップ10 - 全体を通して人々とコミュニケーションを取り、管理し、巻き込む - 倫理規範 **第5章:プロジェクトの組み立て** • データ品質プロジェクトのタイプ、SDLCの比較、SDLCにおけるデータ品質とガバナンス、プロジェクトの期間、コミュニケーション、巻き込み

各ドメインと関連タスクの詳細については、IQCPフレームワークを参照のこと。http://dqmatters.com/_download/IQ-International-IQ-Framework.xlsx

＊1列目~3列目は、情報品質認定プロフェッショナル (IQCP[SM]) ドメインからの抜粋。IQインターナショナルの許可を得て使用。1列目~3列目は、Handbook of Data Quality : Research and Practice. Shazia Sadiq, editor (Springer, 2013) でDanette McGilvrayが担当した章「Data Quality Programs and Projects」に図6として掲載されている。

DAMAインターナショナル、DAMA DMBOK、CDMP認定資格

DAMA（Data Management Association）インターナショナルは、「非営利で、ベンダーに依存しない、情報およびデータのマネジメントの概念と実践を推進することを専門とする技術者およびビジネスの専門家のための世界的な協会」である。（www.dama.org参照）。世界中にDAMAの支部があり、DAMA-IはDataversityと共同で会員や関係者向けのカンファレンスを開催している。さらに、DAMA-Iは以下のような知識体系と認定資格を開発した。

- DAMA Guide to the Data Management Body of Knowledge®（DAMA-DMBOK®：データマネジメント知識体系ガイド）第2版。このガイドは一般的にDMBOK2と呼ばれ、データマネジメント分野の第一人者によって執筆され、DAMAメンバーによってレビューされた。データマネジメントの「What」を解説している。DAMA-DMBOK®フレームワークはしばしばDAMAホイールと呼ばれ、データマネジメントの全体的なスコープを構成する知識領域を視覚化している。**図2.6**を参照。その他の新たなプラクティスやテクニックも解説されている。将来の版でデータサイエンスやデータエンジニアリングが正式な知識領域に組み込まれる可能性もある。
- Navigating the Labyrinth。DAMA-DMBOK第2版を要約したエグゼクティブ向けガイド。
- DAMA用語辞典。DAMAデータマネジメント用語辞典（The DAMA Dictionary of Data Management第2版）は、IT専門家、データスチュワード、ビジネスリーダーのために一般的なデータマネジメント用語を解説する。
- データマネジメント・プロフェッショナル認定資格（CDMP：Certified Data Management Professional）。CDMP取得には、教育、経験、およびテスト形式の試験が不可欠である。2019年1月以降、全ての認定試験はDMBOK2から出題される。標準のCDMP認定を補完するために設けられたスペシャリスト試験があり、データ品質試験はその1つである。

図2.6はしばしばDAMAホイールと呼ばれ、データマネジメント専門職に求められる、知識領域、または機能領域を示している。DAMA-DMBOKと10ステップの方法論の関係は何だろうか。10ステップの方法論"How"はDMBOK2の"What"を補完する。ご覧の通り、データ品質はDAMAホイールの知識領域の一つである。全ての知識領域は、ビジネスニーズをサポートする信頼できるデータおよび情報のために存在すると考えられる。従って、10ステップの方法論には、全ての知識領域について理解を深めることが重要になるという側面がある。例えば、全ての知識領域は情報ライフサイクルのどこに位置づけられるかを知るべきである。データモデリングの担当者は自ら高品質のモデルを作成すべきであり、それがデータ品質に与える影響を理解すべきである。メタデータ、リファレンスデータ、マスターデータの担当者はそれらがトランザクションデータに与える影響や、互いに連携する方法を理解する必要がある。10ステップはデータ品質に関して幅広い視点を持っているため、本書では多くの知識領域について触れている。

管理職の巻き込み

本書のアイデアを実行に移すには、管理職を巻き込むしかない。適切なレベルの管理職からの支援と、時間、資金、人材への適切な投資が成功の秘訣である。管理職の支援を得るというテーマは重要であり

本書でも触れているが、テーマが広すぎるため完全に網羅することはできない。以下の提案は、このトピックに関しての考え方に洞察を与えるために提示したものである。これらの重要なアイデアを示すにあたって協力してくれた、Rachel Haverstickに感謝する。

最善のシナリオ
CEOと取締役会を巻き込む。最善のシナリオでは、組織の取締役会と経営幹部がデータと情報の品質向上が必須であることで一致し、カルチャーの変革を促すためのリソースを割り当てる。これは品質向上の活動を継続し定着させるために必要なことである。

適切なレベルの管理職
データ品質改善プロジェクトを開始する全ての人が、幹部レベルの管理者と交渉できるわけではない。プロジェクトを開始するにあたってCEOの支援は必須ではない。しかし開始の段階では、上司とプロジェクトマネージャーの支援は必須と言える。根気よく取り組みを継続し、進歩を示し、組織のできるだけ上位の管理者から継続的に支援を得る。プロジェクトの成功は部門にとって大きな勝利といえる可能性もある。適切なレベルの管理職を巻き込むことが、プロジェクト成功の秘訣である。

方法論の使用
ステップ4：ビジネスインパクトの評価のビジネスインパクト・テクニックを適切に使用し、質の低いデータによるマイナスの影響と、質の高いデータを確保するためのリソースに投資することの価値を示す。ステップ10：全体を通して人々とコミュニケーションを取り、管理し、巻き込むからアイデアを

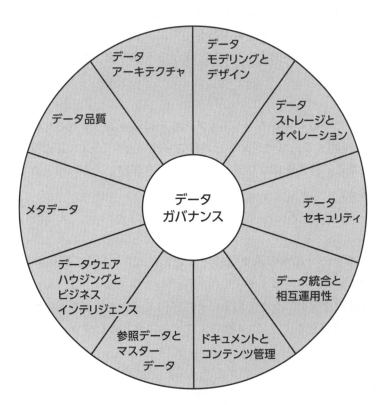

Copyright 2017 DAMA International. 原著は『DAMA-DMBOK データマネジメント知識体系ガイド 第二版 改定新版』(2024年、日経BP) 59ページに図5として掲載。許可を得て使用。

図2.6 DAMA-DMBOK2 データマネジメント・フレームワーク（DAMAホイール）

取り入れ、エグゼクティブ、シニアリーダー、プロジェクトマネージャー、担当者の上司が理解し、関与できるようにする。ビジネス上の必要性と改善計画を伝えることで、期待されるレベルのリソースを管理者に準備してもらう。そうすることで必要な時間、資金、人材を得られる可能性が増す。同様に管理者や他のワーキンググループに定期的に進捗状況報告を行い、プロジェクトの支持を継続的に得られるようにし、業務の矛盾や重複を防ぐ。

コミュニケーションテクニック

前述したように、**ステップ10：全体を通して人々とコミュニケーションを取り、管理し、巻き込む、**で示したアイデアを取り入れることで、データ品質のキーコンセプトとプロジェクトの進捗に関するコミュニケーションを円滑にできる。第4章の各ステップの最後に**コミュニケーションを取り、管理し、巻き込む**のコールアウトボックスがあるので、そこにある提案を見てほしい。コミュニケーション戦略を計画するにあたって、これらのアイデアを利用する。もちろんコミュニケーションは双方向で行われ、対話を始め、フィードバックを得て、耳を傾け、反応をうかがい、信頼を得ることが肝要だ。

相手の立場を知る

相手のゴール、価値観、成功基準を知ることは効果的なコミュニケーションを行う上で、欠かせないことである。相手の立場が異なれば、コミュニケーションの形式も内容の詳細レベルも異なる。

メッセージの長さ

あなたがプロジェクトに熱中して取り組んでいても、データプロファイリングの詳細やデータ統合により冗長性を削減できた新たな実装方法といった話は、管理職はほぼ聞く必要がない。彼らが聞きたいのは改善がうまくいったかどうか、そしてそれがビジネスにプラスの影響をもたらすかどうかなのだ。彼らにとって最も重要なトピックを強調するために、メッセージを適切な長さにする。

繰り返し

プロジェクトで取り組んでいるビジネスニーズをメンバーに思い出させる。プロジェクトの目的を繰り返し、マイルストーンを確認する。プロジェクトの目的を繰り返すことは、特に管理職とのコミュニケーションにおいて重要となる。管理職はプロジェクトの本質を理解し、そのペースやリソースの使用状況を把握できる必要がある。

範囲を広げる

プロジェクトのゴールやデータ品質の重要なコンセプトを、より多くの関係者に伝える機会を逃さないようにする。有名なエレベーターピッチ（30秒から60秒のサマリー）は、あらゆる関係者とコミュニケーションを行うのに適したテクニックである。また部門ミーティングや四半期定例会といった他のプレゼンテーションでも利用できるように、4枚のスライドにまとめたプロジェクトサマリーを作成することも検討する。

リソースとしての上司

上司は人脈づくりのための貴重なリソースとなり得るので、上司への情報共有を継続することは二つの意味で重要となる。一つは、確実にプロジェクトに対するサポートを得ること、もう一つは、共通の目

標に向けて協力できる他のプロジェクトや取り組みとのつながりを持つことである。

重要用語

効果的な行動を起こすためには、コミュニケーションができなければならない。共通語彙を持つことや用語を理解することは良い出発点となる。本書の次の章に進む前に理解しておくと役に立つであろう、いくつかの重要な用語を以下に解説する。全ての用語のリストは**用語集**に掲載する。

10ステップ
10ステップの方法論の正式名を「質の高いデータと信頼できる情報を得るための10ステップ」と名付けた。コンセプト、ステップ、プロジェクトの組み立てを含む方法論を指す際に、簡潔に10ステップという用語を使っている。10ステッププロセスはステップそのものを指す。方法論は10ステッププロセス（第4章の手順とサンプル）だけでなく、ステップを支えるキーコンセプトを理解し、組織的なマネジメントを行うためにプロジェクトをうまく組み立てることでもあるということを覚えておきたい。

ビジネスニーズ
私は、顧客、製品、サービス、戦略、ゴール、問題、機会によって左右される組織にとって最も重要なものを意味する包括的な言葉として、ビジネスニーズという言葉を使っている。別の言い方をすればビジネスニーズには、顧客に製品やサービスを提供し、サプライヤーや従業員、ビジネスパートナーと協働するために必要なものは何でも含まれる。またビジネスニーズには、業務を行うために取り組むべき戦略、ゴール、問題、機会も含まれる。この仕事を行うためにはデータと情報が必要だ。そのためには**質の高いデータと情報が必要だ**。

この「ビジネスニーズ」という言葉は頻繁に使われる。これは、データ品質ワークは決してデータ品質のためだけに行うべきでない、ということを忘れないようにするためである。誰も気に留めていないことのために、データ品質の時間を費やしてはならない。他にやるべき重要な事はたくさんある。プロジェクトでは、興味はあっても実際には不必要と思われる細かいことや、目下の目標に影響しない新たな問題に気を取られがちである。プロジェクトの重要点を把握し、情報提供や業務指示を行い、プロジェクトを確実に軌道に乗せるために、組織とそのビジネスニーズを常に念頭に置いてほしい。

顧客
どんな組織にも、その組織が提供する製品やサービスを利用する顧客がいる。顧客というと、購入希望者やサービスに対価を支払う顧客としか考えられていないことが多い。あなたの最終顧客は警察署長、大学の学長、教師、生徒、親、医者、患者、病院の管理者、兵士、価値ある慈善団体、政治家、芸術家、芸術のパトロン、人道的救済を行う人や受ける人かもしれない。さらに広く言えばあなたの組織内では、経営幹部、管理職、従業員、サプライヤー、ビジネスパートナーが、あなたが提供するデータや情報顧客かもしれない。そして彼らは最終顧客に製品やサービスを提供するために、そのデータや情報を利用する。このような全てのタイプの顧客が、データや情報の品質の影響を受けているということを忘れないで欲しい。彼らは情報に基づいて意思決定を行い、組織や個人の生活を助けるため、そして効果的な

行動を取るためにデータや情報に依存している。

組織
営利目的、教育、政府、医療、非営利団体、慈善団体、科学、研究等、あらゆる業界のあらゆる規模の企業、学会、機関、施設を意味する包括的な言葉。全ての組織が何らかの製品やサービスを提供するビジネスを営んでおり、全ての組織が成功のためにデータと情報に依存しているので、10ステップはこれら全てに適用できる。

プロジェクト
一般的にプロジェクトとは、取り組むべき特定のビジネスニーズと達成すべき目標を持った、1回限りの取り組みの単位である。本書でプロジェクトという言葉は、ビジネスニーズに対処するために10ステップの方法論を活用する、あらゆる構造化された取り組みを意味するために広く使用される。プロジェクトの期間は求める結果の複雑さによって決まる。プロジェクトでは10ステッププロセス全体を適用することも、ステップやテクニックを選択して適用することもできる。プロジェクトチームは1人で構成することも、3～4人の小チームで構成することも、複数人の大チームで構成することも、複数のチーム間で調整することもある。プロジェクトは4週間で終わることも、3～4ヶ月かかることも、1年以上かかることもある。データ品質プロジェクトは2つとして同じものはないが、10ステップは柔軟な性質を持つので、この方法論は全てのプロジェクトに適用することが可能である。

ユーザー
あらゆる役割でデータや情報を利用する人を意味する一般的な言葉。ユーザーの同義語には、知識労働者、情報消費者、情報顧客等がある。例えばユーザーは取引を完了したり、レポートを書いたり、そのレポートに基づいて意思決定を行ったりする。ユーザーの役割はアナリスト、対象領域の専門家（SME）、サービス担当者、修理技術者、エージェント、マーケティング専門家、科学者、研究者、プログラマー、経営幹部、マネージャー、顧客、プロジェクトマネージャー、ブローカー、医師、病院管理者、臨床研究コーディネーター、教師、データサイエンティスト等、いくらでもある。

ステークホルダー
10ステップの方法論においてステークホルダーとは、情報やデータ品質ワークに関心を持ち、関与し、または投資している人やグループ、もしくはその業務から（良くも悪くも）影響を受ける人を指す。ステークホルダーは、プロジェクトおよびその成果物に対して影響を及ぼす可能性がある。ステークホルダーは組織の内外に存在し、ビジネス、データ、テクノロジーに関連する利益を代表する。例えば製造プロセスの責任者は、サプライチェーンに影響を与えるデータ品質改善のステークホルダーになる。ステークホルダーには顧客、プロジェクトスポンサー、一般市民、プロジェクトの実施に最も直接的に関与する組織のメンバーが含まれる。ステークホルダーはプロジェクトの全部または一部に対して説明責任を負うことも、特定の成果物に対して責任を負うこともある。ステークホルダーはプロジェクトに対して意見することもあれば、単にプロジェクトの進捗や結果の報告を受けるだけの場合もある。

データ
厳密に言えば、datumがデータの単数形で、データ（data）は複数形である。私は初版でdataを複数形

("data are")として扱った。それ以来、英語の用法は発展し、dataは単数または複数の両方で扱われるようになった。この第2版では、通常はdataを単数形("data is")として扱うが、"data is"という言い方がしっくりこない場合はその限りではない。データ業界や私のクライアントの大半は"data is"を使っている。

データと情報の比較

データとは既知の事実やその他の関心事項を指し、情報とは文脈の中でのそれらの事実を指す(「09」と「20」と「752-5914」というデータは、文脈の中に置かれると情報になる。「注文番号752-5914は9月20日に出荷された」)。データと情報はしばしば同じ意味で使われることがある。例外的に方法論の中でこれらの区別が重要なケースがあり、その場合は解説を加えている。相手にとって受け入れやすい言葉を使う。例えば私はビジネスパーソンと話すときは情報という言葉を使い、データベースの列と行について等IT関係者と話すときはデータという言葉を使う傾向がある。しかしこれは厳密なルールではない。誰に対しても最も効果的な言葉を使うと良い。

データストア

本書で使用するデータストアとは、生成または取得され、保管され、利用されるあらゆるデータの集合体を意味するものであり、その関連するテクノロジーは問わない。データストアはSQLリレーショナルデータベースのテーブル、RDBMS(リレーショナルデータベースマネジメントシステム)全体、スプレッドシート、カンマ区切りファイル(CSV)、データレイク、様々な非リレーショナルデータベース(NoSQL:Not Only SQL)等、どれでもあり得る。データストアはどこにでもある。データストアは、組織の自社のコンピューターやサーバー上でソフトウェアが実行されるオンプレミス環境、またはベンダーのサーバー上でソフトウェアがホスティングされ、組織がWebブラウザーを通じてアクセスするクラウドベース環境に配置することができる。

データセット

本書でデータセットとは、評価、分析、修正等のために取り込まれ使用されるデータの集合であり、多くの場合、全体データストアの部分集合である。

フィールドまたはデータフィールド

本書では、フィールドとは値を格納する場所のことを指す。リレーショナルデータベースでは、フィールドは列、データエレメント、属性と呼ばれることもある。非リレーショナルデータベースでは、フィールドはキー、値、ノード、リレーションシップと呼ばれることもある。重要データエレメント(CDEs:Critical Data Elements)とは、最も重要なビジネスニーズに結びついたデータフィールドであり、品質を評価し、継続的に管理することが最も重要であるとみなされる。

レコード

リレーショナルデータベースではレコードは行であり、いくつかのフィールドや列で構成される。非リレーショナルの世界では、レコードという概念は明確には定義されていない。非リレーショナルの文脈でレコードという単語を耳にすることがあるかもしれない。その場合は、その単語が具体的に何を意味するのかの定義を確認する必要がある。本書では、レコードは一般的にデータフィールドのグループを意味する。

第2章 まとめ

この章ではまず、自分自身の健康とデータの健康を比較することから始めた。続けてこの方法論の3つの主要部分であるキーコンセプト、10ステッププロセス、プロジェクトの組み立てがどのように連動するかを料理に例えて説明した。データ品質プロジェクトの考え方を、データ・イン・アクション・トライアングルを紹介することにより組織で起きている他の活動と結び付けた。トライアングルはプロジェクト、プログラム、運用プロセスの関係を示しており、データ品質を実行に移すための3つの手段を示している。そしてデータ品質プロジェクトを進めるために必要な人材の育成と、管理職の巻き込みについて提案した。

この章は本書全体で使用される重要用語を定義して締めくくった。データ品質をより容易に実行に移すためには、共通語彙が必要だからである。このような背景を理解することで、**第3章のキーコンセプト**から始まる10ステップの方法論の本書の残りの部分に備えることができる。

Chapter 3

第3章
キーコンセプト

理論なしに実践を愛する者は、舵もコンパスも持たずに船に乗り、どこに漕ぎだすかわからない船乗りのようなものだ。

- Leonardo da Vinci

...データは現在、自社の経営資源で成長を成し遂げるにあたっての広く浸透した必須のものになっているため、リーダーは単に認識するだけでなく、本当に...必須のデータ概念についてしっかりとした理解レベルを身につける必要がある。

- John Ladley, Data Governance (2020)

本章の内容

- 第3章のイントロダクション
- 情報品質フレームワーク
- 情報ライフサイクル
- データ品質評価軸
- ビジネスインパクト・テクニック
- データカテゴリー
- データ仕様
- データガバナンスとスチュワードシップ
- 10ステッププロセスの概要
- データ品質改善サイクル
- コンセプトと活動 - 関連性を整理する
- 第3章 まとめ

第3章のイントロダクション

この章では、データと情報の品質を管理する上でのキーコンセプトにフォーカスする。読者の中には目がうつろになり、すでに第4章10ステッププロセスに目を向けている人もいるだろう。要するに、「私は行動する人間だ。こんな堅苦しい概念等必要ない」という考えだ。だが考え直してほしい。キーコンセプトを理解することは、データ品質ワークには不可欠なのだ。現実に応用できない不必要な理論ではない。キーコンセプトは10ステッププロセスの基礎である。これらを理解することでデータ品質に関連する特定の状況に対して、10ステッププロセスのどの活動を実施すべきかを判断できるようになる。これらはあなたが選んだステップについて、どこまで詳細なレベルまで実施するかを判断するのに役立つ。キーコンセプトは10ステップをよりよく活用するのに役立つ。

こう考えてみよう。慣れない土地を車で旅する場合、地図を見る。これはGPSシステムに座標を入力したり、スマートフォンで場所を探したり、紙のコピーを広げたりして行う。いずれにせよ地図を最大限に活用するためには、いくつかの基本を理解する必要がある。シンボルとその説明(縮尺、道路の種類、名所、病院等)を記した凡例は、見たものを解釈するのを助ける。

同様にキーコンセプトとは、情報の品質を解釈し理解するのを助ける、幅広い考え方や指針となる一般原則である。10ステッププロセスにおける具体的な活動は、キーコンセプトに概説されている原則に基づいている。地図の読み方の基本的な概念を理解していれば、より良い旅の計画を立て実行することができるのと同じように、この章で紹介する基本的な考え方を理解していれば、10ステップの適用についてより良い判断を下せるだろう。最低限、本章に何が含まれているかをざっと目を通しておくと、本書の他の部分でわからない用語に出会ったときや、プロジェクトを進めるときに見返すことができる。

情報品質フレームワーク

情報品質フレームワーク(FIQ)は、高品質なデータを確保するために必要な構成要素を可視化、整理した構造を示したものである。

> **キーコンセプト**
>
> FIQ(Framework for Information Quality:情報品質フレームワーク) 高品質なデータを確保するために必要な構成要素を構造的に可視化、整理したもの。このフレームワークを使うことで、低品質な情報を生み出す複雑な環境を理解し、どの構成要素が欠けているのかあるいはうまく機能していないのかを認識するための、体系的な検討が可能になる。これは根本原因を特定し、現状の問題を修正し、再発を防止するために必要な改善策を決定するのに役立つ。

この枠組みは、図3.1構成要素を可視化する - マイプレートとFIQの「マイプレート」と呼ばれる図と同

Chapter 3

第3章 キーコンセプト

じように考えてほしい。マイプレートは2011年に導入され（よく知られたフードピラミッドに代わるものとして）、米国農務省の栄養政策推進センターによって2020年に更新された。食事のセッティングをイメージして、健康的な食生活の構成要素である5つの食品群を説明している。この図は食事のガイドラインを簡単な概要として想起させるものだ。マイプレートのウェブサイトには栄養をさらに理解し、より良い食習慣を築き、健康的なライフスタイルをサポートする選択を促すためのコンセプトが説明されている（https://www.myplate.gov/）。マイプレートは万能ではないが、基本は同じだ。ニーズや状況に合わせて、コンセプトやその詳細が適用される。

同様にFIQは、健全な情報に必要な構成要素（コンセプト）を可視化したものである。フレームワークを適用することで、低品質な情報を生み出す複雑な環境が理解でき、体系的な思考が可能になる。どの構成要素が欠けているのか、あるいはうまく機能していないのかを認識する手助けとなる。これは根本原因を特定し、既存の問題を修正し、再発を防止するために必要な改善策を決定するのに役立つ。FIQは一目で参照できる豊富な情報を要約している。

FIQの使用方法

FIQを理解したら、クイックリファレンスとしてまた役立つツールとして以下のように使ってほしい。

- **診断**。自社の業務とプロセスを評価し、どこで不具合が発生しているかを把握し、情報品質に必要な全ての構成要素が存在するかどうかを判断する。どの構成要素が欠けているかを特定し、プロジェクトの優先順位と最初の根本原因分析のインプットとして使用する。
- **計画**。新しいプロセスを設計し、情報品質に影響を与える要素に確実に対処する。時間、費用、リソースをどこに投資すべきか決定する。
- **コミュニケーション**。高品質なデータに何が必要かを説明する。

FIQは、品質の高い情報を提供するために必要な要素を示していることを覚えておいてほしい。**第4章 10ステッププロセス**では、これらの考え方を実践する方法を詳細に説明する。FIQから学んだこと、

図3.1 構成要素を可視化する - マイプレートとFIQ

そしてこの章にあるその他のキーコンセプトを活用し、10ステッププロセスがあなたのためにうまく機能するようにしよう。マイプレートと同じように10ステッププロセスも万能ではないが、基本としては不変のものだ。

フレームワークの各セクションについて

情報品質フレームワークは、7つの主要なセクションを考えることで容易に理解することができる。図3.2を参照のこと。

1. ビジネスニーズ-顧客、製品、サービス、戦略、ゴール、問題、機会（Why）

ビジネスニーズとは、組織にとって重要なものを示すために使われる包括的な言葉である。ビジネスニーズは顧客、製品、サービス、戦略、ゴール、問題、機会によって推進される。このセクションは他のセクションの背景とコンテキストを提供するものだ。全ての行動と決定は、ビジネスニーズ、特に重要なビジネスニーズによって動機付けられ、それに基づくべきである。プロジェクトは常に、「なぜこれがビジネスにとって重要なのか」という問いから始めるべきである。決してデータ品質のためだけにデータ品質の取り組みを行ってはならない。

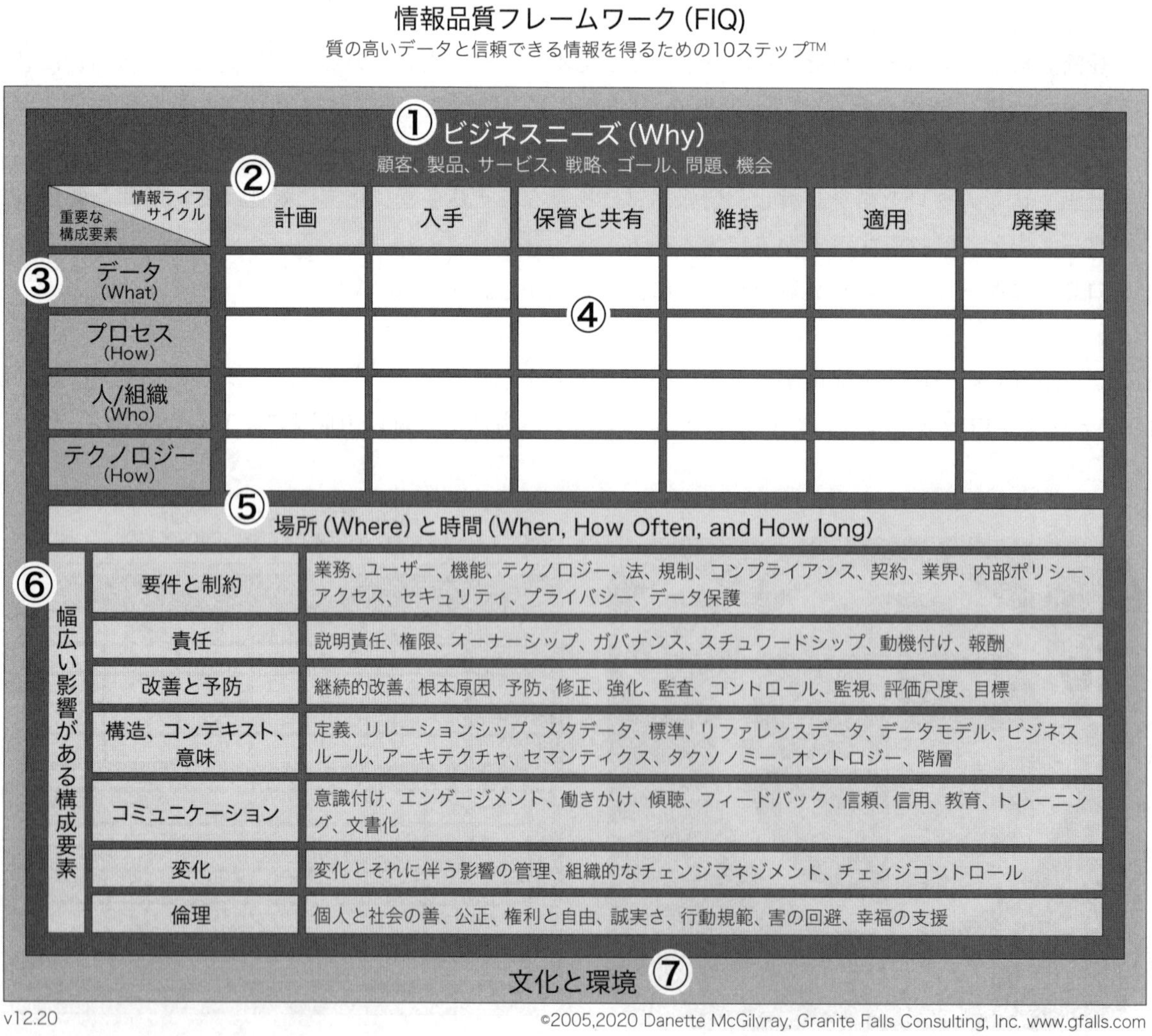

情報品質フレームワーク (FIQ)
質の高いデータと信頼できる情報を得るための10ステップ™

重要な構成要素 / 情報ライフサイクル	計画	入手	保管と共有	維持	適用	廃棄
① ビジネスニーズ（Why）顧客、製品、サービス、戦略、ゴール、問題、機会						
③ データ (What)			④			
プロセス (How)						
人/組織 (Who)						
テクノロジー (How)						

⑤ 場所 (Where) と時間 (When, How Often, and How long)

⑥ 幅広い影響がある構成要素

要件と制約	業務、ユーザー、機能、テクノロジー、法、規制、コンプライアンス、契約、業界、内部ポリシー、アクセス、セキュリティ、プライバシー、データ保護
責任	説明責任、権限、オーナーシップ、ガバナンス、スチュワードシップ、動機付け、報酬
改善と予防	継続的改善、根本原因、予防、修正、強化、監査、コントロール、監視、評価尺度、目標
構造、コンテキスト、意味	定義、リレーションシップ、メタデータ、標準、リファレンスデータ、データモデル、ビジネスルール、アーキテクチャ、セマンティクス、タクソノミー、オントロジー、階層
コミュニケーション	意識付け、エンゲージメント、働きかけ、傾聴、フィードバック、信頼、信用、教育、トレーニング、文書化
変化	変化とそれに伴う影響の管理、組織的なチェンジマネジメント、チェンジコントロール
倫理	個人と社会の善、公正、権利と自由、誠実さ、行動規範、害の回避、幸福の支援

⑦ 文化と環境

v12.20 ©2005,2020 Danette McGilvray, Granite Falls Consulting, Inc. www.gfalls.com

図3.2 情報品質フレームワーク

2. 情報ライフサイクル（POSMAD）

ライフサイクルとは、何かがその寿命を通じて変化し発展していく過程のことである。あらゆるリソースを最大限に活用しその利益を得るためには、そのライフサイクルを理解し適切に管理しなければならない。POSMADという頭字語は、情報ライフサイクルにおける6つの基本的なフェーズを表している。

計画（Plan）

目標を設定し、情報アーキテクチャを構想し、標準と定義を策定する。アプリケーション、データベース、プロセス、組織等のモデル化、設計、開発を行う。プロジェクトが本番稼動する前に行われることは、全て計画フェーズの一部である。設計と開発全体を通して、ライフサイクルの全てのフェーズを説明する必要がある。それによって本番においても情報を適切に管理することができる。

入手（Obtain）

データや情報は、記録の作成、データの購入、外部ファイルの読み込み等、何らかの方法で入手される。

保管と共有（Store and Share）

データは保存され使用可能になる。データはデータベースやファイル等電子的に保存される場合もあれば、ファイルキャビネットに保管される紙の申込書等ハードコピーで保存される場合もある。データはネットワークや電子メール等の手段を通じて共有される。

維持（Maintain）

データの更新、変更、操作、データのクレンジングと変換、レコードのマッチングとマージ等。

適用（Apply）

データを取得し、情報を使用すること。これにはトランザクションの完了、レポートの作成、レポートからの経営判断、自動化されたプロセスの実行等、全ての情報利用が含まれる。

廃棄（Dispose）

データ、記録、または一連の情報を、アーカイブまたは削除すること。

情報の改善のためには、情報ライフサイクルをしっかりと理解することが必要である。このコンセプトは、10ステッププロセス全体を通して参照される。詳細は本章後半の情報ライフサイクルの項を参照のこと。

3. 重要な構成要素

4つの重要な構成要素は、情報ライフサイクル全体を通じて影響を与える。これらの構成要素について、POSMADのライフサイクルの全てのフェーズで説明する必要がある。

データ（What）

既知の事実や関心のある項目。ここで、データは情報とは異なる。

プロセス（How）
データや情報を取り扱う機能、活動、アクション、タスク、手順（ビジネスプロセス、データマネジメント・プロセス、社外プロセス等）。ここで使用される「プロセス」とは一般的な用語であり、何を達成すべきかを記述する概要レベルの機能（「注文管理」や「テリトリー割り当て」等）から、どのように達成すべきかを記述するより詳細なアクション（「注文書の作成」や「注文書のクローズ」等）までの活動を、インプット、アウトプット、およびタイミングとともに捉えるものである。

人と組織（Who）
データに影響を与える、またはデータを使用する、あるいはプロセスに関与する組織、チーム、役割、責任、個人。その中にはデータを管理しサポートする人々と、データを利用（適用）する人々が含まれる。情報を利用する人は、知識労働者、情報顧客、情報消費者、あるいは単にユーザーと呼ばれる。

テクノロジー（How）
プロセスに含まれる、または人々や組織が使用するフォーム、アプリケーション、データベース、ファイル、プログラム、コード、およびデータを保存、共有、または操作するメディア。テクノロジーには、データベースのようなハイテクと、紙のコピーのようなローテクの両方がある。

4. 相互関連マトリックス

相互関連マトリックスは情報ライフサイクルの各フェーズと、データ、プロセス、人／組織、テクノロジーといった重要な構成要素との関係、つながり、インターフェースを示している。各セルの質問は、情報ライフサイクルを通じて、重要な構成要素それぞれについて何を知っておく必要があるかを理解する手助けとなる。ライフサイクルの各フェーズと4つの重要な構成要素との相互関連を示すマトリックスの各セルの質問例については、図3.3を参照のこと。あなたの状況に関連した追加質問をするために、これらの質問を参考にしてほしい。

これらの質問は、現在の状態（as-is）の視点から回答することで、既存の状況を理解するのに役立つ。また、データのよりよいマネジメントのために現在の状況を修正する際に、将来の状態（to-be）の観点から再度回答することができる。新しいプロセスを設計し、見落としがないようにするために使うこともできる。経験豊富なビジネスアナリストであれば、これらの質問をすぐに理解して、情報の視点がどのように自分たちの仕事をよりよくできるかを理解するだろう。

相互関連マトリックスのアウトプットは、各質問に対して小さなテキストが並ぶ大きなマトリックスではない。むしろこれらの質問を使って、プロジェクトの範囲内で何をカバーすべきか、どの程度の情報が「必要十分」なのか、回答をどのように記録するか、そして最終的な成果物の表現形式について考えを進める（そして追加の質問を引き起こす）ための指針とする。これはコンセプトによるフレームワークであることを忘れないでほしい。第4章10ステッププロセスのインストラクションと例を使って、これらのコンセプトを実践してほしい。続くプロジェクトの成果物として再利用する機会を探してみよう。

Chapter 3
第3章　キーコンセプト

5. 場所（Where）と時間（When,How Often,How Long）

イベント、活動、タスクが行われる場所と時間、情報が利用可能になる時間、利用可能になる必要がある時間等、常に**場所**と**時間**を考慮しよう。例えばユーザーのいる場所はどこか。データを維持する人のいる場所はどこか。どのタイムゾーンにいるのか。それらはデータへのアクセス、更新、管理ができるかどうかに影響するのか。データは適時に更新されているか。データをアーカイブまたは削除する前に管理しなければならない期間の要件はあるか。データがシステムからシステムへ移動するのにどのくらいの時間がかかるのか。場所や時間を考慮したプロセスの調整が必要か。

FIQの上半分は、最初の行に沿って誰が、何を、どのように、なぜ、どこで、いつ、どのくらいという疑問詞に答えていることに注目してほしい。注：情報品質フレームワークは、エンタープライズアーキテクチャのためのザックマンフレームワークとは別に開発された。どちらも同じ疑問詞に取り組んでい

情報品質フレームワーク (FIQ)より
相互関連マトリックスの詳細と質問のサンプル

重要な構成要素 ＼ 情報ライフサイクル	計画 Plan	入手 Obtain	保管と共有 Store &Share	維持 Maintain	適用 Apply	廃棄 Dispose
データ (What)	ビジネスニーズとプロジェクトの目標は何か？どのデータが必要となるのか？どんなビジネスルール、データ標準またはその他のデータ仕様が適用できるのか？	どのデータを入手するのか（内部や外部）？どのデータがシステムに入力されるのか（個別のデータエレメントや新規レコード）？	どのデータを保管するのか？災害時の迅速なリカバリのためにバックアップすべき重要なデータはどれか？	どのデータを更新や変更するのか？どのデータが共有、移行、統合のために加工されるのか？どのデータが計算もしくは集計されるのか？	ビジネスニーズや要件、業務処理、自動化プロセス、分析、意思決定、評価のためにどのような情報が必要か、利用可能なのか？	どのデータはアーカイブが必要か？どのデータは削除する必要があるか？
プロセス (How)	概要プロセスとはどのようなものか？詳細なアクティビティやタスクは？トレーニングやコミュニケーション戦略はどのようなものか？	データはどのようにソースから入手されるのか（内部や外部）？データはどのようにシステムに入力されるのか？新規レコードが作成されるトリガーは何か？	データを保管するプロセスはどんなものか？データを共有するプロセスはどのようなものか？	どのようにデータは更新されるのか？変更の検知のために監視されるのか？影響を評価されるのか？標準はどのようにメンテナンスされるのか？アップデートのトリガーは何か？	データはどのように利用されるのか？データの使用のトリガーは何か？情報はどのようにアクセスされ、保護されるのか？利用者に対して情報はどのように提供されるのか？	データはどのようにアーカイブされるのか？データはどのように削除されるのか？アーカイブされる場所やプロセスはどのように管理されるのか？アーカイブのトリガーは何か？最終的な削除のトリガー何か？
人／組織 (Who)	誰がビジネスニーズやプロジェクト目標を明確にし、優先度を決めるのか？誰がプロジェクト計画を策定するのか？誰がリソースをアサインするのか？誰がこのフェーズに関わる人々を管理するのか？	誰がソースから情報を入手するのか？誰が新しいデータやレコードを作成するのか？誰がこのフェーズに関わる人々を管理するのか？	誰がデータを保管するテクノロジーを開発しサポートするのか？誰がデータを共有するテクノロジーを開発しサポートするのか？誰がこのフェーズに関わる人々を管理するのか？	誰が更新されるものを決めるのか？システムを変更し品質を保証するのは誰か？誰が変更について知る必要があるか？誰がこのフェーズに関わる人々を管理するのか？	誰が直接データにアクセスできるのか？誰がその情報を利用するのか？誰がこのフェーズに関わる人々を管理するのか？	誰が保持ポリシーを設定するのか？誰がデータを削除できるのか？誰がデータをアーカイブするのか？誰が最終削除をするのか？誰が知る必要があるのか？誰がこのフェーズに関わる人々を管理するのか？
テクノロジー (How)	プロジェクト範囲の概要アーキテクチャはどのようなものか？どんなテクノロジーが、ビジネスニーズやプロセス、人を支えるのか？	新規レコードや新しいデータをシステムに作成するのにどのようにテクノロジーが使われているのか？	データを保管するテクノロジーはどのようなものか？データを共有するテクノロジーはどのようなものか？	システム内でデータはどのようにメンテナンス、更新されるのか？	情報にアクセスしても良いテクノロジーは何か？ビジネスルールはアプリケーションアーキテクチャにどのように適用されるのか？	システムからデータやレコードを削除するのに使用されるテクノロジーは何か？データのアーカイブに使用されるテクノロジーは何か？それはどのように使われるのか？

v12.20　　©2005,2020 Danette McGilvray, Granite Falls Consulting, Inc. www.gfalls.com

図3.3 POSMAD相互関連マトリックスの詳細と質問のサンプル

るが、理由は異なる。

6. 幅広い影響がある構成要素

幅広い影響がある構成要素は、情報の品質に影響を与える追加的な要素である。これらはFIQの上部セクションの下の行で示されている。これらの幅広い影響がある構成要素は、データ、プロセス、人／組織、テクノロジーの4つの重要な構成要素に影響を与えるため、POSMAD情報ライフサイクル全体を通して考慮すべきである。各行にはカテゴリー名と、そのカテゴリーを説明するいくつかの単語が記載されている。これは包括的なリストではなく、トピックを理解するのに十分なコンテキストを提供することを意図している。これらの幅広い影響がある構成要素が、あなたの組織でどのように議論されているかを考え、あなたの環境に最も意味のある言葉を使うようにしよう。

それぞれの行の最初の単語の頭文字は、RRISCCE（「リスキー」と発音）の頭文字をとっている（訳註：RRISCCEは、要件と制約（Requirement and constraints）、責任（Responsibility）、改善と予防（Improvement and Prevention）、構造、コンテキスト、意味（Structure,Context,and Meaning）、コミュニケーション（Communication）、変化（Change）、倫理（Ethics）の原文単語の頭文字をとったもの）。これはこれらの幅広い影響の構成要素を無視することは、RRISCCE（リスキー）であることを思い出させるためのものである。低品質なデータのリスクは、これらの構成要素に確実に対処することによって低下する。もしそうでなければ、低品質なデータのリスクは高まる。

要件と制約

要件とは満たさなければならない責務である。データと情報は、組織がこれらの責務を果たすことができるようサポートするものでなければならない。制約とは制限や規制のことであり、つまり行えないことや、行うべきではないことを指す。多くの場合、「何が行えないか」という視点から見ると、色々な考慮すべきことが見えてくる。制約は多くの場合、要件として肯定的に記述することができる。要件や制約の出所は、業務、ユーザー、機能、テクノロジー、法、規制、コンプライアンス、契約、業界、内部ポリシー、アクセス、セキュリティ、プライバシー、データ保護等のカテゴリーに由来するか、またはそれらに基づく。それぞれのカテゴリーについて考慮することで、データ自体やプロジェクトのプロセスやアウトプットによって満たされなければならない重要な項目（要件）や避けなければならない重要な項目（制約）を明らかにすることができる。

責任

責任とは高品質なデータを確保するために、多くの人が自分のやるべきことを実行すべきだという事実を示す。データ業務は、理想的には、自分の役割と責任を理解している人々によって行われる。そういう人々が参加するよう期待されている。対話と意思決定の手段は明確である。社員のやる気を引き出し、その仕事ぶりをきちんと評価する方法を考えてみよう。こうした考えを示す他の言葉には、説明責任、権限、オーナーシップ、ガバナンス、スチュワードシップ、動機付け、報酬等がある。多くの組織にはガバナンスとスチュワードシップに関する正式なプログラムがあり、誰がどのデータに責任を持ち、誰がそのデータに関する意思決定を行えるかを明確にしている。ガバナンスは問題が提起され、意思決定が下され、問題が解決され、変更が実施されるためのやりとりやとコミュニケーションの場を整える。スチュワードシップという考え方は、データに触れる誰もが自分自身の当面の必要性だけでなく、デー

タを利用する組織内の他の人々のためにも、データを大切にすべきことを知っているということを意味する。動機付けと報酬は、人々が高品質のデータを確保するための行動を取るよう奨励されると、その行動を取る可能性が高くなることを強調している。

改善と予防
継続的な改善と予防は、高品質なデータを持つことは一度限りのプロジェクトや単一のデータクリーンアップ活動で達成されるものではない、ということを示している。あるクライアントが私の同僚であるBob Seinerにこう尋ねた「我々はいつまでこのデータ品質ワークをやらねばならないのですか？」。彼の答えはこうだった「いつまで高品質なデータが欲しいのですか？」。これには継続的改善、根本原因、予防、修正、強化、監査、統制、監視、評価尺度、目標が含まれる。このカテゴリーはデータを修正するだけでなく、根本原因を特定し、問題の再発を防ぐための継続的なプロセスや活動を実施する必要性を示している。監査は要件が満たされているかどうかを判断する。統制は評価尺度と目標を使用して監視し、何か問題が発生したときに通知する。評価尺度と目標はまた、データ品質評価結果の解釈に役立つ比較ポイントも提供する。カテゴリー名にもリストにも予防が入っているのは、見落とされがちな予防の重要性を強調するためである。

構造、コンテキスト、意味
この幅広い影響がある構成要素には、データに構造、コンテキスト、意味を与えるトピックが列挙されている。一般的に構造とは部品の関係や組み合わせや、それらがどのように配置されているかを指す。コンテキストとは何かを取り巻く背景、状況、条件のことである。意味とは何かがどのようなものか、あるいはどのようなものであることが意図されているかを指し、何かの目的や意義も含まれる。データ品質を管理するためには、データがどのように構造化されているのか、他のデータとどのように関連しているのか、どのようなコンテキストで使われ何を意味しているのかを理解しなければならない。理解されていないものを効果的に管理することは不可能だ。トピックには定義、リレーションシップ、メタデータ、標準、リファレンスデータ、データモデル、ビジネスルール、アーキテクチャ、セマンティクス、タクソノミー、オントロジー、階層等が含まれる。表3.1では、各用語について簡単に説明している。

表3.1 構造、コンテキスト、意味に関する用語と定義（FIQ幅広い影響がある構成要素）

構造、コンテキスト、意味。一般的に構造とは部品の関係や組み合わせ、それらがどのように配置されているかを指す。コンテキストとは何かを取り巻く背景、状況、条件のことである。意味とは何かがどのようなものであるか、あるいはどのようなものであるように意図されているかを指し、何かの目的や意義も含まれる。データ品質を管理するためには、データがどのように構造化されているのか、他のデータとどのように関連しているのか、どのようなコンテキストで使われ、何を意味しているのかを理解しなければならない。理解されていないものを効果的に管理することは不可能だ。これらの概念に関連するトピックを、この表の残りの部分で簡単に説明する。いかに多くのことが互いに密接に関連しているかが分かるだろう。 データ仕様とは、これらのコンセプトを実装する際に10ステップの方法論で使用される包括的な用語であることに留意されたい。本書では、メタデータ、データ標準、リファレンスデータ、データモデル、ビジネスルールに焦点を当てている。しかし、この幅広い影響がある構成要素に含ま

れる他のトピックが、あなたのビジネスニーズに関連するものであれば、プロジェクトのスコープと目標に含めてほしい。詳細については、必要に応じて他のリソースを利用してほしい。

トピックス	定義
定義	**定義**とは、単語や語句の意味を述べたものである。ここでは質の高いデータの基本的な側面として、データが定義されており、その意味が理解されていることを念頭に置くための一般的な用語である。明確な定義があることで、データを作成し、維持し、組織全体で正しく一貫して使用することができる。定義はセマンティクスやオントロジーと密接に関係している。
リレーションシップ	**リレーションシップ**とは、データ間のつながりや関連を表す一般的な用語である。データに関する多くの期待がリレーションシップで表現されることがあるため、リレーションシップを理解することはデータ品質を管理する上で不可欠である。データモデル、タクソノミー、オントロジー、階層は全て関係を示している。
メタデータ	**メタデータ**は文字通り「データに関するデータ」を意味する。メタデータは他のデータを記述、ラベル付け、特徴付けし、情報のフィルタリング、検索、解釈、利用を容易にする。メタデータの詳細については、この章の後半にある同名の別セクション、および**データカテゴリー**のセクションを参照されたい。
標準	**標準**とは、比較の基準となるものを表す一般的な用語である。データ品質ではデータ標準に主眼が置かれる。データ標準とは、データの命名、表現、フォーマット、定義、マネジメント方法に関する合意、規則、ガイドラインのことである。これは、データが適合すべき品質レベルを示すものである。データ標準については、この章の後半に別セクションがある。
リファレンスデータ	**リファレンスデータ**とは、システム、アプリケーション、データストア、プロセス、ダッシュボード、レポート、トランザクションレコードやマスターレコードによって参照される値の集合または分類スキーマのことである。例えば、有効な値のリスト、コードリスト、製品タイプ等である。別の例として、ISO（国際標準化機構）はISO3166として知られる国コードの標準を作成した。これらのコードはダウンロードして、グローバルな組織全体の事業部門が参照表として使用することができる。 リファレンスデータの詳細については、同名の別セクションおよび本章後半の**データカテゴリー**のセクションを参照されたい。
データモデル	**データモデル**とは、特定のドメインにおけるデータ構造を、テキストによる補足と共に視覚的に表現したものである。データモデルは以下のいずれかである：1) ビジネス指向-組織にとって何が重要かを表し、テクノロジーに関係なく組織のデータ構造を視覚化する。2) テクノロジー指向-特定のデータマネジメント手法の観点から特定のデータ集合を表し、データがどこに保管され、どのように整理されるかを示す（リレーショナル、オブジェクト指向、NoSQL等）。データモデルは組織がデータを表現し、データを理解するための主要な成果物である。 データモデルについては、この章の後のほうに別のセクションがある。

ビジネスルール	ビジネスルールとは、ビジネス上の相互関連を記述し、行動のルールを確立する権限ある原則またはガイドラインのことである。ビジネスアクションの結果として生じるデータの振る舞いを要件やデータ品質ルールとして明確にし、コンプライアンスをチェックすることができる。データ品質ルールの仕様は、物理的なデータストアレベルで、ビジネスルールやビジネスアクションに従った結果としてのデータの品質を、どのようにチェックするかを説明する。	
	データはビジネスプロセスのアウトプットであり、データ品質ルール違反は、そのプロセスが手作業で実施されているのかテクノロジーで自動化されているのかによらず、プロセスが適切に機能していないことを意味する。またルールの捕らえ方が間違っていた、あるいは誤解していたということも考えられる。ビジネスルールを収集することでデータ品質ルールを作成し、それをチェックし、評価結果を分析するためのインプットを提供することができる。ビジネスルールが十分に文書化されていないことが、データ品質の問題に関与していることが多い。	
	この章の後半にビジネスルールに関する別のセクションがある。	
	「ビジネスルールの父」として知られるRonald Rossは、より詳細な内容を知りたい人のために、このテーマに関するいくつかの本を出版している。	
アーキテクチャ	一般に**アーキテクチャ**とは、構造物やシステムの構成要素、それらがどのように体系化されているか、そしてそれらの相互関係を指す。多くの人が建物や広場、その周辺環境のデザインに適用されるアーキテクチャについてよく知っている。	
	DAMA-DMBOK第2版（DMBOK2）によると、エンタープライズアーキテクチャは以下の領域を包含する。1) ビジネスアーキテクチャ：データ、アプリケーション、テクノロジーに関する要件を確立するもの、2) データアーキテクチャ：ビジネスアーキテクチャによって作成され、必要とされるデータを管理するもの、3) アプリケーションアーキテクチャ：ビジネス要件に従って指定されたデータを操作するもの、4) テクノロジーアーキテクチャ：アプリケーションアーキテクチャをホストし、実行するもの。詳細は、DMBOK2の第4章データアーキテクチャを参照のこと。	
	ザックマンフレームワーク（Zachman Framework）は、エンタープライズアーキテクチャのための有名な構造であり、企業を記述することに関連する一連の基本的な表現で構成されている。これは組織（企業全体）内の様々なタイプやレベルのアーキテクチャを示す。1987年にJohn Zachmanによって初めて開発され、2011年の最新版まで進化を続け、現在も使用されている。	
	アーキテクチャの全ての領域でデータが準拠すべき要件を定めることができるが、データ品質を扱う者は、組織内のデータのガイドもしくはマスターとなる青写真としてデータアーキテクチャに注目する。情報ライフサイクルマネジメント、データモデル、定義、データマッピング、データフローは、10ステッププロセスで使用されるデータアーキテクチャの要素である。	
セマンティクス	**セマンティクス**は一般的に、単語や記号、文章が何を意味するか、あるいは何を意味すると解釈されるかといった物事の意味を指す。データ品質を管理するためには、データが何を意味するのか、そして人々が何を意味すると考えているのかを知らなければならない。データとテクノロジーの世界では、より柔軟なアプリケーション・ソフトウェアパッケージを開発するために使用されるセマンティクスに基づいたアプローチがある。	

タクソノミー	**タクソノミー**は、物事を順序付けられたカテゴリーに分類する。例えば動物や植物は、界、門、綱、目、科、属、種に分類される。デューイ十進分類法も分類法のひとつで、図書館で本を区分けして分類するのに使われている。これらのタクソノミーをサポートするデータを管理するために、タクソノミー自体を理解する必要がある。タクソノミーはまた、データそのものをよりよく管理し、語彙を統制し、ドリルダウン形式のインターフェースを構築し、ナビゲーションと検索を支援するために作成される。 **フォークソノミー**という関連用語は、「フォーク」と「タクソノミー」から派生したもので、主にタグ付け（コンテンツにメタデータを追加すること）を通じて発生する。ソーシャルタギング、コラボレイティブタギング、ソーシャルクラシフィケーション、ソーシャルブックマークとも呼ばれる。ユーザーは、ウェブサイト、写真、文書等のデータ形式を分類したり注釈を付けたりするために、デジタルコンテンツのタグを作成する。これらのタグは、（前述の構造化されたタクソノミーとは対照的に）非公式で構造化されていないタクソノミーを作成し、より簡単にコンテンツを見つけるために使用される。タグのデータを使うことで、コンテンツの可視性、分類、検索性が向上する（www.techopedia.com, フォークソノミーを参照）。
オントロジー	哲学の世界では、**オントロジー**とは物事の在り方や存在についての科学や研究のことである。データの観点からは、データは存在するものを表すものでなければならない。この文脈でオントロジーとは、概念が互いにどのように関連しているかを含む、概念の正式な定義の集合のことである。オントロジーを通じてデータを理解し、相互に参照することができる。
階層	**階層**とは、あるものを他のものよりも上位にランク付けしたシステムのことである。タクソノミーの一種である。親子関係は単純なタクソノミーである。他の例としては、組織図、財務の勘定科目表、製品階層等がある。データの関係や、それに伴う品質への期待は、階層によって理解できるものもある。

データ仕様とは、これらのコンセプトを実装する際に10ステップの方法論で使用される包括的な用語である。データ仕様にはデータにコンテキスト、構造、意味を与えるあらゆる情報と文書が含まれる。データ仕様はデータや情報を作成、構築、生成、評価、利用、管理するために必要な情報を提供する。データ仕様が存在しなかったり、それに完全性や品質がなかったりすれば、高品質のデータを作成することは困難であり、データ内容の品質を測定、理解、管理することも難しくなる。

本書ではデータ仕様としてメタデータ、データ標準、リファレンスデータ、データモデル、ビジネスルールにフォーカスする。しかしこの幅広く影響のある構成要素に含まれるその他のトピックのどれもが、あなたのビジネスニーズやプロジェクト目標に関連する可能性がある。もしそうなら、プロジェクトの範囲に含めてほしい。より深く、より詳細な情報が必要であれば、これらのトピックに関する多くのリソースが入手可能である。

コミュニケーション
コミュニケーションは根本原因の解明と同様に、データ品質の取り組みの成功にとって不可欠である。コミュニケーションは業務の一部であって、業務の妨げになるものではない。信頼と信用を築くにはコミュニケーションが必要である。この幅広いテーマには意識付け、エンゲージメント、働きかけ、傾聴、フィードバック、教育、トレーニング、文書化等が含まれる。

変化

変化には、変化とそれに伴う影響のマネジメント、組織的なチェンジマネジメント、チェンジコントロールが含まれる。変化の管理または組織的なチェンジマネジメント（OCM：Organizational Change Management）には、組織内の変化を管理し、文化、動機づけ、報酬、行動を確実に一致させ、望ましい結果を促すことが含まれる。人はしばしば変化を嫌う。「ああ、私は変化しても構わない。ただ、今までと違うことはしないでくれ！」高品質なデータを達成することは、役割や責任の調整、プロセスの改善、テクノロジーに関するバグの修正等、（大なり小なり）変化を必要とする全てのことの引き金となるかもしれない。チェンジコントロールはテクノロジーに関連し、バージョンコントロール、データストアへの変更とその結果としての下流の画面やレポートへの影響等を扱う。あらゆる種類の変化が管理されなければ改善が実施されず、持続されないというリスクが大幅に高まる。データ専門家は変化を管理するスキルを高めるか、この専門知識を持つ他者と連携する必要がある。

倫理

倫理はデータの使用について私達が行う選択が、個人、組織、社会に与える影響を考察する。この幅広い影響力を持つ倫理の構成要素を体現する考え方には、個人と社会の善、公正、権利と自由、誠実さ、行動規範、害の回避、幸福の支援等がある。10ステップの方法論におけるデータ品質への全体的なアプローチを踏まえると、これらは何らかの形でデータに触れたり、データを使用したりする人々にとっても必要な行動である。

7. 文化と環境

FIQの説明は、他のセクションに対してコンテキストと背景を提供するセクション1から始まった。この文化と環境という最後のセクションは、FIQの他の全てのセクションや構成要素の背景にあるコンテキストを提供するという、同じような役割を担っている。言い換えれば、文化と環境は情報品質業務のあらゆる側面に影響を与える。これらはデータ品質ワークの全てに影響を与えるのだが、意図的に考慮されないことも多くある。**文化**とは組織の態度、価値観、慣習、慣行、および社会的行動を指す。これには、文書化されたもの（公式方針、ハンドブック等）と、文書化されていない「物事のやり方」、「物事の進め方」、「意思決定の方法」等の両方が含まれる。**環境**とは組織の人々を取り囲み、彼らの働き方や行動に影響を与える状況を指す。例えば金融サービスと製薬会社の環境は異なるし、政府機関と上場企業の環境は異なる、といったことである。文化や環境とは、社会、国、言語、政治等の外部要因等、組織に影響を与え、データや情報、それらの管理方法に影響を与える可能性のある、より広範な側面を指すこともある。

これは、情報品質の業務への取り組み方を創造的にできないということではない。しかし会社の文化や環境を理解し、その中で効果的に働くことができれば、目標をよりよく達成することができる。例えば規制が厳しく、文書化された標準作業手順に従うことにすでに慣れている企業では、情報品質を保証するための標準化されたプロセスを受け入れることは、全員が独立して業務を行っている企業よりも困難でない可能性が高い。企業内でも違いが見られるかもしれない。例えば営業チームと情報品質について議論するのと、ITチームと議論するのとでは、見た目も雰囲気も異なるかもしれない。

クイック・アセスメント・パラメーター

情報品質フレームワークのコンセプトは、10ステッププロセス全体を通じて様々な詳細レベルで適用される。FIQはまた、状況を素早く把握するために概要レベルで使用することもできる。FIQは、情報品質に寄与する構成要素を理解するための、論理的な構造を提供する。これらの構成要素を（POSMAD相互関連マトリックスの詳細とともに）理解することで、情報品質に問題がある状況や複雑な環境をよりよく分析することができる。

誰かがデータ品質の問題について連絡してきたとしよう。すぐに以下のような質問を始めることができる。

- この状況にどのようなビジネスニーズが関連するのか。
- 問題は情報ライフサイクルのどのフェーズに現れているのか。
- 具体的にどのデータが関係しているのか。
- どのプロセスが関係しているのか。
- どのような人々や組織が関与しているのか。
- どのテクノロジーが関係しているのか。
- ライフサイクルの初期フェーズで、データに何か起きたのか。
- ライフサイクルの後続フェーズにあるデータは、どのような影響を受けるのか。
- どのような幅広い影響がある構成要素に対処したか。さらに注意を払う必要があるのはどの分野か。

これらの質問に答えることで初期のビジネスインパクトを理解し、問題の範囲を決定し、その問題の解決に誰を巻き込む必要があるかを判断できる。回答は、他の事業分野やシステムとの関連点を明らかにするのに役立つ。潜在的な根本原因も浮き彫りになるかもしれない。

また既存のプロセスを分析したり、新しいプロセスを開発したりする際にも、FIQを使用することでデータ品質に影響を与える要素を確実に説明することができる。情報ライフサイクル全体を通して、データ、プロセス、人／組織、テクノロジーに何が起きているのかを把握することができれば、プロセスがどれだけ安定するか（そしてその結果、品質がどれだけ向上するか）、想像してみてほしい。

プロジェクトのスコープ内とする情報ライフサイクルのフェーズを決定しよう。品質は全てのフェーズに影響されるが、実際の作業には管理可能で具体的な境界線が必要であることを理解しよう。もちろん一度に全てに取り組むことはできないので、取り組みに優先順位をつける必要がある。例えばあるプロジェクトチームは、情報ライフサイクルの入手フェーズに多くの時間と労力を費やしてきたが、維持フェーズの管理にはまったく時間を費やしていなかったことに気づいた。彼らは次のプロジェクトで、情報の更新と維持の方法にフォーカスすることにした。全体像を把握することで、今何が最も重要で、何を後回しにするかという対処法をまとめることができる。

情報ライフサイクル

情報ライフサイクルは、情報の品質を管理する上でとても重要なので、先に紹介したライフサイクルの考え方を発展させる。

情報はリソースであり、資金、製品、設備、人材がリソースであるのと同様に、ビジネスプロセスを実行し、ビジネス目標を達成するために不可欠なものである。リソースを最大限に活用しそこから利益を得るためには、全てのリソースはそのライフサイクルを通じて適切に管理されなければならない。現実的には、情報ライフサイクルのどのフェーズに時間とリソースを割くかを選択しなければならない。ライフサイクルのコンセプトを理解することで、優先順位をより適切に選択できるようになる。

 キーコンセプト

情報は資産であり、それを最大限に活用し利益を得るためには、そのライフサイクルを通じて適切に管理されるべきである。

あらゆるリソースのライフサイクル

Larry Englishは1999年に出版したImproving Data Warehouse and Business Information Qualityという本の中で、あらゆるリソース(人、金、施設と設備、材料と製品、情報)を管理するために必要なプロセスからなる普遍的なリソースのライフサイクルについて述べている。汎用的なリソースのライフサイクル(計画(Plan)、獲得(Acquire)、維持(Maintain)、廃棄(Dispose)、適用(Apply))について教えてくれた彼に感謝したい。私はライフサイクルの各過程の名称と順序を彼のオリジナルから少し変更し、フェーズと呼ぶことにした。私は「保管と共有」を加え、POSMAD (Plan、Obtain、Store and Share、Maintain、Apply、Disposeの頭文字)という頭字語を開発した。POSMADは、情報ライフサイクルの各フェーズを思い出させるものである。ラリーはこのセクションで使用されている財務、人材、情報リソースの各フェーズにおける活動の例を示した。

私が適用している情報ライフサイクルのフェーズの概要は以下の通りである。

- 計画(Plan) - リソースを準備する
- 入手(Obtain) - リソースを取得する
- 保存と共有(Store and Share) - リソースに関する情報を保持し、何らかの配布方法で利用できるようにする
- 維持(Maintain) - リソースが適切に機能し続けるようにする
- 適用(Apply) - ビジネスニーズ(顧客、戦略、ゴール、問題、機会)をサポートし、対処するためにリソースを使用する
- 廃棄(Dispose) - リソースが使用されなくなったら、削除または廃棄する

財務リソースについては、資金、予測、予算策定を行い計画し、ローンによる借入や株式の売却によっ

て財務リソースを獲得し、利子や配当の支払いによって財務リソースを維持し、システムまたはファイリングキャビネットに財務リソースの情報を保管してネットワーク、画面、報告書、ウェブサイト、または郵便によって共有し、他の財務リソースを購入することに財務リソースを適用し、ローンの返済や株式の買い戻しによって財務リソースを処分する。

人材リソースについては、人員配置を計画し、必要なスキルを特定し、職務記述書を作成し、募集、面接、採用によって人材リソースを獲得し、報酬（賃金と福利厚生）を提供し、研修によって能力を開発することによって人材リソースを維持し、役割と責任を割り当てて人を働かせることによって人材リソースを適用し、退職や「ダウンサイジング」、あるいは従業員の自発的な退職によって人材リソースを廃棄する。

情報ライフサイクルのフェーズ

情報ライフサイクルは、データライフサイクル、情報チェーン、データまたは情報サプライチェーン、情報バリューチェーン、情報リソース・ライフサイクルとも呼ばれる。「リネージ」とは昨今よく見る言葉であり、情報ライフサイクルを文書化し管理するツールの機能を説明するために、特にベンダーによって使われている。プロブナンス（Provenance）は起源が何であるかを意味し、ライフサイクルのサブセットを示すもう一つの言葉である。これらの言葉やフレーズを耳にしたら、私が情報ライフサイクルと呼んでいるものを指していると認識してほしい。

前述のように、POSMADは情報ライフサイクルの6つのフェーズを参照している。**表3.2**は、それらのフェーズを説明し、情報に適用されるライフサイクルの各フェーズにおける活動の例を示している。

表3.2 POSMAD情報ライフサイクルのフェーズと活動

情報ライフサイクル・フェーズ（POSMAD）	定義	情報に関する活動の例
計画	リソースの準備	目的を特定し、情報アーキテクチャを計画し、標準と定義を策定する。アプリケーション、データベース、プロセス、組織等をモデリング、設計、開発する場合、多くの活動は情報の計画フェーズの一部と考えられる。
入手	リソースの獲得	レコードの作成、データの購入、外部ファイルの読み込み等。
保存と共有	リソースに関する情報（電子版またはハードコピー）の保持および何らかの配布方法で利用可能にすること	データをデータストアに電子的に、紙の申込書のようなハードコピーとして、申込書のスキャンコピーのようなデジタルファイルとして保存する。ネットワークやエンタープライズ・サービスバスを介して、リソースに関する情報を共有する。画面、報告書、ウェブサイト、電子メールで利用できるようにする。ハードコピーの情報は、郵便物、壁に貼られたポスター、店頭に並べられた商品タグ等で入手できるようにする。
維持	リソースが確実に正常に機能し続けるようにすること	データの更新、変更、操作、解析、標準化、検証、確認、データの強化または増強、データのクレンジング、スクラブ、変換、レコードの重複排除、リンク、一致、レコードのマージまたは統合等。

適用	ビジネスニーズ（顧客、製品、サービス、戦略、ゴール、問題、機会）をサポートし、対処するためにリソースを利活用する。	データを取得し、情報を利活用する。これにはトランザクションの完了、レポートの作成、レポートの情報による経営判断、自動化されたプロセスの実行等、あらゆる情報利用が含まれる。
廃棄	不要になったリソースを削除または廃棄する。	情報をアーカイブする。データや記録を削除する。企業の倒産や組織の閉鎖に伴うデータの処分を管理する。

価値、コスト、品質と情報ライフサイクル

価値、コスト、品質を情報ライフサイクルと関連づけて理解することが重要である（**図3.4**参照）。以下は重要なポイントである。

- 情報ライフサイクルの全てのフェーズにおいて、活動を管理するコストがかかる。
- データと情報の品質は、情報ライフサイクルの全てのフェーズにおける活動によって影響を受ける。これにはデータそのもの、プロセス、人／組織、テクノロジーを管理する活動に加え、「情報品質フレームワーク」に示されている幅広い影響がある構成要素が含まれる。
- データや情報が活用されて初めて、企業はそこから価値を得ることができる。その情報が知識労働者／テクノロジー／ユーザーが期待したものであり、彼らがその情報を活用できるのであれば、その情報は企業にとって価値がある。知識労働者が必要とする品質でない場合、その情報は収益の損失、リスクやコストの増加、手戻り等、ビジネスに悪影響を及ぼす。
- データと情報のコストと組織にとっての価値を判断することができる。

組織とその情報消費者が本当に情報を気にかけるのは、それを使いたいときだけであるが、必要なときに適切な品質のデータと情報を生み出すためには、ライフサイクルのあらゆるフェーズで適切なリソースを投入しなければならない。現実的には一度に全てを行うことはできない。ライフサイクルの全ての

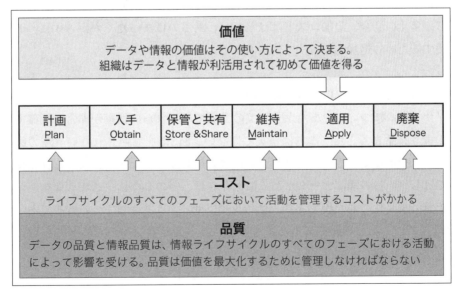

図3.4 価値、コスト、品質、と情報ライフサイクル

フェーズに同時に取り組むのは、現実的ではないかもしれないし、実現不可能かもしれない。しかし情報リソースへの投資について十分な情報に基づいた意思決定ができるように、各フェーズで何が起こっているかを十分に知り、各フェーズで情報がどのように管理されているか（あるいは管理する必要があるか）を慎重に検討する必要がある。

> **キーコンセプト**
>
> 「企業の収益性と生き残りには、経済的な方程式がある。経済的な方程式は単純である。経済的価値とは、リソースの利用によって得られる利益が、その計画、入手、維持、処分によって発生する費用よりも大きい場合に発生する」。
>
>   - Larry English, Improving Data Warehouse and Business Information Quality (1999), p. 2

情報は再利用可能なリソースである

リソースとしての情報と他のリソースとの大きな違いは、情報は利用されても消費されないということである。つまり複数の人やシステムが同じ情報を使うことができ、再利用が可能なのだ。一度顧客に購入された商品は、次の顧客が購入することはできない。一度その製品を製造するために使用された材料は、次の製造サイクルでは使用できない。情報はどうだろうか。サムが月の初日にレポートを実行したからといって、マリアが10日にレポートを実行したとき、あるいはパテルが顧客を助けるためにその情報にアクセスしたときに、その情報が消えてしまっているだろうか。もちろんそんなことはない！情報は、使われることにより枯渇することはない。この違いが持つ意味は重要である。

- **品質は極めて重要である**。情報は多くの人々、組織、プロセス、テクノロジーによって、様々な形で利用される。情報が間違っていれば、間違った情報が何度も使われることになり、ネガティブな結果をもたらす。そして低品質な情報が使われるたびに、より多くのコストが発生し、収益が失われる可能性がある。
- **情報の価値は、使えば使うほど高まる**。コストの多くは情報の計画、入手、保管、共有、維持に使われている。多くの場合、追加コストはほとんど、あるいはまったくかからずに、データと情報は組織を支援するための追加的な方法で使用することができる。

情報ライフサイクルは直線的なプロセスではない

ここまでライフサイクルについて、あたかも現実の世界ではこれらの活動が非常に明確で認識可能な順序で起こるかのように話してきた。これは事実ではない。**図3.5**を参照されたい。左の図は情報ライフサイクルのフェーズを示している。ライフサイクルは直線的なプロセスではなく、非常に反復的であることに注意してほしい。右の図はデータがどこに保存され、どのようにシステム間を流れるかを示す組織アーキテクチャの簡略化された例であり、情報ライフサイクルを示す1つの方法である。私はこれを「蜘蛛の巣」と呼んでいる。どの組織にもあるもので、たとえ概要レベルであってもこれらの流れは複雑である。

例えば外部ソースから情報を購入したとする。そのデータはあなたの会社で受信され、最初は一時的な

ステージングエリアに保管される。その後データは内部データベースにロードされる前にフィルタリングされ、チェックされる。いったんデータベースに登録されたデータは、他の人が適用できるようになる。一部のデータは、アプリケーションインターフェースを介して抽出される。その他のデータは、エンタープライズ・サービスバスと呼ばれるメカニズムを通じて共有され、別のデータベースにロードされ、社内の多くの人が別のアプリケーションを通じてアクセスし使用することができる。データはアプリケーションインターフェースを介して個々のフィールドやレコードを更新したり、外部のデータプロバイダーから送られたファイルから更新を受信して読み込む等、様々な方法で維持することもできる。これは単純な例だが、情報の経路がすぐに非常に複雑になることは容易に理解できるだろう。どのようなデータや情報であっても、その入手、維持、適用、廃棄には複数の方法がある。同じ情報を複数の場所に保存することもできる。

現実の世界での活動は複雑で厄介であるからこそ、情報ライフサイクルを知ることはとても役に立つ。情報とその品質を管理するためには、どこにデータが連携されるのか、どのように入手／作成、維持、適用、廃棄されるのか、どのようにプロセス、人、組織、テクノロジーに影響されるのかを整理することが重要である。情報ライフサイクルを利用することで、複雑な環境の中で情報に何が起こっているかを認識することができる。例えば複雑なプロセスにおける様々な活動を検討し、それらを情報ライフサイクルの様々なフェーズに位置づけることで、それらの活動がデータの品質にどのような影響を与えるか理解を深めることができる。先に述べたPOSMAD相互関連マトリックス（**図3.3**）の質問に答えることも、明確にする方法の一つである。

情報ライフサイクル思考

データ品質の問題が明るみに出た場合は、その問題を最初に特定した情報ライフサイクルのフェーズに置いてみよう。これによりデータに悪影響を及ぼした可能性のある活動が、どのフェーズで行われているかを分析するために、どこから逆算を始めればよいかが分かるだろう。また、他に誰がデータを使用していて、同じ問題によって今影響を受ける可能性があるのか、あるいは変更前に誰に相談すべきなのかを理解して検討を進めることができる。私は「ライフサイクル思考」という考え方を提唱している。これは様々な方法で応用できるものだ。ライフサイクル思考を使うことで、社内のどの視点から見て

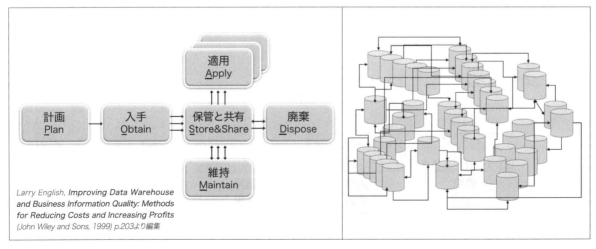

図3.5 情報ライフサイクルは直線的なプロセスではない

も、データに何が起こっているのかをすぐに理解し始める（あるいは発見するために適切な質問をし始める）ことができる。いくつかの例を見てみよう。

組織から見たライフサイクル思考

POSMAD情報ライフサイクル思考を、概要レベルの組織的視点から情報に影響を与える人物を理解するためのフレームワークとして使用しよう。あなたが会社で、営業およびマーケティング部門をサポートする顧客情報を新たに担当することになったと仮定してみよう。顧客情報がどこで使用され、どの組織が品質に影響を及ぼしているかを把握したいはずだ。あるグローバル企業のヨーロッパ担当営業およびマーケティング責任者は、組織を支える顧客データの質に懸念を抱いていた。彼は組織について説明してくれて、私はボードに概要レベルの組織図を描いた。コールセンター、マーケティング、フィールド営業の3部門が、そのマネージャーの地域組織（この場合はヨーロッパの営業およびマーケティング）の下にあった。私達はビジネスインテリジェンス、顧客情報マネジメント、マーケティングコミュニケーション、ビジネスセグメントの4つのチームから構成されるマーケティングの下の組織構造をさらに詳しく調べることにした。

情報ライフサイクルについてごく簡単に説明した後、ライフサイクルの各フェーズにおいてどのチームが顧客情報に影響を与えるかを尋ねた。誰が顧客情報を使うのか、適用するのか。顧客情報について計画のためのインプットをするのはどのチームか。データを入手または作成するのは誰か。誰がデータを管理するのか。誰がそのデータを処分できるのか。図3.6はその30分間の会話の結果を示したものだ。ここに掲載されている概要レベルの内容だけで、情報の品質について何が分かるか見てみよう。

なお私は適用フェーズ（対象となる情報品質の理由となる）から質問し、保管と共有フェーズについては触れていない。全ての議論に全てのフェーズを含める必要なく、ライフサイクル思考で検討することができる。ここでの目的は、情報ライフサイクルの（その議論に）関連するフェーズにおいて、誰が顧

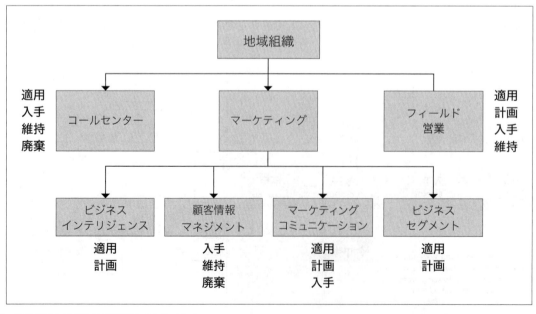

図3.6 組織構造とPOSMAD情報ライフサイクル

客情報に影響を及ぼしているのかを、概要レベルの組織的視点で理解することであった。

図に示すように、6チーム中5チームが顧客情報を利用または「適用」している。また、4チームが顧客情報の「計画」に関わっている。コールセンター、顧客情報マネジメント、マーケティングコミュニケーション、フィールド営業の各チームは、様々な方法で情報を「入手」しているが、このうち3つのチームだけが情報を「維持」し更新している。これは理にかなっている。というのもマーケティングコミュニケーションから得られるデータは、しばしばフィールドイベントから得られるものであり、このチームはイベントに参加した顧客を新規顧客と見なしているからだ。したがって顧客記録の重複を避けるためには、マーケティングコミュニケーションを通じて入手した新規顧客記録を追加する際に、顧客データベース内の既存記録を識別するプロセスが必要であるということが、ここまででお分かりいただけるだろう。この初期段階では、実際にそうなっているかどうかはわからないが、追加の質問をするのに役立つ情報がある。

潜在的なデータ品質の問題は、「データを入手する全てのチームは、同じデータ入力トレーニングを受けているのか。同じデータ入力基準（手動か自動かを問わず）を持っているのか」という質問をすることによって見えてくる。答えが「いいえ」の場合、データ品質に問題があることは確実だ。その問題の大きさや、どのデータが最も影響を受けているかが判明していないだけである。またコールセンターは顧客情報の入手、維持、適用、廃棄を行うが、計画フェーズには関与していないことが分かる。そのため重要な要件が見落とされ、データ品質に影響を与える可能性がある。この図から学べることはまだまだあるが、この時点でもデータ品質への潜在的な影響を確認し始められることを示している。

顧客接点の視点からのライフサイクル思考

ではライフサイクルを別の視点から見てみよう。企業の顧客接点の視点からである。**図3.7**は、顧客から始まり、企業と顧客の間の複数のコミュニケーション方法、データベースへの顧客データの保存、顧客情報の様々な利用方法を示している。情報の用途には、顧客との再コンタクトも含まれる。もう一度、情報ライフサイクルの様々なフェーズを示す。なお、今回は計画と廃棄のフェーズは含まず、保管と共

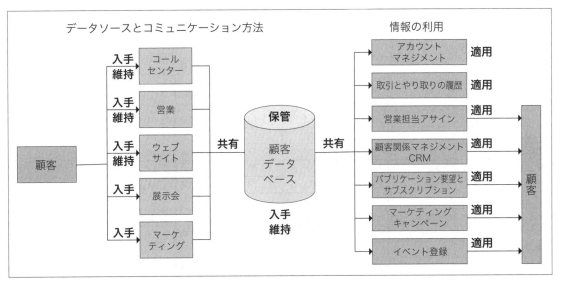

図3.7 顧客との相互関連とPOSMAD情報ライフサイクル

有のフェーズを含むことにした。

この視点から何を学ぶことができるだろうか。私が顧客で会社のウェブサイトから登録すると、顧客データベースにレコードが作成される。数ヵ月後、私は展示会に参加し、同じ会社のブースにいた営業担当者が私の名札をスキャンした。別のレコードが作成される。両方のレコードが顧客データベースに流れる。異なるソースからレコードがロードされた場合、その顧客のレコードがすでに存在するかどうかをチェックし、レコードをマージするだろうか。この図からは、その質問に対する答えはわからない。もしチェックされていなければ、そのデータベースには重複した顧客のレコードが存在することになる。重複率やそれが問題を引き起こしているかどうかはわからないが、このレベルでもデータ品質問題の潜在的な原因が分かるので、プロジェクトの一環として調査すべき領域の手がかりになる。

この演習でチームにとって予想外の教訓となったのは、顧客情報がどのように使用されているのか、そのリストを目にしたことだった。もし尋ねれば、ほとんどのマネージャーはアカウントマネジメント担当者が顧客情報を利用し、営業担当アサインも顧客情報に依存していることを知っているだろう。しかし顧客情報が営業とマーケティングの両部門でどのように使用されているかを示すこのシンプルなリストを見ただけで、そしてこれらがその年の重要な活動であることがわかっただけで、データ品質プロジェクトの費用対効果が得られると明らかになった。

役割とデータの視点からのライフサイクル思考

ここまで、ライフサイクル思考を概要レベル（組織と顧客との相互関連の視点）で適用する方法を見てきた。ライフサイクル思考の別の詳細レベル、つまり役割の考え方を見てみよう。**図3.8**は、最初の列の下に役割を示している。情報は右側の列の見出しとして表現されている。その中のあるものは単一のデータフィールド（例：役職）、あるものは複数のデータフィールドがグループ化されたもの（例：住所）である。なお、情報ライフサイクルのうち、3つのフェーズ（入手、維持、適用）のみが使用されている。

情報を入手、維持、適用する業務上の役割

O = Obtain：入手
M = Maintain：維持
A = Apply：適用

		顧客名	拠点名	部門名	部署名	所在地	電話番号	役職	プロフィール
ビジネス上の役割	フィールドエンジニア	O, M, A	O, M, A	O, M, A	O, M, A	O, M, A	O, M, A	O, M, A	O, M, A
	エリアマネージャー	O, M, A	O, M, A	O, M, A	O, M, A	A	O, M, A	O, M, A	O, M, A
	カスタマーサービス担当	O, M, A	O, M, A	O, M, A	O, M, A	O, M, A	O, M, A	O, M	
	受注担当	O, M, A	O, M, A	O, M, A	O, M, A	O, M, A	O, M, A		
	見積担当	O, M, A	O, M, A	O, M, A	O, M, A	O, M, A	O, M, A	O, M	
	請求担当	A	A	A	A	A			
	ビジネスセンター メールルーム		A	A	A	A			
	オンライン・テックサポート	O, M, A	O, M, A	O, M, A	O, M, A	O, M, A	O, M, A	O, M, A	O, M, A
	債権管理		A	A	A	A	A		
	情報マネジメントチーム	O, M, A	O, M, A	O, M, A	O, M, A	O, M, A	O, M, A	O, M, A	O, M, A

図3.8 役割とPOSMAD情報ライフサイクル

検討チームは各役割を調べ、その役割が該当する顧客情報を取得、維持、および／または適用しているかどうかを記録した。各行と各列を分析してみよう。行は各役割によって影響を受けるデータの範囲を示している。列は特定のデータのグループに影響を与える全ての役割を示している。

組織レベルでPOSMADを見るときに問われる質問と、似たような質問を挙げて調査を進めていく。「データを取得する（例えば、顧客レコードを作成する）全ての役割は、同じ訓練を受け同じデータ入力基準を持っていますか。」といったものだ。もしそうでなければ、やはりデータ品質に問題があるということになる。その大きさや、どのデータが最も影響を受けているかはわからないが、一貫したトレーニングや基準がないために、データの品質が低下につながっていることは分かるだろう。

あるプロジェクトチームは、多くの部門が同じデータを適用または使用できることを知っていたが、作成または更新できるのは1つの部門だけだと思っていた。ライフサイクル思考を適用することで、彼らは他部門の人々が実際にデータを作成し更新していることを新たに理解した。データ品質への影響はすぐに確認できた。チーム全体で一貫したトレーニングやデータ入力の基準がないことは、データの品質が低いことを意味する。この情報は、あなたの情報品質や、どこに努力を集中させたいかについて、裏付けのある発言をするための知識を与えてくれる。

図3.8では、3つのロールが情報を適用するだけで、情報を収集したり維持したりすることはないことが見て取れる。そのような状況でしばしば起こるのは、データを入手する際に知識労働者のニーズが考慮されないことである。例えばあるドラッグストアチェーンの薬剤師は、顧客に関する情報を追跡する必要があったが、画面上にそれを入力する場所がなかった。そこで顧客名の末尾にコードを追加し、代替保険、万引きの疑い、患者が別の名前で別の記録を持っているかどうか等を示す様々な記号を追加した。その後メールルームは顧客に送るオファーのラベルを作成した。そして郵送ラベルに「ジョン・スミスINS2！*代替名を確認するにはRxのコメントをチェックしてください。」と記載された郵便を受け取った人たちからの苦情が発生してしまった。これはいわゆるデータフィールドの「ハイジャック」の例である。業務やプロセスは変化し、システムを導入したときには想定されていなかった情報を収集し使用する必要が出てくる。彼らはニーズを満たすために他のデータフィールドを利用する。その結果、データ品質に問題が生じたり、データの他の用途に影響を与えたり、今述べたようなネガティブな結果を招いたりする。

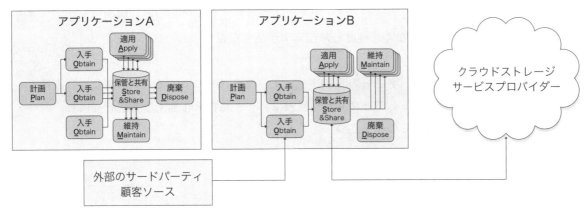

図3.9　情報ライフサイクルは互いに交差し、相互に作用し、影響を与え合う

要約すると情報ライフサイクルは情報品質フレームワークのキーコンセプトであり、構成要素であるということである。これは10ステッププロセス全体を通して使用される。あらゆるアプリケーション、あらゆる情報、あらゆるデータには、それぞれのライフサイクルがある。情報ライフサイクルは互いに交差し、相互に作用し、影響を与え合う。あるシステムの適用は、別のシステムの入手である。情報ライフサイクル思考は、内部データと組織に持ち込まれた外部データの両方に適用される。**図3.9**を見てほしい。プロジェクトのどの時点でも、最も役立つ詳細度でライフサイクルを作成し使用してほしい。情報ライフサイクルは、情報とそれに関連するデータ、プロセス、人／組織、テクノロジーに何が起きているのか、そしてそれらがデータの品質にどのような影響を与えているのかを知るのに役立つ。ライフサイクル思考を用いることで、より良い情報に基づいた意思決定を行い、データの品質を管理するための効果的な行動を取ることができるだろう。

データ品質評価軸

データ品質評価軸とは、データの特性、側面、特徴のことである。情報およびデータ品質への要求を分類する方法を提供する。評価軸は、データと情報の品質を定義、測定、管理するために使用される。このセクションでは、データ品質評価軸とその重要性について紹介していく。

ダイヤモンドを思い浮かべると評価軸について考えやすい。装飾目的や投資目的でダイヤモンドを購入する場合、4C（カラー、クラリティ、カット、カラット）と呼ばれるダイヤモンドを表す基準によって、その品質を理解することができる。宝石学の知識を提供する非営利団体であるGIAによると、「20世紀半ばまで、ダイヤモンドを判断するための合意された基準は存在しなかった。GIAが最初の、そして今でも世界的に受け入れられているダイヤモンドを表現する基準を作り上げた・・・。今日、ダイヤモンド品質の4Cは、世界中のあらゆるダイヤモンドの品質を評価する普遍的な方法だ。ダイヤモンドの4Cの作成は2つの重要なことを意味している。ダイヤモンドの品質が世界共通語で伝えられるようになったということと、ダイヤモンドの顧客は、自分が何を購入しようとしているのかを正確に知ることができるようになったということだ」。

消費者はしばしばコストとコンフリクトフリー（訳註：紛争鉱物不使用）という、もう2つのCをリストに加える。何を買いたいかによって（例えば指輪、ネックレス、イヤリング等）、C'sのいくつかは他のものよりもあなたにとって重要になるだろう。ダイヤモンドが工業用で、切断、研削、ドリル、研磨に使用されるのであれば、4Cではなく、硬度と熱伝導率が最も重要だ。

同じようにビジネスニーズ、データ品質の問題、データの使用方法によって、データ品質評価軸のいくつかは他のものよりも重要になる。データ品質評価軸はデータ品質を評価する方法を提供し、データを利用する人がその品質を理解するのに役立つ。

Chapter 3

第3章 キーコンセプト

> 🔑 **キーコンセプト**
>
> **データ品質評価軸 - その意味と使用方法**。データ品質評価軸とは、データの特性、側面、または特徴である。データ品質評価軸は、情報とデータ品質への要求を分類する方法を提供する。評価軸はデータと情報の品質を定義、測定、改善、管理するために使用される。
>
> 10ステップの方法論におけるデータ品質評価軸は、各評価軸を評価するために使用されるテクニックまたはアプローチによって大まかに分類される。これはデータ品質ワークを行うために必要な時間、資金、ツール、人的資源を見積もる際にインプットとなる情報を整理し、プロジェクトのスコープと計画をより良くするのに役立つ。
>
> このように評価軸を区別することで、次のことが可能になる。1) 評価軸をビジネスニーズとデータ品質の問題に適合させる、2) どの評価軸についてどの順番で評価するか優先順位をつける、3) 各データ品質評価軸で評価することで何が分かるか (分からないか) を理解する、4) 時間とリソースの制約の中で、プロジェクト計画における活動の順序をより明確に定義して管理する。

データ品質評価軸の理由

データ品質の各評価軸で品質を評価するには、評価軸ごとに異なるツール、テクノロジー、プロセスが必要だ。その結果、評価を完了するために必要な時間、費用、人的資源は様々なレベルにわたる。各評価軸について評価するために必要な労力を理解することで、プロジェクト範囲をより適切に設定できるだろう。評価することで、スコープ内のビジネスニーズとプロジェクト目標に対処するために、役立つ情報が得られるデータ品質評価軸を選択しよう。データ品質評価軸の初期評価の結果をもって、ベースラインを設定する。プロジェクト期間中に追加評価が必要になる場合もある。プロジェクト完了後は、継続的なモニタリングと情報改善の一環として、データ品質評価軸をオペレーションのプロセスに組み込むこともできる。

データ品質評価軸を区別することは、下記に役立つ。

- 品質評価軸を、ビジネスニーズとプロジェクト目標に適合させる。
- どの評価軸についてどの順番で評価するか、優先順位をつける。
- 各データ品質評価軸による評価から、何が得られるか (得られないか) を理解する
- 時間とリソースの制約の中で、プロジェクト計画における活動の順序をより明確に定義し、管理する

10ステップで使用されるデータ品質評価軸

データ品質評価軸の普遍的な標準リストは存在しないが、それらの間には共通点がある。10ステッププロセスで使用されるデータ品質の各評価軸を**表3.3**に定義する。ここに含まれる評価軸は、ほとんどの組織が関心を持ち、ほとんどの組織の通常の制約の中で評価、改善、管理することが可能である、データ品質に関する最も実際的で有用な情報を提供するデータの特徴や側面である。それらは長年の経験に

よって証明され、また他の専門家から学んだ知識に基づいている。

表3.3 10ステッププロセスにおけるデータ品質評価軸-名称、定義、注記

> **データ品質評価軸-その意味と使用方法**。データ品質評価軸とは、データの特性、側面、または特徴である。データ品質評価軸は、情報とデータの品質への要求を分類する方法を提供する。評価軸はデータと情報の品質を定義、測定、改善、管理するために使用される。以下の評価軸を用いてデータ品質を評価する方法は、**第4章10ステッププロセスのステップ3データ品質の評価**に記載されている。
>
> なお、10ステップの方法論におけるデータ品質評価軸は、各評価軸について評価するために使用されるテクニックやアプローチによって大まかに分類されている。これはデータ品質ワークを行うために必要な時間、資金、ツール、人的資源を見積もる際のインプット情報を整理し、プロジェクトのスコープと計画をより良くするのに役立つ。このようにデータ品質評価軸を区別することで、次のことが可能となる。1) ビジネスニーズとデータ品質の問題に評価軸を適合させる、2) どの評価軸についてどの順序で評価するか優先順位をつける、3) 各データ品質評価軸で評価することで何が分かるか (分からないか) を理解する、4) 時間とリソースの制約の中で、プロジェクト計画における活動の順序をより明確に定義し、管理する。

サブステップ	データ品質評価軸の名前、定義、および注記
3.1	**関連性と信頼の認識**：情報を利用する人々やデータを作成、維持、廃棄する人々の主観的な意見のこと。1) 関連性-どのデータが彼らにとって最も価値があり重要であるか、2) 信頼-彼らのニーズを満たすデータの品質に対する信頼。 注記：認識は現実であり、人は自分の認識に従って行動するとよく言われる。関連性と信頼に関するユーザーの感覚は、ユーザーが組織のデータと情報を容易に受け入れ、使用するかどうかに影響する。ユーザーが、データ品質が低いと考えている場合、組織のデータソースを使用する可能性は低くなるか、またはデータを管理するために独自のスプレッドシートやデータベースを作成する可能性が高くなる。このため多くの場合、適切なアクセスコントロールやセキュリティコントロールが行われないまま、重複した一貫性のないデータを持つ「スプレッドマート」が拡散することになる。 この評価軸では、正式なサーベイ (個別面接、グループワークショップ、オンラインサーベイ等) を通じて、データや情報を使用および／または管理している人々の意見を収集する。ユーザーと接している時に、価値やビジネスインパクトとデータ品質への信頼の両方について質問することは理にかなっている。データ品質またはビジネスインパクトのいずれの観点もユーザーをサーベイする理由となる可能性があるため、ステップ3.1ではデータ品質評価軸として、ステップ4.7ではビジネスインパクト・テクニックとして両方に含まれている。 データの品質に関する意見は、実際のデータ品質を示す他のデータ品質評価結果と比較することができる。これにより認識と現実のギャップを発見し、対処することができる。

		従業員満足度サーベイと同様に、関連性と信頼感の評価も毎年または隔年で実施することができる。結果は時間の経過に伴うトレンドの比較や以下の確認のために使うことができる。1) 管理されているデータが、現在もユーザーにとって重要であるかどうか、2) データ品質の問題を防止するための措置が、期待されるデータの信頼性向上につながっているかどうか。
3.2	**データ仕様**：データ仕様には、データにコンテキスト、構造、意味を与えるあらゆる情報と文書が含まれる。データ仕様はデータや情報の作成、構築、生成、評価、利用、管理に必要な情報を提供する。例えばメタデータ、データ標準、リファレンスデータ、データモデル、ビジネスルール等である。データ仕様が存在しなかったり、完全でなかったり、その品質が低ければ高品質のデータを作成することは困難であり、データ内容の品質を測定、理解、管理することも難しくなる。	
	注記：データ仕様は、データ品質評価結果を比較する際の基準となる。またデータの手入力、データ・ロードプログラムの設計、情報の更新、アプリケーションの開発についてもガイドとなる。	
3.3	**データの基本的整合性**：データの存在（完全性／充足率）、有効性、構造、内容、その他の基本的特性。	
	注記：品質の他のほとんどの評価軸は、データの基本的整合性で分かったことを元にしている。自分のデータについて他に何も知らなければ、この評価で何が分かるかを知る必要がある。データの基本的整合性では、データプロファイリングの手法を用いて、データの完全性／充足率、有効性、値のリストと度数分布、パターン、範囲、最大値と最小値、精度、参照整合性といったデータの基本的な特性を評価する。他の評価軸一覧ではデータ品質評価軸を分けて（完全性や有効性等）挙げられているものも、データプロファイリングという同じ手法で評価できるため、この包括的な評価軸の一部としている	
	この評価軸は品質を評価するものであり、レポートやダッシュボードで結果を報告する方法とは異なることに注意してほしい。例えば、完全性と有効性を別々に報告することもできるし、結果を組み合わせて特定のデータフィールドやデータセットごとに品質を報告することもできる。レポートの分類と表示と、このデータ品質評価軸から知り、学ぶ必要のある内容とを混同しないでほしい。	
3.4	**正確性**：データの内容が、合意され信頼できる参照元と比較して正確であること。	
	この評価軸は品質を評価するものであり、レポートやダッシュボードで結果を報告する方法とは異なることに注意してほしい。例えば、完全性と有効性を別々に報告することもできるし、結果を組み合わせて特定のデータフィールドやデータセットごとに品質を報告することもできる。レポートの分類と表示と、このデータ品質評価軸から知り、学ぶ必要のある内容とを混同しないでほしい。	
	注記：正確性という言葉は、一般的にデータ品質の同義語として使われることが多い。データの専門家は、それらが同じではないことを知っている。データの正確さには、そのデータが表す現実世界の対象（オーソライズされた参照ソース）と比較する必要がある。データによって表現される実世界の対象にアクセスすることが不可能な場合もあり、そのような場合には、注意深く選択された代替物がオーソライズされた参照ソースとして使用されることがある。正確性の評価は、手作業で時間のかかるプロセスになり得る。以下はデータプロファイリングの技法を用いてデータの基本的整合性を評価することで何が学べるかと、正確性アセスメントで学べることを比較した例である。	

	- データプロファイリングは、品目番号が製造または購入部品を示す有効なコードを含んでいるかどうかを明らかにするが、その特定の品目が実際に製造品目であるか購入品目であるかを決定できるのは、品目番号123に精通した人による正確性の評価のみである。 - データプロファイリングは、顧客レコードが郵便番号の有効なパターンを持っているかどうかを示すが、それがその顧客の郵便番号であるかどうかは、その顧客と接触するか、郵便サービスの一覧等の二次的なオーソライズされたソースを使用した正確性アセスメントでしかわからない。 - データプロファイリングは、在庫データベースの手持ち商品数の値を表示し、それが正しいデータ型であることを確認する。しかし、棚にある商品を手作業で数えるかスキャンし、その数を在庫システムのレコードと比較することによってのみ、データベースの在庫数が手元の在庫を正確に反映しているかどうかを知ることができる。
3.5	**一意性と重複排除**：システム内またはデータストア間に存在するデータ（フィールド、レコード、データセット）の一意性（正）または不要な重複（負）のこと。 注記：重複レコードには多くの隠れたコストがかかる。例えば同じ名前で住所が異なるベンダーの記録が重複すると、正しい住所に支払いを確実に送ることが難しくなる。ある企業による購入が重複したマスターレコードに関連付けられると、その企業の与信限度額を知らないうちに超えてしまう可能性がある。これは、ビジネスを不必要な信用リスクにさらす可能性がある。 重複の特定には、データの基本的整合性、正確性、その他のデータ品質評価軸とは異なるプロセスとツールが必要である。
3.6	**一貫性と同期性**：様々なデータストア、アプリケーション、システムで保存または使用されるデータの等価性のこと。 注記：等価性とは、複数の場所に保存されているデータが、概念的にどのくらい等しいかの度合いのことである。データの基本的整合性で使用したデータプロファイリングと同じ手法を、複数のデータストアまたはデータセットに出現する同じデータに対して使用することができる。一貫性の確認のために結果を比較する。一貫性と同期性は、比較するデータストアごとにプロジェクトの時間と作業が増加するため、別のデータ品質評価軸として論じられる。必要に応じて実行されるべきものではあるが、データの基本的整合性に加え、一貫性と同期性を評価するということを知っていると、必要なリソースと時間の追加をより適切に計画することができる。
3.7	**適時性**：データおよび情報が最新であり、指定されたとおりに、また期待される期限内に使用できること。 注記：このデータ品質評価軸は、あるデータストアから別のデータストアへのデータの移動にかかる時間を含めて評価したい場合に、一貫性と同期性に追加して検討しやすい。適時性を見るか見ないかは状況次第なので、ここでは別に扱っている。必要に応じて検討に追加したり外したりするのは簡単だ。 世界が変化する時、現実世界のオブジェクトが変化する時点と、それを表すデータがデータベースで更新され、利用できるようになる時点には、常にギャップが生じる。この評価では、データのライフサイクル全体を通してデータの更新時期を調べ、データがビジネスニーズに間に合うように更新されているかどうかを判断することもできる。

3.8	**アクセス**：許可されたユーザーがデータや情報をどのように閲覧、変更、使用、処理できるかを制御する能力のこと。	
	注記：アクセスとは、適切な個人が、適切な時に、適切な状況で、適切なリソースにアクセスできるようにすることとよく言われる。適切な個人、適切なリソース、適切な時、適切な状況を定義するのはビジネス上の意思決定であり、機密データや情報の保護とアクセスを可能にすることのバランスをとる必要がある。情報セキュリティや独立したアクセスマネジメント・チーム等、他の部門がアクセスを管理することが一般的である。プロジェクトがこのアクセスというこのデータ品質評価軸に対応している場合、データ品質チームは彼らと緊密に協力すべきである。	
3.9	**セキュリティとプライバシー**：**セキュリティ**とは、データや情報資産を不正なアクセス、使用、開示、中断、変更、破壊から保護する能力のことである (US Department of Commerce,発行年不明)。個人にとっての**プライバシーとは**、個人としての自分に関するデータがどのように収集され、利用されるかをある程度コントロールできることである。組織にとっては、人々が自分のデータがどのように収集され、共有され、利用されることを望んでいるかを遵守する能力である。	
	注記：データの保護には専門的な知識が要求される。この評価軸はそれに取って代わるものではない。しかしデータ専門家は、情報セキュリティチームや組織のプライバシー担当者と協力して、1) 適切なセキュリティとプライバシーの保護が、関係するデータに対して実施されていること、2) 管理するデータが遵守しなければならないセキュリティとプライバシーの要件を理解していること、を確認する必要がある。アクセス (**ステップ3.8**) のデータ品質評価軸は、許可されたユーザーのアクセスに重点を置いている。セキュリティにもアクセスが含まれるが、不正アクセスに重点を置いている。	
	情報セキュリティ (InfoSec) の世界では、しばしばCIAの三位一体による保護について語られる：機密性 (Confidentiality)、完全性 (Integrity)、可用性 (Availability) である。	
3.10	**プレゼンテーションの品質**：データや情報の形式、見た目、表示は、その収集や利用をサポートする。	
	注記：プレゼンテーションの品質は、ユーザーインターフェース、レポート、サーベイ、ダッシュボード等に適用される。プレゼンテーションの品質は、データ収集時のデータの品質に影響を与える可能性がある。例えばドロップダウンリストに有効なオプションやコードが含まれているか。質問は利用者が何を聞かれているかを理解し、正しい回答ができるように組み立てられているか。同じデータを収集するための様々な方法が、一貫した方法で提示されているか。ユーザーの視点から理解しやすい方法で情報を提示することで、収集時からデータの品質を高めることができる。この点で優れたプレゼンテーション品質は、データ品質のエラーを防ぐ優れた方法である。	
	プレゼンテーションの品質は、データを使用する際にも適用される。例えばユーザーはレポートを正しく解釈しているか。説明的な列見出しがあり、日付が含まれているか。グラフィック、レポート、ユーザーインターフェースは、その背後にあるデータを正しく反映しているか。データストアにあるデータ自体は品質が高くても、ユーザーに見せたときに誤解されるようであれば、それはまだデータ品質が高いとは言えない。	
3.11	**データの網羅性**：関心のあるデータの全体的な母集団またはデータユニバース（全体像）に対して、利用可能なデータがどれだけ包括的かを示す。	
	注記：この評価軸は、データストアがビジネスにとって関心のある母集団全体をどの程度	

		反映しているかを評価する。たとえばあるデータベースには北米と南米の全ての顧客が含まれているはずだが、実際にはデータベースが会社の顧客の一部しか反映していないのではという懸念がある。この例での網羅性とは、データストアにあるべき全顧客の母集団と比較して、実際にデータストアに取り込まれている顧客の割合のことである。この評価軸は、プロジェクトにおいて取得するデータやアセスメント計画を策定する際に行われる、母集団、網羅性、選択基準に関する全般的な決定よりも詳細なものである。
3.12	**データの劣化**：データに対する負の変化率のこと。	
	注記：データの劣化率を知ることは、データを維持するためのメカニズムを導入すべきかどうか、またその更新頻度をどの程度にすべきかを判断するのに役立つ。この評価軸はその概念自体が行動を促す一例であり、しばしば詳細な評価を必要とせずに行動を起こさせることがある。高い信頼性が要求され、かつ変化の早いデータは、劣化率の低いデータや品質レベルをそれほど高くする必要のないデータよりも更新頻度が高くなる。重要なデータが素早く変化することがすでに知られているのであれば、その解決策を見出すための取り組みもまた素早く行われるべきである。現実の世界の変化をどのように意識するかを決定しよう。現実世界の変化にできるだけ早く、できるだけ近いタイミングで、組織内でデータを更新できるプロセスを開発しよう。	
3.13	**ユーザビリティと取引可能性**：データが、意図された業務取引、成果、使用目的を達成すること。	
	注記：この評価軸は、データが目的に適合しているかどうかを判断する方法であり、データ品質の最終チェックポイントである。たとえ適切な人材が業務要件を定義しそれを満たすデータを準備したとしても、そのデータが期待される成果や使用目的を達成しなければ高品質なデータとは言えない。取引完了のためにデータを使用できるか。請求書は作成できるか。受注を完了させることはできるか。検査オーダーの作成は可能か。保険金請求は可能か。部品表を作成する際、品目マスターレコードを適切に使用できるか。レポートは正しく作成できるか。もし答えがノーなら、まだ品質の高いデータを持っているとは言えない。	
3.14	**その他の関連するデータ品質評価軸**：その他、組織が定義、測定、改善、監視、管理する上で重要と考えられるデータおよび情報の特性、側面、または特徴。	
	注記：組織特有のデータの特性、データの用途、データ品質問題の側面等、データ品質評価軸のリストでまだカバーされていないものがあるかもしれない。例えばある企業の財務グループでは、システム間の照合が主な関心事だった。これを完全性と呼ぶ人もいるが、彼らにとっては「照合」という言葉の方が明確であり、彼らのコンテキストに特化している。別の評価軸を選択した場合でも、これまでの他の評価軸と同様に10ステッププロセス全体のコンテキストの中で使用することができる。	

各評価軸の評価を実施するための手順は、**第4章のステップ3データ品質の評価**に記載されており、表に記載されているように、評価軸ごとに個別のサブステップを設けている。評価軸は参照のために番号付けされているが、評価を完了する順序を提案するものではない。ニーズに最も関連し、プロジェクトに含めるべきデータ品質評価軸を選択するのに役立つ提案を以下に説明する。

データ品質評価軸のリストは数多く存在し、ここで示したものとは異なる目的で異なる用語やカテゴリーを使用する場合もある。繰り返しになるが、10ステップで使われている評価軸はそれぞれの評価

軸でどのように評価するかによって大まかに分類されている。例えばデータの基本的整合性の評価軸には、他のリストでは別の評価軸（例えば、完全性と有効性）とされているものが含まれている。この2つはデータの他の特性とともに、データの基本的整合性と呼ばれる包括的な評価軸の一部である。

> **警告！**
> データ品質評価軸のリストに圧倒されないでほしい。これらの全てを評価することはないだろう。このように分類することで、ビジネスニーズやデータ品質の問題に最も関連するものを選択しやすくなる。

複数のデータ品質評価軸を持つことが有用な理由

複数の評価軸を持つことは、時間と労力をどこに、どのように費やすかについて、より良い選択をするのに役立つ。それらは、以下の観点で有用である。

- 優先度の高いビジネスニーズ、データ品質の問題、スコープ内のプロジェクト目標に対処するのに役立つ評価軸を、利用可能な時間とリソースとのバランスを取りながら選択する。
- 評価軸を最も効果的な順序で実行する。どの評価軸を最初に行うべきかを決定するために、以下の提案を使用してほしい。
- 第4章のステップ3 - データ品質の評価の各評価軸の説明を使用して、選択した各評価軸内の一連のアクティビティをより適切に定義し、管理する。
- 様々なデータ品質評価から何がわかり、何がわからないかを理解する。

データ品質評価軸の選択に関する考慮事項

あなたの状況にとって最も意味のある評価軸を選ぼう。これは簡単なことだが、何から始めたらいいのかわからないことが多い。一見したところ、データ品質評価軸の多くは適切であるように見えるだろう。

何度も強調しているように、常にビジネスのニーズから始めよう。

ビジネスニーズを知る

データ品質プロジェクトの焦点をどこに置くべきか迷った場合は、**ステップ1ビジネスニーズとアプローチの決定**の早い段階で、**関連性と信頼の認識**を活用して欲しい。

情報の利用者を調査しよう1) ユーザーが抱えている問題を明らかにし、プロジェクトの候補となる問題の初期リストを作成する、または、2) 既存のデータ品質問題のリストとビジネスニーズに優先順位を付け、プロジェクトのスコープを確定する。**関連性と信頼の認識**は、データ品質評価軸（**ステップ3.1**）とビジネスインパクト・テクニック（**ステップ4.7**）の両方であることを忘れないでほしい。

初期リストと最終リスト

ビジネスニーズと優先順位の高い問題が決定したら、評価すべきデータ品質評価軸のたたき台となるリストを作成しよう。このリストは**ステップ2情報環境の分析**で追加情報が判明した時点で、変更される可能性がある。**ステップ3データ品質の評価**の開始時に、評価するデータ品質評価軸を確定しよう。

データの内容を詳細に調べビジネスニーズが明確になったら、以下の推奨事項を参考にしてどのデータ品質評価軸で評価すべきかを決定することができるだろう。

データ仕様

データ仕様（データ標準、データモデル、ビジネスルール、メタデータ、リファレンスデータ）は、他のデータ品質評価軸の結果を比較する基準を提供するという理由で重要である。データ仕様が欠落していたり、不完全であったりする懸念がある場合、あるいは2.2関連するデータとデータ仕様の理解でデータ仕様について何も行われなかった場合は、ステップ3.2から始めてもよい。関連するデータ仕様が収集されたら、その品質がプロジェクトのニーズを満たすのに十分かどうかを判断しよう。十分であると思われる場合は、**ステップ3.3データの基本的整合性**に進もう。関連する仕様の品質が悪いと思われる場合は、まず時間をかけて仕様を整備することにしてもよい。

実際には、この時点でほとんどの人は実データを見て検討する準備ができており、仕様や要件にこれ以上の時間を費やしたくないと考えるだろう。チームを本当に納得させることができないのであれば、最低レベルの仕様を整理し、他の評価を進めながらそれを拡充していくようにしよう。もし仕様や要件がない状態で始めたとしても、他のデータ品質評価の結果を分析するためには、ある時点でそれらを入手する必要があることを認識するだけでよい。品質の低いデータ仕様が、他の評価軸で評価する際に出てくるデータ品質問題の、根本的な原因になっていることは珍しいことではない。優れたデータ仕様の必要性が証明されれば、この評価軸に戻ってくることができる。しかし幸運にもデータ仕様から始めることが支持されているのなら、ぜひそうしてほしい！

データ仕様（詳細レベルは問わない）が手元に準備できてから、**ステップ3.3データの基本的整合性**を評価することを強く推奨する。

データの基本的整合性

データを詳しく調べるなら、**ステップ3.3データの基本的整合性**から始めてほしい。ここではデータの有効性、構造、内容、その他の基本的な特性の基礎を見ていこう。対象のデータについて他に何も知らなければ、この評価軸から何を得られるかを知る必要がある。この評価ではデータプロファイリングを実施し、その時点のデータのスナップショットを得ることができる。データに関する事実（意見ではない）を明らかにし、どこに問題があるのか、そしてその問題の大きさを示す。品質の他のほとんどの評価軸は、データの基本的整合性から分かったことを土台としている。もちろんデータの基本的整合性は重要であり、この評価軸は不可欠で必要なものであるが、データについて知る必要のあることは、これだけでいつも十分というわけではない。必要に応じて、他のデータ品質評価軸を使用することで分かったことも基にしよう。

データ品質評価軸の連携

前述したように品質の他のほとんどの評価軸は、データの基本的整合性からわかったことを土台にしている。他の評価軸の方が重要と見えるため、この評価軸をスキップする誘惑に駆られがちである。多くの場合、主な関心ごとはレコードの重複であると言われる。**一意性と重複排除（ステップ3.5）**へジャンプし、データの基本的整合性はスキップしたくなるかもしれない。だがそれは間違いである。重複を

理解することが最終目標だとしても、まずはデータのプロファイリングを行うべきだ。重複を理解するためには、データの基本的なことを知る必要があるからだ。その理由は以下の通りである。

重複の判定には、どのデータフィールド、またはデータフィールドの組み合わせが、レコードの一意性を示すかを理解する必要がある。サードパーティのツールを使うにせよ独自に開発するにせよ、重複レコードを識別するアルゴリズムを開発または設定するだろう。これらのアルゴリズムは、実際には期待されるデータが欠落していたり（例えば、完全性の割合が低い）、あるはずのないデータが含まれていたり（例えば、電話番号フィールドに識別番号がある）、データ品質が低い（例えば、国フィールドの値が正しくない）フィールドに基づいている可能性がある。インプットが不正確であれば、重複排除プロセスのアウトプットも不正確になる。重複排除の取り組みが頼みにしようとしているデータフィールドの実際の内容は、データの基本的整合性を通して見ることができるのである。

私は数年前にこの教訓を学んだ。そのビジネスでは重複が関心ごとだったので、私達はすぐに一意性と重複排除の検討に取り掛かり、一意のレコードを示すデータエレメントの組み合わせを選択し、アルゴリズムを設定した。何度かインプットを修正したが、それでも有効な結果は得られなかった。多くのサイクルと時間のロスを経て、最終的にデータの基本的整合性を評価したところ、一意性を示すために不可欠であることが「わかっていた」フィールドのひとつが、20パーセントの記入率しかないことがわかった。つまりそのフィールドに値を持つレコードは全体の20％しかなかったのである。どうりで重複を特定するのに良い結果が得られなかったわけだ！人手の作業が最小限で済むアルゴリズムをうたう洗練されたツールを使っているとしても、データを知り、結果をよく見て、ツールの重複排除アプローチの背後にあるものを理解するようにしよう。

データの基本的整合性が完了したら、プロジェクトの範囲と目的、割ける時間に基づいて、他の評価軸を選択する。以下に例を示す。

- **一貫性と同期性**（ステップ3.6）は、データの基本的整合性で使用したのと同じテクニックを使うことができる。
- **適時性**（ステップ3.7）は、評価に時間の要素を加えることで、一貫性と同期性と密接にリンクさせられる。
- **データの劣化**（ステップ3.12）を判断するには、データの基本的整合性や正確性の評価を完了した後に、作成日と更新日に基づいて追加の計算を行うことができる。
- **網羅性**（ステップ3.11）を評価した後、その問題のいくつかが**アクセス**（ステップ3.8）の問題の結果であると判断し、そこでさらに評価を行うことになるかもしれない。
- **プレゼンテーションの品質**（ステップ3.10）は、他の多くの評価軸と関連している。なぜならデータ収集時やデータ報告時のプレゼンテーションが不十分であると、データ品質に問題があると認識されたり、実際にデータ品質の問題だったりすることがあるからである。

様々なデータ品質評価軸の一部を使用して、スコープ内のデータの最も関連性の高い側面を評価する計画を、まとめられるということを忘れないでほしい。

データ品質評価軸の優先順位付けのもう一つの方法

それでもなお、評価すべきデータ品質評価軸を選択するのに苦労しているとしたらどうだろう。これらの提案を使用しても、スケジュールや手配可能なリソースの範囲内で評価するには、リストが長すぎる場合があるかもしれない。この場合、ステップ4.8費用対効果マトリックスの優先順位付けのテクニックを使用しよう。プロジェクトで評価すべき最も効果の大きい評価軸の優先順位をつけるために、データ品質評価軸の候補リストに対して効果と費用を検討しよう。

これを難しく考えすぎないでほしい。単純に各品質評価軸をリストアップし、ビジネス上得られうる効果（高いから低い）と推定もしくは認識される労力（高いから低い）をクイックに判断しよう。データ品質評価軸での評価に関連するコストは、対象とする評価軸や使用するツールによって大きく異なる。選択肢をマトリックスにマッピングしよう。綿密な調査を行わないようにしよう。今知っていることに基づいて最善の判断を下すにとどめてほしい。評価のために手配可能なリソースと効果のバランスをとって評価軸を選択しよう。選択した評価軸、決定の背景にある根拠、決定がなされた前提を文書化しよう。その上で、すぐに最優先の評価を開始するために進んで行こう。

データ品質評価軸を選択するための最終基準

どのデータ品質評価軸で評価するかを最終決定するために、以下の2つの質問を自問してほしい。

- データを評価すべきか？ビジネスニーズ、データ品質の問題、プロジェクト目標に関連する実用的な情報が得られると予想される場合にのみ、テストに時間をかけるようにしよう。
- データを評価することは可能か？その品質評価軸を見ることは可能か、現実的か？データ品質を評価できない場合もあるし、そのためのコストが法外な場合もある。

両方の質問に「はい」と答えられる場合のみ、これらの評価軸で評価しよう！

どちらかの質問の答えが"No"であれば、その評価軸での評価は行わないようにしよう。それをやってしまうと時間とお金の無駄になってしまう。

評価結果はデータ品質問題の本質、その場所、問題の大きさを指し示すべきであることを忘れないようにしよう。この情報は、根本原因の分析に時間をかけるべき場所を導き、予防と是正活動を決定するためのインプットとなる。

ビジネスインパクト・テクニック

ビジネスインパクト・テクニックは、データ品質がビジネスに与える影響を判断するために使用される。それには定性的、定量的の両方の評価尺度と、優先順位をつける方法が含まれる。

データ品質に問題が見つかった場合、経営陣が最初に口にするのは、通常、「So what?（だから何だ？）」という2つの単語だ。経営陣が知りたいのは「これがビジネスにどんな影響を与えるのか。」と「なぜそ

れが重要なのか。」である。別の言い方をすれば「情報品質を保持することの価値は何か。」ということだ。これらは重要な問いである。結局のところ、誰も価値のないものに使うお金を持ってはいない。ビジネスインパクト・テクニックはこのような疑問に答えるのに役立ち、情報リソースへの投資について十分な情報に基づいた意思決定を行うための基礎となるものだ。

ビジネスインパクトは、情報がどのように使用されるかにフォーカスすべきである。トランザクションの完了、レポートの作成、意思決定、自動化されたプロセスの実行、別の下流アプリケーションのための継続的なデータソースの提供に必要なのか、といったものである。情報の利活用は、本章で前述したPOSMAD情報ライフサイクルの適用フェーズの一部である。ビジネスインパクトは、情報ライフサイクルのどのフェーズにおけるコストにも注目することができる。

ビジネスインパクト・テクニックの詳細については10ステッププロセスの一部として、**ステップ4ビジネスインパクトの評価**に記載されている。各ビジネスインパクト評価は、ビジネスインパクト・テクニック（エピソード、用途、プロセスインパクト等）と整合している。

 キーコンセプト

> ビジネスインパクト・テクニック - ビジネスインパクト・テクニックとは何か、どのように使用するか。ビジネスインパクト・テクニックとは、データの品質がビジネスに及ぼす影響を判断するための定性的および定量的な方法である。これらの影響には、品質の高いデータから得られる良い影響と、品質の低いデータから得られる悪い影響の両方がある。ビジネスインパクト・テクニックから得られる結果は、厳しい投資判断を迫られる人々にとって、通常は形のないデータの特徴を形のある意味のあるものにするのに役立つ。ビジネスインパクトとは、品質の高い情報を保持することに価値があるという考えを、表現する一つの方法である。ビジネスインパクトを示すことによってのみ、経営陣は情報品質の価値を理解することができる。経営陣の支持を得て、データ品質のビジネスケースを確立し、プロジェクトに参加するチームメンバーのモチベーションを高め、情報資産への適切な投資を決定するために、ビジネスインパクトを評価した結果を使用しよう。

ビジネスインパクト・テクニックが必要な理由

ビジネスインパクト・テクニックから得られる結果は、厳しい投資判断を迫られる人々にとって、通常は形のないデータの特徴を形のある意味のあるものにするのに役立つ。ビジネスインパクトとは、品質の高い情報を保持することに価値があるという考えを、表現する一つの方法である。ビジネスインパクトを示すことによってのみ、経営陣は情報品質の価値を理解することができる。ビジネスインパクトを評価した結果は、以下のように活用しよう。

- 取締役会、経営幹部、シニアリーダー、その他の管理職等、あらゆる必要な層からデータ品質に関する取り組みや投資への支援を得る。
- 一般的なデータ品質ワーク、特定のプロジェクト、または必要な改善のビジネスケースを確立する。

- プロジェクトに参加するようチームメンバーのモチベーションを高め、彼らの上司に参加を支援するよう促す。
- 最適な投資水準を決定する。

10ステップで使われるビジネスインパクト・テクニック

10ステッププロセスで使用される各ビジネスインパクト・テクニックは、**表3.4**に定義されている。テクニックによる評価を実施するための手順は、**第4章のステップ4ビジネスインパクトの評価**に記載されており、表中に記載されているように、テクニックごとに個別のサブステップが設けられている。評価軸には参照のために番号を付しているが、評価を完了するための順序を強制するものではない。プロジェクトにおいてビジネスインパクト・テクニックを選択するための提案は後述する。

> **警告！**
> ビジネスインパクト・テクニックの一覧に圧倒されないでほしい。全てを使うことはないだろう。ただしプロジェクトの様々な場面で、1つまたは複数を使用してもよい。このように定義することで、どの時点でもプロジェクトに最も関連の高いものを選びやすくなる。

表3.4 10ステッププロセスにおけるビジネスインパクト・テクニック-名称、定義、注記

ビジネスインパクト・テクニック - ビジネスインパクト・テクニックとは何か、どのように使用するか。 ビジネスインパクト・テクニックとは、データの品質が組織に及ぼす影響を判断するための定性的および定量的な方法である。これらの影響は、品質の高いデータから得られる良い影響と、品質の低いデータから得られる悪い影響の両方がある。以下のテクニックを用いたビジネスインパクトの評価方法は、**第4章10ステッププロセスのステップ4ビジネスインパクトの評価**に記載されている。

ビジネスインパクト・テクニックから得られる結果は、厳しい投資判断を迫られる人々にとって、通常は形のないデータの特徴を形のある意味のあるものにするのに役立つ。ビジネスインパクトとは、品質の高い情報を保持することに価値があるという考えを、表現する一つの方法である。ビジネスインパクトを示すことによってのみ、経営陣は情報品質の価値を理解することができる。

経営陣からの支持を得て取り組みの優先順位を付け、プロジェクトに参加するチームメンバーのモチベーションを高め、情報リソースへの適切な投資を決定するために、ビジネスインパクトを評価した結果を使用しよう。

サブステップ	ビジネスインパクト・テクニックの名称、定義、注記
4.1	**エピソード**：品質の低いデータがもたらすマイナスの影響や、品質の高いデータがもたらすプラスの影響の例を集める。 注記：エピソードの収集は、ビジネスインパクトを評価する最も簡単で低コストの方法である。エピソードはデータ品質に注力することがなぜ重要なのか、手短に説明するために

Chapter 3

第3章 キーコンセプト

		使用される。コミュニケーションスキルのベストを尽くして、聞き手に的を絞った興味深いストーリーとしての適切なエピソードは、リーダーや実務者の関心を素早く引き、巻き込むことができる。
4.2	点と点をつなげる	ビジネスニーズとそれをサポートするデータとの関連を説明する。 注記：評価または管理されるデータが、ビジネスにとって関心のある顧客、製品、サービス、戦略、ゴール、問題、機会に実際に関連するデータであり、プロジェクトの範囲内であることを確認する簡単な方法である。
4.3	用途	データの現在および将来の用途をリスト化する。 注記：データや情報に依存しているプロセスや人々／組織をリストにするのはデータや情報の重要性を示す簡単な方法である。
4.4	ビジネスインパクトを探る5つのなぜ	データ品質がビジネスに与える真の影響を認識するために、「なぜ？」を5回問う。 注記：製造業でよく使われる品質手法。「なぜ?」を5回問えば、たいてい問題の根本原因が分かる。これと同じ手法で、なぜ、誰が、何を、どこで、いつ、を5回深く質問することで、真のビジネスインパクトを導き出すことができる。
4.5	プロセスインパクト	データ品質が業務プロセスに与える影響を説明する。 注記：回避策はビジネスプロセスの通常の一部となり、しばしばそれらが品質の低いデータの結果であるという事実を隠してしまう。取り組みの重複、コストのかかる問題、注意散漫、時間の浪費、手戻り、生産性の低下等もその他の影響である。品質の低いデータがプロセスに与える影響を示すことで、企業はこれまで不明確だった問題の改善について、十分な情報に基づいた意思決定を行うことができる。一方で高品質なデータは、ビジネスプロセスをより効率的でコスト効率の高いものにすることができる。
4.6	リスク分析	品質の低いデータから起こりうる悪影響を特定し、それが起こる可能性、起こった場合の重大性を評価し、リスクを軽減する方法を決定する。 注記：リスクは多くの場合、家庭や職場における物理的な危険と関連している。品質の低いデータは、組織に損害をもたらす恐れがあるため、リスク分析はビジネスインパクト・テクニックとしてここに含まれる。
4.7	関連性と信頼の認識	情報を利用する人々、データを作成し、維持し、廃棄する人々の主観的な意見のことである。1) 関連性-どのデータが彼らにとって最も価値があり重要であるか、2) 信頼-彼らのニーズを満たすデータの品質に対する信頼。 注記：この評価軸では、正式なサーベイ（個別面接、グループワークショップ、オンラインサーベイ等）を通じて、データと情報を使用し管理している人々の意見を収集する。ユーザーと接している間に、価値やビジネスインパクトとデータ品質への信頼の両方について質問することは理にかなっている。データ品質またはビジネスインパクトのいずれの観点もユーザーをサーベイする理由となる可能性があるため、**ステップ**3.1ではデータ品質評価軸として、**ステップ**4.7ではビジネスインパクト・テクニックとして含まれている。 プロジェクトのどの段階にあるかによって、調査結果はどのデータ（最も関連性の高いもの）を優先的にプロジェクト範囲に含めるか、品質評価を行うか、継続的なコントロールを実施するかに役立てることができる。

4.8	**費用対効果マトリックス**:問題、推奨案、改善施策の効果と費用の関係を評価し、分析する。	
	注記:これは効果と費用を比較する、標準的な品質手法を用いたものである。このテクニックは代替案を検討し、優先順位をつけ、次のような質問に対する答えを出すために、10ステッププロセスの中のいくつかの場所で使うことができる。	
	・どのデータ品質問題に重点的に取り組むべきか?(**ステップ1-ビジネスニーズとアプローチの決定**) ・どのデータ品質評価軸で評価すべきか?(**ステップ3-データ品質の評価**) ・データ品質の評価から得られたどの問題が、継続して根本原因分析に取り組むのに値するようなインパクトがあるか?(**ステップ5-根本原因の特定**) ・どのような改善策(予防と是正)を実施すべきか?(**ステップ6-改善計画の策定**)	
4.9	**ランキングと優先順位付け**:データの欠落や誤りが特定のビジネスプロセスに与える影響をランク付けする。	
	注記:優先順位付けは、相対的な重要性や価値を示す。優先順位の高いものは、暗黙的にビジネスインパクトが大きい。データ品質の重要性はデータによって異なるし、同じデータでも使い方によって異なる。このテクニックでは実際にデータを使用する人々を集め、不正確なデータや欠落したデータが関連する業務プロセスに与える影響をランク付けする。	
4.10	**低品質データのコスト**:低品質データによるコストと収益への影響を定量化する。	
	注記:品質の低いデータは、無駄や手直し、収益機会の損失、ビジネスの損失等、様々な形でビジネスに損失をもたらす。このテクニックでは、話や観察を通してしか理解できなかったコストや収益への影響を定量化することができる。	
4.11	**費用対効果分析とROI**:データ品質に投資することで予想される費用と潜在的な利益を詳細な評価を通じて比較する。それには投資利益率(ROI)の計算を含むことがある。	
	注記:費用対効果分析とROIは、財務上の意思決定を行うための標準的な経営手法である。このような詳細な情報は、重要な財務投資を検討する前や進める前に、必要となる場合がある。情報品質への投資は多くの場合、かなりの規模になる。経営陣には資金の使い道を決定する責任があり、投資の選択肢を相互に比較検討する必要がある。	
4.12	**その他の関連するビジネスインパクト・テクニック**:データ品質がビジネスに及ぼす影響を判断するためのその他の定性的又は定量的手法で、組織が理解することが重要と考えられるもの。	
	注記:組織がデータ品質の影響を評価するために使用するテクニックで、ビジネスインパクト・テクニックの一覧でまだ取り上げられていないものがあるかもしれない。	

ビジネスインパクト・テクニックとその相対的な時間と労力

図3.10は、各テクニックについて、ビジネスインパクトを決定するために必要な相対的な時間と労力を、一般的に単純で時間のかからないもの(テクニック1)から複雑で時間のかかるもの(テクニック11)まで、連続的に示している。

ビジネスインパクトを示す時間がない、つまり全ての労力をデータ品質評価に向けなければならない、と思われることがあまりにも多い。しかしビジネスインパクトを示せるということは、これ以上ないくらい重要である。それはあらゆる種類の支援(時間、リソース、資金、専門知識等)を得るために不可

欠である。ビジネスインパクトを考えるとき、多くの人は低品質データのコストを完全に数値化すること（テクニック10）か、費用対効果分析（テクニック11）しか思いつかない。しかしビジネスインパクト評価は、必ずしもそれほど時間をかけた包括的なものである必要はない。より少ない労力で、適切な意思決定を行うための情報を提供する他のテクニックを通じて、ビジネスインパクトについて多くのことを明らかにすることができる。

各テクニックを順番に並べると、ビジネスインパクトは様々な方法で評価することが可能であり、それにかかる時間と労力は様々なレベルであることが分かる。したがって**全て**のプロジェクトは、たとえ時間と労力のかからないテクニックを使ったとしても、ビジネスインパクトに関連する何かを評価できるし、そう**すべき**である。どのテクニックも高品質なデータの価値を示すことが証明されており、適切なタイミングと場所でプロジェクトへの支援を得るために使用されてきた。

なお、テクニック12（その他の関連するビジネスインパクト・テクニック）は順序に入れていない。他のテクニックを使用する際は、この順序のどこかに位置づけて検討することができる。どんなビジネスインパクト・テクニックの計画にも、相対的な時間と労力の考え方をインプットとして適用してほしい。

ビジネスインパクト・テクニックを選択するための検討

データ品質に関する対策を講じる必要性を検証するために、（利用可能なリソースを使用し、合理的な期間内に）意味のある結果が得られると思われるビジネスインパクト・テクニックを使用しよう。これには経験と適切なバランスを得るための多少の試みが必要だ。あなたの最善の判断で手持ちの時間とリソースにフォーカスし、行動を開始し、後で必要であればアプローチを調整しよう。

どのビジネスインパクト・テクニックを使うか選択する際には、以下の提案について検討してほしい。

順序は相対的な努力を示すのであって、相対的な結果を示すのではないことを忘れてはならない
テクニックが複雑でないからといって有用な結果が得られないわけではないし、テクニックが複雑だからといって有用な結果が得られるとは限らない。適切な状況で使用すれば、どのようなビジネスインパクト・テクニックも価値を示すことが証明されており、うまく使えば必要な支援を得るのに役立つ。

とはいえ通常は簡単なものから始めて、必要に応じて複雑なものに移行していくのが良いやり方だ
他のことをする時間がない場合は、ステップ4.1エピソードから始めよう。ほとんどの人は、自分で経験したり他人から聞いたりした、何らかのストーリーを持っている。データ品質に取り組むようになったきっかけは、たいていエピソードとしてまとめられ、語り継がれるような状況にある。他のテクニックを使ってできる限り定量化を続ける。

図3.10 ビジネスインパクト・テクニックの時間と労力の相対軸

誰がどのような目的でビジネスインパクトを見る必要があるかを決定しよう

ビジネスアナリストや対象領域の専門家に対して、データ品質プロジェクトに進んで参加してもらうためにビジネスインパクトを説明するのであれば、完全な費用対効果分析はやり過ぎだ。データ品質に関する意識を高める初期段階であれば、エピソードや用途で十分かもしれない。予算承認を得るところまで進んでいる場合、財務承認プロセスではより時間のかかる定量的なテクニックが必要になるかもしれない。しかしこの段階でも、他のテクニックの力を無視してはならない。

より限定的な方法で、複雑で時間のかかる手法を使ってビジネスインパクトを評価することが可能か判断する

ステップ4.10低品質データのコストにおいて、何も定量化しないよりは小さなデータセットを使って1つのプロセスを定量化する等、より小さな範囲に対してテクニックを採用する方がよいかもしれない。

ビジネスインパクト・テクニックの組み合わせ

これらのテクニックは単独でも可能だが、補完し合うものでもある。様々なテクニックの考え方は、ビジネスインパクトを示すために簡単に組み合わせることができる。例えば定量的なデータがなくても、事例は効果的だ（ステップ4.1エピソード）。また、時間の許す限り、定量的な情報を使って事例のある部分を深堀することもできる。他のテクニックを使ってインパクトを評価する際に、収集した事実や数字を整理して素早くストーリーを伝えられるようにしよう。

データを使用する様々なビジネスプロセス、人、アプリケーションのリスト（ステップ4.3用途）を完成させ、ステップ4.5プロセスインパクトを使用して、1つまたは2つの特定のビジネスプロセスに対する品質の低いデータの影響を視覚化することもできる。さらにステップ4.10低品質データのコストのテクニックを使って、それらの特定のビジネスプロセスに関連するコストを定量化することができる。データがどのように使用されているか、またはデータ品質に関する問題点のリストがあれば、ステップ4.8費用対効果マトリックス、またはステップ4.9ランキングと優先順位付けを利用して、データ品質への取り組みのどこにフォーカスするかを決定できる。

ステップ4.4ビジネスインパクトを探る5つのなぜを通じてビジネスインパクトを説明できたら、他のテクニックを使ってさらにインパクトを定量化または可視化することができる。

完全な費用対効果分析が必要な場合もある（ステップ4.11費用対効果分析）。費用（トレーニング、ソフトウェア、人的資源等）を集めるのは比較的容易である。データに関して難しいのは効果を示すことである。費用対効果分析の効果部分にインプットを提供するために、前の10のテクニックのいずれかを活用できる。例えばステップ4.10低品質データのコストでは、アウトプットを低品質データのコストと表現しているが、高品質データを持つことによる効果と表現することもできる。

データカテゴリー

データカテゴリーはデータに共通する特性や特徴を表す。分類によって扱いが異なるデータもあるため、構造化データを管理するのに便利である。異なるカテゴリー間の関係と依存関係を理解すること

は、データ品質への取り組みを方向付けるのに役立つ。例えば（用語の定義は後述）品質の低いマスターデータは、マスターデータのレコードに含まれるリファレンスデータの欠陥に起因する可能性がある。データカテゴリーを把握しておくことで、対象とすべきデータカテゴリーが最初のデータ品質評価に含まれるようになり、プロジェクトの時間を節約することができる。データガバナンスとスチュワードシップの観点（詳細は本章の関連するセクションを参照）から見ると、データを作成または更新する責任者はデータカテゴリーごとに異なる可能性がある。カテゴリーとは、あらゆる種類の分類に使用できる総称である。例えばデータは機密性、医療データと管理データ、個人を特定できる情報（PII：Personally Identifiable Information）等によって分類することができる。10ステップで使用され本書で説明されているデータカテゴリー（マスターデータ、トランザクションデータ、リファレンスデータ、メタデータ）は、データを扱う人々がよく使う用語であり、データ品質を管理する上で有用である。

> **キーコンセプト**
>
> データカテゴリーとは何か、どのように使うか。データカテゴリーとは、データに共通する特性や特徴を表す。分類によって扱いが異なるデータもあるため、構造化データを管理するのに便利である。10ステップで使用されているデータカテゴリー（マスターデータ、トランザクションデータ、リファレンスデータ、メタデータ）は、データを扱う人々がよく使う用語である。異なるカテゴリー間の関係と依存関係を理解することは、データ品質への取り組みを方向付けるのに役立つ。例えば品質の低いマスターデータは、マスターデータのレコードに含まれるリファレンスデータの欠陥に起因する可能性がある。このような理由からデータと関連するデータカテゴリーを取得し、一緒にデータ品質を評価すべきである。

データカテゴリーの例

図3.11を参照して、様々なデータカテゴリーを使ったトランザクションを説明しよう。スミスコーポレーションは米国企業で、連邦政府、州政府機関、一般法人、教育機関に商品を販売している。ABC社は同社の一般法人としての顧客（リファレンス・データ・リストでは顧客タイプ03として識別される）の1つであり、（マスターデータのレコードとして）顧客番号9876が付与されている。ABC社は小物（青）を4個購入したいのだが、商品番号90-123の小物（青）は、顧客タイプに応じた割引によって単価が変わる。

ABC社の代理人がスミスコーポレーションに電話をかけて注文を出すとき、スミスコーポレーションの顧客担当者は受注取引画面にABC社の顧客番号を入力する。ABC社の会社名、顧客タイプ、所在地は、顧客マスターレコードから受注画面に取り込まれる。マスターデータは取引に不可欠である。商品番号が入力されると、商品マスターデータから「小物（青）」の商品名が受注画面に取り込まれる。単価は顧客タイプに基づいて計算される。一般法人顧客向けの単価は100ドルである。ABC社は小物（青）を4個、合計400ドルで購入する。

この例に含まれるデータカテゴリーを見てみよう。ABC社の基本的な顧客情報は、顧客マスターレコードに含まれていることはすでに述べた。受注はトランザクションデータである。例えば顧客タイプ等の

マスターレコードのデータの一部は、リファレンスデータのコード一覧から取り出される。スミスコーポレーションは4つの顧客タイプに販売している。この4つのタイプと対応するコードは、個別の参照リストに格納されている。図には示されていないが、顧客のマスターレコードで使用されているその他のリファレンスデータには、有効な米国の州コードのリストがあり、ABC社の所在地を登録する際に参照される。配送区分のリストは、トランザクションを作成する際に使用されるリファレンスデータである。

リファレンスデータはシステム、アプリケーション、データストア、プロセス、レポート、トランザクションレコードやマスターレコードによって参照される値のセットまたは分類スキーマである。リファレンスデータには個社ごとに独自のもある（顧客タイプ等）。またリファレンスデータは、ISO（International Organization for Standardization：国際標準化機構）が開発、発行した通貨コードの標準セットのように、組織外から提供され多くの企業で使用されることもある。この例の価格計算を見ると、品質の高いリファレンスデータの重要性がよく分かるだろう。コード一覧が間違っているか関連する単価が間違っている場合、その顧客には間違った価格が使用されてしまう。

マスターデータは組織のビジネスに関与する人、場所、モノを記述する。たとえば、顧客、商品、従業員、サプライヤ、場所等だ。Gwen Thomasは「Yankee Doodle（アルプス一万尺）」に合わせてマスターデータを強調する歌を作った。

    マスターデータはそこら中にある
    トランザクションに組み込まれる
    マスターデータは名詞だ
    それに基づいて我々は行動を起こす

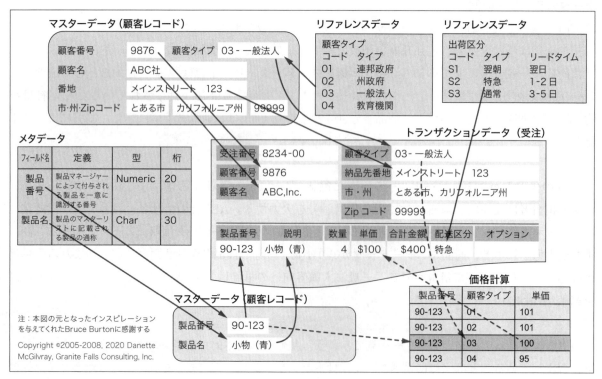

図3.11 データカテゴリーの例

訳註：トランザクションは出来事を表し、マスターデータは、その出来事における主語や目的語となる名詞の位置づけとなる、という意味。

この例では、スミス社は彼らにとってユニークで重要な一定の範囲の顧客リストと、一定の範囲の商品リストを持っている。ABC社は他社の顧客でもあるが、ABC社に関するデータがスミス社によってどのような形式で管理され、使用されるかはスミス社固有のものである。同様にスミス社の商品リストは同社固有のものであり、商品マスターレコードは他社の商品マスターとは異なる構造になっているだろう。

トランザクションデータは組織が業務を遂行する際に発生する、内部または外部のイベントやトランザクションを記述する。例えば販売受注、請求、購買発注、出荷、パスポート申請等だ。図3.11では、販売受注が2つの異なるマスターデータ・レコードからデータを取り込んでいることが分かる。またそのトランザクションに固有のリファレンスデータである、配送区分の一覧も使用している。

メタデータは文字通り「データに関するデータ」を意味する。メタデータは他のデータを記述したり、ラベルを付けたり、特徴づけたりして、情報をフィルタリングし、取得し、解釈して利用しやすくする。また図3.11では、製品マスターレコードの2つのフィールドが示されている。これらの定義、型、桁はメタデータの例である。

メタデータは、データ品質の問題の原因となる誤解を避けるために重要である。図では、製品マスターレコードには「製品名（Product Name）」という「小物（青）」を含むフィールドがあるが、同じフィールドがトランザクションレコードの画面では「説明（Description）」と表示されているのが分かる。データがどこで使われても同じラベルが付けられるのが理想的な世界である。残念ながら図のような矛盾はよくあることで、しばしば誤用や誤解を招いている。メタデータの明確な文書化（フィールド、その名前、定義等を示す）は、データを管理し、明確な画面タイトルとレポート見出しを持ち、データフィールドへの変更の影響を理解するために重要である。十分に文書化されたメタデータは、データが移動され、他のビジネス機能やアプリケーションで使用されるプログラミング時のエラーを回避するのにも役立つ。

データカテゴリーの定義

表3.5には、前述した各データカテゴリーの定義と例が記載されている。これらの定義は、本書の著者とデータ・ガバナンス・インスティテュートの創設者であるGwen Thomasが共同で作成したものである。

表3.5　データカテゴリー-定義と注記

> データカテゴリーは、データに共通する特性や特徴を表す。
>
> データカテゴリーは構造化データを管理するのに便利である。10ステップで使われているデータカテゴリー（マスターデータ、トランザクションデータ、リファレンスデータ、メタデータ）は、データを扱う人たちがよく使う用語である。異なるカテゴリー間の関係と依存関係を理解するこ

とは、データ品質への取り組みを方向付けるのに役立つ。例えば品質の低いマスターデータは、マスターデータのレコードに含まれるリファレンスデータの欠陥に起因する可能性がある。このような理由からデータと関連するデータカテゴリーを取得し、一緒にデータ品質を評価すべきである。

データカテゴリー	データカテゴリーの定義と注記
マスターデータ	**マスターデータ**とは組織のビジネスに関与する人、場所、モノを記述する。 例えば人（例：顧客、従業員、ベンダー、サプライヤー、患者、医師、学生）、場所（例：場所、販売地域、オフィス、地理空間座標、電子メールアドレス、URL、IPアドレス）、モノ（例：アカウント、商品、資産、デバイスID）が含まれる。 注記：マスターデータは複数のビジネスプロセスやITシステムで使用されることが多いため、マスターデータのフォーマットを標準化し値を同期させることが、システム統合を成功させるために重要である。マスターデータはマスターレコードとして整理される傾向があり、関連するリファレンスデータを含むこともある。例えば州または地理的地域のフィールドを持つ所在地を含む顧客マスターレコードである。リファレンスデータは、そこに含まれるその国で有効な州または地域のリストである。
トランザクションデータ	**トランザクションデータ**とは、組織が業務を遂行する際に発生する、内部または外部のイベントやトランザクションを記述する。 例えば、販売受注、請求、発注、出荷、パスポート申請、クレジットカード決済、保険金請求、診察、助成金申請等だ。 注記：トランザクションデータは一般的にトランザクションレコードとして編成され、これには通常、関連するマスターデータとリファレンスデータを含む。例えばスミス社(ベンダー)はABC社(顧客)に4個のウィジェット（青）(商品)を販売した。この場合、ベンダー、商品、顧客は、販売注文のトランザクションレコードに埋め込まれたマスターデータである。 イベントデータをトランザクションデータの一種と考える人もいる。
リファレンスデータ	**リファレンスデータ**とは、システム、アプリケーション、データストア、プロセス、ダッシュボード、レポート、トランザクションレコードやマスターレコードによって参照される値の集合または分類体系のことである。 例えば、有効な値のリスト、コードリスト、ステータスコード、地域や州の略語、人口統計に用いられる項目、フラグ、製品タイプ、性別、勘定表、製品タイプ、小売ウェブサイトのショッピングカテゴリー、ソーシャルメディアのハッシュタグ等がある。 注記：標準化されたリファレンスデータはデータ統合と相互運用性の鍵であり、情報の共有と報告を容易にする。リファレンスデータは、あるタイプのレコードと別のタイプのレコードを分類や分析のために区別するために使われることもあれば、住所等のより大きな情報セットの中に現れる、国等の重要な事実であることもある。 組織はしばしば、保持する情報を色分けしたり、標準化するために内部向けのリファレンスデータを作成する。リファレンスデータセットは組織をまたがって使用するために、政府や規制機関等の外部のグループによって定義されることもある。例えば通貨

	コードはISOによって定義され、管理されている。
メタデータ	**メタデータ**とは文字通り「データに関するデータ」を意味する。メタデータは他のデータを記述したり、ラベルを付けたり、特徴づけたりして、情報をフィルタリングし、取得し、解釈して利用しやすくする。 **テクニカルメタデータ**とは、テクニカルやデータ構造を記述するためのメタデータである。テクニカルメタデータの例としては、フィールド名、桁、型、リネージ、データベースのテーブルレイアウト等がある。 **ビジネスメタデータ**とは、データの非技術的側面とその使用法を記述する。 例えばフィールド定義、レポート名、レポートやウェブページの見出し、アプリケーションの画面名、データ品質統計、特定のフィールドのデータ品質に責任を持つ関係者等である。組織によっては、ETL(Extract-Transform-Load)の変換表をビジネスメタデータに分類するところもある。 **ラベルメタデータ**とは、データや情報セットにタグのような注釈を付けるために使用され、通常は大量データで使用される。構造化データのメタデータはほとんどの場合、データ自体とは別に保存されるが、ラベル付きデータでは、メタデータとコンテンツは一緒に保存される。下記のラベル付きデータを参照。 **カタログメタデータ**とは、データセットのコレクションを分類し整理するために使われる。例えば音楽のプレイリスト、利用可能なデータセットのリスト、スマートフォンのアプリ等である。 **監査証跡メタデータ**とは特定のタイプのメタデータであり、通常はログファイルに保存され、改ざんから保護されている。例としてはタイムスタンプ、作成者、作成日、更新日等がある。監査証跡メタデータはセキュリティ、コンプライアンス、フォレンジックの目的で使用される。監査証跡メタデータは通常、ログファイルまたは同様のタイプの記録に保存されるが、テクニカルメタデータとビジネスメタデータは通常、それらが記述するデータとは別に保存される。 これらは最も一般的なメタデータの種類であるが、情報の検索、解釈、利用を容易にするメタデータは他にもあると言える。メタデータに対するラベルは、それがデータのゴールをサポートするために使用されているという事実ほど重要ではないかもしれない。たとえメタデータがどのようなものか認識され文書化されていなくても、データを使用するあらゆる分野や活動には関連するメタデータが存在する。
システムやデータベースの設計方法、データの使用方法に影響を与える補足的なデータカテゴリー：	
集計データ	**集計データ**とは複数の記録や情報源から収集され、要約された情報を指す。 明細データと集計データの区別を認識することは、レポートやデータへのアクセスを決定する際に重要かもしれない。例えば1カ月に派遣される医療スタッフの総数は公にレポートされるが、個々のスタッフの名前やその他の識別情報は秘密にされる。
履歴データ	**履歴データ**にはある時点における重要な事実が含まれており、誤りを訂正する場合を除き、これを変更してはならない。履歴データはセキュリティとコンプライアンスにとって重要である。運用システムには、報告や分析を目的とした履歴テーブルを含めることもできる。例えばある断面のレポート、データベースのスナップショット、バージョン情報等である。

報告用データ/ダッシュボードデータ	**報告用データ**（つまりレポートやダッシュボードで使用されるデータ）とは、独立したデータカテゴリーとしてではなく、データの数ある用途のひとつであると考えられている。しかしこれを独自のデータカテゴリーと考える人もいるだろう。レポートやダッシュボードのデータ品質に対する課題は、通常、レポートに入力されるデータのソースで対処される。しかしレポートやダッシュボードの視覚化が不十分だと、内容が正しくても誤解や誤った解釈の原因となり、それ自体がデータ品質の問題の一種となる。
機密データ	**機密データ**（または制限付きデータ）とは、不正アクセスから保護されるべき情報のことである。機密性ラベルは、アクセス、プライバシー、セキュリティ制御の実施を支援するために情報セットに割り当てられる。機密データは、閲覧権限のない人に閲覧されるとリスクが高まる。ほとんどの組織は機密データを不正な閲覧から保護するために、セキュリティおよびプライバシー管理を実装している。 「機密データ」は、特定の規制の文脈（例えば、個人情報保護法）において特別な意味を持ち得ることに留意することが重要である。また人に関するデータは組織内では「機微」とみなされるかもしれないが、一部のデータ（例えば、健康に関するデータ、宗教的信条や政治的意見に関するデータ）は、より高い「機密性」基準の対象となるかもしれない。 情報は様々な理由で機密とみなされることがある。それはビジネス上の検討事項、独自のモデル、あるいは営業秘密かもしれない。犯罪行為や倫理的行為に関する調査、弁護士と依頼人の間の秘匿特権の対象となる情報、あるいは秘密保持契約の対象となる内容かもしれない。これには、開示することでセキュリティや安全性が損なわれる可能性のある情報が含まれることがある。個人を特定できる情報（PII：Personally Identifiable Information）は、特殊なタイプの機密データであり、個人のPIIが不適切に共有されたり、個人の同意なしに使用されたりしないよう、プライバシー保護の取り組みが行われている。健康データ等、PIIの特定のサブセットには、その使用に関してさらに規制上の制限がある場合がある。 機密データを保護するために、軍や情報機関は、機密ラベル（極秘（top secret）、機密（secret）、秘密（confidential）、国家安全保障に関わらない機密（sensitive but unclassified）、非機密（unclassified））と、個人に発行された正式な許可レベルを照合するシステムを採用している。たいていの組織はそれほど形式ばったものではないが、データセットの機密性を示す用語を採用している。例としては、「公開」（組織外でも共有可能）、「社外秘」（社内では共有可能）、「極秘」（明確な理由がある人にのみ公開すべき）等がある。 個々の事実、あるいは個別のデータエレメントは、機密と分類されることがある。他のデータと組み合わせると、より大きなデータセットも機密データとみなされることになる。
一時データ	**一時データ**とは、処理を高速化するためにメモリに保持される。人間が見ることはなく、技術的な目的で使用される。例としては、検索を高速化するために処理セッション中に作成されるテーブルのコピー等がある。
以下の用語は、10ステップで使用されているデータカテゴリーではない。マスターデータ、トランザクションデータ、リファレンスデータ、メタデータを含むデータの用途、あるいは集合である。これらについても、本書の内容を活用することは有用だろう。	

測定データ	**測定データ**とは多くの場合、大量かつ高速で取り込まれる。メーター、センサー、RFID (radio frequency identification) チップ、その他のデバイスを介して捕捉され、マシン・ツー・マシン接続によって送信される。これらの接続は、センサー機器とともにモノのインターネット (IoT) として知られている。トウモロコシ畑の作物センサー、インターネットに接続された冷蔵庫、医療診断ツール、送電網のモニター等だ。測定データにおける予期せぬ値は、しばしば体系的な分析を促し、品質活動につながる可能性がある。
イベントデータ	**イベントデータ**はモノが実行したアクションを示す。イベントデータは、トランザクションデータや測定データに似ているかもしれない。
ビッグデータとデータレイク	**データレイク**は膨大な量の生データを保持するデータストアの一種である。こうした大量のデータは、しばしばビッグデータと呼ばれる。データレイクからデータを取り込み、保存し、管理し、検索し、分析するという課題に特化したカテゴリーを使用しても良い。例えば、ラベル付きデータである（下記参照）。
ラベル付きデータ	**ラベル付きデータ**とは、タグや注釈が付けられたデータのことである。構造化データのメタデータは、ほとんどの場合データ自体とは別に保存されるが、ラベル付けされたデータでは、メタデータとコンテンツは例えば、機械学習アルゴリズムやモデルの訓練に使用されるデータのように、コンピューターや人間の分析者がそれらを解釈して利用できる方法で一緒に保存される。データラベリングは、非リレーショナルデータベースに格納された大量のデータに対してよく使われる手法である。

Copyright©2007-2008, 2020Danette McGilvray and Gwen Thomas.

あなたの組織は、上記の説明とは異なる方法でデータを分類するかもしれない。例えばリファレンスデータとマスターデータのカテゴリーを組み合わせて、マスター・リファレンスデータ（MRD）と呼ぶ企業もある。有効な値のリストのようなデータセットが、リファレンスデータなのかメタデータでもあるのかを判断するのが難しいことがある。ある人のメタデータは別の人のデータであると言われることがある。データがどのように分類されようとも、重要なポイントはデータ品質活動において何に取り組んでいるのか（取り組んでいないのか）を明確にすることである。これまで考慮されていなかったデータカテゴリーをデータ品質活動に含めるべきであると気づくかもしれない。

新世代のテクノロジーが登場するたびに、データのカテゴリーを表す新しい言葉が登場する可能性がある。これらの新しい用語を、ここで説明した基本的なデータカテゴリーのいずれかにマッピングできる可能性は高い。例えば地理空間データは、マスターデータの中でも特殊なサブタイプになっている。

データカテゴリー間の関係

図3.12は様々なデータカテゴリー間の関連性を示しており、ビジネスの観点から理解するのに役立つ。マスターデータのレコードを作成するためには通常いくつかのリファレンスデータが必要であり、トランザクションデータのレコードを作成するためには通常マスターデータが必要である。トランザクションデータのレコードを作成するために、トランザクションに固有のリファレンスデータが必要な場合があり、マスターデータのレコードから取り込まれないことがある。メタデータは他の全てのデータカテゴリーをより良く利用し、理解するために必要である。

履歴データについては対応するメタデータとリファレンスデータを維持し、マスターデータのレコードおよびトランザクションレコードとともに保管する必要があるかもしれない。そうでなければ、重要な文脈やデータの意味が失われる可能性がある。監査人は全てのカテゴリーのデータについて、誰がいつデータを更新したかを知りたがる。監査証跡データがメタデータの一部である理由はそこにある。

データカテゴリー-なぜ気にすべきか

ここまで挙げた例を見れば、データのカテゴリーが相互に大きく関連していることは容易に分かる。さらにそれぞれのデータカテゴリーはどのように管理され、誰が責任を負うかはしばしば異なるため区別されている。違いを知ることで、それぞれのデータカテゴリーに関連する人、プロセス、テクノロジーの間の調整の必要性が見えてくる。この調整がなければデータ品質は低下する。

高品質のリファレンスデータとメタデータは、組織内外のデータベース、アプリケーション、コンピューターシステム間でデータを共有し、情報を交換する能力である相互運用性の鍵である。また、共有すべきでないデータを指定するのにも役立つ。1つのデータカテゴリーにおけるエラーは、そのデータが他のデータによって受け継がれ、使用され続けることによって、何倍もの影響をもたらす。

マスターデータの品質はトランザクションデータに影響を与え、メタデータの品質は全てのカテゴリーに影響を与える。例えば定義（メタデータ）を文書化することは、暗黙の前提を文書化された合意済みの意味に変えることで、データが一貫して正しく使用できるようになり、品質が向上する。トランザクションデータに問題がある場合、マスターデータとその作成に使用されたリファレンスデータの品質に目を向ける必要があるかもしれない。

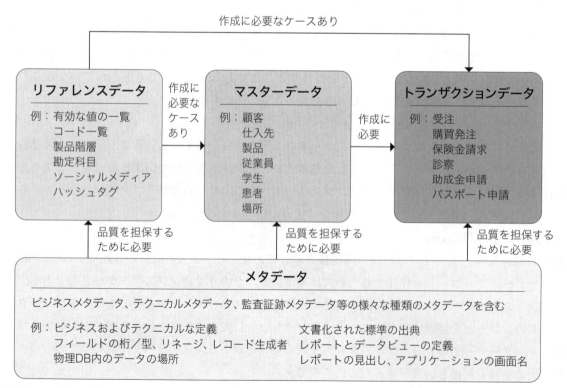

図3.12 データカテゴリー間の関係

Chapter 3

第3章　キーコンセプト

前述したように、データはそれぞれの企業でユニークなものである（製品、ベンダー、顧客等のマスターデータ、リファレンスデータ、メタデータ）。全く同じデータリストを持っている組織はないだろう。正しく良心的に管理されているならば、データは企業のニーズに合わせて調整されているため競争上の優位性をもたらすだろう。正確なデータを持ち、必要なときに情報を見つけられ、見つけた情報を信頼できる企業におけるコスト削減と収益の可能性を想像してみてほしい。競争上の優位性を獲得するためには、全てのデータカテゴリーについて品質を管理しなければならない。もちろん取り組みに優先順位をつけなければならないが、データ品質活動を選択する際には全てのデータカテゴリーを考慮してほしい。

データ仕様

仕様とは一般的に、何かを作成したり、構築したり、生産するのに必要な情報を提供する。間取り図は家のレイアウトを示し、電気系統の図面は家のどこに照明スイッチが配置されているかを示す。**データ仕様**とは10ステップの方法論で使用される包括的な用語で、データや情報にコンテキスト、構造、意味を与えるあらゆる情報や文書を含む。データ仕様は、データや情報の作成、構築、生成、評価、使用、管理に必要な情報を提供する。

本書では、情報品質フレームワークの**構造、コンテキスト、意味**という**幅広い影響がある構成要素**に含まれる概念を実装する場合に「データ仕様」という言葉を使用することに留意されたい（**図3.2**参照）。ここでは、メタデータ、データ標準、リファレンスデータ、データモデル、ビジネスルールに重点が置かれている。ただしその他のトピックがビジネスニーズに関連する場合は、プロジェクトのスコープと目標に含めてほしい。必要に応じて詳細について他のリソースを利用しよう。

データ仕様が存在しなかったり、完全性、品質がなかったりすれば高品質のデータを作成することは困難であり、データ内容の品質を測定、理解、管理することも難しくなる。データ仕様は、データ品質評価結果を比較する基準となる。またデータ仕様には、データの手入力、データをロードするプログラムの設計、情報の更新、アプリケーションの開発についての説明も含まれる。

 キーコンセプト

データ仕様とは何なのか。何故気にしなければならないのか。データ仕様とは10ステップの方法論で使用される包括的な用語であり、データや情報に文脈、構造、意味を与えるあらゆる情報や文書を含む。データ仕様は、データや情報の作成、構築、生成、評価、使用、管理に必要な情報を提供する。10ステップでは、メタデータ、データ標準、リファレンスデータ、データモデル、ビジネスルール等のデータ仕様に重点を置いている。

情報を作成、構築、使用、管理、提供するために必要なデータ仕様を理解し、管理しない限り、情報やデータの品質を確保することはできない。データ仕様は建築家の図面、電気系統図、その他の図面が、どのように家を建てるか、あるいは何が含まれるべきかを指定するのと同じように、重要なガイダンスを提供する。新しいアプリケーションを構築する際にはデータ仕様を活用しよ

う（最初からデータ品質を確保するのに役立つ）。また既存システムのデータを評価する際には、データ品質を構成するものを理解するために活用しよう。データを手入力したり、データをロードするプログラムを設計したり、情報を更新したりする際の指示のインプットとして使用する。

データ仕様の問題は、しばしば品質の低いデータの原因となる。例えば品質の悪いマスターデータは、マスターデータのレコードに含まれるリファレンスデータの欠陥に起因している可能性がある。本書で紹介するテクニックやプロセスは、マスターデータやトランザクションデータに適用されることが多いが、リファレンスデータやメタデータにも適用できる。例えばメタデータリポジトリは品質が評価の対象になりうる一つのデータストアであり、またリファレンスデータには独自の情報ライフサイクルがあので、品質を確保するために管理する必要がある。

データ仕様間の関係

以下のセクションでは、本書で強調されている5つのデータ仕様（メタデータ、データ標準、リファレンスデータ、データモデル、ビジネスルール）を詳しく見ていく。その前に両者の関係を見てみよう。ある項目に入っている23という数字を考えてみよう。23は何を意味するのか？

- **メタデータ**がなければ、23が何を意味するのかわからない。それは気温なのか。もしそうならそれは摂氏なのか華氏なのか。患者番号なのか。顧客番号の1部分なのか。この例ではメタデータにより「23」が業界コードと呼ばれるフィールドにあり、NAICSの業界分類に基づく2桁のコードという定義であることが示されているとしよう。NAICSとはNorth American Industry Classification System（北アメリカ産業分類システム）の略である。フィールドのフォーマットは2桁の数字である。

- 我々の組織は取引先（顧客、ベンダー、ビジネスパートナー）を分類する際に使用する**データ標準**として、NAICSの使用を選択した。この標準は、コードのリストとその定義がどこにあるかを教えてくれる（https://naics.com）。NAICSの標準は2桁のコードから始まり、「23」が「建設」を表していることを教えてくれる。（さらに4桁や6桁のコードに細分化され、より詳細なレベルが指定できる）。例えば2361は「住宅建築工事」、236118は「住宅リフォーム業者」である。各組織は顧客、ベンダー、ビジネスパートナーを最もよく理解し協働するために、どのレベルの詳細が必要かを判断しなければならない）。

- **リファレンスデータ**は我々の組織で使用されている有効なNAICSコードのリストである。リファレンスデータは、アプリケーションインターフェースのドロップダウンリスト（顧客マスターレコードを作成し、新規顧客に該当するコードを選択する場合等）や、レポート作成時の分析（建設業界の顧客数を照会する際にコード23を使用する場合等）で使用される。データ品質評価では、企業のリファレンスデータのコードと顧客マスターのレコードのコードを比較する。

- 我々の組織の**データモデル**では、品質を評価するレコードが物理的なデータベースのどこに格納されているか、「業種コード」というコードフィールドと他のデータとの関係、および有効なNAICSコードのリストを含むリファレンステーブルがどこにあるかが示されている。

- 我々の組織のビジネスルールのひとつでは、「当社では全ての顧客は、その顧客組織の主要事業を識別するNAICSコードを持たなければならない」ということが示されている。**ビジネスアクション**は、「新しい顧客マスターのレコードを作成するとき、顧客サービス担当者は顧客に組織の主

要なビジネスを尋ね、業種コードフィールドのドロップダウンリストから対応するコードを選択しなければならない」である。この情報を使って、「各顧客マスターレコードには、有効な2桁のNAICSコードを含むことが必須である」といった**データ品質ルール**を明記することができる。そこから2つの**データ品質ルール**仕様を明確にすることができる。1)「データストアXYZのテーブル123において、IND_CDフィールド（業界コード）の充足率が100%であれば、ルールは真である」ということだ。これにより必須であるという要件をカバーしているかどうか、完全性が分かる。2)「全てのアクティブな顧客マスターのレコードについて、IND_CDフィールドの一意な値のリストが、NAICS_Tableに含まれるアクティブな値と一致する場合、ルールは真である」というものである。これによりその値がNAICSの基準に適合しているかどうか、有効性が分かる。

データ仕様から分かることが、データ品質評価を実施する際に役立つことがお分かりいただけると思う。初期評価では、データ品質問題の現在の状態と大きさを確認できるようにベースラインを設定する。データ品質ルールは必要に応じて再チェックできる。これらのデータ品質ルールへの準拠を継続的に追跡することに意味がある場合は、同じルールで定期的にチェックするように設定し、進捗状況を示すために以前の結果と比較し、データ品質の評価尺度とダッシュボードを通じて報告することができる。

前セクションで、メタデータとリファレンスデータもデータカテゴリーに含まれていたことに気づかれているかと思う。データ仕様は、**ステップ2.2関連するデータとデータ仕様の理解**における情報をとりまく環境の理解の一部として、また**ステップ3.2データ仕様**におけるデータ品質評価軸として実践される。ここでの学びは、データ品質を管理する際にデータ仕様を忘れてはならないということである！

メタデータ
メタデータはしばしば「データに関するデータ」と定義されるが、これは正確ではあるが、それだけでは特に有用な定義ではない。メタデータは他のデータにラベルを付けたり、説明したり、特徴をつけたりして、情報の検索、解釈、利用を容易にする。メタデータについては、この章の前のセクション**データカテゴリー**で説明した。メタデータもまたデータの仕様を示すものであるため、ここに含める。メタデータの例にはデータフィールドに与えられた名前、定義、リネージ、ドメインの値、コンテキスト、品質、条件、特性、制約、変更方法、ルールに関する記述情報が含まれる。

メタデータは物理的なデータ（ソフトウェアやハードコピー文書等のメディアに含まれるもの、ウェブサイト、画像、文書、その他の形式のデータに関連するタグに含まれるもの）、および人の知識（従業員、ベンダー、請負業者、コンサルタント、組織に詳しいその他の人々等）の中に見出すことができる。

 定義

メタデータは、他のデータにラベルを付けたり、説明したり、特徴をつけたりして、情報の検索、解釈、利用を容易にする。

これらの例はメタデータの説明に役立つ。

例1
オンライン書店で本を買いたい、あるいは実店舗の棚で本を見つけたいが、タイトルを完全に覚えていないとする。著者名や主題を入力して調べることができる。条件に合う本が画面にリストアップされるだろう。メタデータがあるので、興味のある本を探すことができる。

例2
食料品店に行って、棚に並んでいる缶詰のラベルが全て空だったとしよう。中身が何であるか、どうやって知ることができるだろうか。商品名、ラベルの写真、販売元、カロリー数、栄養成分表、これらは全て缶詰の食品を説明するメタデータである。このメタデータなしに買い物をすることがどれほど難しいか、想像してみてほしい。（R.Todd Stephens,Ph.Dより許可を得て記載）

メタデータが重要なのは、下記の理由による。

- データの意味を理解するための文脈を提供する
- 関連情報の発見を容易にする
- 電子的なリソースを整理する
- システム間の相互運用性を促進する
- 情報の統合を促進する
- データと情報のアーカイブと保存をサポートする

テクニカルメタデータ、ビジネスメタデータ、その他のタイプのメタデータの説明と例については、**表3.5データカテゴリーの定義と注記**を参照のこと。

データ標準

標準とは比較の基準となるものの総称である。データ品質では主にデータ標準にフォーカスする。データ標準とはデータの命名、表現、フォーマット、定義、管理方法に関する合意、規則、ガイドラインのことである。これはデータが適合すべき品質レベルを示すものである。

必ずしもデータ標準と呼ばれない他の標準も、データの品質に影響を与える可能性がある。例えば国際標準化機構（ISO）は、製品の製造、プロセスの管理、サービスの提供、資材の供給等、膨大な活動範囲をカバーする標準を開発、発行している。データと情報はこれらの標準への準拠をサポートするものであるため、これらの標準自体もデータ品質実務者が理解すべきものである。データ品質に関連するISO標準の概要については、**第6章その他のテクニックとツール**を参照のこと。

> **定義**
>
> データ標準とはデータがどのように命名され、表現され、フォーマットされ、定義され、管理されるかについての合意、規則、ガイドラインのことである。これは、データが適合すべき品質レベルを示す。

標準の例としては、以下のようなものがある。

テーブルとフィールドの命名規則
命名規則の例としては、フィールドのデータに名前が含まれている場合、カラム名には標準的な略語"NM"と、名前の種類を表す説明語（例えば"NM_Last"や"NM_First"）を含める、といったものがある。

ビジネスルールを記述するためのデータ定義と規約
各フィールドに定義されるべき最小限の情報を記述した標準文書がある場合もある。例えば各フィールドは、データディクショナリに明文化されなければならない。その記載にはフィールド名、説明、データ内容の例、デフォルト値（存在する場合）、フィールドが必須、任意、条件付き（条件を明記）であるかどうかが含まれなければならない、といったものだ。

有効値リストの確立、文書化、更新
どんなフィールドについても、有効な値について合意することが重要である。有効値リストは内部で作成することもあれば、外部の標準リストを使用することもある。いずれにせよリストへの変更がどのように行われ、誰がその決定に関与するのかを示すプロセスが必要である。

分類とカテゴライズのための一般に認められた基準値
例えば、NAICS（北米産業分類システム）は、連邦統計機関が事業主体を分類する際に使用する基準として、米国がカナダおよびメキシコと協力して開発したものである。この標準を使用することで、3カ国間の企業統計の比較可能性が高くなる。またNAICSは、特定の業種を対象としたマーケティングリストの購入にも利用できる。このコードを顧客記録に付加することで、優良顧客である業界を評価するのに役立てることができる。NAICSは旧来のSIC（Standard Industrial Classification：標準産業分類）システムに代わって1997年に採用されたが、SICシステムはまだ使用されている。

データ品質に適用する際には、以下のような質問をすると良い。SICシステムを使用していた場合、NAICSに変更したか。現在使用されている基準は何か。NAICSが使用されている場合、組織内の全システムの全データがSICからNAICSに更新されたか。既存のSICコードは正しくマッピングされ、NAICSに変更されたか。またNAICSコードはリファレンスデータの例として見ることもできる。コードリストは有効な値の集合（リファレンスデータ）を構成するが、事業主体を分類する標準でもある。

データモデリングにおける表記法とモデリング手法の選択
それぞれのデータモデリング手法には異なる主張があり、手法はほぼ互換性があるが完全ではない。使

用するモデリング表記法は、あなたの目的に基づいているべきできある。詳細はこの章の後のデータモデルのセクションを参照のこと。

リファレンスデータ

リファレンスデータとは、システム、アプリケーション、データストア、プロセス、レポート、トランザクションレコードやマスターレコードによって参照される値の集合または分類スキーマのことである。標準化されたリファレンスデータはデータ統合と相互運用性の鍵であり、情報の共有と報告を容易にする。リファレンスデータは分類や分析のために、あるタイプのレコードと別のタイプのレコードを区別するために使われることもあれば、住所等のより大きな情報セットの中に現れる、国等の重要な事柄であることもある。

リファレンスデータの例は、特定のフィールドで使用できる有効な値のリスト（多くの場合、コードや略語）である。定義され強制されたドメイン値によって、データ品質が保証される。それはフィールドにどのような値でも許される場合では、実現できないレベルの品質である。先にデータ標準として取り上げたNAICSコードもリファレンスデータの一例である。リファレンスデータの詳細については、本章で前述した**データカテゴリー**のセクションを参照のこと。

データフィールドに現れる値のリストを分析し、それらの値の頻度と有効性について関連するリファレンスデータ（通常は別のテーブルに格納されている）と比較することは、最も一般的なデータ品質チェックの一部である。これらのチェックは、**データの基本的整合性**のデータ品質評価軸に属する。**ステップ3.3**を参照のこと。

> **定義**
>
> **リファレンスデータ**とは、システム、アプリケーション、データストア、プロセス、ダッシュボード、レポート、トランザクションレコードやマスターレコードによって参照される値の集合または分類スキーマのことである。例えば有効な値のリスト、コードリスト、ステータスコード、地域や州の略語、人口統計フィールド、フラグ、製品タイプ、性別、勘定科目、製品階層、小売ウェブサイトのショッピングカテゴリー、ソーシャルメディアのハッシュタグ等がある。

リファレンスデータのもう一つの例を見てみよう。性別の有効な値のリストは、M、F、Uのいずれかであり、M＝男性、F＝女性、U＝不明である。性別の値のリストには、以前は男性で現在は女性であることを意味するMFや、以前は女性で現在は男性であることを意味するFMのようなコードも含まれる可能性があり、これらの値には新しいジェンダーがいつ有効になったかを示す、何らかの関連する日付フィールドが必要であると指摘する人もいるだろう。医療現場では、これは極めて重要な情報である。これはリファレンスデータが、それを使用する人々のニーズを満たさなければならないという事実を示している。歴史的に「性（sex）」と「性別（gender）」は同じ意味で使われてきたが、現在ではそれぞれ異なる属性とみなされている。そのため、リファレンス・データ・リストに付けられるラベルさえも変更される可能性がある。リファレンスデータを議論し、合意し、必要に応じて変更できるようなプロセ

スを持つことが重要である。

データモデル

データモデルとは、特定のドメイン（知識の分野、領域、範囲、責任、影響、活動の領域）におけるデータ構造の、テキストによってサポートされた視覚的な表現である。データモデルは次のいずれかを表す。1) 企業、政府機関、その他の組織にとって重要なもの、または2) 特定のデータマネジメント手法の観点からデータの集合を表し、データがどこに保管され、どのように整理されるかを示す（リレーショナル、オブジェクト指向、NoSQL等）。その範囲は単一の部門をカバーすることもあれば、業界全体や科学の一分野をカバーすることもある。

このセクションの執筆にあたり、David Hayの協力と知識に感謝する。

概念、論理、物理という用語を、データモデルの異なる詳細レベルを示す言葉として聞いたことがあるかもしれない。そのような用語であっても、それぞれに複数の定義がある。つまりデータモデルには、単に詳細レベルが異なるだけでなく、異なる視点（ビジネスまたはテクノロジー）から生まれた様々な種類があるということだ。ビジネス指向のデータモデルをここでは「概念」と呼び、テクノロジーに関係なく組織のデータ構造を表す。テクノロジー指向のデータモデルは、特定のデータマネジメントアプローチ（リレーショナル、オブジェクト指向、NoSQL等）の観点から開発される（Hay, 2018）。

Steve Hobermanによれば、「データモデリングとは、データ要件を発見、分析、スコープ化し、それらのデータ要件を「データモデル」と呼ばれる視覚的なフォーマットで表現し、伝達するプロセスである」(2015)。

 キーコンセプト

データモデルとは何か。なぜデータモデルを気にすべきか。データモデルとは、特定のドメインにおけるデータ構造の、テキストによってサポートされた視覚的な表現である。データモデルには次のようなものがある：1) ビジネス指向-組織にとって何が重要かを表し、テクノロジーに関係なく組織におけるデータ構造を視覚化する。2) テクノロジー指向-特定のデータマネジメント手法の観点から特定のデータ集合を表し、データがどこに保管され、どのように整理されるかを示す（リレーショナル、オブジェクト指向、NoSQL等）。

データモデルは組織がデータを表現し、データを理解するための主要な成果物である。優れたデータモデルと、データベース設計、アプリケーションとのインタラクション、アクセシビリティといったシステム開発の各段階における制約を組み合わせて文書化することにより、高品質で再利用可能なデータを作成し、冗長性、矛盾するデータ定義、アプリケーション間でのデータ共有の困難さといった、本稼働後のデータ品質に関する多くの問題を防ぐことができる。データモデルは、サードパーティのソフトウェアの情報を理解するような作業にも役立つ。Data Model Essentialsで述べられているように「少なくとも暗黙のモデルなしにデータベースが構築されたことはない」(Simsion and Witt, 2005)。

> データモデルはデータを扱う全ての人が、データの取得、保存、維持、操作、変換、削除、共有を行うプログラムを理解するために、データの基本的な構造に精通するのに役立つ。これらは全てデータ品質に影響するものだ。より品質の高いデータモデルは、より品質の高いデータをサポートするため、データモデルの欠如や品質の低いデータモデルは、データ品質問題の根本原因の1つである可能性がある。
>
> あなたがデータモデラーでない場合は、プロジェクトの範囲内のデータを理解し、評価のために関連データを確実に取得できるよう、データモデラーを探してほしい。このセクションでは、データモデリングへのアプローチには違いがあることを示す。データモデルや関連用語について議論する際には、質問をして自分の環境に適用されている定義を理解してほしい。

エンティティ、エンティティタイプ、アトリビュート、リレーションシップという用語は、データモデリングの中心的な概念である。

- エンティティは、組織にとって関心のある対象である。例えば、「ジョン・ドウ」、「スミスコーポレーション」、「注文1234」等。
- エンティティタイプ(「エンティティクラス」とも呼ばれる)は、これらのエンティティのカテゴリーである。例えば、「人」、「組織」、「受注」等である。一般的なデータモデルのボックスは、エンティティタイプを表している。オブジェクト指向の世界では、UML (Unified Modeling Language) と呼ばれる表記法を用いて、「エンティティ」を「オブジェクト」と呼び、「エンティティタイプ」を「クラス」と呼ぶ。
- アトリビュートは、エンティティタイプの特徴、品質、特性の定義である。「姓」「名」は「人」のアトリビュートである。
- リレーションシップは、あるエンティティタイプのインスタンスと別のエンティティタイプのインスタンスを関連付け、それらの構造を定義する。リレーションシップの例は、「各組織は、1つ以上の受注のソースである可能性がある」である。オブジェクト指向の世界 (UML) では、これは「アソシエーション」と呼ばれ、別の意味を持つ。
- 訳註:日本では、ここでエンティティとされている「ジョン・ドウ」、「スミスコーポレーション」、「注文1234」等の1件ごとのデータをインスタンスと呼び、ここでエンティティタイプとされている「人」、「組織」、「受注」等をエンティティと呼ぶことが多い。より厳密なリレーショナル形式の用語としては、インスタンスの集合をエンティティタイプと呼び、その集合のメンバーであるインスタンスをエンティティと呼ぶ。

データモデルには複数の表記法があるが、いずれも角が丸いか四角い長方形のボックスでエンティティタイプを表し、注釈付きの線で2つのエンティティタイプ間の関係を表す。リレーションシップの以下の特徴をどのように表現するかで表記が異なる。

- カージナリティはあるエンティティタイプのインスタンスが、別のエンティティタイプのインスタンスに関連付けられ得る最大数を示す。例えば「1つの会社は1つ以上の所在地と関連してはならな

い」、または「1つの会社は1つまたは複数の所在地と関連することができる」というものだ。
- **オプショナリティ**はあるエンティティタイプのインスタンスについて、関連するエンティティタイプのインスタンスが必要（必須）かどうかを示す。例えば、「会社は少なくとも一つの所在地を持たなければならない」等だ。また、アトリビュートも任意または必須である。

モデルは**存在する**かもしれないもの、**存在しない**かもしれないものを示していることに注意しよう。モデルには、あるアトリビュートやリレーションシップが存在しうる条件を記述することはできない。これはビジネスルールの領域である。

ビジネス指向のデータモデル
表3.6データモデルの比較では、以下に説明するビジネス指向とテクノロジー指向のデータモデルを、そのソースとともに比較している。

ビジネス指向のデータモデルは「概念」データモデルと呼ばれ、組織を表し、テクノロジーに関係なく組織のデータ構造を視覚化する。概念データモデルには、長年にわたって発展してきた3つの視点がある：

概要データモデル
概要データモデルとは、組織の目的、動機、および従業員、顧客、製品、サービス等その他の情報に関する関心事に基づく、企業の情報の構造の概要である。この図は、トップマネジメントが考えるコンテキストを提供するもので、広範囲に及び、あまり詳細に記述されていない。スケッチや単純なER図であり、最も重要なビジネスの概念を示す。同じ種類のモデルでも様々な呼び方がある。スティーブ・ホバーマンは、概要データモデル（2020）に対してビジネス用語モデル（Business Terms Model：BTM）という表現を使っている。

セマンティック・データモデル
セマンティック・データモデルは組織の複雑さを反映し、多くの要素を含んでいる。用語、概念、定義を示す。ビジネスルールや推論を直接表すものではないが、それらを記述するために必要な概念を示している。このモデルは組織にとって重要な事柄の意味を説明するために、組織が実際に使用している言語を捉えたものである。出発点はドメイン内の全ての用語を明確に定義した用語集の作成である。これらの用語は、セマンティックウェブにおけるリソース・ディスクリプション・フレームワーク（RDF）を使って捉えることができる。同じ言葉が違う意味に使われたり、同じもの（あるいは同じように見えるもの）が違う言葉で表現されたりすることは珍しくない。どこかの時点でこれらの相違は解決されなければならない。これは、用語がどのように使用されているかを評価するアプローチによって、解決することができる。1）ビジネス語彙とルールの意味論（SBVR）を使用したビジネスルール、または2）セマンティックウェブのウェブオントロジー言語（OWL）を使用した推論。セマンティックモデルは、ERD（Entity Relationship Diagram）やORM（Object Role Modeling）を使って視覚化することもできる。セマンティックモデルは複雑であり、その視覚化は意味のあるサブジェクトエリアから、注意深く構成されるべきであることに注意した方が良い。

エッセンシャル・データモデル

企業全体に共通する、比較的単純で基本的な基礎構造を示す。エンティティクラス、アトリビュート、リレーションシップを示す。概要モデルよりも詳細であるが、セマンティックモデルよりも抽象度が高く、したがって単純でコンパクトである。セマンティックモデルから派生させることもできるし、他のタイプのデータモデルを開発するための出発点とすることもできる。なお、「エッセンシャル・モデル」という用語はDavid Hay (2018) が使用している。「ユニバーサル・データモデル」という用語は、Len Silverston (2001a,b) が使用している。

テクノロジー指向のデータモデル

テクノロジー指向のデータモデルとは、データマネジメント・テクノロジー（リレーショナル、オブジェクト指向、NoSQL等）の観点から見たもので、データストアにおいてデータをどのように表現するか、つまりどのデータをどのように保持し、どのように整理するかを示すものである。論理モデルと物理モデルの2つの視点から考えてみよう。なお、論理データモデルと物理データモデルは、設計モデルと呼ばれることもある。

論理モデル

論理モデルは特定のベンダーのソフトウェアに依存することなく、特定のデータマネジメント・テクノロジーの観点からデータの体系を記述する。データマネジメント・テクノロジーのカテゴリーには以下のようなものがある。

- リレーショナルデータベース：テーブルとカラムで表現され、主キーと外部キーを明示的に参照する。テーブルは2次元で、Coddの正規化ルール（Codd, 1970）に従って整理されている。
- ノンリレーショナルデータベース（NoSQLとも呼ばれる）：近代的なアプリケーション構築の需要に応えて開発された、多種多様なデータベーステクノロジーを包括する。これらのテクノロジーは大量のデータ、急速に変化するデータタイプ、俊敏性の課題に対応可能なものだ。さらに様々なデバイスからのアクセスを可能にし、世界中の何百万人ものユーザーに対応してスケーリングできる。これらのテクノロジーを使ったデータの体系は、しばしばデータレイクと呼ばれる。SQLでは対応できないほど大規模なため、非リレーショナルテクノロジーで構築される。（SQLはリレーショナルデータベースのロジックであるため、NoSQLは「SQLだけではない」という意味である）。これらの非リレーショナルまたはNoSQLデータベースは、通常4つのカテゴリーに分類される。(Sullivan, 2015)。
    - **キーバリュー・ストア**。データベース内の全ての項目は、アトリビュート名（または「キー」）とその値として保存される。キー-バリュー・ストアの中には、各値に"integer"のような型を指定できるものもあり、これにより機能としてできることが増える。キー-バリュー・ストアはSQLデータベースと同じように機能するが、カラムは2つ（「キー」と「バリュー」）しかない。より複雑な情報は、BLOB（Binary Large Objects）として「value」カラムに格納されることもある。
    - **グラフストア**。社会的なつながり等、データのネットワークに関する情報を保存するために使用される。
    - **カラムストア**。データをカラムごとにまとめて整理する。カラムはストレージの基本単位で、名前と値で構成される。カラムごとにまとめると事前に定義されたスキーマを必要としないため、

より柔軟な方法でまとめることができる。このアプローチは、大規模なデータセットに対するクエリを最適化できる。
  - **ドキュメントストア**。各キーはドキュメントと呼ばれる複雑なデータ構造とペアになる。ドキュメントには様々なキーと値のペア、あるいはキーと配列のペア、さらにはネストされたドキュメントを含めることができる。ドキュメントデータベースはテーブルと行のモデルを廃止し、関連する全てのデータをJSON、XML、その他のフォーマットで、階層的に値を入れ子にできる単一の「ドキュメント」にまとめて格納する。
- **ディメンショナル**：ディメンションと呼ばれる識別された特性によって編成された、**ファクト**に焦点を当てるために正規化されていないリレーショナルテーブルのセットのこと。ファクトは、何らかの存在を表したものである。ディメンションは、そのファクトの説明的な特性であり、そのファクトのインスタンスを検索するために使用される（Inmon, 2005;Kimball, 2005）。
- **オブジェクト指向**：データマネジメントではなく、オブジェクト指向プログラミングに基づく。モデルはクラス、メソッド、関連で表現される。UML（Unified Modeling Language）は、最も一般的に使用されている表記法である（Booch,Rumbaugh,&Jacobson, 2017）。
- **XMLスキーマ**：XML（Extensible Markup Language）は、データのやりとりをサポートするための言語である。XMLスキーマは、XML文書のタイプの記述であり、通常、XML自体が課す基本的な構文上の制約以上に、そのタイプの文書の構造と内容に関する制約で表現される（Walmsley, 2002）。
- **データボルト**：データウェアハウスのために簡素化されたリレーショナル構造で、データ変更のトレーサビリティを提供する（Lindstedt&Olschimke, 2016）。

物理データモデル
物理モデルは論理モデルから派生したものであり、特定のベンダーのデータ保存テクノロジー、つまりデータがデータベースに物理的にどのように保存されるかという観点のものである。これは、データベース全体をセグメント化する異なる物理ファイルである**パーティション**の観点であり得る。小さなセグメントは**テーブルスペース**や**クラスター**と呼ばれることもある。

データモデルの例
図3.13にエンティティリレーションシップ図（ER図）の例を示す。前述のように、データモデルには多くの表記法がある。この図は、**表3.6データモデルの比較**のアプローチAの2行目「セマンティック」モデルに準拠して記載されている。このセクションでもさらに詳しく見ていこう。カージナリティとオプショナリティは、Richard BarkerとHarry Ellisの記載方法に従って示されている。これはアプローチAでも使用されているものだ。図の中には、

- 顧客、受注、受注明細、製品タイプ等がエンティティタイプの例である。
- 都市、州、国もエンティティタイプであることに注意が必要だ。
  - これらはそれぞれ、エンティティタイプ「**地域**」の「**サブタイプ**」と呼ばれるものでもある。
  - つまり、各サブタイプ（たとえば都市）は、定義上、スーパータイプである地域の定義でもある。
- "受注番号"、"受注年月日"、"受注完了年月日"は、**受注**のアトリビュートである。
  - アスタリスク（*）は、そのアトリビュートが必須であることを意味する。

- ○ 丸印は任意であることを意味する。
- ○ 下線の付いたハッシュタグ（#）は、そのアトリビュートがエンティティタイプの一意な識別子の一部であることを意味する。そのアトリビュート名にも下線が引かれている。
- 2つのエンティティタイプ間の線は、リレーションシップの例である。
  - ○ 各リレーションシップのカージナリティとオプショナリティは、それぞれの線の末尾のテキストによってさらに明確になる。これは文章で記述することができる。
  - ○ このようにリレーションシップに名前をつけることで、組織のビジネス部門の人に提示した時に、その結果として得られる文は真なのか、真でないかを明確にできる。
- リレーションシップを表している文章の例：
  - ○ 各顧客は、1つまたは複数の受注のバイヤーとなるかもしれない。
    - －「かもしれない」というオプショナリティは、**顧客**に最も近い破線で示されている。「1つ以上」のというカージナリティは、**受注**に最も近いカラスの足で示される。注記：カージナリティの場合、カラスの足表記は複数の"足"で"複数"を示す。これはGordon Everestによって考案されたもので、彼は当初「逆アロー」という言葉を使っていた（Everest, 1976）。
  - ○ 逆に、**各受注**は一人の**顧客**にのみ販売されなければならない。
    - －オプショナリティの「されなければならない」は、対象のエンティティタイプ（この場合は**受注**）に最も近い実線で示されている。
    - －カージナリティ「一人にのみ」は、対象のエンティティタイプ（この場合は**顧客**）の最寄りにカラスの足跡がないことで示される。
- 一意な識別子の一部でもあるリレーションシップの例：
  - ○ カラスの足の横の縦棒は、最も近いリレーションシップも一意な識別子の一部であることを意味する。
  - ○ 受注の各インスタンスは、受注番号（#で示される）のみによって一意に識別される。一方、**受注明細**の各インスタンスは、アトリビュート#受注明細番号と**受注**「の一部」というリレーションシップの組み合わせによって識別される。

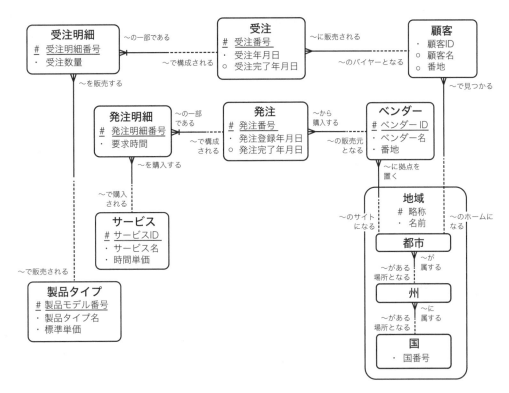

図3.13 エンティティリレーションシップ図（ER図）。
出典：David C. Hay. 2020. Updated from 2018. Achieving Buzzword Compliance：Data Architecture Language and Vocabulary. Technics Publications.
許可を得て使用。

このレベルのデータモデルは通常、データモデラーだけが使用する。優れたデータモデラーはディスカッションを促進し、データとリレーションシップを検証する時に、詳細なモデルを解釈する必要がないビジネス側の参加者が理解できるような、よりシンプルな図を使用する。必要であれば関係者が、データモデルがビジネスにとってどのような意味を持ち、技術者がどのように利用できるかをインプットし、理解できるように、コミュニケーション能力の高いデータチームのメンバーがデータモデラーと協力するのがよいだろう。

データモデルをなぜ気にすべきか

データモデルは組織がデータを表現し、データを理解するための主要な成果物である。データ品質を管理する上で重要なのは、データを取得し、保存し、維持し、操作し、変換し、削除し、共有するプログラムを完全に理解するために、データの基本構造を理解することである。概念データモデルは、基盤となるデータベーステクノロジーに関係なく必要である。

Steve HobermanのData Modeling Made Simple（2016）によれば、データモデルは実際のデータベースが作成される前に、新しいアプリケーションの要件が完全に理解され、正しく把握されることを保証する。コミュニケーションと正確さが2つの主要なメリットだ。彼はデータモデルによって、既存のアプリケーションを理解し（「リバースエンジニアリング」を通して）、影響分析によってリスクを管理し（すでに本番稼動しているアプリケーションに構造を追加または修正することの影響、アーカイブ目的でどの構造が必要か、購入したソフトウェアをカスタマイズする際に構造を修正することの影響等）、業務について学び（アプリケーション開発前に業務をサポートするアプリケーションがどのように機能

するかを理解するために、業務がどのように機能しているかを理解する)、チームメンバーを教育し、トレーニングを促進する(要件を理解する)ことができると説明する。

とりわけデータモデルはシステムのスコープを議論し、最終的に決定するためのプラットフォームとして機能する。これとは別に、データが存在するかしないかによるそのプロセスのサポート可否を示すために、プロセスを文書化するのがよいだろう。ビジネスルールは、ビジネス上の相互関連を説明した守るべき原則やガイドラインであり、アクションのルールを確立するものである。ビジネスルールは相互作用とアクションに関係するため、データモデルには表現されない。データモデルの構造は、ビジネスルールのロジックに対応するために重要な場合がある。

NoSQLの実践者は、データモデルは必要ないと主張してきた。実際には、現在ではデータレイク(非構造化データを含む大量の様々なデータの貯蔵庫で、アクセスにはNoSQLを使用する)であっても、データの根本的な構造を把握する必要がある。

しかしDavid Hayが指摘するように、課題もある。14世紀の哲学者で修道士であったWilliam of Ockhamは、「オッカムの剃刀」として知られる問題解決原理を提唱した。最も一般的な解釈は「必要以上に多くを仮定すべきでない」というものである。より直接的な解釈は「エンティティは必要以上に増やしてはならない」となる(Encyclopædia Britannica, 2017)。これはシステム設計において、よりシンプルな設計の方が構築しやすく、変更しやすく、そもそも変更が必要になる可能性が低く、エラーなく運用しやすいことを意味する。不必要に複雑な設計は正しく構築するのが難しく、変更が難しく、運用が難しく、エラーが起こりやすい。「複雑さはデータ品質の敵である」。ここで疑問が生じる。「不必要に複雑とはどの程度複雑なのか」、逆に「シンプルすぎる」とはどの程度シンプルなのか(Hay, 2018,pp.73-74)。

Albert Einsteinは、「あらゆるものは可能な限りシンプルにすべきだが、これ以上シンプルにしてはならない」と言った(Sessions, 1950より引用、Championing Science, 2019も参照のこと)。シンプルさと複雑さの適切なレベルを見極めることは、データモデラーとシステム開発者の仕事の核心である。「不必要な複雑さを打ち破る」ことが彼らの仕事なのだ。その限りにおいて、品質の高いデータを奨励しサポートすることになる(Hay, 2018)。

優れたデータモデルと、データベース設計、アプリケーションの相互作用、アクセシビリティといった開発の各段階における制約要件の定義書を組み合わせることで、高品質で再利用可能なデータを作成し、冗長性、矛盾するデータ定義、アプリケーション間でのデータ共有の困難さ等、本稼働後のデータ品質に関する多くの問題を防ぐことができる。データモデルは、サードパーティのソフトウェアの情報を理解するような作業にも役立つ。

データモデルはデータを扱う全ての人が、データの取得、保存、維持、操作、変換、削除、共有を行うプログラムを理解するために、データの基本的な構造に精通するのに役立つ。より品質の高いデータモデルはより品質の高いデータをサポートするため、データモデルの欠如や品質の低いデータモデルはデータ品質問題の根本原因の1つである可能性がある。

Chapter 3

第3章 キーコンセプト

データモデラー向けには、高品質のデータモデルを作成するための他のリソースとして、Matthew WestのDeveloping High Quality Data Models（2011）やSteve HobermanのData Model Scorecard：Data Model Scorecard：Applying the Industry Standard on Data Model Quality」（2015）等がある。

データモデルの比較

表3.6データモデルの比較は、利用可能ないくつかのアプローチのうち4つのアプローチで使用されている上記の用語を比較し、要約したものである。見てのとおり用語は説明されているアプローチによって異なり、表に示されている用語に全員が同意しているわけではない。様々なアプローチの是非を論じることが本書の目的ではない。データモデルや関連用語について議論する際に、自分の環境で適用される定義を尋ね理解できるように、違いが存在することを認識しておくことがただ重要である。

どの用語を使うにしても次の3つを区別することが重要である。1）データ構造を日常的な観点から見ること、2）データの基本的な構造（ひいてはビジネスの基本的な構造）を見ること、3）技術的な制約に基づいたデータ構造を理解すること。後者は頻繁に変化する。使用するデータの性質をしっかりと理解することで、そのような変化を乗り越え、ビジネスの変化に対応することができる。

表3.6 データモデルの比較

レベル	データモデル レベルの説明	対応するデータモデルのレベルごとに使用される用語			
		アプローチA Hay	アプローチB Simsion, Witt	アプローチC Hoberman	アプローチD オブジェクトマネジメントグループ（OMG）
1	このモデルレベルは表頭の各氏との会話に基づくものである。 • 情報とデータを使って、いくつかの非常にハイレベルな機能をカバーする（多対多のリレーションシップを持ち、実質的に属性を持たない、おそらく十数個の主要なエンティティのスケッチ）。 • 将来のシステム開発プロジェクトの優先順位を設定するために使用される、企業のビジョン（数年後にどうなっていることを期待するかの声明）とミッション（どのようにそこに到達することを期待するかの声明）を含む。	概要（概念レベル1）	コンテキスト	サブジェクトエリア	環境
2	このモデルレベルは以下の通りである。 • 企業を運営する人々の言葉を詳細に記述する。 • 企業全体の言語における全てのエンティティタイプと、ほとんどのアトリビュートを含む。 • アプローチAでは企業の言語の範囲を把握し、言語的な矛盾を明らかにする。	セマンティック（概念レベル2）	概念	ビジネス用語モデル（BTM：Business Term Model）	プラットフォーム独立モデルのクラス（すなわち、テクノロジーに依存しない）

	説明	列A	列B	列C	列D
	以下のようなものが含まれる。 • グラフィックバージョンである「エンティティ・リレーションシップ・ダイアグラム」[1]や「オブジェクト・ロール・モデル」[2]等 • テキストバージョンである用語集、オブジェクトマネジメントグループの「ビジネス語彙とビジネスルールの意味論（：Semantics of Business Vocabulary and Rules (SBVR)」[3]、「セマンティックウェブ（Semantic Web）」[4]の様々なコンポーネント等。テキスト形式には、企業の言葉を定義するエンティティクラスのリストがより完全な形で含まれる。グラフィックバージョンで関係が示されるのは、それは「1対多」程度のものである。				
3	このレベルのモデルはレベル2モデルを統合したもので、パターンを利用して比較的少ない、より抽象的なエンティティタイプで企業のセマンティクスを記述する。 このモデルは、レベル2モデルで明らかになった矛盾を可能な限り解決する。	エッセンシャル（概念レベル3）[5]	パターンを用いた概念	ビジネス用語モデル（BTM）	該当なし
4	このレベルのモデルは、技術的な制約や期待される使用方法（特定のデータマネジメント・テクノロジー）に対応するようにデータを配置する。テクノロジーに依存するモデルであり、パフォーマンス、セキュリティ、開発ツールの制約に合わせて調整される。 この点についてレベル2とレベル3のモデルは、リレーショナルデータベース・マネジメントシステム、オブジェクト指向プログラム、XMLスキーマ、NoSQL等を使用して実装することができる。レベル2とレベル3のモデル自体は、特定のデータベースソフトウェア（Oracle、DB2等）やレポーティングツールに依存しないことを覚えておいてほしい。	論理	論理	物理テクノロジー依存	プラットフォーム（テクノロジー）特化モデルのクラス、ベンダープラットフォーム独立モデル
5	このレベルのモデルは以下の通りである。 • 1つまたは複数の物理メディア上のデータを整理する。 • 物理的なテーブルスペース、ディスクドライブ、パーティション等に関係する。	物理	物理	実装	ベンダープラットフォーム特化モデル

Chapter 3

第3章　キーコンセプト

	・パフォーマンス目標を達成するために論理構造に加えられた変更を含む。 ・特定のベンダーのデータベース・マネジメント手法に組み込まれている。				

アプローチのソース

アプローチA：David Hayが使用している用語Achieving Buzzword Compliance：Data Architecture Language and Vocabulary（Technics Publications、2018）

アプローチB：Graeme Simsion, Graham Wittが使用している用語。Data Modeling Essentials, Third Edition（Morgan Kaufmann、2005）,p.17

アプローチC：Steve Hobermanが使用している用語。Data Modeling Made Simple：A Practical Guide for Business and IT Professionals, 2nd Edition（Technics Publications、2016）、The Rosedata Stone：Achieving a Common Business Language（Technics Publications, 2020）

アプローチD：Donald Chapinが使用している用語。MDA Foundational Model Applied to Both the Organization and Business Application Software, Object Management Group（OMG）working paper（March2008）

レベル2のソース

1　「エンティティ／リレーションシップ・ダイアグラム」：Richard Barker Case*Method：Entity Relationship Modelling（Addison-Wesley、1989）
2　「オブジェクト・ロール・モデル」：Terry Halpin Object-Role Modeling Fundamentals：A Practical Guide to Data Modeling with ORM（Technics Publications、2015）
3　オブジェクトマネジメントグループの「Semantics of Business Vocabulary and Rules（SBVR）」：Graham Witt　Writing Effective Business Rules：A Practical Method.（Morgan Kaufmann, 2012）。この本を読めばSBVRが理解できる。
4　「セマンティックウェブ」：Dean Allemang and Jim Hendler　Semantic Web for the Working Ontologist：Effective Modeling in RDFS and OWL.（Morgan Kaufmann, 2011）

レベル3のソースとメモ

5　David Hay Enterprise Model Patterns：Describing the World（Technics Publications, 2011）

注記：Len Silverstonのアプローチは、上記のおよそ3行目である。彼は「ユニバーサル・データモデル」と呼ぶものについて幅広く発表している：

- 第1巻には、「人と組織」、「製品」、「仕事の成果物」、「請求書作成」等のトピックが含まれている。
  - Len Silverston2001.The Data Model Resource Book（Revised Edition）：Volume 1：A Library of Universal Data Models for All Enterprises（John Wiley&Sons）.
- 第2巻はより具体的である。いずれの場合も、1つのテーマが完全なモデルによって扱われている。
  - Len Silverston 2001. The Data Model Resource Book（Revised Edition）：Volume 2：A Library of Universal Data Models by Industry Types（John Wiley&Sons）.
- 第3巻は、他の2巻に登場するコンポーネントを変更したものである。以下のような概念が含まれている：パーティーの「ロール」、「タクソノミー」と「階層」、ステート、コンタクトメカニズム等である。また、「ビジネスルール」のセクションも含まれている。これは、エンティティの値として許容されるものを制約する「メタ」データに関するものであるため、少し変則的なものだ。
  - Len Silverston,Paul Agnew2009.The Data Model Resource Book：Volume 3：Universal Patterns for Data Modeling（Wiley Publishing,Inc.）.
  - 第3巻は、David Hayが以前「ユニバーサル」データモデルと呼んだものに近い。以下を参照のこと。David C.Hay, 1996.Data Model Patterns：Conventions of Thought（New York：Dorset House）,page254.

Copyright©2005, 2020David C.Hay and Danette McGilvray

ビジネスルール

「ビジネスルールの父」として知られるRonald Rossは、ビジネスルールを「ビジネスのある側面を定義または制約する明文化されたものであり（中略）（それは）ビジネス構造を言い表し、ビジネスにおける行動をコントロールまたは影響することを意図している」と説明している。彼は、「現実世界のルールは、行動や行為の指針として（中略）また、判断や決定を下すための基準として機能する」（Ross, 2013, pgs.34, 84）と説明する。

データ品質については、ビジネスルールとそのデータに対する制約の意味を理解する必要がある。データ品質に適用されるビジネスルールと関連用語の定義については、**定義のコールアウトボックス**を参照してほしい。守るべき原則とはそのルールが必須であることを意味し、ガイドラインとは、そのルールが任意であることを意味する。

ビジネスルール、ビジネスアクション、データ品質ルール仕様の関係を**表3.7**に示す。Ronald Rossはその著書Business Rule Concepts（2013）の中で、ビジネスルールのサンプルを提示し、それぞれが提供するガイダンスの種類に従って非公式に分類している。最初の2つの列はロスの著書からのものである。最後の2つは行われるべきビジネスアクションを説明し、関連するデータ品質ルール仕様の例を示すために追加されたものである。

表3.7 ビジネスルール、ビジネスアクション、およびデータ品質ルール仕様

ビジネスルールの種類*	ビジネスルールの例*	ビジネスアクション	データ品質ルール仕様
制約	顧客は、顧客口座に請求される注文の内、緊急出荷の注文を4回以上行ってはならない。	サービス担当者が顧客口座に請求される注文をチェックし、緊急出荷が3回を超えるかどうかを判断する。もしそうなら、顧客は通常注文しかできない。	このルールは以下の場合に違反となる。注文タイプ＝「緊急出荷」かつ顧客口座タイプ＝「未入金」かつ緊急出荷回数>3
ガイドライン	優先（Preferred）ステータスを持つ顧客の注文にはすぐに対応する。	サービス担当者が顧客ステータスを確認する。「P」の場合、注文から12時間以内に発送する。	以下の場合、ガイドラインに違反となる顧客ステータス＝「P」かつ発送日時>注文日時+12時間。
計算	顧客の年間受注量は、常にその企業の会計年度内に終了した売上合計として計算される。	該当なし-自動計算による。	以下の場合、計算は正しい。年間受注高＝会計年度の全四半期の売上合計。
推論	1,000ドル以上の注文を5回以上している顧客は、常に優先顧客として扱う。	サービス担当者は、注文時に顧客の注文履歴をチェックし、顧客が優先されるかどうかを判断する。	優先順位は以下の場合に推測される。顧客からの5回以上の注文の合計>1,000ドル。

タイミング	出荷され、72時間以内に請求されていない場合、注文は請求担当者に割り当てられなければならない。	取引完了を確実にするため、サービス担当者は毎日の「注文取引」レポートをチェックし、72時間以内に出荷されたにもかかわらず請求されていない注文を請求担当に転送する。	以下の場合、ルールに違反となる。出荷日時=72時間かつ請求書日付=nullかつ請求担当ID=null。
トリガー	「発送通知」は、注文が発送される際に実行されなければならない。	注文の発送時に「発送通知」が自動的に生成される。	以下の場合、ルールに違反となる。発送通知送付=nullかつ発送日時=not null。

＊出典：Ronald G.Ross,Business Rule Concepts：Getting to the Point of Knowledge, 4th Edition (Business Rule Solutions,LLC, 2013) ,p.25.許可を得て使用。

データはビジネスプロセスのアウトプットであり、データ品質ルールに違反することはプロセスが適切に機能していないことを意味する。データ品質ルールの違反は、ルールが正しく把握されていないか、誤解されている可能性もある。必要なデータ品質チェックを作成し、評価結果を分析するためのインプットとなるビジネスルールを収集する。よく文書化され、よく理解されたビジネスルールの欠如は、データ品質の問題にしばしば関与する。

 定義

ビジネスルールとは、ビジネス上の相互関連を記述しアクションのルールを確立する、守るべき原則またはガイドラインである。またそのルールが適用されるビジネスプロセスと、そのルールが組織にとって重要である理由が記載されることもある。**ビジネスアクション**とは、ビジネス用語で、ビジネスルールに従った場合に取られるべき行動を指す。結果を表すデータの振る舞いは、要求事項や**データ品質**ルールとして明確化され、遵守状況をチェックすることができる。データ品質はビジネスルールとビジネスアクションへの準拠（または非準拠）の結果としてのアウトプットである。**データ品質ルール仕様**は物理的なデータストアレベルで、データ品質をチェックする方法を説明する。

Danette McGilvray, David Plotkin

データガバナンスとスチュワードシップ

一戸建てが立ち並ぶ地域に住んでいるとする。あなたはそこに住んでいるほとんどの人を知っている。住人はそれぞれのペースで住宅の手入れをしている。ある人は週に一度芝を刈り、ある人は毎日のように庭仕事をし、ある人は雑草を生え放題にしている。次のような状況を想像してみて欲しい。通りの住人全員が荷物をまとめて家を出ようとしている。全ての家の住人が一緒に住むことになったと！

それぞれの家庭には、それぞれの生活様式、好み、考え方がある。対立の可能性はすぐに分かる。同じ

家で生産的かつ平和的に暮らすには、間違いなく別々の住居で隣人として暮らすのとは異なるレベルの協調と協力が必要だ。

企業が情報を統合するときはいつでも、全てのソースシステム（関連する人材、ビジネスプロセス、データ）が荷造りされ、一緒に引っ越してくるようなものだ。組織は過去よりもはるかに統合された世界に生きている。

この統合された世界で、どのように決意思決定はなされるのだろうか。私の例では、ひとつの大きな家にそれぞれの家族が自分の部屋を持っている。特定の部屋の居住者は新しいフローリングを敷き、好きなように装飾する権利がある。しかし他の居住者の同意なしに、配管を変えたり、リビングルーム（全員の共有スペース）の模様替えをしたりすることはできない。場合によっては、入居者が配管や共用部分の決定権を誰かに与えることもできる。彼らは、その人が建物に住む全ての人のために意思決定すると信頼しているのだ。しかし彼らは変更について通知を受けたり、注意を払うべき問題を提起できることを期待している。家を管理するための役割、責任、ルール、プロセスが必要だ。つまり、ガバナンスが必要なのだ。

データガバナンスとデータスチュワードシップは密接な関係にあり、ほとんどの人にとってなじみのある言葉である。データ品質とはどのような関係があるのだろうか。「データガバナンスの方法」について概説することは本書の範囲外である。しかしデータ品質に対するデータガバナンスとスチュワードシップの重要性については、手短に論じる必要がある。

> **定義**
>
> データガバナンスとは、情報資産の効果的なマネジメントのための関与ルール、意思決定権限、実行責任を規定し、強制するための方針、手順、構造、役割、説明責任の組織化と実施することである。
>
> John Ladley, Danette McGilvray, Anne-Marie Smith, Gwen Thomas

データガバナンスとデータスチュワードシップの定義

データガバナンスの定義として私の「定番」は、「情報資産の効果的なマネジメントのための関与ルール、意思決定権限、実行責任を規定し、強制するための方針、手順、構造、役割、説明責任の組織化と実施すること」である。私はこれを出発点として、クライアントと話し合い、理解し、必要に応じて修正する。

Robert Seinerは、データガバナンスを「データとデータ関連資産のマネジメントに関する権限の正式な実行と執行」と定義している。彼の著書Non-Invasive Data Governance (Seiner, 2014)で強調されているもう一つの定義は、「リスクを管理し、選択したデータの品質と使いやすさを向上させるために、データの定義、生成、使用に関する行動を形式化すること」である。どちらの定義を好むにせよ、データガバナンスにおける基本的な考え方には方針、権限、形式化された行動、説明責任、データと情報資産の

マネジメント等が含まれる。John Ladley(2020b)は、その著書Data Governanceの中で、「原則、方針、監査が財務資産に対して行うことは、データガバナンスがデータ、情報、コンテンツ資産に対して行うことと同じである。」と指摘している。

データガバナンスはビジネスプロセス、データ、テクノロジーを代表する適切な人々が、それらに影響を与える意思決定に関与することを保証する。データガバナンスは、以下のような対話の場とコミュニケーションの手段を提供する。

- 意思決定の際に適切な代表者を確保する
- 実際に決断を下す
- 問題を特定し、解決する
- 必要に応じて問題をエスカレーションする
- 適切な人材に責任と義務を負わせる
- 変更を実施する
- 適切な人々とのコミュニケーションを図り、適切な情報を提供し、適切な協議を行う。

定義

データスチュワードシップは代理として情報資源を管理し、組織の最善の利益について公式に説明責任与えるデータガバナンスのアプローチである。

私はデータや情報に関連するガバナンスやスチュワードシップの考え方を推進しているが、一般的に「オーナーシップ（所有権）」の使用は推進していない。なぜか。スチュワードとは、誰かに代わって何かを管理する人のことだ。エンカルタ辞書によると、オーナーには2つの異なる意味がある。英語（北米）：1) 所有、特に誰かや何かが他の誰かや何かではなく、特定の人や物に属していること、2) 責任、何かに対する個人的な全責任を認めること。最初の定義のように、データを「自分のもの」であるかのように振る舞う人があまりにも多い。「このデータは私のものだ。あなたには渡さない。それをどうするかは私が決めることだ」という振る舞いだ。このような態度は、組織の幸福にとって逆効果である。

私は、ビジネスプロセスに関しては「オーナーシップ」の使用を推進している。なぜか。オーナーシップは通常、2番目の定義のように何かに対する個人的な全責任を認めるという意味で使われるからだ。権限を持つ者は、その意味でプロセスを「所有」している。しかし、たとえビジネスがプロセスを「所有」していたとしても、そのプロセスを遂行する上でデータに触れる者は誰でも「スチュワード」である。彼らは自分たちの当面のニーズや特定のプロセスや機能のニーズを満たすためだけでなく、データや情報を利用する組織内の他の人々のためにも、データを管理しなければならない。

私はスチュワードシップを態度や行動様式として推進している。一方データスチュワードは、特定の役割の名前であることもある。データスチュワードの責任は時代とともに多少標準化されてきてはいるが、合意された一連の責任はない。この肩書きは対象領域の専門家（SME）、あるいはアプリケーション

レベルでデータを修正する人によく使われる。またデータスチュワードをデータ名、定義、標準の責任者と考える人もいる。またビジネスプロセスやアプリケーションをまたがるデータ・サブジェクトエリアについて、責任を負う戦略的な役割を割り当てる者もいる。エンタープライズ・データスチュワード、ビジネス・データスチュワード、テクニカル・データスチュワード、ドメイン・データスチュワード、オペレーション・データスチュワード、プロジェクト・データスチュワードが存在する。このテーマの詳細については、David Plotkinの**Data Stewardship**(2020)（訳註：データスチュワードシップ　データマネジメント＆ガバナンスの実践ガイド、日経BP、2024)を参照されたい。データガバナンスとスチュワードシップとは、「データを理解させ、信頼させ、高品質にし、最終的には企業の目的に適い、使えるようにするために、人々が適切に組織化され、適切な行動をとることを確認すること」だと彼は要約する。

私はクライアントのデータガバナンスとスチュワードシップの導入を支援しているが、このトピックは本書の範囲外である。ガバナンスとスチュワードシップは、本章で前述したRRISCCEの幅広い影響がある構成要素の2番目のRである「責任」の一部として、情報品質フレームワークに含まれている。重要なのは、ある程度のデータガバナンスとスチュワードシップを導入することだ。どのような役割、責任、肩書きを使うにせよ、それが意味のあるものであり、組織内の人々が同意したものであることを確かにしよう。

データガバナンスとデータ品質

データ品質は、しばしば1回限りのプロジェクトとみなされる。「データを修正して終わり」だ。データ品質に継続的な注意が必要だという認識があったとしても、データに対する正式な説明責任の欠如は、多くのデータ品質施策が時間の経過とともに縮小するか、完全に失敗する原因となる重要な要素である。また多くのアプリケーション開発プロジェクトが、いったん本番稼動すると、ビジネスが要求するデータの品質を維持できない理由でもある。データガバナンスは、企業のデータに関する意思決定を行うための構造とプロセスを提供するミッシングリンクである。データガバナンスは情報ライフサイクルを通じて、適切な人材が情報を管理することを保証するものである。データガバナンスとスチュワードシップを導入することは、データ品質を持続させるために重要である。

どのようなデータ品質ワークにおいても、以下について知っておく必要がある。

- **説明責任**。データのライフサイクルを通じて、説明と実行の責任を負う者。
- **決定権**。データのライフサイクルを通じて、データに関する決定を行う権利を持つ者。
- **エンゲージメントのルール**。様々な人々や組織がどのように相互にアクションするか。
- **コミュニケーションパス**。誰が、いつ、何を、どのように知るべきか。
- **エスカレーションパス**。決定すべき事項の関係者が合意に至らなかった場合、誰が最終決定を下すのか。

組織内に正式なデータガバナンス・プログラムが既にあるならば、データ品質プロジェクトの際にガバナンスの分野を支援するために活用しよう。もしなかったとしてもプロジェクトの目的を達成するためには、やはりこれらを知っておく必要がある。例えばプロジェクトの範囲内でデータに責任を持つ適切な人物を見つけ、データに関する意思決定を行い、その意思決定に適切な人物が関与できるようにする

ためのプロセスが必要であることに変わりはない。データガバナンス・プログラムがなければ、これらのタスクを達成するのに時間がかかるかもしれないが、必ず実行しなければならない。データ品質プロジェクトのために行われたガバナンスに類する作業は、プロジェクト完了後に正式なデータガバナンス・プログラムの基礎を形成するために使用することができる。データ品質を維持するために、プロジェクトチームが解散する前に、運用プロセスやデータガバナンス・プログラムの一部としてデータを管理する人材とプロセスを確保しよう。

10ステッププロセスの概要

図3.14の10ステッププロセスは、この方法論の名前の由来となったステップを示している。第4章10ステッププロセスでは、情報とデータの品質を評価し、改善し、維持し、管理するための詳細に触れ、本章で取り上げた概念をどのように実行するかを示す。

10ステップのプロセスフローは、ステップからステップへ順番に進むように示しているが、ステップをうまく適用するには、反復的なアプローチが必要であることを理解しよう。プロジェクトチームは、作業を充実させるために以前のステップに戻ってもよいし、ビジネスニーズを満たすステップを選択してもよい。また、継続的に情報を改善するために10ステップ全体を繰り返してもよい。**ステップ10全体を通して人々とコミュニケーションを取り、管理し、巻き込む**は非常に重要であるため、全てのステップを貫く棒として表現されている。ここでの作業は全てのプロジェクトの成功に不可欠であるため、ステップ10に関連することは、他の全てのステップで行われるべきである。

10ステッププロセスは方法論の様々なステップ、アクティビティ、テクニックを、データ品質が構成要素となっている様々な状況に適用可能な、ピックアップして選択できるアプローチとして設計された。ステップはビジネスニーズとプロジェクトの目的に応じて、様々なレベルの詳細が必要となる。10ステップのそれぞれの概要は以下の通りである。

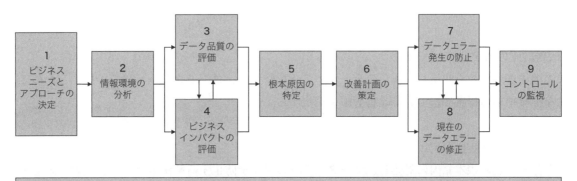

図3.14 10ステッププロセス

1. ビジネスニーズとアプローチの決定

ビジネスニーズ（顧客、製品、サービス、戦略、ゴール、問題、機会に関連する）と、プロジェクトの範囲内にあるデータ品質問題を特定し、合意する。プロジェクト期間中、作業の指針として参照し、全ての活動の最前線に立ち続ける。プロジェクトを計画し、リソースを確保する。

2. 情報環境の分析

ビジネスニーズとデータ品質問題を取り巻く環境を理解する。関連する要件と制約、データとデータ仕様、プロセス、人／組織、テクノロジーと情報ライフサイクルを適切な詳細レベルで分析する。これは全て後続ステップのインプットとなる。すなわち、適切なデータのみが品質評価されるようにし、結果の分析、根本原因の特定、将来のデータエラー発生の防止、現在のデータエラーの修正、コントロールの監視のための基礎とする。

3. データ品質の評価

プロジェクトの範囲内で、ビジネスニーズとデータ品質問題に該当するデータ品質評価軸を選択する。選択した評価軸でデータ品質を評価する。個々の評価を分析し、他の結果と統合する。初期段階での推奨事項を提案し、文書化し、その時点で必要な措置を講じる。データ品質評価の結果は、残りのステップでどこに焦点を当てるべきかの指針となる。

4. ビジネスインパクトの評価

品質の低いデータがビジネスに与える影響を判断する。様々な定性的、定量的テクニックがあり、それぞれのテクニックは比較的短時間で評価が容易なものから、時間がかかり評価がより複雑なものまで順序付けされている。これによりビジネスインパクトについて、目的に適合し、利用可能な時間とリソースの範囲内で、最適なテクニックを選択することができる。協力を得たり、データ品質ワークの裏付けとなる効果を明確にしたり、取り組みの優先順位を決めたり、抵抗勢力に対処したり、プロジェクトに参加するメンバーを動機付けたりする必要がある場合はいつでも、どのステップでも、いずれかのテクニックでも使用しよう。

5. 根本原因の特定

データ品質問題の真の原因を特定し、優先順位を付け、それに対処するための具体的な推奨事項を策定する。

6. 改善計画の策定

将来のデータエラーを防止し、現在のデータエラーを修正し、コントロール状態を監視するために、最終的な推奨事項の提案に基づいて改善計画を策定する。

7. データエラー発生の防止

データ品質問題の根本原因に対処し、データエラーの再発を防止する解決策となる、改善計画を実施する。解決策は、単純作業からさらなるプロジェクトの組み立てまで多岐にわたる。

8. 現在のデータエラーの修正
データを適切に修正する改善計画を実施する。下流システムが変更に対応できるようにする。変更を検証し、文書化する。データ修正によって新たなエラーが発生しないことを確認する。

9. コントロールの監視
改善実施後の状態を監視し、検証する。成功した改善内容を標準化、文書化し、継続的に監視することにより、改善された結果を維持する。

10. 全体を通して人々とコミュニケーションを取り、管理し、巻き込む
情報およびデータ品質プロジェクトを成功させるには、コミュニケーションを取り、人々を巻き込み、プロジェクト全体を管理することが不可欠である。これらは非常に重要なので、他の全てのステップの一部として含めるべきである。

データ品質改善サイクル

データ品質プロジェクトが完了した後も、データを放置して、勝手に高品質な状態が続くようなことは期待できない。図3.15に示すデータ品質改善サイクルは、データ品質を管理するとは継続的なプロセスであり、評価、認識、改善という大きく3つのステップを通じて行われるという考え方を示している。

データ品質改善サイクルは、プロセスや製品を改善、管理するための基本的な手法であるPDCA（Plan-Do-Check-Act）アプローチを修正したものである。PDSAは、Plan-Do-Study-Actの略で、バリエーションの一つである。PDSAの基本形は1939年に始まり、1950年代初頭、1980年代半ば、1993年に発展した。それぞれの説明は異なるが、Walter Shewhart,W.Edwards Deming（いずれも品質分野のパイオニア）、そしてDemingの考え方を導入した日本企業は、いずれもPDCAとPDSAの開発に一定の役割を果たし、これらは現在も使用されている（Moen&Norman, 2010）。

データ品質改善サイクルの3つのステップは以下の通りである。

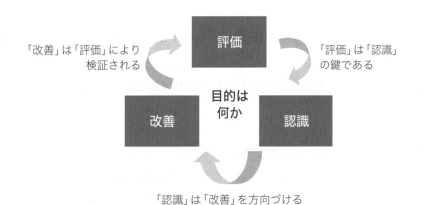

図3.15 データ品質改善サイクル

- **評価**-実際のデータと環境を調査し、要件や期待値と比較する。評価は認識の鍵である。
- **認識**-データと情報の真の状態、ビジネスへのインパクト、根本原因を理解する。認識は改善を方向づける。
- **改善**-現在のデータエラーの修正に加え、将来の情報およびデータ品質の問題を防止する。改善は定期的な評価によって検証される。
- **定期的な評価**。そして、このサイクルは続く。

中央の「目的は何か」という文は、私達がデータ品質のためにデータ品質を行っているのではないことを思い出させてくれる。私達がそれをするのは、私達が気にかけている何かがあるからであり、理由があるからである。それがビジネスニーズであり、顧客、製品、サービス、戦略、ゴール、問題、機会なのである。

データ品質改善サイクルの例

ある企業は、受注マネジメントに使われたデータをプロファイルした。誰もが、未決済のまま6か月以上経過した受注がないはずだと「知っていた」。しかしデータ品質評価では、数年前にさかのぼる未決済の受注が見つかった。中にはその企業自体よりも古いものもあった。財務上のリスクは数百万ドルになる可能性があった。

その評価を受けて調査が開始された。企業自体より古い受注の中には、最近分割した親会社から残された物と説明されたものもあった。業務センターのレポートパラメーターが古い受注を捕捉するように設定されていないため、6カ月以上前の未決済受注が見えないことが判明した。業務センターのカスタマーサービス担当者が使用するレポートと管理職が使用するレポートには、矛盾する情報が含まれていた。さらに古い注文における根本原因が判明した。例えば様々な受注マネジメントアプリケーションが互いに「会話」し、データをやり取りする「会話」の間に、フラグが見落とされたりデータが破損したり、といった具合だ。

この認識に基づいて取られた改善措置は、受注マネジメントシステムの受注を手作業で決済し、受注マネジメント履歴データベースに移動させること、6カ月以上前の未決済受注の可視性を確保するためにレポートのパラメーターを修正すること、管理職とカスタマーサービス担当者の両方に同じ情報を確実に送信するためにレポートを統合すること等であった。

ではなぜ、古い未決済受注の追跡がそれほど重要だったのか。それは製品やサービスの製造、販売にかかる費用は発生したが、代金が支払われていないため、企業には財務的なインパクトがあったからだ。そしてこの重要な作業とその結果としての企業にとっての価値は全て、単純なデータ品質評価がきっかけだったのである！

データ品質改善サイクルと10ステッププロセス

データ品質改善サイクルは、データ品質マネジメントの反復的かつ継続的な性質をよく表しており、10ステッププロセス（**図3.16**参照）にマッピングすることができる。前項で紹介した10ステッププロセスは、データと情報の継続的な評価、維持、改善のための一連の方法を説明するものである。以下のプロ

セスが含まれている。
- 最も重要なビジネスニーズや関連データと、そのどこに焦点を当てるべきかの決定
- 情報環境の記述と分析
- データ品質の評価
- 劣悪なデータ品質によるビジネスインパクトの判断
- データ品質問題の根本原因とビジネスへの影響の特定
- データの欠陥の修正と防止
- データ品質コントロールの継続的モニタリング

10ステップは、データ品質向上サイクルを具体的に表現したものである。改善サイクルと同じように、10ステップも反復的である。1つの改善サイクルが完了したら、その結果をさらに発展させるために再びサイクルを開始する。

改善サイクルの考え方は、**ステップ9**でコントロール状態が監視されるようになると再び登場する。この責任は運用プロセスに移っていく。モニタリングから問題が発見された場合、**ステップ5、6、7、8、9**で構成される改善サイクルは、根本原因の特定から始まり、残りのステップへと進む。

問題の解決に新たなプロジェクトが必要な場合は、改善サイクルを**ステップ1**からやり直すことができる。

データ品質改善サイクル

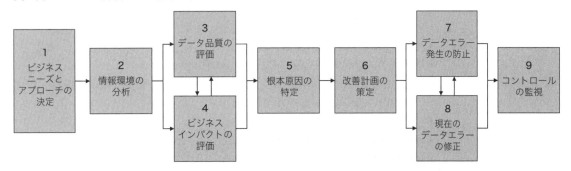

図3.16 データ品質改善サイクルと10ステッププロセス

コンセプトと活動 - 関連性を整理する

さて、情報品質フレームワークの概念を理解し、10ステッププロセスを紹介したところで、これらを結びつけてみよう。**表3.8**と**表3.9**では、概念を「10ステップ」における実施箇所に参照しリンクする2つの方法を示している。1つは10ステップをFIQの構成要素にマッピングする方法で、もう1つはFIQ構成要素を10ステップにマッピングする方法だ。

実際にはどの概念も、どの10ステップにも現れる可能性があり、またその逆もしかりであるが、表は両者の具体的なつながりを強調している。**表3.8**はもしあなたが10ステップのうちの1つに取り組んでいて、そこで使われているコンセプトを確認したい場合に使ってみてほしい。そうすればそれらのコンセプトについて、より多くの情報を集めることができるだろう。**表3.9**はコンセプトを見て、それがどのように実行に移されるかを確認したい場合に使用してほしい。

表3.8 10ステッププロセスの情報品質フレームワーク（FIQ）とのマッピング

10ステッププロセスのステップ	各ステップで使用されるFIQのセクション／構成要素コンポーネント／コンセプト

ステップ1
ビジネスニーズとアプローチの決定
	• ビジネスニーズ（なぜ）顧客、製品、サービス、戦略、ゴール、問題、機会
	• 情報ライフサイクルPOSMAD（概要レベル）
	• データ、プロセス、人／組織、テクノロジーの4つの重要な構成要素全て（概要レベル）
	  ○ 幅広い影響がある構成要素のサブセット（概要レベルで）
	  ○ (R) 要件と制約
	  ○ (R) 責任
	  ○ (C) コミュニケーション
	  ○ (C) 変化
	  ○ (E) 倫理
	  ○ 文化と環境

ステップ2
情報環境の分析
	• ビジネスニーズ（なぜ）顧客、製品、サービス、戦略、ゴール、問題、機会
	• 情報ライフサイクルPOSMAD（適切な詳細レベル）
	• データ、プロセス、人／組織、テクノロジーの4つの重要な構成要素全て（それぞれについて適切な詳細レベルで）
	• 相互関連マトリックス
	• 場所（Where）と時間（When、How Often、How Long）
	• 幅広い影響がある構成要素のサブセット（適切な詳細レベルで）
	  ○ (R) 要件と制約
	  ○ (R) 責任
	  ○ (S) 構造、コンテキスト、意味
	  ○ (C) コミュニケーション
	  ○ (C) 変化
	  ○ (E) 倫理
	  ○ 文化と環境

ステップ3 データ品質の評価	• ビジネスニーズ（なぜ）顧客、製品、サービス、戦略、ゴール、問題、機会 • 情報ライフサイクルPOSMAD • データ、プロセス、人／組織、テクノロジーの4つの重要な構成要素全て（評価の対象とするデータ品質の各評価軸について、適切な詳細レベル） • 相互関連マトリックス • 場所（Where）と時間（When、How Often、How Long） • 幅広い影響がある構成要素のサブセット（概要レベルで） 　○ (R) 要件と制約 　○ (R) 責任 　○ (S) 構造、コンテキスト、意味 　○ (C) コミュニケーション 　○ (C) 変化 　○ (E) 倫理 　○ 文化と環境
ステップ4 ビジネスインパクトの評価	• ビジネスニーズ（なぜ）顧客、製品、サービス、戦略、ゴール、問題、機会 • 情報ライフサイクルPOSMAD（収益へ最大のインパクトについては適用フェーズに、コストへの影響については他のフェーズに、リスクについては全てのフェーズにフォーカスする） • データ、プロセス、人／組織、テクノロジーの4つの重要な構成要素全て（使用するビジネスインパクト・テクニックごとに適切な詳細レベル） • 相互関連マトリックス • 場所（Where）と時間（When、How Often、How Long） • 幅広い影響がある構成要素のサブセット（概要レベルで） 　○ (R) 要件と制約 　○ (C) コミュニケーション 　○ (C) 変化 　○ (E) 倫理 　○ 文化と環境
ステップ5 根本原因の特定	FIQの全ての構成要素をチェックリストとして使用する。欠落しているものは全て、データ品質問題の潜在的な根本原因である。
ステップ6 改善計画の策定	• ビジネスニーズ（なぜ）顧客、製品、サービス、戦略、ゴール、問題、機会 • 情報ライフサイクルPOSMAD • データ、プロセス、人／組織、テクノロジーの4つの重要な構成要素全て • 相互関連マトリックス • 場所（Where）と時間（When、How Often、How Long） • 全ての幅広い影響がある構成要素（概要レベルで） 　○ (R) 要件と制約 　○ (R) 責任 　○ (I) 改善と予防 　○ (C) コミュニケーション 　○ (C) 変化 　○ (E) 倫理 　○ 文化と環境

ステップ7
データエラー発生の防止
	• ビジネスニーズ（なぜ）顧客、製品、サービス、戦略、ゴール、問題、機会
	• 情報ライフサイクルPOSMAD
	• データ、プロセス、人／組織、テクノロジーの4つの重要な構成要素全て
	• 相互関連マトリックス
	• 場所（Where）と時間（When、How Often、How Long）
	• 全ての幅広い影響がある構成要素（高いレベルで）
	  ○ **(R)** 要件と制約
	  ○ **(R)** 責任
	  ○ **(I)** 改善と予防
	  ○ **(C)** コミュニケーション
	  ○ **(C)** 変化
	  ○ **(E)** 倫理
	  ○ 文化と環境

ステップ8
現在のデータエラーの修正
	• ビジネスニーズ（なぜ）顧客、製品、サービス、戦略、ゴール、問題、機会
	• 情報ライフサイクルPOSMAD
	• データ、プロセス、人／組織、テクノロジーの4つの重要な構成要素全て
	• 相互関連マトリックス
	• 場所（Where）と時間（When、How Often、How Long）
	• 全ての幅広い影響がある構成要素（概要レベルで）
	  ○ **(R)** 要件と制約
	  ○ **(R)** 責任
	  ○ **(I)** 改善と予防
	  ○ **(C)** コミュニケーション
	  ○ **(C)** 変化
	  ○ **(E)** 倫理
	  ○ 文化と環境

ステップ9
コントロールの監視
	• ビジネスニーズ（なぜ）顧客、製品、サービス、戦略、ゴール、問題、機会
	• 情報ライフサイクルPOSMAD
	• データ、プロセス、人／組織、テクノロジーの4つの重要な構成要素全て
	• 相互関連マトリックス
	• 場所（Where）と時間（When、How Often、How Long）
	• 全ての幅広い影響がある構成要素（概要レベルで）
	  ○ **(R)** 要件と制約
	  ○ **(R)** 責任
	  ○ **(I)** 改善と予防
	  ○ **(C)** コミュニケーション
	  ○ **(C)** 変化
	  ○ **(E)** 倫理
	  ○ 文化と環境

ステップ10
全体を通して人々とコミュニケーションを取り、管理し、巻き込む
	• ビジネスニーズ（なぜ）顧客、製品、サービス、戦略、ゴール、問題、機会
	• 重要な構成要素の人／組織
	• 幅広い影響がある構成要素のサブセット：
	  ○ **(R)** 責任
	  ○ **(C)** コミュニケーション
	  ○ **(C)** 変化
	  ○ **(E)** 倫理
	  ○ 文化と環境

表3.9 情報品質フレームワークの10ステッププロセスとのマッピング

FIQのセクション／コンポーネント／コンセプト	セクション／コンポーネント／コンセプトが実行に移される10ステッププロセスのステップ
全てのFIQセクション／コンポーネント／コンセプト	• ステップ5根本原因の特定のチェックリストとして使用する。欠落しているものは全て、データ品質問題の潜在的な根本原因である。
ビジネスニーズ（なぜ）顧客、製品、サービス、戦略、ゴール、問題、機会	• 具体的には、ステップ1ビジネスニーズとアプローチの決定で対応する。 • 各ステップでの活動で継続して注力するために可視化しておく。 • ステップ4ビジネスインパクトを評価することで、その理由を導き出す。
情報ライフサイクルPOSMAD	• ステップ1ビジネスニーズとアプローチの決定（概要レベル）プロジェクトを計画する際に、プロジェクトがフォーカスする対象を選択し、プロジェクトのスコープを決定するためのインプットとして使用する。 • ステップ2情報環境の分析（現在のプロセスを文書化し、分析する際の適切な詳細レベル。） • ステップ3データ品質の評価（情報ライフサイクルのどの経路でデータを取得し、品質を評価するかを決定する。） • ステップ4ビジネスインパクトの評価（収益、コスト、リスクへの影響を判断するためのインプットとして。） • ステップ5根本原因の特定（根本原因分析のインプットとして。） • ステップ6改善計画の策定（情報ライフサイクルの経路のどこで改善（予防および是正の両方）を行う必要があるかを決定するためのインプットとして。） • ステップ7データエラー発生の防止（将来のデータエラーを防ぐための新しいプロセスを開発する。） • ステップ8現在のデータエラーの修正（データを修正するプロセスを作成する。） • ステップ9コントロールの監視（継続的な監視のためのプロセスが安定的かつ十分であることを確認する。）
重要な構成要素であるデータ、プロセス、人／組織、テクノロジーの	• ステップ1ビジネスニーズとアプローチの決定（概要レベル） • ステップ2情報環境の分析（各サブステップで適切な詳細レベル） • ステップ3データ品質の評価（評価対象のデータ品質評価軸ごとに適切な詳細レベル） • ステップ4ビジネスインパクトの評価（使用する各ビジネスインパクト・テクニックの適切な詳細レベル） • ステップ5根本原因の特定 • ステップ6改善計画の策定 • ステップ7データエラー発生の防止 • ステップ8現在のデータのエラーの修正 • ステップ9コントロールの監視
相互関連マトリックス	• ステップ2情報環境の分析（サブステップ間の相互関連を判断する場合。） • ステップ3〜9（現在のプロセスの文書化と分析、将来のデータエラーを防止するための新しいプロセスの開発、データを修正するためのプロセスの作成、または継続的なモニタリングのためのプロセスが安定的かつ十分であることを確認する際に、情報ライフサイクルPOSMADと4つの重要な構成要素との相互関連に注目する。）
場所（Where）と時間（When、How Often、How Long）	• 全ステップ（いつ、どこで活動を行うかを決定する。活動を繰り返す場合は、どれくらいの頻度で、どれくらいの期間続けるか。）

幅広い影響がある構成要素	• そのほとんどは、ほとんどのステップで適用できるだろう。 • 詳細は以下の通りである。
(R) 要件と制約	• ステップ1-ビジネスニーズとアプローチの決定 • ステップ2.1-関連する要件と制約の理解 • 実装されるものが要件に合致しており、制約を考慮に入れていることを確認するために、あらゆるステップのインプットとして使用する。
(R) 責任	• どのステップの入力としても使用される。
(I) 改善と予防	• ステップ5-根本原因の特定 • ステップ6-改善計画の策定 • ステップ7-データエラー発生の防止 • ステップ8-現在のデータのエラーの修正 • ステップ9-コントロールの監視
(S) 構造、コンテキスト、意味	データ仕様（メタデータ、データ標準、リファレンスデータ、データモデル、ビジネスルール）が、データ内容、要件、制約を理解するためのインプットとして、方法論に現れるところならどこでも使用される。特に以下のステップで使用される。 • ステップ2.2関連するデータとデータ仕様の理解 • ステップ3.2データ仕様（データ品質評価軸）
(C) コミュニケーション (C) 変化 (E) 倫理	この3つは全て、ステップ10全体を通して人々とコミュニケーションを取り、管理し、巻き込む、に関連しているため、全てのステップで考慮されるべきである。ステップ10の内容は、それ以前の各ステップで実行されるべきなので、コミュニケーション、変化、倫理という幅広い影響がある構成要素は、全てのプロジェクトの全てのステップで考慮されるべきものである
文化と環境	• ステップ10全体を通して人々とコミュニケーションを取り、管理し、巻き込む（このステップの実施方法の検討のために） • なお、ステップ10の内容は、それ以前の各ステップでも行われるべきなので、文化と環境は、全てのプロジェクトの全てのステップで考慮されるべきものである。

第3章 まとめ

第3章キーコンセプトでは、データ品質ワークに役立つ基本的な考え方を紹介した。品質の高いデータは魔法で得られるものではない。データが組織のニーズを満たすようにするためには、意図的な努力が必要なのだ。情報は財務リソースや人的リソースと同様に、そのライフサイクルを通じて適切に管理されなければ、十分に活用し、利益を得ることはできない。POSMADという頭字語は、情報ライフサイクルの6つのフェーズを簡単に覚える方法である。計画（Plan）、入手（Obtain）、保存と共有（Store and Share）、維持（Maintain）、適用（Apply）、廃棄（Dispose）である。全てのデータ品質ワークにライフサイクル思考を適用することを推奨する。

POSMADと他のいくつかの概念は、情報品質フレームワーク（FIQ）にまとめられ、高品質な情報を保持するために必要な構成要素が一目で分かるようになっている。FIQのコンセプトはデータ品質評価軸、ビジネスインパクト・テクニック、データカテゴリー、データ仕様（メタデータ、データ標準、リファレンスデータ、データモデル、ビジネスルールに重点を置く）等、データを理解し管理する上で中心となる他のコンセプトとともに定義されている。本章で、取り組みを始めるにあたってのコンセプトに関する、必要十分な情報が提供されている。必要であれば、他のリソースでより詳細な情報を得ることができる。

10ステッププロセスを紹介し、コンセプトとの関係を示した。これで**第4章10ステッププロセス、第5章プロジェクトの組み立て、第6章その他のテクニックとツール**の指示、例、テンプレートを使って、コンセプトを実践する準備が整ったことになる。

Chapter 4

第4章
10ステッププロセス

私は行動の緊急性に強く感銘を受けている。
知識だけでは十分ではない、実践しなければならない。
意思だけでは足りない、実行しなければならない。

- Leonardo da Vinci

本章の内容

- 第4章のイントロダクション
- ステップ1　ジネスニーズとアプローチの決定
- ステップ2　情報環境の分析
- ステップ3　データ品質の評価
- ステップ4　ビジネスインパクトの評価
- ステップ5　根本原因の特定
- ステップ6　改善計画の策定
- ステップ7　データエラー発生の防止
- ステップ8　現在のデータエラーの修正
- ステップ9　コントロールの監視
- ステップ10　全体を通して人々とコミュニケーションを取り、管理し、巻き込む
- 第4章 まとめ

第4章のイントロダクション

第4章は、情報およびデータの品質を確立、評価、改善、維持、管理するためのステップ・バイ・ステップのガイドである。**第3章のキーコンセプトを実行に移すための10ステッププロセス（図4.0.1参照）** の実施方法が説明されている。10ステップはプロジェクトの道しるべであり、時の試練に耐えてきた。

この章では、10ステップのそれぞれを実行するための詳細が見て取れる。各ステップは、まず全体のプロセスのどの段階にいるかを示す「現在地」の図からスタートしている。ステップサマリー表は、各ステップの主な目標、目的、インプットとアウトプット、ツールやテクニック、コミュニケーションの提案、チェックポイントの質問等の概要を示している。全てのステップは、**ビジネス効果とコンテキスト、アプローチ、サンプルアウトプットとテンプレート**のセクションからなる同一のフォーマットを使用している。詳しくはイントロダクションの10ステッププロセスのフォーマットの項を参照してほしい。

10ステッププロセスは、ビジネスニーズやデータ品質の問題に対応するステップを、柔軟に選択できるように設計されている。一人で4週間かかるプロジェクトでも、複数人で数カ月かかるプロジェクトと同じように10ステッププロセスを使用できる。各ステップ、テクニック、アクティビティに必要な詳細レベルは、プロジェクトの目的によって異なり、またそれらを完了するのに必要な時間も異なる。

この章を読みながら、プロジェクトを実行する間、プロセスのどの段階にいるのかを常に把握するために、10ステッププロセスの図表をすぐに使えるようにしておくと役に立つだろう。概要については**付録：クイックリファレンス**を参照されたい。もしくはウェブサイトwww.gfalls.comからもダウンロードできる。

データ品質に関連する多種多様な状況に対処するために、10ステップを選択し調整する際には以下の

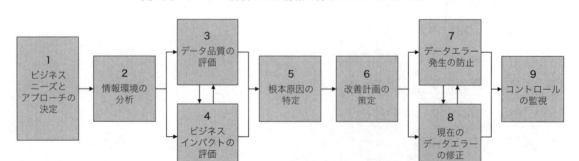

図4.0.1 10ステッププロセス

アドバイスが役立つだろう。（詳細レベル、十分な原則、閃きの発見都度の文書化、その他のガイドライン）

以下のアドバイスはデータ品質に関連する多様で様々な状況に対応するために、10ステップを選択し調整する際に役立つ。具体的には詳細のレベル、必要十分の原則、発見時に文書化すること、追加のガイドラインに関する内容である。

詳細レベル

あなたのプロジェクトを旅行だと考えてみよう。あなたの「プロジェクト」はロンドンからパリに行くことだ。そこへ行くには、旅行中に様々な詳細レベルの情報が必要になるだろう。**図4.0.2**を見て欲しい。

車で行くのか、飛行機で行くのか、フェリーで行くのか、列車で行くのか、あるいはその組み合わせか。あなたは英仏海峡をフェリーで渡る以外は車で行くことに決めたとしよう。

組織全体の中でのプロジェクトの位置付けを示すことは、世界地図に似ている、世界地図は概要レベルのコンテキストを提供するものだ。国地図はやはり概要レベルだが、もう少し詳細で、スタート地点と目的地、進むべき大まかなルート、途中の主要都市が示される。このレベルの地図は、プロジェクトに関する理解度を高めるのに役立つ。ビジネスニーズやプロジェクトの目標、チームの進め方、途中の重要なマイルストーン等を他の人に伝えるのに役立つ。

承認とリソースを得るには、概要レベルの見方で十分かもしれないが、プロジェクトチームのメンバーは不慣れな領域を進むためのガイドとして、より詳細な情報を得る必要がある。エリア地図は、ルート上のフランスの様々な地域や県を効率的にドライブするのに役立つ。しかし目的地のパリに近づくと、エリア地図では高速道路や高速道路からホテルまでの詳細はわからない。そのためには街路地図が必要である。同様に評価を完了し、結果を分析し、提案を行い、あるいはコントロールを実施するチームメンバーは、そのタスクを完了するために、より詳細な情報を必要とする。

ビジネスニーズ、プロジェクトのどの段階にいるのか、誰が様々な活動に取り組んでいるのか、誰と関わり、コミュニケーションをとるのかによって、必要な詳細レベルは異なる。チームリーダーは、プロジェクトスポンサーにステータスを伝える際、概要から中位の詳細レベルを使うかもしれないが、同時にチームメンバーには評価を実施するため、詳細レベルで作業するだろう。重要なのはプロジェクトの

Maps from https://www.freecountrymaps.com/map/country/france-map-fr/

図4.0.2 地図 - 用途に応じた詳細レベルの違い

どの段階にいるのかを認識し、どの時点でも作業を完了するために必要な詳細レベルまでしか踏み込まないことだ。

10ステッププロセスは旅行のための地図と考えてほしい。旅行に応じて必要な地図を見て、ビジネスニーズ、データ品質の問題、プロジェクト範囲の目的に合わせてステップを選択しよう。地図には様々な詳細レベルがあり、その時々のニーズに最も適したレベルを使うことになる。各ステップにある指示、テクニック、事例、テンプレートは、ステップを完了するための道順を示している。しかし、何がその状況に関連して、何が適切で、どのステップで、どの時点で、どの程度の詳細さが必要かを決定するのは、あなた次第である。

マップはプロジェクト計画、ドキュメント、その他の成果物と同様に、チームがどこにいるのかを知らせるだけでなく、チームの取り組みと進捗を継続的に調整してくれるだろう。

ベストプラクティス

詳細レベル。 ビジネスニーズを見て何が適切かを判断し、そこにフォーカスしよう。各ステップについて概要レベルから始め、有用な場合にのみ、より細かい詳細レベルまで作業するようにしよう。

適切な詳細レベルを決定するために、以下のような質問を活用してほしい。

1) その詳細を検討することで、ビジネスニーズ、データ品質問題、プロジェクト目標に重要かつ実証可能な影響がもたらせられるか。

2) その詳細を検討することで、データの品質またはビジネスインパクトに関する仮説を証明または反証する証拠が提供されるか。

この2つの質問にイエスと答えられる場合のみ、次の詳細レベルに進むべきである。

必要十分の原則

プロジェクトチームは何かをする前に、全てのことを知る必要があると考えがちだ。これは分析麻痺として知られている。意思決定や結果を示すのに時間が掛かりすぎるため、進捗は遅い。その一方で、あまりに速く、あるいは無秩序に動くことによって、不必要な手戻りを引き起こしてしまい、非効率になってしまう人もいる。それぞれのステップで「必要十分な」時間をかけ、「必要十分な」労力を費やし、両極端な状態を避けるためにクリティカルシンキングのスキルを使おう。**必要十分の原則**は、「結果を最適化するために「必要十分な」時間と労力を費やそう」という重要な指針を示している。この原則は、Kimberly Wieflingが彼女の著書Scrappy Project Management™ : The 12 Predictable and Avoidable Pitfalls Every Project Faces（2007）で語っている「結果を最適化するのに必要十分だけの計画、もう一滴も増やしてはならない！…しかし、一滴も減らしてはならない」ということに着想を得た。

Chapter 4

第4章　10ステッププロセス

必要十分とは、ずさんであることでも手抜きをすることでもない。十分な情報を集め、その時点でわかっていることに基づいて決断し、次に進むことだ。状況が変わったり新しい知見が明らかになったりしたら、そこから調整すればいい。何に取り組むにしても、そのステップ、テクニック、アクティビティに、結果を最適化するのに十分な時間をかけよう。もう一滴も増やしてはならない。しかし、一滴も減らしてはならない。

例えばプロジェクト開始時には、関連するデータ対象領域（顧客、製品、医師等）、スコープ内のプロセス、人／組織、テクノロジー等、ビジネスニーズとデータ品質問題を概要レベルで把握する必要がある。これは**ステップ1ビジネスニーズとアプローチの決定**で行う。しかしこの時点で全てのデータ項目名、その説明、その他のメタデータ、データ標準等を知る必要はない。もしこれらの詳細がわかったら、**ステップ2情報環境の分析**のために準備しておこう。このステップが項目レベルのデータとデータ仕様を理解するタイミングである。その際、評価すべきデータエレメントが多すぎることに気付くかもしれない。最も重要データエレメント（重要データエレメントまたはCDE：Critical Data Elementと呼ばれる）に高い優先順位をつけるのが合理的である。これらの CDE が今後のプロジェクトのフォーカスするポイントとなり、メタデータは CDE に対してのみ収集される。**ステップ 3データ品質の評価**まで進んで、見落としたデータ項目がいくつかあることに気づいたら、その時点で詳細を収集しよう。

このアプローチは、**ステップ1で全てのデータ項目**、**全てのビジネスプロセス**、**全てのテクノロジー**、そして重要と思われる**全ての人々について、全ての詳細**を収集するために時間を使うよりもはるかに優れている。また、重要なビジネスニーズに真に影響を与えるデータを押さえていることを確認しないまま、無頓着に**ステップ1と2を飛ばしてステップ3のデータ品質の評価に突入する**よりも良い。

必要なものを必要なタイミングで手に入れるために、必要十分という思考を働かせよう。**必要十分の原則は、分析麻痺とカオスな手戻りの両方を回避し、プロジェクトをより効果的に前進させるのに役立つ。**

> **ベストプラクティス**
>
> **必要十分の原則。**結果を最適化するために「必要十分な」時間と労力を費やそう。もう一滴も増やしてはならない！…しかし、一滴も減らしてはならない。
>
> 必要十分とは、ずさんであることでも、手抜きをすることでもない。必要なのは、優れたクリティカルシンキングである。結果を最適化するために、ステップ、テクニック、アクティビティに十分な時間をかけよう。それは2分かもしれないし、2時間、2日、2週間、2カ月かもしれない。知っていることに基づいて決断し、次に進もう。状況が変わったり、新たな知識が明らかになったりしたら、その時点で調整しよう。
>
> 必要十分の原則を適用することで、「分析麻痺」と「迅速だがカオス」の両極端を避けよう。あなたの必要十分な判断力は、実践すればするほど上達するだろう。

発見都度の文書化

アイデアを発見したときには、すぐに書き留めることを強く推奨する。「あっ！」と思った瞬間を、いつでも逃さずに書き留めておこう。チームが一緒に考え、うまく機能しているときにミーティングをしたことがあるだろうか。そのミーティングから生まれた進歩や洞察によって、全員が活力を得てその場を後にしたことはあるだろうか。しかし誰もそれを書き留めなかったとしよう！　2週間後、誰かが言う。「あの素晴らしいミーティングと、話し合った良い解決策を覚えているか？　私達が何を決めたか覚えているか？」もはや誰も覚えていない。貴重な知識は失われ、時間は無駄になり、仕事はやり直しになる。

もしかしたら、**ステップ2**で情報環境を分析している段階かもしれない。この初期段階で、データ品質問題の根本原因と思われることが明らかになったとしよう。チームは根本原因分析が**ステップ5**であることを知っている。しかし「まだ**ステップ2**に入ったばかりだから、根本原因について話すことはできない」と言うだろうか。もちろんそんなことはない！　得られた知見はその時に文書化しよう。必ずしも予想したタイミングでないかもしれないが、プロジェクトを通して、多くの気づきが得られるだろう。それが10ステッププロセスの素晴らしさである。情報を新たな形で結びつけ、これまで隠れていた関係性を明らかにし、以前は見えなかった解決策を生み出す。たとえそれがプロジェクトの後段で使われるとしても、思いついた時にそのアイデアを文書化することは非常に重要である。その他のアイデアや、発見されたときに文書化するのに役立つテンプレートについては、**第6章その他のテクニックとツールの結果に基づく分析、統合、提案、文書化、行動**を参照のこと。利用可能であれば、追跡や文書化のツールやアプリケーションを使用しよう。但し洗練されたツールがないからといって、文書化しない理由にはならない。簡単なスプレッドシートがあればそれを使おう。文書化を優先しよう。文書化しないで良い言い訳等存在しない！

 ベストプラクティス

発見都度の文書化。知見が得られたらその時に記録しよう。洞察やアイデアが浮かんだら、それを記録しよう！それらは忘れることなく（忘れることは後で再発見するための手戻りを意味する）、現在のステップまたはプロジェクトの後段階で利用できるようになる。

10ステップを使用するためのその他のガイドライン

反復アプローチ

この方法論をうまく適用するには、反復的なアプローチが必要である。10ステップはステップから次のステップへ直線的に進むように表現されているが、情報とデータの改善のプロセスは反復的である。その繰り返しの中で、10ステップは、現在地を知るための地図と、前進し続けるためのマイルストーンや道標を提供し続ける。

プロジェクトを通じて追加的な情報が明らかになるにつれ、以前の仮定を再検討し修正する必要があるかもしれない。前のステップのより詳細な情報が必要であることが分かるかもしれない。必要な情報を

収集するために、それらの活動に戻ろう。例えばプロジェクトチームは、**ステップ5根本原因の特定**で発見した問題の根本原因が、当初考えていたよりも広範囲に及んでいることに気付くことがよくある。突如として問題の範囲が広がり、当初のデータ品質評価では不十分と思われるようになる。この場合、**ステップ3データ品質の評価**に戻り、より大きなデータセットで評価を繰り返すか、別の評価軸を選択して評価するのが良いだろう。同様にスコープが広がった場合は、**ステップ4ビジネスインパクトの評価**に戻って追加で作業する価値を示し、ビジネス上の問題を提示しより多くのリソースを募るのに役立つテクニックを活用すると良い。もしくはスコープを広げないように、最も重要なものを特定するのにビジネスインパクトを活用するのも良いだろう。

10ステッププロセス全体が反復的な性質を持つ。プロジェクトチームが、あるプロジェクトでうまく適用できるステップを実施した際に別のビジネス課題を特定したら、もう一度、新しいプロジェクトとして改善プロセスを始めることができる。情報品質の改善には労力と手直しが必要であり、長期的な変化をもたらすには、真の継続的改善マインドセットが必要である。10ステッププロセスの優れた点は、データ品質に懸念があり、重要なビジネスニーズに影響を与えるような様々な状況に適用できることである。

一つのプロジェクトチームがデータ品質とビジネスインパクトを評価し、根本原因を特定し、改善のための具体的な提案を策定することは珍しいことではない。しかし実際に変更を行い、改善を実施できるのは別のチームである。データエラーの修正と防止だけにフォーカスした別のプロジェクトが開始されるかもしれない。さらに別のチームは、最初のチームの作業で明らかになったことに基づいて、評価尺度やスコアカード等の管理を実装する責任を負うかもしれない。

10ステッププロセスの早い段階で根本原因が明らかになる可能性もある。対処が急務で、容易に実施できる根本原因がある場合は、**ステップ7**に進み、**ステップ3**で評価作業を続けながら、予防作業を並行して行おう。

本書を頻繁に参照する
この本を隅から隅まで読んで、全てをいっぺんに適用することはないかもしれないが、必要な時に参照できるように何が含まれているかを理解しておこう。様々なセクションを定期的に相互参照し、**第4章**の10ステップを適用する際にそのコンセプトを活用することを期待する。情報品質フレームワークと情報ライフサイクルに慣れておこう。必要に応じて**第3章**のデータ品質評価軸、ビジネスインパクト・テクニック、その他のキーコンセプトに関するセクションを参照しよう。**第5章**のプロジェクトをうまく立ち上げるために必要なことにも親しんでおこう。**第6章**では、多くのステップで適用できる他のツールやテクニックを知っておいてほしい。全ては方法論の不可欠な部分である。

プロジェクトマネジメント
10ステッププロセスを成功させるには、きちんとしたプロジェクトマネジメントの実践が必要である。プロジェクトとは、データおよび情報に関連する定義されたビジネス上の問題に対処するために方法論を使用することと幅広く定義される。それは一人でもチームによるものでも良いし、独立したデータ品質改善プロジェクトであれ、他のプロジェクトや方法論に統合されたデータ品質タスク（例えば、サー

ドパーティの方法論を使用したデータ移行プロジェクト）であれ、ステップ、テクニック、活動のアドホックな使用であっても良い。たとえ個人であっても、プロジェクトマネージャーやチームが必要とするよりもはるかに簡略化された方法で、優れたプロジェクトマネジメントの実践方法を適用できる。

優れた判断力と知識
私は10ステッププロセスをレシピと料理本に例えた。どちらも手順を示しているが、10ステップは使うたびに同じように適用されるわけではない。レシピと同じように、状況や人数、手持ちの食材に合わせて修正するのが良い。その最善の使い方には、適切な判断力、ビジネスに関する知識、そして創造性が必要だ。

ピックアップと選択
10ステッププロセスは柔軟に対応できるように設計されている。ビジネスニーズ、データ品質の問題、プロジェクトの範囲と目標に該当するステップのみを実行するようにピックアップして選択するアプローチをとってほしい。10ステップのそれぞれを考慮する必要があるが、どのステップや活動があなたの状況に当てはまるかは、あなたの判断で選んでほしい。

スケーラブル
10ステッププロセスは一人で数週間かけて行うプロジェクトから、複数人で数カ月かけて行うプロジェクトまで、あらゆるプロジェクトに用いることができる。取り組むべき課題、選択するステップ、必要な詳細のレベルは、必要な期間とリソースに大きく影響する。例えばある特定のステップを1人で2時間かけて完了させることもあれば、同じステップをプロジェクトチームで2週間かけるようなプロジェクトもある。

再利用（80／20ルール）
多くの場合10ステッププロセスは、組織内ですでに利用可能な情報を必要とする。必要な場合のみ、既存の資料を独自の調査で補おう。一般的なガイドラインとして、正式に文書化されているか、もしくはそこで働く人たちが知っているだけのこともあるが、**ステップ2情報環境の分析**で求められることの80％は、すでにどこかに存在していると期待される。あなたの発見、文書化、更新が、他のプロジェクトやチームで確実に再利用できるようにしておこう。

出発点としての例示の活用
ステップの実際のアウトプットは、示された例とは異なる形式をとる可能性があることに注意しよう。例えばテンプレートやサンプルアウトプットでは、プロセスとデータ間の相互関連を示すマトリックスを使用することがある。しかしこのステップのアウトプットはマトリックスではない。つまりプロセスや関連データ、それらの関係、それらがどのように相互作用し、それがどのようにデータ品質に影響を与えるかについての知見こそが、アウトプットなのである。実際のアウトプットの物理的な形式は、マトリックス、ダイアグラム、プロセスやデータフロー、テキストによる説明のいずれでもよい。使用される形式は理解を深めるものでなければならない。重要なのはステップを完了することで得られる知見であり、その結果としての適切な決断と効果的な行動である。

柔軟性
プロジェクトを成功させるためには絶え間ない変化に対応し、プロジェクトチーム内外を問わず、多くのステークホルダーからの意見を受け入れ続ける能力が必要である。

プロセス重視
誰が問題を起こしているのかではなく、なぜ問題が存在するのかにフォーカスする。「人ではなくプロセスを責めよう」。問題の原因を十分に把握し、それにどう対処すべきかを判断し、迅速に解決策を講じよう。

ツール独立
10ステッププロセスは特定のベンダーのツールを必要としない。しかし市場には、データ品質ワークを容易にするツールがある。例えばデータのカタログ化、プロファイリング、マッチング、解析、標準化、強化、クレンジングを支援するツールがある。10ステッププロセスを適用することで、これらのツールをより効果的に活用できる。

改善活動
改善活動の一部（根本原因、予防、クリーンアップ）は、プロジェクトのタイムラインとスコープ内で実施できる。その他の改善活動については、追加的な活動が発生したり、プロジェクトチーム以外の別の人材が必要となる別プロジェクトが発生したりする可能性がある。

分析と文書化
プロジェクト全体を通じて、分析結果、発見された問題の原因と思われるもの、ビジネスへの影響と思われるものを、必ず共有しやすい場所に記録しておこう。プロジェクトが進むにつれて、初期の仮定を証明したり反証したりする材料として、より多くのことが分かってくるだろう。

広い視野
多くの情報およびデータ品質改善プロジェクトは、他のデータマネジメント施策や全社的な改善と連携して行われる。他のプロジェクトリーダーと連絡を取り合い、お互いのプロジェクトに役立つ文書を作成し、共有できるようにしよう。コミュニケーションとチェンジマネジメントについて協力し、他者に明確さをもたらし、混乱を避けよう。

実践による練度向上
新しいことは何でもそうであるように、方法論（コンセプトとプロセスステップの両方）の経験を積めば、その後の使用はより簡単で速くなる。ステップとテクニックの選択、適切な詳細レベルの決定、データ品質が重要な要素となる多くの状況への10ステップの効果的な適用、これら全てがデータ品質の技術の一部である。適切な適用能力は、経験を積むにつれて向上する。

ステップ1
ビジネスニーズとアプローチの決定

ステップ1のイントロダクション

このステップの重要性は、いくら強調してもしすぎることはない。あなたの仕事は1つ以上の重要なビジネスニーズと結びついていなければならない。「ビジネスニーズ」とは、顧客、製品、サービス、戦略、ゴール、問題、機会等、組織にとって重要なものを包括的に表す言葉だ。クリティカルなビジネスニーズ、つまり最も重要なニーズが、データ品質プロジェクトの動機でなければならない。費やした時間、労力、リソース、プロジェクトの結果は、組織に違いをもたらすものでなければならない。

このステップをスキップした人々からよく聞く話はこのようなものだ。「データ品質プロジェクトに3～4カ月を費やした。その後、同僚に結果を見せた。それは興味深いとは言われたが、特に関心を持っているわけではなかった。」どうでもいいことに時間と才能を浪費するのは何とも残念なことだ。ほとんどの場合、データ品質プロジェクトを開始するためのリソースは、そのプロジェクトがクリティカルなビジネスニーズと結びついていない限り、確保することさえできない。そうあるべきだ。やるべきことが多すぎるし、リソースも少なすぎる。データ品質に関するサポート、注目、リソース、そして他者が行動を起こす可能性を得ようとするならば、あなたの仕事はクリティカルなビジネスニーズと結びついていなければならない。

興味深いと思われるデータ品質問題に、多くの時間を費やすことになる。ビジネスが何に関心を持っているかを知り、そのビジネスニーズに関連するデータと情報を決定し、それをプロジェクトの出発点として使用することが、どれほど良いことか。特に問題のあるデータ品質の問題があれば、それが重要なビジネスニーズと結びついているかどうかを判断しよう。もし結びついているならば、それがプロジェクトの出発点になる可能性もある。

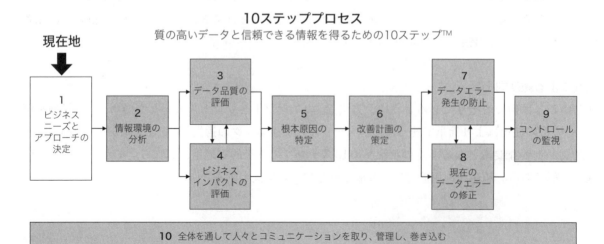

図4.1.1 「現在地」ステップ1 ビジネスニーズとアプローチの決定

Chapter 4

第4章 10ステッププロセス

表4.1.1　ステップ1 ビジネスニーズとアプローチの決定のステップサマリー表

目標	• プロジェクトが取り組むべきビジネスニーズ（顧客、製品、サービス、戦略、ゴール、問題、機会等）に優先順位を付け、最終決定する • プロジェクトのフォーカスと効果を明確にする • プロジェクトの目的を定義し、期待される結果について合意する • スコープ内の情報環境（データ、プロセス、人／組織、テクノロジー、情報ライフサイクル）を概要レベルで説明する • 適切なプロジェクトマネジメントを実践し、プロジェクトを計画し、開始する • プロジェクトの初期段階からステークホルダーとコミュニケーションを図り、巻き込む
目的	• 優先順位の高いビジネスニーズのみに取り組むことで、プロジェクトが付加価値を生むことを確認する • 当該データがビジネスニーズに関連していることを確認する。 • プロジェクトを最初からうまく管理することで、成功の可能性を高める 　○ プロジェクトのスコープと目標に対する必要な合意を確保する 　○ 情報環境の最初の概要レベルのスナップショットを使用して、プロジェクトの計画とスコープをガイドする • プロジェクトへのサポートと必要なリソースを確保する
インプット	• データと情報が構成要素となるビジネスニーズ • 既知の、あるいは疑いのあるデータ品質問題 • スコープ内の概要レベルの情報環境を、記述するのに役立つ知識と成果物（例：組織図やアプリケーションアーキテクチャ等） • 選択したプロジェクトのアプローチもしくはSDLC（ソフトウェア開発ライフサイクル）を用いたプロジェクトマネジメントの専門知識
テクニックとツール	• ビジネスニーズとデータ品質の問題を収集／特定し、問題のデータがビジネスニーズと関連していることを確認し、プロジェクトのフォーカスとなる優先順位を決定する 　○ **テンプレート 4.1.1ビジネスニーズとデータ品質問題ワークシート** 　○ **ステップ4.2点と点をつなげる** 　○ **ステップ4.7関連性と信頼の認識** 　○ **ステップ4.8 費用対効果マトリックス** 　○ 金曜日の午後の測定（FAM:Friday Afternoon Measurement） 　○ あなたの組織で使用されているその他の優先順位付け手法 • プロジェクトを計画する 　○ **第5章プロジェクトの組み立て**を参照 　○ 選択したプロジェクトのアプローチのためのテクニック（例：プロジェクト憲章の作成、コンテキスト図、フィーチャー、ユーザーストーリー等） 　○ **テンプレート 4.1.2プロジェクト憲章** • コミュニケーションを取り、巻き込む 　○ **ステップ10全体を通して人々とコミュニケーションを取り、管理し、巻き込む**を参照。 　○ その他の好きなコミュニケーションテクニック • **第6章その他のテクニックとツール**より 　○ 調査の実施 　○ 課題とアクションアイテムの追跡（**ステップ1**から開始し、全体を通して使用する） 　○ 分析、統合、提案、記録し、結果に基づいて行動する（**ステップ1**から開始し、全体を通して使用する）

アウトプット	・以下の項目の同意と文書化 　○ビジネスニーズ、データ品質問題、プロジェクトのフォーカス 　○プロジェクトの目的と効果 　○スコープ内の情報環境（概要レベル） ・選択したプロジェクトアプローチあるいはSDLC（ソフトウェア開発ライフサイクル）に「適切なサイズ」のプロジェクト計画およびその他の成果物（例：憲章、コンテキスト図、タイムライン、マイルストーン、主要点、ユーザーストーリー等） ・ステークホルダー分析 ・初期段階のコミュニケーションとチェンジマネジメントの計画 ・この時点で、プロジェクトに適したコミュニケーションとチェンジマネジメントのタスクの完了	
コミュニケーションを取り、管理し、巻き込む	・ステークホルダー一覧の作成を開始し、最初のコミュニケーション計画を作成する。 ・ビジネスニーズやデータ品質の問題を収集し、理解するために調査やインタビューを実施する場合は、回答者が目的を理解し参加する準備ができているか確認する ・ステークホルダーに会い、計画中のプロジェクトについて意見を聞き、期待値を設定し、彼らの懸念に対処する ・肯定的なものも否定的なものも含め、全てのフィードバックに耳を傾け、調整とフォローアップを行う。 ・サポートとリソースを最終決定する ・プロジェクトチームと経営陣とのプロジェクトのキックオフを開催する ・プロジェクト文書の保管と共有のための構造を整備する ・問題とアクションアイテムを追跡し、結果を文書化するプロセスを整備する	
チェックポイント	・ビジネスニーズとデータ品質問題、プロジェクトのフォーカス、効果、目標が明確に定義されているか。 ・経営陣、スポンサー、ステークホルダー、プロジェクトチームとそのマネージャーが適切に巻き込めているか？彼らはプロジェクトを理解し、支持しているか。 ・必要なリソースは確保されたか。 ・概要レベルの情報環境（データ、プロセス、人／組織、テクノロジー、プロジェクトスコープ内の情報ライフサイクル）が理解され、文書化されているか。 ・プロジェクトのキックオフ等、プロジェクトが適切に開始されたか。 ・プロジェクト計画、プロジェクトアプローチ／SDLC（ソフトウェア開発ライフサイクル）に関連するその他の成果物、文書を共有するためのファイル構造は作成されたか。 ・最初のステークホルダー分析が完了し、コミュニケーション計画へのインプットとして使用されたか。 ・コミュニケーション計画が作成され、このステップで必要なコミュニケーションが完了したか。	

 定義

ビジネスニーズ。組織にとって重要で、顧客、製品、サービス、戦略、ゴール、問題、機会によって左右されるものを示す包括的な言葉。クリティカルなビジネスニーズ、つまり**最も**重要なニーズが、全ての行動と意思決定の原動力となり、データ品質プロジェクトの動機とならなければならない。

ステップ1 プロセスフロー

このステップの出発点はプロジェクトによって大きく異なるため、このステップの手順を実行する一連の順番を厳密に規定することは不可能である。あるプロジェクトではビジネスニーズとデータの果たす役割が明確で、サポートが強力で、リソースが利用可能である。このステップで残っているのは、プロジェクトを計画することだけである。他のプロジェクトにとっては、データ品質プロジェクトというアイデアは新しいものであり、プロジェクト計画を開始する前に最も重要なニーズを特定し、優先順位を付け、プロジェクトのフォーカスを確定し、サポートを得て、リソースを見つけるために多くのことを行わなければならない。**図4.1.2**を見てほしい。これらの作業をどのような順序で行うかは、あなた次第である。

データ品質プロジェクトの立ち上がりは、多くの場合、1) データを構成要素とするビジネスニーズ、2) 既知または疑いのあるデータ品質問題から始まる。どのような出発点であっても、このステップではビジネスニーズの根底にあるデータを特定するか、既知または疑いのあるデータ品質問題に関連する実際のビジネスニーズがあることを確認する必要がある。

組織（またはビジネスユニット、部門、チーム）のビジネスニーズとデータ品質問題は、**ステップ1.1**にインプットされる。前述したように、プロジェクトのフォーカスがすでに明確になっている場合もある。また、いくつかの課題や機会があり、その中から集中的に取り組むべきものを選ぶ場合もある。優先順位をつける方法は複数ある。ここで提案されているテクニックや、あなたの組織でうまくいった優先順位付けのアプローチを使用してほしい。

ビジネスニーズとデータ品質の問題を議論する際には、関連するデータ、プロセス、人／組織、テクノロジーと関連付け、**概要レベル**で結び付けてほしい。これらの活動から、**ステップ1.2**でプロジェクト計画を立案するためのインプットとなる、選択したプロジェクトのフォーカスが洗い出される。理想的には、プロジェクト計画を確定する**前**に、選択したプロジェクトのフォーカスを適切なステークホルダーに確認すると良い。

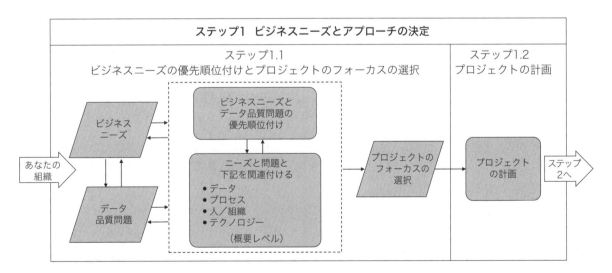

図4.1.2 ステップ1「ビジネスニーズとアプローチの決定」のプロセスフロー

図4.1.2において、ステップ1.1はプロジェクトの出発点が異なることを示している。特定のビジネスニーズやデータ品質の問題によって、どこに取り組むべきかが明確になる場合もある。また、プロジェクトのフォーカスが確定する前に、いくつかの可能性から優先順位をつけて選択しなければならない場合もある。ステップ1.2プロジェクトの計画もまた重要である。なぜなら、あらゆるデータ品質ワークは適切に整理される必要があるためだ。第5章プロジェクトの組み立てでは、このステップを補足するために役立つ詳細が記載されているため、最初から成功するための準備を整えることができるだろう。

このステップは、プロジェクトの残りの部分の基礎を形成する。あなたのプロジェクトが人々が関心を持っていることに取り組んでおり、あなたの組織に価値をもたらすものであることを確認しよう。

ステップ1.1 ビジネスニーズの優先順位付けとプロジェクトのフォーカスの選択

ビジネス効果とコンテキスト

プロジェクトは、ビジネスが関心を寄せるものだけに時間を費やすことが肝要である (もう強調しなくてもよいだろうか)。このステップはビジネスニーズがまだわかっていない場合、何が最も重要かを特定するのに役立つ。前述したように、このステップの手順を実行する順序は規定されていないが、活動の順序がどうであれ重要なビジネスニーズは特定されなければならない。

アプローチ

1. ビジネスニーズとデータ品質問題を特定する

あなたの会社、代理店、機関は何をモチベーションにしているだろうか。行動を促す理由はたくさんあるだろう。その理由は時と共に変化する。ある組織には長期的な戦略や行動計画があり、それが短期的な目標を推進しているかもしれない。解決策を必要とする問題を引き起こしている特定の課題や、時には予期せぬ形で発生した苦痛を感じているポイントがあるかもしれない。そのモチベーションは例えば、会社が新しい市場に、進出することを可能にするような状況にある機会と、結びついているのかもしれない。あるいは、政府機関が新しいサービスの提供を義務づけられたのかもしれない。いずれもデータと情報を必要とし、高品質（適切な品質とも言える）のデータと情報が最も効果的なものとなる。

サンプルアウトプットとテンプレートのセクションにある**テンプレート4.1.1ビジネスニーズとデータ品質問題** ワークシートは、優先順位をつける前にビジネスニーズとデータ品質問題をまとめるのに役立つ。

以下の方法はビジネスニーズやデータ品質の問題を発見するため、あるいは既に知られている問題についてさらに詳しく知るために使用できる。

リサーチ
組織のインターネットサイト（一般公開されているもの）、イントラネットサイト（社内向けに公開されているもの）、年次報告書、従業員会議でのプレゼンテーションに目を通そう。これらはあなたのチーム、

あなたの職務、組織全体にとって何が重要であるかを示しているかもしれない。

インタビューとサーベイ
このステップでのサーベイのゴールは、重要なビジネスニーズやデータ品質問題を明らかにし、データ品質プロジェクトのフォーカスを決めるのに役立てることである。あなたの上司、上司の上司、同僚等、今ビジネスにとって何が最も重要かを知る立場にある人たちに相談しよう。経営層や取締役会にアクセスできる場合は、彼らも含めよう。ビジネス、データ、技術的なステークホルダーを招き、彼らの懸念事項と見解を提供してもらおう。全員をサーベイする必要はないが、問題に対する洞察力を持つ人々や、プロジェクトを承認し費用を負担する権限を持つ人々にインタビューするようにしよう。
別のビジネスインパクト・テクニックとして**ステップ4.7関連性と信頼の認識**を参照してほしい。この手法では、人々が苦痛を感じているポイント、データ品質が低いことから感じられる影響、どのデータが彼らにとって重要であるか、またデータの品質に対する彼らの認識と信頼度を明らかにする。また、サーベイを作成、実施する際の参考として、**第6章その他のテクニックとツールのサーベイの実施**も参照のこと。

記録されたデータ品質問題
もしあなたや他の誰かがデータ品質に関する苦情のリストを保管しているなら、今こそそれをレビューする時だ。それらのデータ品質の問題が優先順位の高いビジネスニーズと関連しているかどうかを確認しよう。

一般的なビジネスインパクト
ビジネスニーズとデータ品質に関する人々の思考を喚起するために、以下の一般的なビジネスインパクトのタイプについて検討しよう。

- **失われた収益と機会損失**。データ品質問題に対応していれば収益が向上したかもしれない領域はあるか。例えば顧客情報が正確で、より多くの顧客とコンタクトを取ることができたため、購入された製品やサービスが増加したはず、等である。別の言い方をすれば、顧客はあなたの会社と取引するチャンスや選択肢を得られなかったということである。何故なら1) 連絡先データが誤っていたために連絡が取れなかった、2) オファーの対象となる層を知らせる人口統計情報が誤っていたためにオファーが与えられなかったからである。
- **失われたビジネス**。あなたの会社にはかつて顧客やベンダーがいたが、データ品質が一因となった問題があったため、その顧客やベンダーはあなたとの取引を中止した。例えば、データの品質が低いために製品を正しく出荷できない場合、顧客は他社に注文する可能性がある。請求書の支払いがデータ品質の低下により期限内にできないことが、サプライヤーがあなたの会社への部品、材料、消耗品の提供を拒否する決定に影響を与える可能性がある。
- **リスクの増大**。データ品質の問題が企業のリスクを増大させる領域はあるか。例えば品質の低いデータによるコンプライアンスやセキュリティの失敗、ある顧客の購入が重複した顧客マスターレコードに関連付けられ、その顧客の与信限度額を超えてしまうことによる信用リスクにさらされる等がある。
- **不必要または過剰なコスト**。手戻り、データ修正、失われたビジネスを回復するためのコスト、プロセスへの影響等による時間や材料の浪費により、会社がコストを負担する領域はあるか。例えば

間違った在庫データのために、材料がタイムリーに発注されず、入手できないために製造がストップしてしまう。
- **大惨事**。データ品質の低さが、法的な影響、財産の損失、人命の損失といった悲惨な結果を招いた場合があるか。
- **共有プロセスと共有データ**。複数のビジネスプロセスが同じ情報を共有し、データの品質問題がそれら全てに影響を与える領域、または組織の中心となる重要なビジネスプロセスが、優れたデータ品質の欠如によって影響を受ける領域はあるか。たとえば、サプライヤー（またはベンダー）のマスターレコードは、サプライヤーへの迅速な発注や、サプライヤーの請求書のタイムリーな支払いに影響する。もしあなたの会社がウェブサイトを通じてのみ顧客と接するのであれば、ウェブサイトに掲載される情報の品質は極めて重要である。

実際のデータ品質の例

組織のシステムから、実際に品質の低いデータの例をいくつかクエリーして抽出する。データ品質の問題を明らかにする迅速な評価方法については、ベストプラクティスのコールアウトボックスを参照してほしい。

ベストプラクティス

データ品質に問題があるか。問題解決の第一歩は、問題があることを認めることだ。Tom Redmanは、「私にはデータ品質に問題があるのか」という質問に答えるテクニックを紹介している。彼は組織が多くの時間や費用を費やすことなく、データ品質についてシンプルで理にかなった測定を行う必要性に応えて、これを考案した。これはFAMと呼ばれる。それは、多くの人が金曜日の午後を使ってできるようなものだからである。ゆえに 金曜日の午後の測定（Friday Afternoon Measurement）なのである。

最近のデータ（使用、作成、処理された直近の100レコード）と、顧客との契約、ソフトウェア・ライセンスの更新等、何らかのタスクを完了するために最も必要な10〜15のアトリビュート（項目、列、属性）にフォーカスを絞ろう。データをスプレッドシートに入れ、ハードコピーを印刷する。データを理解している2、3人を2時間のミーティングに招待し、各自赤ペンでエラーに印をつける。赤印がなければ、そのデータ記録を「パーフェクト」とみなす。

結果を要約し、解釈しよう。そのために最も重要なステップは、パーフェクトを数えることだ。0から100までの数字をつけていき、それが「DQスコア」を表す。ほとんどの人は自分のスコアの低さに驚く。結果を報告するときは、一般化しないことだ。単純に「直近100回の記録のうち、42回エラーがあった」と言えばいい。つまりあなたのビジネスで、42のことが台無しになったということだ。このように結果を報告することで、データの品質と組織の業務とのギャップを埋めることができる。

FAMは、データをより具体的なものにするために、身体的な活動であり、触覚的であるように設計されている。早くて、安くて、データ品質に問題があるかどうかがわかり、どこから手をつ

けるべきかが分かる。規模を拡大することはできないが、通常はさらなる行動を起こす動機付けとなる。

- Thomas C. Redman　詳細はGetting in Front on Data：Who Does What（2016）とAssess whether you have a data quality problem（2016）に掲載されている。

注：データ品質の問題が見つかったら、10ステッププロセスの関連するステップ、テクニック、アクティビティを使用して、その問題に対処しよう。

2. ビジネスニーズとデータ品質問題を優先順位付けする

プロジェクトのフォーカスは明確かもしれない。しかしビジネスニーズやデータ品質に関する、問題の長いリストが見つかっても驚かないようにしよう。もしそうならそのリストに優先順位をつけて、今ビジネスが直面している最も重要な戦略、ゴール、問題、機会は何か、という質問に答えなければならない。

優先順位をつける方法はたくさんある。あなたの組織で好まれている方法があるかもしれないし、お気に入りの手法があるかもしれない。ビジネスニーズのリストに優先順位をつけるときに有効な手法の1つについては、**ステップ4.8費用対効果マトリックス**を参照してみよう。選定されたビジネス、データ、技術的なステークホルダーを、最も重要なビジネスニーズを選定するための簡易的なセッションに招待すると良い。

もしデータ品質の問題に関連するビジネスニーズが重要でなく、優先順位が高くないのであれば、データ品質プロジェクトのフォーカスとしては他のものを見つけよう。

3. ビジネスニーズとデータを関連付ける

ビジネスニーズとデータを関連付けるための簡単で迅速な手法については、**ステップ4.2点と点をつなげる**を見てほしい。この手法では、ビジネスニーズに関連する概要レベルのプロセス、人／組織、テクノロジーも特定する。優先順位の高いビジネスニーズやデータ品質問題に対してのみ、この作業を行っても良い。あるいは優先順位を決める前に、この作業を行うことも可能である。まだ**ステップ1**なので、概要レベルの情報で十分であることを忘れないでほしい。**ステップ2情報環境の分析**では、これらの領域についてさらに詳しく説明する。

 キーコンセプト

第3章キーコンセプトまたは付録のクイックリファレンスで情報品質フレームワークを見てみよう。左側の最初の4つのボックスには、「データ」、「プロセス」、「人／組織」、「テクノロジー」と書かれている。これらは、情報ライフサイクル全体に影響を与える4つの重要な構成要素である。以下は、4つの重要な構成要素の考え方がどのように実践されているかを概説したものである：

- 品質の高い情報を得るためには、4つの重要な構成要素を理解し、考慮し、管理しなければな

- らない。
- ここではまず、ステップ1.1ビジネスニーズの優先順位付けとプロジェクトのフォーカスの選択で、重要な構成要素を概要レベルで特定する。
- 選択したプロジェクトのフォーカスに関連する具体的な4つの構成要素は、ステップ1.2プロジェクトの計画でプロジェクトのスコープを設定するのに役立つ境界線を提供する。
- これらについては、ステップ2情報環境の分析で詳しく説明する。

4. プロジェクトのフォーカスを選択または確認する

プロジェクトのテーマを最終確定しよう。そのプロジェクトが、データの品質に問題がある重要なビジネスニーズをサポートするものであることを確認しよう。選択したプロジェクトのフォーカスとこのステップで得られた知見は、**ステップ1.2**でプロジェクトを計画するための出発点となる。具体的なプロジェクト目標を策定するための基礎となり、プロジェクト憲章へのインプットとなる。

5. 文書化し、コミュニケーションを取り、巻き込む

プロジェクトスポンサーやその他の主要なステークホルダーが、ビジネスニーズを明確にし、現実的な期待を持ち、プロジェクトが達成しようとすることを支持していることを確認しよう。このサブステップのアウトプットを文書化しよう。

サンプルアウトプットとテンプレート

ビジネスニーズとデータ品質問題ワークシートのテンプレート

問題点を把握し、優先順位をつける方法はたくさんある。**テンプレート4.1.1**はプロジェクトの初期段階で、ビジネスニーズとデータ品質問題を把握するためのシンプルなワークシートである。2番目の欄にビジネスニーズを、3番目の欄に既知または疑われるデータ品質問題を列挙する。

よく「私のビジネスニーズは品質の高い従業員レコードを持つことだ」と言う人がいる。もちろんワークシートにそれを取り込むべきだが、それはデータ品質問題であり、ビジネスニーズではない。「なぜ質の高い従業員レコードが必要なのか」という問いに答えられるようになれば、ビジネスニーズが見えてくる。

「なぜか」という問いに対する答えは、今後5〜10年の間に多くの従業員が退職することを会社が認識しているからかもしれない。人事部には、いつ、どの業務に対して人材を確保する必要があるのか、その業務は世界のどこの地域にあるのか、必要とされる知識やスキルは何か、その仕事に就く従業員をどのように教育するのか、といった計画を立て、実行に移すという任務が課せられている。従業員レコードが古かったり、他の従業員が退職していく中で、会社が適切な時期に、適切な場所で、適切な職務に就ける人材を確保し続けるために必要な情報が含まれていなかったりすることが、初期段階で明らかになっている。それがビジネス上のニーズなのだ。

テンプレートに記入し、このステップを通して洗練させていこう。例えば当初データ品質問題と呼ばれ

ていたものは、データ言語ではなくビジネス言語で表現する必要がある。ビジネスニーズとして始まったものが、本当はデータ品質の問題かもしれない。特定のビジネスニーズまたはデータ品質問題に関連する概要レベルのデータ、プロセス、人／組織、テクノロジーについて得られた知見を記録しよう。

テンプレート 4.1.1 ビジネスニーズとデータ品質問題ワークシート

項番	ビジネスニーズ	データ品質問題	概要レベルの情報環境				プロジェクト目標*	コメント
			プロセス	人／組織	テクノロジー	データ		
1								
2								
3								
4								

＊プロジェクトの目標はステップ1.2で最終決定されるが、ステップ1.1で発見されたことを文書化しよう。

ビジネスニーズとデータ品質問題ワークシートの例

図4.1.3は**テンプレート4.1.1**を使用した2つの例を示している。1) ビジネスニーズとデータ品質問題が最初に収集され、記録された初期リストと、2) 項目が明確化され、このステップを実行する間に得られた追加情報と共に、洗練されたリストである。2つのリストを見比べられるよう、いくつか注意点を挙げておこう。

- 初期のリストでは、2行目はデータ品質の問題から始まっていたが、ビジネスニーズはなかった。洗練されたリストでは、2行目にはビジネスニーズが含まれており、後に追加されたビジネス用語が使われている。
- 初期のリストでは、3行目に「高品質な従業員データのニーズ」がビジネスニーズとして表示されていたが、実際はデータ品質の問題であった。これはよくある間違いだが、この区別は重要である。業務のステークホルダーが、「我々は高品質のデータが必要だ」と言われて行動を起こすことはほとんどない。データがビジネスの必要性をどのようにサポートしているかが分かって初めて、彼らがデータ品質への取り組みを支持してくれる可能性が出てくるのだ。更新されたリストでは、データ品質に関する記述が「データ品質問題」の列に移動され、ビジネスニーズが追加された。

例1：ビジネスニーズとデータ品質問題のリスト（初期）

項番	ビジネスニーズ	データ品質の問題	ビジネスニーズとの関連（概要）				プロジェクト目標
			プロセス	人/組織	テクノロジー	データ	
1	・過請求に対する顧客の不満の調査		・請求	・経理部			
2		・顧客レコードの重複排除				・顧客マスターレコード	
3	・高品質な従業員データのニーズ					・従業員マスターレコード	
Etc.							

例2：ビジネスニーズとデータ品質問題のリスト（更新）

項番	ビジネスニーズ	データ品質の問題	ビジネスニーズとの関連（概要）				プロジェクト目標
			プロセス	人/組織	テクノロジー	データ	
1	・過請求に対する顧客の不満の調査	・請求書データの品質が問題の一部と疑われる	・請求	・経理 ・IT	・クラウドベースの会計ソフト	・請求トランザクション ・顧客マスターレコード	・請求書の情報ライフサイクルの開発 ・請求書レコードの品質測定
2	・いくつかの顧客への与信の過剰な拡大、我が社の信用リスク ・重複した顧客マスターレコードごとの基準に基づいて与信限度額を超えた	・重複レコード。 ・バラバラの顧客マスターレコードに紐づく同一顧客への業務トランザクション	・CRM	・営業部 ・マーケティング部 ・オンラインチャット担当 ・電話担当 ・与信部	・CRMアプリケーション ・顧客データベース	・顧客マスターレコード	・顧客マスターレコードの重複排除
3	・従業員の高齢化／退職 ・事業継続性確保の必要性	・受け入れられないレベルの従業員データの品質	・採用 ・研修	・人事	・ERPの人事モジュール	・従業員マスターレコード ・研修データ	
Etc.							

図4.1.3 ビジネスニーズとデータ品質問題ワークシートの例

ステップ1.2 プロジェクトの計画

ビジネス効果とコンテキスト

第4章のイントロダクションの旅行の例に引き続き、行き先が明確になったら旅行の計画を立てるにはいくつかの側面がある。誰が来るのか。一人旅なのか、数人の同僚となのか、それとも大人数のグループツアーなのか。目的は何か。ビジネスかレジャーか。オンライン旅行サイトや書籍を使って、自分で旅行の計画を立てることができる。過去に同じような旅行をしたことのある友人や家族に尋ねることもできる。経験豊富な旅行代理店に旅行の一部または全部を依頼することもできる。都市に到着したら携帯端末のGPSを使って、運転や徒歩の経路をステップ・バイ・ステップで調べることができる。特定のアクティビティのためにツアーガイドを雇うこともできる。同様にデータ品質プロジェクトも、対処すべきビジネスニーズ、プロジェクト目標、誰を巻き込むか、プロジェクトのおおよその規模、外部の協力を得るかどうか等、様々な要素を考慮して計画する。

データ品質の「旅行」の計画はこのステップから始まり、**第5章 プロジェクトの組み立て**につながっていく。第5章にはプロジェクトのセットアップの詳細が含まれている。まずいくつかの定義から始めよう。本書で使用されるプロジェクト、プロジェクトマネジメント、プロジェクトアプローチ、SDLCの定義については、**定義のコールアウトボックス**を参照してほしい。

 定義

プロジェクトマネジメント協会によると、「**プロジェクト**とは、ユニークな製品、サービス、結果を生み出すために行われる一時的な取り組みである。**プロジェクトマネジメント**とは、知識、スキル、ツール、テクニックをプロジェクト活動に適用し、プロジェクトの要件を満たすことである。」

本書では**プロジェクト**という言葉を、ビジネスニーズに対応するために、10ステップの方法論を活用するあらゆる構造化された取り組みとして広く使う。プロジェクトは10ステッププロセス全体を適用することも、選択したステップ、アクティビティ、ツール、テクニックを適用することもできる。プロジェクトチームは1人で構成されることもあれば、3〜4人の小チーム、数人の大チーム、あるいは複数のチーム間の調整を含むこともある。私は10ステップの方法論を使うプロジェクトのタイプを、3つの大きなグループに分類した。**プロジェクトのタイプ**とは以下である。

- データ品質改善を主目的としたプロジェクト
- 一般的なプロジェクトの中でのデータ品質活動
- 10ステップ／テクニック／アクティビティの一時的な部分適用

プロジェクトのタイプは、プロジェクトアプローチに反映される。**プロジェクトアプローチ**とは、どのようにソリューションを提供するか、どのようなフレームワークやモデルを用いるかを指す。

> これはプロジェクト計画、プロジェクト内のフェーズ、実施するタスク、必要なリソース、プロジェクトチームの構造の基礎を提供する。使用するモデルは10ステッププロセスそのものでも、状況に最も適したSDLCモデルでもかまわない。3つのプロジェクトタイプと提案されるアプローチは、**表4.1.2**と**第5章**でさらに定義されている。
>
> SDLCとは、ソリューション（またはソフトウェア、システム）開発ライフサイクルのことである。SDLCには多くの選択肢がある。例えば直線的なシーケンシャルアプローチ（しばしばウォーターフォールと呼ばれる）は、長年存在しているものだ。アジャイルモデル（スクラムやカンバン等いくつかの方法論がある）はよりモジュール化され、柔軟で、反復的で、漸進的なアプローチであり、2001年にアジャイルマニフェストが発表されて以来、人気を博している。DevOpsは、歴史的に分離していたITアプリケーション開発チームとIT運用チームのタスクを融合させる最近のアプローチである。全てのモデルと方法論には長所と短所がある。モデルを組み合わせてハイブリッドアプローチを構築することもできる。全てのアプローチは、データ品質とガバナンスの活動を含めることによって、恩恵を得られる。SDLCは、どのアプローチやモデルが使用されるかに関係ない包括的な用語である。
>
> 選択されたプロジェクトのフォーカス（ビジネスニーズとデータ品質問題に基づく）は、プロジェクト目標に反映される。**プロジェクト目標**は、取り組むべきビジネスニーズとデータ品質問題に沿って、プロジェクトから得られる具体的な結果を明示する。ビジネスニーズはビジネス言語であるべきだが、プロジェクト目標にはデータ言語も含めることができる。プロジェクト目標は、目標が達成されたかどうかを判断するための基準を用いて定量化できるように記述されるべきである。よく使われる基準は頭文字をとってSMARTと呼ばれるもので、プロジェクト目標は、**S**pecific（具体的）、**M**easurable（測定可能）、**A**ttainable（達成可能）、**R**elevant（関連性がある）、**T**ime-Bound（期限付き）であるべきという意味である。
>
> 歴史的注釈：Peter Druckerによるものとされることが多いが、SMARTを最初に使ったのは1981年のGeorge T. Doranである。Doran（1981, p.1）およびWikipedia.orgの**SMART criteria**（2020）を参照のこと。

プロジェクトを成功させるためには、優れたプロジェクトマネジメントが不可欠である。このステップの意図は、プロジェクトマネジメントを詳しく教えることではない。もしあなたがこのトピックを初めて学ぶのであれば、参考になるウェブサイト、本、記事、カンファレンスがたくさんある。しかしこのステップは、プロジェクトを計画する際に、あなたが優れたプロジェクトマネジメントを適用する良いスタートとなるだろう。プロジェクトを成功させるためには、効果的なプランニングが不可欠だからだ。

プロジェクト計画を策定する際には、関係するステークホルダーとの合意が継続されていることを確認しよう。

# Chapter 4

第4章　10ステッププロセス

> **覚えておきたい言葉**
>
> 「エキサイティングな新しいイノベーションから平凡だが必要な改善まで、組織はビジネスが問題に対処し、目標や目的を支援し、あるいは機会を活用するためにプロジェクトを実施する——。これらのプロジェクトが効果的であればあるほど、成果の実現も早くなる——。もちろん本当の効果は、高品質で統合された情報を持っていると言えることではなく、ビジネスが十分な情報を得た上で意思決定を行い、効果的な行動を取ることができるようになることである。ビジネスにとって最も重要なデータに——集中しよう」。
>
> - Danette McGilvray and Masha Bykin,
> Data Quality and Governance in Projects：Knowledge in Action,(2013), pgs.1, 3, 20, 21.

アプローチ

1. プロジェクトのタイプと使用するアプローチを決定する

選択したプロジェクトのフォーカスと、**ステップ1.1**で把握したビジネスニーズ、データ品質の問題、関連する概要レベルのデータ、プロセス、人／組織、テクノロジーが、ここでのプロジェクト計画の出発点となる。これらはプロジェクトタイプを選択し、具体的なプロジェクト目標を策定するための基礎となる。それらはまた他の標準的なプロジェクトマネジメントの成果物のためのインプットでもある。

10ステップを使用するデータ品質プロジェクトのタイプは、**表4.1.2**に示す3つのグループに大別される。プロジェクトのタイプは、プロジェクト**アプローチ**つまり解決策を開発するために使用するモデルを規定する。注：各プロジェクトタイプのより詳細な説明は、**第5章 プロジェクトの組み立て**を参照のこと。

表4.1.2　データ品質プロジェクトのタイプ

データ品質改善を主目的としたプロジェクト	
説明	アプローチ
データ品質改善プロジェクトは、ビジネスに影響を与える特定のデータ品質問題にフォーカスする。そのゴールは評価、根本原因の分析、修正、予防、コントロールを通じてデータの品質を向上させることである。 また10ステップは、自組織のデータ品質改善方法論を構築するための基礎とすることもできる。	プロジェクト目標を作成し、10ステッププロセスからビジネスニーズとデータ品質問題の解決に関連するステップ、アクティビティ、テクニックを選択する。10ステッププロセスは、プロジェクト計画／WBS (work breakdown structure) の基礎として、またファイルやプロジェクトの成果物や文書を整理する構造として利用できる。アジャイルアプローチを使用する場合は、10ステッププロセスのステップとサブステップを使用して、1つのスプリント内で実行できる内容と作業量、および一連のスプリントで実行する作業順序を決定しよう。

一般的なプロジェクトの中でのデータ品質活動	
説明	アプローチ
10ステッププロセスのステップ、アクティビティ、テクニックを、他のデータに依存するプロジェクト、方法論、SDLCに組み込む。例えばアプリケーション開発、データ移行と統合、ビジネスプロセス改善プロジェクト、シックスシグマやリーンプロジェクトでは、データ品質が優先的なフォーカスではないが、データは成功に不可欠である。このようなプロジェクトでは、プロジェクトの早い段階でデータ品質に取り組み、本番稼動後のシステムの一部となるテクノロジー、プロセス、役割／責任に組み込めば、より良い結果が得られる。 データや情報を使用したり、影響を与えたりするプロセス、方法論、フレームワークは全て、データの質とそのデータを管理する方法にもっと注意を払うことでより良い効果を得ることができる。データに関連するリスクに対処することは、そのようなプロジェクトの全体的な成功を高めることになり、10ステップを活用することがその助けとなる。 10ステップのデータ品質活動を組織の標準的なSDLCに統合することもバリエーションの一つである。	全体的なプロジェクトは、サードパーティのSDLCを使用しているかもしれないし、内部で望ましいSDLC（シーケンシャル、アジャイル等、どれでも）を使用しているかもしれない。 プロジェクト全体と使用されているアプローチを、詳しく知ろう。その上で10ステップの中から、データ部分に関連するステップ、アクティビティ、テクニックを選択しよう。プロジェクト計画のどこに属するか、どの方法論を使うかを具体的に決めよう。他の誰かがこの決定をすると期待しないでほしい。他の人があなたと同じように、10ステッププロセスを理解してくれるとは期待しないようにしよう。データ品質がどのような位置付けにあり、それがプロジェクト全体にどのような利益をもたらすかを、プロジェクトマネージャーとチームメンバーが容易に理解できるようにしよう。データ品質ワークをプロジェクトに組み込み、他のプロジェクト作業と同様に不可欠で、必要で、重要であると見なされるようにしよう。 アジャイルアプローチを使用するプロジェクトでは、機能やユーザーストーリーを作成し明確な受け入れ基準を設定することで、作業範囲を一定期間の「枠」に収まるように決めよう。
10ステップ／テクニック／アクティビティの一時的な部分適用	
説明	アプローチ
日常業務や業務プロセスで発生するサポート上の問題等、ビジネス上のニーズやデータ品質の問題に対処するために10ステッププロセスの一部分を活用する。	言葉としてよく使われるような正式な「プロジェクト」ではないかもしれないが、それでもデータ品質ワークは体系化されていなければならない。一時的な使用は範囲が限定され、時間が限られがちである。該当するステップ、活動、テクニックをいくつか選び、それをいつ使うか、誰を巻き込む必要があるか決めよう。

2. プロジェクトチームを作る

プロジェクト遂行に必要なスキル、巻き込むべき人、プロジェクトチームの規模（個人、小規模チーム、部門横断的なチーム、他のプロジェクトの一部としてのデータチーム等）を決定しよう。**第5章の表5.10データ品質プロジェクトの役割**を参照されたい。チームに参加させたいメンバーのマネージャーから承認を得よう。チームメンバーになる人の関心とコミットメントを得よう。

3. プロジェクト目標を特定し、計画を策定し、選択したアプローチに適合するように、その他の該当するプロジェクト成果物を作成する

プロジェクトマネジメント・アプローチを「適切なサイズ」にする。プロジェクトに適したサイズのプロジェクト憲章と、スコープ内の要素を視覚的に表したコンテキスト図を作成しよう。下記のサンプルアウトプットとテンプレートを参照してほしい。完了すれば、スコープ内のビジネスニーズとデータ品質の問題に対処できるような、具体的なプロジェクト目標について合意を形成しよう。プロジェクト計画（依存関係、リソース、推定工数や期間、タイムラインを含む適切なサイズのWBS）を策定しよう。

望ましいプロジェクトアプローチで使用される用語と、プロジェクト全体の管理方針の意図を確認しよう。あなたのデータ品質ワークがどのアプローチが使用されても、シームレスに確実に適合するようにしよう。

キーコンセプト

アジャイルとプロジェクトマネジメント。アジャイルアプローチを使っている人は、プロジェクト憲章、WBS、コンテキスト図等、より伝統的なプロジェクトマネジメントから生まれた言葉や考え方を否定することがあまりにも多い。しかしアジャイルアプローチを使用するプロジェクトは、プロダクト・ビジョンステートメント、プロダクトロードマップ、リリース計画、スプリント目標、バックログ等を通じて、目標に合意し、仕事を成し遂げ、リソースを調整し、進捗を追跡し、互いにコミュニケーションする方法を持たなければならない。

データ品質の問題が解決されなければ、それは負債となる傾向がある。このデータの負債は、時間の経過と共に劣化の原因となり、システム崩壊の一因となる。アジャイルプロジェクトでデータ品質に取り組むだけでなく、アジャイル方法論を使用する運用チームは、継続的な成果物としてデータ品質を改善し、負債を削減できる。

4. その他の優れたプロジェクトマネジメントの実践方法、ツール、テクニックを活用する。

例えば、次のようなプロセスを設定する。

プロジェクト全体を通して問題とアクションアイテムを追跡する

あなたの組織には、この目的のためのソフトウェアアプリケーションまたは標準テンプレートがあるかもしれない。そうでない場合は、**第6章 その他のテクニックとツールの問題とアクションアイテムの追跡**のセクションを参照してほしい。

各ステップの結果を文書化する

各ステップの結果と分析を文書化するための準備をすぐ始めよう。チームメンバー全員がアクセスできるファイル共有の構造を整理しよう。各ステップの終了時に、文書化が完成した成果物であることを確実にする習慣をつける。詳しい内容については、**第6章その他のテクニックとツールの結果に基づく分析、統合、提案、文書化、行動**のセクションを参照のこと。

5. このステップを通して、コミュニケーションを取り、管理し、巻き込む。

ステップの早い段階で、プロジェクトのステークホルダーを特定しよう。コミュニケーション計画を作成し、実行に移そう。テクニックやテンプレートについては、**ステップ10全体を通して人々とコミュニケーションを取り、管理し、巻き込む**を参照のこと。

どのようなタイプのデータ品質プロジェクトであっても、プロジェクトのフォーカス、目標、リソースについて、スポンサーとステークホルダーの承認と支持を得よう。データの品質を向上させることで対処できるビジネスニーズを理解してもらい、それに同意してもらおう。プロジェクトにおける各自の役割と何が達成されるかについて、ステークホルダーと期待値を合わせよう。経営陣の支持、必要な承認、コミットされたリソースを確認する。プロジェクト憲章をコミュニケーションのインプットとして活用しよう。プロジェクトスコープ内外の要素を視覚化したコンテキスト図を活用することで、議論や意見のヒアリングが容易になり、最終的にプロジェクトのスコープに合意できるだろう。

データ品質プロジェクトの3つのタイプについて、次のように考えよう。

- **データ品質改善を主目的としたプロジェクトの場合**。プロジェクトチームで作業するのであれば、ITおよびビジネス側のマネジメント、スポンサー、ステークホルダー、チームメンバーとコミュニケーションをとり、サポートを得よう。もし一人で取り組むプロジェクトであれば、プロジェクトの目的、それが満たすビジネスニーズ、費やされる時間について上司のサポートを得よう。
- **一般的なプロジェクトの中でのデータ品質活動の場合**。プロジェクトマネージャーと緊密に連携し、データ品質活動がプロジェクト計画に組み込まれ、チームメンバー全員に周知されていることを確認しよう。
- **10ステップ／テクニック／アクティビティの一時的な部分適用の場合**。それらを使用する理由、使用方法、使用によって期待される結果を確実に把握しよう。あなたの助けが必要な人、あなたの作業から利益を得る人と議論しよう。
- **全ての場合において**。インプットとして意見が必要となる人々や、プロジェクトの影響を受けそうな人々を巻き込もう。肯定的なものも否定的なものも含め、全てのフィードバックに耳を傾けよう。必要に応じて調整とフォローアップを行うようにしよう。

プロジェクトのキックオフを行おう。これはチームメンバーと経営陣が、正式にプロジェクトを開始するためのミーティングやワークショップである。プロジェクトのキックオフは、プロジェクトのフォーカス、スコープ、計画等が合意され、リソースがコミットされた後、ステップの最後に行われる。プロジェクトのキックオフでは以下を実施する。

- 関係者全員が、取り組むべきビジネスニーズやデータ品質問題、プロジェクトの目標、メリット、役割と責任、その他の期待等、プロジェクトについて共通の理解を持つようにする。
- 経営陣とチームメンバーが一堂に会し、それぞれがプロジェクトにどのように貢献し、どのように協働するかを知る機会を提供する。
- 期待を確認し、問題を話し合い、誤解を解く機会を提供する。

これらの活動は全て、プロジェクトを通じてステークホルダーやチームメンバーから継続的に支援を受け、交流するための土台となる。コミュニケーションと人々の巻き込みは実際の仕事である。しっかりとしたプロジェクト計画を立てることと同じくらい、成功に必要なことだ。

6. 取り掛かろう！

> **覚えておきたい言葉**
>
> 「結果を最適化するのに必要十分なだけの計画、もう一滴も増やしてはならない！…しかし、一滴も減らしてはならない。」
>
> - Kimberly Wiefling, Scrappy Project ManagementTM：
> The 12 Predictable and Avoidable Pitfalls Every Project Faces (2007)

サンプルアウトプットとテンプレート

プロジェクト憲章

プロジェクト憲章の目的は、スポンサー、ステークホルダー、プロジェクト実行チーム間の合意を確実にすることである。プロジェクト憲章は、プロジェクトのアプローチや規模に関係なく適用できる。アジャイル・プロジェクトチームにとっても重要な文書である。なぜなら全てのリソースが同じゴールに向かって連携し、使用するアプローチを理解するためには明確さが必要だからだ。日常業務の範囲内でデータ品質の問題に取り組んでいる個人であっても、1人プロジェクトのプロジェクト憲章を1時間かけて書くようにしよう。上司との話し合いの基礎となり、プロジェクトの範囲内でのゴールや必要な活動について両者が確実に合意できるようにするものだ。

あなたの組織にプロジェクト憲章のテンプレートがない場合は、**テンプレート4.1.2**を出発点として使ってほしい。該当しないセクションは削除し、あなたの状況に関連するセクションを追加してみよう。憲章は簡潔に1～2ページにまとめるようにしよう。ここに示したものより詳細なプロジェクト憲章が必要な場合は、1ページの要約版を整備すると良い。プロジェクト全体を通して更新し、プロジェクト関係者なら誰でも一目で分かるようにし、プロジェクトをすばやく理解できるようにしておこう。様々なコミュニケーションでプロジェクトの概要を伝える際には、この憲章を参照するようにしよう。

テンプレート 4.1.2 プロジェクト憲章

プロジェクト名 名称、略称、頭字の略語がある場合はそれも含める。	
日付 最低限、憲章の最終更新日を記載すること。更新履歴を追跡する必要がある場合は、作成日とその後の更新日付を含める。	
主な連絡先／作成者 プロジェクト憲章に関する質問や懸念がある場合の連絡先の氏名、役職、連絡先情報	
プロジェクト概要	
プロジェクトのサマリーと背景 誰でも簡単に理解できるエグゼクティブサマリー。以下を含む。 • プロジェクトに至る状況 • プロジェクトのきっかけとなったまたはプロジェクトによって対処するビジネスニーズ（顧客、製品、サービス、戦略、ゴール、問題、機会に関するもの） • プロジェクトのゴールと目的の簡単な説明 • プロジェクトのビジネス上の正当性または根拠	
効果 プロジェクトの期待効果。可能な限り、定量的効果（例：コスト削減、収益増加、コンプライアンス）と定性的効果（例：リスク削減、顧客満足、従業員の士気）の両方を含める。	
プロジェクトリソース	
氏名、役職、部署、チーム等の関連情報を記載する。必要に応じて連絡先も記入する。地理的に分散しているチームでは、拠点名、国、タイムゾーン等の場所を含めると便利なことが多い。	
エグゼクティブスポンサー	
プロジェクトスポンサー	
ステークホルダー	
プロジェクトマネージャー	
プロジェクトチーム・メンバー	
業務横断チーム	
プロジェクトのスコープ	
ゴールと目標	1. 2. 3.

主な成果物	1. 2. 3.
プロジェクトに確実に含まれること。	概要レベルでは、以下がプロジェクトの対象である。 • データ • プロセス • 人／組織 • テクノロジー
プロジェクトには含まれないこと。	分かりやすくするために必要であれば、関連しているように見えるが、プロジェクトの範囲外であることを記述する。 • データ • プロセス • 人／組織 • テクノロジー
プロジェクト条件	
成功基準 プロジェクトが終了したとき、そして目標が達成されたかどうかを、どうやって知るのか。	
重要な成功要因 プロジェクトを成功させるためには何が必要なのか。	
前提条件、問題点、依存関係、制約条件 プロジェクトのスコープ、スケジュール、実施すべき作業、成果物の品質に影響を与える可能性のある項目。	
リスク プロジェクトに悪影響を及ぼす可能性のある項目。各リスクについて、発生の可能性、発生した場合の潜在的影響と取るべき行動を示す。	
指標、パフォーマンス指標、ターゲット プロジェクトの成功の指標と、プロジェクト期間中にトラッキングされるもの。これらはプロジェクトが進行するにつれて開発されるかもしれない。	
タイムライン タイムラインと主なマイルストーンのサマリー。	
費用と資金 費用見積と誰が負担するのか。	

コンテキスト図

プロジェクトマネジメント用語では、コンテキスト図はスコープ内の要素と、時にはスコープ外の要素を視覚的に表すものである。データの専門家は多くのコンテキスト図を見て、それが非常に概要レベルの情報ライフサイクルも表していることを知っているかもしれない。概要レベルの関係するデータ、プロセス、人／組織、テクノロジーを示すコンテキスト図を作成しよう。百聞は一見に如かずである。プロジェクトで検討されている要素について議論するときや、スコープ内かスコープ外かを決定するときに、優れたコンテキスト図が役に立つ。

図4.1.4は、電力会社の内部と外部の責任を示す、概要レベルのコンテキスト図である。例えば家庭のスマートメーターは電力会社が所有している。もともとこの図は、スマートメーターからのデータが社内のプライベートクラウドに直接入るようになっていた。その後データはまず金融機関に送られ、処理され、顧客に請求され、それから電力会社に送られるとヒアリングした。そこで、コンテキスト図に銀行が追加された。図解が役に立つという良い例だった。人々はそれが概要レベルのフローを正確に表していることを確認し、その後、何がデータ品質プロジェクトの範囲内であるべきかについて議論できる。既知の問題はどこにあるのか、どのデータなのか、データレイクにあるのか、外部のクラウドサービスプロバイダーから送られてくるデータなのか、スマートメーターなのか、といったことだ。スコープに入っている部分を円で囲もう。流れや環境を表現するのに役立つと誰もが納得するまで、図を修正しよう。必要であれば、さらに詳細を示すために他の図を追加し、説明の文章で補足すると良い。適切な図版は、プロジェクト全体を通して役立つ参照ポイントになる。チームが特定のデータストア、データソース、プロセスについて話しているとき、図版は全体像との関係で、自分たちがどこにいるのかを皆に思い出させることができる。

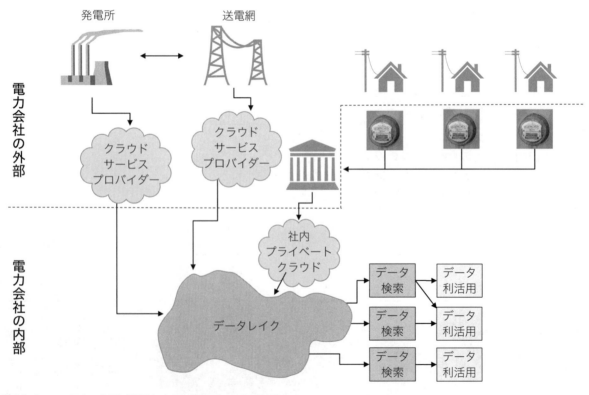

図4.1.4　コンテキスト図／概要レベルの情報ライフサイクル

その他のテンプレート
第6章その他のテクニックとツールにはプロジェクト全体で使用できるテンプレートがあり、その一部はここステップ1から開始する必要がある。以下を参照のこと。

- 問題とアクションアイテムの追跡
- 結果に基づく分析、統合、提案、文書化、行動

10ステップの実践例
「10ステップの実践例」というタイトルの3つのコールアウトボックスは、10ステップの方法論の柔軟性と拡張性を示しており、様々な国や組織で、様々な方法で活用することができ、その全てが良い結果をもたらしている。シアトル公共事業の例は、10ステッププロセスの徹底的な活用がどのようなものかを示すため、他の例よりも詳細に説明している。

 10ステップの実践例

オーストラリアにおけるデータ品質教育のための10ステップの活用
オーストラリアのある州政府組織で、60人からなる情報マネジメントチームが一から構築された。チーム内のデータアナリストは、「データ品質について学び理解するために、チームは本書の初版をベストプラクティスのデータ品質プロセスに関するガイドブックやバイブルとして使用した。チーム内の知識を深めるのに非常に役立つツールだった。10ステッププロセスは、私達のデータ品質フレームワークへのインプットとなった。」と語った。

 10ステップの実践例

南アフリカにおける10ステップの様々な使い方
Paul GroblerはAltroń's Data Management Practice社のプリンシパルコンサルタントであり、DAMA南アフリカの理事を務めている。

10ステップがどのように使われてきたかを、彼は以下のように説明する。

通常、特定のデータ関連ソリューションのためのデータ戦略やロードマップを作成するデータアドバイザリー業務では、ステップ1が、特定の業務のニーズをどのように定義（または明確化）するかのインスピレーションとなった。これらの活動は通常、テクノロジーにとらわれない。

また我々は、様々なツールを使ってデータ品質評価のための10ステッププロセスの進め方を活用した。可能な限り、私達のプロジェクト計画は10ステッププロセスのステップを踏襲した。10ステップの方法論はデータ品質に重点を置いているが、MDM（マスターデータマネジメント）施策におけるデータ品質の重要性を高めるのに役立った。

このメソッドが浮き彫りにした最も重要な要素を挙げるとすれば、データ品質とビジネス内の問題を結びつけることの重要性である。このフォーカスによって、私達コンサルタントはビジネス側と密接に連携し、正しい答えを得る前に正しい質問を実際に見つけるために、共に懸命に働くことになった。これは顧客との信頼関係を築くのに役立った。またチームメンバー、特にこの分野での経験が浅いメンバーにとっては、考え方や関わり方のモデルを揃える上でも大いに役立った。このアプローチはデータ品質評価軸の分類と同様に、議論を非常に単純化するのに役立った。

 10ステップの実践例

シアトル公益事業におけるデータ品質改善プロジェクトのための10ステップの活用

貢献者
このプロジェクトに貢献し、その内容を共有することに同意してくれた以下の人々に感謝する。

- Duncan Munro, シアトル公共事業公共資産情報プログラムマネージャー
- Lynne Ashton, シアトルIT、シニア地理情報システム部門アナリスト
- Scott Reese, シアトル公共事業 排水・廃水部門 ITリエゾン
- Stephen Beimborn, シアトルIT部門地理情報システムマネージャー

プロジェクト名
シアトル公共事業資産情報マネジメント - 排水・廃水幹線パイロット研究(排水管)

組織概要
シアトル公共事業公社(SPU : Seattle Public Utilities)の主要業務は、シアトル、ワシントン州(米国)、ピュージェット湾、およびその周辺地域の公衆衛生と環境を保護しながら、地域中心の公共事業サービス(飲料水、排水、廃水、固形廃棄物)を提供することである(http://www.seattle.gov/utilitiesを参照のこと)。

ビジネスニーズ
SPUにはパイプ、ポンプ、吐出制御施設、その他多くの物理的資産がある。これらの物理的資産を記述する数多くのデータソースの中から、特定の問題を解決するために最も適切なものがどれか見極めようとするとき、課題があった。物理的な資産の設計、建設、運用、メンテナンスの決定は、出所不明のデータに基づいて行われていた。いくつかのケースでは、これが機関にとっての追加コストにつながっていた。

具体的には、データ品質プロジェクトの主な推進要因のひとつは、品質を調べていないデータから得た位置情報を使って設計を進めたことだった。このため建設中に手戻りが発生し、約10万ドルのコストがかかった。SPUはこのような状況を繰り返したくなかった。もう一つのデータ品質向上の動機は、水力モデルを作成する際に物理的資産の寸法に関する不正確な測定値を扱うこと

による課題であった。

プロジェクトのフォーカス
データ品質パイロットプロジェクトでは、排水と廃水の幹線（ここでは排水溝と呼ぶ）にフォーカスした。SPUはデータ品質を測定し、コミュニケーションするための一貫したスケーラブルなアプローチを求めていた。これには業務の対象領域の専門家（SME）がオーナーとなり、運用できるデータ品質の問題を修正するプロセスの設計も含まれていた。

プロジェクト概要
SPUの設備資産情報プログラムの管理者であるDuncan Munro氏は、SPUにおけるデータマネジメント実践方法の設計と導入に携わった。データ品質パイロットプロジェクトでは、最も課題のある資産の1つである、排水溝の特徴を表すデータの小さなサブセットを対象とした。このプロジェクトは4人のコアチームが他の職務の合間を縫って作業を進めたため、約6カ月を要した。

チームメンバーの様々な経歴によって、データのライフサイクルを総合的に描き出すことができた。チームは廃水パイプの12〜14のアトリビュートについて、ゆりかごから墓場までのデータライフサイクルの各プロセスを調査した。複数の業務分野（現場業務、エンジニアリング、計画、プロジェクトマネジメント、水理モデリング）から、物理的資産のライフサイクルの各段階におけるタスクをリードし、貢献している30人のSPU職員を調査しインタビューを行った。そのデータはSPUの2つの主要なエンタープライズプラットフォーム（1）Maximo（作業および資産マネジメント用）、および（2）GIS（地理情報システム、空間または地理データを管理する）に存在する。分析目的のため、データはシアトル市の財務マネジメントプラットフォームであるピープルソフトと統合されている。全ての調査によりどのデータが最も頻繁に使用され、どのデータが最も多くの人々にとって重要であるかに基づいて、データのサブセットを選択することができた。

実現したビジネス価値
データ品質プロジェクトから得られた効果と成果。

- **より広範なデータマネジメント**。SPUの排水溝に関するデータの具体的な改善だけでなく、SPUの全ての主要な分野の広範なデータマネジメントの基礎を築いた。
- **中核的なビジネス実務としてのデータ品質分析**。データマネジメントの継続的な改善を支える中核的なビジネス実務として、データ品質分析を確立することの価値に対する認識を高めた。例えばプロジェクトで開発されたデータ仕様テンプレートの使用は、SPUの全てのデータの対象分野に拡大された。これらの完成したテンプレートは、新たに導入されたGISメタデータマネジメントツールを使用するデータスチュワードによって活用され、SPUの各GISアプリケーションでメタデータを表示できるようになった。メタデータを現場のユーザーに提示することで、ユーザーは以下のことが可能になった。
  - 迅速な対応が求められる状況で、GISデータをより効率的に利用すること
  - 個々のデータ値について修正が必要な箇所を特定する（このプロセスを「マップ修正」と呼ぶ）こと。

- 。現場で与えられた仕事を遂行するための十分な装備と人員を確保すること
- 再利用。パイロットプロジェクトで明らかになったことは、他のプロジェクトにも引き継がれている。彼らは、自分たちの仕様策定プロセス（**ステップ2情報環境の分析**）が成熟しておらず、より慎重なデータエンジニアリングが必要であることに気づいた。彼らはこの方法論を通じて恩恵を受ける可能性のある、他のワークフローやプロセスを特定した。別のプロジェクトの初期段階では、路面排水溝検査の業務とデータフローを評価しつつ、仕様策定プロセスにフォーカスすることでさらなる効果を上げている。約35,000の路面排水溝がSPUの管理下にあり、現場でのデータ取得の難しさことを考えると、値を取得するアトリビュートの数を減らし、観測プロトコルを簡素化することは大きな効率化をもたらす可能性がある。

以下は、このプロジェクトが10ステッププロセスをどのように活用したかの概要である。

ステップ1 - ビジネスニーズとアプローチの決定
SPUの中堅管理職は、データライフサイクルの「適用」フェーズにおけるデータ品質について、いくつかの継続的に発生している課題をエピソードとして認識していた。

ステップ2 - 情報環境の分析
チームは以下を実施した。

- データライフサイクルの「入手」段階にあるデータについて、Microsoft VISIOで作業図とデータフロー図を作成した。
- 仕様を把握するために、初版の「詳細データリスト」テンプレートを使用し、再設計した。

チームはステップ2情報環境の分析を、データライフサイクルの仕様策定ステップと呼んだ。パイロットの終了後、彼らはこの段階がいかに重要であるかを理解した。注意深く設計しなければ、特定のデータ品質評価軸における後続のデータ品質指標の策定は困難なものとなる。仕様策定においてビジネス側が十分に関与していないと、IT側の視点が唯一のフォーカスになる傾向がある。

ステップ3 - データ品質の評価
データ品質は以下の項目で評価された。

- データ仕様策定プロセスが評価され、チームは標準、メタデータ、リファレンスデータにおけるギャップを特定した。
- データの基本的整合性とデータの網羅性のデータ品質評価軸で評価するため、GISのテーブルをプロファイリングした。
- 関連性と信頼の認識を評価するためのユーザー調査を作成し、実施した。

ステップ4 - ビジネスインパクトの評価
サーベイ票を活用し、ユーザーにデータ品質に関する問題の定性的な影響をいくつか挙げてもら

い、パイロットプロジェクトの背景とすべき理由を確認した。

ステップ5 - 根本原因の特定
業務とデータフローを分析し、データ品質の問題を引き起こしている主要なギャップを特定した。

ステップ6 - 改善計画の策定
データ仕様プロセスを正式に確立し、テンプレートとレビュープロセスを策定した。

ステップ7 - データエラー発生の防止
編集ツールとプロセスを更新し、データセットへの追加と更新の整合性チェックと監査機能を強化した。チェックや監査において組織間のバランスを考慮し、より統制がきくようワークフローを改訂した。シアトルにおける調査データの取得場所と、全てのGISのユーザーが調査データを利用できるようにするためのプロセスについて、新たな資料を作成した。

ステップ8 - 現在のデータエラーの修正
データの矛盾を取り除くため、論理的整合性チェックをより多く用いてデータエラーを更新した。

ステップ9 - コントロールの監視
標準ビジネスデータ仕様のレビューと承認プロセスを確立した。GIS運用におけるデータ編集プロセスとツールに監査機能を追加した。

ステップ10 - 全体を通して人々とコミュニケーションを取り、管理し、巻き込む
パイロットプロジェクト・チームがSPUのより多くの人々と接するにつれて、データ品質という用語が、データライフサイクルとは無縁の日常業務に従事する人々にとって外国語のようなものであることが明らかになった。彼らは作業員がどこで作業しているかを示す地図表示やアプリを見て、データを活用していた。ユーザーは自分が見ている情報が、まさに現場で見えるそのものに違いないと思い込んでいた。課題は、全ての人が理解できるデータに関する用語を作ることだった。例えば10ステッププロセスでは、情報ライフサイクルを表すためにPOSMADを使用しているが、SPUではこれをデータライフサイクルと呼んでいる。パイロットチームはこの言葉を「仕様策定（Specify）」、「取得（Acquire）」、「管理（Manage）」、「適用（Apply）」、「引退（Retire）」に変更した。これはSPUの幅広い従業員にうまく機能しており、物理的資産のライフサイクルの各フェーズですでに使用されている言葉遣いだった。現在より多くのリーダーシップがデータマネジメントの問題に取り組むようになり、Bob Seinerが提唱する「定義（Define）」、「生産（Produce）」、「利用（Use）」（Seiner, 2014）のフェーズを用いて、データのライフサイクルをさらに単純化することもある。このように簡略化されたデータライフサイクルを、使用することの意外な利点のひとつは、テクノロジーとの結びつきが薄れることであり、それは多くの受け手にとって良いことである。

ステップ1 まとめ

プロジェクトの規模や範囲に関係なく、ステップ1の全てが重要だ。ここではデータ品質プロジェクトで対処すべき、ビジネスニーズとデータ品質問題の優先順位付けと選択に必要十分な時間を費やした。全てのプロジェクト活動の基礎となる、プロジェクトアプローチを決定した。データ品質改善を主目的としたプロジェクトであれ、一般的なプロジェクトの中でのデータ品質活動であれ、10ステップ/テクニック/アクティビティの一時的な部分適用であれ、どのような種類のプロジェクトでもある程度の計画が必要となる。

適切なレベルのコミュニケーションと人の巻き込みを、確実に実施することは必須である。多くのプロジェクトは、関係者（スポンサー、経営陣、チーム、ビジネス、IT等）間の誤解が原因で失敗している。効果的なプランニングは、あらゆるプロジェクトの成功に不可欠である。ビジネスニーズとアプローチを定義することで、プロジェクト活動に必要なフォーカスが定まる。何を達成するのか、何故達成するのかが明確でないために、プロジェクトが成功しないようなことがあってはならない。

このステップを無視したり下手にやったりすれば、すでに失敗が約束されたようなものであり、部分的な成功にとどまるか、間違ったことに多くの時間と労力を費やすことになる。しかしうまくやれば、プロジェクトを成功させるための足がかりとなり、組織に価値をもたらすジャンプ台を得ることができるだろう。

 コミュニケーションを取り、管理し、巻き込む

このステップで、人々と効果的に働き、プロジェクトを管理するための提案。

- ステークホルダー一覧の作成に着手し、最初のコミュニケーションプランを作成しよう。
- ビジネスニーズやデータ品質の問題を収集し、理解するために調査やインタビューを実施する場合は、回答者が目的を理解し、参加する準備ができているか確認しよう。
- ステークホルダーに会い、計画中のプロジェクトについて意見を聞き、期待値を設定し、彼らの懸念に対応しよう。
- 肯定的なものも否定的なものも含め、全てのフィードバックに耳を傾け、調整とフォローアップを行おう。
- サポートとリソースを最終決定しよう。
- プロジェクトチームとマネジメント層とのプロジェクトキックオフを開催しよう。
- プロジェクト文書の保管と共有のための構造を整えよう。
- 問題とアクションアイテムを追跡し、結果を文書化するプロセスを設定しよう。

Chapter 4

第4章 10ステッププロセス

> **チェックポイント**
>
> **ステップ1 ビジネスニーズとアプローチの決定**
> 次のステップに進む準備ができているかどうかは、どのように判断すればよいか。次のガイドラインを参考にして、このステップの完了と次のステップへの準備を判断しよう。
>
> - ビジネスニーズとデータ品質問題、プロジェクトのフォーカス、効果、目標が明確に定義されているか。
> - 経営陣、スポンサー、ステークホルダー、プロジェクトチームとそのマネージャーが適切に巻き込めているか。彼らはプロジェクトを理解し、支持しているか。
> - 必要なリソースは確保されたか。
> - 概要レベルの情報環境(データ、プロセス、人/組織、テクノロジー、プロジェクトスコープ内の情報ライフサイクル)が理解され、文書化されているか。
> - プロジェクトのキックオフ等、プロジェクトが適切に開始されたか。
> - プロジェクト計画、プロジェクトアプローチ/SDLCに関連するその他の成果物と文書を共有するためのファイル構造は作成されたか。
> - 最初のステークホルダー分析が完了し、コミュニケーション計画へのインプットとして使用されたか。
> - コミュニケーション計画が作成され、このステップで必要なコミュニケーションが完了したか。

ステップ2 情報環境の分析

ステップ2のイントロダクション

ステップ1でビジネスニーズとプロジェクトのフォーカスが確定したら、**ステップ3**のデータ品質の評価にすぐに飛び込んで、**ステップ2**をスキップしたくなるだろう。でもお願いだからそれはしないでほしい！

こう考えてみよう。殺人事件が起きた。公園に死体が転がっている。警察が捜査にやってきた。彼らはどうするだろうか。遺体を拾い上げ、周囲の状況も考えずに検視局に運ぶだけだろうか。もちろんそんなことはしない！捜査エリアを守るため、周囲を封鎖する。周囲を見回す。何が分かるのか。天候や時間帯はどうか。彼らは、犯人はどこから来たのか知ろうとするだろう。犯行時、被害者や犯人はどこに行こうとし、公園で何をしていたのか。そこにいた目的は何だったのか。遺体はいつからそこにあったのか。目撃者はいたのか。遺体の周辺環境から、殺人事件の解決につながる多くのことが分かるはずだ。もちろん検死が行われれば、遺体そのものからさらに多くのことが分かるだろう。しかしまずは遺体、遺体の周囲の環境、遺体と周囲との関係を事件解決のための初動調査が先決である。

同様にデータ品質に関する犯罪もいろいろある！　よく起こることは何か。人々が押し寄せ、データをクリーンアップし、それでおしまいにしてしまう。それはまるで、警察がやってきて死体を検視局に送り、すぐに犯罪現場を片付ける作業員を連れてくるようなものだ。それが犯罪を阻止する方法でないことは分かるだろう。しかし、「悪いデータを一掃しよう」というプロジェクトを組織で何度も何度も目にしたことがあるはずだ。そして人々は何故データ品質犯罪が起こり続けるのか不思議に思う。悪いデータは継続的に現れ、組織に悪影響を及ぼす。情報環境を分析しないことで、データ品質犯罪の解決や防止に役立つ多くの重要な証拠が見逃されている。

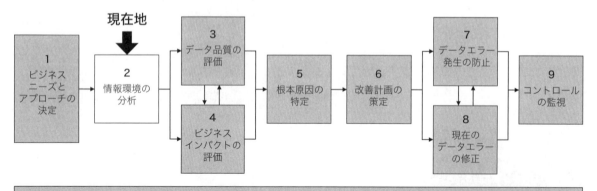

図4.2.1　「現在地」ステップ2情報環境の分析

Chapter 4

第4章　10ステッププロセス

このステップは情報環境、つまりデータ品質の問題を取り囲む、あるいは発生させた、あるいは悪化させた可能性のある設定、条件、状況を理解するのに役立つ。データランドスケープやデータエコシステムも、同様の考えを表す用語である。情報環境の分析とは、要件と制約、データとデータ仕様、プロセス、人／組織、テクノロジー、情報ライフサイクルを見ることである。「データ品質低下事件」を解決するには、情報環境を調査することによってのみ解明できる、手がかりを解釈する必要がある。捜査員になったつもりで取り組んでほしい！「NCIS」や「ミッドサマー・マーダーズ」のような犯罪を解決するテレビ番組でも、アーサー・コナン・ドイル卿の「シャーロック・ホームズ」やアガサ・クリスティの「エルキュール・ポワロ」のような古典的な探偵でも良いが、あなたも彼らの仲間入りをして謎を解くことができる！

私達はシステム、アプリケーション、プログラムコード、データに触れ、情報を利用する人々やプロセス、あちこちに流れるデータ、満たすべき要件等が、蜘蛛の巣のように張り巡らされた複雑な環境の中で生きている。ステップ2で示す構造化された考え方を使って、データや情報の品質に影響を与える条件や要因を整理しよう。多くの場合データ、プロセス、人／組織、テクノロジー、要件、情報ライフサイクルといった側面は、個別に検討される。「テクノロジーの問題だ」とか、「ビジネスプロセスがおかしくなっている」といったものだ。ステップ2ではこれら全ての側面を全体的な方法でまとめ、これまで見られなかったような方法で、これらの側面の間の関係を見ることができる。情報を形作る要因を理解することで、より良いソリューションを考案できる。取得され品質を評価されたデータが、実際にビジネスニーズに関連するデータであることを確認しよう。そうでなければ本当に必要なデータを得るまでに、何度もデータを抽出しなければならないことも珍しくない。またこのステップを適切な詳細レベルで完了させることで、データ品質評価から見えてくるものを解釈し、分析する素地ができる。このステップをスキップするプレッシャーがありがちだが、情報環境について十分に理解することで、実際に評価はより迅速に進み、多くの効果をもたらし、手戻りを避けることができる。**キーコンセプトのコールアウトボックスを参照してほしい。**

表4.2.1　ステップ2 情報環境の分析のステップサマリー表

目標	・現在の情報環境の各要素を、スコープ内のビジネスニーズとデータ品質問題に対処し、プロジェクト目標を達成し、次のステップに備えるために必要な詳細レベルで取りまとめ、分析し、文書化する。 注：情報環境の要素とは、要件と制約、データとデータ仕様、テクノロジー、プロセス、人／組織、情報ライフサイクルである。
目的	・データ品質の問題を生み出した環境を理解する ・評価対象となるデータが、ビジネスニーズとプロジェクトに関連するデータであることを確認する。 ・データ取得とアセスメント計画の策定、データ品質とビジネスインパクトの評価の分析、根本原因の特定、予防と是正のための改善計画の策定と実施、コントロールの監視、プロジェクトのマネジメント、人々とのコミュニケーションと巻き込み等、10ステッププロセスを通じた他の全てのステップと活動の基礎となる情報を提供する。

インプット		・**ステップ1**から把握した内容と成果物。スコープ内のビジネスニーズとデータ品質問題、プロジェクトのフォーカス、アプローチ、計画、目標、情報環境（概要レベル）等 ・情報環境の様々な要素について、既存の文書、ツール内、専門家から得た知識。例えばメタデータリポジトリ、ビジネス用語集、ビジネスルールエンジン、アーキテクチャ、データモデル、データフロー図、ビジネスプロセス・フロー、組織図、職務の役割と責任、データ取得／購入契約等。 ・ステークホルダー分析、コミュニケーション、チェンジマネジメント計画 ・ここまでのコミュニケーションと巻き込み状況に基づき、必要に応じてフィードバックと調整を行う。
テクニックとツール		・**第3章キーコンセプト**より、情報環境の要素に関連する項目。例えば、情報品質フレームワーク、情報ライフサイクル ・**第6章その他のテクニックとツール**より。 　○ 情報ライフサイクルのアプローチ 　○ サーベイの実施 　○ 10ステップとその他の方法論および標準 　○ データ品質マネジメントツール 　○ 課題とアクションアイテムの追跡（**ステップ1**で開始し、全体を通して使用する） 　○ 結果に基づく分析、統合、提案、文書化、行動（**ステップ1**で開始し、全体を通して使用する）
アウトプット		注：全てのアウトプットは適切な詳細レベルであり、ビジネスニーズ、データ品質問題、プロジェクトの目標に関連している。以下、例。 ・最終化された要件（**ステップ2.1**より） ・詳細なデータグリッドとデータ仕様、複数のデータソースを評価する場合はデータマッピング、データを移行する場合は初期のソースからターゲットへのマッピング（**ステップ2.2**より） ・データの構造、関係、意味を理解し、関連するデータを取得・分析できるようにするためのデータモデルとメタデータ（**ステップ2.2**より） ・範囲内のアプリケーションアーキテクチャ（**ステップ2.3**より） ・プロセスフロー（**ステップ2.4**より） ・組織構造、役割、責任（**ステップ2.5**より） ・プロジェクト範囲内の要素を反映した情報ライフサイクル（**ステップ2.6**より） ・情報環境の様々な要素間の相互作用を示すマトリックス ・結果、把握した内容、発見された問題、考えられる根本的原因、初期の提案事項のドキュメントと分析 ・プロジェクト状況、ステークホルダー分析、コミュニケーション、更新されたチェンジマネジメント計画 ・プロジェクトのこの時点で適切な、コミュニケーションとチェンジマネジメントのタスクの完了
コミュニケーションを取り、管理し、巻き込む		・**ステップ2.5関連する人と組織の理解**で把握したことに基づいたステークホルダーリストを絞り込み、それに応じて更新したコミュニケーション計画 ・以下を実施し、ステークホルダーやチームメンバーを巻き込む。 　○ 定期的な状況報告の提供 　○ 提案や懸念の傾聴、対処 　○ スコープ、スケジュール、リソースに影響を与える恐れのある潜在的な問題等、このステップで把握したことに関する最新情報の提供 　○ このステップで学んだことに基づき、今後のプロジェクト作業、チームの参加状況、個々の関与に対する潜在的な影響や変更についての期待を設定 ・問題とアクションアイテムの追跡と成果物のタイムリーな完了 ・プロジェクトの今後のステップのための、リソースとサポートの確保

Chapter 4

第4章　10ステッププロセス

チェックポイント	・次のステップを最も効果的に実行するために、情報環境の該当する要素を理解し、適切な詳細レベルで文書化しているか。 ・**ステップ3**でデータ品質の評価を行う場合 　◦データは十分に理解され、データ品質評価が関連データにフォーカスを当てられると確信できるか 　◦データの品質を評価するために、要件と制約事項、詳細なデータグリッドとマッピング、データ仕様が確定しているか 　◦権限やデータへのアクセスに関する問題は確認されたか。 　◦アセスメントを実施するためのツールは入手可能か、あるいはツールを購入する必要があるか 　◦トレーニングのニーズは特定されているか ・**ステップ4**でビジネスインパクトの評価を実施する場合 ・ビジネスニーズと情報環境は十分に理解され、関連付けられ、ビジネスインパクト評価が適切な分野にフォーカスを当てられると確信できるか ・このステップの結果は文書化されているか。例えば、情報環境を分析する過程で得られた知見、観察したこと、既知／潜在的な問題、既知／予測されるビジネス上のインパクト、潜在的な根本原因、予防と是正のためにこの時点で想定される初期の提案事項等 。 ・今後の評価に必要なリソースは特定され、確保できたか 。 ・コミュニケーション計画は更新され、このステップに必要なコミュニケーションは完了したか。

 キーコンセプト

情報環境を理解するメリット。ステップ2情報環境の分析は、プロジェクト全体を通して使用される必須の知識をもたらす。必要十分の原則を使用して、データ品質問題を取り巻く関連要件と制約、データとデータ仕様、プロセス、人／組織、テクノロジー、および情報ライフサイクルを理解しよう。そうすることで以下ができるようになるだろう。

- 組織内の複雑な環境を理解する。**ステップ2**で示す構造化思考を用いて、データや情報の品質に影響を与える条件や要因を選別する。
- 環境の様々な側面の関係を理解することで、より良い決断を下すことができる。
- ビジネス上の問題に関連するデータが、実際に評価されるデータであることを確認する。そうでなければ本当に必要なデータを得るまでに、何度もデータを抽出しなければならないことが多く、結果的に時間、労力、コストの無駄になってしまう。
- **ステップ3データ品質の評価**で、現実的なデータの取得と評価の計画を立てる。
- 主要なリソースまたはステークホルダーとして、プロジェクトに巻き込むべき人物を特定する。
- 要件を明らかにする。これらはどのデータ品質を比較するかの仕様となり、評価中に探すべき潜在的な問題領域を浮き彫りにする。
- 評価結果を解釈する。データに影響を与える背景や環境を理解すればするほど、データを評価するときに見えるものをよりよく読み解くことができる。
- 根本原因を特定する。環境の要素（またはそれらの組み合わせ）がデータ品質の問題を引き起こしたはずだ。真の原因を突き止め、再発防止策を講じるためには、それらを理解する必要がある。

- データ品質問題の（再発）防止策を考案し、データの修正箇所と修正時期を決定する。

その全てが、組織が戦略、ゴール、問題、機会に対処するために信頼し、依存できる高品質のデータと情報の基礎を築くものだ。納得しただろうか。**ステップ2**をスキップしないでほしい！

ステップ2 プロセスフロー

情報環境を理解するためには6つのサブステップがある。プロセスの流れを**図4.2.2**に示す。このステップでは**ステップ1**で学んだことを基にビジネス課題に関連し、プロジェクトの範囲内にある概要レベルのデータ、プロセス、人／組織、テクノロジーを特定する。ここではこれらをさらに発展させ、要件と制約、データ仕様、情報ライフサイクルを含める。これらの用語について復習が必要な場合は、先に進む前に**第3章キーコンセプト**を読んでほしい。情報品質フレームワークの中で、このステップの要素を見つけられるだろう。

重要!!!、ステップ2の各サブステップは相互に関連している。番号が付いているのは識別のためであり、完了しなければならない順番ではない。あなたが最も多くの情報を持っている、あるいは最も精通している分野／サブステップから始めるのがよいだろう。そこから任意の順序で、適切な詳細レベルで関連する情報が得られるまで、作業を進めよう。このステップを反復的に実施すると、最もうまくいくだろう。

ジグソーパズルを組み立てることを考えてみよう。多くの人は枠となるピースから始める。これは最初に概要レベルの情報ライフサイクルをスケッチするのと似ている。これは**ステップ1.2プロジェクトの計画**でコンテキスト図としてすでに行ったかもしれない。そうでない場合は**ステップ2.6**で行うのがよ

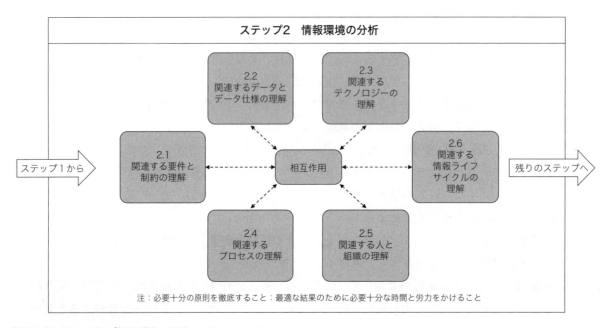

図4.2.2 ステップ2「情報環境の分析」のプロセスフロー

い。これにより、他のサブステップで行われた作業の境界がはっきりするだろう。さらにそれらから多くのことが明らかになったら、**ステップ2.6**に戻り、継続的に情報ライフサイクルに詳細を加えよう。

ステップ2.2関連するデータとデータ仕様の理解も早めに見ておくべきサブステップである。まず最も重要な項目に優先順位をつけて、スコープ内の詳細データを絞り込む。これを重要データエレメント（CDE：Critical Data Element）と呼ぶ。そしてCDEは、全体を通して行われる作業の指針となる。例えばビジネスプロセスやアプリケーション内の全てのデータエレメントではなく、CDE のデータ仕様の収集にのみ時間を費やす必要がある。これによってここで費やす時間を大幅に削減し、最も重要なことに労力を集中させることができる。

パズルのピースを色や模様、形等で分類するのが好きな人もいる。そしてそれぞれのセクションを作り上げたり、セクション間を行ったり来たりしながら、最終的にはそれらをつなげていく。各サブステップを自分に合う順番で分析し、各サブステップ間の相互作用を理解することによって、各サブステップをまとめることができる。

ビジネスニーズ、データ品質問題、プロジェクト目標に関連することについて、その過程で多くの選択をすることになる。情報環境を探索するうちに、問題が想像以上に広範であることに気づくかもしれない。これには圧倒されてしまうかもしれない。**ベストプラクティスのコールアウトボックスにあるガイドライン**を参考に、フォーカスを絞るようにしよう。さらに各サブステップの手順には、概要、中間、詳細のそれぞれのレベルと考えられる例が含まれているので、判断の参考にしてほしい。

> 🎯 **ベストプラクティス**
>
> **関連するものは何か。適切な詳細レベルはどの程度か。**これらの質問に対する答えを決めることで、分析麻痺を避け、前進し続けることができる。プロジェクト全体を通して、これらの質問を念頭に置くようにしよう。**ステップ2情報環境の分析**でこれらの質問を使うことは、特に重要である。これらの質問に対する答えは、あなたがどこに力を注ぐか、どれだけの時間を費やすか、そして結果の内容に影響を与える。
>
> - **関連性**。この文脈では選択されたステップまたはサブステップ、およびその中で選択されたテクニックとアクティビティが、ビジネスニーズ、データ品質問題、スコープ内のプロジェクト目標に関連していることを意味する。
> - **詳細レベル**。各ステップ、サブステップ、テクニック、アクティビティ内で必要な詳細レベルは、プロジェクトのどの段階にいるか、もちろんビジネスニーズ、データ品質の問題、プロジェクトの目的によって異なる。概要レベルから始め、必要に応じて細かいレベルの詳細まで作業しよう。
>
> さらなる詳細が必要かどうかを判断する際には、以下の質問を自問してほしい。
>
> - さらなる詳細を追加することで、ビジネスニーズやプロジェクト目標に重要かつ実証可能な影

響を与えるか。
- さらなる詳細を追加することで、データの品質やビジネスインパクトに関する仮説を証明または反証する証拠が得られるか。

必要十分の原則を採用する。 結果を最適化するために、各ステップおよびサブステップに十分な時間と労力を費やそう。ステップ2をスキップしないようにしつつ、不必要な詳細に入りすぎないようにしよう。何が十分なのか（何が関連性があり、何が適切な詳細レベルなのか）を判断するバランスは、データ品質の技術の一部である。

最善の判断で次に進む！ その時点でわかっていることに基づいて迅速な決断を下し、次に進もう。状況が変わったり、新たな情報が入ったりしたら、そこから調整するのが良い。後でさらに情報が必要になれば、その時点で収集しよう。

ステップ2の時間のかけ方

ステップ2情報環境の分析に費やす時間の見積もりは、データ品質改善を主目的としたプロジェクトではやや問題があるように見える。このステップのアクティビティは、チームメンバーやプロジェクトマネージャーによってはあまりなじみがなく、必要な詳細レベルも大きく異なる。

当然ながら、ステップ2に費やす時間はスコープに依存する。データ品質改善を主目的としたプロジェクトでは、ステップ2で情報環境の分析に費やす時間を見積もる際に、以下のガイドラインが役立つだろう。以下の見積もりには、ステップ1－6の作業が含まれる。ステップ7－9は含まれない。何故ならデータの修正、将来のエラーの防止、コントロールの導入にかかる時間は、それ以前のステップで発見された内容によって大きく異なるからである。

- ステップ1－6の推定所要期間が4週間なら、ステップ2の所要期間は3～5日
- ステップ1－6の推定時間が4カ月なら、ステップ2の推定時間は2週間
- ステップ1－6の推定所要期間が9カ月とすると、ステップ2の所要期間は1カ月となる

実際にステップ2に取り組んでみて、上記のガイドラインよりもはるかに多くの時間をステップ2に費やしていることが判明したら、必要以上に詳細に取り組んでいるか、プロジェクト全体の労力を過小評価しているかのどちらかである。

多くの興味深い項目が見つかるだろう。あるプロジェクトチームでは、お互いにいつでも「ネズミの穴に入って行くのか」と聞く許可を与えた。これは一旦立ち止まって、その詳細レベルや関心のある項目が、実際にビジネスニーズやプロジェクトの目的に関連しているかどうかを自問する合図だった。もし答えがイエスなら、私達はその分野にもっと時間をかけることに同意した。もしそうでなければ、なぜそのプロジェクトをやるのか（ビジネスニーズ）と何を達成するのか（プロジェクト目標）に目を向けながら、仕事にフォーカスし直した。このやり方は私達が前進し、軌道を維持し、時間をうまく使うのに役立った。

効果的に進めるために必要な基礎情報を得るために、必要十分な時間をかけよう。このステップをスキップしてはならないが、使用されない可能性のある詳細に入りすぎてはならない。必要であれば、後でいつでも詳細を追加できる。

> **! 警告**
>
> **時間とお金の浪費を避ける！** 重要なことなので繰り返すが、**ステップ2**をスキップする誘惑に負けないでほしい！ ステップ2ではデータ品質を評価するデータが、実際にビジネスニーズや解決すべきデータ品質の問題に関連していることを、確認するのに必要十分な知識だけを得るようにしよう。そうでなければビジネス上の問題に関連する実際のデータにたどり着く前に、何度も抽出を繰り返し、手戻りが発生する危険性がある。情報環境について十分に理解することは、データ品質やビジネスインパクトの評価の結果を解釈する上でも役立つものだ。これは、根本原因の分析に役立ち、どの予防措置やコントロールを実施すべきかについて、より適切な意思決定を可能にする。情報環境の分析は、通常、ビジネスインパクトの評価よりもデータ品質の評価に向けた方がより詳細になる。

ステップ2.1 関連する要件と制約の理解

ビジネス効果とコンテキスト

要件とは、義務や要求のことである。プロセス、セキュリティ、テクノロジー等、ビジネスが成功するために必要なものである。要件の中には、プライバシー、法律、政府機関等、ビジネスがコンプライアンスを義務付けられている外部的なものもある。データはこれら全ての要件への準拠を支える必要があるため、プロジェクトのできるだけ早い段階でこれらの要件を理解することが重要である。

制約とは、制限や禁止事項のことであり、やってはいけないことである。できないことを考えることで、このステップで明らかにすべき項目がさらに浮かんでくることが多い。つまりやってはいけないことをやらないようにするために、何をしなければならないか、ということだ。ややこしいが伝わっただろうか。

> **99 覚えておきたい言葉**
>
> 「終わりを念頭に置いて始める」
>
> - Stephen R. Covey, Seven Habits of Highly Effective People より

アプローチ

1．要件と制約に必要な詳細レベルを検討する。
こう自問してみよう、「プロジェクトのこの時点で次のことを行うために、関連する要件と制約につい

て何を知る必要があるか。次のプロジェクトステップを最も効果的に実施するために、関連する要件と制約について何を知る必要があるか。ビジネスニーズへ対応できるか。プロジェクトの目標を達成できるか」。詳細レベルの例については、**図4.2.3**を参照してほしい。

2. 要件を収集し、制約条件を特定する。

要件と制約が、ビジネス課題、関連データ、それらを遵守するために必要なデータ仕様に関連し、プロジェクトの範囲内であることを確認しよう。ビジネス、ユーザー、機能、テクノロジー、法律、規制、コンプライアンス、契約、業界、内部方針、アクセス、セキュリティ、プライバシー、データ保護等に関する要件と制約を検討しよう。それらはあなたの組織、あなたの国、あるいは国際的に適用されるものかもしれない。例えば一般データ保護規則（GDPR）は欧州連合（EU）が起草・可決したものだが、EU域内の人々を対象としたり、EU域内の人々に関連するデータを収集したりするのであれば、世界中のどこの組織にも適用される。米国では、カリフォルニア州消費者プライバシー法（CCPA：California Consumer Privacy Act）がカリフォルニア州の消費者のプライバシーの権利を扱っており、遵守しなければならない企業の規模に関する具体的な基準が定められている。多くの国で、個人を特定できる情報（PII：Personally Identifiable Information）の取り扱いに関する法律が制定されている。組織の財務、法務、その他の部門に問い合わせる必要があるかもしれない。

プロジェクトでデータの品質を評価するために、データへのアクセスや閲覧の許可を誰が持っているか等の制約を確認しよう。**テンプレート4.2.1**のサンプルアウトプットとテンプレートは、要件を把握するための出発点として使用できるので参照してほしい。また、データ品質評価軸の考え方がより詳細なデータ品質要件を収集するためにどのように使用されたかについては、**表4.2.2**を参照して欲しい。

3. 要件と制約について得られた知見に基づく分析、統合、提案、文書化、行動

その他のヘルプについては、第6章その他のテクニックとツールの同名のセクションを参照して欲しい。

同じ情報、同じ組織等に対する、様々な要件を見てみよう。これらの要件は最終的には詳細なデータ仕様となり、データが要件へ確実に準拠するようにする必要がある。これは**ステップ2.2関連するデータとデータ仕様の理解**、またはデータ品質を評価する**ステップ3**で行うことができる。

ステップ2内の他のサブステップで得られた知見と、結果を一致させよう。現時点で分かっていることに基づいて初期の提案を行い、適切な時期であれば今すぐ行動を起こそう。結果を文書化しておこう。

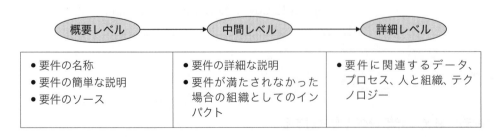

図4.2.3 要件と制約の詳細レベルの例

Chapter 4

第4章 10ステッププロセス

サンプルアウトプットとテンプレート

要件の収集
テンプレート4.2.1要件の収集に含まれる内容を以下に説明する。情報が概要レベルから中間レベルの詳細さであることが分かるだろう。データは多くの規制に準拠するために不可欠であるため、ここで収集された情報は、いずれデータ自体が規制に適合することを確保するための具体的な要件に変換される必要があり、データの品質がビジネスプロセスの規制遵守を支援する役割を果たすことになる。

テンプレートの列見出しの下の1行目は、バイオテクノロジー企業の例を示している。「データ品質」と呼ばれていないかもしれないことを認識した上で、前述の規則に既に組み込まれているデータ品質関連の統制を探そう。データ品質を確保するために必要な他のものを補足しよう。

テンプレート4.2.1 要件の収集

要件	要件のソース	要件のタイプ	関連情報／データ	関連プロセス	関連組織／人	要件が満たされない場合のインパクト
製品を出荷するために取得される情報は、正式に指定されなければならず、変更は正式な変更コントロールの下で行われなければならない。	現行の適正製造基準（CGMP）規則*。	コンプライアンス	顧客 製品 出荷	受注入力 返品マネジメント リコールマネジメント	顧客販売部門	患者の健康 会社の評判 罰金

＊現行の適正製造基準（CGMP：Current Good Manufacturing Practice）は、ヒト用医薬品の品質を保証するための主要な規制基準であり、米国食品医薬品局（FDA：Food and Drug Administration）によって規制されている。CGMPは、製造工程および施設の適切な設計、監視およびコントロールを保証するシステムを規定する。CGMP規則の遵守は、医薬品の製造業者に製造作業を適切にコントロールすることを要求することにより、医薬品の同一性、成分含有量、品質、純度を保証する。出典：米国食品医薬品局（2018）。

要件
要件の簡単な説明

要件のソース
情報を提供した人や特定の法律や社内規定等の具体的な情報ソース。

要件のタイプ
検討すべき領域は以下の通り。ビジネス、ユーザー、機能、テクノロジー、法律、規制、コンプライア

ンス、契約、業界、内部方針、アクセス、セキュリティ、プライバシー、データ保護。これらはあなたの組織、あなたの国、または国際的に適用されるものかもしれない。あなたの状況には他のタイプも当てはまるかもしれない。要件をカテゴライズする有用な方法を議論してほしい。

関連情報／データ
要件に準拠するために整備するべき情報、または要件に準拠するべき情報そのもの（要件が情報を指定している場合）。より概要の情報レベルから始めるか、より詳細なデータレベルから始めるかを決定しよう。

関連プロセス
要件が適用されるプロセス、またはコンプライアンスをサポートするためにすでに実施されている特殊なプロセス。これらのプロセスとは、データや情報が使用されたり、取得／作成／収集／保守されたりする箇所である。POSMADのライフサイクル全体を通して情報に影響を与えるいくつかのプロセスに拡大してもよい。

関連組織
要件によって影響を受ける組織、チーム、部門等。

要件が満たされない場合のインパクト
要件を満たさなかった場合の結果で、法的措置、罰金のリスク等。現時点で分かっていることをできるだけ具体的に説明しよう。これはリソースや時間に基づいてトレードオフを検討する必要がある場合、または相反する要件がある場合の意思決定の原動力となる。

要件収集でのデータ品質評価軸の使用
どのようなプロジェクト手法であれ、システム導入プロジェクトには何らかの要件収集作業がつきものである。この作業は通常、インターフェースや概要レベルのデータフローの面で、ユーザーが何を見る必要があるかに焦点を当てるが、情報そのものの品質には踏み込まないことが多い。プロジェクトの初期に他の要件を収集する際に、データ品質要件を収集することもできる。

コールアウトボックス「10ステップの実践例」では、**テンプレート4.2.1**で示したものとは異なるアプローチの要件収集を説明している。この例では、**ステップ3データ品質**の評価で説明したデータ品質評価軸と同じものを使用して、データ品質の要件を抽出している。これらの要件は、**ステップ3**でデータ品質を評価する際の比較ポイントとして使用される。現在のデータ品質が受け入れがたいことが判明した場合、データクレンジングと必要な改善をプロジェクトに組み込むべきである。改善点のリストが長い場合は優先順位を付け、データ品質プロジェクトを通じて時間をかけて実施する必要があるかもしれない。

10ステップの実践例

データ品質要件を収集するためのガイドライン

背景

Mehmet Orunは、大手ライフサイエンス企業でプリンシパル・データ・アーキテクトとしてデータサービス部門を率いていた。業務グループやITグループとの仕事の一環として、彼はデータ品質要件をどのように把握すれば、革新的なソリューションを開発できるかについて同僚に助言し、同時に提供品質、効率性、効果の向上を目指した。

次のシナリオで、Mehmetはあるプロジェクトチームが統合テクノロジーに関する決定を下す必要があったときの経験を語っている。業務担当者はERPシステムから何を必要としているかを知っており、テクノロジーの選択肢はいくつもあった。彼はこのプロジェクトで業務を代表する人々、つまり情報を仕事に活用する知識労働者に会った。テクノロジーに焦点を当てるのではなく、メフメットは情報ライフサイクルの概念とデータ品質要件を使ってセッションを進行した。そして具体的なビジネス用途に基づいて、インターフェース(バッチ、リアルタイム等)について提案することができた。

要件収集セッション

メフメットは質問する人々に背景を説明した。それは次のようなものだった。今日のテクノロジーでは、様々なデータ交換のオプションがある。リアルタイムで情報を交換することもできるし、スケジュールを決めて交換することもできる。リアルタイムの交換であっても、情報が入手可能になり次第受け取るか(パブリッシュ・アンド・サブスクライブ)、あるいは即座に情報を取得するか(リクエスト・アンド・レスポンス)を選択できる。適切なインターフェースを実装し、システム間のデータ品質を維持するためには、経営者等のアプリケーションの間接的なユーザーを含め、ビジネスユーザーがどのように情報を使用するかを理解する必要がある(注:パブリッシュ・アンド・サブスクライブ等のIT用語は会話に含まれていないが、テクノロジーを担う読者のために記載した)。

メフメットは次に情報ライフサイクルの概念を用いて、情報がどのように利用されるかを理解するために、次の3つのポイントについて話した。

- アプリケーションでこの情報を変更する必要があるか。それはなぜか。
- この変更はERPに戻す必要があるか。それはなぜか。
- 「あなたの情報のニーズについて話しましょう…」

彼は選択したデータ品質評価軸を用いてユーザーがどのようにデータ品質の必要性を認識し、データ品質が悪いとどのようなインパクトがあるかを調べた。**表4.2.2**は彼がどのように議論を進めたかを概説したものであり、同じアプローチを使いたい他の人々への手引きとなるものである。評価軸が議論される順番と使用される単語が、聞き手にとって意味があることに注意してほしい(これ

らはステップ3データ品質の評価で説明されている言葉遣い、リスト全体、順序とは異なる)。

表4.2.2 データ品質評価軸と要件収集

会話の仕方	データ品質評価軸	例
情報はどの程度最新でなければならないのか。 ある情報が入手可能になってからどれくらいの期間、アクセスする必要があるのか。 特定の遅延が望まれているのか。	適時性	新しい従業員が同じ営業日に採用された場合、適切なアカウントを全て作成するためにその採用を把握する必要がある。
決定を下す／業務を遂行するためには、どのデータエレメントが正しくなければならないか。	正確性	ベンダーの税IDおよび請求先住所は、取引を行うために正確でなければならない。 取引を完了するためにベンダーのマイノリティステータスの正確性が必須でない場合でも、財務報告のために四半期ごとに最新でなければならない場合は、これを別の適時性／正確性要件として追跡する。
データが一致しなければならない他のシステムやデータソースはあるか。 他の会計システムと同期させる頻度はどの程度か。 外部からのトリガーはあるのか。	一貫性と同期性	財務部門と営業部門は、資本支出を追跡するために異なるシステムを使用しているかもしれない。予測スケジュール上、一貫性への要求があるかもしれない。
全データのうち、どの程度が利用／アクセス可能でなければならないか。 母集団をサブセットにする基準は何か。	網羅性	セールスフォース・オートメーションシステムには、処方医を何人登録する必要があるか。腫瘍学者や免疫学者等全員か。
重複データは許されるのか。許されないなら、重複の可能性がある場合、重複を解消しなければならない期限はどの程度か。	重複	重複したデータは認められない。重複を避けるために、既存のレコードをリアルタイムで特定できるか。
データ仕様はどの程度正式に把握し、維持しなければならないのか。どのポリシーや規制がそれを要求するのか。	データ仕様	FDAのCGMP（米国食品医薬品局の現行適正製造基準）では、全ての設計文書について、実施前の文書化と正式な変更コントロールが義務付けられている。

メフメットは、データ品質要件を把握するためのベストプラクティスを次のように提案している。

Chapter 4
第4章 10ステッププロセス

- 常に何を達成しようとしているのかを簡単に説明し、例を挙げる準備をしておこう。そうすることで、インタビューやワークショップをスムーズに進めることができる。
- ビジネス用語を使用して、ビジネス・エンティティ・レベル（発注等）で要件を把握しよう。概念データモデルはこの作業を効果的にサポートし依存関係も確認できるため、要件が完全であることを確認できる。
- データ品質評価軸を含め、プロジェクト内およびプロジェクト間で一貫して用語を使用しよう。
- ビジネス・エンティティとデータ品質評価軸ごとに要件収集の結果を比較し、矛盾がないことを確認しよう。適時性に関しては、例えばある人は1営業日以内に更新してほしいが、4時間おき以上には変更しないで欲しいと思うかもしれない。別の人はリアルタイムでの更新を望むかもしれない。解決すべき要件のコンフリクトがあり、ビジネス・エンティティ・レベルで一貫性のある用語を使って要件をキャプチャしていない場合、競合を検出するのは運に頼るか、はるかに困難な作業になる。
- 要件をできるだけ明確に把握しよう。要件の段階で具体的にすればするほど、ソリューションの設計とテストが容易になる。
- ビジネスインパクトを使って要件のテストに優先順位をつけよう。これらの要件の中には自動的にテストできないものもあり、特定の調整が必要であることを覚えておいて欲しい。例えば多くのプロジェクトでは、インターフェースが適切に機能するかどうかをテストするが、そのタイミング（適時性データ品質評価軸）はテストしない。

これは、評価軸の考え方を使用する方法の良い例である。それは、完全なアセスメントを行うためではなく、要件を収集し相手に評価軸が理解され、それらについて議論するためである。

ステップ2.2 関連するデータとデータ仕様の理解

ビジネス効果とコンテキスト

このステップではビジネス課題に関連し、プロジェクトの範囲内にあるデータと関連するデータ仕様を特定する。データと情報は、一般的なビジネス用語、アプリケーションのインターフェースやWebアプリで見られる名前によって、概要レベルでリストアップできる。次にこれらはデータのサブジェクトエリアやデータオブジェクトに分類することができ、さらにフィールド名、ファクト、アトリビュート、カラム、データエレメント等の詳細まで分解できる。**ステップ3**でデータ内容の品質を評価するのであれば、データフィールドのレベルにまで踏み込む必要がある。**ステップ4**でビジネスインパクトの評価を行う場合、データフィールドレベルは必要ないかもしれない。

データ仕様とは10ステップの方法論で使用される包括的な用語であり、データや情報に文脈、構造、意味を与えるあらゆる情報や文書を包含するものであることを忘れてはならない。データ仕様はデータや情報の作成、構築、生成、評価、利用、管理に必要な情報を提供する。本書はメタデータ、データ標準、リファレンスデータ、データモデル、ビジネスルールといったデータ仕様に焦点を当てている。タクソノミーのような、プロジェクトにとって興味深いデータ仕様もある。これらの詳細については、第

3章キーコンセプトを参照してほしい。

高品質なデータを確保するためには、情報の作成、構築、使用、管理、提供に必要な情報を提供するデータ仕様も管理し、理解する必要がある。以下のような時にデータ仕様を使おう。

- 新しいアプリケーションの構築や新しいプロセスの設計時（最初からデータ品質を確保するため）
- アプリケーションやプロセスを変更する時（データ品質が考慮されていることを確認するため）
- 何が高品質なデータであるかを知ることができるように、データの品質を評価する際の比較基準として

このステップは、ステップ2.3関連するテクノロジーの理解と密接に関連しているため、これら2つのステップを一緒に完了するとよいだろう。

アプローチ

1．データとデータ仕様に必要な詳細レベルを検討する。
こう自問してみよう。「プロジェクトの次のステップを最も効果的に進めるために、ビジネスニーズへ対応するために、プロジェクトの目標を達成するために、プロジェクトのこの時点で関連するデータとデータ仕様について、何を知っておく必要があるだろうか」。データの詳細レベルの例については、**図4.2.4**を参照してほしい。

2．重要データエレメント（CDE：Critical Data Element）を特定する。
ステップ1ではプロジェクトの範囲内の情報を、概要レベルで特定した。今こそ、その情報を構成する

概要レベル	中間レベル	詳細レベル
ビジネス用語	データ・サブジェクトエリアまたはオブジェクト	フィールド、ファクト、属性、カラム、データエレメント
仕入先情報	仕入先会社名称	会社名称 部署
	仕入先コンタクト名	接頭語 名 ミドルネーム 姓 接尾語
	仕入先コンタクト情報	仕入先コンタクトEメール
	仕入先所在地	拠点名 通り／番地 都市 州/地方 郵便番号 国

図4.2.4 データの詳細レベルの例

Chapter 4

第4章　10ステッププロセス

データを理解し、しばしば重要データエレメント（CDE）またはキーデータエレメントと呼ばれるものに素早くフォーカスを絞る時である。CDEは最も重要で、組織に最も影響を与えるデータの一部である。プロジェクトの範囲内で最も重要なデータを知っておきたい。

CDEをできるだけ早く見つけよう。他の施策の一環として、CDEが既に特定されていないか確認してほしい。特定されていない場合、CDEを特定するのに有効なテクニックの1つが、**ステップ4.9ランキングと優先順位付け**にある。この手法では何が最も重要かを決定するためのコンテキストとして、ビジネスプロセスを使用する。検討中のデータエレメントそれぞれについて、「もしこのデータフィールドが欠落していたり、間違っていたりしたら、XYZのビジネスプロセスにはどのような影響があるか」と質問する。**ステップ1**で特定したビジネスプロセスを使用しよう。A（もしくは1または高）とランク付けされたデータエレメントは、そのデータが欠落しているか不正確である場合、プロセスの完全な失敗、または容認できない財務、コンプライアンス、法的、その他のリスクが発生する可能性があることを意味する。これがCDEとなる。

時間を短縮するために、データのプロセスや使用方法を知っている少人数のグループで優先順位付けを行おう。そのリストをもとに、ステークホルダーからCDEについての合意を得るとよい。最終決定し、文書化し、適切なチームメンバーやその他のステークホルダーに確実に報告しよう。CDEに関連するデータ仕様のみを収集する等、CDEを作業の指針として使用するとよい。本書ではCDEを、データの品質を評価するプロジェクトの範囲内であると判断したデータであれば何でも、という意味で使う。

CDEをさらに迅速に得るための質問については、ベストプラクティスのコールアウトボックスを参照してほしい。1つ注意。CDEのデータ品質を評価する場合、少なくとも初めてデータの内容を見る際には、選択基準を絞りすぎないようにしてほしい。例えば同じレコードの他のフィールドは、あなたにとってそれほど重要ではないかもしれないが、少なくとも最初に内容を確認する際には見ておくべきだ。なぜならそれらはCDEを理解する手助けとなるコンテキストを示すものであり、追加でデータを取得するべきかどうかの選択基準を洗練させるものだからである。

> **ベストプラクティス**
>
> **重要データエレメント（CDE）の特定**。DQRコンサルティングのMelissa Gentileは、重要データエレメントを素早く特定するために以下の質問を提案している。
>
> - この情報は経営幹部向けの報告書に記載されるのか、もしくは組織の外部に送信されるのか（データやそれを生成した全ての集計について）。
> - それは顧客に影響を与える意思決定に資するか。
> - 規制要件に準拠するために必要な情報か。
>
> 上記の質問の答えを持っているだろうか。もしわからないなら、質問すべきである！これがあなたのCDEとなる。

> それぞれのCDEについて、それがどのように作成され、何を意味するのか、論理的、物理的にどこにあるのか、誰がそれを使うのか、どのレポート上にあるのか、壊れた場合にどのように修正するのかを知っているだろうか。(筆者注：10ステップを使えば、これらの質問に答えやすくなる)

3. CDEとビジネス用語を結びつける。

業務で使用される用語は、品質評価される実際のデータとリンクしていることが重要である。ビジネス用語は情報がどのように適用されるか、ビジネスが情報をどのように見て、どのように考えるかに関連する可能性が高い。ビジネス用語は必ずしもデータベースのカラム名やアプリケーションのフィールド名と同じとは限らない。ビジネスが最も重視するデータを確実に評価するためには、その関連付けをできるようにする必要がある。例えばCDE データが格納されているテーブル、フィールド、データベースを特定する必要がある。ビジネス用語はビジネスで使用される言語を表し、ビジネス側の人々がプロジェクトに含まれる内容を理解できるようにするために使用したいものだ。

ビジネス用語から始めてもよいし、プロジェクト範囲内のデータ・サブジェクトエリア（関連データのグループ化）から始めてもよい。次にデータがどこに保存されているかという詳細に移ろう。逆にデータが保存されているフィールドに詳しい場合は、その用語から始めてビジネス用語に遡ってもよい。ビジネス用語とデータフィールドがリンクしていることを確認するため、必要に応じて文書、レポート、システム画面、インターフェースを調査したり、インタビューを実施しよう。

テンプレート4.2.2詳細データグリッドを参照してほしい。多くの場合情報は、プロジェクトチームのメンバーが利用できない、あるいは容易に理解できない形式や場所で文書化されている。詳細なデータグリッドのゴールは、評価する予定のデータを明確に理解し、プロジェクトチームが参照しやすくすることである。この情報が使用可能な形式ですでに文書化されている場合は、作業を重複させないようにしよう。現在分かっていることから開始し、このステップの進捗に合わせて追加するとよい。

テンプレート 4.2.2　詳細データグリッド

	アプリケーション／システム／データストア									
ビジネス用語	テーブル	フィールド名	データタイプ	フィールドサイズ／長さ	説明	必須、任意、条件付き[*1]	データドメイン[*2]	形式	その他

*1　条件付きの場合は、データを追加する条件を記す。
*2　有効な値のリスト。これには、値を簡単に見つけることができるテーブルまたはファイル名を含めてもよい。

テンプレート4.2.3 データマッピング

	アプリケーション／システム／データストア1					アプリケーション／システム／データストア2				備考
ビジネス用語	テーブル	フィールド名	データタイプ	フィールドサイズ／長さ	説明	必須、任意、条件付き[*1]	データドメイン[*2]	形式		その他*

＊発見された相違点、品質を評価する際に見るべき項目、最初の変換ルール等。

4. 評価の対象となる各データストアの CDE を文書化し、データストア間のマッピングを行う。

データ品質評価に複数のデータストアにある同じデータを確認することが含まれる場合は、一貫性と同期性というデータ品質評価軸で評価していることになる（ステップ3.6）。

各データストアにあるCDEの詳細なデータグリッドを作成し、データストア間のマッピングを行おう。マッピングはあるデータストアでデータが保持されている場所と、同じデータが保持されている別のデータストアの場所を示す。これはステップ3でデータ取得とアセスメント計画を立てる際に重要な情報となる。上記のデータマッピングのテンプレート（**テンプレート4.2.3**）を参照のこと。

あるアプリケーション画面の項目名から、同じアプリケーションの基礎となるデータベースや、別のアプリケーションのフィールド名とその基礎となるデータストアにマッピングすることがあるかもしれない。その際マッピングは情報ライフサイクルのサブセットを表していることを認識しておこう。リネージという言葉はしばしば同義語として使われる。

ソースからターゲットへのマッピングは、古いレガシーシステムから新しいアプリケーションへのデータ移行等、データを移動し統合する他のプロジェクトでも典型的な作業である。似たようなマッピング作業が、ソースからターゲットへのマッピング（STM：Source-to-target mapping）と呼ばれる作業の一部としてすでに行われている可能性がある。作業を重複させないようにしよう。すでに存在するSTMを見つけて利用しよう。多くのSTMはフィールド名に基づいて作成され、データのプロファイリングを通じて得られた知見によってSTMの品質が向上することを認識する。これはステップ3.3データの基本的整合性で説明する。既存のマッピングを使用し、さらに知見が得られる度に更新を続けよう。

5. CDEに関連するデータ仕様を収集する

優れたデータモデラーはデータモデルだけでなく、多くの種類のデータ仕様を収集する際に貴重なリソースとなる。そのような人を見つけ、プロジェクトに参加させ、その専門知識を活用しよう！

以下の**表4.2.3データ仕様の収集**は、対象となるデータに関連するメタデータ、データ標準、リファレンスデータ、データモデル、ビジネスルールについて知っておくと役立つ情報にスポットを当てて説明している。

表4.2.3　データ仕様の収集

データ仕様	収集すべき情報
メタデータ	• データベース／データストア • テーブル名と説明 • フィールド名と説明 • 日付タイプ • フィールドのサイズ／長さ • 定義 • 有効性の指標（例：フォーマット-指定されたフォーム、スタイル、パターン） • そのフィールドがシステムおよび関連するリファレンステーブルによって検証されたかどうか • フィールドがシステムによって生成されたかどうか • データドメイン／有効値（リファレンスデータともみなされる）と、承認された値のリストがある場所 • データフィールドが必須（mandatory）／必要（required）、任意、または条件付きであるかどうか、およびデータを追加する際の条件
データ標準	• テーブル名とフィールド名の命名規則 • データ入力ガイドライン - データを入力する際に従うべき規則（許容される略語、ケーシング（大文字、小文字、混合）、句読点等 • 会社が使用している、または準拠を求められている外部標準
リファレンスデータ	• データドメイン - 許容値の集合 • 有効な値を含むリファレンステーブルの名前 • 値の説明 • リストもしくは値のためのドメインとフォーマットのガイドライン
データモデル	• 主キーおよび外部キーの特定を含む、評価対象データに適用可能なデータモデル • カージナリティ - あるエンティティクラスのインスタンスが別のエンティティクラスのインスタンスに関連付けられる数（ゼロ、1、または多数） • オプショナリティ - あるエンティティクラスのインスタンスが存在する場合、関連するエンティティクラスのインスタンスが存在する必要があるかどうか • そのフィールドが必須であるか、任意であるか、あるいはテクノロジーが必要とする条件付き（条件が文書化されている）であるか • プロジェクトの範囲に関連する、より概要レベルの情報アーキテクチャ計画
ビジネスルール	• そのフィールドが必須であるか、任意であるか、あるいはビジネスが必要とする条件付き（条件が文書化されている）であるか（テクノロジーによって強制される場合もあれば、そうでない場合もある）。データ品質の問題はビジネスがデータを必要としているにもかかわらず、テクノロジーが必須ルールを強制しないあるいは強制できない場合によく発生する。 • インスタンス（レコード）または特定のデータフィールドが、POSMADのライフサイクルを通じて何時、どのように扱われるべきかについての明示的または暗黙的な説明 • 文書化されたビジネスルールと依存関係 - ビジネスアクションを規定し、データ整合性のガイドラインを確立する条件（例えば、大幅な状態変化が発生する可能性のある箇所や、レコードが取得／作成、維持／更新、または削除されたる際のデータ動作に関するルール）
実際の使用例	• データ品質の問題は、技術的にはデータが必要だがレコードを作成または更新する際に、ビジネスがその情報を持っていない場合によく発生する

	• 一般的なビジネス利用法、またはあなたが知っている「実世界」での利用法。例えば、システムは物理的住所を必要とする。レコードが作成された時点で物理的住所が不明な場合は、フィールドにピリオドが置かれることが多い。これは技術的にフィールドの値というシステム要件を満たし、知識労働者が記録を完成させることを可能にする。しかしそのアドレスを必要とする下流のシステムにとっては、データ品質に問題が生じる。
その他の知見	• 特定の分野をアセスメントに含めるべきか、あるいは含めるべきではないかが明らかな場合は、その旨と理由を文書化する

データ仕様は常にではないが、多くの場合、特定の物理的なアプリケーションやシステムに関連付けられている。データが使用、保存されるシステム、アプリケーション、データストアを特定しよう。この活動は**ステップ2.3関連するテクノロジーの理解**と密接に関連している。データカタログ機能を持つツールは、データがどこにあるのかを正確に特定するのに役立つ。

データモデルを理解しよう。**図4.2.5**は、品質を評価するデータの概要を示すのに有用なコンテキストモデルの例を示している。この概要レベルであっても、対象内のデータと関係について有益な情報を提供してくれた。その他より詳細なデータモデルは、システムのスコープ、データが存在するかしないかによってサポートできるプロセスとできないプロセス、データによってサポートされるビジネスルールを示すのに有用である。異なるレベルのデータモデルについては、**第3章の表3.6データモデルの比較**で説明している。業務部門と話をする際には、詳細なモデルを簡略化する必要があるかもしれない。最低限データのリレーションシップを、非常に概要のレベルで知っておく必要がある。

この場合も、現時点で必要な詳細レベルについて判断する必要がある。既存のデータモデルを活用しよう。データモデルがない場合は、データモデルを開発することを提案リストの最初の項目の1つにすべきである。

データ仕様が明確に文書化され、簡単に入手できる場合もある。一方でそれを見つけるために、調査が

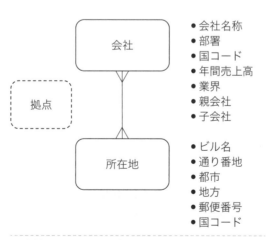

図4.2.5 コンテキストモデル

必要な場合もある。データ仕様は以下の中から探してみるとよい。

- データカタログ、データガバナンス、リネージ、ビジネスプロセス・モデリング、ワークフローマネジメント機能を備えたツール。その成果物がファイルや共有ネットワークの中に紛失したり、遺棄されている可能性がある
- アプリケーションのドキュメントやユーザーガイド
- 対象領域の専門家またはデータスチュワードが保管するスプレッドシートおよび図表ファイル
- 専門家やユーザーの知識、特にビジネスルールに関する知識
- データに詳しい他の人々。ビジネスアナリスト、データアナリスト、データモデラー、開発者、データベース管理者（DBA）等。
- **ステップ2.1関連する要件と制約の理解**で収集した要件と制約条件。これらの要件をサポートするメタデータやビジネスルール等の仕様を作成するためのインプットとなる可能性がある
- データモデル、データ辞書、メタデータリポジトリ、ビジネス用語集
- インターフェースとETL変換手順に組み込まれている
- JSONテキスト、XMLファイル、NoSQLドキュメントやキー／バリューのペアで保存されたもの
- 最も妥当な抽出方法によって、データを最もよく表すレイアウトを提供するその他のソース
- リレーショナルシステム内のデータに対するリレーショナルデータベースのディレクトリまたはカタログで、データの列レベルのレイアウトに関するメタデータ
- データベース・マネジメントシステム内の構造情報。例えばリレーショナルシステムでは、主キー、外部キー、その他の参照制約情報を抽出できる
- リレーショナルシステム内に組み込まれたデータフィルタリングおよび検証ルールを実行制御するためのトリガーまたはストアド・プロシージャロジック
- 情報管理システム（IMS）のプログラム仕様ブロック（PSB）は、論理的なデータ構造を定義し、IMSによって強制される階層構造を理解するためのものである
- IMSやVSAMデータソースにアクセスする際に、データのレイアウトを定義するCOBOLのコピー句やPL/1のINCLUDE（注：COBOLというプログラミング言語の終焉は長年にわたって宣言されてきたが、未だに使われ続けている）

6. スコープ内のデータおよびデータ仕様について得られた知見を分析し、統合し、提案し、文書化し、行動する。

まだ体系的な結果の追跡を開始していない場合は、今すぐ開始してほしい。第6章　その他のテクニックとツールの結果に基づく分析、統合、提案、文書化、行動の項を参照しよう。この時点で認識されたデータ品質への潜在的な影響やビジネスへの影響を文書化しよう。例えばデータの品質に影響を与える可能性があり、DQ評価中にチェックすべき実際の使用方法について何が分かったか。評価したいデータへの許可やアクセスについて、何か問題が予想されるだろうか。

サンプルアウトプットとテンプレート

詳細データグリッド

プロジェクトチームが参照しやすい形式でCDEを文書化するための出発点として、テンプレート

4.2.2詳細データグリッドを使用しよう。このテンプレートは特定の技術に関連するビジネス用語とCDEをまとめたものである。

データマッピング

複数のアプリケーションやデータベースのデータを評価する場合、または別のプロジェクトの一部としてソースとターゲットのマッピングを作成する場合は、データのマッピングの開始点として**テンプレート4.2.3**を使用しよう。

データ仕様の収集

表4.2.3には、対象範囲内のデータに関連するメタデータ、データ標準、リファレンスデータ、データモデル、ビジネスルールについて知っておくと便利な情報が記載されている。

ステップ2.3 関連するテクノロジーの理解

ビジネス効果とコンテキスト

テクノロジーとはデータを保存、共有、操作するフォーム、アプリケーション、データベース、ファイル、プログラム、コード、メディア、プロセスに関わるもの、人や組織が使用するもの等、広い意味で使われていることを忘れてはならない。テクノロジーにはデータストアのようなハイテクと、紙のコピーのようなローテクの両方がある。テクノロジーに関する情報の多くは、**ステップ2.2関連するデータとデータ仕様の理解**に取り組む過程で収集される。この2つのステップを並行して行うとよい。

データベース・マネジメントシステム（DBMS）とは、データベースにデータを保存、整理、管理するソフトウェアシステムである。DBMSとデータベースには複数の種類があり、以下にその内のいくつかを説明する。

現在では伝統的なものと考えられているリレーショナルデータベースは、1970年にEdgar Frank "Ted" Coddが「A Relational Model of Data for Large Shared Data Banks（大規模共有データバンクのためのデータのリレーショナルモデル）」という画期的な論文を発表したとき、革命的なアイデアだった。それはデータ蓄積の新しい手法と大規模なデータベース処理を説明したもので「彼のリレーショナルデータベース・ソリューションは、分かりやすく言えばユーザーがデータベースの物理的構造の詳細をマスターすることなく情報にアクセスできるようにする、データの独立性のレベルを提供した」（IBM, 発行年不明）。

1974年から1977年の間に、2つの主要なリレーショナルデータベースが作成された。イングレスとシステムRである。Ted Coddからリレーショナルモデルについて学んだ後、Don ChamberlinとRaymond BoyceはSQL（Structured Query Language）を発明し、1980年までにリレーショナルデータベースを照会するための最も広く使われるコンピューター言語となり、今日に至っている。NoSQLデータベース（Not only SQL、次で説明する）の登場にもかかわらず、リレーショナルデータベースの利用は依然として強固であり、その衰退が予測されていたものの依然として広く使われている。

NoSQLテクノロジーは通常、キー・バリュー・ストア、グラフストア、カラムストア、ドキュメントストアの4つのカテゴリーに分類される。データレイクはビッグデータ技術と、データウェアハウスはリレーショナルデータベースとある程度同義語になっている。この2つを組み合わせたものが「データレイクハウス」である。データマネジメント・テクノロジーの種類については、**第3章キーコンセプトのデータモデル**のセクションで説明している。NoSQLデータベースの概要については、Mohammad AltaradeのThe Definitive Guide to NoSQL databases（Altarade, 発行年不明）を参照されたい。あなたのプロジェクトにビッグデータが含まれるのであれば、それを管理する非リレーショナルテクノロジーについて、ある程度理解しておく必要がある。

IMSのような他のデータベース・マネジメントシステムも忘れてはならない。1965年、IBMとノースアメリカン航空は、NASA（アメリカ航空宇宙局）のアポロ宇宙計画で使用された、何百万もの部品や材料を追跡する自動化システムを開発した。1966年にはキャタピラートラクターが加わり、IMSの前身であるICSというシステムを共同で設計し開発した。1968年にNASAに導入され、1969年の人類初の月面着陸に貢献した。その2年後、ICSはIMSとして再スタートし、市販されるようになった。

本書の読者の中には、IMSという言葉を聞いたことがない人もいるかもしれないが、IMSは今日でも、しかも大規模に使われている。2017年の記事によると、フォーチュン1000社の95％以上が何らかの形でIMSを使用しており、「リレーショナルデータベースが古い主力製品であり、流行の新しいNoSQLデータベースとの競争が激化している世界では、IMSは恐竜のような存在だ。リレーショナルデータベースが発明されたのは1970年で、それ以前の時代の遺物である。しかし未だに重要なことは全てこのデータベースシステムが担っているようだ」。(Two-Bit History、2017)。

この簡略化した歴史はより品質の高いデータを追求する上で、様々なテクノロジーを扱う可能性が高いという点を強調するために記載したものである。また注目されている最新テクノロジーではないからといって、無視しないようにという注意喚起でもある。データベース・マネジメントシステム、データを移動させるネットワーク、データ品質マネジメント専用ツール等、データのライフサイクルを通じて、データに触れるあらゆるテクノロジーが品質に影響を与える可能性があり、プロジェクトで考慮しなければならない場合がある。**第6章のデータ品質マネジメントツール**を参照してほしい。

テクノロジーの状況やツールは急速に変化している。全てのツールの詳細を知ることができる、あるいは知るべきだと思わないようにしよう。テクノロジーパートナーと協力して、スコープ内のデータに関する情報ライフサイクル全体を通して使用されるテクノロジーについて、十分な理解をしよう。**ステップ3**でのデータの品質の評価、**ステップ7、8、9**でのデータの改善とモニタリングに使用できるツールについて学ぼう。

とはいえ、それだけでデータ品質を保証するテクノロジーは存在しないので、高品質なデータを得るために必要なのはテクノロジーだけだと誤解しないでほしい。情報品質フレームワークと10ステッププロセスから学んだことの中に、管理すべきデータの品質に影響を与える他の多くの側面があり、それぞれに対処しなければならないことが明らかになったことと思う。

その一方で、ツールだけではデータ品質問題の解決にはならないと強調したばかりだが、適切なツールを適切な状況で適切な目的に使用することは非常に重要であることも分かっている。

アプローチ

1. このステップに必要な詳細レベルを検討する

次のように自問してみよう。「この時点で、次のプロジェクトステップを最も効果的に進め、ビジネスニーズに対応し、プロジェクトの目標を達成するために、関連するテクノロジーについて何を知っておく必要があるか」。テクノロジーの詳細レベルの例については、**図4.2.6**を参照してほしい。

データ品質評価を準備する場合、通常はデータフィールドレベルのテクノロジーの理解が必要となる。ビジネスインパクトの評価の準備であれば、特定のアプリケーションを通じてユーザーがどの情報にアクセスするかを知っているだけで十分かもしれない。必要十分の原則を用いて、プロジェクトに関連するテクノロジーとその詳細レベルを決定しよう。

2. プロジェクトの対象となるデータに関連するテクノロジーやツールに関する情報を収集する

ステップ1の概要レベルのテクノロジーから着手しよう。プロジェクトの範囲内でデータを作成、変更、使用するアプリケーション、データストア、ツール、テクノロジー、ビジネスイベント（手動または自動）を特定するとよい。全てのテクノロジーを完全に定義することは本書の範囲外であるため、ITパートナーと協力して、プロジェクトの目的をサポートするテクノロジーについて十分に理解しよう。既存の文書を活用し、開発者、テクニカル・データスチュワード、DBA等のテクノロジー専門家と連携して情報を収集し、収集した情報を検証しよう。ステークホルダーまたはチームメンバーとして、テクノロジー面からプロジェクトに参加すべき人を探すとよい。**ステップ7、8、9**でデータおよびコントロールの監視を改善する際に使用するツールを含めよう。

各テクノロジーについてソフトウェアの名称（ビジネスで使用される一般的な名称と、サードパーティのパッケージの場合はベンダーが使用する「法的名称」）、使用中のバージョン、アプリケーションの所有者、テクノロジーのサポートに責任を持つチーム、プラットフォーム、テクノロジーがオンプレミスかクラウドか、問い合わせに答えるためのプロジェクトの連絡先等を記録しておこう。

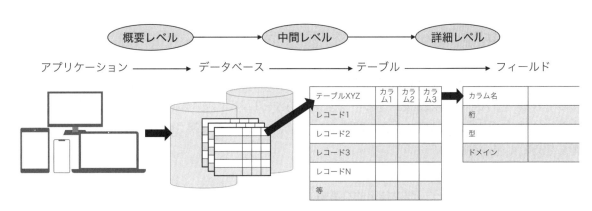

図4.2.6 リレーショナルテクノロジー詳細レベルの例

第6章のデータ品質マネジメントツールの**表6.3**と**表6.4**に様々なツールの機能が列挙されているので参照して欲しい。社内で利用可能な機能と、プロジェクトに必要な機能（クレンジング、予防、コントロール、継続的モニタリング）との間にギャップがあるかを判断するためのガイドとして利用してほしい。

以下は、プロジェクトに関連するテクノロジーを決定する際に、追加で考慮すべき事項である。

保存データ

保存データ（Data at rest）とは、データが保管され静止している状態を指す。注意点として本書で使用するデータストアとは、関係するテクノロジーに関係なく作成または取得され、保持され、使用されるあらゆるデータの集合体を意味する。データストアはどこにでもある。データストアは大規模でも小規模でもよい。データストアはソフトウェアが組織独自のコンピューターとサーバーで実行されるオンプレミス型と、ソフトウェアがベンダーのサーバーでホストされ組織がWebブラウザーからアクセスするクラウド型がある。

データストアには様々なテクノロジーが使われている。データストアの例としては、SQLリレーショナルデータベース内のテーブル、完全なRDBMS（リレーショナルデータベース・マネジメントシステム）、スプレッドシート、カンマ区切りファイル、XML文書、フラットファイル、ファイルリポジトリ、データウェアハウス、階層型データベース（LDAP、IMS）、または様々なNoSQL非リレーショナルデータベース等がある。

転送中のデータ

データが様々なデータストア間を移動することを、転送中のデータ（Data in motion）と呼ぶ。データを移動し、変換し、交換する能力は、異なる技術、ツール、デバイスが協調して接続し、通信する能力である相互運用性のために不可欠である。データの共有に関わるネットワーク、メッセージング技術、インターフェースを考慮する必要があるかもしれない。詳細については、April Reeveの著書Managing Data in Motion（2013）を参照のこと。

データインターフェースとは、データの移動や交換を容易にし、必要に応じてデータを変換して結合できるようにするために書かれたアプリケーションのことである。ETL（Extract-Transform-Load）とは、データをソースシステムから取得（抽出）し、ターゲットまたは目的システムに適合するように変更（変換）し、その後ターゲットシステムに投入（ロード）するプロセスである。後述するユーザーインターフェース（UI）とは異なる。

ソースからターゲットへのマッピング（STM）は、必要な変換ロジックとともに、データをソースから目的地に移動するための情報を提供する。プログラムやETLツールにおけるマッピングとその結果のコードの品質は、データの品質に大きく影響するだろう。データが変換されるたびに、データ品質に悪影響を与える可能性が高まる。

転送中のデータに関するもう一つの技術的な考慮点は、大規模なバッチファイルで移動されるデータのタイミングと構造が、複数の独立したリアルタイムトランザクションとして移動されるデータとは異な

ることである。

使用中のデータ

使用中のデータ（Data in use）とは、ビジネス取引、分析、意思決定に使用されるデータを指す。これらはミクロレベル（例えば、銀行の窓口係が入金を完了する）からマクロレベル（経営幹部が戦略や方針を設定する）に至るまで発生しうる。使用中のデータはデータが価値を持つようになる場所であり、情報ライフサイクルの適用フェーズにあたる。

データはユーザーインターフェース（UI）を通じてユーザーによってアクセスされる。ユーザーインターフェースとは、ユーザーと特定のテクノロジーを結びつける広義の用語である。グラフィカル・ユーザーインターフェース（GUI）はインターフェースの主要なタイプである。例えばUIは、ユーザーがレコードを作成するアプリケーションの画面であったり、モバイル機器のタッチスクリーンであったりする。UIデザインはデータの品質に影響を与える可能性があり、1) データの収集、2) 情報の利用の両方をサポートする必要がある。

データを収集する場合、UIの外観と基礎となるコードは、画面が理解しやすくアクセスしやすいかどうか、フィールドに入力できる値の制約、派生データの計算に影響する。クエリの答えが返される時やレポートが表示される時等、データが使用される時、フォーマットはユーザーが結果を適切に解釈できるようにしなければならない。データ品質の問題を防ぐため、UIチームと協力して新しいアプリケーションを設計し、データ品質問題の根本原因のひとつであることが判明した場合はUIを更新しよう。

構造化データ

従来のデータモデルを持つリレーショナルデータベースのような、硬直したフォーマットで整理しやすい「伝統的な」データと考えられることが多い。例えばマスターデータ、ビジネスアプリケーションのトランザクションデータ、データウェアハウスに統合されたデータ等。スプレッドシートのデータも構造化データとみなすことができる。構造化データには、制約なしに何でも入力できるフリーフォームのテキストフィールド等、非構造化データを含むフィールドがあるかもしれない。

非構造化データ

テキスト、ビジネス文書、プレゼンテーション、ブログ、ソーシャルメディアへの投稿、画像、音声、動画ファイル等の複雑なデータ。NoSQL非リレーショナルデータベースの開発は、リレーショナルデータベースでは収集、保存、整理が困難な大量の非構造化データを管理する能力をもたらした。

半構造化データ

構造化データと非構造化データの両方の要素を持つデータ。コンテンツ自体は非構造化だが、タグのようなプロパティを持つため整理や検索が容易になる。例えばデジタル写真そのものは構造化されていないが、日付、時間、地理的位置のタグがあるかもしれない。

構造化データと半構造化データの違いについて、誰もが同意しているわけではない。電子メールを非構造化データと考える人もいれば、メッセージ自体は非構造化だが、電子メールには電子メールアドレス

や電子メールを送信した日時のスタンプ等の構造化データも含まれていると指摘する人もいる。

オンプレミスとクラウドコンピューティング

最も概要レベルでは、オンプレミスコンピューティングでは、組織はファイアウォールの内側のサーバーにインストールされたソフトウェア上でデータをホストする。クラウドコンピューティングでは、データはサードパーティのサーバーにホストされる。両者にはコスト、セキュリティ、コントロール、コンプライアンス、導入方法等に違いがある。

クラウドコンピューティングにはさらに、パブリックとプライベートの区別がある。プライベートクラウドサービスは他のいかなる組織とも共有されない。パブリッククラウドサービスは異なる顧客間でコンピューティングサービスを共有し、各顧客のデータとアプリケーションは他のクラウド顧客から隠蔽される。さらにプライベートクラウドにはホスティング型（サードパーティのクラウドプロバイダーが提供するもの）と内部型（組織自体が内部で管理し保守するもの）がある。ハイブリッドクラウドにはオンプレミス、パブリック、プライベートクラウドが混在している。なぜ気にする必要があるのだろうか。それはデータの責任者であり、データの品質に影響を与えることができる人に、プロジェクトチームがアクセスできるかどうかである。データ品質に問題が見つかった場合、データの保存方法や保存場所によっては、問題を解決したり、場合によってはエスカレートさせたりすることがより複雑になる可能性がある。

POSMAD 情報ライフサイクルとCRUD

ITのバックグラウンドを持つ人なら、CRUD（Create、Read、Update、Delete）として知られる4つのデータ操作に馴染みがあるかもしれない。CRUDは、4つの基本的なデータ操作、つまりテクノロジーにおいてデータがどのように処理されるかを示している。多くのITリソースはCRUDの視点に関係している。彼らと一緒に作業し、POSMADのライフサイクルを通して使用されるテクノロジーを調査する場合、彼らがよく知っている用語を使用して議論することが役に立つかもしれない。またこの機会に、POSMAD情報ライフサイクルの見方を知ってもらうこともできる。**表4.2.4**は、POSMAD情報ライフサイクルの6つのフェーズと4つのデータ操作（CRUD）をマッピングしたものである。

表4.2.4　POSMAD情報ライフサイクルとCRUDデータ操作のマッピング

POSMADフェーズ	定義と例	CRUDデータ操作
計画（Plan）	情報リソースを準備する。 目的の特定、情報アーキテクチャの計画、データとプロセスのモデル化、標準の策定、プロセスや組織の設計等。	CRUDにはプランは含まれない。
入手（Obtain）	データや情報を取得する。 データを購入し、レコードを作成する。	Create（作成）：レコードまたはアトリビュートを作成する。
保管と共有（Store and Share）	データを保持し、利用できるようにする。 リソースに関する情報を電子的またはハードコピーで保持し、何らかの配布方法を通じて利用できるようにする。	CRUDには保管と共有は含まれない。
維持（Maintain）	リソースが正常に動作し続けることを確認する。 データの更新、変更、操作、標準化、クレンジング、変換、レコードの照合およびマージ等。	Update（更新）：既存のデータを修正または変更する。
適用（Apply）	目標達成のために情報やデータを活用する。 データを取得し情報を活用する。トランザクションの完了、レポートの作成、経営上の意思決定、自動プロセスの実行等、全ての情報利用を含む。	Read（読取）：データにアクセスする。
廃棄（Dispose）	リソースが使われなくなったら廃棄する。 情報のアーカイブ、データや記録の削除。	Delete（削除）：既存のデータを削除する。

データ品質の観点からは、テクノロジーの計画（ビジネスの視点が反映されているか）から、入手／作成／ロード、保存と共有、維持／更新、アクセスと使用、廃棄／アーカイブに至るまで、ライフサイクルを通じてテクノロジーがデータに行うあらゆることが、良きにつけ悪しきにつけ品質に影響を与える可能性がある。例えばユーザーがレコードを変更する「維持」フェーズで問題が見つかった場合、考えられるIT的原因を調査するための出発点は、UIとアプリケーション更新プログラムである。ビジネスインパクト評価を実施するのであれば、CRUDのReadフェーズに関連するプログラムがどれだけあるかを確認する。これにより、情報がどのように適用されているかを知ることができる。

今後に向けて
ステップ3で実施するデータ品質の評価の種類を考えてみよう。データ品質の評価に役立ちそうなツールは既に組織にあるか。それらを利用できるか。また、誰が許可を与えなければならないか。評価に役立つツールを購入する必要があると予想されるか。必要な場合、購入にかかる費用とリードタイムはどのようなものか。ツールについては、プロジェクトで効果的に使用するためにどのようなトレーニングが必要か。

対象範囲のデータ仕様に関連するテクノロジーは何か。メタデータ、データ標準、リファレンスデータ、データモデル、ビジネスルールはどこに保管されているか。それらはどのようにして利用可能になるのか。

3. テクノロジーと、データ、プロセス、人／組織といった他の重要な構成要素との相互影響を理解する

必要に応じてマッピングを作成しよう。ステップ2.2関連するデータとデータ仕様の理解を参照のこと。

- **テンプレート4.2.2詳細データグリッド**。ユーザーから見たビジネス用語と、それらが保存されている特定の技術に関する重要データエレメント（CDE）をまとめたもの。
- **テンプレート4.2.3データマッピング**。同じデータが複数のシステムのどこに保存されているかを確認するための出発点となるもの。

4. テクノロジーについて得た知見に基づく分析、統合、提案、文書化、行動

詳細は第6章その他のテクニックとツールの結果に基づく分析、統合、提案、文書化、行動の項を参照してほしい。テクノロジーを理解することにより、ビジネスやデータ品質に与える影響を把握しよう。データの品質に影響を与える可能性があり、データ品質評価でチェックすべき現実世界のITツールやオペレーションについて、何か知見は得られたか。評価したいデータへの許可やアクセスについて、何か問題が予想されるか。何か準備の提案はあるか。それについて行動を起こすのに適切な時期か。

> 🔑 **キーコンセプト**
>
> データ品質の原則はテクノロジーに中立であるが、テクノロジーはデータ品質に影響を与える。データにはソース／作成者、操作者、ユーザーが存在する。理想的には1つのデータ項目には1つのソースのみ存在するべきだが、状況によっては1つのファクトに対して複数の潜在的なソースが避けられない場合もある。ファクトは複数の場所に保存し得るが、これは過去35年以上にわたって一般に悪いデータベース設計と見なされてきた。コントロールされていない冗長性はDQの信頼性と信用を損なう。
>
> ファクトは複数のアプリケーション、複数のプロセス、複数の人々によって使用される可能性がある。実際データフロー（転送中のデータ）に存在するファクトは、それらが静止し、ビジネスユーザーが利用できるようになる前に、その品質が監視されるべきである。
>
> 文化的な観点から見ると、頭でっかちな技術者の多くはデータ品質の必要性から距離を置き、それに気づいていないことが多い。組織的には、データを使用する業務担当者と接触することが困難な場合が多い。さらにデータ品質について「知らないことを知らない」場合、質問すべき事項があることさえ知らない可能性がある。
>
> - Michael Scofield, MBA、Assistant Professor, Loma Linda University

サンプルアウトプットとテンプレート

POSMADとCRUD
表4.2.4はPOSMADを使用して、4つの基本的なデータ操作（一般にCRUD（Create、Read、Update、Delete）として知られる、テクノロジーにおけるデータの処理方法）に適用される情報ライフサイクルのフェーズを示している。IT関係者と情報ライフサイクルについて話し合う時は、彼らに最もなじみのある用語を使おう。

ステップ2.4 関連するプロセスの理解

ビジネス効果とコンテキスト

注意点として、プロセスとはデータや情報に触れる機能、活動、アクション、タスク、手順を意味する包括的な用語である。これらのプロセスには、ビジネスプロセス、データマネジメント・プロセス、社外プロセス等があり、何らかの対応のトリガーとなったり、データの状態を変化させるイベントが含まれる。機能とは営業、マーケティング、財務、製造、リードジェネレーション、ベンダーマネジメント等、何を達成すべきかを説明する、主要な概要レベルの領域である。その他の詳細レベルには、プロセス、アクティビティ、アクション、タスク、手順と呼ばれるものがあり、注文書を作成するための詳細な指示等、どのように達成するかを記述する。機能またはプロセスには、組織がどのように構成されているかに似た名称が使われることもある。プロセスは通常、人と関連しているので、この**ステップはステップ2.5関連する人と組織の理解**と一緒に行うとよいだろう。

データ品質評価を計画する場合、POSMAD情報ライフサイクルの一部または全てのフェーズにフォーカスできる。何故ならデータの品質は、6つのフェーズ（計画、入手、保管と共有、維持、適用、廃棄）のいずれかの活動によって影響を受けるからである。

ビジネスインパクト評価の準備をする場合は、適用フェーズ（何らかの理由でデータを使用するプロセス）にフォーカスしよう。例えばデータはトランザクションを完了するために使用されるかもしれないし、意思決定を支援するためのレポートとして使用されるかもしれない。また支払期日に顧客の口座から資金を引き出す電子資金振替のような自動化されたプログラムによってデータが使用されることもある。これをIT利用と考える人もいるだろうし、実際そうなのだが、これはビジネスが依存しているプロセスでもある。ビジネスインパクト評価にコストが含まれる場合、6つのフェーズの全ての活動にコストがかかるため、POSMADのどのフェーズも含めることができる。

アプローチ

1. **このステップに必要な詳細レベルを検討する**

こう自問してみよう。「この時点で、次のプロジェクトステップを最も効果的に進めるために、ビジネスニーズに対応するために、プロジェクトの目標を達成するために、関連するプロセスについて何を知っておく必要があるか」。データ、テクノロジー、人／組織と同様に、プロセスにも様々な詳細レベルが

ある。プロセスの詳細レベルの例については、**図4.2.7**を参照してほしい。スコープ内のビジネスニーズに対処するために最も有用な詳細レベルを決定するために、最善の判断をしよう。

2. 選択した詳細レベルで、対象範囲内のプロセスを特定する

ステップ1の概要レベルのビジネス機能またはプロセスから始めよう。機能とプロセスは相対的な関係であり、機能はより概要レベル、プロセスはより詳細レベルである。あるプロジェクトでは機能と呼ばれるものが、別のプロジェクトではプロセスと呼ばれることもある。あなたのプロジェクトにとって、現時点でどのレベルのプロセス詳細が最も役立つかを判断しよう。ビジネスプロセス・マネジメント（BPM：Business Process Management）またはワークフローマネジメントの経験者を探すとよい。

3. 関連するビジネスプロセスと、データ、テクノロジー、人／組織といったその他の重要な構成要素との相互影響を理解する

相互影響マトリックスは、主要な要素間の関係を示す一つの方法である。データとプロセスの関係を様々な詳細レベルで示すマトリックスの例については、以下の表を参照のこと。ビジネスプロセスと、ビジネスで認識され、使用されるデータまたは情報の用語と定義を使用しよう。

表4.2.5 - 相互影響マトリックス：データと重要ビジネスプロセス
表4.2.6 - 相互影響マトリックス：ビジネス機能とデータ
表4.2.7 - 相互影響マトリックス：プロセスとデータ

これらの相互影響マトリックスは、リソースに制約がある場合に、優先順位をつけるために記載できる。すなわち、多くのプロセスで使用されるデータを先に評価すべきである。これは、あなた自身の作業の出発点となるテンプレートを提供するものである。どのプロセスがデータに関する意思決定のインプットを提供すべきかを指し示す。

分析の際には、行や列をまたいで類似点や相違点のパターンを探そう。例えば、**表4.2.7**では、データ

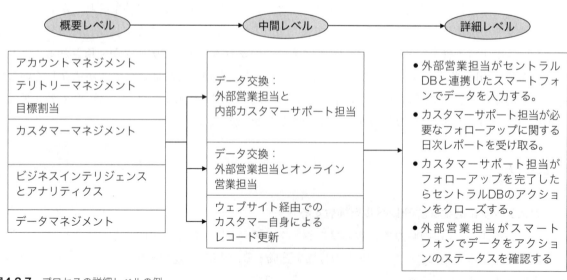

図4.2.7 プロセスの詳細レベルの例

を取得するプロセスは4つあるが、維持するプロセスは3つしかない。販売イベントのデータはレコードを追加するだけなので、重複が生じる可能性がある。データを取得し、管理する全てのプロセスが近しいものか、同じ基準を使用しているかを確認する。そうでない場合は、データ入力の一貫性を促すためのトレーニングを実施すべきである。

4. プロセスについて得た知見を分析し、統合し、提案し、文書化し、行動する

詳しくは、第6章その他のテクニックとツールの結果に基づく分析、統合、提案、文書化、行動の項を参照のこと。プロセスの分析から得られた知見、ビジネスへのインパクト、データ品質または価値への潜在的なインパクト、初期の提案事項を記録しておこう。この時点で行うべき、プロセスに関する追加的なアクションはあるだろうか。

 キーコンセプト

学習はアウトプットである。ステップ2情報環境の分析のサブステップの実際のアウトプットは、前述の相互影響マトリックスの例とは異なる形式である可能性に注意してほしい。アウトプットは実際にはマトリックスではなく、プロセスと関連データに関する知識であり、それらがどのように相互に影響し、その相互影響がデータ品質にどのような影響を与えるかである。アウトプットはマトリックス、図、テキストによる説明という形をとるかもしれない。使用する形式は理解を深めるものでなければならない。重要なのは、ステップまたはサブステップを完了することで得られる知見である。

表4.2.5 相互影響マトリックス：データと重要ビジネスプロセス

	重要ビジネスプロセス（KBP：Key Business Process）				
	見積から売上	調達から支払	製造	製品ライフサイクル	会計
マスターデータ					
品目	●	●	●	▶	●
顧客	▶				●
価格表	●	▶		●	▶
サプライヤー		▶	●	●	●
等					
トランザクションデータ					
受注	▶		●		●
売掛金	▶		●		●
請求					
等					

▶＝プロセスがデータを作成し、使用する　●＝プロセスがデータを使用する

表4.2.6 相互影響マトリックス：ビジネス機能とデータ

ビジネス機能	営業担当	氏名と住所				顧客プロフィール			
	営業担当者コード	連絡先名	部門	通り番地	郵便番号	業界コード	役職レベルコード	部門／機能コード	製品クラス
アカウントマネジメント	X	X	X	X	X	X	X	X	X
テリトリーマネジメント	X	X	X	X	X				
目標割当	X	X	X	X	X	X			
市場分析／意思決定支援	X	X				X	X	X	X
リードジェネレーション	X	X	X						
案件マネジメント	X	X	X		X	X	X	X	X
データマネジメント	X	X	X	X	X	X	X	X	X

X＝情報を利用するビジネス機能

表4.2.7 相互影響マトリックス：プロセスとデータ

	機能：アカウントマネジメント												
	営業担当	氏名と住所					顧客プロフィール				システムコード		
プロセス	営業担当者コード	連絡先名	部門	住所	郵便番号	等	業界コード	役職レベルコード	部門／機能コード	等	変更理由コード	削除理由コード	等
営業担当者による顧客の追加／更新	OM	OM	OM	OM	OM	OM	OM	OM	OM		OM	OM	
コールセンターからの変更	OM	OM	OM	OM	OM	OM	OM	OM	OM		OM	OM	
販売イベントのデータ		O	O	O	O			O	O				
地区テリトリー割当	OMA	OMA	OMA	OMA									

O＝データはプロセスによって入手／作成される
M＝データはプロセスによって維持／更新される
A＝データはプロセスによって適用／使用される

注：相互影響マトリックスのアクティビティは、必要に応じてさらに詳細に記述できる。例えば、O＝入手は、C＝アプリケーションインターフェースを通じて手動で作成、L＝外部ソースからのロードと分けてもよい。

サンプルアウトプットとテンプレート

相互影響マトリックス：データと重要ビジネスプロセス

組織全体のデータを見る場合、すぐに複雑になってしまうので**表4.2.5**のような概要レベルから始めるとよい。これは組織のビジネス側によって開発され、認識されている重要なビジネスプロセス（KBP：Key Business Process）をリストしたものである。記号「●」は、どのKBPがそのデータを使用しているかを示す。「▶」の記号はそのKBPがデータを作成し使用することを意味し、他のKBPが同じデータを作成できないことを意味する。これは、データ品質評価または情報ライフサイクル調査の際に確認しておきたい。マトリックスをガイドとして、より詳細に説明する意味がある箇所を確認してほしい。例

えば価格表のデータに懸念があるのなら、製造の重要ビジネスプロセスを見る必要はない（但し、テーブルが正しく作成されたことを簡単に確認する場合は別）。品目については全ての主要なビジネスプロセスにまたがっているため、詳細な調査に時間がかかる。品目は全てのKBPで使用されるため、時間が限られている場合は、品質チェックの優先順位が高くなる。

相互影響マトリックス：ビジネス機能とデータ
表4.2.6においてXは、上部の列に記載された情報をどのビジネス機能が使用しているかを示している。行と列を横断して分析しよう。例えば役職レベルコードの列の下を見てみよう。いくつかの機能がそのコードを使用している。コードの出典は何か。全てのコードに明確な定義があり、一貫して使用されているか。そのコードを使用する全ての機能はそのコードをインプットとしているか、またコードに関するリクエストや修正する能力を持っているか。「アカウントマネジメント」機能は、**表4.2.7**でさらに詳しく説明されている。

相互影響マトリックス：プロセスとデータ
表4.2.7は**表4.2.6**の例を引き継ぎ、アカウントマネジメント機能を詳述したものである。POSMADの3つのフェーズ（Obtain、Maintain、Apply）のみが使用されていることに注意しよう。複数のプロセスが同じデータを取得／作成し、維持／更新していることが容易に分かるだろう。ステップ3のデータ品質の評価で、同じデータの中でも違いがあることがわかったら、マトリックスを使用してさらに調査すべきプロセスを指摘しよう。これらの違いが、データを作成した個々のプロセスにまで遡ることができるかを確認するとよい。プロセスの一貫性を妨げているものは何か、また一貫性を促進するために何ができるかを明らかにしよう。

ステップ2.5 関連する人と組織の理解

ビジネス効果とコンテキスト

注意点として、人と組織とは、組織とその下部組織、例えば事業部、部門、チーム、役割、責任、データに影響を与えたりデータを使用したりプロセスに関与したりする個人を指す。これにはデータを管理、サポートする人と、それを利用（適用）する人が含まれる。情報を利用する人は、知識労働者、情報顧客、情報消費者、あるいは単にユーザーと呼ばれる。

このサブステップの目的は、情報の品質と価値に影響を与える人と組織を理解することである。**ステップ2の他のサブステップと同様に概要レベルの詳細から開始し、必要に応じてより詳細に移行しよう**。組織をグループ／チーム／部署レベルで理解するだけでも十分かもしれないが、役割、肩書、職責を知ることも必要かもしれない。ある場面では関心のある役割を果たす個人を、適切な連絡先と共に知る必要があるかもしれない。プロセスは人や組織によって実行されるので、**ステップ2.4関連するプロセスの理解**と一緒に取り組むとよいだろう。

アプローチ

1. このステップに必要な詳細レベルを検討する

こう自問してみよう。「この時点で、次のプロジェクトステップを最も効果的に進めるために、ビジネスニーズに対応するために、プロジェクトの目標を達成するために、関連する人々や組織について何を知っておく必要があるか」。人と組織の詳細レベルの例については、**図4.2.8**を参照してほしい：

2. 選択した詳細レベルで、範囲内の人々と組織を特定する

ステップ1のプロジェクトの範囲内にある人々や組織から始めよう。より多くの情報を収集し、概要レベルから始めて、現時点で知っておくと役に立つ詳細（組織、チーム、役割、責任、個人、および／または連絡先情報）にまで落とし込もう。

組織図や職務記述書等、既存の文書を活用するとよい。**ステップ1**でステークホルダー分析を開始した場合は、それを活用しよう。そうでない場合はステークホルダーを特定し、ステークホルダー分析を実施するためのテンプレートと手順を、**ステップ10全体を通して人々とコミュニケーションを取り、管理し、巻き込む**で参照してほしい。

情報ライフサイクル思考を使って、プロジェクトに適用できる役割を明らかにしよう。**表4.2.8**を参照し、POSMADの各フェーズに関連する職務の役割と役職例を見てみよう。**表4.2.8**はデータの品質に影響を与える、組織内の役割を特定するための出発点となる。データ品質に影響を与える役割として初めて認識される場合もある。そのつながりを理解することで、何らかの形でデータに影響を与え、プロジェクトに意見を提供できる可能性のある人々を見つけることができる。

データ品質評価を準備する場合、プロジェクトのスコープにどのフェーズが含まれるかによるが、POSMADの各フェーズのどの役割も含めることができる。ビジネスインパクト評価の準備をする場合は、データと情報を使用する人、つまり適用フェーズの人にフォーカスしよう。例えば、取引を完了する人、レポートを作成する人、レポートから意思決定を行う人、自動化されたプロセスの出力を使用す

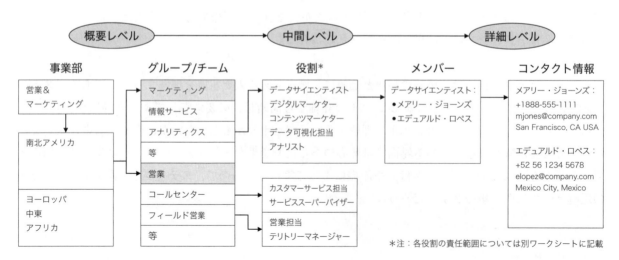

図4.2.8 人と組織の詳細レベルの例

る人等である。ビジネスインパクト評価にコストが含まれる場合は、6つのフェーズの全ての活動にコストがかかるため、POSMADのどのフェーズの役割も含めることができる。

表4.2.8 POSMADのフェーズと関連する役割と肩書

一般的な役割	サンプルタイトル*
POSMADフェーズ：計画（Plan）	
計画時にデータ品質の観点を含める。 • 資金やその他のリソースによるデータ品質活動への支援を含む優先事項と予算 • データが構成要素となるプロジェクト、プログラム、または業務プロセス。例えば、新しいビジネスプロセスの構築や既存のビジネスプロセスの改良、ライフサイクルにおいてデータに影響を与える技術の開発や購入等。 一般的なプランニングの役割は以下が担う。 • データ品質活動を計画に含めるかどうか、またどのように含めるかを決定する管理者 • ライフサイクルを通じて情報に影響を与えるプロセスやテクノロジー（システム、アプリケーション、データベース等）の要件収集や設計に携わる人。	経営幹部および取締役、上級管理職、中間管理職、プログラムおよびプロジェクトマネージャー データアナリスト、ビジネスアナリスト、対象領域の専門家、エンタープライズアーキテクト、データモデラー、開発者、DBA（データベース管理者）、ビジネス・データスチュワード、テクニカル・データスチュワード、スクラムマスター
POSMADフェーズ：入手（Obtain）	
ソース。情報の最初の出所。以下の様なものがある。 • 企業の外部、例えば顧客は、自分自身に関する情報ソースである。 • 企業の内部、例えばエンジニアは、特定の製品に関する情報ソースである。 • 人以外、例えば物理的な製品は、その物理的な寸法を得るために測定できる。 一次資料が入手できない場合、合意された二次資料を代用として使用できる。 **プロデューサー**。職務やプロセスの一環としてデータを取得、作成、取得、購入する人。以下の様なものがある。 • 社内：社内でオリジナルのデータを作成する • 社外：データは社外で作成される • 中間：他の場所からデータを受け取り、データベースやアプリケーションに入力する。 一人の人がソースにもプロデューサーにも成り得る。	組織が使用するソースには、顧客、保険契約者、住所データの第三者ベンダー、国の郵便局等がある。 組織内のほとんどの人がデータプロデューサーになる可能性がある。データに関する特定の責任（例えば、データ入力担当、データスチュワード）を持つ者もいる。また、日常業務でデータを作成する人もいる（例：購買担当者、カスタマーサービス担当者、受付担当者、オフィスマネージャー、代理人、株主、看護師、医師、教員、配送担当者）。
POSMAD フェーズ：保管と共有（Store and Share）	
テクノロジーは保管と共有でフォーカスされる。以下の様なテクノロジーを開発しサポートする人々である。	ハイテク：DBA、開発者、ITサポート、オペレーション、その他のテクニカルサポート。

・データを保管、共有するハードウェア、ソフトウェア、ネットワーク等。セキュリティ、同期等、ユーザーがデータを利用する方法を決定することにより、データに影響を与える。 ・データにアクセスするために使用されるコードとクエリ、および規則に適合するために必要なデータセットを維持する。 ・情報が電子的に保持され、何らかの配布方法で利用できるようにする人。 注：テクノロジーは、ファイリングキャビネットにあるハードコピーのフォームや申請書のようなローテクでも、郵送のような配布方法でもよい。	ローテク：印刷スペシャリスト、事務アシスタント、メールルーム担当。
POSMADフェーズ：維持 (Maintain)	
データの更新、変更、操作、変換、標準化、検証、強化、補強を行う者。レコードのクレンジング、スクラブ、変換、重複排除、リンク、マッチング、マージ、または統合を行う者。	データ作成者と同じ人がデータを管理することも多い。「入手」のサンプルタイトルを参照。
POSMADフェーズ：適用 (Apply)	
ゴールを達成するため、職責の一部として、またはプロセスを実行するために情報を使用する人。例えば取引を完了し、報告書を作成し、その報告書の情報から経営上の意思決定を行う者。自動化されたプロセスを実行するためにデータに頼っている人々。 一般用語：知識労働者、情報顧客、情報消費者、ユーザー。 複数の役割：ユーザーはデータの入手と維持の両方を担当し得る。 ・バイヤーは会社のために消耗品や資材を調達し、仕入れ先マスターレコードを作成する（役割：社内データプロデューサー）。 ・バイヤーはそのマスターレコードを使って発注書を作成する（役割：知識労働者（マスター情報を使って商品を購入する）、データプロデューサー（発注書を作成する））。 品質ギャップ：データを入手する側が利用する側と異なる場合があり、利用者の要求を認識していない場合がある	カスタマーサービス担当者、代理店、保険契約者、ビジネスアナリスト、データアナリスト、マネジャー、スーパーバイザー、プロジェクトマネジャー、経営層、データサイエンティスト、レポート開発者。 社内（従業員）、社外（請負業者、コンサルタント、その他のビジネスパートナー）のどちらでも構わない。
POSMADフェーズ：廃棄 (Dispose)	
データや情報を削除したり、アーカイブしたりする人。 情報のアーカイブ、保存、後の検索は、データの品質に影響を与える可能性がある。	データを入手、維持、使用するいかなる役割も、データを削除する権限を持っている可能性がある。 アーカイブに関連する専門的な役割には、レコード管理者、アーカイブ管理者、チェンジマネジメント・スペシャリスト、DBA、サードパーティのオフサイトレコード保管ベンダー、クラウドベースのアーカイブベンダー等がある。

＊データ品質に影響を与える役割として認識されていないものもあるが、組織で使用される典型的な肩書き。

3. 関連する人や組織と、データ、プロセス、テクノロジー等のその他の重要な構成要素との相互影響を理解する

相互影響マトリックスは、様々な役割が各データのサブジェクトエリアまたはフィールドにどのような影響を与えるかを示す1つの方法である。役割とデータの相互影響マトリックスの例については、サンプルアウトプットとテンプレートセクションの**表4.2.9**を参照してほしい。人／組織軸とデータ軸の両方の詳細レベルについては、よく吟味して判断するようにしよう。

4. 人や組織について得られた知見に基づく分析、統合、提案、文書化、行動

詳しくは、第6章その他のテクニックとツールの結果に基づく分析、統合、提案、文書化、行動の項を参照してほしい。得られた知見、データ品質およびビジネスへの潜在的なインパクト、潜在的な根本原因、初期の提案事項を結果追跡シートに記録しよう。この時点で行うべき、人や組織に関する追加事項はあるだろうか。例えばプロジェクトの一環として相談したい人は見つかっただろうか。その人たちや上司に参加を承認してもらおう。

> **ベストプラクティス**
>
> 協力者と支持者を特定する。ステップ2に取り組んでいる間、データ品質という考え方に好意的で、スコープ内のビジネスニーズやプロジェクト目標に関心を持っている人たちに目を光らせておこう。彼ら自身がデータ品質の問題に苦しんでいるかもしれないし、あなたが彼らの問題解決に貢献できるかもしれない。プロジェクトに情報を提供し、場合によっては追加の資金や人材を通じてプロジェクトを支援してくれる良き協力者や支持者を認識しよう。

サンプルアウトプットとテンプレート

役職と肩書を含むPOSMAD

表4.2.8を、情報ライフサイクルを通じて、データの品質に影響を与える人々を特定するためのインプットとして使用しよう。誰が中核または拡張的なチームメンバーとしてプロジェクトに関与すべきか、誰がインプットを提供できるか、誰に進捗状況を共有すべきかを決定しよう。

役割とデータの相互影響マトリックス

表4.2.9は役割間の相互影響と、それらの役割が特定のデータに与える影響を示す方法の例である。分析する時は、横の行と上から列を見て、類似点と相違点を探そう。例えば、あるプロジェクトチームは、多くの部署がデータを適用したり使用したりできることは知っていたが、データを作成したり更新したりできるのは一部門だけだと思っていた。このやり方により、チームは他の部署の人々も実際にデータを作成、更新する能力を持っていることがわかった。データ品質への影響はすぐにわかった。部署間でデータ入力に一貫した基準がなかったのだ。初期の提案には、作成と更新の能力が各部門に分散しているのが適切か、それとも一箇所に集中させるべきかを判断するために、組織を見直すことが含まれていた。少なくとも、データを作成、更新する全てのチームが同じトレーニングを受けるべきである。

表4.2.9　相互影響マトリックス：役割とデータ

ビジネスの役割	連絡先名	拠点名	部門	部署	住所	電話	役職	プロフィール
営業担当者	OMA	OMA	OMA	OMA	OMA	OMA	OMA	OMA
地区マネージャー	OMA	OMA	OMA	OMA	OMA	A	OMA	OMA
カスタマーサービス担当者	OMA	OMA	OMA	OMA	OMA	OMA	OM	
受注コーディネーター	OMA	OMA	OMA	OMA	OMA	OMA		
見積コーディネーター	OMA	OMA	OMA	OMA	OMA	OMA	OM	
回収コーディネーター	A	A	A		A			
業務センター								
メールルーム		A	A		A			
オンライン技術サポート	OMA	OMA	OMA	OMA	OMA	OMA	OMA	OMA
販売財務		A	A		A	A		
データマネジメント・チーム	OMA	OMA	OMA	OMA	OMA	OMA	OMA	OMA

役割：O＝データを入手／作成する、M＝データを維持／更新する、A＝データを適用／使用する

ステップ2.6 関連する情報ライフサイクルの理解

ビジネス効果とコンテキスト

この活動では計画ライフサイクル、またはPOSMADの関連するサブセットについて整理する。ゴールは**ステップ2**の他のサブステップで得られたデータ、プロセス、人／組織、テクノロジーの知見をまとめることでライフサイクルを表現し、要約することである。あなたのビジネス課題に当てはまるPOSMADのフェーズ（計画、入手、保存と共有、維持、適用、廃棄）にフォーカスしよう。背景が必要な場合や再確認が必要な場合は、**第3章キーコンセプト**の情報ライフサイクルのセクションを参照してほしい。

情報ライフサイクルは、様々な詳細レベルにおいて、以下のように使用できる。

- チームミーティングで参照する概要レベルのコンテキスト図として、プロジェクト全体を通して行われる作業をガイドし、プロジェクトチームが行っている作業の位置づけを明確にする。
- データが現在どのように流れているかを見る。これはライフサイクルの流れのどこについて、**ステップ3**で品質を評価するかを決定するためのインプットとなる。**第6章その他のテクニックとツール**の同名のセクションを参照のこと。

- データ品質評価によって、ライフサイクルのどこで問題が発生しているかが浮き彫りになった後、ライフサイクルを遡り、根本原因の場所を特定する。
- ギャップ、重複作業、不必要な複雑さ、予期せぬ問題領域、プロセス自体の非効率性等、データの品質に悪影響を及ぼす可能性のあるものを示し、**ステップ5根本原因の特定**へのインプットを提供する。
- これらのギャップ、複雑さ、非効率性は、ビジネスインパクトの観点からも組織をリスクにさらす可能性がある。ライフサイクルは、収益の観点からも情報がどこで適用され、使用されるかを示すことができる。これらは全て、**ステップ4ビジネスインパクトの評価**へのインプットとなる。
- プロジェクトを通じて得られた知見に基づいて、ライフサイクルの「現状」の姿を変更または改善し、「あるべき」姿を示すことで、品質の高いデータを生み出し、品質に関する問題を防ぎ、情報の価値を高めることができる。この「あるべき」姿は、**ステップ7データエラー発生の防止**で実施するプロセス改善の基礎となる。
- 必要な重要コントロール活動をさらに特定し、改善する。これにより簡素化と標準化が可能な箇所と、複雑さと冗長性を最小化し（したがってコストとリスクを最小化し）、情報の利用を最大化する（したがって価値を最大化する）箇所が示される。
- スコープ内のデータ、プロセス、人／組織、テクノロジーが適切に考慮されているかどうかを判断する。

 キーコンセプト

適用フェーズ＝価値。組織が情報から価値を得るのは、POSMAD情報ライフサイクルの適用フェーズ、すなわち情報が検索され利用されるときだけである。他の全てのフェーズはデータや情報を管理し、利用できるようにするために重要で必要なものだが、本当の価値を提供するのは適用フェーズの活動だけである。

アプローチ

1. 情報ライフサイクルの範囲と詳細レベルを決定する

こう自問してみよう。「この時点で、次のプロジェクトステップを最も効果的に進めるために、ビジネスニーズに対応するために、プロジェクトの目標を達成するために、情報ライフサイクルについて何を知っておく必要があるか」。

プロセスを理解し、問題領域を特定するために必要な詳細レベルを決定しよう。ここで作成するライフサイクルは、全体的なライフサイクルを理解するのに十分な情報のみを示す、単純な概要レベルのフローチャートであってもよい。あるいは全ての行動と意思決定ポイントを示すために、あるフェーズでは非常に詳細になるかもしれない。どのレベルが適切か分からない場合はまず概要レベルから始め、必要に応じて後で詳細を追加しよう。前述したようにプロジェクトの範囲内で、概要レベルの情報ライフサイクルをスケッチすることから**ステップ2**を開始することがベストプラクティスとなる。これは作業の境界線とガイダンスを提供する。情報ライフサイクルのいくつかの側面を説明する詳細な成果物がすでに

利用可能であっても、それらを概要レベルのライフサイクルの文脈に照らしてみることは有用である。

全てのデータストア、全てのデータセット、全てのデータフィールドには、それぞれのライフサイクルがあることを忘れないでおこう。それらは互いに交差し、相互作用し、影響を与え合う。ある領域では概要レベルで、またライフサイクルの別の側面ではより詳細にできる。データレイク内の、概要レベルの情報ライフサイクルの例については、以下の**図4.2.9**を参照してほしい。

2. **既存の情報ライフサイクルを収集／修正するか、新しい情報ライフサイクルを作成する**

情報ライフサイクルのインプットとして、既存の文書を活用しよう。情報ライフサイクルと書かれているかどうかに関わらずどのような文書（アーキテクチャ、コンテキスト図、データフロー図）であれ、情報ライフサイクルを認識するための知見を得よう。そのまま使ってもよいし、プロジェクトのニーズに合わせて修正してもよい。

ライフサイクルを図示し、文書化するためのアプローチを決定しよう。ライフサイクルを描くための様々な方法が適切に使われてきた。その詳細、テンプレート、例については、**第6章その他のテクニックとツール**の情報ライフサイクルアプローチを参照してほしい。使用するアプローチは、ライフサイクルの詳細レベルと範囲に影響されるだろう。

情報ライフサイクルはVisioやPowerPoint等のツールや、その他の図解ツールを使って作成できる。ライフサイクルは、ローテクな方法で作成することもできる。私はホワイトボード、付箋、マーカーを使うのが好きだ。最初に使用するアプローチ（スイムレーン、SIPOC、テーブル等）を決めよう。ライフ

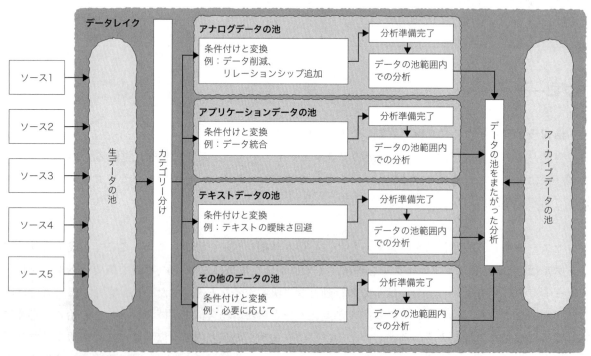

Bill Inmon, *Data Lake Architecture: Designing the Data Lake and Avoiding the Garbage Dump* (2016, Technics Publications) に基づく

図4.2.9 データレイクの情報ライフサイクルの例

サイクルのステップを大きな付箋に書いてみよう。順番に納得がいくまで移動させるとよい。意思決定すべきポイントやデータ、プロセス、人／組織、テクノロジーの各サブステップを完了する間に知見を得た関連する詳細を示すために、異なる色のメモを追加しよう。マーカーを使用して、ステップ間のフローと依存関係を描こう。議論の進展に合わせて線を消したり書き直したり、付箋を移動させたりするのは簡単だ。作業内容を写真に撮って、後で選んだツールで文書化しよう。ライフサイクルを文書化したり視覚化したりすることで、理解が深まるだろう。このテクニックは物理的に同じ場所にいないチームのために、遠隔会議ツールの機能を使って再現することもできる。

既存の複雑なライフサイクルの解明は、しばしばリネージと呼ばれる機能を備えたツールを使って自動化できる。自動であろうと手動であろうと、ライフサイクルを深く理解しなければならないことに変わりはない。

情報ライフサイクルは、他のサブステップからさらに多くの知見が得られるにつれて、更新されることが期待される。ある組織の情報ライフサイクルの進化を見るには、このステップの最後サンプルアウトプットとテンプレートにある10ステップの実践例のコールアウトボックスを参照してほしい。

3. 情報ライフサイクルについて得た知見に基づく分析、統合、提案、文書化、行動

より詳しくは第6章その他のテクニックとツールの結果に基づく分析、統合、提案、文書化、行動の項を参照してほしい。分析中に思考の幅を広げるために、前述のビジネス効果とコンテキストのセクションの箇条書きを使用しよう。

オペレーション間の抜け漏れに注意しよう。これらはエラーの可能性がある領域であり、データの品質に影響を与える。例えばライフサイクルを見ると、複数のチームが同じデータを管理していることが分かるかもしれない。このことは、ビジネスが現在もこれが最良の組織モデルであるかどうかを、判断するために知っておくことが重要である。そうであれば、両グループがデータ入力や更新等で同じトレーニングを受けるようにしたい。組織モデル、役割、責任を変更する必要がある場合、ライフサイクルはビジネスが可能な代替案を理解するのに役立ち、組織再編成または職務再編成において様々なプロセスがカバーされていることを、確認するための概要レベルのチェックリストとして機能する。

定期的に見直しを行えば、情報ライフサイクルは変化を検知する体系的な方法を提供する。ライフサイクルは以下の質問に答えるために使用できる。

- プロセスは変わったか。
- 何かタスクに変化はあったか。
- タイミングは変わったか。
- 役割は変わったか。
- 役割に就いている人物は変わったか。
- テクノロジーは変わったか。
- データ要件は変わったか。
- 変更は情報の品質にどのような影響を与えるのか。

得られた知見、データ品質およびビジネスへの潜在的なインパクト、潜在的な根本原因、初期の提案事項を結果追跡シートに記録しよう。情報ライフサイクルに関連して、この時点で行うべき追加事項はあるだろうか。品質および価値の評価が完了した後、より効果的なライフサイクルを作成し、実施するために、このステップに戻ることが提案事項の1つになるかもしれない。

4. 情報ライフサイクルや情報環境のその他の要素について得られた知見を、プロジェクトを通じて引き続き活用する

情報環境の全ての要素について得られた知見が、下記へのインプットとなる。

ステップ1 - ビジネスニーズとアプローチの決定。このステップが完了しても、他のステップで明らかになった情報環境に関する追加情報がある可能性があり、その場合はスコープ内のビジネスニーズとデータ品質問題、プロジェクトのフォーカス、アプローチ、計画、目標を見直し、調整する必要がある。

ステップ2 - 情報環境の分析。このステップは完了したが、再度、他のステップから追加情報があり、情報環境の要素を見直し、調整する必要があるかもしれない。

ステップ3 - データ品質の評価。データを取得し、品質を評価すべき場所を決定する。

ステップ4 - ビジネスインパクトの評価。ビジネスインパクト評価のインプットとして、情報ライフサイクルのどこでコストや収益に影響する作業が行われているかを理解する。

ステップ5 - 根本原因の特定。必要に応じて情報ライフサイクルを使用して、根本原因の場所を追跡し、トレースする。

ステップ6 - 改善計画の策定、ステップ7 - データエラー発生の防止、ステップ8 - 現在のデータエラーの修正。ライフサイクルのどこで予防措置やコントロールを講じ、どこでデータ修正を行うべきかをインプットする。

ステップ9 - コントロールの監視。情報ライフサイクル・コントロールのどこを監視すべきかを決定する。継続的なモニタリングのための情報ライフサイクルを策定する。

ステップ10 - 全体を通して人々とコミュニケーションを取り、管理し、巻き込む。情報ライフサイクルに沿って、どのような人々がどのような業務に携わっているかを理解することで、彼らとの最適なコミュニケーションと巻き込み方を考える。

サンプルアウトプットとテンプレート

その他の例とさらなる情報については、第6章その他のテクニックとツールの情報ライフサイクルのアプローチを参照のこと。

例 - データレイクにおける情報ライフサイクル

図4.2.9は、データレイク内の概要レベルの情報ライフサイクルを示している。この図はBill Inmonが著書Data Lake Architecture (2016) の中で、よく管理されたデータレイクとして説明しているものに基づいている。これはデータアーキテクチャを、ビジュアル化したものだと言う人もいるだろう。ライフサイクルの考え方を使えば、どのようなデータアーキテクチャを見ても、概要レベルの情報ライフサイクルの要素を認識できる。

ステップ2は、データレイクを含むプロジェクトの境界を確定する際に使用した、十分に文書化された既存のアーキテクチャから始まったかもしれない。一方、情報ライフサイクルを概要レベルで理解するためには、それを調査し、文書化する必要があった可能性もあり、**図4.2.9**はステップ2での作業の最終結果であって、始まりではないかもしれない。スタートや結果がどのような形であれ、このような概要レベルの図は、データがどこから調達され、どのような段階を経て、この場合は分析に使用されるようになるのかを示している。

このビジュアルを使用して、データ品質評価をどこで行うのが理にかなっているかを議論できる。情報ライフサイクルのどのあたりに懸念があるだろうか。まず各ソースで品質を評価したいだろうか。もしそうなら、評価するソースごとにさらに詳しく議論しよう。これらは、データおよびデータ仕様、プロセス、テクノロジー、スコープ内の人／組織について知るべきことに影響する重要な決定である。回答は、**ステップ3**でのデータ品質の評価に必要な時間とリソースの量にも影響する。図があるとディスカッションの方向付けに役立つ。

 10ステップの実践例

情報ライフサイクルの進化

組織概要
中央銀行や準備銀行は、商業銀行が通常行わない機能を果たしている。その責務は国によって異なるが、多くの場合、金融政策の策定と実施による経済成長の促進、通貨価値の保護、金利管理、物価安定の維持等が含まれる。世界には何百もの中央銀行がある。これはそのうちの一つのケースである。

ビジネスニーズ
中央銀行の重要な資産は、自由に使える情報である。初期の評価でデータマネジメントによって解決できるビジネス上の問題が浮き彫りになり、広範なデータ品質（DQ）評価も実施された。このDQ評価では、発見されたデータ品質の問題に対処するための提案事項が示された。

統計部（STS：Statistics）は、総合的なDQ評価の対象となった部署のひとつである。STSは銀行の意思決定に必要な情報を提供している。例えば銀行内部から収集したデータや、自動車、保険、年金基金等様々な業界ソースから収集した外部データである。STSは経済を分析し、金融政策を決定する委員会にインプットを提供する。この委員会が最終的に金利を決定する。あらゆる調査

や統計から得られるより品質の高いデータは、より良い金融政策の決定に貢献する。

プロジェクトの背景
DQ評価からの勧告に対処するため、情報マネジメント（IM：information management）チームにデータ品質スペシャリストが採用された。DQ評価は銀行全体で行われていたが、IMは小さなチームだったため、どの部門が最も成功するかを優先し、そこから始める必要があった。DQのスペシャリストはSTSと仕事をすることになり、その部門との接点であるビジネス・データスチュワードを通じて作業をした。

10ステップの使用とデータリネージ
DQスペシャリストは10ステップのいくつかを用いて、データ品質の問題に取り組んだ。多くの作業はステップ2情報環境の分析について行われた。この例では情報ライフサイクルにフォーカスしており、それはその組織ではデータライフサイクルまたはリネージと呼ばれていた。

DQスペシャリストの言葉を借りれば「情報の流れ、ソース、全体像を見るために、データリネージを可視化することが特に重要だった。情報ライフサイクルは、ビジネス・データスチュワードと話す際に、紙に描いた図面から始まることがよくあった。これをマイクロソフトのPowerPointに移し、他の人と共有できるようにした。これは良いスタートだったが持続可能ではなかったので、ビジネスプロセス、ユースケース、データフロー、データモデル等を可視化できるツールに移行した。さらにそのツールでは用語を定義することができ、その用語が使われている場所と定義が自動的にリンクされるものだった。」

図4.2.10に、情報ライフサイクルの3つのバージョンを示す。これは詳細に読むことを意図したものではなく、紙からExcel、そしてVisual Paradigm（訳註：統一モデリング言語(UML)やデータベース設計、アジャイル開発、ソフトウェアアーキテクチャ設計 等をサポートする モデリングツール）への情報ライフサイクルの進化を説明するためのものである。Excelはこの目的にうまく機能しないことがわかったので、より良いツールが見つかる前段ではPowerPointが使われた。

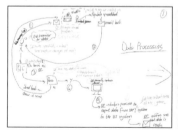 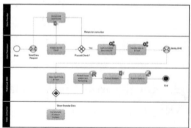 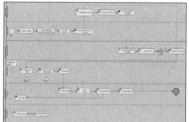

図4.2.10 情報ライフサイクルの進化

ビジネス効果
情報環境、特にデータリネージを理解することで、今ではSTSは以下を実施できる。

- どのようなデータとデータの構成要素が最終報告書に含まれるかを確認する。一部のデータが使用されていないことが判明したため、データ収集を中止することができ、データ提供者とSTSの双方にとって時間の節約になった。また重複して収集されている可能性のあるデータも特定された。
- STSが必要とするデータを、法的義務により銀行の他の部署で収集されているデータと結びつける。
- データの購入を検討し、それがより費用対効果の高い選択肢であるかどうかを調査する。

筆者注：あなたのプロジェクトに最も役立つ、詳細なレベルでのライフサイクルの表現に落ち着く前に、あなたの情報ライフサイクルが発展し、変化するものだと考えておこう。ライフサイクルのためのインプットをどこから得るか、また、あるプロジェクトでどのツールやアプローチが有効かを一度学べば、その後のプロジェクトでも情報ライフサイクルの作成は早く進むだろう。

ステップ2 情報環境の分析から得られた知見

あるデータ品質改善プロジェクトのチームは、ステップ2で得られた知見と、それをどのように活用したかをまとめた。

調査し、知見を得て、文書化したこと。

- プロジェクトの範囲内での情報ライフサイクル
- ライフサイクルを通じてデータが置かれた各環境の説明
- 様々なサードパーティ・ベンダーのツールを含む、関係するテクノロジーと、ライフサイクルの中で転送される際にデータに対して行われた変換の箇所
- データが受信され、処理され、利用可能になったタイミング
- データの実際の使用方法と今後の使用計画

この知識を基に判断したこと。

- プロジェクトの最終的な範囲
- ステップ3で、どの環境内のどのデータを品質評価するか（最終的な選択基準）
- データ品質アセスメント計画へのインプット。以下の業務を実施する部門と担当者を含む。
  - データの取得
  - データのプロファイリングと分析、どのツールを使うべきか
  - 根本原因、予防、修正等、次のステップの決定
- プロジェクト全体を通して参照される以下のビジュアルを作成し、役立てた。
  - マネジメントがスコープと成果物に対する支持を説明し、維持するため
  - プロジェクトチームが様々なプロジェクト活動がどこで行われているかの把握するため

ステップ2 まとめ

ステップ1では、データとデータ仕様、プロセス、テクノロジー、人／組織、そしておそらく情報ライフサイクルについて、概要レベルで何らかの知見を得たはずだ。**ステップ2**では、必要な情報を必要な順序で掘り下げていき、追加で情報収集が必要な場所を明らかにした。このステップによって、あなたは全ての知識を、相互に関連した新しい方法で見ることができるようになった。そのおかげで、あなたは情報の品質に関してより良い決断を下し、これからも継続して判断していけるだろう。

何が関連性があり、何が適切な詳細レベルかを判断するためのガイドラインが与えられ、必要十分の原則に従うことが推奨された。それに従えば圧倒されることなく、プロジェクトを正しい方向に集中させることができる。

各サブステップの最後には他のステップの結果を総合し、それぞれの時点で分かっていることに基づいて初期の提案をする機会が与えられた。あなたは提案を見て、今すぐ何かできることがあるかどうかを判断した。発見したことを文書化することが推奨され、重要な知見が他のステップのインプットとして利用できるようになり、再発見のための手戻りが避けられるようになった。情報ライフサイクルの図を作成し、プロジェクトチームがどの部分で作業をしているかを把握できるようにしてもよい。

もしまだそうしていないのなら、今すぐ自分の考えやファイルを整理し、結果を文書化する時間を取ろう。(しつこいかもしれないが、是非実践していただきたい！)。ここまで実施できたら喜んでほしい。これで**ステップ3**でデータ品質を評価したり、**ステップ4**でビジネスインパクトを評価したりする準備が整った。

コミュニケーションを取り、管理し、巻き込む

このステップで、人々と効果的に協力し、プロジェクトを管理するための提案。

- **ステップ2.5関連する人と組織の理解**で得られた知見に基づいてステークホルダーリストを精査し、それに応じてコミュニケーション計画を更新する。
- ステークホルダーやチームメンバーを巻き込む。
- 定期的に状況報告する。
- 提案や懸念に耳を傾け、対処する。
- スコープ、スケジュール、リソースに影響を与える可能性のある潜在的な問題等、このステップで得られた知見に関する最新情報を提供する。
- このステップで得られた知見に基づいて、今後のプロジェクト作業、チームへの参加、個人の関与への潜在的な影響や変更について期待値を合わせる。
- 問題とアクションアイテムを追跡し、成果物がタイムリーに完了するようにする。
- プロジェクトの今後のステップのためのリソースと支援を確保する。

Chapter 4

第4章 10ステッププロセス

 チェックポイント

ステップ2 情報環境の分析

次のステップに進む準備ができているかどうかは、どのように判断すればよいだろうか。次のガイドラインを参考にして、このステップの完了と次のステップへの準備ができているか判断してほしい。

- プロジェクトの次のステップを最も効果的に実行するために、情報環境の該当する要素を理解し、適切な詳細レベルで文書化しているか。
- **ステップ3**でデータ品質の評価を行う場合、
- データは十分に理解され、データ品質評価が関連データにフォーカスを当てられると確信できるか。
- データの品質を評価するために、要件と制約事項、詳細なデータグリッドとマッピング、データ仕様が確定しているか。
- 権限やデータへのアクセスに関する問題は確認されたか。
- アセスメントを実施するためのツールは入手可能か、あるいはツールを購入する必要があるか。
- トレーニングのニーズは特定されているか。
- **ステップ4**でビジネスインパクトの評価を実施する場合、
- ビジネスニーズと情報環境は十分に理解され、関連付けられ、ビジネスインパクト評価が適切な分野にフォーカスを当てられると確信できるか。
- 今後の評価に必要なリソースは特定され、確保できたか。
- このステップの結果は文書化されているか。例えば、得られた知見、観察したこと、既知／潜在的な問題、既知／予測されるビジネス上のインパクト、潜在的な根本原因、予防と是正のための初期の提案事項等。
- コミュニケーション計画は更新され、このステップに必要なコミュニケーションは完了したか。

ステップ3 データ品質の評価

ステップ3のイントロダクション

データ品質の問題に取り組む際に人々が考えることは、データ品質を評価することだけであることが多い。このステップで成功を収めるためには、これより前のステップの全てが必要であることはお分かりいただけたと思う。そしてこのステップで品質評価を行う理由は、これより後の全て(根本原因、防止策と修正による改善、監視とコントロールによるデータ品質の維持)のためである。言い換えればデータ品質評価の実施は目的ではなく、顧客、製品、サービス、戦略、ゴール、問題、機会に関連するビジネスニーズをサポートする、適切な品質のデータを持つための手段なのである。

表4.3.1ステップサマリー表に目を通し、このステップの全体を把握してほしい。データ品質評価軸の概念、10ステッププロセスで使用される評価軸、評価軸選択のガイドラインについては、**第3章キーコンセプト**で説明した。簡単に参照できるように、**表4.3.2**には評価軸のリストとその定義を再掲している。

各評価軸にサブステップ番号が付いているが、これは参照しやすくするためでありその順序で実行するという意味ではない。ビジネスニーズとデータ品質問題の解決に役立つ評価軸を選択して品質を評価することになるが、この選択方法はプロジェクトによって変わってくる。各サブステップには3つの主要セクションがある。ビジネス効果とコンテキスト、アプローチ、サンプルアウトプットとテンプレートであり、特定の評価軸の品質を評価するのに必要十分な内容が記載されている。

一部の例外を除き、データ品質は欠陥ゼロあるいはデータの状態を完璧にする、という観点で捉えるべきではない。このような非常に高いレベルの品質を実現するにはコストがかかり、かなりの時間がかかる。よりコスト効率が良いのは、ビジネスインパクトとリスクに基づいてデータ品質のニーズと改善へ

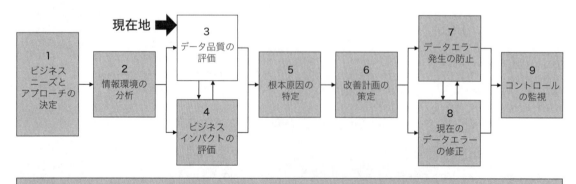

図4.3.1 「現在地」ステップ3データ品質の評価

の投資を定義するという、バランスの取れたリスクベースのアプローチである。必要な場合はいつでも、この決定のために**ステップ4**のビジネスインパクト・テクニックを使用する。

表4.3.1 ステップ3 データ品質の評価のステップサマリー表

目標	・ビジネスニーズ、データ品質問題、プロジェクト目標に該当するデータ品質評価軸の評価。
目的	・データ品質エラーの種類と範囲の特定。 ・データ品質に関する意見の確認または反論。
インプット	・**ステップ1,2,4**のアウトプット、知見、成果物。 ・**ステップ1**ビジネスニーズ、データ品質問題、プロジェクトスコープ、計画、目的。プロジェクトでこれまでに得た知見に基づき、必要に応じて更新する。 　○ **ステップ2**情報環境の分析。 　○ **ステップ4**データ品質の評価を開始する前にビジネスインパクトの評価が必要な場合。 ・現在のプロジェクト状況、ステークホルダー分析、コミュニケーション、エンゲージメント計画。
テクニックとツール	・評価するデータ品質評価軸に適用できるテクニックとツール（データ品質評価軸ごとの各サブステップを参照）。 ・**第6章 その他のテクニックとツール** より、 　○ データ取得とアセスメント計画の策定。 　○ サーベイの実施。 　○ データ品質マネジメントツール。 　○ 問題とアクションアイテムの追跡（プロジェクト全体を通して使用し更新する）。 ・結果に基づく分析、統合、提案、文書化、行動（プロジェクト全体を通じて使用し更新する）。
アウトプット	・選択されたデータ品質の評価結果が完了したものを文書化し、全結果を統合したもの。 ・得られた知見、発見された問題、考えられる根本原因、初期の提案を文書化したもの。 ・**ステップ1と2**の成果物をデータ品質評価結果に基づいて必要に応じて更新したもの。 ・データ取得とアセスメント計画を文書化したもの。将来、参照し使用できるようにする。 ・データ品質について得た知見に基づき、このステップで完了する可能性のあるアクション。 ・プロジェクトのこの時点で必要とされる完了済のコミュニケーションとエンゲージメント活動。 ・フィードバックとデータ品質結果に基づき更新された状況、ステークホルダー分析、コミュニケーション計画とエンゲージメント計画。 ・プロジェクトの次のステップに関する合意 - チームは**ステップ5 根本原因の特定**に直接進むことができるのか、それとも発見された特定のデータ品質問題によるビジネスインパクトを先に完了させる必要があるのか。
コミュニケーションを取り、管理し、巻き込む	・成果物が期限通りに完成するようにし、問題点とアクションアイテムを追跡する。 ・プロジェクトスポンサー、ステークホルダー、管理者、チームメンバーと以下の関係を築く。 　○ データ品質の評価を実施する際の協力。 　○ 障害の除去、問題の解決、変更の管理。 　○ 適切に関与し続ける（説明責任、実行責任、意見提供、情報通知のみ）。 ・状況、アセスメント結果、予想される影響、初期の提案を伝え、フィードバックを得て、必要なフォローアップを行う。 ・データ品質の評価からの知見に基づき以下を行う。 　○ プロジェクトの範囲、目的、リソース、スケジュールの調整。 　○ 関係者の期待値の管理。 　○ 改善が受け入れられ実装されることで必要となるチェンジマネジメントの予測。 ・プロジェクトの今後のステップのための、リソースとサポートを確保する。

チェックポイント	・選択した各データ品質評価軸について、評価が完了し、結果が分析されているか。 ・複数のアセスメントを実施する場合、全てのアセスメントの結果は統合されているか。 ・以下のことが話し合われ、文書化されているか。 　○得られた知見と観察結果。 　○既知のまたは潜在的な問題点。 　○既知のまたは予想されるビジネスインパクト。 　○考えられる根本原因。 　○防止、修正、監視のための初期の提案。 ・プロジェクトに変更がある場合、スポンサー、ステークホルダー、チームメンバーによって最終決定され、合意されているか。例えば次のステップのために追加の要員が必要な場合、その人は特定され、確約されているか。資金調達は継続されているか。 ・このステップ中での人々とコミュニケーションを取り、管理し、巻き込むための活動は完了し、計画は更新されているか。 ・このステップで完了しなかったアクションアイテムは、担当者と期限と共に記録に残されているか。

表4.3.2 10ステッププロセスにおけるデータ品質評価軸

データ品質評価軸。データ品質評価軸とは、データの特性、側面、または特徴である。データ品質評価軸は、情報とデータの品質への要求を分類する方法を提供する。評価軸はデータと情報の品質を定義、測定、改善、管理するために使用される。以下の評価軸を用いてデータ品質を評価する方法は、10ステッププロセスのステップ3データ品質の評価に記載されている。

サブステップ	データ品質評価軸の名前、定義
3.1	**関連性と信頼の認識**：情報を利用する人々やデータを作成、維持、廃棄する人々の主観的な意見のこと。1）関連性 - どのデータが彼らにとって最も価値があり重要であるか、2）信頼 - 彼らのニーズを満たすデータの品質に対する信頼。
3.2	**データ仕様**：データ仕様には、データにコンテキスト、構造、意味を与えるあらゆる情報と文書が含まれる。データ仕様はデータや情報の作成、構築、生成、評価、利用、管理に必要な情報を提供する。例えばメタデータ、データ標準、リファレンスデータ、データモデル、ビジネスルール等である。データ仕様が存在しなかったり、完全でなかったり、その品質が低ければ高品質のデータを作成することは困難であり、データ内容の品質を測定、理解、管理することも難しくなる。
3.3	**データの基本的整合性**：データの存在（完全性／充足率）、有効性、構造、内容、その他の基本的特性。
3.4	**正確性**：データの内容が、合意され信頼できる参照元と比較して正確であること。
3.5	**一意性と重複排除**：システム内またはデータストア間に存在するデータ（フィールド、レコード、データセット）の一意性（正）または不要な重複（負）のこと。
3.6	**一貫性と同期性**：様々なデータストア、アプリケーション、システムで保存または使用されるデータの等価性のこと。
3.7	**適時性**：データおよび情報が最新であり、指定されたとおりに、また期待される期限内に使用できること。
3.8	**アクセス**：許可されたユーザーがデータや情報をどのように閲覧、変更、使用、処理できるかを制御する能力のこと。

3.9	**セキュリティとプライバシー**：セキュリティとは、データや情報資産を不正なアクセス、使用、開示、中断、変更、破壊から保護する能力のことである (US Department of Commerce, 発行年不明)。個人にとってのプライバシーとは、個人としての自分に関するデータがどのように収集され、利用されるかをある程度コントロールできることである。組織にとっては、人々が自分のデータがどのように収集され、共有され、利用されることを望んでいるかを遵守する能力である。
3.10	**プレゼンテーションの品質**：データや情報の形式、見た目、表示は、その収集や利用をサポートする。
3.11	**データの網羅性**：関心のあるデータの全体的な母集団またはデータユニバース（全体像）に対して、利用可能なデータがどれだけ包括的かを示す。
3.12	**データの劣化**：データに対する負の変化率のこと。
3.13	**ユーザビリティと取引可能性**：データが、意図された業務取引、成果、使用目的を達成すること。
3.14	**その他の関連するデータ品質評価軸**：その他、組織が定義、測定、改善、監視、管理する上で重要と考えられるデータおよび情報の特性、側面、または特徴。

> 📖 **定義**
>
> **データ品質評価軸**とは、データの特性、側面、特徴である。データと情報の品質に関連するニーズを分類する方法を提供する。評価軸はデータと情報の品質を定義、測定、改善、監視、管理するために使用される。

データ品質評価の利点は、ステップ1で特定されたビジネスニーズとデータ品質問題の根底にある、問題事項の具体的な証拠となることである。このステップのインプットとして、**ステップ2情報環境の分析**で得た知見を活用する。

データ品質評価の結果は、データ品質問題の性質、その大きさ、その場所を示す。この知識は根本原因の特定（**ステップ5**）、改善計画の策定（**ステップ6**）、データエラー発生の防止（**ステップ7**）、現在のデータエラーの修正（**ステップ8**）といった後続ステップの取り組みに集中するのに役立つ。初めてデータ品質を評価する場合、その評価の結果が、今後の進捗における比較対象の基準となる。ここで得たものは、コントロールの監視（**ステップ9**）を通じてデータ品質の問題を検出する際にも利用できる。

ステップ2をスキップした場合は、再考してほしい！プロジェクトチームからのフィードバックでは、データ品質の評価に入る前に、情報環境の分析に十分な時間をかけることが不可欠であることが、度々報告されている。概要レベルから始め、必要な場合にのみ詳細なレベルまで進める。評価に先立ち、ある程度の背景を知っておくことはより効率的となる。**ステップ2**をスキップして**ステップ3**に進むことを決めた場合、評価対象とするデータを正確に特定する必要があるが、データ品質の評価の結果を解釈し分析するのに必要十分なバックグラウンドが必要だ。これはこの**ステップ3**の間に完了させることができるが、通常はあまり効率的ではない。

> **覚えておきたい言葉**
>
> 「1つの正確な測定は、1000人の専門家の意見に値する」
>
> - Grace Hopper（1906-1992）Admiral, United States Navy

データ品質評価軸の分類方法

10ステップの方法論で使用されるデータ品質評価軸は、各評価軸を評価するために使用されるテクニックまたはアプローチによって大まかに分類される。これはデータ品質ワークを行うために必要な時間、資金、ツール、人的資源を見積もる際のインプットとなるので、適切なプロジェクトスコープの計画に役立つ。このようにデータ品質評価軸を区別することで、次のことが可能になる。1）ビジネスニーズと評価軸を照合し、どの評価軸をどの順番で評価すべきかの優先順位をつける。2）各データ品質評価軸を評価することで何が得られるのか（得られないのか）を理解する。3）時間とリソースの制約の中で、プロジェクト計画における活動の順序をより明確にして管理する。

> **注記**
>
> データ品質評価軸を分類する方法は他にもある。詳しくは、Dan Myersによるデータ品質評価軸に関する研究のまとめ（Myers, 発行年不明）を参照。また、ダンはConformed Dimensions of Data Qualityと呼ばれる独自のリストも作成している。私はその全てから学んだ。本書は評価軸の考え方を行動に移すことを目的としているため、上記の理由から、私は10ステップの方法論における各評価軸を分類している。

ステップ3 プロセスフロー

ステップ3への全体的なアプローチは簡単である。図4.3.2ステップ3 プロセスフローを参照のこと。第1に、特定の状況を評価するのにもっとも有用な評価軸を選択する。第2に、データの取得とアセスメント計画を策定する。第3に、選択した評価軸のデータ品質を評価する。第4に、複数の評価が行われた場合は結果を統合し、提案を行い、行動を起こす！　この概要レベルのプロセスフローは全てのデータ品質評価軸に適用されるので、各サブステップ内での繰り返しを避けるため、ここでまとめて説明する。

関連するデータ品質評価軸の選択

様々なデータ品質評価軸と、それぞれの評価を完了するために必要なことをよく理解する。それぞれ異なるプロジェクトにとって、最も意味のある評価軸を選択することが重要となるが、何から始めればよいのか分からないかもしれない。評価すべき評価軸を選択する際の考慮事項については、**第3章 キーコンセプトのデータ品質評価軸**のセクションを参照してほしい。また**ステップ1ビジネスニーズとアプローチの決定**のビジネスニーズとプロジェクト目標を簡単に再確認してほしい。そこでビジネスニーズ、利用可能なリソース等に変更がないことを確認する。変更された場合は、必要に応じてプロジェクトのフォーカス、スコープ、目的を修正し、更新された状況に適合するデータ品質評価軸を選択する。関係者全員に修正情報を共有し、引き続き協力が得られることを確認する。

データ取得とアセスメント計画の策定

データ取得とは、評価対象のデータにどのようにアクセスするかということだ（例えばデータをフラットファイルに抽出して安全なテスト用データベースにロードしたり、レポート用データストアに直接接続したりする等）。アセスメント計画とは、データの品質を評価する方法を提案するものである。選択した各評価軸について、データ取得とアセスメント計画を策定する。データ取得とアセスメント計画の詳細は、第6章 その他のテクニックとツールの同名のセクションを参照のこと。

データを取得し評価し、結果を報告する際に使用するツールや技術について説明している。第6章のデータ品質マネジメントツールを参照するとともに、ステップ2.2関連するデータとデータ仕様の理解、およびステップ2.3関連するテクノロジーの理解で学んだことを活用する。

データを取得し評価する一連の作業を策定し、文書化する。関係者がそれぞれの責任を認識し、同意していることを確認する。作業者の上司を含めることも忘れてはならない。データ取得とアセスメント計画の複雑さは、プロジェクトによって異なる。適切なデータを、適切なデータストアから、適切なタイミングで、適切な担当者が取得し、評価するために「必要十分な」時間をかけることで、リソースを有効に活用する。

選択した評価軸によるデータ品質の評価

本章では評価軸ごとに個別のサブステップを設け、その評価軸による評価に特化した詳細を示す。データ取得とアセスメント計画を実施し、スコープ内の各データ品質評価軸の具体的な手順と例を使用してアセスメントを完了させる。

結果に基づく分析、統合、提案、文書化、行動

各データ品質評価の結果を分析し、全ての評価結果を統合する。ステップ2 情報環境の分析で得た情報を利用して結果を解釈し、発見された問題の原因を突き止める。得られた知見に基づいて初期の提案を行う。提案事項には、修正すべき対象データ、データ品質エラーの再発を防止するための様々なコントロール、特定のビジネスルールやデータ品質ルール、監視すべき一般的なコントロール等がある。

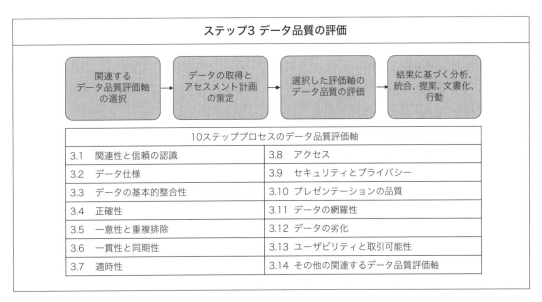

図4.3.2 ステップ3「データ品質の評価」のプロセスフロー

各ステップで得た知識や洞察が確実に保持され、次のステップで活用されるよう全てを文書化する。適切なタイミングで行動に移す。 全ての評価軸に適用される一般的な手順とテンプレートについては、第6章その他のテクニックとツールの結果に基づく分析、統合、提案、文書化、行動のセクションを参照のこと。

> 🎯 **ベストプラクティス**
>
> **データ品質評価軸を選択するための最終基準。**どのデータ品質評価軸を評価対象にするかを最終決定するために、以下の2つの観点を考える、
> - **データを評価すべきか。**ビジネスニーズ、データ品質の問題、プロジェクト目標に関連する実用的な情報が得られると予想される場合にのみ、テストに時間をかける。
> - **データを評価することはそもそも可能か。**この品質評価軸を確認すること自体が可能か、現実的か、データ品質を評価できない場合もあるし、そのためのコストが非現実的な場合もある。
>
> 両方の観点で「はい」と答えられる場合にのみ、それらの評価軸を評価対象にする！　どちらかの観点の答えが「いいえ」であれば、その評価軸を評価対象外とすべきである。

ステップ3.1 関連性と信頼の認識

ビジネス効果とコンテキスト

認識したものが現実である、とよく言われる。ユーザーが組織のデータ品質が低いと考えている場合、組織のデータソースを使用する可能性は低くなり、データを管理するために独自のスプレッドシートやデータベースを作成することになる。このため多くの場合、適切なアクセスやセキュリティのコントロールが行われないまま、重複した一貫性のないデータを持つスプレッドマート（スプレッドシートを使用した独自の疑似データマート）が拡散することになる。

この側面では正式なサーベイ（個別インタビュー、グループワークショップ、オンラインサーベイ等）を通じて、データおよび情報を使用もしくは管理している人々の意見を収集する。ユーザーと繋がりを持っている間に、情報の価値／関連性／ビジネスインパクトと、データの品質に対する信頼／信用の両方についてヒアリングすることは有用である。

ユーザーのサーベイを実施する理由は、データ品質またはビジネスインパクトの観点から求められる可能性があるため、ここ**ステップ3.1**にデータ品質評価軸として、また**ステップ4.7**にビジネスインパクト・テクニックとして含まれている。
この評価軸／テクニックは、アセスメントの選択肢としてデータ品質リストとビジネスインパクト・リストの両方に明示されるようにしたい。データ品質評価軸であれビジネスインパクト・テクニックであれ、定義は同じだ。

Chapter 4

第4章 10ステッププロセス

 定義

関連性と信頼の認識（データ品質評価軸）情報を利用する人々やデータを作成、維持、廃棄する人々の主観的な意見のこと。1) 関連性 - どのデータが彼らにとって最も価値があり重要であるか。2) 信頼 - 彼らのニーズを満たすデータの品質に対する信頼。

アプローチ

ステップ4 ビジネスインパクトの評価のサブステップ4.7のアプローチのセクションを参照のこと。ここに関連性と信頼の認識に適用されるデータ品質評価軸と、ビジネスインパクト・テクニックの両方に関する指示が記載されている。

サンプルアウトプットとテンプレート

ステップ4 ビジネスインパクトの評価のサブステップ4.7のサンプルアウトプットとテンプレートのセクションを参照のこと。ここに、データ品質評価軸とビジネスインパクト・テクニックの両方に関してのサンプルアウトプットとテンプレートに関する記述があり、ここには「関連性と信頼の認識」に適用される例も含んでいる。

ステップ3.2 データ仕様

ビジネス効果とコンテキスト

データ仕様はデータや情報を作成、構築、生成、評価、利用するために必要な情報を提供するものであるが、これを管理しなければデータの品質を保証することはできない。データ仕様にはデータにコンテキスト、構造、意味を与えるあらゆる情報とドキュメントが含まれる。本書で取り上げるデータ仕様は、メタデータ、データ標準、リファレンスデータ、データモデル、ビジネスルールである。（注：タクソノミー、オントロジー、階層等、データの品質に影響を与えるものは他にもあるが、本書の範囲外である。これらがプロジェクトの範囲内のデータに該当する場合は、他のリソースを使用していただきたい）。

 定義

データ仕様（データ品質評価軸）。データ仕様には、データにコンテキスト、構造、意味を与えるあらゆる情報と文書が含まれる。データ仕様はデータや情報の作成、構築、生成、評価、利用、管理に必要な情報を提供する。例えばメタデータ、データ標準、リファレンスデータ、データモデル、ビジネスルール等である。データ仕様が存在しなかったり、完全でなかったり、その品質が低ければ高品質のデータを作成することは困難であり、データ内容の品質を測定、理解、管理することも難しくなる。

データ仕様の存在、完全性、品質がなければ、データ内容の品質を測定し理解することは難しい。データ仕様の問題は、低品質データの原因となることが多い。このトピックの詳細については、**第3章 キーコンセプトのデータ仕様のセクションを参照のこと。**

データ仕様は以下のものを提供する。

- データ品質分析のためのコンテキスト。
- データ品質の評価結果を比較するための基準。
- データの手入力、データの更新、データ・ロードプログラムの設計、アプリケーションの開発等の手順。

最低限、CDE に該当するデータ仕様を、**ステップ2.2 関連するデータとデータ仕様の理解**で収集していない場合は、このステップで再度収集する。これらは、他のデータ品質評価軸のアセスメントを実施する際に使用される。

さらに、仕様の内容もしくは仕様の文書化の品質を評価する必要があるかもしれない。このステップは、関連するリファレンスデータが特定され、データ整合性基本評価の一環として抽出されることを確認するだけで済む場合がある。あるいはERP導入の一環として移行されるデータをテストするための、ビジネスルールの詳細な点まで明確化するものかもしれない。

> **注記**
> マスターデータやトランザクションデータ等、他のデータコンテンツを評価するための同じテクニックやプロセスは、多くのデータ仕様にも適用できる。例えばメタデータリポジトリは、品質評価が可能なもう一つのデータストアである。メタデータには、品質を確保するために管理する必要がある、独自の情報ライフサイクルがある。メタデータは、**ステップ3.3データの基本的整合性**でプロファイル化し、**ステップ3.5**で重複をチェックできる。

アプローチ

1. 必要な仕様の収集

このステップは、**ステップ2.2 関連するデータとデータ仕様の理解**と密接に関連している。そこでの手順とアウトプットを出発点として利用できる。もし既存のデータ仕様を先に収集していないのであれば、今やるべきである。

仕様がハードコピーとして存在する場合、どの仕様を収集するのか。誰が、何時までに収集するのか。プロジェクトチームが利用できるように、仕様のコピーはどこに保管するのか。

仕様が電子的に保管されている場合、アクセスにはログインが必要か。誰がアクセス許可を与えるのか。自分自身がアクセスするのか。それとも他の誰かにアクセスさせる必要があるのか。仕様はプロジェクトの共有ドライブにコピーできるファイルとして存在するか。

仕様のリストを作成し、必要ではあるが欠落している仕様、必要ではあるが文書化されていない仕様を洗い出す。

2. 詳細評価の必要性を判断するための、データ品質簡易評価の完了

テンプレート4.3.1 データ仕様の品質 - 簡易評価とサンプルアウトプットとテンプレートセクションの手順を使用する。これはデータ仕様の品質を簡易的に確認し、より詳細なデータ品質評価が必要かどうかを判断する方法を提供する。

簡易評価の結果は、仕様の品質（またはその欠如）についての意見や、それがデータの品質にどのように影響するかといった定性的なものとなる。例えばメタデータリポジトリは利用できても、定義フィールドのほとんどが空白であったり、仕様が誰かの棚のバインダー内にハードコピーで文書化され、10年間更新されていなかったりすることは、既に分かっていることかもしれない。どちらの場合も次のように仮定できる。

- 仕様の内容が古い、あるいは存在しないため、作成／更新が必要となり、そのために追加となる作業時間をプロジェクト計画に反映させる必要がある。
- データ内容（仕様ではない）は品質をチェックした際に一貫性がなく、仕様の低品質さが反映されることになる。
- 仕様が利用されるためには、ハードコピー以外の方法で簡単に入手できるようにする必要がある。このような場合は後日解決するために、結果報告書に初期の提案として追加できる。

テンプレート 4.3.1 データ仕様の品質 - 簡易評価

簡易評価サマリー		
データ仕様の種類	結論 – 良好、不明、要改善 下の簡易評価のための質問に基づき、仕様の品質は他のデータ品質評価で使用するのに十分良好だと思うか。	次のステップ
メタデータ		
文書化されていないもの （メアリー・ジョーンズに聞く）		
ドキュメント2		
データ標準		
ドキュメント1		
ドキュメント等		
リファレンスデータ		
表XYZのISO国コード		
ドキュメント等		
データモデル		

ドキュメント1		
ドキュメント等		
ビジネスルール		
ドキュメント1		
ドキュメント等		

基本情報
各仕様のタイプと各ドキュメントタイプの収集。 • 仕様の種類（メタデータ、データ標準、リファレンスデータ、データモデル、ビジネスルール）。 • ドキュメント名。 • ドキュメントの簡単な説明と目的。 • ドキュメントの場所（マスターとコピー）。 • ドキュメントの種類（アプリケーションのオンラインヘルプ機能、各デスクのハードコピーマニュアル、データモデリングソフトウェア等）。

簡易評価のための質問
簡易評価のための質問。 • ドキュメント更新の管理責任は誰が持っているのか。 • **現在**、誰がそのドキュメントを使用しているのか。またその使用は規定された目的か、それとも別目的か。 • 本来誰がそのドキュメントを使用**すべき**なのか。またその使用は規定された目的か、それとも別目的か。 • ドキュメントを参照する必要がある人たちは、そのドキュメントが入手可能であることを知っているか。 • ドキュメントへのアクセスは簡単か。 • ドキュメントは理解しやすいか。 • ドキュメントはどのように更新されるか。例えば外部ソースからのファイルを毎月送信、外部ソースに直接接続してリアルタイム更新、ビジネス・データスチュワードによる更新等。 • 仕様の更新時期は誰が決めるのか。例えばユーザーがデータスチュワードに新しいコードを通知し、ビジネス・データスチュワードがそれをデータガバナンス協議会に申請し、最終承認を得る等。 • ドキュメントはどのくらいの頻度で更新されるか。実際に最後に更新されたのはいつか。 • データ仕様のバージョンは、サポートされているアプリケーションのバージョンと一致しているか。一貫性が確認できる履歴はあるか。

簡易評価の結論と対策
上記の質問に基づき、仕様／ドキュメントの品質は他のデータ品質評価で使用するのに十分であると思うだろうか。データ仕様の品質がどうかを判断する。 • **良好**。プロジェクトで今後使用するのに十分な品質であるため、プロジェクトチームにその旨を周知し、他のデータ品質評価に進む。 • **不明**。判断できないまたは不明瞭であり、他のデータ品質評価に進む前にさらなる評価が必要である。**表4.3.3**を使用して、データ仕様の品質をさらに評価する。 • 今回は重要データエレメント（CDE）のみ評価する。 • プロジェクトの推奨事項に、他の仕様の品質を評価する、と追加する。 • **要改善**、このまま使用するには不十分であるため、他の評価に進む前に仕様を更新する必要がある。 • 今回はCDEのみ仕様を更新する。 • プロジェクトの推奨事項に、他の使用を更新する、と追加する。

Chapter 4

第4章　10ステッププロセス

表4.3.3　データ仕様の品質 - 評価、作成、更新時のインプット

データ仕様のタイプ	既存の仕様の品質を評価する際、または仕様の作成／更新をする際のインプット。
メタデータ	データ定義については、各**フィールド**に以下が含まれていることを確認する。 • タイトル、ラベル、または名前と、完全かつ正確で理解しやすい説明。 • フィールドは、必須、任意、または条件付き（条件が文書化されている）として区分されている。 • 別名または同義語。 • 有効なパターンまたはフォーマット。 • 有効な値のリスト（リファレンスデータとデータ標準を参照のこと）。 • 参考となる使用例。 各**テーブル**に名前と説明があることを確認する。 定義はメタデータの唯一の考慮事項ではないが、本質的な出発点である。 データ定義に何を含めるべきかについての詳細は、**Keith Gordon, Principles of Data Management、Facilitating Information Sharing, Second Edition**（2013）の第5章を参照して欲しい。
データ標準	テーブル名とフィールド名 • 実際の物理構造名を命名規則と比較。物理構造とは、テーブル、ビュー、フィールド等。 • 名前に使用される略語が、一般に認められている標準的な略語であることを確認する。 • 命名規則が明記されていない場合、名前自体に一貫性があるかどうかを調査する。 データ入力のガイドライン • リファレンスデータの使用、使用可能な略語、ケーシング（大文字、小文字、混合）、句読点等、データ入力時に従うべきルール。 有効な値のリスト • 内部または外部の信頼できる情報源によって設定されたもの。これらはリファレンスデータとも呼ばれる。
リファレンスデータ	• 有効な値のセットとその値の定義をレビューする。 • 値が高品質な定義を含むかどうかをチェックする（メタデータを参照）。 • 値のリストに有効な値だけが含まれているかどうかをチェックする。 • 値のリストが完全かどうか（つまり、必要な値が全て含まれているかどうか）を確認する。 • 値が相互に排他的であるかどうかを確認する（値を選択する際に混乱がなく、値の意味が重複しないように）。
データモデル	• 明確で理解しやすい名称と定義を確認する。 • データモデルをレビューし、エンティティやデータリレーションシップに一貫性があることを確認する。 • データモデルがどのように伝達され、使用されているかを確認する。 • データモデル内の命名構造（大文字と小文字、句読点を含む）が命名規則と一致していることを確認する。 データモデルの品質確保に関する詳細な考察については、**Data Model Scorecard、Applying the Industry Standard on Data Model Quality, Steve Hoberman**（2015）を参照のこと。

ビジネスルール	・ビジネスルールが正確かつ完全に定義されているかをレビューする。 ・インスタンス／オカレンス／レコードの作成、更新、削除のタイミングを規定するポリシーを確認する。 ・POSMADの情報ライフサイクルの中で、レコードやデータフィールドがいつどのように扱われるべきかについて、明示的または暗黙的な記述を確認（例えば、大きな状態変化がどこで起こりうるか、その結果データはどのように振る舞うべきか等）する。対応するデータ動作は、要件またはデータ品質ルールとして記述できること。データ品質ルールが遵守されているかどうかをチェックできること。 ・例えば次のようなビジネスルールがあったとする、「見込み客が商品を購入すると顧客になる。オンライン受注担当者は見込み客が顧客になったら、顧客区分フラグをA（アクティブな顧客）に変更する」。データがルールに準拠しているかどうかをテストする場合、次のようなデータ品質ルールを作成できる、「顧客区分フラグが A の全てのレコードには、関連する注文レコードがなければならない。または、「P（見込み客）の区分フラグを持つレコードは、関連する注文レコードを持ってはならない」。ビジネスルールを徹底させるために、フラグの変更を自動化することを検討する。プロセスがすでに自動化されている場合であっても、プログラムが正しく動作していることを確認する意味でルールのテストをする。

3. 必要に応じて、仕様のデータ品質の詳細評価の実施

他のデータ品質評価軸の適用

（メタデータリポジトリやビジネス用語集のような）仕様を保持するデータストアは、単なる一つのデータストアに過ぎないことを忘れてはならない。マスターデータやトランザクションデータを評価するものと同じテクニックとプロセスが、データ仕様の多くにも適用できる。完全性、充足率、有効性等のデータの基本的整合性についての情報を得るために、メタデータリポジトリに対してデータプロファイリングのテクニックを使用できる。**表4.3.3**を評価のインプットとして使用できる。

比較のための参照元を決定

これは正確性のデータ品質評価軸の考え方を適用したものである。データ仕様をデータベース内で比較するのか、組織内標準や全社的標準の仕様と比較するのか、外部の参照元と比較するのか。例えばISO（国際標準化機構）コードを、ドメイン値の参照元として使用できる。

明確な全社的標準が存在しない場合は、特定の業務で使用される共通のデータベースを確認する。例えば命名基準や有効なコードリストの参照元と考えられるような、複数のビジネスグループによって地域的または世界的に使用されているデータストアがあるか。

評価担当者の決定

適切なレビュアーは、データを評価する事業部門内の内部監査人、データ管理者、データ品質の専門家である。レビュアーは事業部門の外部のものが担当することもできる。ただし、レビュー対象の仕様に利害関係を持っていてはならない。例えばレビュアーは、データ定義の作成者であってはならない。

データ入力基準が5年間更新されていないような場合、データ入力を行う者が関連ドキュメントを簡単には見つけられないような場合、あるいはチーム間でデータ入力標準に矛盾が見られるような場合等、これらの場合はデータの入力に一貫性がないことが予想される。このような一貫性の欠落の可能性の予

測は、データの品質自体を評価する際に確認すべきである。可能であれば標準に適合する仕様の割合や、期待される仕様準拠の割合に対する実際の仕様の割合の報告等、結果を定量化する。

4. 必要に応じ仕様の作成もしくは更新

仕様が存在しない場合、具体的にどの仕様を作成する必要があるのか。誰が何時までに作成・更新するのか。文書化の方法は何か。**表4.3.3**を、今回は仕様を作成または更新する際に含めるべき内容のインプットとして、再度使用する。仕様を作成する全ての者が、標準に従って一貫性をもって作成していることを確認する。

新規または更新された仕様が、期待に沿うものであることを確認するために作業の品質チェックを行う。仕様は、他のデータ品質評価の結果と比較するために必要な品質レベルを提供するものであるので、このアクションアイテムは後で実行するアクションリストに追加するようなものではない。できるだけ早く実施し、作成／更新された仕様自体が高品質であることを確認すること。

5. 進捗状況の把握

データ仕様の評価、作成、更新の進捗状況を把握する。作業がスケジュール通りに進んでいることを確認する。このステップは、CDEに関連する仕様には厳密に適用する。

データ仕様を収集し、それらを確実に保存し管理し簡単に利用できるようにするための、組織全体の取り組みが実際に必要である可能性がある。このステップで分かったことは、その必要性を明らかにするものかもしれない。このステップから得られる推奨事項として、それを挙げてほしい。しかし組織全体のメタデータリポジトリがないという事実があっても、プロジェクトを進めるのを止めてはならない。プロジェクトに必要なデータ仕様を収集／作成／更新し、別のメタデータリポジトリ・プロジェクトを立ち上げる際には、それを出発点として使用する。

6. 結果に基づく分析、統合、提案、文書化、行動

詳細は第6章 その他のテクニックとツールの同名のセクションを参照。仮説を証明または反証するために、他のデータ品質評価軸でテストしたいデータ仕様を明確にする。主要な観察結果、得られた知見、発見された問題点、肯定的な発見を、ビジネスまたはデータの品質への既知または推定される影響と共に文書化する。根本原因となり得るもの、初期の提案事項を記録する。

結果には、プロジェクトを前進させ続けるために必要な、すぐ次のステップが含まれることを忘れてはならない。このステップで得たことはプロジェクトのスケジュール、必要なリソース、成果物に影響するのか、もしそうならどのようにそのことは共有されているのか、このステップの結果または他のステップの結果を踏まえて、いつ行動すべきかを決める。

> **覚えておきたい言葉**
>
> 「正しいこととは何かを定義できていない限り、何が間違っているかどうかはわからない」
>
> - Jack E. Olson, Data Quality：The Accuracy Dimension（2003）

サンプルアウトプットとテンプレート

データ仕様の品質 - 簡易評価

最低限プロジェクトの範囲内にある、重要データエレメント（CDE）に適用されるデータ仕様が必要となる。仕様とそのドキュメントをそのまま使用できるか、あるいは仕様が疑わしいので他のデータ品質評価に進む前に対処しなければならないかは、自身で判断する必要がある。その判断には**テンプレート4.3.1**が使用できる。

- 仕様が必要なデータを明確にする。これはプロジェクトのスコープ内のデータであり、ビジネスニーズをサポートする最も重要なデータであり、**ステップ2.2**のCDEである場合もある。
- 最初の列にはスコープ内のデータに必要なデータ仕様をリストアップし、そのドキュメントの名前もしくは該当の行番号をリストアップする。例えばビジネス用語集やメタデータリポジトリの名前、データカタログ、データガバナンス、データモデリングツール、データスチュワードが管理するスプレッドシート、各顧客サービス担当者のデスクにあるハードコピーマニュアルのタイトル、アプリケーションのオンラインヘルプ機能、または対象分野の専門家が考えていること。
- リストアップした各ドキュメントについて、基本的な情報を収集する。
- リストアップした各ドキュメントについて、表の中央セクションにある簡易評価のための質問を見る。次に中央の列の全体的な質問に回答する、「下の簡易評価のための質問に基づき、仕様の品質は他のデータ品質評価で使用するのに十分良好だと思うか」。良好、不明、要改善、のいずれかに結論付ける。
- 表の最後のセクションにある簡易評価の結論と対策に基づいて、次のステップを決定する。例えば対象分野の専門家にインタビューして仕様を作成する必要があるのか、またその知識をどこに文書化し、保管し、他の人がアクセスできるようにするか。これには追加の工数が必要であり、プロジェクト計画で考慮する必要がある。
- 結果と仮定を文書化する。合意に達する前に深い議論が行われた場合、その項目が含まれた理由または除外された理由を記録する。

簡易評価はあくまでも簡易なものである。答えに悩みすぎる必要はない。適切な人々が議論に参加していれば、適切な結論が明らかになるはずである。しかし強い意見の相違がある場合は「不明」に設定し、さらにサーベイする。

データ仕様の品質 - 評価、作成、更新時のインプット

表4.3.3は簡易評価よりも、さらに詳細にデータ仕様の質を検討する場合に使用する。この表には考慮すべき事項が全て含まれているわけではないが、以下のような場合に良い出発点となる。

Chapter 4

第4章　10ステッププロセス

- 仕様の品質を評価する。仕様が高品質であると判断されるためには何が必要なのか。
- 出来上がった仕様が高品質であることを保証するために、手順やトレーニングの一環として仕様の作成や更新を行う。

ステップ3.3 データの基本的整合性

ビジネス効果とコンテキスト

データの基本的整合性は、データの存在、有効性、構造、内容、その他の基本的な特性にフォーカスする。データの基本的整合性を評価するテクニックは、データプロファイリングと呼ばれる。完全性／充足率、有効性、値のリストと度数分布、パターン、範囲、最大値と最小値、参照整合性等の本質的な特性を含む包括的な用語として、データの基本的整合性を使用している。データについて他に何も知らない場合は、このデータ品質評価軸から何を学ぶかを知る必要がある。他の評価軸の多くは、「データの基本的整合性」で学んだことを基にして組み立てられている。データについての基本を知ることは**必須**なので、この評価軸にはより時間をかけるつもりだ。

このデータ品質評価軸はデータプロファイリングと呼ばれるテクニックを使用して、データの構造、内容、品質を明らかにする。データをプロファイリングするためのツールは利用可能だがそれらは改良され続けており、将来的にはデータプロファイリングという用語に代わる別の名称のテクニックが登場するかもしれない。しかしツールの機能がどのように呼ばれようとも、データの基本を理解する必要性は常に存在するので、この評価軸をデータプロファイリングではなく、データの基本的整合性と呼んでいる。

 定義

データの基本的整合性（データ品質評価軸）。データの存在（完全性／充足率）、有効性、構造、内容、その他の基本的特性。

> **覚えておきたい言葉**
>
> 「データを購入したり、移動させたり、変換したり、統合したり、データから報告書を作ったりする場合、データの真の意味とその振る舞い方を理解していなければならない。」
>
> - Michael Scofield, MBA, Assistant Professor, Loma Linda University

代表的なプロファイリング機能

データプロファイリングはデータを様々な視点から見る。**図4.3.3**にプロファイリングツールが可能にするデータの3つの基本的な見方を示す。具体的なデータプロファイリングの機能、用語、結果は使用するツールによって異なり、カラムはフィールド、データエレメント、アトリビュートを表すことに注意する。

1. カラムプロファイリング

レコード内の各カラムを分析し、データセット内の全レコードをサーベイする。カラムプロファイリングにより、完全性／充足率、データタイプ、サイズ／長さ、一意な値のリストと度数分布、パターン、最大／最小範囲等の結果が得られる。これはドメイン分析またはコンテンツ分析とも呼ばれる。これにより真のメタデータおよびコンテンツ品質の問題を発見し、データが期待に適合しているかどうかを検証し、実際のデータと目標とする要件を比較できる。

2. テーブルまたはファイル内のプロファイリング

テーブルやファイル内のデータエレメント／カラム／フィールド／アトリビュート間の関係を発見する。これにより、実際のデータ構造、機能的依存関係、主キー、データ構造の品質問題を発見できる。またユーザーが予想する依存関係を、データに対してテストすることもできる。これは依存関係プロファイリングとも呼ばれる。

3. テーブルやファイルをまたがるプロファイリング

テーブルやファイル間のデータを比較し、重複する値や同一の値のセットを特定したり、重複する値を識別したり、外部キーを示したりする。プロファイリングの結果は、データモデラーが冗長性を排除した第三正規形のデータモデルを構築するのに役立つ。このモデルを使用してステージングエリアを設計できる。ステージングエリアとは、データソースからオペレーショナル・データストア（ODS）やデータウェアハウス等の、ターゲットデータベースへのデータの移動と変換を容易にする役割を持つものである。テーブルやファイルをまたがったクロステーブル分析やクロスファイル分析は、適切に使用すれば非常に強力である。

NoSQLデータストアのビッグデータをプロファイリングする場合も、同じ原則が適用される。主な違いは3番目のテーブルやファイルをまたがるプロファイリングの、外部キーリレーションシップやデータの冗長性をチェックするテクニックである。NoSQLストアは本質的にテーブル間の外部キーリレーションシップは保持しないが、キーによってファイルを「結合」する機能はまだ存在する。しかしNOSQLの基本的な考え方は、より高速に処理できるように全てのデータを平坦化すること、つまりデータを非正規化することであり、これは実際にはデータの冗長性を生み出すことになる。これは従来のリレーショナルデータベースとビッグデータ・ファイル処理のトレードオフの一部といえる。

1. カラムプロファイリング

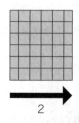
2. テーブルまたはファイル内のプロファイリング

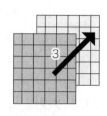
3. テーブルやファイルをまたがるプロファイリング

図4.3.3 代表的なプロファイリング機能

リレーショナルデータベースでは冗長性を最小限に抑えることに重点を置き、エンティティ情報の単一インスタンスを別々のテーブルに格納する。例えば従業員データベースは従業員マスターのテーブルを持つが、各行（従業員レコード）は従業員の部署に関する情報を持つ別のテーブルを（外部キーで）参照する。従業員テーブルを処理する際、SQLを使用してこの2つのテーブルの情報を自動的に結合できる。ビッグデータ処理では、これを1つの従業員レコードに保持することを選択できる。そのため複数の従業員が同じ部門に所属している場合、各従業員の部署の情報（名称、所在地、請求コード等）は全て、各従業員レコードで繰り返される。

プロファイリングの結果を分析する際には、その根底にある構造を理解することが重要である。

データプロファイリング・ツール

データプロファイリング機能を持つツールはデータを確認するが、通常変更はしない。データのプロファイリングは市販のデータプロファイリング・ツール、レポート作成プログラム、統計分析ツール、SQL等のクエリー等を使用して行うことができる。プロファイリング用のオープンソースソフトウェアもある。データプロファイリング・ツールを使ったことがない場合は、まずこれらを使うと便利である。ほとんどの場合、基本的な機能は無料で利用でき、より高度な機能は購入できる。従来のプロファイリングツールはリレーショナルデータベースを対象にしていたが、最近ではそのほとんどがNoSQLデータベースのビッグデータを対象にプロファイリングできるようになっている。データ統合ツール等、他のツールにデータプロファイリング機能が組み込まれている場合もある。

時として市販のデータプロファイリング・ツールは、開発者やクエリーを書くのが好きなその他の人々から見下されたり疑いの目で見られたりすることがある。「私なら週末でプロファイリングアプリケーションが書ける」。しかし大規模な、あるいは継続的な品質作業では、既存のプロファイリングツールのようにはできない。必要なクエリーを大量に実行し、結果を表示し、将来の使用のために保存するようなプロファイリングアプリケーションを適切な期間内に作成することはできない。プロファイリングツールが得意とする基本的なことは、プロファイリングツールに任せた方が良い。

ビジネスルールやリレーションシップの詳細なチェック等、プロファイリングツールで自動処理できない部分は開発者のスキルで補う。高度な作業であってもプロファイリングツールで処理できるものもあるが、その結果を利用するには人間の介入が必要であり、時にはツールの外での作業が必要となる。このようなやり方の方が、データとビジネスに関する深い知識をより効果的に活用できる。プロファイリングの結果を得るためにクエリーを書くのではなく、プロファイリングの結果を分析し、行動に移すことに時間を費やしてほしい。

データ品質管理のビジネスケースを組み立てるのであれば、実際のデータ品質エラーを可視化するためにいくつかのクエリーを作成することもできる。しかし監視対象となるデータ品質のベースラインを確立する場合、データ品質活動が大規模な統合プロジェクトの一部である場合、継続的なデータ品質プログラムに真剣に取り組む場合は、データプロファイリング機能を備えたツールを購入することを強く推奨する。

> 🔑 **キーコンセプト**
>
> **機械学習、人工知能、データプロファイリング。** 機械学習はプロファイリングをサポートする強力なツールとして使用できる。しかし機械学習やAIは、人間の分析や行動に取って代わることはできない。
>
> 機械学習には、主に教師あり機械学習と教師なし機械学習という2つの大分類がある。教師あり学習は、データ品質マネジメントに関わるプロファイリング活動と多くの類似点がある。簡単に説明すると、教師あり学習のアルゴリズムは入力と出力を含む、人間がラベル付けした学習例のデータセットから推論されたルールを生成する。教師なし学習アルゴリズムは、データのパターンと構造を識別することによって、入力のデータセットから構造とルールを推論する。十分な量の良質で均質なデータセットがあれば、教師なし機械学習でもビジネスルールを推論し推定することはできるが、何らかのミスがあったり誤ったルールを推論したりすると、誤った自動化があっという間に大規模に定着してしまう恐れもある。
>
> パターンを特定しルールを推定するアルゴリズムがいかに洗練されていても、「人工知能」がコンテキストを理解することはできない。例えば米国の個人情報を含むデータセットに教師なし機械学習を適用すれば、社会保障番号のパターンを識別できるかもしれないが、他の国では異なる形式が使われているため、複数の国の同等の社会保険番号を含むデータセットではこのパターン認識はすぐに破綻してしまうだろう。機械学習プロセスが、社会保障番号と同じ意味を持つ他の国の別のパターンがあることを（人間によって）認識させられない限り、エラーを認識できない可能性が高い。
>
> データセットのパターンから教師なし学習で一般化されたルールが、一貫性のある適切なビジネスルールであるといえるのか、それともデータセット内の既存の品質問題や低品質の結果がもたらすビジネスルールの問題を明らかにする危険信号だといえるのかは、人間の洞察力が必要である。アルゴリズムによる最適化であってもビジネスニーズに最適な結果は得られない可能性もあるため、教師あり学習でも人間の洞察力は必要だ。人間であれ機械学習であれ、どのようなプロセスを適用するにせよ、組織のデータの意味と構造を理解するためには、対象分野の専門家が必要である。
>
> Dr. Katherine O'Keefe , Director of Training and Research, Castlebridge

データプロファイリングの用途とメリット

データプロファイリングのテクニックを用いてデータ内容そのものを評価する際に、最初に評価すべきデータ品質評価軸はデータの基本的整合性である。データプロファイリングはあらゆるデータセットの評価に使用することができ、次の3種類のデータ品質プロジェクトのいずれにおいても洞察を得ることができる。1) データ品質改善を主目的としたプロジェクト。2) 一般的なプロジェクトの中でのデータ品質活動。3) データ品質ステップ／テクニック／アクティビティの一時的な部分適用。

Chapter 4

第4章　10ステッププロセス

他のほとんどの評価軸は、この評価軸から学んだことを基に構成される。たとえば重複レコードの判定が最優先事項であっても、マッチングアルゴリズムから有効な結果を得るためにはフィールド、カラム、データエレメント・レベルでの充足率と有効性が高くなければならない。フィールドレベルでのどの様な問題でも、データプロファイリングというテクニックを用いて可視化される。

データプロファイリングは、ETL（Extract-Transform-Load）プロセスやツールを補完するものでもある。なぜなら、従来のような実際の中身を知らずにカラムの見出しのみに基づいてマッピングを作成する方法よりも、プロファイリングの結果はより優れたソース・トゥ・ターゲット・マッピングを短時間で作成するのに役立つからである。データプロファイリング・ツールを使用するひとつの理由として、ソースからターゲットへの正しいマッピングを作成できる、というのもある。データをマッピングし、データを変換してロードするコードを作成する前にソースデータの基本を理解することは、ソースからターゲットにデータを移動するプロジェクトにおいて必要となる、最も重要なデータ品質活動の一つだ。

表4.3.4データプロファイリングを通じたデータの理解は、一般的なプロジェクトの中でのデータ品質活動の場合に特に役立つ。左側の列はデータプロファイリングによって何を知ることができるか、そして右側の列はその情報を知ることによって得られるメリットとその活用方法である。

あるプロジェクトにおいて管理者やプロジェクトマネージャーが、そんなに早く知る必要はない、と考えるような項目がこの表の中にあるだろうか。別の言い方をすればどのようなプロジェクトにおいても、管理者やプロジェクトマネージャーは、左側の列の質問の答えをできるだけ早く知りたいと思うのではないだろうか。プロファイリングは、その答えを導き出すための最良の第一歩である。

その答えは必要なリソース、スケジュール、コスト、場合によってはプロジェクトのスコープに影響を与える。データ品質における想定外の望ましくない状況によって、手戻り、時間のロス、スケジュールやリソースへの悪影響のリスクを増やすようなことは避けたい。その代わりにデータプロファイリングを使ってデータについて理解し、情報に基づいた意思決定を行い効果的な行動を取ることで、成功の可能性を高める。これがプロジェクトの成否を分けることになる。もちろん他のデータ品質評価軸も必要かもしれないが、データプロファイリングのテクニックを用いたデータの基本的整合性が、最初に行うべきものである。

要約すると、データプロファイリングによってデータを理解することで、次のことが可能になる。

- 現実的なプロジェクト計画の立案
- 低品質のデータによるプロジェクト後半の想定外の事象の回避、スケジュールの厳守
- テストの成功
- プロジェクト後半での設計変更のリスクの低減
- リソースの有効活用
- 手戻りの回避
- 本当に必要なところへのフォーカス。問題の大きさと場所が明らかになるので、本来、時間と労力を費やすべきことが必要である分野に注力し、時間を費やすべきではない分野についても同じよう

に自信を持って判断できる
- 効果的な行動。得られた情報によって企業がデータに関して適切な判断を下し、効果的な行動を取ることができるようになる

表4.3.4 データプロファイリングを通じたデータの理解

何を知ることができるか	メリット - 以下の方法で情報を活用する
スコープ、スケジュール、リソース、プロジェクトの成功にリスクをもたらすようなデータ品質の問題はないか。 本当に必要なところにフォーカスしているか。	データプロファイリングは、データ品質の問題の大きさと場所を最初に可視化する。これが分かることで、本当に注意を払う必要のある分野に時間を費やしていると確信できる。時間をかける必要のないところを、自信を持って判断できるということも同様に重要である。
どのデータ（レコードとデータフィールド）を抽出して移動させるかについて、適切な選択基準を持っているか。	初めてデータをプロファイリングする場合は、幅広い選択基準を使用する（分かっていないことが何かが分かっていないので）。プロファイリングは対象分野の専門家も知らないようなデータを発見する。移行すべきデータ（フィールドとレコードの両方）、あるいは移行すべきでないデータについて適切な判断を下すための情報を可視化する。データのプロファイリングが完了すれば、最終的な選択基準を改良したり、確認したりするためのより良いインプットができる。適切な選択基準を持つことで、適切なレコードとデータフィールドが全て選択され、ターゲットシステムにロードされる。
ソースデータと新しいターゲットシステムが必要とするものの間にギャップはないか。	プロファイリングはソースデータにあるものと、ターゲットシステムが要求するものとの差異を明らかにする。そしてデータの作成、データのクレンジング、データの変換、データの購入等、どの活動によってギャップを埋めるのが最善かを決定できる。このギャップを埋めることで適切なロードが行われ、ロードエラーも減少し、処理時間も短くなる。高品質のデータを持つことでビジネスの継続性を確保し、本番稼働後の問題を少なくできる。
どのようなデータがあるのか、どのようなデータが欠落しているのか。	データプロファイリングはどのレコードが存在し、どのフィールドが一貫して入力されているかを迅速に評価し、それを期待値や要件と比較する。データの欠落がビジネスや特定の用途に与える影響を判断する。欠落しているデータを補完するために、データを作成または購入する必要があるかどうかを判断する。
どのようなデータを作成する必要があるのか。	プロファイリングにより、データが欠落しているかどうかが明らかになる。そのギャップを埋めるためにデータを作成する場合は、データを作成した後にその新しいデータに対してプロファイリングを行い、データが正しく作成され目標要件を満たしていることを確認する。
どのようなデータをクレンジングする必要があるのか。	データクレンジングは、ソースデータとターゲット要件のギャップを埋めるための1つのオプションである。プロファイリングの結果を使用して、ソースまたは情報ライフサイクルに沿ったその他の時点で、データをクレンジングできるかどうかを判断する。
どのようなデータを変換する必要があるのか。	データの変換は、ソースデータとターゲット要件のギャップを埋めるための1つのオプションである。プロファイリングの結果を使用することで、より正確で包括的な変換ルールが導き出される。

Chapter 4

第4章 10ステッププロセス

どのようなデータを購入する必要があるのか。外部データソースから購入した、あるいは購入を考えているデータの品質は問題ないか。外部データは本当に我々のニーズを満たすのか。	プロファイリングはどの外部データソースがより品質の高いデータを持ち、どのデータソースがターゲットシステムのニーズに最も適しているかを判断するための情報を提供する。外部ソースのベンダーと協力して概念実証 (PoC) を行い、そのデータの質を評価する。調達グループと協力して、契約書やサービスレベル・アグリーメント (SLA) にベンダーのデータ品質に関する基準を盛り込む。 データを購入したら、外部データを受信した後、社内のデータベースにロードする前にプロファイリングを使用して、チェックできる。
ソース・ツー・ターゲット・マッピングをより良く、より速く行う方法はあるか。	プロファイリングはデータフィールドの内容や、カラムの見出しと内容に矛盾があるかどうかを明らかにする。この情報により、カラムの見出しだけを見る従来のマッピング手法よりも、より優れたソース・ツー・ターゲット・マッピングが短時間で得られる。 データ内容が明らかでないと、マッピングの誤りはテストするまで発見できないことが多い。ソース・ツー・ターゲット・マッピングは、多くのプロジェクトで一般的になっており、より迅速かつ正確な作業完了に貢献するものであれば、どの様なものでも有用である。
ソースシステムには、ターゲットシステムには必要の**ない**データがあるか。	データ内容が明らかになると、ターゲットシステムでは不要になるデータも見えてくる。データを移行する場合、移行しないデータを特定することができればデータ量を減らすことができ、その結果データを抽出、テストロード、本番環境への最終的な移行を行うたびに、時間を短縮できる。
正しい記録システム (SoR) を選択したか。	複数のシステムから同じデータを取得できる場合、プロファイリングは使用すべき最適なシステムやソースを決定するための情報を提供する。
変更なしで使えるデータはあるか。	もともと期待している通りの品質のデータであれば、何ら問題はない。データに自信を持つことができ、プロジェクト中に大きな影響を及ぼすような想定外の事象を心配する必要がなくなる。
どのようにすればテストデータをより適切にコントロールできるか。	アプリケーションの機能テストが失敗した場合、しばしば原因の調査に過度な時間が費やされるが、その原因はソフトウェアの機能ではなく、テストデータに問題があることが多い。テストに使用するデータをプロファイリングして変数を管理する。テストデータの品質と内容を把握することでエラーの解決のために費やす時間を減らし、アプリケーションの機能に集中できる。
データプロファイリングの結果を利用する他の方法はあるか。	• データモデルを作成し検証する。優れたデータモデラーの手にかかれば、プロファイリングによって新しいアプリケーションに移行するデータをサポートする新しいモデルを作成することができ、既存のターゲット・データモデルと移行するソースデータとの構造的な違いを明らかにできる。 • ソース、ターゲット、移行データストア (ファイル、ステージングエリア等) を比較し、分析し、理解する。ソース、ターゲット、移行データストアのプロファイリングは、あらゆるシステムにおけるデータの状態を示し、差異とその大きさを明らかにし、クレンジング、修正、変換、同期化を実施すべき場所を明確にする。 • 継続的なデータ品質監視をサポートする。プロファイリングの結果は継続的な改善の基礎となり、同じプロファイリングツールを定期的な監視に使用できることも多い。 • ビジネスプロセス改善の機会を特定する。悪いデータは、そのデータを作成するビジネスプロセスを改善できることを意味する。適切なプロセス改善は、低

	品質データを防ぐことにつながる。 • これまで知られていなかったビジネスルールやデータ品質ルールの文書化を支援する。

アプローチ

1. データ取得とアセスメント計画の最終化

複数のデータ品質評価軸を評価する場合、全体的なデータ取得およびアセスメント計画が以前に作成されている可能性がある。その場合は、データの基本的整合性のためにその計画の詳細を確認する。そうでない場合は、ここで計画を作成し最終化する。詳細については、**第6章データ取得とアセスメント計画の策定**の項を参照のこと。どのデータをどのように取得するかを最終決定する際のガイドラインとして、**テンプレート6.2データ取得計画**が使用できる。

データの取得と評価のプロセスを文書化する。関係者とコミュニケーションをとる。各自の責任と時期を明確にする。

2. 計画に従ったデータの取得

ステップ1で特定したCDEだけを抜き出すよりも、データセットの全てのフィールドを取得する方が簡単な場合が多い。また最も重要と考えられるデータを分析する際に、追加で取得したデータフィールドは重要なコンテキストを提供できる。

3. 計画に従ったデータのプロファイリング

ニーズに最も合致するツールを使用する。プロファイリング用のツールを購入する必要がある場合は、プロジェクト計画にそのことを織り込んでおく。使用するツールのトレーニングを受け、ツールベンダーから成功事例を入手する。

独自のクエリーを作成する場合は以下の**表4.3.5**を参照し、データに対して行うチェックの種類を確認すること。使用するツールによっては、データをプロファイリングするものとプロファイリングの出力を分析するものが異なる場合がある。

表4.3.5 データの基本的整合性 - データ品質チェック、分析と対策のサンプル

レコード数	評価対象のデータセット内のレコード総数
• レコードの総数と想定数を比較する。レコードがない場合と、想定よりレコードが多い場合の両方の原因をサーベイする。 • 想定する母集団と選択基準を確認する。データを再取得しデータセットを再度プロファイリングする。	
完全性／充足率	値を含むフィールドの数（#）と割合（%）の指標
完全性または充足率は、値の存在のみに基づいている。値が有効かどうかを判断するには、さらなるチェックが必要である。 結果を解釈するには、どのフィールドが必要／必須か、オプションか、または条件付き必須ならその条件を	

知らなければならない。フィールドが必須である場合（アプリケーション要件、ビジネス要件、またはプライマリキーの場合）、充足率は100％でなければならない。必須項目の記入率が100％未満の場合は、原因を調査する。

- もし、そのフィールドがビジネス上必須であるにもかかわらず、アプリケーションがそれを必須と扱っていない場合、そのデータを必須とするようにアプリケーションを変更できるかどうかを確認する。アプリケーションを変更できない場合はデータ入力要件を文書化し、データを入力する者に何を入力すべきか、なぜ入力すべきかを教育する。この場合、データの品質を厳密に監視する必要がある。
- もし、そのフィールドがビジネスで必須とされていないにもかかわらず、アプリケーションで必須と扱っている場合、データ品質の問題の発生が予想される。データが重要でない場合あるいは入力すべきデータが明らかでない場合、フィールドの値が必須であるという要件をクリアするためだけに、無意味なデータが入力されることが多い。
- ビジネスロジックを強制するために使用できる、データベースのNOT NULL制約の実装の可能性を確認する。NOT NULLとは、リレーショナルデータベースのテーブルのカラムにおいて、全てのレコードに値が含まれていなければならないことを意味する。NULLとは値が無く、値が保存されていないことを意味する。ゼロや空白ではない。

完全性／充足率を2つの異なるレベルでチェックする。

- 単一のカラムまたはフィールドの場合、そのフィールドにデータが存在するかどうかを判断する（例えば従業員レコードの80％が部署フィールドにコードを持っている）。
- データのグループ化の場合、特定の必須プロセスを完了するために必要な、1セットのフィールドの充足率を決定する。例えば米国内の郵便物には、通り番地または私書箱と市、州、郵便番号が必要である。全ての必須フィールドに値があるレコードの数と割合を確認する（例えば患者レコードの75パーセントに、郵便物を配達するために必要なデータがある）。

NULL	空フィールド（フィールドに何も含まれていないのでNULL）の数（#）と割合（%）の指標

NULLとは値が無く、値が保存されていないことを意味する。ゼロや空白ではない。NULLは完全性や充足率の逆である。完全性／充足率での分析はここでも同じだが、逆の視点から見ることになる。

内容	実際のデータ内容がカラムやフィールドの名前やラベルと一致する

カラム名やフィールド名と実際のデータ内容を比較する。

フィールドは期待されるデータを含んでいるか（例えば、電話番号フィールドは実際に電話番号を含んでいるか、それとも実際には政府発行の個人識別子を示す番号になっていないか）。

有効性	フィールドの値は、ルール、ガイドライン、標準に準拠している

- 各フィールドの「有効」が何を意味するかを定義して文書化する。何をもって有効とするかは分野によって異なる。
- 有効性の指標としては、フォーマットやパターン、ドメイン値、有効コード、タイプ（英字や数値等）、依存関係、最大・最小範囲、ビジネスルールやデータ入力基準への適合性等がある。
- 例えば、そのフィールドに値があるすべてのレコードが、イギリスの郵便番号として有効な形式を使用しているか？ 全てのレコードはシステム内のコードテーブルで業務担当によって定義された有効なコードを含んでいるか。フィールドが数値の場合フィールド内に文字が含まれていないか。日付フィールドの日付は有効な範囲内か。
- 日付の書式を明確にすること。09/05/2020 は2020年9月5日か、それとも2020年5月9日か。
- 有効性テストは、完全性／充足率と共に報告されることがある（例えば、イギリスの郵便番号フィールドの充足率は95％である；値を持つレコードのうち、90％が有効なイギリスの郵便番号を示すパターンに適合している）。

一意（ユニーク）な値	フィールド内の固有で一意な（重複のない）値のリスト

- 値のリストを見直して、それらが有効であること、または許容されていることを確認する。有効な値のセットは、データドメインまたはドメイン値のセットと呼ばれることもある。
- 固有の値の**数**と、そのフィールドの有効な値の数を照合する。
- 可能であれば**実際**の値のリストと、想定される有効な値のリストを比較する。
- 想定される有効な値はリファレンステーブルの値のリスト、管理されたコードリスト、自社が準拠する外部標準、対象分野の専門家に相談することから得られる。
- 承認された有効な値のリストが存在しない場合は、プロファイリングから得たリストを元に作成する。
- **デフォルト値**を確認する。例えば電話番号の入力が省略された場合、アプリケーションが自動的に「999-999-9999」のような値を空白のフィールドに挿入することがある。デフォルト値を持つフィールドは意味のある情報とはいえないため、未入力と同等と判断する人もいる。デフォルト値を文書化する。
- **重複した意味を持つ値**を確認する（例、同じ会社名でも略称が異なる、ABC Inc、ABC-INC、abc.co.）。
- 値のリストに変更が加えられた場合は値のマッピングを文書化し（コードYは現在コード3）、変更が必要なレコードの値を更新する。
- 一意な値のリストは、一意の値の数が管理可能なフィールドに適用される（例えば自由形式のテキストフィールドや、名前ではうまく機能しない）。

度数分布	フィールド内の固有な値の出現の数（#）と割合（%）

- 分布で並べ替える。出現頻度から使用状況が分かる。数が最も多い値と最も少ない値を確認する。
- 使用頻度の低い値については、その値を止めて使用頻度の高い別の類似の値に変更することを検討する。
- 見つかった固定値を調査する。ここでの固定値とは、全てのレコードで同じ値を持つフィールドのことである。これは、一度も使用されたことがないか、あるいは既に使われていないフィールドである可能性がある。
- 値の分布が期待通りかどうかを判断する（例えば、複数の国からの注文レコードを見る場合、国コードの度数分布は、各国での売上割合の分布と概ね一致しているか）。
- 情報環境を分析したときに判明した、ビジネスで一般的に使用されてしまっている例外的な値のレコードを確認する。例えばあるフィールドに入力すべき情報があまり理解されていないにもかかわらず、システムが値の入力を必須としているので、レコードを作成する担当者が処理を完了させるために、フィールドにピリオド（.）を入力しているようなケースが該当する。この場合そのフィールドのピリオド（.）のレコード数を確認する。
- 電話番号フィールドの「999-999-9999」や名前フィールドの「ミッキーマウス」のような、デフォルト値や偽の値の度数分布を確認する。
- 度数分布を使ってリレーショナルデータベースの主キーの候補を決定する。「100%一意」または「100%に近い」が候補になるかもしれないが、それでも不正データが無いかは確認する。
- 固有な値が1つしかないフィールド（つまり、そのフィールドに全てのレコードが常に同じ値を持つ）は、未使用または固定値の可能性がある。このためにデータベース内の列を設けておく必要があるかどうかを判断する。定数テーブルを設けることも検討する。

データ鮮度（Recency）	重要な日付フィールドもしくは日付範囲の度数分布。数（#）および割合（%）。

日付フィールドもしくは日付範囲に関連する度数分布の一種。例えば、「レコードの20パーセントは12カ月以内に更新され、25パーセントは過去13～24カ月に更新された等」または「作成日を確認すると、レコードの50パーセントは過去1年間に作成された」等。

また、次の2つのデータ品質評価軸のシミュレーションやインプットに使用することもできる、適時性（データが最新である度合い）とデータの劣化（データに対する負の変化率）。

パターン	値のユニークなパターンまたはフォーマットの数（#）および割合（%）

- 何をもって有効な、あるいは期待されるパターンとするかはフィールドによって異なる。
- 想定していないパターンを確認する。例えば米国の郵便番号の有効なパターンは次のようなものしかない、nnnnn、nnnnn-nnnn、nnnnn nnnn、nnnnnnnnn。もしこれら以外のパターンのフィードがあれば、データ品質に問題があるか調査すべきである。
- 識別（ID）フィールドの同一パターンを確認する。
- パターンを有効性チェックの一種と考えることもある。

値の範囲	上限（最大値）と下限（最小値）で示される値の境界

- 想定の範囲外の、あるいは文書化された規定範囲外の値を確認する。
- 値の範囲の上限または下限の値は、データ品質に問題がある可能性がある。例えば名前フィールドの「ZZZZZ」、識別番号フィールドの「111-111」または「999-999」等である。
- 主要な日付フィールドの最大値と最小値を確認する。例えば未決済の請求書や発注書の日付等を確認し、「今日の日付から6カ月以前の未決済の発注書は存在してはならない」といったビジネスガイドラインに該当するかどうかを判断する。
- 値の範囲を有効性チェックの一種と考えることもある。

精度	値の詳細度、具体性、粒度のレベル

- 数値データについては、小数点以下の桁数が必要な精度のレベルを満たすか判断する。
- 日付／時間フィールドが必要な精度レベルにあるかどうかを判断する。年だけで十分なのか、年月日が必要なのか、あるいはコンマ1秒単位の時間が必要なのか。
- コード体系や分類体系がビジネスニーズを満たす詳細度や精度となっているかを判断する。例えば、北米産業分類システム（NAICS）は、米国、カナダ、メキシコで、ビジネスを産業別に分類するために使用されている。これは6桁のコードで、3つのレベルがある。全てのレコードに6桁のコードが含まれているのか、それとも精度の低い4桁や2桁のコードが含まれているのか、業務上どの程度の精度が必要か。
- 精度を有効性チェックの一種と考えることもある。

データ型	値が持つデータの種類。例えば文字と数字の組み合わせを表すString、整数を表すInteger、小数点を含む数値を表すFloat、論理値を表すBoolean、画像や動画等のデータファイルを格納するために、一つのエンティティとして格納するバイナリデータの集合を表すBLOB (Binary Large Object)、非常に大きなサイズの文字データを格納するためのCLOB (Character Large Object) 等。

- コンピュータープログラミングにおけるデータ型は、フィールドが取り得る値を制約し、データに対して行える操作を定義し、そのデータ型の値をどのように格納するかを定義する。
- プロファイリングツールは、文書化されたデータ型（またはメタデータに従って想定されるデータ型）を示し、実際のデータ内容から推測されるデータ型と比較できる。想定と実際の差異を確認する。
- データの移行やデータ統合の際に取り組むことが必要となる、ソースとターゲットのデータタイプの違いを確認する。
- データモデリングの場合、ツールはデータ型と、モデリングで使用可能な代替のデータ型の例を示すことができる。
- データ型を有効性チェックの一種と考えることもある。

サイズまたは長さ	フィールド内のデータの長さ

- 実際のデータサイズと想定されるデータサイズの差異を確認する。
- まったく同じサイズのレコードが大量にないか確認する。これはフィールドのデータがロードされた時に、切り捨てられたことを示している可能性がある。

- ソースデータのフィールドのサイズが、データを移動するターゲットシステムで許容されるサイズより長い場合、一部のデータは切り捨てによって失われる。ターゲットサイズを超えるソースレコードの数と割合を確認する。
- 数が少ない場合は、手動でレコードを更新できるかもしれない。
- 数が多い場合、移行やロード時にデータが切り捨てられた場合のビジネスへの影響を理解する必要がある。このような複雑な更新を自動化できるツールを調査する。
- サイズを有効性チェックの一種と考えることもある。

参照整合性	リレーションシップ間のデータの一貫性、関連フィールドの妥当性テスト

- リレーショナルデータベースでは、参照整合性は外部キーと主キーによって制限されるという特別な意味を持っている。
- 参照整合性は、関連するフィールド間の関係を認識する一般的な方法としても使用される。データ品質チェックによって明らかになる関係を明確にするために、参照整合性の考え方を使用する。
- レコード内またはレコード間のデータの一貫性を確認する（例えば、注文日は常に出荷日より前でなければならない）。
- ビジネスルールをレビューして関係を理解し適合性を確認する。例えばパーティー・タイプコードがC（コンタクト（連絡先）を表す）である場合、ビジネスではその人物に関する特定の情報が必要となるため、いくつかのフィールドには所定の値が含まれている必要がある。一方パーティー・タイプコードがO（組織を表す）である場合、ビジネスでは異なる情報が必要となるため、別のフィールドには別の値が含まれることになる。
- 他の依存関係を確認する。あるフィールドの値が、別のフィールドの値と比較して正しい形式になっている（例えば米国の住所には、有効な形式の郵便番号が含まれている）。
- 計算値を確認する。保存されている計算値は、入力フィールドと計算式に従って正しい値であること（例えば販売品目合計金額は、販売品目価格に販売品目数量を掛けたものに等しい）。
- 現在の日付、生年月日、対応する年齢等の日付データを確認する。例えば18歳以上でなければ応募できないが、日付を確認すると2歳である。
- この種のチェックは、ビジネスルールへの適合性と密接に関係している。

一貫性と同期性	様々なデータストア、アプリケーション、システムで保存または使用されるデータの等価性

- 情報ライフサイクルを通じて、別々のデータストアにある同じレコードをプロファイリングする。プロファイリング結果に差異がないか比較する。
- 異なるテーブル間や異なるカラム間のデータ値の重複を比較し表示するツールがある。通常は文字列の完全一致に基づく。ツールは異なるグループ間に、どれだけの共通点があるかを示すベン図を使用して、関係を視覚化できる。例えばマスターレコードデータセットは、あるフィールドに100の一意な値があり、関連するリファレンステーブルに60の一意な値がある。100の一意な値のうち、45はリファレンステーブルにもある。この結果、リファレンステーブルにはないがマスターレコードに含まれる値が55あり、どのマスターレコードでも使われていないリファレンステーブルの値が15あることになる。リファレンステーブルにない値がどのようにしてマスターレコードに入ったのかという疑問が生じる。レコードの作成時や更新時に、許容される値がドロップダウンリストから選択されることになっている場合はその疑問が強くなる。ドロップダウンリストの値を、参照テーブルの値およびマスターレコードの値と照合する。
- 一貫性と同期性という別のデータ品質評価軸は、**ステップ3.6**でさらに詳しく説明する。これは各データストアのプロファイリング、比較、分析に必要となる追加の時間とリソースを計画する際に役立つ。実際にデータを評価する場合、作業の最適な調整方法によっては、2つの評価軸（データの基本的整合性、一貫性と同期化）を一緒に評価することもある。

一意性と重複排除	想定外の重複が存在するかどうかを判断する。

これは、重複を詳細に評価するために他のツールやテクニックを使用する、同名のデータ品質評価軸とは異なる。これは標準的なデータプロファイリングによって示される、重複や冗長性の簡単なビューである。例えば、

- データフィールドの一意な値のリストを見て、重複する値や意味を確認する。この表の「一意（ユニーク）な値」を参照してほしい。
- プロファイリングツールの中には、様々なアルゴリズムが完全一致でないデータを識別する「ファジーマッチング」を使用して、重複データを強調表示する機能を含むものがある。その他のより高度なテクニックは、複雑なマッチングや重複排除を目的とした別のツールで使用されることがほとんどである。
- NoSQLデータストアをプロファイリングする場合、より高速に処理できるようにデータを平坦化(Flattening)するので、データの冗長性が生じることを認識しておく必要がある。例えば、同一部門内の従業員の全てのレコードで同じ部門情報が繰り返される。これは想定された冗長性であって無駄な重複ではない。
- データプロファイリング・ツールのマッチングの種類と制限を理解する。

ビジネスルール	データ値がビジネスルールに適合しているかどうかを判断する。ビジネスルールとは、正式な原則またはガイドラインであり、ビジネス上のやり取りを説明し、アクションとその結果としてのデータの動作と整合性に関するルールを確立するものである。

- ビジネスルールと、その結果として得られるデータがどうあるべきかを検討することは有益である。そうすれば、コンプライアンスをチェックするためのデータ品質ルールを明確にできる。ビジネスルールの観点を加えることで、他の方法では見落とされがちな、重要なデータ品質のチェック観点を見つけることができる。ビジネスルールについての詳細は**第3章**を参照。これらのチェックは、データプロファイリング・ツールの内部または外部でクエリーを作成することで実施できる。
- データ構造に組み込まれていないビジネスルールとデータルールが、アプリケーションプログラムのロジックによって正しく制御されているかどうかを判断する。これは通常、固有のルールを持つデータのサブセットに対して行われる。例えばあるカラムはNULLで、他のカラムは入力必須という個別のルールがあるような異なるパーティータイプ（組織、連絡先等）があるかもしれない。
- ビジネスルールへの適合を有効性と考えることもある。

4. 結果の分析と文書化

詳細については、**第6章 結果に基づく分析、統合、提案、文書化、行動**の項を参照のこと。

自動化されたツールを使用している場合、全てのフィールドがすぐにプロファイリングできるかもしれない。最も重要なデータに分析をフォーカスする一方、それほど重要でないデータでも、重要なデータをよりよく理解するためのコンテキストを提供できることを認識する。

人工知能／機械学習を利用して大量のデータをプロファイリング（場合によっては更新／修正）するツールには、人間の介入は必要ないという主張を耳にすることがあるかもしれない。しかし、ベンダーの言葉を鵜呑みにしてはならない。結果のサンプルを分析し、主張を検証し、結果が妥当であることを確認する必要がある。

結果を分析し取るべき措置を決定するために再度**表4.3.5**を参照する。プロファイリングの結果を解釈するために、対象分野の専門家、データ専門家、技術専門家の協力を得る。

各データフィールドを確認して、得られた情報を文書化する。なぜデータがそのように見えるのかをすぐに調査する。さらに生じた疑問に対して、追加プロファイリングを実施したり、他のクエリーを書いたりして、その回答を見つける。データに関する意見の確認または非検証を含める。分析中に明らかになったビジネスへの影響の可能性を文書化する。根本原因の可能性となるものを文書化し、ステップ5での根本原因を詳細に分析する際に使用する。

発見された問題に対処するための、データ修正に関する初期の提案、将来のデータエラーを防止するための初期の提案、監視すべきコントロールに関する初期の提案を作成する。

行動を起こすべき適切な時期を見極める。例えば発見されたデータエラーはすぐに修正する必要があるのか、それとも追加で評価すべきデータ品質評価軸があり、その結果を待ってから全ての修正を同時に行った方が良いのか。

5. 結果の共有とフィードバックの入手

結果を共有する際には、様々なデータ品質チェックをどのように分類し、報告するかを考える。例えば何を有効とみなすかはフィールドによって異なる。有効性は有効なパターン、精度のレベル、コードが有効な値のリストに準拠しているかどうかで示すことができる。例えば有効性という分類のもとで全てを報告したいか、精度という分類で個別に分類したいか。

データプロファイリング・ツールを使用する場合は、そのツールがプロファイリング結果をどのように報告し、ラベル付けし、分類するかを検討する。組織にとって意味のある方法で結果を報告する。ベースラインが設定されると、これらのデータ品質チェックは最終的にデータ品質のルールや評価尺度となり、データ品質の状態を監視するために定期的に実行される（ステップ9）。

サンプルアウトプットとテンプレート

データの基本的整合性のテスト

表4.3.5はデータ品質チェックのリスト、結果を分析する際の考慮事項、取り得る行動を示している。各チェック項目のタイトルと定義はグレーの行にある。

自分でクエリーを書く場合はクエリーを書く際のガイドとして使用し、クエリー結果を分析する際にも再度使用できる。データ品質チェック結果が期待値や要件に合致しない場合、次の質問は「なぜ、どのようにして、このようなことが起こったのか」となり、そこから調査を行う。データ品質チェック項目は、サードパーティのデータプロファイリング・ツールが提供する機能を比較する際の判断項目にもなる。

> **警告**
>
> データプロファイリングはデータ品質とイコールではない！ データプロファイリングが強調され、それが有用で重要であることは間違いないが、データプロファイリングはデータ品質とイコールではない。データプロファイリングはそれ自体でデータの品質を保証するものではない。データプロファイリングは目標を達成するための手段であり、それ自体が目標ではない。データプロファイリングの目的はデータを理解することであり、それにより情報に基づいた意思決定を行い、データに関して効果的な行動を起こせるようにすることである。データプロファイリングによって明らかになった重要な情報をどう扱うかが違いを生むのだ。
>
> データプロファイリングだけがデータ品質の検討事項ではないことを覚えておきたい。例えばデータ重複や正確性について懸念している場合、それらを評価するために個別のデータ品質評価軸があり、異なるテクニック、ツール、アプローチを使用する。しかしデータプロファイリングは、データ品質への取り組みにとって最良のスタートである。

ステップ3.4 正確性

ビジネス効果とコンテキスト

データ品質という言葉から「正確性」を想像するのは当然だ。データ品質のゴールは正確なデータを作成することであることは明らかである。データ品質全般の同義語として正確性を使う人もいる。データ専門家は両者が同じではないことを知っている。データ品質を評価し管理するためには、正確性の評価軸と他のデータ品質評価軸、特にデータの基本的整合性を区別することが重要である。**データの基本的整合性の評価**では、データの完全性、有効性、構造、内容の基本的な尺度を、データプロファイリングというテクニックを使って知ることができる。データの**正確性**は、データの内容の正しさを示す。これにはデータをそれが表すもの、つまり参照元となる信頼できるソースと比較することが必要だ。以下はデータプロファイリングのテクニックを用いて、データの基本的整合性を評価することにより得られたものと、正確性アセスメントで得られたものとを比較した例である。

- **データプロファイリング**により、データセット内の「入手元」フィールドにはM（製造）またはB（購入）のいずれの有効なコードが全てのレコードに存在することが確認され、それぞれのコードを持つレコードの件数と割合も明らかになる。これらはデータ品質の基本であり、知っておくべき重要事項である。しかし**正確性**を評価するためには、比較のための信頼できる参照元が必要である。この場合、実際に各部品に割り当てられたコードである、内部で製造されたもの（M）、外部から購入したもの（B）が正しいものかどうかを判断するために、設計書や、品目を熟知しているエンジニアリングや調達の担当者が必要である。
- 顧客レコードの**データプロファイリング**により、郵便番号が実際に郵便番号フィールドにあり、有効な郵便番号を示す許容可能なパターンに適合していることが分かる。また各都市、地域、郵便番号が有効な組み合わせになっているかどうかを確認することもできる。しかしある郵便番号が、そ

の特定の顧客にとって正しい郵便番号かどうかを知ることができるのは、顧客か郵便サービスリストのような二次的な信頼できる情報源だけである。繰り返すが、これは**正確性**である。

データプロファイリングにより、在庫データベースの手持ちの商品数を表示し、それが正しいデータ型であることを確認できる。しかしデータベースの在庫数が手持ちの在庫を**正確に反映**しているかどうかは、棚にある商品を手作業で数えるか、スキャンしその数を在庫システムのレコードと比較することによってのみ知ることができる。

> **定義**
>
> **正確性**（データ品質評価軸）。データの内容が、合意され信頼できる参照元と比較して正確であること。

図4.3.4は正確性を評価するためには、信頼のおける参照元を特定し、アクセスでき、合意を得ることができ、正確性アセスメントを実施する余裕が必要であることを示す決定フローである。正確性には合意され信頼のおける参照元と、それに対するデータの比較が必要である。この比較はサーベイ（顧客への電話や電子メールによるアンケート等）や検査（データベース内の在庫数と棚にある実際の在庫数の比較等）の形式をとることができる。

データによって表現される実世界の物理的なものに、アクセスすることが不可能な場合もある。そのような場合には、適切な方法で選択された代替物が、信頼のおける参照元として使用されることがある。またプロジェクトのチームメンバーやステークホルダーの間で、適切な信頼のおける参照元について合意が得られていることも重要だ。

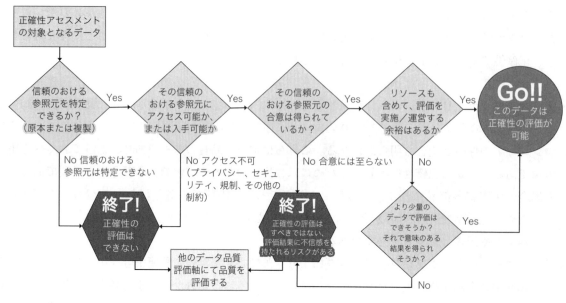

図4.3.4 正確性の評価のための決定フロー

正確性アセスメントの全部または一部を自動化できる場合もあるが、多くの場合、手作業で時間もかかるためコストがかかる。このような場合は少ないレコード数または少ないデータフィールドで評価して、意味のある結果が得られるか判断する。図中の全ての質問に「Yes」と答えられない限り正確性を評価することはできないし、やるべきではない。品質を評価するために、他のデータ品質評価軸を使用することは可能であり有用ではあるが、ここで定義したようにデータが正確であるかは確認できない。

なぜこのような区別をするのか。それは「正確性」という言葉の一般的な使われ方に誤解があるからであり、正確性を評価することは他の評価軸の評価よりも割高となる可能性があるからである。実際に正確性を評価できるのか、あるいは評価すべきなのかを、早い段階で知っておくことが最善である。データの専門家はそれぞれのタイプの評価から何が得られ、何が得られないかを知らなければならない。また何を得ることができて、何を得ることができないのかを他の人に確実に理解させることも、データ専門家の責任である。これは正確性において特に重要なことであるので、誤解のないようにしたい。

アプローチ

正確性アセスメントには、評価の準備、評価の実施、結果のスコアリングと分析の3つの主要部分がある。以下の説明では、評価の方法を示すためにサーベイという言葉を使用している。サーベイの手段とは、質問すべきこと、あるいは比較すべきことを示すものである。手順の多くが準備に関するものであることが分かるだろう。準備に時間をかけることでスムーズな評価が可能になり、通常高額になりがちな評価中の手直しやミスを避けることができる。

1. **正確性の評価の対象となるデータと、信頼のおける参照元の確認**

図4.3.4を用いて信頼のおける参照元を特定し、アクセスし、合意できることを議論し確認する。さらに正確性アセスメントを実施する余裕があることを確認する。

特定

信頼のおけるデータの参照元は何か、あるいは誰かを特定する。例として、

- 顧客自身は、顧客情報の信頼のおける参照元になるかもしれない。
- スキャンまたはオンライン化された応募書類と履歴書には、人事採用情報の信頼のおけるデータが含まれている場合がある。
- 管理組織の担当者がサイト情報を確認できるかもしれない。
- 製品そのものが製品説明の情報源となることもある。あるいは、製品エンジニアが信頼のおける二次情報源となることもある。
- 商品在庫を確認するため、棚、倉庫、流通倉庫にある商品を手作業で数えたり、スキャンしたりすること。
- 上流受注システムは、倉庫に引き渡される受注に関する信頼のおけるデータを含んでいるかもしれない。
- 一般に受け入れられている「ゴールデンコピー」（コントロールされ検証されたバージョン）は、信頼のおける参照元になるかもしれない。
- Dun and Bradstreet（訳註：グローバルな企業情報のプロバイダー）のような、企業名称や階層に

関する業界全体の標準として認められているもの。

レコード内の全てのフィールドに、同じ参照元が使用される可能性がある。また、データフィールドによって異なる参照元が適用される場合もある。

アクセス
信頼のおける参照元（原本または二次資料）は入手可能か、またアクセス可能か。あまりに過去に収集されたデータは、裏を取る方法がないかもしれない。もう一つの問題は、データベース内の顧客情報を確認するために、顧客と直接接触することを制限する規制かもしれない。正確性を比較するために、ソースにアクセスすることを妨げるような制約（プライバシーやセキュリティ等）はあるか。

合意
チームメンバーは参照元に合意しているか。次に進む前に参照元について、合意を得る必要があるステークホルダーがいるか。合意がなければ、評価結果に不信感を持たれるリスクがある。不信感は人々が必要な行動を取らないリスクを意味し、そうなれば正確性アセスメントに費やした費用は無駄になる。

許容範囲
正確性をチェックできるレコード数を理解しているだろうか。正確性を判断するためには費用がかかるため、アセスメントは通常、サンプリングされたレコードに対して行われる。一方プロファイリングツールを使えば、多くの場合全てのレコードをチェックできる。統計専門家と協力し、正確性を検証するにあたってサンプルが妥当であることと、検証しなければならないレコード数を確認する。サンプル内に正確性の問題が見つかった場合、その時点で全データの正確性の検証がコストに見合うかどうかを判断できる。活用できるビジネスプロセスは既にあるのか。例えば棚卸は一般的なビジネスプロセスといえる。標準的な棚卸プロセスに参加したり、その結果を利用したりして、正確性のレベルを示すことはできるか。

調整と最終化
必要であれば、より少ないレコードまたはより少ないデータフィールドを評価することで範囲を調整する。正確性の評価の対象となるレコードとフィールド、その参照元を文書化する。正確性の評価を行わないという決定もあり得る。

2. アセスメント方法の決定
評価結果を取得するためにツールを使用するかもしれないが、アセスメント自体を自動化されたツールで実行できないこともある。**第6章その他のテクニックとツールのサーベイの実施**を参照のこと。

サーベイと検査方法の例としては、以下のようなものがある。

- インターネットサーベイ。ウェブサイトを利用して評価データを収集する。情報提供者の認証の仕組みや、回答者のデータを非公開にする方法が必要になる場合がある。
- 電話サーベイ。費用は高いが、回答を得られる可能性が高い。
- 郵送サーベイ。回答を得られる可能性は低くなる。連絡先によっては住所の誤り等で応答しない、

または連絡が取れない場合がある。許可されていれば電話でのフォローアップにより、応答がないことを補うことができる。
- **対象物の物理的検査**。手作業で時間を要する。
- **手作業による比較**。データベース内のデータを、印刷された参照元と比較すること。
- **自動化された比較**。信頼のおける参照元のデジタルデータと評価対象データとの比較。

アセスメント方法を最終決定する際には、以下の要素を考慮する。

- **文化**。現在置かれた環境では何が受け入れられるのか。
- **回答**。信頼のおける情報源から回答を得るための最善の方法は何か。どのような方法が回答率を高めるか。
- **スケジュール**。どのくらいの期間で回答が必要か。例えば郵送サーベイや電話サーベイの場合、インターネットサーベイよりも回答が遅くなる。
- **制約**。特定のアセスメント方法の使用を制限する法的要件はあるか。
- **コスト**。様々なアセスメント方法にかかる費用は。

3. サーベイ手段、サーベイシナリオ、レコードのチェック状況、更新理由、スコアリングガイドラインの作成

サーベイの手段と評価するデータの種類に応じて、後述の方法を使用して進捗状況を追跡し、アセスメントの進行状況を把握する方法を決定する。これらは正確性を手動で評価する場合でも、自動で評価する場合でも適用される。

サーベイ手段

サーベイ手段とは正確性を評価するために使用される一連の質問のことで、回答者に質問する方法、回答者に独自に記入してもらう方法、参照元と手作業で照合する方法等がある。

- 電話サーベイの場合は、回答者から意見を得るための質問と原稿を作成する。
- インターネット／ウェブサイト、ハードコピー、郵送、Ｅメールによるサーベイの場合、回答者が記入し提出するアンケートを作成する。
- 手作業による比較の場合、結果を取得するためにどのような形式を使用するか、またデータベースからのデータをどのような状態にしてソースとの比較を容易にするかを決定する。
- 質問にあらかじめ定義された選択肢を用意するかどうかを決める。例えば商品に関する質問は、データベースの商品テーブルに対応する。その場合は選択肢リストがデータベースの有効な参照先と一致し、選択肢リストと対応するコードの両方が正しく完全であることを確認する。

サーベイシナリオ

サーベイシナリオとは、サーベイ担当者がサーベイ期間中に遭遇する可能性のある状況である。顧客に対するサーベイの例としては、次のようなものがある。「顧客と連絡が取れない」、「顧客と連絡が取れたが、顧客は参加を辞退した」、「顧客がサーベイを開始したが、完了しない」、「顧客がサーベイを完了した」。

レコード処理状況

サーベイ全体を通して各レコードの状況を追跡する方法を決定する。各状況に対応するコードを割り当てる。例えば、サーベイ担当者がレコード内の各データエレメントの状況を確認できた場合、そのレコードの処理状況は「全チェック済」となる。その他のレコードの処理状況には、「部分チェック済み」または「未チェック」、「連絡先が不明」、「取り下げ」等がある。「全チェック済」という処理状況のレコードだけが、後で正確性の判定がされる。しかし全ての種類の処理状況のレコードを追跡することで、さらに重要な品質を測ることができる。

更新理由

更新理由は、組織が保有するデータが、参照元から提供されたデータと異なる（または一致する）理由を説明するものである。更新対象のデータは何らかの方法（手動または自動）で取得され、元のデータと比較（手動または自動）される。更新理由は、検査の実施中またはサーベイの実施中に記録される。正確性の確認の比較を行うフィールドごとに更新理由を追跡するとよい。例えば更新理由は以下のようなものがある。

- 正しい。更新の必要はない。参照元から提供された情報は、データベースに含まれるものと一致している。
- 不完全。データベース内の情報は空白であり、参照元が欠落している情報を提供した。
- 誤り。参照元から提供された情報はデータベースの情報とは異なる。
- 形式。情報の内容は正しいが、形式が間違っている。
- 対象外。参照元の情報では確認ができなかった。

スコアリングガイドライン

スコアリングは、正確性アセスメントの結果を数値化する。スコアリングガイドラインは、更新要因が正しいか正しくないかをスコア付けするためのルールである。正確性について比較された各フィールドは、正しいか正しくないかでスコア付けされる。スコアリングガイドラインはサーベイまたは検査が完了した後に、それらの結果に対して適用される。正確性の結果をスコア付けするには、以下の手順に従う。

- データの優先順位付けと重み付け。どのデータが最も重要かを決定し、他のデータエレメントとの相対的な価値のランク付けを行う（例えば、低、中、高、または1、2、3）。
- スコアリングガイドラインの作成。スコアリングガイドラインは、各更新理由に割り当てるスコアを決定するルールである。例えば、更新理由コードが「正しい」、「空白」、「形式」のフィールドにはスコア1が割り当てられ、更新理由コードが「誤り」のフィールドにはスコア0が割り当てられる。レコードが1か0かは、スコアリングが完了した時点で決定される。スコアはスコアリング機能（スプレッドシート等）に入力され、正確性の統計が算出される。
- スコアリングメカニズムの作成。これはアセスメントに基づいてデータエレメント、レコードレベル、全体的な正確性の統計を計算するスプレッドシートであってもよい。

4. サーベイまたは検査のプロセスの開発

サーベイまたは検査のプロセスは、データを参照元と比較し、結果を取得するために使用される標準的なプロセスである。以下を決定する。

- **全体的な処理の流れ**。サーベイ票を送付する場合は、配布先、返却方法、処理方法を決定する。正確性アセスメントに検査が含まれる場合は、検査を何時、どのように実施するかを決定する。サーベイの詳細が全て最終化され、文書化されたことを確認する。
- **全体的なタイミング**。タイミングが影響する可能性のある重要な依存関係を考慮する。例えばデータベース内のデータは、アセスメントの開始時刻にできるだけ近いタイミングで抽出されるべきである。

5. 報告書および結果報告プロセスの作成

サーベイ中または検査中に正しい情報が収集され後からすぐに利用できるようにするため、事前に報告の要件を明確にしておく。報告書にはデータベースからどのようにデータを抽出し、フォーマットを変換し、検査やサーベイを行う者がどのようなフォーマットで情報を利用できるようにするかを含めるべきである。最低限、各レコードの出力には、各データフィールドの前後の状態が示されるようにする。アウトプットには各レコードのチェック状況（全チェック済み、部分チェック済み、比較基準なし）に対してレコード数と割合を示す必要がある。報告書の雛形を作成して、報告する情報の内容と形式に関して確実に合意を得る。そして報告書を完成させる。

6. 評価のための適切なレコードとフィールドの抽出

抽出されたデータが選択基準を満たし、サンプルが無作為で母集団を代表していることを確認する。詳しくは第6章データ取得とアセスメント計画の策定を参照のこと。

7. アセスメントの実施を担当する者の訓練

複数の人が実施する場合、正しい結果を保証するために、アセスメントは一貫して実施されなければならない。

8. 検査またはサーベイプロセスの最初から最後までの実行とテスト

必要に応じて、プロセス、サーベイ手順、サーベイシナリオ、レコードチェック状況、更新理由、スコアリングガイドライン、報告書、トレーニングに変更を加える。

9. サーベイの実行

正確性アセスメントを行っている間、以下のことを完了させる。

最新のデータが使用されていることの確認

準備からアセスメント開始までに時間が経過し過ぎている場合は、評価対象のデータを再取得する。

結果の収集

プロセスに従って、サーベイ期間を通じてアセスメントの結果を収集する。サーベイ手順での点検中や

サーベイ実施中に正しい値を取得する。しかし実際のデータソースの更新は、その更新が分離されたフィールドに行える場合を除き、行ってはならない。根本原因を調査する際に必要な、重要なコンテキストや情報が失われる可能性がある。更新内容を別途記録し、後日修正する。

サーベイ期間中のアセスメントの進捗状況の監視

監視することで作業が予定通り、正確かつ一貫して行われているかどうかを確認できる。問題箇所を早期に発見することが重要である。必要であれば作業を中断してサーベイ手順を調整し、サーベイ担当者に追加トレーニングを行う。

サーベイの停止時期を知る

完了した（全チェック済みの）レコードが希望する数に達したら、評価を停止する。

10. 分析、統合、提案の作成、結果の文書化、適切なタイミングで結果に基づく行動

サーベイ終了後、以下の項目を完了させる。

スコアリングガイドラインに従ったサーベイのスコア付け

最終報告書を入手する。スコアリングとは、データベースに元々あったものとアセスメント中に発見されたものとの差異を評価し、スコアを割り当て、正確性のレベルを計算することである。

- この比較は、評価プロセスの一部として自動的に行われるようにプログラムすることもできるが、そうでない場合は手動で行う。
- スコアリングには客観的な第三者を選ぶ。
- 一貫したスコアリングができるように資料を準備し、スコアリングプロセスを文書化する。
- 全チェック済みのレコード、つまりサーベイの全ての質問がなされ、既存のレコードと比較されたもののみをスコアリングの対象とする。
- データベースの内容とアセスメントまたはサーベイ結果を比較し、各データエレメントにスコアを適用する。

サーベイ結果の分析

データのフィールドレベルとレコードレベルの両方で正確性を見る。また、サンプル全体の正確性にも注目する。レコードのチェック状況（各状況に該当するレコード数と割合）を分析する。その他、以下の事項を考慮する。

- 正確性のレベルはどの程度か。正確性の目標があれば、実際の結果をそれと比較する。
- 結果は期待通りだったか。何か驚きはあったか。
- 正確性の結果はカテゴリー（国や地域、あるいは自社にとって意味を持つ他のもの）によって差異があるか。
- アセスメントの過程で、定期的に正確性を監視する価値があるかを判断するのに十分な、影響に関する情報が得られたか。これは1回限りのアセスメントになると思っていたか。正確性について、その計画を変更するようなことを学んだか。

- 不正確であることが判明したレコードの修正に、どのように対処するか。誰がいつ行うか。
- 不正確なレコードの生成をどのように防ぐか。根本的な原因について何か考えがあるか。
- 正確性の結果を、（もしあれば）他のデータ品質評価と関連付けて見る。
- 分析に基づき、どのような行動を取るべきかについて初期の提案を行う。
- 分析結果を文書化する。

第6章 結果に基づく分析、統合、提案、文書化、行動を参照。

サンプルアウトプットとテンプレート

 10ステップの実践例

正確性アセスメント

あるデータ品質チームが、顧客マスターデータベースの顧客データの正確性アセスメントを行った。信頼のおける参照元は顧客自身だった。彼らとは電話でコンタクトを取ることになっていた。その準備の一環としてスクリプトを作成し、顧客がいる地域を担当する営業マネージャーの承認も得た。なぜ電話がかかってきたのかと顧客から尋ねられたときに不意打ちを食らわないように、営業担当者にはこのサーベイについて事前に知らされていた。

テレマーケティング会社を雇い顧客に電話をかけ、顧客マスターのデータを確認させた。登録されている電話番号で顧客に連絡が取れない場合は、別の電話番号を探す手順があった。にもかかわらずアセスメントで出た驚くべき結果は、連絡先の36％が特定できなかったというものだった。顧客データベースの所有者でもあるこのプロジェクトのスポンサーは、この悪いニュースを隠すこともできたかもしれない。しかし彼女は結果を共有することに積極的で、「結果を共有しなければ、何も修正されない」と言った。これはデータ品質プロジェクトの間に、いずれは明らかになる問題について積極的に話す勇気が必要であることを示す良い例であった。良いニュースもあった。全ての検証が完了したレコードの正確性は高く、それは顧客レコードの全てのデータフィールドが顧客によって確認されたことを意味する。

このプロジェクトは正確性アセスメントの一環として含まれているコスト、時間、重要なコミュニケーションを示している。この種のサーベイはうまく機能し、貴重な洞察を提供し、顧客マスターの品質向上のために取られたデータ品質対策に影響を与えた。しかし昨今の状況では、この種のサーベイを繰り返すことは慎重にならざるを得ない。多くの顧客は、電話をかけてきて会社関係者だと主張する人物に対して警戒心を抱くであろう。そのため、参照すべき信頼できる情報源を慎重に特定し、プライバシー、セキュリティ、規制、その他の要因を考慮に入れることが重要である。これらの要因によって特定の情報源を使用できず、正確性アセスメントを実施することさえ困難になる恐れがある。別の方法としては、代わりになる二次情報源を見つけることが考えられる。

> とはいえ本書を書いている最中に、ある協会からメーリングリストを購入してほしいというメールを受け取った。そのメールには次のように記載されていた「各レコードはマーケティング担当が電話を用いて更新した。各レコードは電話で正確性が確認されている。全ての連絡先情報は保証され、過去10日以内に更新されている」。繰り返しになるが、データ品質を高めるには、ビジネスニーズや環境に応じて何が最適かを判断する必要がある。

ステップ3.5 一意性と重複排除

ビジネス効果とコンテキスト

重複レコードには多くのコストがかかる。いくつか例を挙げる。

- 患者レコードの重複は、人々の健康と生命を危険にさらす可能性がある。
- 同じ名前で住所が異なる業者レコードが重複しているため、支払いが正しい住所に送られることを確認するのが難しい。
- 顧客レコードが重複すると、誤った情報に基づいて意思決定が行われるリスクが生じる。例えば顧客の与信限度額が変更されると、あるレコードでは限度額が更新されるが他のレコードでは更新されないことがある。複数の与信限度額を持つ複数のレコードが使用されている場合、その顧客の与信限度額を知らず知らずのうちに超えてしまう可能性があり、その結果ビジネスは不必要な与信リスクにさらされることになる。
- 複数のデバイス（電話、タブレット、ラップトップ）を1人の消費者にリンクさせる能力が低下しているため、パーソナライズされたマーケティングに必要な洞察を得ることができない。
- 重複したレコードは保管スペースをとり、処理時間を浪費する。

このステップの更新に協力し、専門知識を提供してくれた、アーカンソー大学リトルロック校、Acxiom 情報品質委員長兼 Entity Resolution and Information Quality（ERIQ）研究センター所長の John Talburt , PhDに感謝する。

> **定義**
>
> 一意性と重複排除（データ品質評価軸）システム内またはデータストア間に存在するデータ（フィールド、レコード、データセット）の一意性（正）または不要な重複（負）のこと。

一意性と重複排除のゴール

このデータ品質評価軸のゴールは、データが一意であること、つまりデータフィールド、レコード、またはデータセットのバージョンが1つしか存在せず、重複がないことを識別することだ。別の言い方をすれば、データの不要な重複を識別し解決することである。エンティティを解決するとは同じ考え方に使われる別の用語であり、エンティティとは現実世界の物体、人、場所、物であり、解決とは同じ現実

世界のエンティティを表すレコードを識別するプロセスである。詳しくは、John Talburtの著書 Entity Resolution and Information Quality (2011) を参照されたい。

ジョンの用語では、同じ実世界のオブジェクトを参照する複数のレコードを「等価レコード」と呼ぶが、ここでは同じ意味で「重複レコード」を使用する。マスターデータマネジメント (MDM) イニシアチブとは、顧客や製品等の特定のマスターエンティティを説明する重複 (等価) レコードを識別するための単一のシステムを構築することである。各マスターエンティティには、MDMシステムによって一意の識別子が割り当てられ、これらの識別子は組織内の他の業務システムに流通される際にレコードに付加される。こうすることで、組織内の一か所で重複レコードを一貫して正確に識別できるようになる。さらに、MDMシステムによって各レコードに割り当てられたエンティティ識別子によって、下流のシステムは特定のプロセスで重複するレコードを適切に識別し、処理できるようになる。これらはこのデータ品質評価軸の対象外であるが、重複レコードを課題とする多くのプロジェクトに有用な情報としてここに記載した。MDMとビッグデータプロジェクトのための良いリソースは、Entity Information Life Cycle for Big Data、Master Data Management and Information Integration、Talburt and Zhou (2015),である。

一般的なプロセス

重複を特定し、それを解決するために存続レコードを作成することは、通常そのためのツールを使って行われる。私が参加したあるプロジェクトでは、小さなデータセットに対して全て手作業で行っていたが、これは一般的ではない。ツールはこのデータ品質評価軸で重要な役割を果たすが、基礎となる概念、用語、プロセスについて理解することが有用だ。

データセット内のレコードに対して、あるツールを使うことを想定して次の質問に答えることで、全体的なプロセスを説明する、複数のレコードは同じ実世界のオブジェクトを表しているのか、それとも異なる実世界のオブジェクトを表しているのか。基本的なプロセスは3つある。1) データの準備、2) 一意性の定義、3) 重複の解決である。最初にこの3つのプロセスに関連する、以下の基本用語について説明しよう。

レコードマッチング

類似性の高いレコード。例えば姓 (Last Name) で「Johnson」と「Johnston」のように、複数の共有属性で同じまたは類似の値を持つレコード。マッチング (類似性) は同じ顧客、従業員、サプライヤー、患者、施設、製品を表す複数のレコード等、同じ現実世界のオブジェクトを表すレコードを識別するための主要なツールだ。2つのレコードの類似度が高ければ高いほど、それらが重複している可能性が高くなると推定する。すなわち、それらが同じ実体を表している可能性が高くなるというものである。逆に類似度が低ければ低いほど、重複である可能性は低くなると推定される。しかし類似度の測定は、レコードが重複している可能性や確率を与えるだけである。よく似たレコードが別の顧客のものである可能性もある。例えば「Bill Smith, 123 Oak St」と「William Smith, 123 Oak St」はよく似ているが、同じ住所に住む親子かもしれない。区別するために世代の接尾語属性値 (Jr.やSr.) や年齢属性値が必要となるであろう。また「Jane Smith, 345 Elm St」と「Jane Eyre, 678 Pine St」は結婚して別の住所に引っ越した同じ患者かもしれない。上で述べたように、私は類似レコードではなく、重複したレコードを指すために等価レコードという言葉を使っている。文脈によっては、マッチングレコードという用語は重複

レコードを指すのに使われる。マッチングレコードのセットはマッチセットまたはクラスターと呼ばれる。マッチングについては後で詳しく説明する。

レコードリンク
2つ以上のレコードに同じ識別子を割り当てることで、重要な関係を示し、保持しつつ、個々のレコードを分離したままにするプロセス。例えばハウスホールディングは、銀行が様々な顧客間の関係を把握するためによく使用するリンクの概念である。特定の世帯（ハウスホールド）に関連する全てのレコードは、共通の識別子でリンクされる。例えば新しい当座預金口座を持つ若い成人は、銀行でいくつもの口座を持っている可能性のある両親とリンクされるかもしれない。リンクはまた、同じ会社に複数の投資口座を持つ世帯を識別するためにも使用され、個人情報保護に関する通知は各世帯に1通のみ送付される。従って印刷と郵送のコストが節約され（郵送は依然として利用されている）、その過程で環境にも貢献する。しかし一般的にレコードリンクとは、重複する（等価の）レコード同士をリンクすることを指す。場合によってはリンク後も重複レコードが保持され、「クラスター」または「マッチセット」と呼ばれるものが作成される。また個々のリンクされたレコードの情報を1つのレコード（「存続レコード」）に「マージ」し、他の重複レコードをシステムから「パージ」（削除）する場合もある。後者の場合は、しばしば「マージパージ」プロセスと呼ばれる。

存続／マージ／統合／重複排除
重複レコードを解決するプロセスの同義語。次のような方法がある。1）1つのレコードを「マスター」として選択し、重複レコードから追加データをマージする。2）様々な重複レコードから最適なデータを選択して、新しい「最善の組み合わせのレコード」を作成する。

等価レコード
顧客や商品等、実世界の同じエンティティを参照するレコード。これは通常「重複レコード」という用語が意味するものであるが、重複がレコードの完全なコピーを意味する場合もある。異なる用語を使うことで、次の3つの概念を明確に区別できる。（1）同じ実態を参照する2つのレコード（等価レコード）、（2）類似性の高い2つのレコード（マッチングレコード）、（3）完全なコピーである2つのレコード（重複レコード）。マッチングという言葉は、これら3つのどれかの意味で使われることもあるので、それぞれの作成者の定義を理解することが重要である。

エンティティの解決／レコードマッチング／レコードリンク／レコード重複排除
これらの用語は同じ意味で使われることも多いが、技術的には多少異なる。エンティティの解決とは、2つのレコードが等価かどうか（重複レコードかどうか）を判断するプロセスである。レコードマッチングは、エンティティの解決をするために最も一般的に使用される手法である。機械学習（ML）のような新しい人工知能（AI）の手法は、従来の決定論的・確率論的マッチングテクニックに代わるものとして急成長してきている。エンティティの解決のシステムが、等価であると判断したレコードをリンクすることは事実であるが、エンティティの解決以外の理由でもリンクが行われることはある。また純粋な技術的な観点では、レコードリンクは2つの異なるファイルまたはデータセットの間で行われ、データセット内では行われないと定義されている。例えばA病院のデータベースとB病院のデータベースの間で同じ患者のレコードをリンクさせる場合、2つのデータベースのそれぞれに重複する患者のレコー

ドはないと（おそらく楽観的に）仮定する。

これらの用語は常に一貫して使用されるとは限らないことに注意されたい。例えばエンティティの解決はマッチングのみを意味し、重複排除はマッチングとマージの両方を意味するということもある。プロジェクトチームとツールを提供するベンダーが同じ言葉を同じ意味で使い、関係者全員がプロセスについて共通の理解を持っていることを確認する。

データの準備

これは「データを知り、必要に応じて準備する」とも言える。重複を識別するアプローチはたくさんある。データをそのまま使って一致を判定するツールもあれば、データの標準化を先に行うツールもある。

ここでの標準化とは、同じようなフォーマットや承認された値等、規則やガイドラインに従うようにデータを変更することを示す一般的な用語である。標準化には構文解析も含まれる。構文解析とは、複数要素のフィールドを個別の部分に分離する手法である。文字列やフリーフォームのテキストフィールドを構成要素、意味のあるパターン、属性に分離し、明確にラベル付けし区別されたフィールドとして扱うようなことを行う。例えばフリーフォームのテキストフィールドで、商品属性と商品説明を分離する。

どのアプローチを使うにせよ、レコードのデータの品質が高いほどマッチング結果は良くなる。データについてより深く知れば知るほど、必要に応じて標準化ルーチンやツールが提供するマッチングアルゴリズムを、カスタマイズできるようになる。プロファイリングはデータを理解するための優れた方法である。データの理解については**ステップ3.3 データの基本的整合性**を参照。

私がキャリア初期のあるプロジェクトで、レコードを一意にするのはどのフィールドの組み合わせなのかを特定しなければならなかった。これをツールに設定し、マッチングルーチンを実行した。手作業によるレビューでは、マッチングの結果が悪かった。アルゴリズムを調整しルーチンを見直す、というサイクルは何週間も続いたが、それでも受け入れがたい結果だった。この時点で我々は、データを完全にプロファイリングすることを決めた。一意なレコードを示すために使用されるフィールドの1つは、100％の充足率であるべきことを理解はしていたのだが、実際にはレコードの20％にしか値がないことが分かった。どうりでマッチング結果が悪かったわけだ！　自分のデータを知ることは重要なのだ。

振り返ってみると、別のプロジェクトでは標準化されたデータを、元のデータフィールドとは別のフィールドに（二重化して）保持することを推奨していた。標準化されたデータはマッチングに役立った。チームが標準化ルーチンを調整した場合、更新されたアルゴリズムを使用してデータを再標準化できる。元のデータがない場合はこれを行うことはできない。

一意性の定義

業務担当が一意性をどのように見ているかを判断し、そのルールを文書化する。業務担当はあるレコードが他のレコードと重複しているかをどのように判断するのか、一意のレコードを構成するのはどのデータエレメントの組み合わせなのか、2つのレコードが重複しているとみなされるレコード間の類似度（マッチングの閾値）はどの程度か、インプットとして**ステップ2.2関連するデータとデータ仕様の理解**のデータモデルのレビューを参照する。例えば販売先、送付先、請求先の住所の一意な組み合わせ

は、1つの一意なレコードを構成するか。特定の顧客名は、データベース内に1つしか存在してはならないのか。技術的な観点ではNoSQLデータベースでは許容される冗長性も、リレーショナルデータベースでは許容されないだろう。

ほとんどのシステムは、決定論的（ブーリアン）または確率論的（スコアリング）の2つのマッチングのいずれかを使用する。決定論的アプローチでは、異なる属性値の組み合わせの一致と不一致を記述するルールが作成される。例えばあるマッチングルールでは、姓が一致、名が一致、生年月日が一致することを要求できる。しかし別のルールでは、姓が一致、生年月日が一致、電話番号が一致を要求することもできる。2つ目のルールは、姓が変わった場合に必要である。他のルールを他のケースに追加することもできる。

決定論的は完全一致を前提とするという誤解があるが、そうではない。決定論的なルールでは、属性レベルでのいわゆる「あいまいな」マッチングが可能である。例えば名の一致は、2つの名がまったく同じであるか、あるいは互いに共通のニックネームであることを意味する。決定論的とはルールを満たすか（True）満たさないか（False）だけを意味する。このため決定論的ルールは、ブーリアンルールと呼ばれることもある。

もうひとつの一般的なマッチングテクニックは確率論的マッチングと呼ばれる。この手法では、対応する属性値が比較される。値が一致する場合、この比較には一致の重みと呼ばれる数値が割り当てられる。値が不一致の場合、その比較には通常、一致の重みより小さい不一致の重みが割り当てられる。一致スコアを得るために、各属性の比較から割り当てられた重みを合計する。スコアの合計が所定の閾値以上であれば、そのレコードは一致レコード（重複レコード）とみなされ、そうでなければ非一致レコードとみなされる。このためこの手法は、「スコアリングルール」とも呼ばれる。

スコアリングのアプローチにはいくつかの利点がある。1) 高い閾値を設定することで、マッチングがより正確になり、偽陰性のエラーは増えるが、偽陽性のエラーが少なくなる。逆に閾値を低くすれば偽陰性は減るが、偽陽性は増える可能性がある。**図4.3.6**を参照。2) スコアが閾値に近く、わずかに下回る、あるいはわずかに上回るレコードのペアは、グレーゾーンに属するものとして簡単に識別でき（図

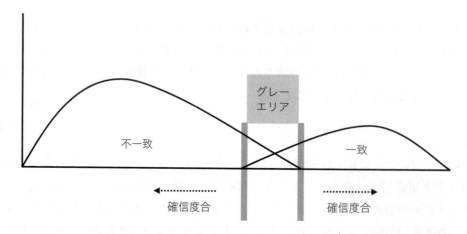

出典：Beth Hatcher　許可を得て使用

図4.3.5　マッチングの結果　一致、不一致、グレーエリア

4.3.5を参照）、「事務的レビュー」あるいは「是正」と呼ばれることもある手動検査の対象を自動的に選別できる。3) おそらく最も重要なことは一致と不一致の重みが、属性レベルだけでなく値レベルでも割り当てることができることだ。例えば名前（ファーストネーム）全般に対する一致の重みに加え、「JOHN」のような特定の名前に対する一致の重みを生成することも可能だ。「JOHN」は、米国のほとんどの集団で非常に一般的な（頻繁に使用される）名前であるため、一般的な名前の一致の重みよりも低い一致の重みを割り当てるべきである。これは名前「JOHN」が共通である2つのレコードは、あまり一般的でない名前が共通である2つのレコードよりも、等価である（同一人物である）可能性が低いためである。このように特定の値の頻度に基づいて重みが割り当てられると、マッチングのためのスコアリング技術は真の確率論的マッチングとなる。

どのレベルで一意性をテストするかを決める。

レコードレベル
例えばデータベースには、特定の顧客は1人しか存在しないはずである。サイトや連絡先を気にするであろうか。サイトの一意性については、住所フィールドの組み合わせを調べるだろう。人物の一意性については、名前と住所のフィールドの組み合わせや人口統計データを調べるとよいだろう。

フィールドレベル
例えば、全ての連絡先に対して1つの代表電話番号を持つサイトを評価する場合を除き、電話番号は一般的には一意であるべきである。識別番号は一意であるべきである。文字列の完全一致に基づく単純なフィールドレベルの一意性は、データプロファイリング・ツールを使用して確認できる。より高度なアルゴリズムが必要な場合は、エンティティの解決ツールやレコードリンクツールを使用する。例えばデータ分析に人気のあるPythonプログラミング言語には、マッチングルールを実装するための非常に豊富なレコードリンク・ツールキットが用意されている。

以下は、一致の特定に関する概念と用語である。

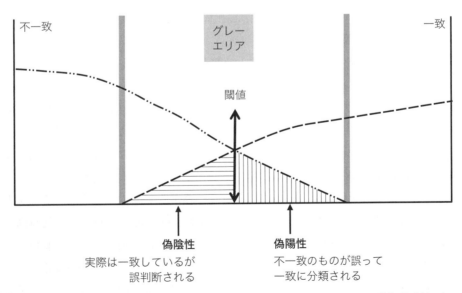

出典：Beth Hatcher　許可を得て使用

図4.3.6 マッチング　偽陰性と偽陽性

- **一致**。データセット内の2つ以上のレコードが、ツール内に実装されているビジネスルール／アルゴリズムを使って、等価、すなわち同じ実世界のものを表すものとして特定された。重複と判断されたレコードのグループをマッチセットと呼ぶ。
- **不一致**。データセット内の他のレコードは同じ実世界のものを表すものではない。つまり、ツールに実装されているビジネスルール／アルゴリズムを使って、そのレコードがユニーク（非等価）であると特定される。
- **偽陰性**。レコードは一致しない（非等価）と分類されたが、実際には一致（等価）とするべきだった。つまり、これは見逃されたマッチングである。
- **偽陽性**。レコードが誤って一致（等価）と分類されたが、実際には不一致（非等価）とするべきだった。つまりミスマッチである。

あるツールにレコードを通すと、結果には一致するレコードと一致しないレコードに分類される。一致するレコードと一致しないレコードが重なるグレーエリアが常に存在する。つまり、レコードが一致しているか不一致であるか明確でないエリアである。グレーエリアから（どちらかの方向に）離れれば離れるほど、一致は真の一致であり、不一致は本当に不一致であるという確信が深まる（**図4.3.5** 参照）。しかし、繰り返すが、これは類似性のレベルに基づく確信度や可能性の話に過ぎない。偽陽性と偽陰性のエラーのほとんどはグレーの領域で発生するが、確信度の高い領域であっても、依然エラーが発生する可能性がある。

図4.3.6のグレーエリアをよく見てほしい。詳細を確認すると、偽陰性（一致の見逃し）と偽陽性（誤って一致に分類された不一致）の違いが分かる。閾値線は2つのオブジェクトが十分に似ていて、重複の可能性があるとみなされるポイントである。閾値は調整できる。

閾値の設定はバランスを取る行為であり、科学であり芸術でもある。以下のリストは、トレードオフについて考えるためのいくつかの方法である。

- 閾値を左に動かすと、一致は最大になる。しかし一致の見逃し（偽陰性）は減る一方で、正しくない一致（偽陽性）のリスクは増える。
- 閾値を右に動かすと、正しくない一致（偽陽性）の数を最小限に抑えるが、一致の見逃し（偽陰性）は増える。
- 真の一致を見逃したくないのであれば、より多くの正しくない一致（偽陽性）を見なければならない。
- 偽陰性を少なくすることと偽陽性を少なくすることのどちらが重要か、どちらか一方がビジネスやプロセスに与える影響は何か。
- レコードをマージすることを考えてみよう。マージすべきでないレコードをマージしてしまうリスクと、マージすべきレコードをマージしないリスクのどちらが大きいか。この判断はアプリケーションの種類によって異なる。例えばほとんどの金融システムは、偽陽性よりも偽陰性のエラーを好む。銀行は顧客が住宅ローンと自動車ローンの両方を持っていることを知らなかった理由を説明するよりも、間違った顧客の口座からお金を引き落とした理由を説明する方を優先するだろう。一方セキュリティや法執行のアプリケーションは、偽陰性よりも偽陽性のエラーを好むことが多い。

彼らはアクセス権を持っていない一人の悪者をシステムに侵入させるよりも、実際にはアクセス権を持っている数人の人間を止めて身元を確認する方を選ぶ。おそらく最も困難なのは医療であろう。例えば医師が診断や治療に使用するカルテでは、偽陽性と偽陰性の両方のエラーに関連した重大な有害事象が発生する恐れがある。多くの場合、一度マージされたレコードは簡単にアンマージできない。アンマージが必要な場合どのようなオプションがあるか、ツールベンダーに問い合わせてみるとよい。

重複の解決
マッチングの目的が、関連するレコードを特定しそれらをリンクすることであった場合、実際にはレコードはマージされずこのステップは適用されない。適切なリンクがなされていることを確認する。参考になる書籍として、Herzog, Scheuren, Winkler）著のData Quality and Record Linkage Techniques（2007）がある。

重複を解決するということは、一致したレコードのセットを1つのレコードにする必要があるということである。前述のように、これは次の方法で行うことができる。1) 1つのレコードを「マスター」として選択し、重複レコードから追加データをマージする。2) 各フィールドに最適なデータを提供するソースを選択し、様々な重複レコードから新しい「最善の組み合わせのレコード」を作成する。

マージプロセスを慎重に計画する。

- レコードのマージによって影響を受ける全てのシステムを特定する。これらのシステムで考慮しなければならないような変更はあるか。請求書や販売注文等の処理が完了していない取引レコードが関連付けられたままになっている場合、マスターレコードを削除または変更できるか。できない場合、そのレコードはどのように扱われるか（例えば、重複マスターレコードにフラグを付けて使用しないようにし、関連する全てのトランザクションレコードの処理が完了した後に削除する）。どのような方法であれ、これらの活動のための時間とリソースがプロジェクト計画に含まれていることを確認する。
- プロジェクト期間中、旧識別子と新識別子の完全な相互参照を維持し、将来の参照用に保持する。あるオペレーションチームは、プロジェクト中に作成した相互参照を、プロジェクト終了後も数カ月間使用した。

ツール
プロファイリング、標準化、マッチング、マージの機能を1つのツールに統合している場合があることを認識する。

データプロファイリング・ツールは、一意性の概要レベルなチェック（通常は文字列の完全一致に基づく）を提供できる。識別フィールドの全てのレコードが一意であるかどうかを、簡単に示すことができる。それ以上の厳密なチェックは通常、専用のツールが必要となる。
マッチマージを実行するサードパーティのツールは、単にデータクレンジングツールと呼ばれることもあり、重複を識別する以外の機能も含んでいる。詳細は**第6章 データ品質マネジメントツール**を参照

のこと。レコードの重複防止に使用されるのと同じ機能のいくつかを、データを取得する際にフロントエンドに組み込むことができる。例えば新しいレコードを作成する前に、アプリケーションインターフェースを介して既存のレコードの存在有無を検索する等の機能である。

マッチマージの自動化アルゴリズムは何年も前から存在する。これらのアルゴリズムはしばしばデータセットに対して実行され、手動でレビューされた後、結果が正当なマッチのように見えると判断された場合に自動化された。その後ツールを使ってレコードをマージし、存続するレコードを作成した。ここでもまた手作業によるレビューが行われ、マージされた出力レコードが利用可能だと判断できるものであった場合にのみ、自動化が行われた。もうひとつの選択肢は、マッチングプロセスをテストして自動化し、マージプロセスは常に手動で行うというものだ。機械学習と人工知能が重複排除に適用されるようになったことで、より多くのプロセスが自動化されるようになった。

何も手を出す必要がない、ツールが全て処理してくれる、と言われることがよくある。それを信じてはいけない。一致（重複）したレコードの例と、マージ後の存続レコードの例を必ず確認する。アルゴリズムが正当な一致または不一致を判定し、レコードが適切にマージされていることを確認する。

アプローチ

1. このデータ品質評価軸から期待されるゴールの明示

望むべき結果を明確にすること。例えばある企業では、どのアプリケーションを特定のデータの参照元と見なすべきかを、判断するための材料を提供するために概要レベルの重複評価が実施された。これは1回限りの評価で約1カ月間続いた。別のプロジェクトでは、新しい顧客マスターを複数のソースから作成した。この顧客マスターのレコードは、新しいプラットフォームに移行されることになっていた。これには数カ月の作業と、レコードのマッチマージのためのツールを集中的に使用がする必要があった。別のプロジェクトでは、関係を明らかにしてレコードをリンクさせることがゴールだったが、レコードのマージは行わなかった。目的が、この分野でのさらなる作業が必要かどうかを判断するために、重複率の全体像を確認することであれば、当初は重複の解決を行わないかもしれない。ゴールは時間や、関与すべき人に影響する。

2. 検索とマッチングの解決に使用するツールの決定

この場合サードパーティのツールを使用するか、すでに社内で開発されているツールを使用することになるだろう。業務担当が重複をどのように見ているか、データがデータモデル内でどのように保持されているかを知ることは、特定のツールが重複をどのように識別するかと密接に関係している。

ツールを購入する必要がある場合、ソフトウェア購入に必要な多くのプロセス（オプションの調査、ツールの選択基準の決定、デモの計画、購入の決定、契約交渉と最終決定、ソフトウェアの入手とインストール）を経ることになるため、このステップにはかなり時間がかかる可能性がある。既に利用可能なツールがあれば、ライセンス契約内容を確認し、契約が有効であることを確認する。

いずれの場合も、特定のツールを使用するにはトレーニングが必要である。このデータ品質評価軸の説明は全て、重複の背後にある概念を一般的に理解するためのものである。重複排除の機能や特定のアプ

ローチは、使用するツールによって異なる。

3. データマッチングの分析と準備

ほとんどのツールには標準機能としてすぐに使えるアルゴリズムが提供されているが、個々のデータに合わせてチューニングする必要がある。ビジネスニーズを、ツールが必要とするルールやアルゴリズムに変換するのである。例えば一意性を満たすフィールドの組み合わせ、比較すべきフィールド、マッチングの基準、標準化ルール、重複排除アルゴリズム、重み、閾値等を決定しなければならない場合がある。標準化とマッチングルーチンを納得のいくレベルにするために、何度かテストを繰り返すことが予想される。

データの準備や言語間のマッチングに困難が予想される。スイスのように複数の言語が話され、それがデータに反映されている国では、データを標準化するためにどの言語が使われているかを、プログラムで確認するのは難しいかもしれない。言語や住所の形式によって、異なるアルゴリズムや閾値を使用する必要がある。

またデータの入力方法の違いや、データ入力を行った人の参照元や知識の違いにも対処しなければならない。例えばフランス人がフランスの住所を入力するのと、ドイツ人が同じフランスの住所を入力するのとでは、まったく異なる方法で入力することが多い。

分析活動には十分な時間を確保すること。マッチングの実行準備が整った後に成功を得るためには、分析が非常に重要となる。

4. データ取得計画および重複を特定し解決するプロセスの設計

第6章 データ取得とアセスメント計画の策定を参照。以下を含む。

- 基礎となるアルゴリズムのアプローチ、プロセス、選択したツールで使用される用語を理解する。
- 関心のある母集団と関連する選択基準（ビジネス面と技術面の両方）は何か。
- 誰がいつデータを抽出するのか、どのような出力形式が必要なのか。
- 誰が、いつ、ツールを使ってデータを処理するのか。
- このプロセスはレコードの一致を確認するだけか。レコードのマージ／存続のプロセスまで行うのか。
- 次のステップに進む前に、どの時点で結果をレビューするのか。
- 誰が結果を分析し、その結果を共有するのか。
- どのような評価尺度が集められ、どのような報告が求められるのか。
- そのツールを使用するには、どのようなトレーニングが必要か。

5. データの取得

計画に従ってデータを抽出、アクセス、取得する。

6. マッチングと分析の結果の識別

ツールを実行し、重複または一致の可能性を発見する。結果をレビューする。標準化ルーチン、閾値レベル、マッチングアルゴリズムの調整等、必要に応じてツールを修正する。重複として識別されるが、そのままにしておいても問題ないレコードにフラグを付与する。

人手を介さない全自動化という約束が、魅力的であることは理解できる。それでも実際のマージ／存続処理に進む前に、マッチングから得られた結果のいくつかを見て、それらが満足できるものであることを確認する。

7. 重複の解決

重複が確認された後、マージプロセスを通じて重複を解決する場合のオプションを以下に示す。

- **手作業によるマージ**。標準的なアプリケーションインターフェース、重複を手作業でマージするために特別に開発されたアプリケーション、手作業でレコードをマージする機能を備えたサードパーティ製ツールを使用してマージを行う。手作業によるマージのルールをテストし文書化する。レコードをマージする人全員に対して訓練を行う。標準的なプロセスの一環とする場合、大量のレコードを手作業でマージすることは考えにくい。
- **自動マージ**。一致したレコードをツールに通す。結果を分析し必要に応じて調整する。レコードが正しくマージされると確信できるまで、レビューと調整を繰り返し行う。確信できた時点で、レコードのマージプロセスを初めて完全に自動化する。
- **手作業と自動マージの組み合わせ**。大半のレコードは自動マージし、マージが複雑になるレコードは手作業でマージする。例えば先に述べた「グレーゾーン」に該当するレコードは、常に手作業で処理しなければならないかもしれない。これらをタイムリーに処理できるよう、リソースを計画的に確保する。自動マージと手作業の基準を明確にし、マッチセットをどのように分類するのかを明確にする。またマージの自動化方法について経験を積む間、手作業でのマージを進めることも有用である。
- **非マージ（仮想マージ）システム**。重複レコードを存続レコードにマージする主な要因は、限られた高価なストレージに起因する過去のものと言ってよい。低コストのストレージとビッグデータツールの出現により、重複レコードの全てのマッチセット（クラスター）を保持することも実現可能である。ストレージのコストはかかるが、この方法には他にも多くの利点がある。(1) 各レコードの属性値のユニークなバリエーションを保存できる。例えば以前の顧客の住所、名前のバリエーション、電話番号等である。多くの場合このようなバリエーションは重要だといえるが、限られた数の固定属性でマージ（存続）レコードを作成する際には失われてしまう。(2) 偽陽性（過剰なマージ）のエラーからの回復がはるかに容易である。元のレコードがそのまま残っているため、それらを選別（再リンク）し、正しく再クラスター化できる。(3) 全てのアプリケーションに対して単一の「ゴールデンレコード」を作成することは、常にうまくいくとは限らない。最適な請求先住所を必要としているアプリケーションもあれば、最適な郵送先住所を必要としているアプリケーションもあるかもしれない。これらの想定が難しい事態を全て考慮して特別なフィールドを作成するよりも、同じ顧客の全ての履歴レコードを分析するビジネスルールを作成することの方が、良いアプローチになることがある。(4) いくつかの規制において、データガバナンスはより透明性を高め、デー

タがソースから最終製品までシステム内を移動する際に、その来歴（リネージ）を辿ることを要求している。データのマージや統合は、この可視性を難しくする。この非マージアプローチの極端なものをデータレイクと呼ぶことがある。このアプローチでは、データに対する操作の前に、全てのソースデータを大規模なリポジトリ（レイク）にオリジナルの形で保存する必要がある。データはレイクから読み込むときにのみ変換される。そのため、データが先にETL（extract, transform, load）プロセスを経てから固定データベーススキーマに書き込まれる従来の「書き込み時変換」に対して、「読み取り時変換」と呼ばれることもある。このためELT（extract, load, transform）と呼ばれることもある。すなわち変換の前にレイクにロードされる。

どのオプションについても、相互参照と監査証跡を用意する。マージされたレコードがどのように、またどのような場合にアンマージできるかを確認する。

8. 結果に基づく分析、統合、提案、文書化、行動

第6章の同名のセクションを参照のこと。重複排除のゴールを念頭に置き、以下の観点の考察を行う。

- どの程度の重複が見つかったか。重複はカテゴリー（国、地域、製品ライン、あるいは自社にとって意味のあるその他のにもの）によって差異があるか。
- 重複の度合いは大きいか。重複がビジネスに与える影響は何か。アセスメント中に得た知見は、重複に取り組み続ける価値があるかどうかを判断するのに十分な情報を提供したか。
- 重複レコードの解決はどのように扱われるか。マスターレコードをマージする場合、それに関連するオープン・トランザクションレコードに問題は生じないか。レコードのマージは他の下流プロセスにどのような影響を与えるか。
- 重複を防ぐにはどうすればよいか。将来のステップで使用するために根本原因の可能性となるものや、重複を防止し修正するために初期の提案をどのように文書化すべきか。
- これが最初の評価であった場合、今後どのようにマッチマージを扱うかを決定するために何を学んだか。その場その場での対応か。定期的にスケジュールされたバッチジョブとしてか。他のアプリケーションに組み込んでリアルタイムで使用するのか。手作業マージか自動マージか。どのツールを使用するか。

ツールやプロセスは将来のデータエラーを防止するために（ステップ7 データエラー発生の防止）、あるいは現在のデータエラーを修正するために（ステップ8 現在のデータエラーの修正）本番プロセスに組み込むことができる。また継続的なコントロールを実施する際にも、使用できる（ステップ9 コントロールの監視）。

9. このステップを通じたコミュニケーションと巻き込み

このステップが数週間以上かかる場合、これは特に重要である。ステークホルダーに進捗状況を知らせ、障壁があれば常に共有する。重複に対処することが重要である理由を再確認する。マッチルールにインプットを提供したり結果をレビューしたりする関係者と協力する。ツールベンダーや、ツールの実行に携わったりバックエンドからツールのサポートを行ったりする技術パートナーと、常に連絡を取り合う。重複レコードのマージによって影響を受ける全てのステークホルダーに、このプロセスの初期段階から

終始、情報が提供されるようにする。

サンプルアウトプットとテンプレート

 10ステップの実践例

データ品質評価軸を使用したレポートの改善

この本を書いている時あるワークショップの参加者から、10ステッププロセスをどのように活用して成功したかというメールが届いた。その成功は様々な形で示された。例えば所属機関への報告書の改善、上長からの好意的な評価、チームメイトからのアプローチの受け入れ、他の状況での再利用の可能性、結果としてもたらされた個人的な満足感と認知等である。

特別プロジェクト管理者のPhil Johnstonに、彼自身の言葉で語ってもらおう。

数カ月前、私の上長が私と同僚に、新しい部門レポートとダッシュボードをレビューし、品質保証を行うよう依頼した（ただし、どのように行うかについてはあまり明確にしなかった）。私達の部署は新しいレポートをいくつか作成し、私達の部署を越えて社内全体でテストを行うために、早期にリリースした。最初のフィードバックでは、共有する前にもっと慎重なレビューが必要とのことだったので、私と同僚がQAを実施することになった。

あなたのワークショップに参加したことを思い出し、自分のメモとワークショップのマニュアルを見て、10ステッププロセス、特に**ステップ3 データ品質の評価**、プレゼンテーション品質、データ仕様、重複、一貫性と同期化等、様々なデータ品質評価軸を使用した。このアプローチは厳密であり、参加したカンファレンスで得た知見や専門家の開発に裏打ちされており、チームメイト、特に上長からも高く評価された。

実施されたレビュー、アプローチ、特定された変更により、用語の明確さ、他のデータとの一貫性、プレゼンテーションの正確性という点で、組織内で共有する報告書が大幅に改善された。私の上長はこのモデル、あるいはそれに似たものを、私達が進めているデータガバナンス・プログラムの他の側面にも適用することを熱望している。先週の私の年次業績評価で、上長は（年間を通しての他の成功した仕事とともに）このことを非常に望ましい行動の証拠として取り上げ、私は高い評価を頂けた。あなたの仕事がどのように活用され、統合されたかという具体的な例をお伝えすると喜んでいただけると思った。

ステップ3.6 一貫性と同期性

ビジネス効果とコンテキスト

データ品質評価軸である一貫性と同期性は、様々なデータストア、アプリケーション、システムで保存され使用されるデータの等価性を意味する。このアセスメントでは、様々なデータストア、アプリケーション、プロセス等で保存され使用される際に、データのライフサイクル全体を通じて各ポイントでデータを比較し、一貫性があるかどうかを判断する。一貫性とは、同じデータが組織内の様々な場所に保存され使用される場合、そのデータは等価であるべきである、つまり同じデータは同じ事実を表し概念的に同等であるべきであるという考え方を指す。これはデータの値や意味が等しいこと、あるいは本質的に同じであることを示す。同期性とはデータを等価にするプロセスである。

データが複数の場所に保存されている場合、それは冗長であるとみなされる。詳細なレコードにおける冗長性が望ましいか望ましくないか、必要か不要かは、通常**ステップ3.5 一意性と重複排除**で決定される。一貫性と同期性を評価する際、各データストアを取り巻く情報ライフサイクルと環境を知るにつれ、データストアにより冗長性が必要な場合と不要な場合があることが明らかになるかもしれない。このステップの結果として、不必要な冗長性を解消するために、さらなる調査を行うように提案すべきかどうかが判断できる。

> **定義**
>
> **一貫性と同期性**（データ品質評価軸）。様々なデータストア、アプリケーション、システムで保存または使用されるデータの等価性のこと。

例えばあなたの会社が、製品を作るためにいくつかの部品を製造し、他の部品は買うものとする。ある製造部品は、最初のデータベースでMと表示される。その製造部品は、別のデータベースでは44とコード化される。最初のデータベースから製造部品がMの値で移動されたレコードは、2番目のデータベースに44の値で格納されるはずである。もしそうであればデータは等価であり、まだ一貫性がある。そうでない場合、データは異なり一貫性がない。

一貫性はあるが直接的には等価ではない例として、あるシステムでは専門医療を乳がんと表示し、別のシステムでは専門医療を腫瘍と表示するような階層がある。これらは等価ではないが、一貫性はある。

同じデータが社内の様々な場所に保存されていることが多いため、一貫性と同期性は重要である。データの利用は、同じ意味を持つデータに基づいて行われなければならない。同じトピックに関するマネジメントレポートでも、結果が異なることは珍しくない。これでは管理者は、会社で何が起きているのかの「真実」を実際には知らないという望ましくない立場に置かれ、効果的な意思決定を難しくしてしまう。

ステップ3.3 データの基本的整合性で使用したデータプロファイリングと同じテクニックを、ここでも

各データストアに対して使用し、その結果を一貫性について比較する。完全性と有効性の測定は、一貫性と同期性に特に関係している。この評価軸はデータの基本的整合性とは別のものとして扱われるため、複数のデータセットを横断的に調査するために必要な追加リソースをより適切に計画し、調整する必要がある。データストアをプロファイリングし、比較するたびに時間がかかるので、データの取得と分析のために別の担当者が必要になることもある。

アプローチ

1. 一貫性を比較するデータストアの識別

ステップ2 情報環境の分析で、情報ライフサイクル、データ、テクノロジーについて学んだことを使用する。データが存在する様々な場所を示す全体図をまだ作成していない場合は作成する。これはデータ取得とアセスメント計画を策定する際の、判断材料となる。

2. データストア内の関心のある各フィールドの詳細の特定

これは各データストアに格納されている、同じデータの詳細なマッピングである。ステップ2.2 関連するデータとデータ仕様の理解を参照のこと。

3. データ取得およびアセスメント計画の策定

このトピックについては、第6章 その他のテクニックとツールのセクションを参照のこと。この評価軸は複数のデータストアからデータを取得するため、計画が特に重要となる。取得し評価するレコードの母集団（選択基準）を明確にする。最初のデータストアからデータのサブセットを取得し、それらのレコードが情報ライフサイクルを流れる際に各データストアから対応するレコードを選択するので、タイミングが重要となる。対象母集団の全レコードを取得してもよいが、それらのレコードのデータフィールドのサブセットのみを比較することを決定する。

2つのデータストア間のタイミングの影響も気になる場合は、ステップ3.7 適時性と一緒に実施してもよい。

4. 計画に準じたデータの取得

最初のデータストアからデータを取得し、追加の各データストアから対応するレコードを選択する。

5. 計画に準じたデータの分析と評価

追加の各データストアのデータに対して、ステップ3.3 データ基本的整合性のデータプロファイリングのテクニックを使用する。データストア間で結果を比較する。手動で比較を行うことも、専用のプログラムを開発して比較することもできる。比較に使用できる既存のプログラムやサードパーティのツールも利用できる。

1つのデータストア（元のソースデータにできるだけ近いもの）を、他のデータストアと同期させる信頼できる参照元とするかどうかを決定する。各データストアを信頼のおけるソースと比較したり、情報ライフサイクルにおけるその直前のデータソースであるデータストアと比較したりすることもできる。おそらく正確性ではなく、完全性と有効性を確認していることに注意が必要である。

その違いと、情報ライフサイクルのどこでその違いが生じているかに注目してほしい。データが概念的に等しい場合（例えば異なるデータストアの同じレコードに対して異なるコードが使用されているが、コードは同じことを意味する）と、データが異なる場合（例えば異なるデータストアの同じレコードに対して、異なる意味のコードが使用されている）の区別を理解し、文書化する。データストア間の同期の技術的プロセスを確認し、データが異なる理由を理解する。ビジネスプロセス、人・組織、テクノロジーを確認し、それらがどのように差異を生み出しているかを確認する。

比較の結果と、各データストアを取り巻く情報ライフサイクルや環境に関して得た知見をもとに、データストアの冗長化が必要かどうかを判断する。

6. 結果に基づく分析、統合、提案、文書化、行動

詳しくは第6章 その他のテクニックとツールの同名のセクションを参照のこと。

この評価軸の結果を、評価済みの他の評価軸の結果と比較する。現在分かっていることに基づいて、初期の提案を行う。冗長性が不要であることが明らかな場合は、それを強調する。潜在的なビジネスへの影響や考えられる根本原因等、得られた知見を文書化する。適切な時期に結果に基づく行動を起こす。すぐに行動できるものもあれば、待つべきものもある。

7. 結果の共有

結果を聞く必要がある人を決定する。例えば他のコアチームメンバー、兼任チームメンバー、プロジェクトマネージャー、スポンサー、その他のステークホルダー、データを評価したデータストアの所有者等である。コミュニケーションが適切な詳細レベルであり、参加者の関心事にフォーカスしていることを確認する。結果に対する反応等のフィードバックを得る。それは予想通りだったか。予想外だったか。初期の提案と実装可能な時期の概要をまとめる。プロジェクトの次のステップに必要なサポートを得る。

サンプルアウトプットとテンプレート

 10ステップの実践例

一貫性と同期性

背景
企業の営業担当者が、顧客データを得るための手段の一つとして重要な役割を担った。そのデータは最終的に様々なプロセスを経て顧客マスターデータベースに辿り着き、そこでさらに移動され、トランザクションシステムやレポーティングシステムで使用された。プロジェクトチームは概要レベルの情報ライフサイクル（ステップ2情報環境の分析のアウトプット）を見て、データが保存されている全てのシステムを確認した。リソースの制約から、その時点では全てのシステムの一貫性を評価することはできなかった。

フォーカス

チームは情報ライフサイクルの初期段階にフォーカスし、顧客マスターデータベースと、顧客データを使用するトランザクションシステムの1つであるサービス＆リペア・アプリケーション（SRA）との間のデータの一貫性を評価することにした。

「上書き」フラグの確認

プロジェクトチームは、「上書き」フラグと呼ばれるものに特に注意を払った。電話担当者がサービス注文を作成する際、SRAは顧客マスターデータベースから取り込んだデータを上書きすることを許容していた。チームは上書きフラグが「Yes（Y）」に設定されたレコードにおいて、データの違いがどのくらい大きいのかと、そのデータの違いの特性を理解したかった。

データの取得

プロジェクトチームは上書きフラグが Y に設定されているレコードを SRA から抽出し、関連するレコードを顧客マスターデータベースから抽出した。比較を行う際には、顧客マスターデータベースが正式記録システムとみなされた。プロジェクトチームは、データプロファイリング・ツールを使用して各データセットをプロファイリングし、同等性を比較した。

方法 — 無作為抽出と手作業による比較

一部のデータエレメント（会社名称や所在地等）については、手作業で比較を行った。さらにチームはその差異の内容に関して、SRAにおける国ごとの特性を確認するため、結果をさらに細分化したいと考えた。各国のプロファイリングから無作為抽出によりレコードを選び、手作業による比較を行った。

この例については適時性の評価軸に関する続きがあるが、その件は**ステップ3.7 適時性**を参照のこと。

結果

テンプレート4.3.2は、一貫性を保つための手作業での比較の結果を、報告するために使用されるテンプレートを示している。

テンプレート 4.3.2 一貫性の結果

サマリー、国1*の一貫性			
	数(#)	割合(%)	
サービス＆リペア・アプリケーションからの注文完了総数			
上書きフラグがYの注文			
変更のある注文の分析	上書き数	上書き種類毎の割合(%)	全レコードに占める割合(%)
影響大 - 会社名称と所在地の更新			

影響大 - 所在地属性の更新。それが異なる物理的場所、サイトを示す場合。			
影響小 または 更新なし			
影響：注文の35％で会社名称や所在地に影響大の更新がある。このデータは最新のものに更新したと想定されるが、修正依頼が完了すると失われ、顧客マスターデータベースには反映されない。			
要約、修正所在地の一貫性	国1	国2	国3
第1四半期のサービス注文総数			
上書きフラグを持つサービス注文の総数			
サンプルの規模			
会社名称と所在地の完全な更新			
所在地属性の更新			
上書きフラグはオンだが、名称や所在地に変更なし			
顧客マスターデータベースにSRA番号がない			

＊調査対象の国ごとに1つの一貫性の報告書

ステップ3.7 適時性

ビジネス効果とコンテキスト

データの値は時間と共に変化する。そのため実世界のオブジェクトが変化する時と、それを表すデータがデータベース上で更新され、利用できるようになる時との間には、大小にかかわらず常にギャップが生じる。このギャップは情報フロートと呼ばれる。手作業フロート（事実が知られてから、それが最初に電子的に取り込まれるまでの遅れ）と、電子的フロート（事実が最初に電子的に取り込まれてから、それを様々なデータベースに移動またはコピーし、利用したい人がアクセスできるようにするまでの時間）がある。この評価では、ライフサイクルを通じた情報のタイミングを調査し、データが現時点の

ものであり、タイミング的にビジネスニーズを満たすものかどうかを示す。Tom Redmanが指摘するように、「適時性は最新性と関連している。データが最新であるとは、情報チェーンが適時に行われた結果として、データが最新の状態であることを意味する」(2001, p. 227)。あるノードから別のノードへデータパケットが移動する間の時間間隔や遅延を意味するレイテンシーも、適時性に関連して使われる言葉である。

適時性の評価は、サンプルアウトプットとテンプレートの例のように、かなり詳細に行うことができる。また適時性という考え方は、私達を行動に駆り立てることもある。この本を書いている今、世界的なCOVID-19の大流行の中、全面的にまたは様々な時間で部分的に休業する企業が増えているため、店舗の営業時間をウェブサイトで更新しておくことは非常に重要である。消費者の立場から言えば、この不透明な時期は特に何度営業時間が変更されたとしても、ウェブサイトにはいつでも正しいものが掲載されていることを期待したい。それが適時性である。この場合、情報ライフサイクルを通過するデータの完全な評価は必要ない。必要なのは店舗の営業時間に関する決定がなされたときに、その変更をウェブサイトに反映させることができる担当者に、速やかに伝わるようなプロセスを即座に導入することである。データ品質評価軸の目的は、データに関する情報を提供し、情報に基づいた意思決定を行い、効果的な行動を取れるようにすることだ。正しい行動を取るのであれば、早ければ早いほど良い。

 定義

適時性（データ品質評価軸）データおよび情報が最新であり、指定されたとおりに、また期待される期限内に使用できること。

アプローチ

1. スコープ内の情報ライフサイクルの確認
ステップ2.6 関連する情報ライフサイクルの理解で作成した情報ライフサイクルを見直し、必要であれば更新する。例については、10ステップの実践例のコールアウトボックスを参照のこと。

2. 適時性を評価するためのデータ取得およびアセスメント計画の策定
このトピックについては、第6章その他のテクニックとツールのセクションを参照のこと。

ステップ3.6 一貫性と同期性とともに、適時性を評価するとよい。情報ライフサイクルのどの段階で適時性を評価するかを決定する。ライフサイクル全体を見渡せるのが理想だが、一部だけにフォーカスする必要があるかもしれない。可能であれば、ソースから初めて次の段階へと進めていく。

各ステップ間の情報フロートを測定するプロセスを決定する。ITグループと協力して、様々なデータストアの更新タイミングとロードスケジュールを把握する。これを自動的に行えるかどうかを確認する。できない場合は、手作業で文書化する。必要であればデータ作成者に、アセスメント期間中に特定のデータの発生が判明した日時を記録させる。

統計学者と協力して、有効なサンプルを得るために追跡するレコード数を決定する。技術パートナーと協力して、情報ライフサイクルの最初の段階でレコードのランダムサンプリングをどのように取得し、追跡するのかを決定する。

3. 計画に順じたデータの取得と適時性の評価
情報ライフサイクルを追跡するために、ランダムサンプリングでレコードを選択する。

各レコード処理のステップ間の経過時間を判断する。各処理のステップの開始時間、終了時間、経過時間を記録する。地理的な場所やタイムゾーンも考慮に入れる。

4. 結果に基づく分析、統合、提案、文書化、行動
詳しくは第6章 その他のテクニックとツールの同名のセクションを参照のこと。

適時性の要件は何か。ライフサイクルの各時点で、情報はいつ入手可能であるべきなのか。プロセスと責任はタイムリーに完了しているか。完了していない場合その理由は何か。適時性を確保するために何か変えることができるか。

結果と推奨するアクションを文書化する。得られた知見、ビジネスへの影響、潜在的な根本原因を含める。

サンプルアウトプットとテンプレート

 10ステップの実践例

適時性

状況
これは、ステップ3.6 一貫性と同期性のサービス&リペア・アプリケーション（SRA）の例の続きである。一貫性の評価は完了した。次に業務担当は、データが情報ライフサイクルを通過する際のイベントのタイミングを理解したいと考えた。ある国における、ライフサイクルの一部分に対しての適時性を詳細に調査した。このプロセスは実世界で変更が行われた時点から始まり、その情報がいくつかの段階を経てSRAで使用できるようになるまで継続された。

要件
顧客情報の変更は、変更が判明してから24時間以内に顧客マスターデータベースに反映され、取引に利用できるようにしなければならない。全ての営業担当者は、月曜～金曜の毎晩午後6時（米国太平洋標準時刻）までに、個人用タブレットのデータベースを中央データベースと同期させる必要がある。

表4.3.6は、プロセスを通じて1つのレコードを追跡した結果を示している。表4.3.7は、適時性

について追跡した全レコードの出力を集計し分析した結果である。

表4.3.6 適時性の追跡と記録

適時性の追跡と記録				
情報ライフサイクル・プロセス	日付	時間	経過時間	備考
顧客が所在地を変更	不明	不明		
会社から営業担当者に変更を通知 – (電子メール)	3月5日（月）	午前8:00	3.5時間	
営業担当者がメールを読む	3月5日（月）	午前11:30	6.5時間	
営業担当者が個人用タブレットを更新	3月5日（月）	午後6:00	98時間（4日と2時間）	
営業担当者が顧客マスターデータベースとデータを同期	3月9日（金）	午後8:00	98時間（4日と2時間）	
顧客マスターデータベースバッチ処理開始	3月12日（月）	午後8:00	72時間（3日間）	金曜日の同期処理に間に合わず[*1]月曜夕方まで処理されず
トランザクションシステムで利用可能な更新（バッチ処理が完了したとき）	3月12日（月）	午後11:00	3時間	
サービス＆リペアアプリケーション（SRA）で使用される[*2]				
合計			183時間	

[*1] 顧客マスターデータベースは、月曜〜金曜の午後8時にバッチ処理を開始する。約3時間の処理が完了すると、トランザクションシステムで変更が利用できるようになる。
[*2] 様々なトランザクションやレポーティング（例えば、営業担当者が顧客から電話を受け、サービス注文を作成する）のための時間を追跡することは、この時点ではスコープ外であると判断された。

表4.3.7 適時性の結果と初期の提案

追跡レコード数： 関連する営業担当者の数： 適時性評価期間：			
	平均	最大	最小
営業担当者が顧客の変更を把握してから、トランザクションシステムとレポーティングシステムで利用できるようになるまでの期間			
営業担当者の同期完了までの時間	35分	90分	15分
一か月間で営業担当者が個人データベースと顧客マスターデータベースを同期する回数	2	4	0

調査結果	疑われる根本原因	初期の提案
営業担当者が変更を知ってから、社内の他のメンバーがデータを使用できるようになるまでに、想定以上の時間を要している。	下記参照	トランザクションデータの変更が遅れた場合のビジネス利用への影響を評価し、提案事項を実施に移すべきかどうかを判断する。
ほとんどの営業担当者は、月に3回以上データベースを同期することは稀である。	営業担当者は通常、一日の終わりに個人データベースを中央の顧客マスターデータベースと同期させる。大抵は午後6:30以降となる。技術的な問題で担当者が同期を完了できないことも多い。ITヘルプデスクは午後7:00以降は開いていない。必要な時に技術的なサポートが得られない。	同期を妨げる技術的な問題の原因を調査し、修正する。 同期プロセスを簡素化する方法はないか。
金曜日の夕方に同期されたアップデートは、金曜日のバッチ処理に間に合わないことも多く、月曜日の夕方までアップデートまで待たされることになる。	毎日のバッチ処理は午後8:00に始まる。その時間までにデータベースを同期しない営業担当者も多い。	顧客マスターデータベースの更新スケジュールを確認する。営業担当者の同期タイミングに合うような処理スケジュールの変更はできないか。
新しい営業担当者がデータベースを同期するのは月に1回未満である。	新人の営業担当者は、同期を完了する方法を知らない。	営業担当者に同期プロセスをトレーニングする。
データベースをまったく同期していない営業担当者もいる。	営業担当者は、自分のデータを同期した後に、どのように利用されるかを理解していない。中央システムに対する不信感がある。	最終的な提案をする前に、何人かの営業担当者をサーベイして彼らの不信感をもっと理解する必要があるだろうか。 営業担当者の顧客データの利用方法を文書化し、教育する。 営業マネージャーと協力して、データベースを同期させるためのインセンティブを考案する。

ステップ3.8 アクセス

ビジネス効果とコンテキスト

データ品質評価軸としてのアクセスは、許可されたユーザーがデータや情報をどのように閲覧し、修正し、使用し、その他の方法で処理できるかをコントロールする能力を指す。適切な人が、適切な時に、適切な状況下で、適切なリソースにアクセスできるようにすること、とよく要約される。この用語は規律、一連のツール、プロセス、プラクティス、またはその組み合わせを指すことがある。アクセスマネジメント（AM）は、アクセスコントロール、アイデンティティ・アクセスマネジメント（IAM）、アイデンティティ・アクセスガバナンス（IAG）と呼ばれることもある。

適切な人、適切なリソース、適切な時、適切な状況を誰が定義するか。これらはビジネス上の意思決定であり、機密データや情報の保護とアクセスを可能にすることのバランスを取る必要がある。ほとんどの組織では、アクセスに関する原則の定義、どのように意思決定が行われるかの定義に関する、概要レベルのポリシーを持っている。次にビジネスチームもしくはコンプライアンスチームは、具体的なビジネスルールまたは要件を作成し、許可されたユーザーの種類に応じたリソースの種類へのアクセスを定義する。技術チームは、ビジネス要件をコントロールに変換する役割を担っており、これによってシステムの認可ユーザーがユーザーインターフェースを通じて利用可能なデータや情報にアクセスできるようにしている。

このアクセスのデータ品質評価軸は、他の評価軸にも影響する。例えばデータを使用しなければならない人が必要なデータにアクセスする権限がない場合、データはユーザビリティも取引可能性も満たすとはみなされない。ステップ3.13 ユーザビリティと取引可能性を参照。

本セクションの執筆に協力し、専門知識を提供してくれたThe World Bank Groupの上級コンプライアンスオフィサーであるGwen Thomasに感謝する。

> **定義**
>
> アクセス（データ品質評価軸）。許可されたユーザーがデータや情報をどのように閲覧、変更、使用、処理できるかを制御する能力。

アクセスを管理する他のチームとの関係

アクセスを管理する一般的な機能については、**図4.3.7**を参照のこと。プロジェクトでアクセスのデータ品質評価軸を扱う場合、データ品質チームは彼らと緊密に連携する必要がある。

どの機能がアクセスを管理するか？

	適格ユーザー	不適格ユーザー
システムのユーザーインターフェースを使用したデータアクセス	アクセスマネジメント	情報セキュリティ
バックエンド機能を使用したデータアクセス	特権アクセスマネジメント（セキュリティ）	情報セキュリティ

出典：Gwen Thomas

図4.3.7 アクセスを管理する一般的な機能

Chapter 4

第4章　10ステッププロセス

他のデータ品質評価軸に取り組んでいるデータ品質チームは、原則をビジネス要件や技術的またはプロセス的なコントロールに置き換える方法を習得する。これらのチームがアクセス関連のプロジェクトに携わることはないが、同じビジネスステークホルダーが複数の種類の要件を定義することは少なくない。そのためワークショップでは、データ品質要件と、ユーザーがシステムのユーザーインターフェースを通じて、データや情報にアクセスするための要件との両方を明らかにすることがある。データ品質要件を収集または解釈する人にとって、アクセスマネジメントの背後にある基本的な概念を理解することは有益である。

アクセスマネジメント・チームは、特権ユーザーに関連するリスクを管理する情報セキュリティ（InfoSec）チームと連携することが多い。このクラスのユーザーには、データベースアドミニストレーターや特別なレベルのアクセスを必要とする業務に従事する者が含まれ、多くの場合、システムコントロールをバイパスし、バックエンド技術を通じてデータにアクセスする。この種のユーザーのリスクを管理する活動は、特権アクセスマネジメント（Privileged Access Management、PAM）と呼ばれる。

InfoSecチームは、不適格ユーザーや許可されていないユーザーに関連するリスクも管理する。スタッフのセキュリティトレーニングでは、適格なユーザーのふりをした人物「フィッシャー」がデータやサインオン認証の情報の提供を要求してみるというユースケースを取り上げることも多い。データ品質チームがステークホルダーと協業する際には、セキュリティの実践的な訓練を強化することは推奨できる。

データと情報をシステムに侵入する無許可のユーザー「ハッカー」から保護することも、情報セキュリティチームの範囲である。詳細は**ステップ3.9 セキュリティとプライバシー**を参照のこと。

アクセス要件の理解

アクセスマネジメント要件を理解するには、ユーザー、様々な条件下でユーザーに付与されるアクセス権の種類、ユーザーにアクセス権が付与されるデータ、およびそのデータに対するアクセス権限の粒度を理解する必要がある。**図4.3.8**は、ITシステムに保存または処理されたデータにアクセスする可能性のある者をどのように分類できるかを示している。

データ利用者の分類

アクセスマネジメント要件のために、ユーザーをペルソナまたはタイプに分類できる。単純な分類形式としては「適格ユーザー」と「不適格ユーザー」がある。適格ユーザーをさらに細かく分類する方法は数多くあり、それぞれ独自の要件がある。例えばスタッフと非スタッフ、有効ユーザーと無効ユーザー、管理職と一般職、小売顧客と卸売顧客等である。多くの場合、ユーザーの分類は3つ以上のオプションから選択されることが多い。例としては、ユーザーの国籍、雇用主、専門分野、職務、プロジェクト、勤務地、部署、グループ内のメンバーシップ、果たしている役割等である。このような場合、アクセス要件は、リファレンスデータまたはマスターデータとして収集され管理されているデータセットから、これらのユーザー属性を引き出すことが考えられる。アクセスマネジメント・チームは、これらのデータセットの品質を前提としていることも多い。アクセス評価の一環として、これらのデータセットの品質をチェックすることは価値があるかもしれない。

行動とガイドラインの分類

アクセス要件は、許可された個人がデータや情報を使って何ができるかを規定する。多くの場合、概要レベルの原則には「使用」や「参照」といった言葉が用いられるが、実際にはより正確な定義が必要である。よく練られたアクセス要件は、次のような問いにも回答が用意されているかもしれない。ユーザーがデータを参照できるのは画面上だけに限られるのか、それともプリントアウトすることもできるのか。時間帯や曜日は重要か。データを参照できるということは、そのデータをチームメイトと共有して良いということを意味するか。従業員ではないプロジェクトメンバーの場合はどうか。データが誰でも編集可能な場合、このタイプのユーザーも編集できるようにすべきか。

データの分類

データ利用者の分類と同様に、データを分類する方法はたくさんある。機能的観点、サブジェクトエリア、ワークフロー内のステータス、またはその他の基準に従って分類できる。以下の要件に組み込まれているデータの種類（下線）の例を参照してほしい。アスタリスク（*）の付いた用語は、おそらくリファレンスデータとして存在し、アクセス要件に考慮しなければならない固有の値を持つデータを指す（例、シフトの種類）。

- 「医師」は、自分の担当「患者」の「医療記録」を変更できる。
- 「看護師」は、自分の担当ユニットの「患者」の全ての「患者カルテ」を見ることができる。
- 「検査技師」は、自分の「シフト」*の間で自分のユニットの「医療機器」*を使用する場合のみ、自分が担当する「患者」の「処方スケジュール」を見ることができる。
- どの「病院スタッフ」も、「個人用デバイス」*から「患者記録」にアクセスすることはできない。
- 「企業データ」を保持している「公式デバイス」は、いかなる「移動ハブ」*での「セキュリティ手続き」*中も、電源が切られ、ロックされている必要がある。

アクセス要件を実行可能なコントロールに組み込むためには、適切な定義が不可欠である。上記の例で

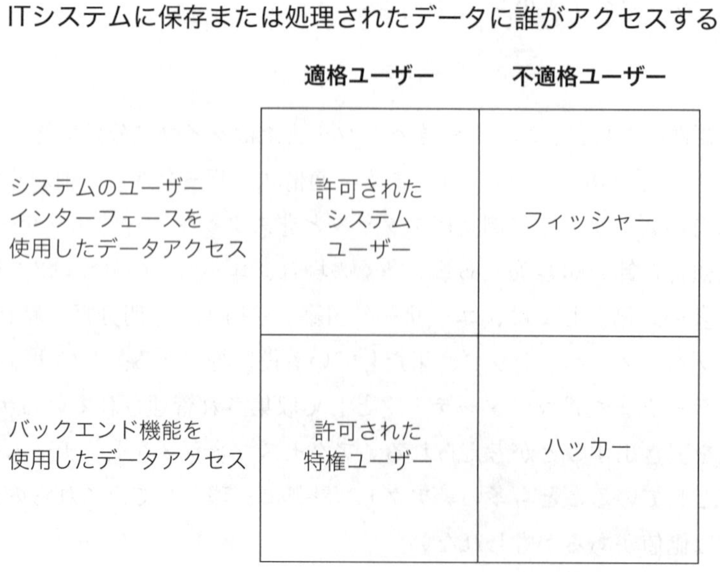

ITシステムに保存または処理されたデータに誰がアクセスするか？

	適格ユーザー	不適格ユーザー
システムのユーザーインターフェースを使用したデータアクセス	許可されたシステムユーザー	フィッシャー
バックエンド機能を使用したデータアクセス	許可された特権ユーザー	ハッカー

出典：Gwen Thomas

図4.3.8 データ利用者の分類

は、全てのカギ括弧で囲まれた用語を明確に定義する必要がある。優れたデータ品質活動には、アクセスマネジメント要件で使用される定義が、他のデータ品質評価軸で使用される定義と一致しているかどうかを検証することも含まれる。

データの集計
集計データとは、複数のレコードや情報源から収集され、要約された情報を指す。集計データは機密情報とはみなされなくとも、集計に利用された**詳細情報は機密情報となる**場合がある。例えば以下のようなケースである。

- 国別に配置されている医療スタッフの数を公表しているが、都市別には公表していない。
- 月ごとに派遣される医療スタッフの総数は機密情報ではないが、スタッフ個人の氏名やその他の識別情報は厳重に機密扱いとされ、ダッシュボードを利用しているいかなるユーザーにも公開されない。
- ダッシュボードのユーザーが統計担当の役割を持っていないスタッフである場合、ダッシュボードで都市レベルのサマリーをドリルダウンすることはできない。
- ダッシュボードのユーザーが統計担当の役割を持っているスタッフである場合は、地域別、国別、都市別、病院別、さらには各病院内の隔離病棟別に、配置された医療スタッフの数をドリルダウンできる。

上記のルール例から、ダッシュボードのデータソースには、病院レベルの詳細データも保存されていることが推測できる。ダッシュボードの機能により、データを最も詳細なレベルで表示できるのは一部のユーザーに限定し、他のユーザーには集計されたサマリーデータのみを表示するようにできる。

アクセスレベル
ある医師が、病院に物理的にアクセスできるキーカードを渡されたとしよう。そのキーカードはどのようなアクセス権を与えるのだろうか。単に医師が建物に入れるだけだろうか、それとも建物に入り患者フロアへの入り口の鍵を開けられるのだろうか。隔離病棟の別の鍵も開けられるのか。キーカードは隔離病棟の薬品棚の鍵も開けられるのか。

キーカードが医師にビルに入ることだけを許可するのであれば、「粗いアクセス制御」しか提供しないと言うことができる。医師が患者フロアにも立ち入ることができるのであれば、キーカードは「中程度のアクセス制御」を提供していると言うこともできる。また、医師が隔離病棟に入ることを許可し、さらに薬品棚を開けることも許可するのであれば、キーカードは「細かいアクセス制御」を提供すると言える。

データへのアクセス要件も同様に、粗い制御、中程度の制御、細かい制御のアクセス権に対応できる。粗いデータアクセス制御を持つITシステムは、「オール・オア・ナッシング」パターンに従う。認可されたシステムユーザーは、システム内の全てのデータを見ることができる。システムが中程度のデータアクセス制御を採用している場合、ある程度のセグメンテーションが行われている。ユーザーはあるシステムモジュールにはアクセスできるが、他のモジュールにはアクセスできないかもしれない。ITシ

ステムが細かいデータアクセス制御を採用している場合、詳細なルールによってデータへの参照アクセスが制限される。データベース内の特定のレコードの場合もあれば（担当の患者は参照できるが、担当外はできない）。データベース内の特定のタイプの場合もある（処方情報は参照できるが、請求情報は参照できない）。レコードの特定のフィールドだけを表示する（処方箋名は表示するが処方箋価格は表示しない）ということかもしれない。

アクセスマネジメント要件に「必要十分」の原則を適用する場合、必要なアクセスレベルについて合意を得ることが重要である。結局のところ、粗いアクセス制御しかプログラムされていないキーカードは、あらゆる専門分野の医師に自由に配ることができる。一方、診療科の種類を区別し、医師の専門分野やその他の要素に対応して、診療科内の施錠された部屋を区別する細かいアクセス制御を指定するには、何百ものビジネスルールが必要になるかもしれない。

 キーコンセプト

「リーダーシップの期待は、細かいアクセス制御へと向かっている。この機能により組織は機密情報を保護しながら、より多くのデータをスタッフと共有できる。データ品質要件の収集に熟練したスタッフは、アクセスマネジメント・プログラムにとって非常に貴重な存在となる。」

- Gwen Thomas, Sr. Compliance Officer, The World Bank Group

アプローチ

1. アクセスマネジメント・チームがデータ品質プロジェクトのステークホルダーであるかどうかの判断

あるデータセットのデータ品質を向上させるプロジェクトを実施する場合、そのデータにアクセス要件が適用されるかどうかを判断する。該当する場合は、アクセスマネジメント・チームをステークホルダーとして含める。

2. アクセスの問題がデータの品質に影響を与えているかどうかの判断

データ利用者が、品質コントロールが施されたデータのゴールデンソースにアクセスする権限を与えられていないことがある。その代わりに、同じコントロールが適用されていないコピーにアクセスする。データ利用者は、ゴールデンソースへのアクセスが出来ていれば直面しないようなデータ品質問題を認識するかもしれない。

3. データの定義の共有

データ品質チームやデータガバナンスチームの多くは、実用的な定義を策定するための優れた専門知識と経験を有している。アクセスマネジメント・チームが標準化された用語を知っているかどうか、またアクセスマネジメント・プロジェクトでどのように活用されるかを検討する。ステップ2.2関連するデータとデータ仕様の理解またはステップ3.2データ仕様で明らかになったメタデータやその他のデータ仕様を活用する良い機会である。

4. アクセス要件の標準の共有

ITシステムの更新の一環として、中程度のアクセス制御から細かいアクセス制御の移行を検討している組織は多い。しかしテクニカルチームのメンバーは、正確で実行可能なアクセスビジネス要件を書く訓練を受けていない可能性がある。このスキルがデータ品質チームの強みである場合は、専門知識や標準をテクニカルチームと共有することを検討する。

5. 簡潔な形式でのアクセス要件の共有

どのようなタイプのプロジェクトであっても、プロジェクト内のどのタスクに対して誰がどのような責任を持つかを示すマトリックスは、プロジェクトマネージャーにとって重要なツールの一つである。このようなマトリックスでは、個人（または役割やビジネスユニット）を一つの軸に、タスクを別の軸に置き、割り当てられた責任をグリッドのマスに記載する。責任マトリックスの例については、**図4.3.9**を参照。

同様のマトリックスを使用してアクセス権を収集し、表示することが簡潔に行える。注：責任マトリックスまたはアクセス権マトリックスで使用される全ての用語は、注意深く明確に定義されるべきである（例、提供、収集、データオーナー、ギャップ分析の実施）。

6. 結果に基づく分析、統合、提案、文書化、行動

詳しくは第6章その他のテクニックとツールの同名のセクションを参照のこと。

この時点以降、現在のアクセス権がこのステップで定義されたアクセス要件に適合しているかどうかを、データ品質チームが評価することはおそらく期待できない。むしろ適切なアクセスマネジメント・チームやセキュリティチームと調査結果を共有し、それに基づいて行動することが期待される。

サンプルアウトプットとテンプレート

アクセス権マトリックスは、粗い制御、中粒度の制御、細かい制御のアクセス権を扱うことができる。これらのマトリックスは、要件内の潜在的なギャップを視覚化するのにも有用である。アクセス制御要件の例については、**図4.3.10**および**4.3.11**を参照のこと。役割は左側にリストされており、各行に役割に関する記述がある。列はアクセスされるデータを表す。相互関連マトリックスは、許可されるアク

責任マトリックスの例

役割 \ タスク	要件収集	ギャップ分析の実施	解決策の提案	解決策の構築
データオーナー	**提供**	**検証**	**承認**	**受け入れ**
アナリスト	**収集**	**実施**	**同意**	**テスト**
テクニカルチーム	**レビュー**	**貢献**	**提案**	**構築**

標準フォント = 役割、イタリック=タスク、**太字 = 責任**　　　　　　出典：Gwen Thomas

図4.3.9 責任マトリックスの例

役割＼データ	医療記録	患者カルテ	処方スケジュール	患者記録	企業データを保持する公式デバイス
医師	担当患者に限り変更が可能	**ルールが必要**	**ルールが必要**	医師が個人デバイスから患者記録にアクセスできない **医師においては例外が必要か？**	移動ハブでセキュリティチェックを受ける場合は、電源を切り、ロックしなければならない
看護師	**ルールが必要**	担当ユニットの患者に限り参照が可能	**ルールが必要**	個人用デバイスからはアクセスできない	
検査技師	**ルールが必要**	**ルールが必要**	担当患者に限り参照が可能。ただし、自分のシフトの間だけであり、自分のユニットの医療機器を使用する	個人用デバイスからはアクセスできない	

図4.3.10 アクセス要件の例（ギャップの記述あり）　　　出典：Gwen Thomas

役割＼データ	医療記録	患者カルテ	処方スケジュール	患者記録	企業データを保持する公式デバイス
医師	①担当患者に限り変更が可能	**ルールが必要**	**ルールが必要**	医師が個人デバイスから患者記録にアクセスできない **医師においては例外が必要か？**	⑤移動ハブでセキュリティチェックを受ける場合は、電源を切り、ロックしなければならない
看護師	**ルールが必要**	②担当ユニットの患者に限り参照が可能	**ルールが必要**	④個人用デバイスからはアクセスできない	
検査技師	**ルールが必要**	**ルールが必要**	③担当患者に限り参照が可能。ただし、自分のシフトの間だけであり、自分のユニットの医療機器を使用する	④個人用デバイスからはアクセスできない	

制御方法：① 医師がログインする際の医師IDと患者記録内に記載の医師IDの一致
　　　　　② 看護師シフト記録内のユニットIDと患者記録内に記載のユニットIDの一致
　　　　　③ 複数レコードの複数のポイントに依存
　　　　　④ 企業のデバイスを認識するテクノロジーに依存
　　　　　⑤ ユーザーの訓練に依存するプロセス制御

図4.3.11 アクセス要件の例（ギャップの記述と対応する制御方法あり）　　　出典：Gwen Thomas

セスのタイプを示す。最初の図はギャップ（ルールの不足）を示している（太字）。2番目の図は、同じマトリックスでアクセス要件とそれに対応する制御方法を、下部に示したものである。

ステップ3.9 セキュリティとプライバシー

ビジネス効果とコンテキスト

セキュリティとは、データと情報の資産を不正アクセス、不正利用、不正開示、不正な変更、改ざんから保護する能力のことである。個人にとってのプライバシーとは、一人の人物に関するデータがどのように収集され、利用されるかを適切にコントロールできる能力のことである。組織にとってのプライバシーとは、人々が自分の個人データが収集され、共有され、利用される方法に関して望んでいることを遵守する能力である。

セキュリティとプライバシーは別物ではあるが、関連しているためこのデータ品質評価軸では一緒に扱う。プライバシーにはセキュリティが含まれる。それはセキュリティが組織的、技術的な制御が実装される一般的な領域の一つだからである。目的に応じて、別々に作業することもできる。プライバシーとセキュリティは、しばしば個人データ（直接的または間接的に個人を特定できる、個人に関するあらゆるデータ）と個人識別情報（PII、Personally Identifiable Information）がフォーカスされる。しかしプライバシーとセキュリティには、人に関係しない、あるいは人を特定しないその他のデータも含まれることがある。

> **定義**
>
> セキュリティとプライバシー（データ品質評価軸）。セキュリティとは、データや情報資産を不正なアクセス、使用、開示、中断、変更、破壊から保護する能力。個人にとってのプライバシーとは、個人としての自分に関するデータがどのように収集され、利用されるかをある程度コントロールできることである。組織にとっては、人々が自分のデータがどのように収集され、共有され、利用されることを望んでいるかを遵守する能力。

データ保護について一言。データ保護はセキュリティとプライバシーを超える、広い概念である。個人に関するデータの誤用や乱用から生じる人々のリスクや被害を最小限に抑えることを目的としている。これにはデータの（人々に提示され人々が行う選択肢のコンテキストにおける）潜在的な使用による下流への影響と、人としての自由やその他の権利に与える可能性のある影響が含まれる。例えばデータの自動処理により、あなたがブラックリストに掲載され、データ品質の問題が解決されるまで渡航する権利が制限される。データ保護にはプライバシー（放っておかれる権利／データの使われ方をコントロールする権利）も含まれるが、他の権利や自由への影響も考慮される。

このステップの執筆に協力し専門知識を提供してくれたキャッスルブリッジのDaragh O BrienとKatherine O'Keefeに感謝する。

セキュリティとプライバシーは、データを保護するために専門的な知識を必要とすることが多い。この評価軸はそれにとって代わるものではない。データの専門家が、悪意のある内部または外部からのサイバー攻撃から組織を保護するスキルを持つようなことは期待していない。データの専門家は、誰がどのような種類のデータにアクセスできるかを評価したり、一般公開にするか機密性や法的義務のためにアクセス制限をするかといったセキュリティレベルを設定したりするのに適した立場にあることが多い。データ品質評価軸であるアクセス（ステップ3.8）は、許可されたユーザーによるアクセスに重点を置いていることに注意が必要である。セキュリティにもアクセスは含まれるが、不正アクセスにフォーカスしている。

データの専門家は次の2つのことを確実にするために、組織内の情報セキュリティチームや法務担当等のプライバシーに責任のある担当者を見つけ、協力する必要がある。1）自分達が関係するデータに対して適切なセキュリティとプライバシーの保護措置が講じられていること。2）自分達の管理対象となるデータが遵守しなければならないセキュリティとプライバシーの要件を理解していること。このデータ品質評価軸には、機密データというデータカテゴリーも含まれる。定義と例については、第3章 キーコンセプトのデータカテゴリーのセクションの表3.5を参照。

読者は、以前より情報セキュリティに不可欠な構成要素であると考えられてきた、機密性（Confidentiality）、整合性（Integrity）、可用性（Availability）のCIAの三要素について、すでに良くご存じかもしれない。その中で機密性とは通常、データへのアクセスを制限するビジネスやポリシーのことと理解されており、整合性とはデータが信頼でき正確であることを保証することであり、可用性とは許可された人々による情報へのアクセスを保証することである。

しかしデータ保護の文脈では、機密性は数多くの考慮事項の一つであり、データ保護とプライバシーはデータの機密性よりもむしろ、なぜデータが処理されるかをフォーカスする。Daragh O Brienはそれを次のように表現する、「機密性はゲームへの入場料である。データ保護は、あなたがプレーしているゲームが何なのか、勝者と敗者は誰なのかを考えることを要求する」。

同様に情報セキュリティの概念である整合性は、データ品質の専門家が理解しているものとは異なる。情報セキュリティの専門家にとって整合性とは、データのライフサイクル中に改ざんや削除が行われておらず、一貫性があり、正確で、信頼できることを意味する。そのためデータの基本的整合性を含め、本書で論じるデータ品質評価軸のいくつかにまたがっている。データ保護とプライバシーの観点からは、特に正確性と一貫性の評価軸も重要である。

情報セキュリティの文脈における可用性とは、許可された情報へのタイムリーなアクセスを保証し、データアクセスの停止や中断から早期に回復するために必要なハードウェアとインフラストラクチャーを管理するという課題にフォーカスしたものである。これはデータ保護においても重要な検討事項だが、銀行のITシステムがオフラインであるために銀行口座にアクセスできないといったような、可用性の障害から生じる人々への影響という観点から検討する必要がある。しかしシステム停止が、今週の顧客の注文情報を含まない過去のバックアップを使用して修復された場合、情報セキュリティの観点からは利用可能かもしれないが、データ品質の観点では適時性と可用性の閾値を満たしていない。

Chapter 4

第4章　10ステッププロセス

アプローチ

1. ビジネスニーズとアプローチの定義

世界中のデータ保護法では、特定の目的だけのためにデータを処理すること、そしてそれを他の目的に使用しないことを組織に義務付けている。基本的な倫理の原則は、人間がお互いを「単なる目的のための手段ではなく、それ自体が価値を持っていると考えられるべき」として扱うことを求めている。したがって、10ステップの「ビジネスニーズとアプローチの定義」のステップでは、提案されたデータ処理の目的は何か、データを処理される人々と組織の両方にとって目標となるメリットは何かを明確な言葉で定義する。

このアイデアを練るには、10ステップで説明したような簡単な問題提起に従う。

- この処理をしたい...
- だから、このプロセスを実行できる...
- だから、組織にこれらのメリットを提供できる、**および**
- そのため、データを処理される人々にこれらのメリットを提供できる。

処理の結果から利益を得る他のステークホルダーがいる場合、彼らもこの問題提起の一部として認識されるべきである。

ビジネスニーズの定義は反復プロセスであり、データ保護／プライバシーの影響評価中に何度も見直される可能性がある。なぜなら、処理に関する当初の組織の提案の記述には、異なるデータ保護、プライバシー、セキュリティ、倫理的な問題やリスクを要求し得る、複数のサブプロセスが含まれることが多いからである。例えばデータ分析プロセスの目的が、特定可能な個人データやPIIデータを処理することなく達成できるかもしれないが、その他の目的はプライバシーやその他の権利に重大なリスクをもたらすかもしれない。

またこの定義は、時間やその他のリソースが、組織で適切に検討されていない処理案に投資されないようにするという第二の目的も果たす。これは、W. Edwards Demingの「もしあなたが自分の行動をプロセスとして説明できないなら、あなたは自分が何をしているのか分かっていない」というコメントの副次的なものである。

2. 情報環境の分析

データ保護、プライバシー、倫理の観点では、データから離れてそのデータを使用するプロセスや、その処理からもたらされる成果を考慮することを要求するため、情報環境はより広い視野から検討される必要がある。

法的

実行しようとしている処理や、それによってもたらされる結果の法的根拠は何か。それらを行えない法的理由はあるか。つまりデータマネジメント担当者は、早めに法務担当やプライバシー担当の同僚にコ

ンタクトし、データに関する計画を説明し、関連する法的環境を正しく理解できるようにする必要がある。

プロセスと人材

このプロセスの主体は誰か。データに関する彼らの役割と責任は何か。外注する機能はあるか。関係者間の情報の伝達はどのように行われるのか（ファイル転送、共有データベースへのアクセス、電子メールに添付されたスプレッドシート等）。プロセスに影響を与える可能性のある、重要なデータ品質特性は何か。これらはプロセス環境および関係する人々や組織のアセスメントの一部として、考慮される必要がある質問のほんの一部である。これは新しいテクノロジーや既存のテクノロジーを斬新な方法で使用する場合に特に重要である。

これらの質問に対するどのような回答でも、このプロセス環境において発生しうる問題やリスクを識別するのに有用である。例えばそのプロセスでデータが他国のサプライヤーに転送される必要がある場合、データ保護の問題が生じたり、データ保護法やプライバシー法の遵守を保証するための法的要件が追加されたりする可能性がある。

データ

この文脈で情報環境のデータの側面を評価する場合、以下の点を考慮する。

- どのような種類のデータが処理されているか。そのデータの中により高い水準の注意を必要とする、保護されるべきデータに該当するものはあるか。プライバシーやデータ保護に影響を与える可能性のある、個人を特定できるようなデータのリンクやマージはあるか。
- プロセスのゴール達成のためには、このデータをどれくらいの期間保存する必要があるか。組織がデータを必要とする可能性のある他の関連目的はあるか（規制遵守等）。
- このデータに関連するデータ品質特性は何か。どの程度の精度が必要か（例えば、完全な生年月日が必要か、月と年の組み合わせで十分か）。プロセスの目的を満たすのに十分なデータの網羅性または完全性があるか。データを処理される人々の権利と自由への影響を回避するために、特定されたデータのエラーはどのように修正されるか。
- 特定されたビジネスニーズやビジネス目的に対して必要でないデータを処理することを提案しているか。より少ないデータ（データ網羅性の逆）で目的を達成できるか。プロセスの目的を達成するために、直接的または間接的に個人を特定できるデータを処理する必要があるか。

これのリストは考慮事項を網羅しているものではなく、プロジェクトやイニシアチブの特定の状況によっては、他の質問をする必要があるかもしれない。例えば機械学習プロセスを導入する場合、機械学習モデルを開発するために使用されたトレーニングデータの品質、量、バイアスのリスクを考慮する必要があるかもしれない。顔認識の正確性、特に異なる民族グループに対する課題は、その好例である。

社会的側面

データ保護、プライバシー、データ倫理の問題では、データが処理される可能性のある人々の懸念や期待を考慮する必要があるため、提案された処理に対して社会的側面についても検証を行うことが重要である。

- その処理は、メディアで取り上げられる可能性のある問題を提起しているか。これらの問題は、提案する処理のコンテキストで発生する可能性があるか。
- 処理終了時点で人々への影響が生じるものは何か。処理の結果、何かができなくなったり、アクセスが拒否されたりするのか。
- 構成員やメンバーにとっての潜在的な問題やリスクについて相談できるような、個々のカテゴリーを代表するグループはあるか。データ保護の品質の判断は、処理の結果によって影響を受ける人々の観点から定義されるべきであることに留意すること。実際、特定の状況において、EU等一部の地域では法的義務になりえる。
- 組織内部でのデータマネジメントの文化または成熟度はどの程度か。個人データを処理するための新しいプロセスや技術を導入する場合、既存のデータマネジメント成熟度が、データを処理される人々の権利や自由に対するリスクの原因となることもあれば、そのリスクを軽減する可能性もある。

このステップで使用できるテクニックには、メディアレビュー、サーベイ、フォーカスグループ等がある。その目的は処理から生じる可能性のある倫理的問題を特定し、影響を受ける個人の利益と権利が適切に考慮されるようにすることである。これは元オンタリオ州のプライバシーコミッショナーであるDr Ann Cavoukianが策定したプライバシー・バイ・デザインの理念におけるユーザー中心設計の原則と、Michelle Dennedy等が策定したプライバシー工学の手法に沿ったものである（Cavoukian、2011およびDennedyら、2014を参照のこと）。

3. データ保護／プライバシー／倫理の品質とビジネスインパクトの評価

ここでの目的は情報環境の分析を見直し、個人の視点からデータ保護とプライバシーへの全体的な影響を特定することであり、また分析で識別された問題のビジネス目的への影響を特定することである。

考慮すべき問題には、処理の必要性とバランス、処理に内在する潜在的な問題とリスクに関する外部のステークホルダーの視点、提案された方法で処理を実行するための法的障害等が含まれる。必要となる判断は、特定された重大な問題に対処するために、ビジネスニーズとアプローチの範囲を見直さなければならないような「致命的問題」があるかどうかである。

この評価には処理がどのように動作するかについてより多くの情報を収集すること、特定された問題に対処するためにビジネス目的の実現を目指して提案されたアプローチを変更すること、または処理に対して十分に明確な法的根拠があることを確認するためにレビューすることが含まれる。提案されたアプローチや、発生する可能性のある問題やリスクが十分に明確になり、致命的問題が解決されるまで、この反復レビューのサイクルを繰り返す必要がある。

4. 分析、統合、提案、結果の文書化、適切な時期の結果に基づく行動

致命的問題の排除後も残存するデータ保護、プライバシー、セキュリティリスクについて、根本原因の特定（ステップ5参照）を実施することが重要である。これはリスクの正確な要因が特定され、正しい軽減策とコントロール方法が定義され、実装されるようにするためである。

よくある間違いは、根本原因に対処していない軽減策が提案されることである。これは誤った救済策を与えることになる可能性がある。例えばEUのGDPRでは、組織が処理の法的根拠を明確に特定する必要がある。合意は頼りたくなる根拠のひとつではあるが、有効な合意の要素が実際に可能かどうか（自由に与えられ、具体的なプロセス活動に特定され、情報が提供され、明確である必要がある）、また他の法的根拠の方がより適切かどうかが考慮されることなく、合意事項が決定されることが多い。

根本原因分析に基づいて、適切な軽減策とコントロールを導入するための修正または改善計画を策定する必要がある（ステップ6参照）。この計画は、組織が処理するデータの既存の問題への対処が必要となる場合もあれば、分析で特定された将来の潜在的な問題やリスクを軽減するために、追加の措置が必要となる場合もある。また特定されたデータ保護、プライバシー、セキュリティリスクを適切に管理するために、予防的、検出的、対応的なコントロールを特定しそれらを実施する必要もある。これらは、この新たなプロセス活動における既存の組織的または技術的なコントロールの再設定である場合もあれば、それらの問題に適切に対処するための新たな組織的（人／プロセス）コントロールまたは技術的コントロールの仕様策定と実装が必要となる場合もある。

標準的な根本原因分析およびデータ品質マネジメントテクニックである5つのなぜ分析（ステップ5.1）がこのプロセスの段階で使用される。

この文脈で適応された10ステップの重要な部分は、処理の規模、データの性質、データ処理から生じる個人への影響の潜在的な重大性という観点から、提案された改善計画と軽減策の費用対効果分析（ステップ4.11）である。軽減策のコストがリスクレベルに見合わない場合は（ステップ4.6）、提案されたビジネスニーズとアプローチを再検討し、組織の目的と個人の権利との適切な「ウィンウィン」のバランスを見出すために、計画をさらに発展させるかどうかの判断が必要な場合がある。

最後にこれらの提案事項を、プロセスの変更または新しいプロセスの導入を実施するプロジェクトチームに伝え、プロジェクトの計画と実行において、適切なスコープと要件に取り組めるようにする必要がある。プロジェクトのライフサイクル中に、スコープ、アプローチ、機能性、サプライヤーに変更が生じた場合、インパクトの評価の見直しが必要となる可能性がある。そのためアウトプットを文書化し情報共有することは、質の高い成果を確保する上で全てのステークホルダーにとって重要な要素である。

Chapter 4

第4章　10ステッププロセス

サンプルアウトプットとテンプレート

 10ステップの実践例

キャッスルブリッジの10ステップ データ保護／プライバシー／倫理影響評価（DPIA）

キャッスルブリッジは、資産としての情報の統制に関するサービスを提供している。これには戦略策定、アセスメントとレビュー、コンサルティング、トレーニングが含まれる。彼らはデータプライバシーとデータ保護に重点を置いており、情報マネジメントとガバナンスに倫理的原則と実践を適用する学問分野である「倫理的企業情報マネジメント」と呼ばれる分野をリードしてきた。https://castlebridge.ieを参照のこと。

創業者でマネージングディレクターのDaragh O Brienは、10ステップをどのように活用してきたかを次のように語る。

私達は約7年前、クライアントにデータ保護／プライバシー／倫理影響評価（DPIA）を体系化し、「テンプレートとチェックボックス」の考え方から脱却させるために、「10ステップ」の「フォーク（元の考えを利用し分岐／進化させて進める考え方）」を使い始めた。ある組織では、37シートのEXCELのスプレッドシートで、プロジェクトにおけるデータプライバシーの影響を文書化していた。そのような複雑さは必要かもしれないが、人々が頭を悩ませるデータマネジメントとガバナンスの側面を扱う場合、結果的には役に立たなくなる。

Danetteの10ステップの進化は、私達の次の見解から始まった。情報とプロセスの結果に関するステークホルダーの経験こそが品質の最終的な裁定者であるということと、データ保護とプライバシーへの配慮はデータ（あるいは少なくともデータマネジメントの方法）のもうひとつの品質特性であるということだ。つまりDPIAに取り組む際に「最終ゴールを念頭に置いて始める」という重要な点が、多くの組織で欠落しているのである。

データ保護やデータプライバシー影響評価を行う際の最大の課題の一つは、組織に「問題解決主義」の考え方から脱却してもらい、プライバシー・バイ・デザイン（設計段階からプライバシーを念頭に置く）を実際に適用してもらうことである。プロセスは、すでに実績のある技術的アプローチあるいはすでに採用されているプロセス的アプローチが肯定されることがあまりにも多い。10ステップフレームワークの進化によって私達ができるようになったのは、まず次のことを組織の人々に簡単な言葉で定義してもらうことだ。自分たちが実施したいこと、それを実施したい理由、自分たちの組織だけでなく**自分自身のデータを処理される人々のために**達成したいメリットである。そこで10ステップの出発点である「ビジネスニーズとアプローチの定義」が本領を発揮する。次に、提案されたシステムやプロセス内の処理活動を、それぞれ異なる個別のサブプロセスに反復的に詳細化する。それは、それぞれが取り組むべき異なるデータ保護／プライバシーの課題または要件となる可能性がある。

図4.3.12に示すように、キャッスルブリッジが適用した10ステッププロセスはデータ保護の影

響、プライバシーの問題、または提案されたプロセスの倫理的な影響の評価を策定する際に、重要な確認事項を組み立てて質問するための構造を提供する。

キャッスルブリッジ社が顧客と共に10ステップを活用した例としては、アイルランドと米国におけるCovid-19への対応を支援するための遠隔患者監視アプリケーションの分析等がある。このプロジェクトではスマートフォンアプリ、血中酸素濃度計、院内ダッシュボードを使用して患者の遠隔モニタリングの実施に関わる処理活動を調査した。ダッシュボードは自宅で自己隔離中の患者が記録した臨床観察を臨床医が監視できるようにするものだ。ビジネスニーズとアプローチの分析を行ったところ、検討すべきサブプロセスが少なくとも10はあることがわかった。

これらのプロセスにはそれぞれ異なる情報環境の考慮事項があった。例えばプッシュ通知をサポートするためのアナリティクスの利用、血中酸素濃度計を患者に配布するための第三者宅配業者の利用、アプリケーションのユーザー（病院内の臨床医と自宅の患者の両方）に対する基本的なカスタマーサポート等に及ぶ。データ保護の問題と、低リスクの患者でさえモニタリングのために病院から移動させることはできないことによる医療システムへの影響が評価され、主要な問題とリスクが特定された。

問題の客観的な評価と根本原因の評価に基づいて改善措置のための明確な計画が定義され、整合性のある開発ロードマップを作成することでアプリケーションリリースのライフサイクルを通じて弱点が解決できるようになった。特定された問題の中にはデータやテクノロジーに関連するものもあれば、プロセスやガバナンスに関連するものもあった。

この方法論のもう一つの応用例は、ロックダウン後のシナリオにおける感染制御のための遠隔皮膚温測定システムの評価であった。これはキャッスルブリッジが調査プロジェクトとして実施したもので、データ保護とプライバシーの観点からこの種のテクノロジーの長所と短所について、顧客自身の評価を「ジャンプスタート」できるように支援することを目的としている。特定されたビジネスニーズは、赤外線スキャナーを使用した皮膚温測定を使用し職場における疾病蔓延を防止すること、と定義された。情報環境の分析では、次のような重要な問題も浮き彫りになった。

- 体温測定の偽陽性の原因となりうる範囲（更年期から身体活動まであらゆるもの）
- 偽陰性の原因の範囲（ホルモンの状態、解熱剤の使用等）
- 無症状または潜伏期間の感染者からのウイルス拡散レベル

分析によると、公表された目的に対して信頼できる情報源とは成り得ない、非常に品質の低いデータに基づいてスタッフや顧客に影響を与える重大な決定を下す恐れがあることがわかった。その決断の影響は、その決断に続くプロセスや行動に依存する（例えば職場への立ち入りを拒否、顧客の入店拒否等）。しかしデータの品質に問題があるためこの目的が達成されるかどうかは定かではなく、他の感染制御（マスクやソーシャルディスタンス等）の方が個人データを処理する必要がなく、同等以上の結果が得られる可能性がある。また、情報環境の社会的側面を分析した結果、体温チェックのようなテクノロジーは、それが使用される場所において誤った安心感を生む

可能性があることも示唆していた。

この調査に基づいて作成したガイダンスレポートの要約は、キャッスルブリッジのウェブサイト www.castlebridge.ie/resources-category/guidance で公開されている。

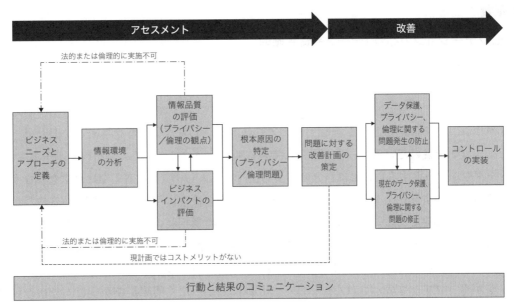

図4.3.12 キャッスルブリッジの10ステップ データ保護／プライバシー／倫理影響評価（DPIA）

ステップ3.10 プレゼンテーションの品質

ビジネス効果とコンテキスト

プレゼンテーションの品質とは、アプリケーションの画面やユーザーインターフェース（UI）、レポート、ダッシュボード上等、データや情報の見た目、およびそれらのフォーマットや表示方法を指す。視覚的なレイアウトは機能的で使いやすく、ユーザーを念頭に置いて作成されるべきである。プレゼンテーションの品質は、1）収集されるとき、2）使用されるときに、データや情報の品質に影響を与える。

データを収集する場合、電子データであれハードコピーであれ、インターフェースは直感的で分かりやすく、質問は理解しやすいものでなければならない。質問に回答する際に選択肢がある場合その選択肢は明確に定義され、相互に排他的であるべきである。

情報を提供する際レポートやユーザーインターフェースの形式は、提示する情報をユーザーが正しく解釈し理解するのに役立つ。データ視覚化（ビジュアライゼーション）もまた、現在流行っている用語の一つである。ユーザーインターフェース・デザインを専門とする職業もある。このデータ品質評価軸がそれに取って代わるとは思っていない。しかしデータ品質の視点がUIデザイナーの仕事を向上させることができるのと同様に、プレゼンテーション品質の視点はデータ専門家の仕事を向上させることが

できる。データ品質の問題を防ぐため、新しいアプリケーションを設計する際にはUIチームと協力し、UIがデータ品質問題の根本原因の一つであることが判明した場合にはUIを更新する。評価という観点からは、この評価軸は他の評価軸よりも迅速に評価できることが多い。

> **定義**
>
> **プレゼンテーションの品質（データ品質評価軸）**。データや情報の形式、見た目、表示は、その収集や利用をサポートする。

ドロップダウンリストの選択肢は単純なアイデアに見えるが、大きな影響を与えることができる。例えばこのセクションを書いている日、私が研究している別のテーマについての無料のレポートを見つけた。レポートをダウンロードする前に私は自分の名前と住所を記入し、質問に答えなければならなかった。私は価値あるものを得ようとしてその見返りに価値あるものを彼らに与えようとしているのだから、ダンロード前にそれが必要であることは構わない。問題は最初の選択肢のリストから始まった。自分に当てはまる選択肢が一つも無いのだ。私が近そうなものを選ぶと関連する次の質問に進んだが、またしてもどれも当てはまらなかった。3つ目のドロップダウンリストのオプションを選択し終わると、お勧めの購読のページがポップアップ表示された。私はそのどれにもまったく興味がなかった。当初の目的であったレポートはダウンロードできた。1時間も経たないうちに、先ほどポップアップ表示された購読によく似たものを勧めるメールが届いた。もちろん何の興味もない。利用者としては興味のないEメールがさらに送られてくることが予想され、役に立つものも得られないのでうれしくない。Eメールを送信している企業もそれを知らないとはいえ、うれしくない。なぜか。彼らが持っている私に関する情報が間違っているからだ。だからいくらメールを送っても、それに対して私が前向きな行動をする可能性はゼロに等しい。そしてそれは全て、プレゼンテーションの品質とドロップダウンリストに起因するものであった。

> **覚えておきたい言葉**
>
> 「データガバナンスは、デザイン性の低いインターフェースによってデータ品質がどれほど低下するかを理解している一方で、UIデザイナーはその情報を活かし、品質を保護するインターフェースを作成する方法を知っている。」
>
> David David Plotkin, Designing in Data Quality with the User Interface (2012)

アプローチ

1. プレゼンテーションの品質評価の準備

プレゼンテーションの品質を評価するデータと情報を選択する。例えばデータプロファイリングにより、あるデータに品質上の問題があることが示され、そのデータの収集の場が複数あることが分かっている場合、このデータはプレゼンテーション品質評価の候補となる。もしユーザーがダッシュボードの使い勝手に不満を持っているのであれば、それも候補の一つだ。アプリケーション開発プロジェクトが

進行中であれば品質評価をスキップし、UIチームと協力して最初からUIを設計することもできる。画面形式がすでに開発されているが最終決定には至っていない場合、その評価は有効な第一歩となる。

収集もしくは利用の、またはその両方の観点から評価するべきかを決定する。スコープ内のデータが収集もしくは利用される様々なメディアを特定し整理する。UIによっては収集と利用の両方のポイントになるものもある。収集に関するPOSMADの入手（Obtain）フェーズおよび利用に関する適用（Apply）フェーズに関連する活動および関係者については、情報ライフサイクルを参照のこと。

> **定義**
>
> メディアとは、ユーザーガイド、サーベイ、フォーム、レポート（電子版かハードコピーかを問わない）、ダッシュボード、アプリケーション画面、ユーザーインターフェース等（これらに限定されるわけではない）、情報を表現する様々な手段である。
>
> 単一のメディアを評価することもできるし、同じ情報を収集または利用する複数のメディアを比較することもできる。例えば顧客が自分自身に関する情報を提供する全ての方法を比較したいと思うかもしれない。そのメディアは電子メールキャンペーン、オンラインWEBサーベイ、対面の顧客セミナーで記入されたハードコピーの回答フォームかもしれない。**サンプルアウトプットとテンプレート**の**表4.3.8**を参照のこと。

プレゼンテーションの品質を評価するための一貫したプロセスを概説する。誰がそれを実行するのかを決める。これは1人が4種類のメディアをレビューするという単純なものでも、少人数のチームが複数のメディアをレビューするというものでもよい。評価を実施する全ての人がトレーニングを受け、その人と上司がその活動を理解しサポートするようにする。プロセスにはUIデザイナーと、直接作業するためにデータ品質チームの誰かを担当として割り当てることがあるかもしれない。

2. 計画に従ったプレゼンテーションの品質の評価

誰がそのメディアを使うのか。その目的は何か。彼らにとってはどのような見せ方が有効なのか常に考慮する。ユーザーの視点、つまり情報がどのように適用されるか（すなわち目的）と、その利用の背景（何時、何処で利用され、何が起こるか）を理解する。ユーザーにインタビューを行い、そのメディアがユーザーにとってどのように作用するのか、何が有効で何が問題を引き起こすのかを調べる。あるプロジェクトでは、ユーザーは情報を更新する必要があることは知っていたが、そのためにはデータを更新できるフィールドにたどり着くまでに複数の画面を何度もクリックしなければならなかった。情報がほとんど取得されず、更新されなかったのも不思議ではない。

様々なメディアの情報を比較し、情報が一貫して収集されているかどうか、またその品質が良いものか悪いものかを判断する。矛盾や誤り、誤解を助長するようなデザインを確認する。プレゼンテーションの品質を評価するための独自の質問と基準を作成するために、以下のリストを出発点とするとよい。

- データと情報の収集。
- フォームのデザインは分かりやすいか。
- 質問は明確か、回答者は質問内容を理解しているか。
- 質問が冗長ではないか。
- そのフィールド／質問に対する入力／回答は必須か。その場合、回答者はその質問に正しく答えられる知識を持っているか。
- 質問またはフィールドには、回答の選択肢が限定されているか。
  - 選択肢は提供されているか。例えば画面上のドロップダウンリスト、ハードコピー上のチェックボックス。
  - 選択肢は完全か。考えられる回答を全て網羅しているか。
  - 選択肢は互いに排他的か。該当する選択肢は一つに特定できるか。
  - 選択肢は適切か。
  - デフォルト値はあるか。一見影響のなさそうなこの点も、正しく使わなければデータ品質に大打撃を与えかねない。データをプロファイリングする際デフォルト値が何回表示され、詳しく調べてみるとそのレコードには該当しないことが何回あるかを確認する。デフォルト値を使用するなと言っているのではない。デフォルト値が使用される箇所とデフォルト値が何であるべきかを、よく考える必要があると言っているのだ。
- エラーを引き起こす可能性のある、解釈が必要となるような表現はあるか。
- 完全なプロセスの手順はあるか。
- フィールドラベルは明確で一貫性があるか。ラベルに定義が必要か。その場合、どのように利用できるのか（例えば、マウスをラベルの上に置くとポップアップウィンドウが表示される等）。
- 疑問点がある場合の連絡先はあるか。

レポートやダッシュボード等の情報の利用

- レポートや画面のタイトルは簡潔で、内容を表しているか。
- 表を使用する場合、列と行の見出しは簡潔で内容を代表しているか。
- 表中の文字や数字よりも、情報をより良く表現できるグラフィックはあるか。
- グラフィックは意味のある比較を提供し、無意味な比較を排除しているか。
- 色、解像度、フォントスタイルとフォントサイズは、読みやすく、見た目も美しいか。
- 最終更新日と情報源は記載されているか。
- 疑問点がある場合の連絡先はあるか。
- 第6章　評価尺度セクションの可視化とプレゼンテーションのその他のアイデアとリソースを参照のこと。

3. 結果と推奨する行動の文書化

得られた知見、ビジネスの影響、考えられる根本的原因、初期の提案を含む。例えば各メディアの責任者と会い、相違点について話し合い、何を変更すべき点を決定し、データベースが必要なものをサポートできるようにすることが考えられる。

プレゼンテーションの品質を向上させるために、サーベイ設計やUI設計の専門知識を持つ人と提携する。

第6章の提案の作成と結果の文書化に関するセクションを参照のこと。

サンプルアウトプットとテンプレート

プレゼンテーションの品質の比較

ある企業はデータプロファイリングと根本原因分析を通じて、データ品質の問題の一部は顧客情報の収集方法に多くの異なる方法があることが起因していることを突き止めた。特に会社の売上高、従業員数、部署、役職レベルといった顧客情報である。様々なメディアがそれぞれ異なる方法で質問を提示し、異なる方法で可能な回答を提示した。回答を標準化し、質問を改善させるプロセスはなかった。**表4.3.8**に例を示す。データの収集方法に一貫性がないため、データの入力方法に問題を引き起こし、後でデータを利用する際にもその問題を引きずった。

あるプロジェクトでは、顧客情報の収集方法が多様であることが、多くのデータ品質問題の根本原因であることが分かった。分析によると同じ質問がしばしば異なる方法で尋ねられ、回答の選択肢も異なっていた。また質問自体が不明瞭なこともあった。顧客は何を答えればいいのか分からず結果的に、不正確な情報を提供した。この場合、プロジェクトでは次のようなことが考えらえる。1) 顧客が各質問の答え方がわかりやすいように、質問の明確さ、内容、言い回しを改善する。2) データ収集と利用の一貫性と有効性のために質問を標準化する。3) 様々なフォームやウェブサイト等を変更するための賛同を得る。この提言は他の提言に比べ、インパクトは大きいものの、実施コストはかなり低いと評価された。数日でできるものではないが、小規模のプロジェクトチームで数週間あれば達成できるだろう。

表4.3.8 プレゼンテーションの品質 - データを収集するメディアの比較

	データフィールド、従業員数		
メディアの種類	電子メールキャンペーン（氏名と日付）	オンラインサーベイ（氏名と日付）	対面式セミナーの回答用紙（日付）
具体的な質問	貴社はどの位の大きさですか。	貴社の従業員はどのくらいいますか。	従業員数
可能な対応	1 2-10 11-50 51-100 101-500 501-1000	1-100 101-1000 1001-10,000 10,001-100,000 100,000以上	1-10 11-100 101-1000
分析	・電子メールキャンペーンでの質問が紛らわしい。「大きさ」が従業員数を指していることが明確でない。 ・選択肢の範囲がメディアによって大きく異なる。これらの範囲は妥当で、ビジネスに役立っているのか、ユーザーに確認する。全てのメディアで選択肢の範囲を統一することに意味はあるか、ないか。 ・データベースは、異なる選択肢の範囲を許容するのか。		

ステップ3.11 データの網羅性

ビジネス効果とコンテキスト

データの網羅性のデータ品質評価軸は、対象データの総量または母集団に対する、利用可能なデータの充足度である。言い換えればデータストアに対象母集団全体がどの程度取得されており、ビジネスに反映しているかということである。網羅性は評価、修正、監視のためにデータを取得する際に、対象集団とデータの選択基準を決定する際にも適用される。第6章のデータ取得とアセスメント計画の策定を参照のこと。

網羅性は単純な選択基準よりもさらに踏み込んだ、別のデータ品質評価軸としてここに含まれる。この評価軸は、データストアがビジネスにとっての対象母集団を実際に表していない懸念がある場合に役立つ。例えばデータベースには北米と南米の全顧客が含まれているべきだが、データベースが本当にその地域の顧客の一部しか反映していないのではないかという懸念がある。この例での網羅性とは、データベースに登録されるべき全顧客の母集団と比較して、実際にデータベースに登録された顧客の割合のことである。

> **定義**
>
> データの網羅性（データ品質評価軸）。関心のあるデータの全体的な母集団またはデータユニバース（全体像）に対して、利用可能なデータがどれだけ包括的かを示す。

アプローチ

1. プロジェクトの網羅性、総母集団、ビジネスニーズに関連するゴールの定義

以下は、網羅性と総母集団に関する具体的なプロジェクト定義の例である。

網羅性 - 顧客データベースに収集された、稼働中の設置機器の割合の推定値。

- 総母集団：これはアジア太平洋地域に存在する設置ベース市場（顧客と設置された製品）である。
- ゴール：評価対象のデータベースが、地域内の設置ベース市場全体をどの程度正確に把握し、反映しているかを判断する。
- ビジネスニーズ：この情報は一般的なマーケティング上の決定、製品に関する問合せをサポートするために必要な人員の数、パーソナライズされたマーケティングの計画が現在手元にある情報で進められるかどうか、あるいは追加のデータ取得が必要かどうかのインプットとなる。

網羅性 - 顧客データベースに収集された、全サイトの割合の推定値。

- 総母集団：当社製品を購入する戦略的アカウントABCの米国の全拠点。

- ゴール：米国の拠点のいくつが実際に顧客データベースに取り込まれているかを評価し、データを取得するプロセスを文書化する。
- ビジネスのニーズ：戦略的アカウントマネージャーは、組織のテリトリー・マネジメントプロセスの一環としてアカウントと拠点を個々の営業担当者に割り当てるために、拠点の数と状況に関する正確な情報が必要である。拠点に関する情報が不完全であったり変更があったりした場合、どの営業担当者に特定のアカウントを割り当てるかに影響する。またこの情報は、どのサイトが実際に購入したかを知るためにも使われる。

2. 母集団またはデータ総量の全体のサイズの推定

例えば各製品ラインについて、その国に存在する設置市場（顧客または設置された製品のいずれか）を把握したいとする。これは全ての顧客と導入設置された製品の情報をデータベースに取り込んだ場合、データベースがどの程度の規模になるべきかを示すものとなる。過去数年間の注文や出荷を調べ、顧客数を割り出すこともできる。営業・マーケティング部門と協力し、彼らがすでに持っている数字を活用する。

3. データベースの母集団のサイズの測定

関心のある母集団に存在するレコード数をカウントする。

4. 網羅性の計算

データベースの実際の母集団（#3のレコード数）を推定の全母集団（#2）で割り、答えに100をかける。これでデータベースの網羅性の割合が分かる。

5. 結果の分析

その網羅性がビジネスニーズを満たすのに十分かどうかを判断する。網羅性が100％を超える可能性もある。これは、25％といった非常に低い数字の場合と同じくらい問題が大きいことを示している。具体的には、網羅性が100％を超える場合は、重複レコード等データの品質に問題がある可能性がある。

6. 結果に基づく分析、統合、提案、文書化、行動

結果を取得し報告するためのテンプレートについては、**サンプルアウトプット**を参照のこと。アセスメント結果、得られた知見、ビジネスへの影響、考えられる根本原因、初期の提案事項を文書化する。適切な時期に結果を共有し、行動に移す。

サンプルアウトプットとテンプレート

テンプレート4.3.3は2つの母集団（この場合は顧客と設置された製品）に対する、網羅性評価の結果を報告するための書式を提供するものである。それぞれの母集団について別々の分析と提案を行い、結果を総合した後に、両方について追加提案を行うこともできることに留意されたい。

テンプレート 4.3.3 網羅性の結果

網羅性アセスメントのゴール		
ビジネスニーズ		
	顧客	設置された製品
データストア名		
データストアの説明		
関心のある全母集団の説明		
関心のある全母集団の規模推定（数または件数）		
実際の対象母集団（レコード数）		
網羅性%		
分析と提案	・ ・ ・	・ ・ ・
統合と提案	・ ・ ・	

ステップ3.12 データの劣化

ビジネス効果とコンテキスト

データの劣化（decay）とは、データに対する負の変化の割合を指す。データの侵食（erosion）とも呼ばれる。システムのコントロール外の事象によって変化する可能性のある、優先度の高いデータに対して有効な指標である。変化のスピードが速くかつ組織にとって重要な、優先度の高いデータにフォーカスする。データの劣化率を知ることは、更新頻度を監視しステークホルダーに変更を通知する仕組みを導入すべきかどうか、またデータの更新方法についてスタッフに訓練を施すべきかどうかを判断するのに役立つ。高い信頼性が要求される変動の多いデータは、劣化率の低く重要度の低いデータよりも頻繁に更新する必要がある。

この評価軸は綿密な評価を行わなくても、その評価軸の考え方だけで行動に移されることが多いものの例といえる。システムや組織がコントロールできない事象により、重要なデータが急速に劣化することがすでに判明している場合は、解決策を見つけるために迅速に行動する。現実世界での変化を認識する方法を判断する。できるだけ早く、できるだけ現実の変化に近い形で、組織内でデータを更新できるプロセスを開発する。この原稿を書いている時点で、COVID-19の蔓延を防ぐために、多くの中小企業が業務停止を余儀なくされた。そのうちの何社が業務再開できるかはまだわからない。もしこれらの企業に商品を供給しているのであれば、顧客（中小企業）に関するデータはすでに劣化していると考えるのが妥当だろう。景気回復に伴う戦略の一環として、顧客に関するデータを確実に更新する必要がある。

> **定義**
> データの劣化（データ品質評価軸）。データに対する負の変化率。

このステップでは、データの劣化の実際の測定というよりも、その劣化を引き起こす可能性のある状況や、どのデータが最も早く劣化するかについて考える。どのデータが最も重要かを理解することと組み合わせれば、データ品質の予防、改善、修正により多くの労力を費やすことができ、評価に費やす時間を減らすことができることも多い。

アプローチ

1. データを劣化させる一般的なプロセス、すでに劣化が早いことがわかっているデータの有無に関する、迅速な環境の調査

Arkady Maydanchikは著書Data Quality Assessmentの中で、データ問題を引き起こすプロセスを13のカテゴリーに分けて紹介している（2007年、p.7）。そのうちの5つがデータの劣化を引き起こすプロセスである。

- 取得されない変更
- システムのアップグレード
- 新しいデータ利用
- 専門知識の喪失
- プロセス自動化

もし、あなたの環境でこのようなプロセスが見られたら、データが劣化していると考えて間違いない。ステップ2の情報環境で分析をする際には、プロジェクトの範囲内で情報ライフサイクルについて得た知見や、その他の要素を活用する。

2. 対象のデータに関連する一般的な劣化率の確認

実際のデータ劣化率が必要な場合は、他の場所ですでに取得されているデータを利用するとよい。以下はその例である。

外部の情報源
関心のある優先順位の高いデータに関連する、政府統計や業界統計を確認する。手早くインターネットで検索が可能である。例えば住所変更に関心がある場合、あなたの国の郵便サービスは住所の変更にどれだく早く対応するかを公表しているか。

別の外部ソースの例として、従業員離職率に言及した統計は組織内の従業員データの劣化の可能性の指標となる。アメリカ合衆国労働省労働統計局は、JOLTS (Job Openings and Labor Turnover Survey)プログラムを実施している。統計のひとつは離職に関するもので、「その月中に給与支払いから離脱し

た全ての従業員」と定義されている。JOLTSはまた、離職率に含まれるものと含まれないものの完全な定義も示している。あるJOLTSの表によると、年間離職率は2015年の42.3％から2019年の45.0％までの範囲であった。業種や地域によって高くなったり低くなったりする。（アメリカ合衆国労働省労働統計局、2020年、表16)。データ品質の観点からは、離職とはある人物が組織を去るたびに、社内でのステータスが変わり、連絡先情報も変わるであろうことを意味する。もしその人に関するデータにこれらの変更が反映されていなければ、データは劣化していることになる。

その他のデータ品質評価

以前のデータ評価からの経年変化を含む参照統計。レコードまたはフィールドごとに作成日および更新日を持つことは、分析のための有用なインプットとなる。データの基本的整合性、正確性、一貫性、同期性、適時性の評価の一環として、これらのフィールドから更新日データを取得することがある。有用な日付範囲によって分類できる。正確性のサーベイを実施した場合は、正確性に関するデータサンプルと評価結果を使用する（後述の**サンプルアウトプットとテンプレートセクション**の**図4.3.13**を参照のこと）。

データの劣化はデータに対する負の変化の割合にフォーカスするが、データ作成の観点からの変化の割合も考慮しておきたい。レコードはどれくらいの速さで作成されているのか、最終更新日を分析するのであれば、同時に作成日も分析するとよいだろう。

その他の社内で実施中の追跡および報告プロセス

例えばあるマーケティンググループは、再販業者のプロフィール、連絡先名と役職情報、販売した製品を更新するために、再販業者に4カ月に一度のサーベイを行っている。サーベイを実施するベンダーはデータ入力の際に、連絡先名が追加、削除、修正されたか、または変更されていないかどうかを判断する。この情報は、再販業者データの変更率（データの劣化）を確認するために使用される。

3. 必要に応じた、実際のデータ劣化率の決定

一般的な結果だけでは、改善の計画や実施に踏み切れない場合（つまり、自分の組織が統計通りであるとは信じられない人がいる場合）には、より徹底的なアセスメントを行うことができる。

4. 分析、統合、提案、結果の文書化、適切な時期に結果に基づき行動

詳細は第6章 その他のテクニックとツールの同名のセクションを参照のこと。作成日も確認しているのであれば、新規レコードの作成率も確認する。それは想定以上か。その作成率の大きさに対応できる人員は確保されているか。既存のレコードが見つからないために、新しいレコードが作成されているのか。その場合、重複レコードが増加しているか。得られた知見、ビジネスへの影響、考えられる根本原因、予備的な提案を含める。

サンプルアウトプットとテンプレート

顧客連絡先確認日

図4.3.13は、同じアプリケーションの顧客データを2カ国で更新した結果を比較したものだ。このアプ

リケーションには、顧客連絡先確認日というフィールドがある。このフィールドは、顧客情報管理者が顧客に連絡をとり、その情報を確認するたびに更新されることになっていた。このフィールドを確認することで、顧客データのデータ劣化率についていくつかの仮定を立てることができた。

フィールドの日付に基づくと国1では、レコードの88％が60カ月（5年）以上顧客と確認されておらず、過去18カ月に確認されたのはわずか12％であった。国1は5年以上前に確認活動があったが、分析の1年半前までその取り組みは停滞していたようだ。

対称的に国2の場合、63％のレコードが過去18カ月以内に顧客と確認されており、5年以上確認されていないレコードは22％に過ぎなかった。

この例で言うと、ある1つの国の顧客レコードの品質を評価する時間しかなかったとしたら、データの劣化はどのように有用なインプットになり得るだろうか。他の情報がなければ私は国1に注目する。なぜならレコードの88パーセントが5年以上顧客との確認がなされていなかったからである。顧客によって確認されてから長い時間が経過するほど、データの品質が劣化している可能性が高いと想定される。

アセスメントの一環として、別の要因が作用していることが判明した（数字には表れていない）。顧客連絡先確認日を手動で更新しなければならなかったのだ。これはデータ更新が加えられるたびに、自動的に変更される標準的な更新日とは異なっていた。顧客連絡先確認日フィールドには簡単にアクセスできなかった。顧客とは実際に連絡を取ったことがありながらも、その日付は更新されていないことも分かった。このことから、ユーザー画面を変更し（プレゼンテーションの品質）、顧客対応者が顧客に連絡する際に、顧客連絡確認日フィールドを簡単に参照できるようにするという一つの提案がなされた。

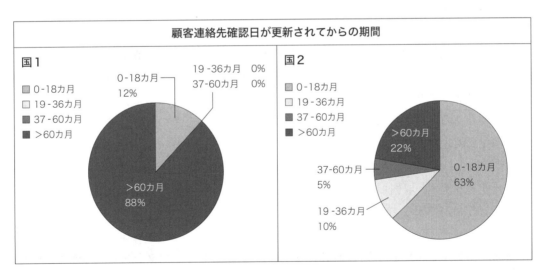

図4.3.13 データ劣化の分析のための顧客連絡先確認日の利用

ステップ3.13 ユーザビリティと取引可能性

ビジネス効果とコンテキスト

データと情報は利用されるために存在する。それらはビジネスプロセスの一部であるトランザクションやレコードに取り込まれている。またビジネス上の意思決定を行うために分析に利用され、情報を伝達するためにレポートやダッシュボードに表示される。適切な人材がビジネス要件を定義し、その要件を満たすデータを準備したとしても、データが期待された結果や用途を生み出さなければならず、そうでなければ、品質の高いデータとは言えない。

請求書は正しく作成できるか。注文書は完成できるか。検査依頼の作成は可能か。保険請求を開始できるか。部品表を作成する際、品目マスターレコードを適切に使用できるか。データが他のプロセス（レポート、ダッシュボード、トランザクションでの下流での使用等）で使用される際、最終結果はニーズを満たしているか。報告書は期待された情報を含んでいるか。もし答えが「No」であった場合で（データが使用できるようにあらゆる手を尽くしたにもかかわらず）、情報利用者や自動化されたプロセスがデータの検索、理解、解釈、使用、維持に困難な側面がある場合、データはその目的を果たしていないことを意味する。そのため私達の広義の定義では、必要な品質を満たしていない。

> **定義**
>
> ユーザビリティと取引可能性（データ品質評価軸）。データが、意図された業務取引、成果、使用目的を達成すること。

この評価軸はデータ品質の最終チェックポイントである。このタイプの評価はテストの一部として、多くの場合はユーザー受け入れテストとして、SDLC に含めることが出来る。要件を定義し、変換ルールを作成し、ソースデータをクリーニングした者は、ユーザビリティのためにデータをテストする者として関与する必要がある。つまり自分がクリーニングや作成に関与したのと同じデータである。ビジネスプロセスが満足に処理できなければ、データ品質ワークを行っても意味がない。

以下は、ユーザビリティと取引可能性に密接に関連しているものである。この評価軸は、以下のように拡大して考えることができる。

- **アクセス**。担当する作業を行うためにはアクセスが必要となる。アクセスの欠如がユーザビリティに悪影響を及ぼしていると考えられる場合は、**ステップ3.8**を評価に含める。例えばその人はUIを通じて書き込みアクセスを試みようとしているが、読み取りアクセス権しか持っていないためトランザクションが完了できない。またはある人が、特定のレポートを実行する権限を持っていない。これはユーザビリティ問題の潜在的な根本原因だ。
- **作成と維持**。データの作成と維持は、データが利用される時と同じユーザーインターフェース（UI）とプロセスを使って行われることが多い。その上で利用、作成、維持の間に関連性があるかを確認

し、そしてそれら全てに役立つ改善の機会を探る。
- **使いやすさ、作りやすさ、維持のしやすさ**。データの利用、作成、更新は簡単か、難しいか。プロセスをより使いやすくするために何ができるか。この分野に難しさがあると、取引可能性に影響を与える恐れがある。例えば、
  - 簡単そうに見える報告書をまとめるのに、少人数のチームで数日かかる。
- 商品マスターレコードを作成するプロセスには非常に多くのステップがあるため、ミスのないレコードを作成することが非常に難しい。
- 顧客の連絡方法の設定を更新するプロセスは非常に時間がかかるため、多くの営業担当者はこれを省略してしまい、結果的に顧客に不要なメールが送信され顧客満足度を低下させる。

アプローチ

1. プロジェクト・テストチームまたはソフトウェア品質保証チームと協業する場合

彼らのサポートを得る。このデータ品質評価軸は、単独で行うことはできない。チームと管理者がこの協業に前向きであることを確認する。

テストチームと協力してテストプロセスを理解し、その中でデータチームがどのように関わっていくべきかを判断する。データチームの誰かがテストに参加し、観察させてもらうこともできる。データをテストする側と、データを作成、クレンジング、変換したデータチーム側との間にフィードバックループ（結果と改善の繰り返し活動）を設定することもできる。トランザクションを成功させるために、テスト中にデータが更新されることは珍しくない。しかし、この事実は必ずしもデータの責任者に伝わるとは言えず、責任者がテスト中に起こったことから学んだり、データや要件に適切な変更を加えたりできるとは限らない。データチームが問題に気づいた場合、最も一般的な原因は次の2つである。

- データが、作成、変換、クレンジングの仕様や要件に従って変更されていない。データチームはその原因を突き止め、データを正しく再作成、変換、クレンジングし、テストチームに渡して再度テストを実施すべきである。
- データは仕様／要件に従って変更されたが、仕様／要件に誤りがあった。データチームは仕様を更新し、新しい要件に従ってデータの再作成、再変換、再クレンジングを確実に行い、再テストのためにテストチームに渡すべきである。

この問題を回避するため、要件に従ってデータの作成、変換、クレンジングを行った後、テスト直前にデータセットのプロファイリングを行い、データが要件を満たしていることを確認することが有効である。データを変更した後の次のテストの前、テストサイクルごとにプロファイリングする必要がある。通常、テストサイクルは時間が限られており、その中の一部の作業となるため、迅速に行う必要がある。

早めに進めて本番に移行しなければならない、というプレッシャーは大きいだろう。テストサイクル自体が実施されることは珍しくないが、スケジュール上、そのテスト結果を受けて行動を起こす余裕はない。このような事態を回避し、データそのものや要件を修正する時間を確保するために、最大限の説得力を発揮する。それができなければ、テストチームが抱えていた全ての問題が、アプリケーションが本

番稼動した後、全てのユーザーに倍増してのしかかることになる。これは、1オンス（約30g）の予防が1ポンド（約450g）の治療に本当に匹敵する（訳註、転ばぬ先の杖に類似の英語のことわざ）場所なのだ。

一旦テストチームが、あるプロジェクトでデータ品質に注意を払うことのメリットを理解したら、それを全てのテストの標準的な一要素として組み込む。それは、ステップ7やステップ9にも含めることができる優れたデータ品質コントロールである。あるソフトウェア品質保証グループの管理者は、品質の低いデータのためにチーム全体のテスト時間が1/3増加したと見積もっている。さらに品質の低いデータのために、ソフトウェアのテストサイクルに本番稼働後の確認テスト一週間が追加された。

2. プロセスの使いやすさ、作りやすさ、保守のしやすさを評価する場合
情報ライフサイクルについてここまでに得た知見は全て活用する。プロセスに関する文書を収集する。データを利用、作成、維持している人に、彼らが採用しているプロセスやツールについてインタビューする。そのプロセスを見せてもらうことができれば、なお良い。また彼らがどのように作業し、UIを使用してやりとりしているかを観察することに時間を割くのも良いだろう。

文書に書かれていることと、実際にそのプロセスが実行されていることに違いがないかを確認する。文書化されたプロセスを分析し、非効率、手戻り、冗長な作業がないかを確認する。利用者、作成者、維持担当者と協力し、より効率的なプロセスを開発する。

ステップ6に進んだ際に、ここで推奨した改善が改善計画に含まれ、ステップ7、8、または9で実施されることを確認する。すぐにでも改善が可能で、その変更が他の領域に悪影響を及ぼさないと確信できるのであれば、すぐに着手する。待つ必要はない。

評価された他のデータ品質評価軸についての知識を活用し、問題が見つかった場所についてのさらなる洞察を得る。

3. 分析、統合、提案、結果の文書化、適切な時期に結果に基づき行動
他の評価軸と同様に、結果を分析し、他の評価の結果と統合する。得られた知見、潜在的なビジネスインパクトと根本原因、予防と是正のための提案を文書化する。

サンプルアウトプットとテンプレート

複数の評価軸が適用される場合
複数のデータ品質評価軸間の関係の例として、営業担当者が顧客情報のソースである状況を考えてみる。データを共有の顧客マスターデータベースに登録する唯一の方法は、データベースと担当者の携帯端末を同期させることである。多くの営業担当者が担当の顧客情報を共有したがらないことは一般的に知られている。では、「なぜ営業担当者は情報を共有したがらないのか」。以下の回答は、様々なデータ品質評価軸に関連するより多くのことを知るのに役立つ。

- 共有データベースと同期を行うと、自分の手持ちの顧客情報は変更される。今や顧客に関する重要

な情報（私の販売、手数料、そして生計の基盤となるもの）を失ってしまい、顧客に対して本来すべき対応ができなくなる（ユーザビリティと取引可能性）。

- 共有データベースを信用していない。データが更新され、何らかの形で変換されていることは知っているが、その理由がわからない（関連性と信頼の認識）。
- 私の携帯端末と共有顧客データベースとの間の同期を完了させるプロセスが複雑すぎる（使いやすさ、作りやすさ、維持のしやすさ）。
- これらは、実際に共有データベースに取り込まれる情報に影響を与えている可能性があるのか。また、これはどの程度大きな（または小さな）問題なのだろうか（網羅性）。

データ品質評価軸のリストがあることは、どの側面がデータの品質に影響を与え得るかをチームが判断するのに役立つ。チームはどの程度問題が広がっているかを理解するために、より多くの営業担当者と話をすることを決定し、サーベイやインタビューの中で、ユーザビリティ、使いやすさ、信頼性に関して確認できる。

あるいはデータ品質チームが最初に網羅性の評価を行い、網羅性が満たされていない潜在的な原因としてユーザビリティ、使いやすさ、信頼性の側面が出てきたのかもしれない。ここから次の判断が必要となる。1）根本原因を特定するのに十分な情報を得たと判断する。2）問題が広がっているかどうかを判断するには不十分であり、より深く理解するためにサーベイを実施する。

ステップ3.14 その他の関連するデータ品質評価軸

ビジネス効果とコンテキスト

これまでのステップですでに多くのデータ品質評価軸を提供しているにもかかわらず、このステップはここまでの評価軸には含まれていないものの、プロジェクトの評価に役立つその他のデータ品質評価軸を追加している。例えば、

- ある企業財務グループの主な関心事は、システム間の照合（reconciliation）であった。これを完全性と呼ぶ人もいるが、彼らにとっては「照合」という言葉の方が明確であり、彼らの文脈により具体的である。財務グループにより関連した結果にするために「照合」という別の評価を行ったり、別の評価で別の表現を使ったりすることもできる。
- 重複の評価が完了した。既存のレコードを探すことより、新しいレコードを作成することの方が簡単であるので、ユーザーが安易に重複レコードを作成していることがわかった。これは**ステップ3.13のユーザビリティと取引可能性**で潜在的な関連側面として含まれていた、プロセスの**使いやすさ、作りやすさ、保守のしやすさ**の評価をよく確認する必要があるだろう。

定義

その他の関連するデータ品質評価軸。 その他、組織が定義、測定、改善、監視、管理する上で重要と考えられるデータおよび情報の特性、側面、または特徴。

別のデータ品質評価軸を選択した場合は、それを「10ステップ」プロセス全体の中で使用する。それでもなお、ビジネスニーズと評価対象のデータを結びつける必要がある。評価結果を分析し、根本原因の特定、データエラー発生の防止、現在のエラーの修正、コントロールの監視に確実に使用するための洞察を提供するために、情報環境について必要十分に理解する必要がある。

アプローチ
手順は、評価される追加のデータ品質評価軸によって異なる。

サンプルアウトプットとテンプレート
アウトプットは、評価される追加のデータ品質評価軸によって異なる。

ステップ3 まとめ

おめでとうございます！あなたはデータ品質の評価を完了しました。（または評価の準備として評価について学びました）。1回のクイックな評価を行ったかもしれないし、長期にわたって複数のデータ品質評価軸の評価を行ったかもしれない。いずれにせよこのステップの完了は、プロジェクトの重要なマイルストーンである。評価中に得られた知見は全て、次のステップへのインプットとなる。

段階的な詳細評価は行わなかったとしても、データ品質評価軸の**概念**を利用できることが重要である。例えば**ステップ2.1 関連する要件と制約の理解**で、データ品質評価軸の考え方が要件収集でどのように使用されたかを例示している。
ステップ3では、チームメンバー、マネージャー、プロジェクトスポンサー、その他のステークホルダーが作業内容を理解し、結果と初期の提案に耳を傾け、フィードバックをする機会を持つためのコミュニケーションと関与が必要だった。各評価から得られたこと、得られなかったこと、その結果とるべき行動、とるべきでない行動を明確にするために、他者を教育するのがあなたの仕事となる。ステークホルダーに誤解を与えてはならない！

データ品質評価軸が役立つ場面は、今後たくさん出てくるだろう。どのようなシナリオでも評価軸のリストを使用し、該当するものを選択する。個別に評価するか、まとめて同時に評価するか、詳細に評価するか、全体的に評価するか。評価軸をどのように利用するかはあなた次第である。全体を通して結果を適切に分析、統合、文書化できれば、関係性、影響、潜在的な根本原因が明らかになり、実際のデータの品質と問題の真の原因について、より完全な全体像が把握できるようになる。これらは全て**ステップ5、6、7、8、9**で具体的に何を行う必要があるか、どれくらい早く着手できるかを決めるのに役立つ。

コミュニケーションを取り、管理し、巻き込む

このステップで、人々と効果的に働き、プロジェクトを管理するための提案。

- 納品物が期限内に完成するようにし、問題点とアクションアイテムを追跡する。
- プロジェクトスポンサー、ステークホルダー、マネージャー、チームメンバーと関わり、次のことを行う。
- データ品質の評価の実施に協力する。
- 障害を取り除き、問題を解決し、変更を管理する。
- 適切に関与し続ける（説明責任、実行責任、情報提供、報告先）。
- 状況、アセスメント結果、想定される影響、初期の提案を伝え、フィードバックを得て、必要なフォローアップを行う。
- データ品質の評価から得た知見に基づいて、
- プロジェクトの範囲、目的、リソース、スケジュールを調整する。
- 関係者全員の期待値を管理する。
- 改善が実施され、受け入れられるために必要なチェンジマネジメントを予測する。
- プロジェクトの今後のステップのためのリソースとサポートを確保する。

 チェックポイント

ステップ3 データ品質の評価

次のステップに進む準備ができているかどうか、どのように判断すればよいか。次のガイドラインを参考にして、このステップの完了状況と次のステップへの準備状況を判断する。

- 選択した各データ品質評価軸について、評価が完了し結果が分析されているか。
- 複数のアセスメントを実施した場合、全てのアセスメントの結果は統合されているか。
- 次のことが議論され、文書化されたか。得られた知見と観察、既知／潜在的な問題、既知／想定されるビジネスインパクト、考えられる根本原因、予防、修正、監視のための初期の提案。
- プロジェクトに変更があった場合、スポンサー、ステークホルダー、チームメンバーによって最終決定され、合意されているか。例、次のステップのために追加要員が必要な場合、その要員は特定され確約されているか。資金は継続できるか。
- この段階での人々とコミュニケーションを取り、管理し、巻き込むための活動は完了したか。計画は更新されているか。
- このステップで完了しなかったアクションアイテムは、担当者と期限と共に記録されているか。

ステップ4 ビジネスインパクトの評価

ステップ4のイントロダクション

データの品質そのものから、データの品質の価値に目を向けてみよう。次のシナリオを想像してほしい。机、椅子がある。その上のノートパソコンには、組織の顧客、製品、サプライヤーのマスターレコード、過去2年間の全てのトランザクションの唯一のコピーが格納されている。火災が発生した。どれか一つだけしか救う時間しかない。あなたはどれを助け出すか、机か、椅子か、それとも重要なデータを唯一コピーしたノートパソコンか。私がこの質問を投げかけると大抵は沈黙し、「バカげた質問だ。答えは明白だ！」という表情を浮かべる。なぜ私達はノートパソコンのデータを救い出すのが大事だということが分かっているのか。机や椅子は簡単に取り替えることができる。人間工学に基づいたお気に入りの椅子だって取り替えることができる。データを取り戻すことはどれほど難しく、コストがかかることか。多くの場合、データを取り戻すことはまずできない。もし組織が過去40年間、水質マネジメントへのインプットとして汚染物質のレベルを測定するためにサンプルの水を採取してきたとしても、そのデータが消えてしまい他のどこにも無ければ、それはもはや取り戻すことはできない。

データが最も価値あるものだから救い出すのだと直感的に分かっているのに、データや情報を管理するための時間、資金、人材を求める時に、なぜ抵抗を受け続けるのだろうか。

データ品質の問題が認識されると、「だから何が」と「だからなぜ」の質問が即座に投げかけられる。「これは私の組織に、私のチームに、私自身に、どんな影響を与えるのか。なぜこれが重要なのか。投資対効果はどうか」。私のキャリアの初期にこのような質問をされた時、私は「データ品質が重要だって分からないの？　当たり前のことじゃない！　そんな質問に答えるのに時間を割きたくない。データの品質に全時間を使わなきゃいけないのに」と心の中で思った。ある時ありがたいことに、「なるほど」と

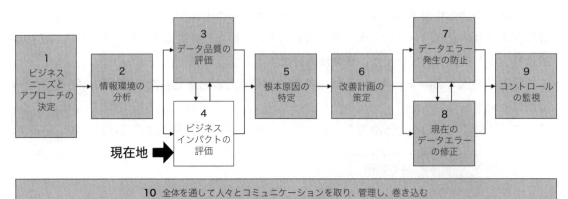

図4.4.1　「現在地」ステップ4 ビジネスインパクトの評価

Chapter 4

第4章 10ステッププロセス

思った瞬間があった。経営幹部や管理職はそのような質問を**する**ものだと気付いたのだ。経営幹部や管理職にとっては、彼らに寄せられる多くのリソース要求を整理するのが彼らの仕事なのだ。では…これらが正しい質問で、経営幹部や管理職が**彼ら**にとって正しい仕事をしているのであれば、**私**の仕事は何だろう。私の仕事はその質問に答えられるようになることだ！ 今となってはバカバカしく聞こえるかもしれないが、この気付きから私は大きな影響を受けた。彼らの質問に答えるために労力を費やすことに、抵抗する必要は全くなかったのだ。どのように答えるべきかを考えることに精力を注ぐことができるようになった！

歴史的に「だから何が」と「だからなぜ」の質問に答えることは難しい。しかしここに助けがある！ このステップでは、これらの質問に答えることができる、ビジネスインパクト・テクニックと呼ばれる様々なテクニックを紹介する。必要であれば、**第3章 キーコンセプト**のビジネスインパクト・テクニックの項を再確認してほしい。このステップに含まれるビジネスインパクト・テクニックのリストと定義については、**表4.4.2**を参照。各ビジネスインパクト・テクニックについて、詳細な手順を含むサブステップが1つある（ステップ4.1〜4.12）。

定義

ビジネスインパクト・テクニックは、データ品質が組織に及ぼす影響を評価するための定性的および定量的な手法である。

表4.4.1 ステップ4 ビジネスインパクトの評価のステップサマリー表

目標	状況に適したテクニックを使用してビジネスインパクトを評価する。
目的	プロジェクトの各段階、全てのステップにおいて、 • 「なぜデータ品質が重要なのか？」「データ品質が組織やチーム、個人にどのような違いをもたらすのか？」といった質問に答える。 • 声高に反対する、表面的にはサポートの言葉を聞くが行動が見られない等、抵抗が見られたり、聞いたり、感じたりした時に対処する。 • データ品質改善のビジネスケースを確立する。 • データ品質活動への適切な投資を判断する。 • 管理職の支持を得る。 • プロジェクトに参加するチームメンバーのモチベーションを高める。 • 取り組みに優先順位付けを行う。
インプット	• 以下からのアウトプット、知見、成果物。 　○ **ステップ1** - プロジェクトでこれまでに得たこと（ビジネスニーズ、データ品質問題、プロジェクトスコープ、計画、目的）に基づき、必要に応じて更新されたもの 　○ **ステップ2** - 情報環境の分析 　○ **ステップ3** - 特にデータ品質評価で発見された、具体的な問題点に起因してビジネスインパクトが生じる場合 • ビジネスインパクトを評価する必要が生じた状況について、他に判明していること • 現在のプロジェクト状況、ステークホルダー分析、コミュニケーション、エンゲージメント計画

テクニックとツール		• 使用するビジネスインパクト・テクニックに適用できるテクニックとツール 　○ 詳細は各ビジネスインパクト・テクニックを取り上げているサブステップを参照。 • **第6章 その他のテクニックとツール**より、 　○ データ取得とアセスメント計画の策定 　○ サーベイの実施 　○ データ品質マネジメントツール 　○ 課題とアクションアイテムの追跡（プロジェクト全体を通して使用し更新する） • 結果に基づく分析、統合、提案、文書化、行動（プロジェクト全体を通して使用し更新する）
アウトプット		• 選択され完了した各ビジネスインパクト・アセスメントの、全ての結果を統合して文書化された結果（定量的もしくは定性的） • 得られた知見、発見された問題、考えられる根本原因、初期の提案事項を文書化したもの • ビジネスインパクトの結果に基づいて、必要に応じて更新される**ステップ1および2**の成果物 • 将来の参照と利用のために、データ取得とアセスメント計画を文書化したもの • このステップで完了することができた、ビジネスインパクトから得られたことに基づき実施された措置 • プロジェクトのこの時点で必要とされる、完了したコミュニケーションとエンゲージメント活動 • フィードバックとビジネスインパクトの結果に基づいて更新された、状況、ステークホルダー分析、コミュニケーションとエンゲージメントの計画 • プロジェクトの次のステップに関する合意（ビジネスインパクト・アセスメントがプロジェクトのいつ、何処で実施されたかによる）
コミュニケーションを取り、管理し、巻き込む		• ビジネスインパクト・アセスメントを実施する際、チームメンバーが協力的に作業できるよう支援する • プロジェクトのスポンサーや関係するステークホルダーと協力し、障害を取り除き、問題を解決する • 問題とアクションアイテムを追跡し、成果物が期限内に完了するようにする • プロジェクトスポンサー、チームメンバー、管理者、その他の技術的およびビジネス上のステークホルダーが以下を確実に行っているか確認する 　○ ビジネスインパクト・アセスメントへ適切に関与している（積極的に関与する者もいれば、意見を提供する者、情報の確認のみする者もいる） 　○ ビジネスインパクトから得たことに基づき、結果と初期の提案が通知されている 　○ 反応とフィードバックを提供する機会が提供されている 　○ プロジェクトスコープ、スケジュール、リソースの変更について通知され、今後の計画を把握している • ビジネスインパクト・アセスメントから得られた知見に基づき以下を実施 　○ プロジェクトの範囲、目的、リソース、スケジュールを調整 　○ ステークホルダーとチームメンバーの期待値を管理 　○ 候補となる改善策が、将来確実に実施され、受け入れられるために必要なチェンジマネジメントを予測 • プロジェクトの今後のステップのためのリソースとサポートの確保

表4.4.2 10ステッププロセスにおけるビジネスインパクト・テクニック

ビジネスインパクト・テクニック。 ビジネスインパクト・テクニックとは、データの品質が組織に及ぼす影響を判断するための定性的および定量的な方法である。これらの影響は、品質の高いデータから得られる良い影響と、品質の低いデータから得られる悪い影響の両方がある。以下のテクニックを用いたビジネスインパクトの評価方法は、10ステッププロセスの**ステップ4 ビジネスインパクトの評価**に記載されている。	

サブステップ	ビジネスインパクト・テクニックの名称と定義
4.1	**エピソード**。品質の低いデータがもたらすマイナスの影響や、品質の高いデータがもたらすプラスの影響の例を集める。
4.2	**点と点をつなげる**。ビジネスニーズとそれをサポートするデータとの関連を説明する。
4.3	**用途**。データの現在および将来の用途をリスト化する。
4.4	**ビジネスインパクトを探る5つのなぜ**。データ品質がビジネスに与える真の影響を認識するために、「なぜ」を5回問う。
4.5	**プロセスインパクト**。データ品質が業務プロセスに与える影響を説明する。
4.6	**リスク分析**。品質の低いデータから起こりうる悪影響を特定し、それが起こる可能性、起こった場合の重大性を評価し、リスクを軽減する方法を決定する。
4.7	**関連性と信頼の認識**。情報を利用する人々、およびデータを作成、維持、廃棄する人々の主観的な意見のことである。1) 関連性 - どのデータが彼らにとって最も価値があり重要である。2) 信頼 - 彼らのニーズを満たすデータの品質に対する信頼。
4.8	**費用対効果マトリックス**。問題、推奨案、改善施策の効果と費用の関係を評価し、分析する。
4.9	**ランキングと優先順位付け**。データの欠落や誤りが特定のビジネスプロセスに与える影響をランク付けする。
4.10	**低品質データのコスト**。低品質データによるコストと収益への影響を定量化する。
4.11	**費用対効果分析とROI**。データ品質に投資することで予想される費用と潜在的な利益を比較する。それには投資利益率(ROI)の計算を含むことがある。
4.12	**その他の関連するビジネスインパクト・テクニック**。データ品質がビジネスに及ぼす影響を判断するための、その他の定性的又は定量的手法で、組織が理解することが重要と考えられるもの。

これらのテクニックは、10ステッププロセスの**ステップ4**で紹介されているが、必要に迫られたらプロジェクトの中のどのステップでも、いつでもどこでも使ってほしい。

- 次のような質問に答える「なぜ私がデータ品質(またはあなたのプロジェクト)に関心を持たなければならないのか。なぜそれが重要なのか。データ品質は組織、チーム、個人にどのような違いをもたらすのか」。
- 声高に反対する(「データよりも、もっと投資すべきところがある！」)、あるいは、表面的にはサポートの言葉を聞くが行動が見られない等、抵抗が見られたり、聞いたり、感じたりした時に対処する。
- データ品質改善のビジネスケースを確立する。
- データ品質活動への適切な投資を判断する。
- 管理職の支持を得る。

- プロジェクトに参加するチームメンバーやその他の人々のモチベーションを高める。
- 取り組みに優先順位付けを行う。

作業の優先順位付けに役立つテクニックがある。なぜそのようなものがあるのか聞かれたら、こう考えてほしい。もし私が何かを重要度1または高とし、何かを重要度10または低とした場合、それはどういう意味であろうか。優先順位が1の項目は、優先順位が10の項目よりもビジネスへのインパクトが大きい。利用可能な時間や予算、その他のリソースよりも、私達がやるべきことは常に多い。従って、データ専門家は作業を実施するにあたって有効となる優先順位付けのテクニックを利用できることが不可欠である。ここで紹介する様々なテクニックを使うことができれば、必要な時にビジネスインパクトを理解できないというようなことはなくなる。

反発を感じたり、聞いたり、見たりする時はいつでもテクニックを確認し、何がその反発に対処するのに役立つかを見つける手がかりにする。もしアジャイルや他のSDLCを使用している他のプロジェクトにデータ品質活動を組み込んだ場合に、言葉だけはサポートを得られても実際の行動が見られないなら、**ステップ4**に戻り、助けになるテクニックを見つける。10ステッププロセスを使用してデータ品質改善を主目的としたプロジェクトを実施している場合、「ビジネスインパクト・テクニック」が役立つ典型的な場面は次のとおりである。

- **ステップ1**の、ビジネスニーズの特定と優先順位付け、プロジェクトフォーカスの選択、プロジェクトの資金調達と支援の確認の場面
- **ステップ2**が完了し、さらにデータ品質に関する問題が発見された後、**ステップ3**でどの詳細なデータ品質の評価にフォーカスするかを決定する場面
- **ステップ3**で詳細なデータ品質の評価を行った後に、発見された問題の中から**ステップ5**で根本原因分析を継続すべき重要な問題を決定する場面
- **ステップ5**で根本原因を特定した後、予防、修正、またはコントロールの監視に関する具体的な提案事項が多数あった際に、**ステップ6、7、8、9**で継続して実施すべき最も重要なものを決定する場面
- プロジェクト中、いつでもどこでも反発を感じたり、見たり、聞いたりした時

最も大きなビジネスインパクトを与えるのは、情報がどのように利用されるかである。なぜなら、情報の価値が現実として現れる時であるからだ。情報ライフサイクルの適用（Apply）フェーズを思い出してほしい。しかし情報ライフサイクルの他のフェーズでインパクトが現れることもある。例えばデータを修正するためのコストが増大することによるインパクト（維持フェーズ）や、アーカイブが行われないためにデータを保管するための運用コストが増大することによるインパクト（廃棄フェーズ）等である。

ご参考までに、これらのテクニックを使用することで、データ品質プロジェクトだけでなく、プログラムや運用プロセスに対するビジネスインパクトを明らかにできる。第2章のデータ・イン・アクション・トライアングルを参照のこと。

ビジネスインパクトで得られた知見は、データ品質向上のためのビジネスケースの確立、データ品質ワークに対する管理者からの支持の獲得、取り組みの優先順位付け、プロジェクトに参加するチームメンバーのモチベーションの向上、情報リソースへの適切な投資の決定に使っていこう。

ビジネスインパクトに関連する**何か**を実行に移そう！　ビジネスインパクトを確認している時間はない、データ品質の問題に取り組むのが先だ、ビジネスインパクトの判断方法が分からない、というような声が聞こえてくることが本当に多い。このステップでは選択肢を提供する。ビジネスインパクト・テクニックには定量的なものもあれば、定性的なものもある。比較的、時間がかからず複雑でないものもあれば、時間がかかり複雑なものもある。時間的な制約があろうとも、ビジネスインパクトに関連する**何か**を実行に移すことは可能だ。今できることは、いくつかのエピソードを集めて話をまとめることだけかもしれない。それをやるのだ！　インパクトを完全に定量化することが理想ではあるが時間がない。今使える時間とリソースで対応できるテクニックを1つ選ぶ。必要であれば、時間のかかるテクニックは後で取り組む。

ここで紹介するテクニックは、組み合わせて使うことができるものが多い。もちろん単独で使用することもできる。**特定**の状況において利用可能な時間とリソースに**最も**適したテクニックだけを使用して、ビジネスインパクトを評価する。これらのテクニックがデータ品質にフォーカスしているとしても、データガバナンス、メタデータ、データ標準等のビジネスインパクトを明らかにする際にも同様に利用できることは注目に値する。何らかの理由でビジネスインパクトを示すことができないという言い訳はできない。

各ビジネスインパクト・テクニックには参照しやすいように番号が振られているが、これはその順番で行わなければならないという意味ではない。各ビジネスインパクト・テクニックは1つのサブステップと対応している。各サブステップには、次の3つの主要セクションがある。「ビジネス効果とコンテキスト」、「アプローチ」、「サンプルアウトプットとテンプレート」。各セクションが各評価の詳細な完了基準を提供する。

ステップ4 プロセスフロー

ステップ4への全体的なアプローチは単純明快だ。初めに取り組むべき状況に、最も有用と思われるテクニックを選択する。第2に評価の計画を行う。第3に選択したテクニックを使用して、ビジネスインパクトの評価を行う。第4に複数のアセスメントが完了した場合は、その結果を統合し、提案を行い、行動を起こす！**図4.4.2**ステップ4のプロセスフローを参照。この概要レベルのプロセスフローは全てのビジネスインパクト・テクニックに適用されるものであり、各サブステップ内での繰り返しを避けるためにここで説明する。

関連するビジネスインパクト・テクニックの選択

テクニックの一覧は選択肢のメニューだと考えてほしい。お気に入りのレストランで、全てのメニューを注文することはない。お腹の空き具合や食べたいと思うもの、時には食事の値段や食べる時間等を考慮して何を食べるかを選択する。

ビジネスインパクト・テクニックは、評価にかかる時間と労力が相対的に小さい順に示されている。あまり時間がかからず複雑でないテクニック（左の1から始まる）から、比較的時間がかかり複雑なテクニック（右の11で終わる）へと相対軸に配置されている。最後のテクニックである**4.12その他の関連するビジネスインパクト・テクニック**は、相対軸にはない。使用する追加のテクニックが、テクニックにかかる時間と複雑さに応じて何処にでも配置される可能性があるからである。

全てのテクニックが効果的だと証明されていることを記しておこう。相対軸は相対的な**労力**を示すものであり、相対的な**結果**を示すものではない。完全な費用対効果分析が完了しなくても、ビジネスインパクトを理解できる。複雑ではないからといって必ずしも有用な結果が得られない分けではなく、複雑だからといって必ずしも有用な結果が得られる分けでもない。テクニックは単独でも、様々な組み合わせでも使える。

様々なテクニック、それぞれに要求されること、そしてそれらが相対軸のどこに位置づけられるかをよく理解する。ビジネスインパクトを示すことが必要になった時、このステップ（ツールキット）を開き、現状に最も有用なテクニックを選択できる。テクニックを選択する際の考慮点については、**第3章**のビジネスインパクト・テクニックのセクションを参照のこと。

データ取得とアセスメント計画の策定

このステップはデータ品質の評価の計画よりも、単純であることが多い。複数のテクニックを組み合わせる場合、計画が適切なレベルか確認するためのチェックポイントとなる。例えばエピソードのみを収集するのであれば、**ステップ4.1エピソード**の中で計画を行えばよい。**ステップ4.10低品質データのコスト**を実施しており、コスト計算のためにデータストアからデータ内容にアクセスする必要がある場合は、データ取得とアセスメント計画についてより深く検討することが重要である。同様に複数のテク

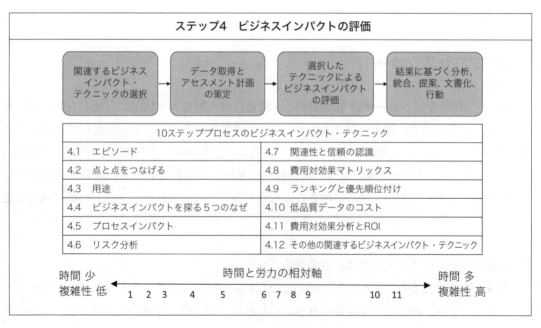

図4.4.2 ステップ4「ビジネスインパクトの評価」のプロセスフロー

ニックを使う場合、テクニックをより効率的に使用し十分な効果を得るためには、計画に必要十分な時間をかける価値がある。

データ品質の評価の結果（具体的なエラー、その大きさ、場所等）があれば、それを計画のインプットとして使用する。エラーの数が多いデータや、対象分野の専門家がすでに優先順位を高く設定しているデータを評価するとよいだろう。

選択したテクニックによるビジネスインパクトの評価
サブステップ（ステップ 4.1-4.12）に記載されている手順を使用して、選択した各テクニックのビジネスインパクト評価を完了する。

結果に基づく分析、統合、提案、文書化、行動
使用したテクニックの結果を分析する。複数のビジネスインパクト評価の結果を組み合わせ、統合する。データ品質の評価の結果として文書化された、潜在的なビジネスインパクトと結果を比較する。

今回得られた知見に基づいて初期の提案を行う。データ品質の問題は、想像以上に影響が大きいことが分かるかもしれない。これらの結果を基に次のステップを決定する（必要なコミュニケーション、必要なビジネスアクション、プロジェクトスコープ、スケジュール、必要なリソース、根本原因を評価する優先順位、実施すべき改善点等）。

各ステップで得られた知識や洞察が保持され次のステップで活用されるよう、全ての結果を文書化する。適切なタイミングで行動を起こす。詳細については、**第6章 その他のテクニックとツールの結果に基づく分析、統合、提案、文書化、行動**のセクションを参照のこと。

 ベストプラクティス

ビジネスインパクトに関する懸念は様々である。様々な人々や組織にとって、ビジネスインパクトがどのような意味を持っているのか、また次のような観点から、どのような結果を求めているのかを認識する。

- 収益の増加（データ品質が売上増につながる）
- コストの節約（データ品質によってxxドルのコストを節約できる）
- 業務効率化（データ品質により生産性が2日間短縮される）
- 人員数（データ品質によってxx人の人員を削減できる）
- リスク（データ品質がxyzのリスクを下げる）
- データ品質によるビジネスインパクトを示すことができる、その他の懸念事項

サポートを必要とする人々にとって最も有意義な方法で、ビジネスインパクトの結果を共有し、伝達する。詳しくは、**ステップ10全体を通して人々とコミュニケーションを取り、管理し、巻き込む**を参照のこと。

ステップ4.1 エピソード

ビジネス効果とコンテキスト

エピソードを集めることは、最も簡単で低コストとなるビジネスインパクトの評価方法である。しかしそれでも良い結果を生むことはある。説明とコミュニケーションの高いスキル（**ステップ10を参照**）と共にエピソードを使うことで、データ品質をより具体的にし、聞き手が自分の経験と関連づけられるような形でトピックへの興味を喚起できる。リーダーシップに素早く働きかけるためにエピソードを活用する。特に、事実や数字に関する背景情報を提供すると効果的だ。定量的なデータがなくても、エピソードは役に立つ。管理者がデータ品質やプロジェクトについてより深く議論できるように、エピソードを活用して注目を集める。

> **定義**
>
> **エピソード（ビジネスインパクト・テクニック）**。品質の低いデータがもたらすマイナスの影響や、品質の高いデータがもたらすプラスの影響の例を集める。

アプローチ

1. エピソードの収集

エピソードは業務担当者がデータ品質への影響を初めて理解したような、差し迫った問題の際に有用である。またエピソードを集めて文書化し、保存することもできる。データ品質に起因する社内の問題を耳にしたら、誰が、何を、いつ、何処で、なぜといった具体的な内容を調査して突き止める。エピソードは後々のコミュニケーションに役立つだろう。

社外のニュース、ウェブサイト、組織に関係のある業界情報等から、事例やエピソードを収集し、実際のビジネスイベントに関する社内の具体的な事例を収集する。

エピソードを収集する場所とプロセスを整え、重要な会議やプレゼンテーションを始める際にすぐに使えるようにする。**テンプレート4.4.1情報エピソードのテンプレート**は、この目的に適している。サンプルアウトプットとテンプレートのセクションを参照のこと。**テンプレート4.4.2**は、テンプレートの使用例を示している。プロジェクト中で耳にした状況を素早く把握するために、チームメンバーにこのテンプレートの活用を促す。注意：このテンプレートは、結果を**発表**するためではなく、結果を**収集**するために使用する。テンプレートにあるコンテンツを使って、主張すべき点を明確にし、聞く人の心に響くような興味深い方法でストーリーを伝える。

2. 具体性重視

すぐに全てを知る必要はないが、分かっていることを収集する。エピソードに関連する概要レベルのデータ、プロセス、人／組織、テクノロジーは、それらの領域へのインパクトに関する追加調査の指針

になるかもしれない。

次の質問を使って、ビジネスインパクトについて考えを深める。次に当てはまる特定の事象や状況について、より具体的に検討する

重要なビジネス上の意思決定
決断を下すために必要な情報は何か、その情報が間違っていたらどうなるのか、それはビジネスにどのような影響を与えるのか。

主要プロセスまたは主要なビジネスフロー
これらのプロセスを実行するために必要な情報は何か。もしその情報が間違っていたら、直近の取引や、他のプロセス、レポート、その報告から下される意思決定、等々に対して何が起こるのか。

誤ったデータと情報
特定のデータが間違っていた場合、どのようなインパクトがあるか（意思決定の誤り、顧客への影響、売上損失、手戻りの増加、データ修正等）。

マスターデータ
顧客、ベンダー、品目等のマスター、部品表等。マスターデータの整合性に依存しているプロセスやその他の取引は何か。マスターデータに誤りがあった場合、その取引はどうなるか。他のカテゴリーのデータも影響を受けるのか。

トランザクションデータ
トランザクションレコードに誤りがあった場合、例えば発注書や請求書に誤りがあった場合は何が起こるか。

必須フィールド
ユーザーはどうやってデータを入手するのか、レコードが作成された時点で利用可能でなかった場合は何が起こるか、フィールドが入力必須であるというシステム要件を満たすためだけに、不正確なデータが入力された場合は何が起こるか。

3. 可能であれば、インパクトを定量化
可能であれば、エピソードの一部を素早く定量化する。このテクニックは、最小限の時間と労力で何が得られるかが全てだが、「これはどれくらいの頻度で起こるのか」「どれくらいの人が影響を受けたのか」といった質問をすることで、影響を定量化できるかもしれない。他のビジネスインパクト・テクニックを使って発見したことの影響を、さらに分析することもできる。

4. インパクトの一般化
独立したエピソードを取り上げ、同じ経験を組織全体に適用した場合のインパクトを判断する。

5. ストーリーの伝え方の決定

創造的であれ。アエラ・エナジー社（Aera Energy）の例については、**サンプルアウトプットとテンプレートのセクションを参照のこと**。これは包括的なデータ品質プログラムに支えられたエンタープライズアーキテクチャ・プランのための資金を得るために、エピソードを使用した方法に関するものである。

エピソードは、あなたのコミュニケーションニーズをサポートするために使用する。例えば話をする時間は30秒か3分か。参加者は何を聞く必要があるのか。どんな点を強調したいのか（**ステップ10全体を通して人々とコミュニケーションを取り、管理し、巻き込むを参照のこと**）。

> **キーコンセプト**
>
> ある管理者は経営や投資の意思決定が、実際のエピソードに基づいて行われることがいかに多いかを説明し「良い話の力を過小評価してはいけない！」と言った。
>
> 別の管理者は重要なビジネス上の意思決定の多くは、ストーリーに基づいていると話してくれた。エピソードを収集し利用することは、実際のビジネスインパクトを示すストーリーを構築するためのコンテンツを入手する低コストな方法である。

6. 結果に基づく分析、統合、提案、文書化、行動

エピソードを出典や関連情報とともに文書化する。定性的で無形の成果も含める。数字やドルですぐに定量化できる有形のインパクトを把握する。

どのエピソードも、他のビジネスインパクト・テクニックの出発点になり得る。例えば**ステップ4.5**でエピソードの状況の一部であるプロセスの詳述、**ステップ4.10低品質データのコスト**で影響のより完全な定量化等である。その他の提案については、**第6章 その他のテクニックとツール**の同名のセクションを参照のこと。

サンプルアウトプットとテンプレート

情報エピソードのテンプレート

情報エピソードのテンプレート（**テンプレート4.4.1**）は、データ品質問題についての事実を収集する簡単な方法である。記入例については**テンプレート4.4.2**を参照のこと。プロジェクト全体や日常業務で発生する状況を各自が素早く把握できるよう、テンプレートはチーム内で利用できるようにする。注意：テンプレートは情報を発表するためではなく、内容を収集するために使用する。テンプレートにある内容を使ってストーリーを展開し、参加者を惹きつけるように伝える。

このテンプレートは他のビジネスインパクト・テクニックを完了した後にも使用でき、得られたことを凝縮し、その結果からストーリーを語るのに役立つ要約コンテンツを提供する。

第4章 10ステッププロセス

テンプレート 4.4.1 情報エピソードのテンプレート

件名：	
データ：	人／組織：
プロセス：	テクノロジー：
状況：	
インパクト（可能であれば定量化すること）：	
提案された行動、潜在的な根本原因、初期の提案、または次のステップ：	
記入者：	日付：
問合せ先：	

テンプレート 4.4.2 情報エピソードの例 - 価格設定に関する法的要件

件名：価格設定を証明する法的要件	
データ：政府契約の価格設定	人／組織：購買担当
プロセス：調達	テクノロジー：ERP（企業資源計画）

状況：政府との契約では、契約満了から過去10年間の価格設定を証明することが法的に義務付けられている。法令遵守を証明する唯一の方法は、価格設定の履歴である。

このシステムでは、価格設定の履歴は自動的には作成されない。監査証跡は単層であり、すなわち過去の1回の変更しか追跡できない。従ってシステム上、必要な履歴を作成する唯一の方法は、既存の行のデータを変更するのではなく、新しい価格リスト行を作成することである。

ユーザー（購買担当者）は、**既存**の価格リスト行を簡単に更新でき、しかも新規に**追加**するよりもはるかに速いことをすぐに理解した。技術的な編集はできない。新しい価格リストの行を追加する理由が分からない限り、最も手っ取り早い方法（既存の行を修正する）を取ることになり、その結果、価格履歴が欠落したり、不完全になったりする。一方、この情報を保持することは法律で義務付けられている。

インパクト（可能であれば定量化すること）：
価格設定の履歴がない、あるいは不完全である場合、企業は契約満了から過去10年間の価格設定を証明するという法的要件を遵守することができない。この手動のプロセスが守られなければ、法的要件である法令遵守がリスクにさらされる。

提案された行動、潜在的な根本原因、初期の提案、または次のステップ：
この要件をサポートするための技術的解決策（システムの修正）を検討する。

例えばトレーニングやアクセス方法に依存するのではなく、データベースのレベルでの完全な監査証跡によって履歴が作成されるようにすることで、この問題に対処できるだろうか。

その頻度と問題の大きさを評価する。

トレーニングを通じて問題に対処する。新しい価格リスト行を追加する**理由**（法的／契約上の要件を満たすため）、および追加**方法**についてユーザーをトレーニングする。

違反した場合の罰則については、法務部に確認する。

記入者：	日付：
問合せ先：	

ビジネスインパクト - 「エピソード」と「関連性と信頼の認識」の利用

以下はエピソード（ステップ4.1）と、関連性と信頼の認識（ステップ4.7）を理解するための知識労働者（ユーザー）のサーベイの両方を使用して、ビジネスインパクトを示したある企業の経験について説明する。

アエラ・エナジーLLCの情報品質プロセスマネージャー、C. Lwanga Yonkeがその物語を語る。カリフォルニア州ベーカーズフィールドに本社を置く石油会社、アエラ・エナジーLLCでよく使われているのは、サンノゼにあるウィンチェスター・ミステリーハウスをめぐる物語だった。彼が語ることによると、ウィンチェスター・ライフルの発明者の未亡人サラ・ウィンチェスターは、ウィンチェスター・ライフルによって殺された人々の亡霊に取り憑かれていると霊媒師から告げられたといい、一族が呪われていると信じた。霊媒師はさらに亡霊を鎮める方法として、引っ越して新しい家を建て、その家を常に建設中とするようにとアドバイスした。そして彼女はその通りにし、明確な全体計画もないまま38年間の建設プロジェクトを指揮した。そして彼女の死と共に、そのプロジェクトは終了となった。

その結果、秩序のない間取りになり、直接屋根につながる階段や壁に窓ではなくドアがある等、奇妙な特徴が生まれた。Steven Spewakは、その著書Enterprise Architecture Planningの中で、ほとんどの組織の情報システムはこの家と類似性があることを示し、これらのシステムはウィンチェスター・ミステリーハウスのように構築されていると主張している。つまり計画もアーキテクチャもなく、とにかく構築するという目標だけがあったため、多くのコンポーネントが乱雑に接続され、無秩序に統合され、冗長に構成され、整合性もないということだ（1992、pp. xix-xx）。

アエラのエンタープライズアーキテクチャ・プラン（EAP）チームのメンバーは、このストーリーとSpewakの例えを用いて、エンタープライズアーキテクチャ事例を構築した。このストーリーが社内で評判になり人気が出たのは、情報システムアーキテクチャを開発することの重要性を誰もが理解できるように、簡単な言葉で説明したからである。アエラはまた、低品質のデータが財務に与える影響を評価するために、社内で作成したデータを使用した。

そのプロセスの一環としてEAPチームは、企業の知識労働者がデータを分析し、価値を生み出す意思決定を行うという本来の作業の前に、データの検索、クリーニング、形式変換にどれだけの時間を費やしているかのアセスメントを実施した。平均時間は40%と見積もられた。この統計によりアエラの管理者は、エンタープライズアーキテクチャ・プランを実施する必要性を確信した。付加価値のない時間を費やしている全社員の給与コストだけで、プロジェクトの費用を賄うことができる。しかし本当の狙いは、知識労働者が分析や意思決定に使える時間を増やすことだった。

アセスメントは社内で信頼されているエンジニア、地球科学者、その他の知識労働者を対象としたサーベイで構成された。彼らは同僚や会社のリーダー、すなわちエンタープライズアーキテクチャの導入やデータ品質への投資を最終的に決定する権限を持つ、経営幹部からの信頼を得ているため選ばれた。

インタビューを受けた人が質問されたことは、主に次の2つである。(1) アエラのデータ品質についての意見、(2) 分析や意思決定に使用する前のデータの検索、照合、修正に費やした時間の割合。サーベ

イの参加者は、職場環境で個別に写真も撮られた。

ストーリーと写真は編集され、とても創造的な方法で発表された。一連のスライドを想像してほしい。各スライドには1人の知識労働者の写真、その人物の名前、アエラのデータ品質に関する簡潔な引用、その人物が質の悪いデータの処理に費やした時間の割合が記載されている。そのスライドが使われた様々なプレゼンテーションにおいて、その度重なる反響は同じようなものだった、多くの管理者にとって貴重なエンジニアや地球科学者が、付加価値のある意思決定をする代わりに、質の悪いデータの処理に40％の時間を費やしていることを知ることは、抜本的な改革を求める説得力のある論拠となった。

アエラは、ウィンチェスター・ミステリーハウスのエピソードや社内の写真、インタビュー結果を基に、説得力のあるビジネスインパクト・ストーリーを構築し、その結果5年間で数百万ドルを投じるプロジェクトが承認された。その後の中核となるエンタープライズアーキテクチャ実装（EAI）プログラムは、包括的なデータ品質プロセスに支えられた野心的なシステム開発スケジュールとなった。EAIが始まってから8年間、アエラはアプリケーションアーキテクチャで定義した方針に従って、何百もの種類の異なるレガシーシステムを堅牢なアプリケーションに置き換えることに成功した。各プロジェクトには作業プロセスを標準化し、将来のデータ品質エラーを防止し、既存のデータエラーを修正するための具体的な計画が含まれていた。データの検索、クリーニング、形式変換にかかる時間は大幅に削減された。

ステップ4.7関連性と信頼の認識には、アエラ・エナジー社の知識労働者を対象とした別のサーベイの例がある。

低品質データの代償

この例はエピソードのテクニックと一緒に掲載されており、インパクトの見積もりがいかに迅速に定量化できるかを示している。**テンプレート4.4.3**では、業界調査の数値と計算例を用いている。自分自身の数字や計算式を加えてみてほしい。もちろん実際の数字はここに挙げた例よりも小さくなることも、はるかに大きくなることもある。どのような数字であれ、低品質データが組織に与える影響について議論するための出発点として有用である。組織のコンテキストの中で意味のある選択をする。2列目の計算では、1列目のパーセンテージよりも低い割合を使用していることに注意する。このような試算をする場合は、控えめにすることをお勧めする。それでも通常、数字は想定よりはるかに大きくなる。

テンプレート 4.4.3 低品質データの代償

公式	計算（控えめな%を使用した例）	低品質データがもたらすインパクト（例）	その他の質問または計算
収益：多くの企業では、低品質データの推定コストは収益の15～25%（SMR）			
収益×15～25%	1億ドル×15% = 1,500万ドル	2019年、組織における低品質データの推定コストは1,500万米ドル	あなたの組織では何パーセントだと考えられるか。 データの品質を高め、低品質データのコストを下げることで節約した資金で、他に何ができるか。
浪費時間：知識労働者（データや情報を利用する人）の時間の最大50%が、低品質データによって浪費されている（SMR）。これは必要なデータを見つけるために費やす時間、エラーを修正する時間、他のソースからデータを探す時間、持っているデータが信頼できないためにデータを作り直す時間、質の低いデータから生じるミスに対処する時間に起因する。			
知識労働者の人数×知識労働者1人当たりの週の労働時間×50%。	チーム：メンバー10人×週40時間×45% = 週180時間 組織：従業員15,000人×週40時間×45% = 週270,000時間	チームでは、低品質データのために週に180時間が浪費されていると推定される。 組織では、品質の低いデータのために週に27万時間が浪費されていると推定される。	月、四半期、年の単位で推定する。給与を使用しドル換算する。 組織全体で計算する。 無駄な時間を減らすことができれば、チームや組織は他に何ができるだろうか。
作成されたデータのエラー：新規に作成されたデータレコードの平均47%に、少なくとも1つの重大な（例えば業務に影響を与える）データエラーがある（HBR）。			
毎週作成されるデータレコード数×47%	10,000 × 45% = 4,500	毎週作成される1万件のレコードのうち、推定4,500件には少なくとも1つの重大なエラーがあり、それがビジネスに悪影響を及ぼしている。	月、四半期、年の単位で推定する。 具体的には、そのエラーがビジネスにどのような影響を与えるのか。
データへの信頼：重要な意思決定に使用するデータを完全に信頼している管理職は16%（SMR）			
マネージャー数×16%	5,000人のマネージャー×20%	社内の5,000人の管理職のうち、意思決定に使用するデータを完全に信頼しているのは1,000人に過ぎない。	あなたの組織では何パーセントだと思うか。 彼らがデータを信頼しない理由は何か。 それは意思決定の質にとって何を意味するのか。

参照元
(SMR) = https://sloanreview.mit.edu/article/seizing-opportunity-in-data-quality/ Thomas C. Redman著（2017年11月27日）
(HBR) = https://hbr.org/2017/09/only-3-of-companies-data-meets-basic-quality-standards Tadhg Nagle, Thomas C. Redman, David Sammon著（2017年9月11日）

ステップ4.2 点と点をつなげる

ビジネス効果とコンテキスト

データ品質プロジェクトに着手する前に、データと品質問題が実際にビジネスにとって重要なものであることを常に確認すること。データ品質評価に4カ月を費やした、というようなことを度々話した。ビジネス関係者と話したら、「興味深いけど、自分には関係ない」と言われた。このテクニックを使って短い時間を使い、関心のあるデータをビジネスニーズに結びつけることができればどんなに良いだろう。もちろんプロジェクトの早い段階で他者とコミュニケーションを取り、関わりを持つことも、間違った道を歩むことを避けるのに役立つ。

子供の頃、点つなぎパズルを見たことがある人は多いだろう。**図4.4.3**を見てほしい。子供が左のパズルを完成させたら、「リンゴだ！」と驚くだろう。しかし、大人は線を引かずともパズルを見るだけで、それが何であるかが分かる。次に右のパズルを見ると、これはやや複雑だ。これは何か。白鳥と答える人がほとんどであるが、カエルだと答えた人もいた。スイレンの葉があるかららしい。ある人にとっては明白に思えることでも、別の人にとっては明白であるとは限らない。（そして、スイレンの葉に注目した友人のように、誤った答えに自信を持ってしまう人もいる）。複雑な環境では、ビジネスニーズの点とデータの点をつなげるのは必ずしも容易ではない。このテクニックはまさにその手助けをしてくれる。

> **定義**
>
> **点と点をつなげる（ビジネスインパクト・テクニック）。** ビジネスニーズとそれをサポートするデータとの関連を説明する。

図4.4.3 点つなぎパズル

このテクニックにより、ビジネスニーズとそれを支えるデータとの結びつきが確立される。プロジェクトがあまり先に進む前の**ステップ1**では、データ品質の問題がビジネス上の関心事に関連していること、あるいは関心事であるビジネスニーズにとってどのデータがスコープ内にあるべきかを、明らかにしたり検証したしたりするのに適している。

点と点をつなげるテクニックは経験や軽微なリサーチが必要かどうかにもよるが、1時間以内でできる。そのつながりを知ることは、なぜ提案するプロジェクトに誰かが関心を持つのかを、ビジネス用語を使って説明するのに役立つ。これはどのデータの品質評価をするべきかを確認するための第一歩である。

図**4.4.4**のテクニックの説明を参照。

状況
まず、議論されている状況を数行で示す（図には示されていない）。

次に、その状況に当てはまる以下の分野について説明する、

ビジネスニーズ
具体的なビジネスニーズは何か。どの組織にもビジネスニーズがある。ビジネスニーズは、顧客、製品、サービス、戦略、ゴール、問題、機会、あるいはそれらの組み合わせに関連するものである。

プロセス、人／組織、テクノロジー
プロセス、人／組織、テクノロジーは、ビジネスニーズを満たす能力を支えている。どのビジネスプロセスが、明示されたビジネスニーズを満たす能力を支えているか。プロセスに関与し、ビジネスニーズを満たす能力をサポートするのはどのような人／組織か。その人／組織によって、どのようなテクノロジー（アプリケーション、システム、データベース等）が、そのプロセスにおいて明示されたビジネスニーズを満たすために使用されているか。

情報
ビジネスニーズを満たすために、プロセス、人／組織、テクノロジーによってどのような情報が利用されているか。例えばレポートやユーザーインターフェース、アプリケーション画面にはどのような情報があるのか。

データ
情報を構成するデータは何か。情報は私達がデータと呼ぶ個別の要素、事実、または関心のある項目で構成されている。これは私がデータと情報を区別している数少ない場所の一つである。

左側のビジネスニーズから右側のデータへのパスをたどれば、データとビジネスニーズが直接つながることになる。

4つの点のどの点も、出発点にできる。例えばまずデータを見て、それからビジネスニーズに逆戻りする。覚えておいて欲しいのは、データ品質のためにデータ品質を実施するのではない、ということだ。データ品質に問題がある場合、その問題に対処すればビジネスにとって重要な変化をもたらすことを確認しなければならない。あるいはデータから始め、逆の順序で質問をする。

- データ品質の問題を数行で説明する。これが状況である。
- 懸念されるデータや情報を列挙する。
- どのテクノロジー（アプリケーション、システム、データベース等）がデータを格納し、情報を利用可能にするのか。その情報を利用するのはどのようなプロセス、どのような人／組織か。
- プロセスや人／組織が情報をどのように使っているのか。なぜ使っているのか。これがビジネスニーズにつながる。

このテクニックは**ステップ1ビジネスニーズとアプローチの決定**において、プロジェクトで検討しているデータ品質の問題が、実際にビジネスが重視するニーズに関連しているかどうかを簡単に確認したり、ビジネスニーズから始める場合はそれに関連するデータを確認したりするために、概要レベルで効果的に機能する。例については、**サンプルアウトプットとテンプレート**を参照のこと。

アプローチ

1. セッションのセットアップ

これは3〜5人の少人数で行うのが効果的だ。個人でもできる。特別なツールは不要だ。紙、フリップチャート、ホワイトボード、あるいはバーチャルミーティングで代わりになるものに、4つの点を描く。

テクニックの概要を説明する。このステップの情報と例を使用する。

2. 点と点をつなげる作業プロセス

どの「点」を出発点にするかを決める。4つのエリア（点）のうち最もよく知っているものから始め、全

図4.4.4　点と点をつなげるテクニック

てつながるまで、どちらかの方向に向けて作業を進める。**図4.4.4**の手順と**サンプルアウトプットとテンプレート**にある例を使って、どのような順序でも各点を通して作業する。

例にあるような概要レベルから始めると良いだろう。**ステップ1**でこれを使用する場合は、プロジェクトの初期段階であることに注意する。全ての詳細は必要ないが、データとビジネスニーズの間の関連性を示す必要がある。これはビジネスインパクトを示す最初の容易な方法である。概要レベルの点は、ビジネスニーズと、関連する概要レベルのデータ、プロセス、人／組織、テクノロジーを特徴付けることによって、十分にプロジェクトのスコープを表すことができる。

必要であれば、さらに詳細に掘り下げることもできる。このテクニックはメタデータやデータガバナンス等、データに関するあらゆることに利用できる。

3. 結果の明確化、文書化、活用

点と点をつなげて得られたことを記述する。「データ用語」は要注意。データ専門家ではない人の言葉、つまりビジネスの言葉で話す。結果の伝え方については例を参照のこと。

結果に対して「エレベータースピーチ」を使う。つまりなぜこのプロジェクトでデータ品質が重要なのかと質問されたら、30秒以内に要約できること。その結果をプレゼンテーションや廊下での会話で利用する。ゴールはビジネスインパクトについての全てを知ることではなく、正しい方向に進んでいることを確認し、潜在的なプロジェクトスポンサーやステークホルダーに、データ品質プロジェクトが推進する価値がある理由を示し最初の一歩を踏み出すことだ。

サンプルアウトプットとテンプレート

点と点をつなげる例 - 小売業

オンライン小売業でのこのテクニックを使用した例を**図4.4.5**に示す。

- 状況：出荷時間レポートの正確性に懸念。このレポートは1日2回作成され、注文を受けてから出荷されるまでの時間を追跡する。
- 出発点はレポートの情報である。
- レポートはどのように使用されるか。出荷部門の管理者がレポートを分析し、必要に応じて出荷プロセスを調整する。レポートはシステムABCで生成される。
- これらの管理者の仕事、出荷プロセス、システムABCを使っているという事実によって、どのようなビジネスニーズが満たされているだろうか。注文を受けてから24時間以内に全ての商品を出荷するという、「ビジネス遂行の原則」に基づく会社の約束を守る能力を支えている。必要であれば、なぜ24時間以内の出荷が重要なのかをさらに説明し、「これは競合他社との差別化になる」、「当社の顧客はそれを求めている」といった答えにつながるかもしれない。
- 点と点をつなげる一連の作業にはまだ1つ欠けている部分があり、それはデータである。納期を追跡する1日2回のレポートには、どのようなデータが含まれているのか。注文日、出荷日、出荷場所等のデータだ。

今、データとビジネスニーズを結びつけている。なぜそれが役に立つのか。「正確なレポートが必要だ」と言う代わりに、「ご存知のようにこの会社は注文を受けてから、24時間以内に全ての商品を出荷するという約束を守っていることに誇りを持っています」と説明できる。私達はこのレポートに従って生活し、顧客はそれを頼りにしている。私達の管理者は製品が24時間以内に出荷されるかどうかを確認するために、出荷時間レポートを頼りにしている。これらのレポートに記載されている情報は、プロセスや担当者の必要な調整を行うために不可欠なものである。報告書のデータが信頼できなければ、顧客との約束を実際に果たしているかどうかを確認することができない。そのつながりを示すことで、相手が「それは知らなかった。この件についてさらに話す時間を設定できるか」と答える可能性が大幅に高まる。

データ品質の問題が、出荷日に関するものだったらどうだろう。また、リソースを使ってその調査をすることの重要性に異議を唱える者もいる。データから始めて、ビジネスニーズにまで働きかけることができたはずだ。裏付けもなく「品質の高い出荷日情報が必要だ！」と声高に言う代わりに、「管理者が出荷プロセスを監視するために1日2回の出荷時間レポートを使用していることはご存知であろう。気づいていないかもしれないが、出荷日はこのレポートの不可欠な部分である。これらのレポートに信頼できるデータがなければ、注文を受けてから24時間以内に全ての商品を出荷するという約束を、実際に守っているか確認することができない。ご存じのように、これは当社が事業を遂行する上での基本原則である」

その違いが分かるだろうか。このテクニックがビジネスインパクトに関する全ての質問に、答えられるわけではないということは忘れないでほしい。しかしビジネスインパクトを概要レベルで示すことができる、最初で最も簡単な方法の1つである。「出荷日が悪い！」と言い続けて、なぜ誰も耳を貸さないのか不思議に思うよりもずっと効果的にプロジェクトの価値を語ることができる。

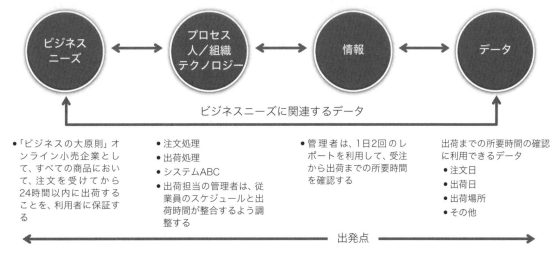

図4.4.5　点と点をつなげる例 – 小売業

点と点をつなげる例 - メタデータ

点と点をつなげるテクニックを使って、メタデータとビジネスニーズを結びつける例を**図4.4.6**に示す。

- **データ**。今回のメタデータのケースの出発点はデータである。この会社にとってのエンタープライズ・メタデータの定義は、組織の2つ以上の部門で使用されるあらゆるデータだ。このメタデータには、定義と実行される具体的な計算という2つの重要な側面がある。
- **情報**。そのデータは、会社全体で一貫性をもって計算されることを求めており、評価尺度やスコアカードに使用される。
- **プロセス**。これらのスコアカードや評価尺度は、生産のサポート、経費管理、ボーナスの支給、社内の目標に対する進捗状況の追跡といった、必要なプロセスで使用される。
- **ビジネスニーズ**。これらは全て、会社が成長しているかどうか、利益も増加しているかどうか、その他の数値目標を達成しているかどうかを、管理者が判断する際に利用される。この情報はまた、株主に正確な進捗状況を説明するためにも必要である。

メタデータは今やビジネスニーズと結びついている。メタデータがいかに重要かということに、誰も耳を傾けてくれないと嘆くのではなく、「わが社が利益を上げて成長しているかどうかを把握するためには、生産、成長、経費、ボーナスに関連する評価尺度やスコアカードの情報にかかっている」と言えるようになることで、メタデータに関心を持ってもらえる可能性が大幅に高まる。これらは全て、高品質のメタデータに依存しており、会社全体で一貫した計算が行われるようにすることで、経営上の意思決定や株主への報告の結果を信頼できるようにしている。

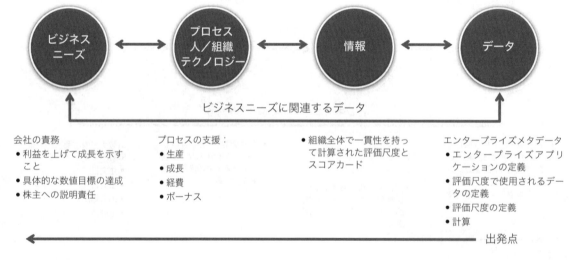

図4.4.6 点と点をつなげる例 – メタデータ

> 🎯 **ベストプラクティス**
>
> ビジネス用語とデータ用語の違い。　ビジネス用語とデータ用語の違いを認識する。「高品質の請求データが必要だ」はビジネスニーズではない。ビジネスニーズがあるからこそ、高品質のデータが必要なのだ、「私達の顧客は、過大請求がされていると不満を抱いており、その問い合わせの電話連絡によってサポートの時間とコストも増加している。過少請求を受けている顧客がいることも早くから確認されており、それが収益の損失につながっている」。ビジネス用語とデータ用語のどちらの説得力があるか。
>
> ビジネス用語とデータ用語を混同するのはよくある間違いだが、この区別は重要である。「品質の高いデータが必要だ」と言われても、ビジネス関係者が行動を起こすことはほとんどない。最終的にはデータ品質が自分たちの利益となるとしても、データがビジネスニーズをどのように支えているかの理解なくして、データ品質への取り組みを支持してもらえる可能性はない。

ステップ4.3 用途

ビジネス効果とコンテキスト

用途はビジネスインパクトを示す、もう一つの簡単な方法である。このテクニックでは、データや情報が現在どのように利用されているか、また将来どのように利用される予定か（該当する場合）を把握する。このテクニックは時間がかからず複雑ではないテクニックとして、相対軸の左側にある。これはデータの使用方法の多さだけで、データがビジネスに影響を与えていることを示す低コストな方法である。

現在の用途は、POSMAD情報ライフサイクルの適用（Apply）フェーズからである。適用フェーズとは、トランザクションの完了（例、注文の受付、請求書や出荷伝票の作成、保険請求の締め、予約のスケジューリング、処方箋の記入）、レポートの作成、レポートに基づく意思決定、自動化プロセスの実行（例、電子送金、自動クレジットカード決済）、他の下流アプリケーションへの継続的なデータソースの提供等、情報のあらゆる利用を指す。

将来の用途は、ビジネスの長期戦略計画、当年度のロードマップ、事業部門やチームのゴールや目的から見出すことができる。

> **定義**
>
> **用途（ビジネスインパクト・テクニック）** データの現在および将来の用途をリスト化する。

アプローチ

1. プロジェクトスコープ内での、データと情報の現在の用途の列挙

情報ライフサイクルの適用フェーズを参照する。情報の実際の使用例、使用している人々や組織、またアクセスされる技術的なアプリケーションを含む。

2. 将来の用途のリストアップ

ビジネス計画とロードマップを確認する。ビジネスプロセス分野や技術的なアプリケーションの管理者と話す。

3. 可能な限り使用状況を定量化

現在の使用状況をできるだけ定量化する。例えば広く使われているレポートをリストアップした場合、それを使っている人の数と頻度を特定する。利用者の数だけが重要性を表す指標ではないことに注意する。ある会社ではCEOが毎週株式市場に報告するレポートが重要視されていたということもある。レポートを作成する人は、その内容に基づいて意思決定や行動を起こす他の人にレポートを引き継ぐことが多いので、その作成者たちの数も利用者数に計上する。

ステップ2.3関連するテクノロジーの理解で説明したCRUDを思い出してほしい。技術パートナーと協力して、スコープ内のデータに対して何人がどのような種類のアクセス（作成（Create）、読み取り（Read）、更新（Update）、削除（Delete））を行っているかを確認する。アプリケーションの使用状況を知る手がかりとなる読み取り（Read）操作には特に注意が必要である。

4. 結果に基づく分析、統合、提案、文書化、行動

その用途を、参照元や裏付けデータ、有形無形のインパクト、定量化できる側面、得られたこと（意外なことはなかったか）、初期の提案と共に記録する。

大抵の人はその情報が、自分たちのやっていることの裏付けになっていることをある程度のレベルでは感じているにもかかわらず、単純なリストでさえビジネス担当を驚かせ注意を向けさせることがよくある。ある企業ではアカウントマネジメント、営業担当者の割り当て、問い合わせ／対話履歴、顧客関係マネジメント（CRM）、資料請求、ダイレクトメール・プロジェクト、イベント登録等、顧客データの全ての用途をリストアップするだけで課題が注目され、既知のデータ品質問題に対処するプロジェクトを、サポートするための追加の動機付けはほとんど不要だった。

サンプルアウトプットとテンプレート

10ステップの実践例のコールアウトボックスは、まったく異なる2つの組織が、それぞれどのように用途のビジネスインパクト・テクニックを活用できたかを示している。

Chapter 4

第4章　10ステッププロセス

 10ステップの実践例

用途のビジネスインパクト

グローバル企業

あるグローバル企業は顧客マスターのデータにフォーカスしていた。簡単な調査で数人に話を聞いたところ、そのデータの現在の用途と利用者は次のようなものであることがわかった。

- マーケティング部門による市場計画とウェブ・マーケティングでの使用
- 営業部門による新規顧客の開拓での使用
- 製品発表チームによる新製品発売時の潜在顧客の特定での使用
- ブランドチームによる使用
- データ取得部門による顧客データの追加購入時の使用
- 財務部門によるコンプライアンスのための使用
- 他のプロジェクトの顧客レコードの基盤データとしての使用

このことをプロジェクトのスポンサーと話し合ったところ、彼はすでにその情報が現在どのように活用されているかを認識していることが分かった。彼は顧客マスターデータの本当の価値は、それが次年度のビジネス戦略の基礎となる要素であると指摘した。顧客マスターデータ品質プロジェクトがコストをかけるほど重要だと判断されたのは、この将来の用途だった。その結果、このプロジェクトのビジネスインパクトに関するあらゆるコミュニケーションに、将来の用途が含まれることになった。

水資源マネジメント

ある政府の水マネジメント地区は、管理すべき重要な資産であるデータなしにはそのミッションを果たせないという認識を高めていた。彼らは、地区のデータマネジメントにおけるデータガバナンスの重要性を伝えたいと考えており、プログラムのゴールに対するサポートを維持する必要があった。用途というテクニックは、ビジネスインパクトとデータの価値を示すために使用された4つのテクニックのうちの1つである（他のテクニックは、エピソード、ビジネスインパクトを探る5つのなぜ、プロセスインパクト）。これらの迅速な評価は、認知度を高め、支持を得るためのコミュニケーションのコンテンツとなった。以下は、水質に関するデータの用途である。

- モデルの調整
- 義務付けられた報告要件の充足
- アドホック分析の実行
- レポートの作成
- レポートに基づく意思決定
- 自動化されたプロセスの実行
- 他の下流アプリケーションや利用への継続的なデータソースの提供
- 法的要件の準拠と法廷での正当化
- 仮説の検証

> 注：モデルの例等、それぞれの例を示すと役立つことが多い。レポート、自動化されたプロセス、下流のアプリケーション等は、名前を付けて列挙することもできる。しかしこの短いリストがあるだけでも、ビジネスインパクトを素早く示すことができる。

ステップ4.4 ビジネスインパクトを探る5つのなぜ

ビジネス効果とコンテキスト

ビジネスインパクトを探る5つのなぜ は、個人、グループ、チームで使える簡単なテクニックである。このテクニックはトヨタで開発されたもので、もともとは製造業で根本原因を探るために使われていたものである（ステップ5根本原因の特定ではその目的で使われる）。ここでも真のビジネスインパクトを突き止めるために、同じ考え方を応用する。このテクニックは基本的に質問と回答の往復という構造を持つインタビューであり、既知のデータ品質問題から始まり、ビジネスインパクトを判断するために「なぜか」と5回問いかける。5番目の「なぜ」に答える頃には、低品質なデータがビジネスにどのような影響を与えるのかを明確にできるようになっているはずだ。

定義

ビジネスインパクトを探る5つのなぜ（ビジネスインパクト・テクニック）。データ品質がビジネスに与える真の影響を認識するために、「なぜ」を5回問う。

かつて誰かがこう尋ねた「なぜ、なぜ、なぜと聞かれるのはイライラするのではないか」これは、2歳児が親に対して「どうして芝生は緑色なの、なぜ空は青いの」と質問を浴びせるインタビューではない。ポイントは掘り下げて次のより深い質問をすることだ。その質問は必ずしも「なぜ（Why?）」ではないかもしれない。「誰（Who?）、何（What?）、どこ（Where?）、いつ（When?）、どのように（How?）、どのくらいの頻度で（How often?）、どのくらいの期間（How long?）」かもしれない。

このテクニックは一般的なデータ品質問題に対して、またはステップ3のデータ品質の評価で見つかった特定のデータ品質問題に対して使用できる。

ベストプラクティス

エピソードの収集と併せて使用。 ビジネスインパクトを探る5つのなぜを、エピソードの収集（**ステップ4.1**）と組み合わせる。最後の「なぜ」にたどり着いたら、具体的な状況についての詳細を収集し、その内容を使ってよりよいストーリーを伝える。

Chapter 4

第4章　10ステッププロセス

アプローチ

1. 低品質データによる問題の明確化
これはデータ品質の評価（ステップ3データ品質の評価を参照）で明らかになった問題か、またはまだ評価されていない特定のデータが持つ他の既知のデータ品質の問題かもしれない。

2. インタビューの準備
誰の協力を求めるかを決める。もし適切な経歴があれば、あなた自身が「5つのなぜ」に取り組むこともできる。別の人や少人数のグループとのインタビューも効果的だ。会議の段取りを決める。何を達成したいのかを説明する。関係者が必要な経歴を持ち、参加する用意と意志があることを確認する。

3. インタビューの実施
会議の冒頭で雰囲気を作り、出席者に安心感を与える。ベストプラクティスのコールアウトボックスを参照のこと。どのような問題が検討されているのか、全員が分かるようにする。メモを取るか、ホワイトボードに答えを書いて、全員に見えるようにする。簡単な会話にする。別の疑問詞（何が、どこで、いつ、誰が等）で同じ結果が得られるなら、毎回「なぜ」という単語を使う必要はない。

> **ベストプラクティス**
>
> **適切な雰囲気作り。** 最初から回答者に安心感を与えるようにする。質問に答える人に対して、まるで犯罪者の取り調べであるかのように感じさせないようにする。質問されると身構えてしまい、「何を望んでいるのだろう。期待した答えをしなかったらどうなる。この質問は何を意図しているのだろう」と考えるのは自然なことである。相手に心地良さを感じさせることで、そのような感情を防ぐべきだ。例えば、
>
> 「こんにちは！ お時間いただきありがとうございます。メールにも書きましたが、毎週、何万という商品が未確認のまま店頭で販売されているという現状があります。これは、お客様がチェックアウトして商品代金を支払う際に、商品コードがPOSでスキャンされないことが原因なのです。私達は、商品マスターデータの品質の低下がこの問題の一因となっていることに気付いています。
>
> なぜこの問題が会社にとって重要なのか、それについてもっと知る必要があります。皆さんはこの分野を経験されていると伺っております。そこで、いくつか質問させてください。なぜ、誰が、いつ、どこで、等お尋ねします。ですが堅くなられることはありません。これは調査ですので、お答えには正解も間違いもありません。このデータ品質の問題が与えるビジネスインパクトを理解するためのものです。もし答えが分からなくても大丈夫です。一緒に問題を掘り下げていきましょう。よろしいでしょうか。一緒に問題の奥深くまで旅しましょうか。始めるにあたって何か質問はありますでしょうか」。
>
> 自分がそこにいる理由や背景を説明し、自分もリラックスし、相手もリラックスできるように手助けし、一緒に楽しんだ方が良い。

4. 結果に基づく分析、統合、提案、文書化、行動

その他のアイデアについては、第6章の同名のセクションを参照のこと。あなたが得たことを、参照元や裏付けデータ、発見された有形無形の影響、定量化できる側面、得られたこと（確認事項や驚いたこと）、初期の提案と共に記録する。

サンプルアウトプットとテンプレート

次の2つの例は、ビジネスインパクトを探る5つのなぜ、を使った結果を要約したものである。注意：これらの例は会話の最終結果を示している。これらには、前後の対話、「なぜ」に加えて使用された全ての疑問詞、そしてビジネスインパクトに至る議論を示していない。

例1 – 報酬のためのレポートの質

問題：データウェアハウスから出力されるレポートの情報品質に不満がある。
質問：なぜデータの品質が重要なのか。
回答：データはレポートに使用される。
質問：どんなレポートか。
回答：売上週報である。
質問：売上週報はなぜ重要なのか。
回答：営業担当者の報酬は、これらのレポートに基づいて決定される。
質問：なぜそれが重要なのか。
回答：もしデータが間違っていれば、非常に有能な営業担当者の報酬が低くなるかもしれないし、別の営業担当者の報酬が高くなるかもしれない。
質問：なぜそれが重要なのか。
回答：もし営業担当者が報酬を信頼していなければ、報酬の数字をチェックしたり、再チェックしたりすることに時間を費やすだろう。

情報品質の低さを営業担当者へのインパクトという観点から論じることができれば、「レポートは間違っている」と言うよりもずっと有意義だ。

例2 – 不正確な在庫データ

問題：在庫データが正しくない。
質問：なぜ在庫データが重要なのか。
回答：在庫データは在庫レポートに使用される。
質問：なぜ在庫レポートが重要なのか。
回答：調達部門が在庫レポートを使用する。
質問：調達部門は在庫レポートをどのように使用しるのか。
回答：調達部門は在庫レポートに基づいて購入の決定を行う。調達は製造のために部品や材料を発注する（または発注しない）。
質問：なぜ調達の決定は重要なのか。
回答：在庫データが間違っていると、調達部門が適切なタイミングで購入できない可能性がある。部

品や材料の不足は製造スケジュールに影響を与え、顧客への製品発送が遅れる可能性がある。これは会社の収益とキャッシュフローに影響する。

繰り返しになるが低品質データについて、悪いデータが在庫レベル、製造スケジュール、製品から顧客への納期に与えるインパクトという観点から議論することができれば、「レポートが間違っている」と言うよりもはるかに有意義である。

ステップ4.5 プロセスインパクト

ビジネス効果とコンテキスト

回避策はデータの品質の低さを隠す。一旦、回避策がビジネスプロセスの通常の一部となると、人々は変更ができることに気付かない。低品質データが、コストのかかる問題や不必要な混乱を引き起こしていることに気付かない。低品質データがプロセスに与える影響と、その結果生じるコストを示すことで、企業はこれまで不明確であった問題への対処について、十分な情報に基づいた意思決定を行うことができる。プロセスの問題に対処することは、データの品質を高めるだけでなく、効率を高めることにもつながる。

このテクニックは他の個人と協力して一人で行うか、ビジネスプロセスの知識を持った小さなチームで行うことがほとんどであろう。このテクニックは、「時間と労力の相対軸」の中間に近い。

 定義

> **プロセスインパクト（ビジネスインパクト・テクニック）。** データ品質が業務プロセスに与える影響を説明する。

アプローチ

1. 良いデータを使用した場合と悪いデータを使用した場合のビジネスプロセスの概要
ステップ2情報環境の分析の情報ライフサイクル、またはその他のビジネスプロセス・フローを出発点として使用する。以下を説明する。

- 先ず、高品質データを使ってうまく機能している時のビジネスプロセスがどのようなものか。
- 次に、同じビジネスプロセスが低品質データではどうなるか

不良データによる影響に対処するためだけに追加で必要だと思われる活動やサポートも含めるようにする。サンプルアウトプットとテンプレートのセクションを参照。

2. 良質なデータと欠陥のあるデータのプロセスにおける違いの分析

これは多くの場合、その違いを説明するだけで対策を講じる必要があることが明らかになる。必ずしもコストを数値化する必要はない。ビジネスプロセスを改善するための提案事項を確認する。

3. 必要に応じ、インパクトの定量化

数値化するのに適したプロセスのステップに注目する。サンプルアウトプットとテンプレートのセクションの例を使用する。受け入れられない問題の調査および解決にどれだけの時間が費やされているか。誰が責任を持ち、その担当者の労働時間を賃金に換算するといくらになるか。

計算を深く掘り下げる場合、ステップ4.10低品質データのコストとこのテクニックを組み合わせることもできる。

4. 結果に基づく提案と文書化

文書化する際には、その結果や有形無形のインパクト、定量化されたインパクトを理解するために必要な、裏付けデータが含まれていることを確認する。ビジネスプロセスを改善するための初期の提案を含める。

サンプルアウトプットとテンプレート

サプライヤーのマスターデータの例
背景

あるグローバル企業においてデータの品質を向上させるために、次年度にどのような作業を行うべきかの決定の責任は、担当のエンタープライズ・データスチュワードにあった。そのサプライヤーのエンタープライズ・データスチュワードは私のワークショップに参加した後、プロセスインパクトのテクニックを使い2つのプロセスフローを開発した。一つは高品質のデータに対するもので、もう一つは低品質のデータに対するものだった。

良いデータによるプロセス

図4.4.7は、サプライヤーのマスターレコードの作成から利用までのプロセスを示している。このプロセスの主要な判断ポイントは、図の中央の菱形で示された「サプライヤーのマスターレコードの設定申請はOKか」と確認するところにある。以前の仕事から、サプライヤーのエンターライズ・データスチュワードは、設定申請が次のような理由で却下される可能性があることを知っていた。それは情報が不完全または間違っている、依頼が重複している、承認されていない、文書がない、従業員の依頼が正しくない、等である。

設定申請が却下される理由の75％は、情報が不完全または間違っている、つまり低品質データのための却下であることが知られていた。標準的なプロセスをよく確認し現在のプロセスの現実を認識すれば、プロセスをより効率的にするための改善策を必要とする領域が見えてくるはずだ。これらは別の機会に改善のための提案となり得るし、そうすべきだが、今の目的は良いデータと悪いデータの両方で現在のプロセスを確認することだ。

悪いデータによるプロセス

図4.4.8は、サプライヤーのマスターレコードの作成から使用までの同じプロセスを示している。今回は低品質データ（「申請はOKか」の回答がNo）の場合である。設定申請が却下された場合、以下のような影響が出た、

- サプライヤーへの注文、サプライヤーからの請求書の支払い、従業員への経費精算に時間がかかる。
- 中央データマネジメント・チームによる再処理（申請の却下、調査および解決の確認、更新された申請の再確認）
- 元の申請を提出した申請担当者による再作成（調査および再提出のため）

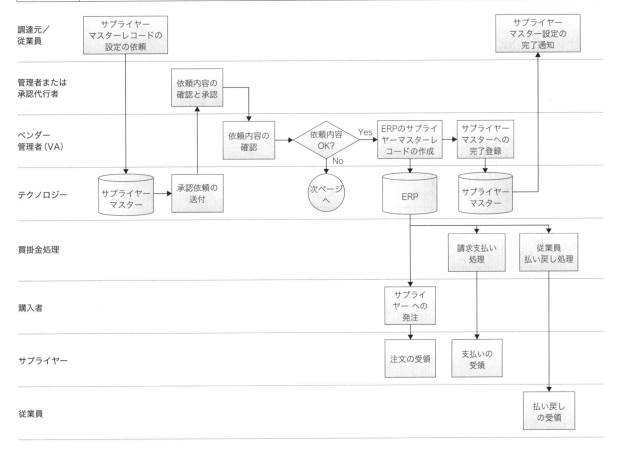

図4.4.7 プロセスインパクトの例 － 高品質データの場合のサプライヤーのマスターレコード

- サポート社員による差異関連の作業（調査および解決）
- 従業員の満足度の低下
- サプライヤーの満足度の低下（その多くは同社の顧客でもある）
- 未払いによる会社のサービス損失

この2つの図は、データが良い時のプロセス（標準的なプロセス）と、データが悪い時のプロセス（新しいサポート担当と、複数の担当に影響する異なるプロセス）を明確に示している。

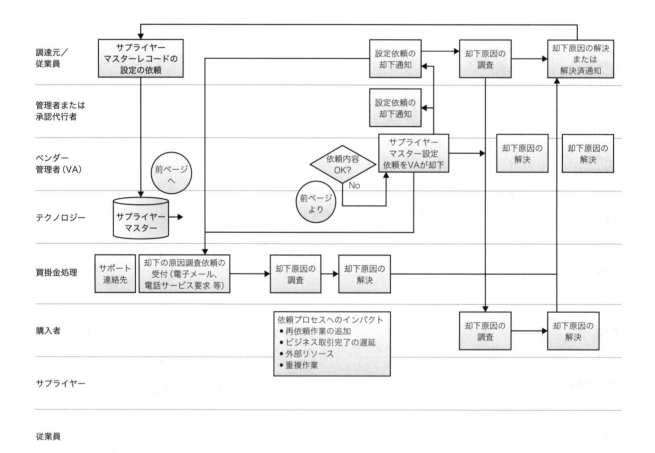

図4.4.8 プロセスインパクトの例 − 低品質データの場合のサプライヤーのマスターレコード

インパクトの定量化

サプライヤーのエンタープライズ・データスチュワードは、プロセスの一部の役割を担う人（スイムレーンで名前が挙げられている）にインタビューすることで、それらの影響の一部を定量化した。タスクを完了するのにかかる時間、従業員のタイプ、役割と場所に基づく賃金を調べた。**表4.4.3**にスプレッドシートを示す。そして1カ月のコストを数値化し、1年間のコストを推定した。

表4.4.3 サプライヤーマスターレコード 低品質データによる再作業のコスト

A	B	C	D	E	F	G
依頼の却下による再作業のコスト（不正確または不完全な情報による）	1回の却下にかかる時間（時間）	1時間あたりのコスト	却下1件当たりのコスト（B×C）	月間の却下件数 **	年間却下総数	年間総コスト（D×F）
米国人従業員1名（初回の申請、調査、再申請）	3	$50	$150	150	1800	$270,000
米国従業員1名（サポート／調査）	2	$50	$100	150	1800	$180,000
他国の従業員1名（申請を確認し、却下する）	2	$20	$40	150	1800	$72,000
低品質データのために却下された申請の再作業にかかる年間推定人件費の合計						$522,000

単位、米ドル　数値のサンプルは単なるイメージ
仮定** 1か月の全ての申請却下数は200、不完全または間違っている情報により却下された依頼がそのうちの75%を占める。

結果

データの良し悪しによるプロセスの違いを視覚化したインパクトは、目を引くものだった。この視覚化と定量化されたインパクトの合計は、サプライヤーのエンタープライズ・データスチュワードがその年のデータ品質プロジェクトの資金を獲得するのに十分説得力のあるものだった。満足度の低下等全てのインパクトを定量化できるわけではないが、結果を提示する際にはそれらも含めることが重要である。

ステップ4.6 リスク分析

ビジネス効果とコンテキスト

オックスフォード英語辞典はリスクを次のように定義している、「損失、傷害、その他の不利となる、または好ましくない状況の可能性、そのような可能性を含む機会や状況」（OED Online, 2020）。

私達はリスクについて、家庭や職場における物理的な危険に関連して考えることが多い。低品質データは、組織に損害を与える可能性があるため、リスク分析はビジネスインパクト・テクニックとしてここに含まれる。リスク分析では、低品質データから発生し得る悪影響（危険または危険な状況）、それが発生し得る可能性の高さ、実際に発生した場合の被害の深刻さ、リスクを軽減する方法を評価する。

> 📖 **定義**
> **リスク分析（ビジネスインパクト・テクニック）**。品質の低いデータから起こりうる悪影響を特定し、それが起こる可能性、起こった場合の重大性を評価し、リスクを軽減する方法を決定する。

Stanley KaplanとB. John Garrickは、1981年に発表した論文、**リスクの定量的定義について**（On the Quantitative Definition of Risk）の中で、リスクについての重要な考え方を指摘しており、それは現在でも使われている、リスクには不確実性と何らかの損失や損害の両方が含まれる。リスクは主観的なものであり、かつリスクを評価する人にとっては相対的なものである。つまり定性的には、リスクはその人が何をしているか、何を知っているか、何を知らないかによって決まる。例えばある人が単にリスクを認識しているだけなら、その人にとってのリスクは減少する。リスクの大小はあるがゼロになることはない。基本的にリスク分析には、3つの問いに対する回答が含まれる。「1）起こり得ることは何か。すなわち、何がうまくいかない可能性があるのか。2）それが起こる可能性はどの程度か、3）もし起こった場合、どのような結果を生むか。(Kaplan and Garrick,1981)。

このビジネスインパクト・テクニックは、データと情報の品質マネジメントに適用可能な、リスクを分析するテクニックの一つである。これは人々の経験を活用し、リスクレベルが意思決定へのインプットとなるように答えを定量化するものである。

アプローチ

1. リスク分析の準備
自分以外の人が関わるあらゆる活動と同様に、準備が成功の鍵である。リスク分析に関係する人を特定する。数人でのセッションを行うが、直接顔を合わせて会議を行うこともあれば、オンラインビデオ会議の場合もある。出席者を招待し、必要に応じて上司にも通知する。出席者にはその場に呼ばれた理由を知らせ、準備はできているか、参加する意志はあるかを確認する！

セッションの進行役を決める。会場（対面またはバーチャル）を決定し、必要な機器を準備する。**事前に開催の背景に関する資料や準備のための資料を配布し、セッション中に使用する資料を準備する**。話し合いのための質問事項については、例と共に示すことが常に有効である。参加者に空白のテンプレートからコンテンツを提供してもらいたいのか、それとも自分達がすでに実施した作業に対してレビューしてもらい、フィードバックをしてもらいたいのか。

ビジネスインパクトの評価の計画の詳細情報は、第6章 その他のテクニックとツールのデータ取得とアセスメント計画を参照のこと。

2. リスク分析テンプレートについての議論と情報の記入
以下のサンプルアウトプットとテンプレートのセクションにある手順とテンプレートを使用し、リスクアセスメントを実施するプロジェクトの状況に応じて調整する。

3. 文書化と提案の最終化、このステップで得た知見の活用

必要に応じてアクションを最終化し、文書化する。このステップで生じた問題とアクションアイテムを追跡する。ここで得た結果や知見は、プロジェクトや10ステッププロセスの適切な場所へのインプットとして活用する。詳しくは、第6章 その他のテクニックとツールの結果に基づく分析、統合、提案、文書化、行動を参照のこと。

情報のリスクマネジメントの詳細については、Alexander Borek, Ajith K. Parlikad, Jela Webb, Philip Woodall著Total Information Risk Management、Maximizing the Value of Data and Information Assets (2014) を参照されたい。

サンプルアウトプットとテンプレート

リスク分析

テンプレート4.4.4リスク分析と以下の説明を参考に、リスク分析を進めるとよい。もちろん分析実施日、参加者、場所、進行役等の議事を文書化する。どの列を使用するかはリスク分析を行う時に、プロジェクトがおかれている状況によって異なるかもしれない。例えば、

- **ステップ1ビジネスニーズとアプローチの決定**で、プロジェクトでどのビジネスニーズとデータ品質問題に取り組むべきかのインプットとしてリスクを使用する場合は、列1〜列5と列8を使用する。
- **ステップ5根本原因の特定**または**ステップ6改善計画の策定**で使用する場合は、列1〜列8を使用する。

列1. 何がうまくいかない可能性があるのか。
危険、危険な状況、危害の原因となるリスクを特定する。誰が危害を受ける可能性があるか（組織全体、事業部門、チーム、個人、顧客）。どのような危害を受けるのか。

列2. それが起こり得る可能性は。
リスクが何らかの形で実際の損害に変わる可能性を判断する。以下の尺度を使用する、5 = ほぼ確実、4 = 可能性が高い、3 = 可能性あり、2 = 可能性は低い、1 = 極めて低い

列3. もし起こった場合、どのような結果を生むか。
以下の尺度を用いてランク付けを行う。損害の重大性を示す、1 = ほぼ影響なし、2 = 小規模、3 = 中規模、4 = 大規模、5 = 大惨事

列4と列5. リスクスコアとレベル。
第2列と第3列を掛け合わせてリスクスコアを算出し、4列目に記入する。**図4.4.9** リスクスコアとリスクレベルのチャートを参照して総合リスクレベルを確認し、5列目に記入する。
ステップ1において、項目リストの優先順位付けのためにリスク分析を使う場合、まだリスクを軽減する方法を決定するのに十分な情報がないため、6列目および7列目は省略できる。この場合も8列目の最終判断と措置については議論し、文書化する。ステップ5と6で、根本原因の特定、それに対する具体

的な提案事項の特定、改善計画の策定を行っている場合は、6列目と7列目も使用するとよい。

列6. リスクはどのように軽減できるか。
リスクが発生する可能性を低減させる、何らかの方法でリスクをコントロールする、あるいは発生時の損害を軽減させるために取ることができる措置（対策）を検討する。対策は複数あり得る。関連するリスクの下に、それぞれの対策を独立した行に記載する。

テンプレート 4.4.4 リスク分析

1	2	3	4	5	6	7	8
何がうまくいかない可能性があるのか。	それが起こり得る可能性は。	もし起こった場合、どのような結果を生むか。	リスクスコア	リスクレベル	リスクはどのように軽減またはコントロールできるか。	軽減策の効果は。	最終判断と措置。
危険、危険な状況、危害の原因となるリスクを特定する。誰が、または何が危害を受ける可能性があるか。	リスクが何らかの形で実際の損害に変わる可能性。以下の尺度を使用する。5 = ほぼ確実 4 = 可能性が高い 3 = 可能性あり 2 = 可能性が低い 1 = 極めて低い	損害の深刻さ。以下の尺度を使用する。1 = ほぼ影響なし 2 = 小規模 3 = 中規模 4 = 大規模 5 = 大惨事	2列目と3列目を掛け合わせる。	リスクスコアとリスクレベルのチャートを使用してリスクレベルを割り当てる。	リスクが発生する可能性を低減させる、あるいは発生時の損害を軽減させるために取ることができる措置（対策）を検討する。対策は複数あり得る。実施済みの軽減策を示す。関連するリスクの下に、それぞれの対策を独立した行に記載する。	その軽減策は、リスクを大幅に減らすか、多少減らすか、あるいは小さな効果か。	**ステップ1ビジネスニーズとアプローチの決定**でどのビジネスニーズとデータ品質問題に取り組むべきかのインプットとして利用する。**ステップ5根本原因の特定**もしくは**ステップ6改善計画の策定**で根本原因と具体的な改善提案を特定する際に、リスク軽減のための措置をリストアップする、またはリスクを受容することを決定する。
1.							
2.							
Etc.							

Mansfieldの How to Write Business Plan (Your Guide to Starting a Business) (2019) に基づく。

リスクスコア・チャート							リスクレベル・チャート	
		起こった場合の影響度					全体スコア	リスクレベル
		ほぼ影響なし (1)	小規模 (2)	中規模 (3)	大規模 (4)	大惨事 (5)	15以上	最高
起こる可能性	ほぼ確実 (5)	5	10	15	20	25	9 to 14	高
	可能性が高い (4)	4	8	12	16	20	5 to 8	中
	可能性あり (3)	5	6	9	12	15	4以下	低
	可能性は低い (2)	5	4	6	8	10		
	極めて低い (1)	1	2	3	4	5		

Simon Mansfield, **How to Write a Business Plan (Your Guide to Starting a Business)**, Kindle Edition (2019) に基づく

図4.4.9 リスクスコアとリスクレベルのチャート

列7. 軽減策の効果は。
軽減策の効果をランク付けする、リスクを大幅に減らす、多少減らす、小さな効果。

列8.最終判断と措置。
ステップ1では、どのビジネスニーズとデータ品質問題に取り組むべきかを決定するためのインプットとして使用する。決定事項を文書化する。実施すべき措置には必ずオーナーと期日を割り当てる。
ステップ5もしくはステップ6の場合は、次の判断をする。

- リスクを軽減するための措置（対策）を取る、または
- リスクを容認し、措置を取らない

ステップ4.7 関連性と信頼の認識

ビジネス効果とコンテキスト

この評価軸では、個別インタビュー、グループワークショップ、オンラインサーベイ等、形式化されたサーベイ手法を用いて、データや情報を使用もしくは管理する人々の意見を収集する。サーベイのきっかけが、データを使用または管理する人々にとって最も重要で、有用で、価値のあるデータや情報は何か（ビジネスインパクトの指標）を理解することであれば、サーベイはそこにフォーカスして設計することになる。しかし彼らと接点があるうちに、データの品質に対する彼らの意見や信頼も明らかにすることは意味がある。

ユーザーにサーベイを実施する理由は、ビジネスインパクトの観点からもデータ品質の観点からも推進できるため、ここではビジネスインパクト・テクニックとして**ステップ4.7**に含め（全体の手順と例を示す）、またデータ品質評価軸として**ステップ3.1**にも含める（最小限の手順とこのステップへの関連を示す）。データ品質評価軸であれ、ビジネスインパクト・テクニックであれ、その定義は同じである。

> **定義**
>
> **関連性と信頼の認識（ビジネスインパクト・テクニック）。** 情報を利用する人々、およびデータを作成、維持、廃棄する人々の主観的な意見のことである。1) 関連性 - どのデータが彼らにとって最も価値があり重要であるか。2) 信頼 - 彼らのニーズを満たすデータの品質に対する信頼。

プロジェクトがどの段階にあるかによって、サーベイは異なった目的を果たすことができる。例えば、
1) 関連性 – 以下の観点から、どのデータが彼らにとって最も**価値があり重要**であるか。
    - ユーザーに影響を与えるデータ品質の問題の発見
    - プロジェクトがフォーカスすべき問題の優先順位付け
    - どのデータを最優先に評価、管理、維持すべきかの決定
2) 信頼 – 以下の観点からのデータの**品質に対する信頼度**
    - 低品質データがユーザーの職責に与えるインパクトを理解し、データ品質への取り組みに対するビ

ジネスケースの構築に役立てる。
- ユーザーがデータについてどのように感じているかを理解し、品質に関する彼らの**意見**を他のデータ品質評価による**実際**の結果と比較する。これによりコミュニケーションを通じて、認識と現実とのギャップに取り組むことができる。

プロジェクト完了後の継続的なコントロールの一環として、この評価軸の評価を毎年または隔年で実施できる。これは従業員の満足度サーベイが実施されるのと同様だ。時間の経過に伴う評価結果の傾向を比較し、次の点を突き止める。1) 管理されているデータが依然としてユーザーにとって関連性があるかどうか。2) データ品質の問題の防止ための措置が、期待されるデータの信頼性向上に繋がっているかどうか。

アプローチ

1. サーベイの準備
第6章 その他のテクニックとツールのサーベイの実施を参照。このステップにある一般的な手順を、個々のゴールに合うように調整し、適用する。必要であれば、サーベイの作成と実施に経験豊富な人に協力を求める。

サーベイ目的の決定
サーベイ結果に基づいてどのような決定を下すかを決める。適切な意見を得るためには、どのような質問が必要か。何を、どのくらい詳細に知る必要があるのか。一般的なビジネスレベルでの回答が得られれば良いのか。より詳細なデータのサブジェクトレベルの回答が必要なのかを決定する。多くの場合、ビジネスインパクトの観点からのサーベイでは、データ品質に起因する質問よりも一般的な質問が多くなる。

目的を達成するために、どのデータストアまたはアプリケーションに関して、どのデータまたは情報のセットに対して、どの程度の詳細レベルで質問すべきかを明確にする。フィールドごとのような細かいサーベイは、多くの場合、効果的ではない。参加に抵抗を感じるかもしれないし、より広い視点から質問をした場合よりも得られるものが少ないかもしれない。例えば以下のような方法で、関連性と信頼の認識を尋ねることができる。

- ユーザーがレポートやダッシュボード上の情報をどのように見るか。
- アプリケーションやソフトウェアの画面上の項目名。
- データサブジェクトまたはオブジェクトレベル。例えば住所または住所の種類（顧客住所、配送先住所、請求先住所、患者住所、病院所在地等）。
- データエレメント・レベル。例えば、住所1行目、住所2行目、市、州または省、郵便番号、国（前述の通り、詳細すぎることが多い）。

サーベイ対象者の決定
情報を利用する人だけをサーベイするのか、データを管理（作成、更新、削除）する人も対象とするの

かを決める。レポートやアナリティクスを使用して意思決定を行う管理職のためにより概要レベルの情報を示す1つのサーベイ票を用意し、トランザクションを完了するためにデータを使用する担当者のために同じデータをより詳細なレベルで示す別のサーベイ票を用意するとよいだろう。

意図していた母集団の全員をサーベイ対象者とできない場合は、代表となるサンプルを選んで参加させる。回答者の氏名、役職、機能エリア（国等）／事業部門／部署／チーム、グループ内の同様の役割の総数を記録する。サーベイ参加者が、質問に答えるのに適切な知識と経験を持っていることを確認する。

サーベイ対象者がどのような人たちなのか、データをどのように利用するのかを念頭に置いておくこと。細部にこだわらない人もいるだろう。サーベイ対象者ごとに異なるサーベイを行うこともできる。例えばデータ入力をしている人や現場レベルでデータを使用している人に対するサーベイは、担当顧客を理解するために情報を使用している営業担当者や、様々なレポートで情報を使用している経営幹部に対するサーベイよりも詳細かもしれない。データを作成する側にとっても、詳細なレベルよりも概要レベルで彼らの認識を理解する方が役に立つかもしれない。

あるプロジェクトでは、特定のアプリケーションを使用している知識労働者を対象にサーベイすることにした。その結果は、プロジェクトで取り組むべきデータ品質問題の優先順位付けに使われる予定だった。プロジェクトチームは、そのアプリケーションにログインしている人のリストを出力しようとしたが、古いリストしか見つからなかった。離職した人、職責が変わった人、同僚とIDやパスワードを共有した人等である。言い換えればユーザーリストの品質が非常に低かったため、データ品質サーベイに誰を含めればいいのかが分からなかったのだ。データの品質に関するサーベイを開始する前に、ログインしたユーザーリストを最新化する作業を完了しなければならなかった！

サーベイ方法の選択とサーベイ手段の準備
サーベイを実施する理由、希望する回答者、参加者数等から、サーベイ手段を設計する。有用な結果を得るために情報を明確に提示し、回答者が質問内容を理解できるようにする。ここでは、プレゼンテーションの品質のデータ品質評価軸が適用される（**ステップ3.10参照**）。

回答者の視点からサーベイを考える。なぜサーベイを実施するのか、結果はどのように利用されるのかを説明する。回答者および回答者が所属する組織にとってのメリットも記述する。サーベイの機密性と、（サーベイによっては）各回答からは個人が特定されないことを明記する。サーベイ結果の返送期限と、問い合わせ先を記載する。

回答者の氏名、役職、所属する機能エリア（国等）／事業部門／チーム等、サーベイ結果の分析に役立つ適切な情報を把握する。対面または電話でアンケートを実施する場合は、日時、場所、回答者、インタビューを実施する人、同席する人等を記録する。

サーベイ対象者の人数にもよるが、対面またはビデオ会議を通じて直接インタビューすることが効果的だ。測定可能な尺度を用いて回答ができるいくつかの質問をする。これは、結果を分析する際に回答を定量化するのに役立つ。さらに、自由回答を求める質問を入れることで、さらなる対話を促すことがで

きる。そうすることで、貴重な詳細が明らかになり、回答者が直面している課題のより完全な姿が見えてくることも多い。

サーベイ対象者の人数が多く、直接インタビューができない場合は電子的にサーベイを実施し、回答を明確にしたい場合は、必要に応じてフォローアップの電話をかけるということもできる。

サーベイは構造化された質問ではなく、会話を促すために自由回答を求める質問にすることもできる。一方、データをより深く掘り下げ、より構造化する必要がある場合もある。概要レベルと詳細レベルの両方のサーベイ例と、優先順位付けのインプットとして認識のサーベイの結果を使用する方法については、**サンプルアウトプットとテンプレート**のセクションを参照のこと。

サーベイのプロセスと時期の概要の決定
プロジェクトのスケジュールの中で、いつサーベイを実施するかを決める。準備に必要な時間や、サーベイ結果を利用したい時期を考慮する。以下のような項目の方法と時期を決める。

- サーベイ参加者への通知、参加の確認
- サーベイの実施
- 回答の収集
- 回答の分析
- 結果の共有

2. サーベイの実施
計画に従ってサーベイを実施する。回答数と回答率を確認する。サーベイ期間中に必要に応じて調整を行う。完了基準（締切日や回答数等）を満たした時点でサーベイを終了する。

3. サーベイ結果に基づく分析、統合、提案、文書化、行動
詳細は第6章 その他のテクニックとツールの同名のセクションを参照のこと。結果を分析する。データ品質とビジネスインパクトに関して、これまで認識していなかったことで分かったことは何か。どのような行動計画が確認できたか。新たに必要となる行動は何か。今すぐ必要となる行動は何で、待つべき行動は何か。

データ品質プロジェクトの前に認識確認サーベイが行われた場合（**サンプルアウトプットとテンプレート**にある例を参照）、認識確認サーベイの結果と他の評価結果による実際のデータ品質を必ず比較する。問題のデータの重要性が高いと仮定した場合、

- **認識されている品質は低く、実際の品質は高い場合**。コミュニケーションと関係性を活用して、認識と現実のギャップを埋め、知識労働者が安心してデータを利用できるようにする。
- **認識されている品質は低く、実際の品質も低い場合**。問題があることを認め、それに取り組むための計画を立て、実施しようとしていることを共有する。
- **認識されている品質は高く、実際の品質は低い場合**。組織には大きなリスクがある。直ちに品質問題に取り組み、実施しようとしていることを共有する。

Chapter 4

第4章　10ステッププロセス

- 認識されている品質が高く、実際の品質も高い場合。この良い情報を共有する！

結果を共有する時は、単に発見されたことを提示するだけでなく、反応を見極める時間を設ける。何を予想しており、何が驚きだったのか。サーベイの結果による決定事項や措置を彼らが理解したことを確認する。人々とのコミュニケーションや関係性に関するその他のアイデアについては、**ステップ10**を参照のこと。ステークホルダーのリストを参考にし、サーベイ前と分析完了時の両方に誰を関与させるかを決める。

- プロジェクトスポンサー
- プロセスやアプリケーションのオーナー等、サーベイの結果によって影響を受ける可能性のあるその他のステークホルダー
- プロジェクトチームのメンバー
- サーベイ回答者
- サーベイ回答者の上司

常に文書化し、将来参照できるようにする。いくつかの知見は、プロジェクトの今後の段階で使用される。

サンプルアウトプットとテンプレート

サーベイ - ビジネスニーズとデータ品質問題の発見

サーベイのゴールが重要なビジネスニーズやデータ品質問題を明らかにし、データ品質プロジェクトがフォーカスするものを決めるのに役立てることであれば、以下のような質問で構成できる。

- あなた自身にとって、チームにとって、事業部にとって、組織全体にとって、最も重要なビジネスニーズ（顧客、製品、サービス、戦略、ゴール、問題、機会等）は何か。
  - これらがなぜ重要なのか。
  - そのビジネスニーズに関連するデータは何か。
  - どのようなプロセス、人／組織、テクノロジーがそのビジネスニーズに関連しているか。
- データ品質の欠陥が問題となった、具体的な状況や解決すべき課題点は何か。
  - そのインパクトは何か。
  - その状況に関連するデータは何か。
- あなたにとってデータ品質とは何を意味するか。
- あなたの観点から、このプロジェクトが取り組むべき最も重要なビジネスニーズやデータ品質問題は何か。

もちろんニーズに合わせて修正し、質問を受ける人にとって意味のわかりやすい言葉を使い、質問内容を理解してもらうために例を挙げる。この種のサーベイは、個別面接形式で行われることが多い。

サーベイ - データ品質によるビジネスインパクトの理解

アエラ・エナジーLLCの情報品質プロセスマネージャーであるC. Lwanga Yonkeは、知識労働者の観点からのデータ品質のインパクトを示すため、ステークホルダーを対象にサーベイを実施した。サーベ

イは60人以上の知識労働者（エンジニア、地球科学者、技術者等）に送られ、2つの質問で構成された。「1) 品質の低い情報の影響で悪いことが起こった例を挙げてほしい。可能であれば、業務面での影響を説明し、生産損失やドル換算で定量化してほしい。2) 繰り返しにもなるが、品質の高い情報の効果で良いことが起こった例を挙げてほしい。」

寄せられたエピソードや事例は1つの文書にまとめられ、社内に広く共有された。この文書が威力を発揮したのは、IT部門やデータ品質チームの声ではなく、情報利用者の声を捉えたからである。全てのエピソードは知識労働者のものであり、会社の業務プロセスを遂行する能力に、データ品質が影響を与えることを説明するのに最も適した人々である。

このサーベイ結果報告書には、いくつかの目的があった。

- 様々なデータ品質改善プロジェクトのための行動を起こすための根拠を構築するのに役立った。
- アエラのデータ品質プロセス全般に対する幅広い支持を固めるのに役立った。
- 低品質情報のコストと、情報品質改善プロジェクトの投資対効果を定量化する方法を他の人に示すためのトレーニングマニュアルに使用された。あるエンタープライズアーキテクチャ実装プロジェクトのリーダーが、具体的なデータ品質プロセスの改善とデータ修復作業をプロジェクト計画に組み込むために、いくつかのストーリーを用いて支持を集めたこと。ルワンガ氏はこのような例も懐かしそうに思い出す。

また別の例として同様のサーベイ結果が、アエラのエンタープライズアーキテクチャ実装プログラムの承認と資金確保にどのように利用されたかのついては、**ステップ 4.1 エピソード**を参照。

データ品質とビジネスインパクトの詳細サーベイ
テンプレート4.4.5は、関連性と信頼の両方について、構造化された詳細な質問をするための方法を示している。

サーベイのヘッダー部分は、回答者のための簡単な紹介と、回答者の所属等属性に関する統計情報を収集するためのものからなる。

サーベイの本文には以下の2つの骨子があり、回答者は提供された尺度を用いて具体的なデータを検討し、意見を述べる。

- この情報は、自分が職務を遂行する上で重要である（関連性や価値を示す）。
- 個人の見解では、この情報の品質は信頼でき、仕事を遂行するのに適している（データの品質に関する認識を示す）。

関連性、重要性、ビジネスインパクト、価値は、ここではほぼ同義である。信用、確信性、品質、信頼性も、この目的ではほぼ同義である。サーベイ対象者にとって最も理解しやすい言葉を使う。

自由回答を求める質問も含まれることに注意。自由回答を求める質問を使用する場合は、回答者が回答を入力するための十分なスペースを確保しておく。

目的に合わせて質問を修正し、データまたは情報の詳細レベルを調整する。サーベイ対象者やサーベイ方法（電子版またはハードコピー等）に合わせてフォーマットを設定する。

選択肢を決める。結果を分析する際に役立つように、サーベイの各選択肢に番号を割り当てることができる（例、強く同意＝5、から下は、全く同意できない＝1）。**第 6 章のサーベイの実施**のサーベイ選択肢のオプションを参照のこと。

テンプレート4.4.5 関連性と信頼の認識に関するサーベイ

サーベイの紹介：							
名前：							
機能／事業部門／チーム：							
役職／肩書き							
職務の簡単な説明							
関連性または価値							
	この情報は、自分が職務を遂行する上で重要である						
	強く同意	同意	どちらともいえない／決められない	同意できない	全く同意できない	該当せず、この情報は使用せず	この情報の利用方法
顧客名							
顧客のEメール							
Etc.							
Etc.							

認識確認のサーベイ結果を優先順位付けに活用

表4.4.4はデータの関連性／重要性／価値と、データの品質に対する信頼／確信性の両方についての認識確認に関するサーベイ結果を分析する際に使用する。どのデータをデータ品質プロジェクトに含めるべきかを、決定するためのインプットとして使用する。

表4.4.4 認識の分析 - 関連性と信頼

データの関連性／価値の認識			データ信頼感／品質の認識			分析
このデータは、職務を遂行する上でどの程度重要か。			個人の見解では、データの品質はどうか。			
低	中	高	低	中	高	認識に基づいて取るべき行動：
X			X			低重要度／低品質：このデータに時間をかけない。
X				X		低重要度／中品質：このデータには時間をかけない。
X					X	低重要度／高品質：このデータには時間をかけない。
	X		X			中重要度／低品質：データが現在の重要なビジネスニーズに関連している場合、このデータに時間を費やす可能性がある。
	X			X		中重要度／中品質：データが現在の重要なビジネスニーズに関連している場合、このデータに時間を費やす可能性がある。
	X				X	中重要度／高品質：実際の品質を検証する。
		X	X			高重要度／低品質：データが現在の重要なビジネスニーズに関連している場合、データ品質プロジェクトに含めるべき最も優先度の高いデータ。他のデータ品質評価を通じて実際の品質を検証する。
		X		X		高重要度／中品質：データが現在の重要なビジネスニーズに関連している場合、データ品質プロジェクトに含める優先順位の高いデータ。他のデータ品質評価を通じて実際の品質を検証する。
		X			X	高重要度／高品質：データが高品質であることが確認できれば、データ品質改善プロジェクトに含める必要はない。

ステップ4.8 費用対効果マトリックス

ビジネス効果とコンテキスト

費用対効果マトリックスのテクニックは、各項目の効果（ベネフィット）と費用（コスト）の関係を評価、分析し、それらを費用対効果マトリックスに配置することで、問題、提案、改善、機会のリストに優先順位をつけるものである。これは標準的な品質技術であり、データや情報の品質にも有効である。

 定義

費用対効果マトリックス（ビジネスインパクト・テクニック）。問題、推奨案、改善施策の効果と費用の関係を評価し、分析する。

Chapter 4
第4章 10ステッププロセス

このテクニックは、10ステッププロセスの中のいくつかのポイントで使用できる。これを使用して代替案を検討し、優先順位を付け、次のような問いに対する答えを導き出すために使うことができる。

- データ品質プロジェクトとしてフォーカスすべき問題や機会は何か（ステップ1ビジネスニーズとアプローチの決定）。
- どのデータ品質評価軸を評価すべきか（ステップ3データ品質の評価）。
- データ品質の評価から判明した問題のうち、インパクトが大きく、継続して根本原因の分析を進めることが求められるものはどれか（ステップ5根本原因の特定）。
- 予防、修正、発見等、どのような改善提案を実施すべきか（ステップ6改善計画の策定）。
- データ品質プログラム（プロジェクトではない）にとって、来年達成すべき最も重要なゴールで、プログラムのロードマップに含めるべきものはどれか。

アプローチ

1. 費用対効果の優先順位決定セッションの参加者の選出と準備

このテクニックは定例会議中にプロジェクトチームと実施することも可能ではあるが、多くの場合、何名かのステークホルダーを集めて個別のセッションとして行われる。議論をリードする中立的な立場の進行役、書記担当を選ぶ。プロジェクトチームのメンバー、スポンサー、ビジネスプロセスのオーナー、アプリケーションのオーナー、対象分野の専門家、スチュワード等、優先順位を決定する項目に精通している人を招集する。招集するのは大きなグループを代表できる、数人に限定する。

出席者が必要な背景を理解し、達成しようとしていることを支持し、参加に備えることができるように準備する。話し合いの方法と評価を得る方法を決める。創造性を発揮できること。これは、ビデオ会議でも、PowerPoint等のプレゼンテーションプログラムでもできる。また、ホワイトボードや大きな紙のシートに付箋を貼ったり、印を付けたり等の、従来の方法でもできる。議論に基づいての評価を素早く変更することができ、優先順位付けの流れを妨げずに強化できる方法であれば、どのような方法でもよい。

2. 優先すべき項目リストの最終化と定義

優先すべき各項目をリストアップし、明確にする。各項目にタイトルを付け簡単な説明を加えることで、何を優先するのかが明確になる。図4.4.10費用対効果マトリックスとリストのテンプレートを参照のこと。各出席者には簡単に参照できるように、またセッション中にメモを取るためにリストのコピーを配布すべきである。

3. 費用と効果の尺度を決定

マトリックス上の各軸を定義し、優先順位を決定する際に使用する尺度を決定する。言い換えれば、費用と効果は何を意味するのか。

検討するにあたって、以下の例を参考にしてほしい。

効果の例としては、以下のようなものがある。

- インパクト - その提案が実装された場合のビジネスへのプラスのインパクト、高、中、低等。
- 期待される利益または費用削減
- 成果 – パフォーマンスや機能
- 顧客満足度の向上
- ビジネスニーズをサポートする具体的な項目
- レポートの可用性 - データを受け取ってからレポートで利用できるようになるまでの時間の短縮
- ビジネスまたはデータマネジメント・プロセスの簡素化
- その他、組織にとって有益な指標

費用の例としては、以下のようなものがある。

- 提案事項の実装に要する期間。例えば、この改善はxカ月で実施できる、低＝1カ月、中＝3カ月、高＝6カ月以上。
- コスト - ドル換算での相対的な支出。例えば、この提案の実装にはxドルかかる、低＝10万ドル以下、中＝50万ドル、高＝100万ドル以上。
- ソリューションの実装に必要となる特定のスキル、知識、または経験豊富なリソース
- その他、組織にとって意味のあるその他のコスト指標

尺度は質的なもの（例、顧客の視点）でも量的なもの（例、作業完了時間への影響）でも構わない。マトリックスの各軸の尺度、用語、定義、例を最終的に決定する際には、優先順位付けの対象に適用でき、優先順位付けを行う人々にとって意味のあるものであることを確認する。

図4.4.10 費用対効果マトリックス とリストのテンプレート

4. セッションにおける、各項目の評価と、費用対効果マトリックスへの配置

会議の前に最終化した情報を使用する。例えば顧客満足度が効果の重要な基準である場合、ランキングをつける際に、「提案事項1における顧客満足度（低いものから高いもの）に対するインパクトは何か」と尋ねるだろう。

実装に要する期間がコストの重要な基準である場合、「提案事項1の実装に要する期間（短いものから長いものまで）は」と尋ねる。ランク付けの際に考慮する基準は複数あってもよいが、管理可能な範囲（多すぎない）にすること。

ランク付けはチーム全体で行うことも、個人で行うこともできる。一人一人が自分の評価を迅速に書き出し、グループで話し合うという方法もある。もう一つの方法として、様々な選択肢をマトリックス上に配置し、様々な意見で議論を重ね、最終的な配置について合意に達するというものもある。各配置の合意に速やかに達することがゴールである。最終ランキングがマトリックス上に視覚的に配置されるようにする。

このテクニックは正確な数字を計算するために、何日もかけるようなものではない。最も有効なのは、その場にいる人々の知識と経験に基づいた、一次的な「直感」によるアプローチである。リストの優先順位が決まったら、必要に応じて優先順位の高い項目についてさらに綿密な計算を行うことができる。

5. ランキングの評価、最終的な優先順位の決定、結果の文書化

マトリックスに項目を配置した結果について話し合う。各象限内の定義に従って、それぞれを評価する。（サンプルアウトプットとテンプレートセクションの**図4.4.11**を参照）。評価の結果、当初のランキングが変更される場合は、マトリックス上の最終的な順位に合意する。話し合いのこの時点で、最終的な優先順位を決定するために、項目を互いにランク付けすることが多い。例えばいくつかの項目の評価の結果により複数の項目が象限2に位置づけられることがあるが、その全てを実装することは不可能である。その中で、相対的に最も優先順位の高いものはどれか。

書記担当はマトリックス上の配置と最終的な優先順位を決定するために使用された、仮定や考慮事項を文書化すべきである。会話の全てのポイントを書き留める必要はないが、ある項目について長い議論や意見の食い違いがあった場合は、主要な考え方と最終的な決定に至った経緯を必ず記録すること。セッションの結果を、その場にいない他の人に報告しなければならない。彼らは質問もしてくるので、それに適格に答えるためにその詳細を知っておくとよいだろう。

6. 結果の共有と活用

優先順位が確定した今、何をするかを具体的に決める。得られた知見を行動の指針にする。

- これから行うことは何か、オーナーは誰か。
- 何をしないか、行うべきでないのは何か。
- 活動とプロジェクトの違いは何か。
- 今すぐ始められることは何か。

- より計画が必要なものは何か。

優先順位付けの結果を共有する。選択したものに対するフィードバックを得て、最終的な支持を得る。

サンプルアウトプットとテンプレート

費用対効果マトリックス のテンプレート
図4.4.10は白紙の費用対効果マトリックスである。上記の説明で述べたように、各軸をニーズに合うように修正し、優先順位付けする項目のリストを準備する。

優先順位リスト
テンプレート4.4.6を使用して、優先すべき項目のリストを作成する。これらは以下のようなものである。

- **ステップ1ビジネスニーズとアプローチの決定**でプロジェクトがフォーカスすべきものを選択するための、データ品質問題のリスト。
- **ステップ3データ品質の評価**で評価すべき項目を選択するための、データ品質評価軸のリスト。
- データ品質の評価で判明された問題のリストで、**ステップ5**で継続して根本原因の分析を進めることが求められるものを決定する。
- 具体的な改善提案のリスト。**ステップ6**で詳細な計画を策定し、**ステップ7、8**もしくは**9**で実施すべきものを決定する。
- データ品質プログラムの活動またはゴールのリスト。プログラムロードマップの一部として、どれが最優先かを決定する。
- 選択肢のリストに優先順位をつける必要がある場合、費用と効果を考慮することが有用である。

セッションに参加する人々に、優先順位をつけるべき項目を提供する（左から2つ目と3つ目の欄に記載）。セッション終了後、残りの欄に記入し、優先順位付けの結果を記録する。

費用対効果マトリックス - 成果の評価

各項目を評価しマトリックスに配置したら、その結果をさらに評価しなければならない。**図4.4.11**は4つの象限がそれぞれ何を意味するかを説明している。これを用いて結果を分析し、最終的な優先順位を決定してほしい。

テンプレート 4.4.6 費用対効果マトリックス　ワークシート

	優先順位をつけるべき項目		ランク付け		結果		
No.	タイトル	簡単な説明	効果	費用	最終優先順位	決断の理由／前提	オーナー
1							
2							
3							
Etc.							

費用対効果マトリックス

縦軸：効果（メリット）高〜低　横軸：費用（コスト）低〜高

1. 効果「高」／費用「低」
   即効性
   通常、最初に取り組むべき問題。低くぶら下がった果物（註：解決しやすい問題を意味する）。

2. 効果「高」／費用「高」
   （宝石のごとく）貴重で高価
   非常に重要で価値があるが、時間、労力、リソースを必要とする。インパクトが費用にも増して大きい場合は、#1（左上）よりも先に取り組むべき問題となる。

3. 効果「低」／費用「低」
   連携のみ
   通常は手を付けない#1（左上）や#2（右上）と簡単に連携して実装できる場合は除く。

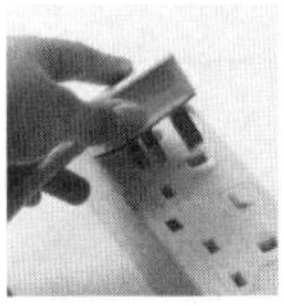

4. 効果「低」／費用「高」
   回避
   利益なく、時間と費用の無駄遣い（相対的に言う場合）。考慮不要。

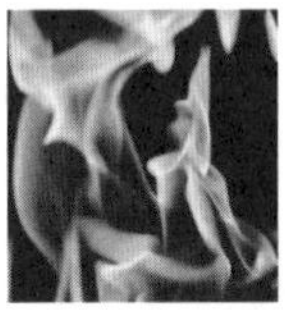

図4.4.11　費用対効果マトリックス – 結果の評価

費用対効果 - データ品質評価軸の優先度

多くの場合、どのデータ品質評価軸を評価するかを選択するのは容易である。しかしリソースの制約の中でどれを評価するのが最善かを決定するのが難しい場合、このテクニックを使用できる。**表4.4.5**はある企業のプロジェクト中で、マトリックスを使ってどのデータの品質評価軸を評価すべきかの、優先順位を決めた結果を示している。なおこのマトリックスは「ペイオフ・マトリックス」と呼ばれ、効果は「回収可能性（Possible Payback）」、費用は「想定労力（Perceived Effort）」という用語が使われている。

表4.4.5 費用対効果 - データ品質の優先評価軸

データ品質評価軸	ペイオフ・マトリックスより（低、中、高）		判断*（YesまたはNO）	判断の理由／判断するにあたっての前提事項
	回収可能性	想定労力		
データ仕様	高	中	Yes	・投資回収率が高いことについての合意は得られているが、労力のレベルは明確ではない ・文書化され、容易に入手可能な標準のみを評価する ・データドメイン、ビジネスルール、データ入力ガイドラインを評価する ・テーブルやデータフィールドの詳細なデータモデルや命名規則は評価しない
データの基本的整合性	高	高	Yes	・プロファイリングツールを使用して、作業を自動化できる ・2カ国のプロファイル・データ
正確性	高	高	Yes	・信頼のおける参照元はまだ決まっていない（例、電話や他の手段等による顧客との直接連絡）
一貫性と同期性	高	中	No	・リソースや期間が足りない ・次のプロジェクトで検討する
適時性	高	中	No	・2カ国のデータを2つのシステムで確認するには期間が足りない ・次のプロジェクトで検討する

*ランキング、議論、回答に基づいた判断。このプロジェクトの一環として、データ品質評価軸を評価するか。YesまたはNo。

10ステップの実践例

費用対効果マトリックス - 1つのテクニック、2つの会社

図4.4.12は費用対効果マトリックスのテクニックが使用された、2つの異なる企業による優先順位付けの企画セッションのアウトプットを示している。これらはこのテクニックがハイテクでもローテクでも、うまく機能することを説明するために提示している。どちらの例もより良い判断を下し、行動に導くために、このテクニックをうまく利用している。

例1

一つ目の例は、あるデータ品質プログラムが次年度に取り組むべき最も重要な項目の優先順位を決定するために、費用対効果のテクニックをどのように使用したかを示している。フリップチャートに優先順位を付けるべき提案ごとに番号を振り、その付箋を貼っただけのものであることが分かるだろう。縦軸は「ビジネスインパクト（Business Impact）」（効果ではない）である。最初の優先順位付けの後、それぞれの象限は、1＝最適（Optimal）、2＝可能性が高い（High

Potential)、3 = 可能性が低い（Low Potential）、4 = ほぼ無し（Unlikely）、と命名された。このセッションの結果は、その後の数年間のデータ品質プログラムの指針となった。ローテクで行われたという事実は、結果の良し悪しとは何も関係がなかった。

例2

二つ目の例はあるデータ品質プロジェクトから得られた、34の具体的な提案事項に対する優先順位付けを示している。その結果、実施すべき「必須項目」の提案が9件、「重要項目」の提案事項が4件となった。その後、作業対象のリストが少なくなったことで、チームと管理者は改善プロジェクトの実施について合意に達した。プロジェクトスポンサーは当初、データのクリーンアップだけを計画していた。彼女は別のアプローチを試して、データの品質をより総合的に見るよう説得された。プロジェクトの終わりに彼女はこう言った。「提案事項の44%は即効性のあるもので、費用は大きくなく、確実な改善をもたらすものだった。クリーンアップのプロジェクトに着手する代わりに、優先順位を付け、どこにお金をかけるべきかを知ることができた」。データ品質プロジェクトがもたらす効果について、素晴らしい気付きであった！

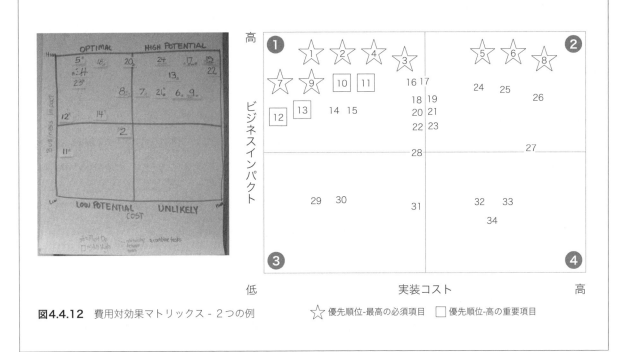

図4.4.12 費用対効果マトリックス - 2つの例 　☆ 優先順位-最高の必須項目 　☐ 優先順位-高の重要項目

ステップ4.9 ランキングと優先順位付け

ビジネス効果とコンテキスト

業務担当者に「あなたのビジネスにとって最も重要なデータはどれか」と尋ねると、「分からない」と即答されてしまうことが多い。実際には知っているのだが、質問の仕方が正しくないのだ。このテクニックは業務担当者との会話を促し、彼らがその質問に答えられるようにコンテキストを提供する優れた方法である。そのコンテキストとは彼らが関与しているビジネスプロセスであり、彼らのデータの利用方法である。優先順位付けは、とあるデータに欠落や誤りであった場合に、それらのビジネスプロセスが

受けるインパクトに基づいて行われる。同じデータでも用途によって優先順位は異なる。ランキングとビジネスインパクトの判断は、データを実際に使用する担当者、あるいはデータ使用を再形成する新しいビジネスプロセスや実務を設計する担当者が行うのが最適である。

このテクニックは次のような場合に有効である。

- ステップ1 ビジネスニーズとアプローチの決定における、プロジェクト全体にとって最も重要なデータである重要データエレメント（CDE）の特定。
- ステップ9コントロールの監視における、特定のデータフィールドのデータ品質目標を設定するためのインプット。

> **定義**
>
> **ランキングと優先順位付け（ビジネスインパクト・テクニック）**。データの欠落や誤りが特定のビジネスプロセスに与える影響をランク付けする。

アプローチ

1. 優先すべき特定の情報を、ビジネスプロセスとその用途と共に決定

フォーカスするビジネスと、ランク付けする特定のプロセスとデータを決定するためには準備が必要である。情報を使用し取得するビジネスプロセスにフォーカスする。情報ライフサイクルのPOSMADの適用（Apply）フェーズを参照する。

ランキングはフィールドレベル、関連する複数のエレメントからなるデータのグループ、または情報のセット等、どの詳細レベルでも適用できる。例として、

- 顧客への郵送を完了させるためには、完全な名前と住所の情報が必要である。
- 高額商品を売り込むには、技術系の購入者の名前、意思決定者、販売サイクルの状態等を知らなければならない。
- CRMプログラムを確立するためには、顧客の名前と住所に加えて、顧客の行動に関する属性を持つ顧客プロファイルを知らなければならない。
- ベンダーに支払いを行うには、完全かつ最新の請求書情報が必要である。

2. 優先順位決定セッションに参加する人の選出と準備

ランキングを実施するには、個別のセッションを持つことが最も効果的な方法である。ビジネスプロセス、情報の利用者、優先順位をつけるデータに基づいて、セッションに招集する人を決める。上級管理職を含め、様々な利害を代表する人を巻き込むことは有効である。そしてここでの質問を検討するプロセスそのものが、データの様々な用途や重要性の理解を促進し、データ品質に対する意識を高め、データ品質の改善をサポートする方法となる。

出席者が必要な背景を理解し、達成しようとすることを支持し、参加に備えられるように準備する。話し合いの方法とランキングを得る方法を決める、必要に応じてすぐにランキングを変更できるようにする。方法は優先順位付けの流れを妨げるものではなく、高めるものでなければならない。中立的な立場の進行役、書記担当、タイムキーパーを決める。

3. ランキングセッションで、最終的にランク付けするプロセスと情報についての合意

何をランク付けするのか、なぜランク付けするのかについて、参加者の間に理解と合意があることを確認する。ランク付けのプロセスを説明し、使用する尺度の各ランク付けについてビジネスでの例を示す（**表4.4.6**参照）。例えば名前に誤った敬称や肩書があっても、郵送処理（すなわち、郵便物を配達する能力）が完全に失敗するわけではないのでCまたはDにランク付けされるだろう。しかしアメリカでは郵便番号が間違っていると完全に失敗（郵便物が届かない）するため、Aランクとなる。

表4.4.6 例-データの欠落や誤りがビジネスプロセスに与える影響

ビジネスプロセス	プロセス別ランキング			
	郵送	レポート	テリトリーマネジメント	
部門	マーケティング	データマネジメント	営業	最終総合ランキング
営業担当者コード	C	A	A	A
敬称	C	C	C	C
連絡先名	B	A	B	A
場所の名前	C	A	A	A
本部名	C	B	B	B
部門名	B	B	B	B
住所	A	A	B	A
市、州、郵便番号	A	A	A	A
電子メール	A	C	A	A

尺度、
A = プロセスの完全な失敗、または財務上、コンプライアンス、法的、その他の許容できないリスクが生じる。
B = プロセスが阻害され、重大な経済的影響が生じる。
C = プロセスへの影響はごくわずかで、経済的影響も最小限である。
N/A = 該当せず

4. 各ビジネスプロセスのデータのランク付け

進行役はランキングを通して出席者をリードする。各プロセスについて、「もしこの情報が欠落していたり、誤っていたりしたら、そのプロセスにどのような影響があるか」と問いかけ、品質の低いデータが及ぼすインパクトについて話し合う。問いかけは組織全体、特定の部門、ビジネスプロセスに適用できる。セッションの前に使用する尺度を決定する。データをランク付けするための尺度としては、

A（または1または高）＝プロセスの完全な失敗、または財務上、コンプライアンス、法的、その他の許容できないリスクが生じる。
B（または2または中）＝プロセスが阻害され、重大な経済的影響が生じる。
C（または3または低）＝プロセスへの影響はごくわずかで、経済的影響も最小限である。
N/A ＝ 該当せず

例えば、「連絡先名」が欠落していたり誤っていたりした場合、テリトリー割当てプロセスにはどのような影響があるか。報告プロセスへの影響は。これらの問いに答えるごとに、出席者がそれぞれの価値判断を行う。各情報と各プロセスを確認しながら。ランキングを続けて、ディスカッションを進めていく。

必要であれば、ランキングを行う人にさらにコンテキストを提供するために、以下の追加の質問を行う。

- データに大きく依存する意思決定とは何か。
- 次のものに関して、このような意思決定がもたらす影響は何か。
  - 収入減。
  - コスト増。
  - ビジネス状況の変化への対応の遅れ。
  - 規制・法的リスク。
  - 顧客、サプライヤー、その他外部関係者との関係。
  - 社会的な制裁と企業の地位。
  - ビジネスプロセスの停止や容認できない遅延。
  - リソースの重大な誤用。

これは主観的なプロセスではあるが、最終的にはデータを使用する人々の知識と経験に基づくため、非常に効果的であることが証明されている。ランキングに「正解」は存在せず、データの使い方と個人の意見に左右される。このプロセスは綿密な分析を必要としない。最初の「直感的な」ランキングはたいてい正しく、それを使うべきである。ランキングを迅速に進め、最初の反応に頼ることで、分析麻痺を避ける。同時に、参加者同士の議論と理解を促す。

セッションの参加者は、常に同じ方法でデータをランク付けするとは限らない。異なる用途やプロセスに対してランク付けを行う場合は、各参加者に個別にデータをランク付けしてもらう。例えば、顧客名は、個人的に直接やりとりをする営業担当者にとって高いランクを与えられるものかもしれないが、報告にだけに関わる担当者からは低いランクを与えられるかもしれない。重要、全てのランキングが終了したら、最終的な総合ランキングを決定する。該当のデータは示されたビジネスインパクトの中で、最も高いレベルで管理されるべきであることを認識する。例えばあるビジネスプロセスでCランク、別のプロセスでAランクであった場合、そのデータはAランクとして扱われるべきであることを示す。

5. データを収集・維持する能力のランク付け（必要な場合に限る）
データを収集し維持する能力に基づいてデータのランク付けを行う。ただし得られた知識が、何らかの

形で意思決定や行動に役立つと考えられる場合に限る。1＝容易、2＝中程度、3＝難しい。データを収集する能力と維持する能力は、そのためのプロセスが大きく異なる場合にのみ、別々にランク付けする。この追加レベルのランク付けが完了した場合、結果を分析の際のインプットとなるものについては、**表4.4.7**を参照のこと。

表4.4.7 ランキング分析

低品質データがビジネスプロセスに与えるインパクト	データ収集／維持する能力	分析時の考慮点
A（または1または高）＝プロセスの完全な失敗、または財務上、コンプライアンス、法的、その他の許容できないリスクが生じる	容易	データはビジネスプロセスにとって非常に重要であり、収集は容易である。これはビジネスが実際にデータを定期的に使用し、収集し、維持していることを意味する。これは確認済か。
	中程度	データは非常に重要だが、収集し維持するのは容易ではない。このことは、データ品質に問題がある可能性があり、データマネジメントのプロセスを改善する必要があるかもしれないことを意味する。
	難しい	データは非常に重要だが、収集と維持が難しい。データ品質が低い可能性が高く、プロセス改善の可能性と必要性が高い。
B（または2または中）＝プロセスが阻害され、重大な経済的影響が生じる	容易	そのデータはビジネスにとってある程度重要であり、収集と維持が容易である。これはビジネスがデータを使用しており、データが実際に収集され、維持されていることを意味する。これは確認済か。
	中程度	正しいデータがないことによる影響を改善するために、データを収集し維持するための追加の労力をかけるほど価値があるかを判断する。
	難しい	正しいデータがないことによる影響を改善するために、データを収集し維持するための追加の労力をかけるほど価値があるかを判断する。
C（または3または低）＝プロセスへの影響はごくわずかで、経済的影響も最小限である	容易	収集と維持が容易であるので、このデータを収集／維持し続けたいと思うかもしれない。データはビジネスに何の価値ももたらさないようにも見える。すでに重要なデータを収集／維持しているプロセスの一環として、容易に実施できている場合に限り、データの収集／維持を継続する。
	中程度	データ収集／維持にリソースを費やしたくないかもしれない。データはビジネスに何の価値ももたらさないようにも見える。しかし、「もしデータをもっと簡単に入手できるとしたら、それはもっと重要になるのではないか」と考え、再確認してみる。もしそうなら、データを収集し維持するためのより良い方法を見つけ出すべきか。もしそうでないなら、そもそもなぜこのデータ収集にリソースを費やすのか。

	難しい	データ収集／維持にリソースを費やしたくないかもしれない。データはビジネスに何の価値ももたらさないようにも見える。もしデータが何の価値ももたらさず、収集／維持が難しいのであれば、そもそもなぜそのデータを収集するためにリソースを費やすのだろうか。データを残しておく価値はあるのか。データを削除したり、知的労働者に警告を出したりして、データの信頼性が低いことを明らかにすることは可能か。

6. 最終的な総合ランキングの決定と結果の分析

個々のランキングには差異がある。最終的な総合ランキングは、全てのプロセスの中で最も高いランキングとする。データを利用する側と、データを作成し管理する側との違いを確認する。

7. 提案の実施、結果の文書化

得られた知見に基づいて提案を行う。この結果は、どの情報が改善すべき重要なものかの優先順位付けに利用できる。またデータ品質目標の評価尺度を設定する際のインプットにもなる。得られたこと（驚いたことや意見の確認を含む）と、その結果に基づく初期の提案を把握する。あるセッションで営業のエリアマネージャーは、配下の営業担当者が自分では使用しない情報を収集することを担当し、それをマーケティングに提供していることに気づいた。その情報はマーケティングプロセスにとって不可欠なものだった。営業エリアマネージャーはその事実を知ったことにより、この情報収集が正確な情報を提供するために重要な時間であることを営業担当者に伝え、意欲を高めた。

 キーコンセプト

ランキングそのものは非常に有用だが、このテクニックの最大のメリットのひとつは同じ情報を利用したり、その品質に影響を与えたりする人たちの間で、普段は交流のない人たちが会話することである。セッションが成功すれば、情報の品質に責任を持つ人々と情報に依存する人々との間の理解と協力が深まる。

サンプルアウトプットとテンプレート

ある世界的なハイテク企業は、低品質データが自社のプロセスに与える影響を把握したいと考えていた。各チーム（マーケティング、営業、データマネジメント）から1名ずつ管理者が参加し、個別のセッションが行われた。セッションに先立ち、各管理者との個別ミーティングが行われ、セッションの理由を説明し、優先順位付けに含めるべきビジネスプロセスのうちどれが最も重要かを最終決定した。各担当がランキングセッションで使用すべき重要なビジネスプロセスを1つ選んだ。

- マーケティング、郵送処理を選んだ（特別なイベント、プロモーション、定期購読等）。
- 営業、テリトリーマネジメントを選んだ（各地区内の営業担当者の地理的配置を維持すること）。
- データマネジメント、レポート処理を選んだ（アカウントリストやテリトリー割り当て等、ビジネ

ス上の意思決定を行うためのもの）

各担当が、このセッションに時間を費やすことは価値があることだと同意した。彼らはセッションに参加する理由を理解しており、参加する用意ができており意志もあった。それぞれの情報は、このステップで概説したアプローチを使って話し合われた。結果を**表4.4.6**にまとめる。最終総合ランキングの列では、全てのプロセスの中で最も高いインパクトのランキングを使用している。例えばあるプロセスがデータの欠落や誤りの影響をAと評価し、別のプロセスがそれをCと評価した場合、最終的な総合順位は平均のBではなくAとなる。チームはその結果をもとに、どのデータの品質を評価するべきかを決定した。

データを収集し維持する能力に基づいて追加のランク付けを行う場合は、**表4.4.7**を使用して結果を分析する。

ステップ4.10 低品質データのコスト

ビジネス効果とコンテキスト

品質の悪いデータは無駄や手戻り、販売機会の損失、ビジネス損失等、様々な形でビジネスに悪影響を与える。このステップでは、評判や意見によってしか理解できなかったかもしれないコストを定量化する。コストを定量化することで、ビジネスにとって最も理解しやすいものさし、つまり金額でインパクトを示すことができる。

> **定義**
>
> **低品質データのコスト（ビジネスインパクト・テクニック）**。低品質データによるコストと収益への影響を定量化する。

このテクニックは、時間と労力の相対軸にあるビジネスインパクト・テクニックの中での右端から二番目のテクニックとなるものである。つまり他の9つのオプションは、このテクニックよりも少ない時間と労力でビジネスインパクト示すのに役立ち、同様に効果的であるということになる。

低品質データのコストについて考える時、POSMADの情報ライフサイクルを思い浮かべてほしい。ライフサイクルの各フェーズにおける活動にはコストがかかり、データの品質に影響を与える。このステップでは、これらの活動のコストと、低品質データによってどのような影響を受けるかを定量化する。本当の価値は（データが使用される）適用フェーズからもたらされ、このステップでも品質の低いデータが収益にどのような影響を与えるかが定量化される。

ステップ4.1エピソードと**ステップ4.5プロセスインパクト**では、インパクトを迅速に定量化できる場合の例を示した。このステップは、さらに深く掘り下げる場合に使用する。

以下のアプローチで参照される表とテンプレートをよく確認してほしい。また、サンプルアウトプットとテンプレートのセクションにある、あるマーケティンググループが、品質の低い住所データのコストと収益への影響をどのように定量化したかを説明したものも参照してほしい。

もう一つの例はナビエント社の例である。ナビエントは低品質データのコストを定量化し、データ品質評価尺度から得られた実際の結果に基づいて毎月コストを計算し、ダッシュボードでデータ品質によるビジネス価値として報告している。詳細は第6章の評価尺度のセクションを参照のこと。

アプローチ

1. （悪い）品質の主要指標とパフォーマンス評価の特定

品質の主要指標は、もし誤っていればビジネスに悪影響を及ぼすデータである。パフォーマンス評価は、データの用途や使用プロセスを指す。これらを合わせて計算の基礎とし、品質の低いデータのコストを定量化するために使用する。

すでに特定されている1つまたは複数の重要データエレメント（CDE）が主要指標となり、それらのCDEの用途／関連するプロセスをパフォーマンス評価とできる。あるいは低品質データによる課題を既に感じている、特定の用途やビジネスプロセスから始めることもできる。次にプロセスの一部であるデータを特定し、主要指標として使用する。主要指標とパフォーマンス評価が、ビジネス上で関連付けられていることを確認する。例えばヘルスケアにおける診断コード、重要なレポートにおける最重要データ等がそれにあたる。

2. 主要指標の情報ライフサイクルの定義／検証

ステップ2情報環境の分析の作業を参照し、パフォーマンス評価として使用でき、計算に含めることができるコストを伴う活動、主要指標に関わる用途またはプロセスを特定する。

3. 計算に含めるコストの種類の決定

自組織にとって最も重要なコストの種類を特定し、そのためにビジネスインパクトの評価を集中的に行うべき場所を特定する。**表4.4.8**と**表4.4.9**のコストを出発点として使用する。どのコストが適用されるかを選択し、自組織にとって意味のある表現に修正する。例えば、コンプライアンスグループは規制のリスクを重視し、特にGDPRのペナルティが適用される可能性のあるコストの種類を記載できる。

表4.4.8は、David Loshin（2001）による低品質データによるコストの概要である。(1) ハードインパクト - 測定可能なもの、(2) ソフトインパクト – 影響があることは明らかであるが測定が困難なもの。彼は運用、戦術、戦略の各領域に影響があることを説明し、さらに低品質データのインパクトを、(3) 収入減、(4) コスト増、(5) リスク増、(6) 信頼性の低下の4つのカテゴリーに分類している。

表4.4.9は、Larry English（1999）による低品質データによるコストを3つのカテゴリーに分けてリストしたものである。(1) プロセス失敗のコスト - 低品質情報のためにプロセスが適切に実行されない。(2) 情報のスクラップと手戻りのコスト - スクラップとはデータが拒否されることやエラー印がつけられる

ことを意味し、手戻りとは欠陥データのクレンジングを意味する、(3) 機会損失のコスト-低品質情報のために実現されなかった収益と利益。

リストアップされた項目をさらに理解するためには、これら2つの参照元を読むことをお勧めする。これらのリストが最初に発表された時よりも、より多くのデータ、より多くの種類のデータ、そしてより洗練された技術を持っているが、コストの種類やカテゴリーは現在でも通用するものである。

非営利団体や政府機関に所属している場合、営利団体と同じように収益を追求し、同じようなゴールを掲げるわけではないが、それでも資金の出所や支出額には気を配らなければならない。また、そのコストはあなたにもかかる。

表4.4.8 Loshinの低品質データによるコストの種類

カテゴリー	コストの種類
(1) ハードインパクト - 測定可能な影響	• 顧客の減少 • エラー検出に起因するコスト • エラーの手戻りに起因するコスト • エラー防止に起因するコスト • 顧客サービスに関連するコスト • 顧客問題の解決に関連するコスト • オペレーションの遅延 • 処理の遅れに起因するコスト
(2) ソフトインパクト -影響があることは明らかであるが測定が困難な影響	• 意思決定の難しさ • 全社的なデータの一貫性の欠落に伴うコスト • 組織の信頼性低下 • 効果的な競争力の低下 • データオーナーシップの対立 • 従業員満足度の低下
領域（ドメイン）別の影響	• 運用面 • 戦術面 • 戦略面
(3) 収入減	• 回収の遅延・紛失 • 顧客の減少 • 機会損失 • コスト／量の増加
(4) コスト増	• 検出と修正 • 予防 • スクラップと手戻り • ペナルティ • 過払い金 • リソースコストの増加 • システムの遅延 • 作業量の増加 • プロセス時間の増加

(5) リスク増	・規制または法的リスク ・システム開発リスク ・情報統合リスク ・投資リスク ・健康リスク ・プライバシーリスク ・競争リスク ・不正行為の検出
(6) 信頼性の低下	・組織の信頼問題 ・意思決定の障害 ・予測精度の低下 ・予測不能 ・一貫性のない経営報告

David Loshin, Economic framework of data quality and the value proposition in Enterprise Knowledge Management、The Data Quality Approach (Elsevier, 2001), pp.83-93.許可を得て使用。

表4.4.9 Englishの低品質データによるコストの種類

カテゴリー	コストの種類
プロセス失敗のコスト	・回収不能費用 ・責任とリスク関連コスト ・不満を持つ顧客のリカバリコスト
情報のスクラップと手戻りのコスト	・冗長なデータの取り扱いとサポートのコスト ・欠落した情報の調査や追跡のコスト ・事業の手戻りのコスト ・代替策のコストと生産性の低下 ・データ検証コスト ・ソフトウェアの書き換えコスト ・データクレンジングと修正コスト ・データクレンジング・ソフトウェアのコスト ・意思決定の難しさ
機会損失のコスト	・機会損失コスト（例、顧客離れ、顧客喪失 - 顧客は他とビジネスをすることを選択する） ・機会損失コスト（例、顧客から自社と取引する機会や選択を得られなかった、不満を持つ顧客の影響により見込客を失った） ・株主価値の損失（会計データの誤り等）

出典　Larry P. English, Improving Data Warehouse and Business Information Quality、Methods for Reducing Costs and Increasing Profits, (John Wiley and Sons, 1999), pp.209-13.

4. 選択されたコストの計算

テンプレート4.4.7直接経費の計算およびサンプルアウトプットとテンプレートセクションの例を出発点として使用する。

テンプレート4.4.7 直接経費の計算

品質の主要指標				
イベント				
日付				
作成者				

主要指標、パフォーマンス評価、関与したプロセス、および結果をコンテキストに当てはめ、その他の情報に関する背景やメモを含める。対象期間を明確にする（1カ月、1四半期、1年）。
このテンプレートは、低品質データにより会社が悪評を受けたことから生じたコスト等、通常とは異なるケースのコスト計算にも使用できる。

1	2	3	4	5
コストの種類	説明	発生事象あたりのコスト	期間ごとの発生事象数	期間あたりの総費用 (3 * 4)
該当するコストの種類を別の行に記載。それぞれについて以下を確認する。 ・時間 ・資源 ・人数 ・その他				
合計				

出 典　Larry P. English, Improving Data Warehouse and Business Information Quality, Methods for Reducing Costs and Increasing Profits, (John Wiley and Sons, 1999)
低品質情報のコストを計算する詳細なプロセスについては、Larry P. Englishの著書の第7章を参照。また、English著のInformation Quality Applied (Wiley,2009)にも詳細が記載されている。

5. 収益へのインパクトの計算

テンプレート4.4.8 損失収益の計算およびサンプルアウトプットとテンプレートセクションの例を出発点として使用する。

テンプレート 4.4.8 損失収益の計算 - 例

1	2	3	4	5	6	7	8	9	10	11	12
	マーケティング統計より	マーケティング統計より	マーケティング統計より	4/3	マーケティング統計より	6/3	6 x 5	営業とマーケティングより	8 x 9	直接コストワークシートより	10+11
郵送イベント	投函日	全郵送数	肯定的な回答数	肯定的な回答の割合	返送された郵送の数	返送率	機会損失数	回答1件当たりの平均収益	損失した収益の合計	直接コストの合計	損失した収入と直接コストの合計
M1		100,000	10,000	10%	3000	3%	300	$250	$75,000		
M2											
...											
M10											
					総返送数（6列目の合計）		機会損失総数（8列目の合計）		低品質データに起因する損失した収益の合計（10列目の合計）	低品質データに起因する直接コストの合計（11列目の合計）	低品質データに起因する損失収益および直接コストの合計（12列目の合計）

6. 結果の分析と文書化、適切な時期の行動
第6章の結果に基づく分析、統合、提案、文書化、行動を参照のこと。

計算の前提となった全ての仮定と計算式を文書化する。どのプロジェクトにおいても、コスト面でも収益面でも、特に収益面で大きな数字を受け入れるのは難しい。「そんなはずはない！」と抵抗されても驚いてはいけない。仮定について議論し明確にし、必要であれば更新して再計算する。

サンプルアウトプットとテンプレート

コストの計算

あるマーケティンググループは、カタログやその他の販促資料を顧客に送付する郵送プロセスについて懸念事項があった。郵送物が確実に目的の受取人に届くようにするには、適切な送付先住所が必要だった。標準的なビジネスプロセスの一環として、マーケティンググループは特定の郵送イベント、メーリングの特性（カタログ、レター、パンフレット等）、メーリングの総数、返送数（未配達メール）、肯定的な回答を追跡した。品質の主要な指標は住所データだった。このパフォーマンス評価は、低品質の住所データに起因する配達不能郵便物であった。保険金請求の完了時等、低品質の住所によって引き起こされる他のプロセスの問題も、パフォーマンス評価として含めることができた。郵送に関心がない組織であっても、これはコストを定量化する方法の良い例となる。

1カ月の期間に10通のメールを送った例で説明する（M1-M10）。低品質データのコストを計算するために、**テンプレート4.4.7**を使用して、メール送信ごとに個別のタブを持つスプレッドシートを作成した。

彼らはカタログやパンフレット等のデザインや印刷にかかるコスト、郵送料、人件費等、各郵送物にかかる費用を調査し、文書化した。その月の郵送活動が平均的な月であれば、毎月の結果を12倍することで、さらに1年間のコストを見積もることができる。サマリーシートには、全てのイベントと全てのコストの合計がまとめられている。スプレッドシートにコスト合計欄が追加され、そこで収益の損失を計算した（次項参照）。

損失収益の計算

テンプレート4.4.8は、郵送物の例に基づいて損失収益を計算する例を示している。最初の行は列番号を示す。2行目は、データの出所または計算式を示している。1列目から7列目までは、マーケティング統計から得たデータか、単純な計算式である。

8列目には収益機会を損失した数の計算が記載されているが、ここには合意されるべき重要な仮定を含んでいる。つまり郵送物を受け取るはずなのに（住所が悪かったために）受け取らなかった顧客は、郵送物を受け取った顧客と同じ割合で肯定的な回答を示すだろうというものである。メーリング1では、住所データの品質が低かったために300件の収益機会を逃した。9列目の回答1件当たりの平均収益については、製品の販売をサポートするために郵送を利用した様々な営業およびマーケティングチームへの調査が必要であった。10列目では、低品質データにより損失した収益の合計が計算される。11列目には、前述の直接コストテンプレートを使用した別のワークシートからコストを取り込んだ。最後の行は、6、8、10、11、12列目を合計したものである。右下の3つのセルには、低品質住所データによる収益とコストへのインパクトの合計（ドル）が含まれている。

このステップで得られた情報により、品質の高い住所データを確保することの価値が可視化されたため、管理職が投資先に関する適切な意思決定を行うのに役立てられた。

ステップ4.11 費用対効果分析とROI

ビジネス効果とコンテキスト

一般的に費用対効果分析では、ある時間枠における新たな投資や事業機会の利益が、関連する費用を上回るかを評価する。費用対効果分析とROI（投資利益率）は、財務上の意思決定を行うためのインプットとしての標準的な経営テクニックである。データ品質に適用する場合、費用対効果分析はデータ品質に対する投資により得られる利益と予想される費用を比較する。またROI（投資利益率）とは、投資の利益（またはリターン）を投資費用または投資金額と比較したもので、投資金額に対する割合で計算される利益のことである。費用対効果分析とROIは、単一の投資（プロジェクトやデータ品質活動等）に価値があるかどうかを判断するため、または複数の投資を比較するために使用できる。

このテクニックは資金要求を正式に提出する場合に、会社の承認を経るための標準的な手法として使用できる。組織では、多額の資金支出を検討または実行する前に、この種の情報が必要になる場合がある。また情報品質の改善への投資は、大きなものになる可能性がある。管理職は資金の使い道を決定する責任があり、投資先の選択肢を吟味する必要がある。このテクニックは非常に大規模な投資に必要かもし

れないが、それほど時間のかからないテクニックの結果に基づいて、データ品質のために大規模な投資が承認されるということも経験した。このテクニックは、個人または小規模のチームが、自分たちがコントロールできる選択肢を検討する際にも使える。

このテクニックが「時間と労力の相対軸」の右端に位置するのは、歴史的に品質の高いデータから得られる利益と、その作業に投資する理由を明確にすることが困難だったからである。このステップは、既に説明した他の10のビジネスインパクト・テクニックのいくつかを使うことで、より簡単になる。しかし使用するテクニックごとに労力がかかるため、相対的に言えばこのテクニックの方がより時間がかかり、より複雑になる可能性がある。

 定義

費用対効果分析とROI(ビジネスインパクト・テクニック)。 データ品質に投資することで予想される費用と潜在的な利益を詳細な評価を通じて比較する。それには投資利益率(ROI)の計算を含むことがある。

アプローチ

1. 組織で採用されている標準的な費用対効果テンプレートの使用
所属する組織の標準フォームを使用する。そのフォームは「費用対効果」フォームとは呼ばれずに、「プロジェクト申請フォーム」等、費用と利益に関する同じ情報を求める別の名前で呼ばれているかもしれない。承認者にとって使い慣れたフォームを使用することで承認依頼を理解しやすくし、他の依頼と同等に有効であると見なせるようにする。

2. リクエストの目的の明確化
要求は、データ品質プロジェクトそのものに資金を提供すること、あるいは、データ品質の問題を防止し、データを修正し、コントロールの監視を通じてデータ品質の問題を検出するための特定の改善を実施するための資金を提供することかもしれない。

3. データ品質への投資に関連するコストの特定
人材、ハードウェア、ソフトウェア、ライセンス、メンテナンス、サポート費用、トレーニング、旅費等を含む。一時的なコストと定常的なコストを検討する。プロジェクトコストと継続的な運用コストのどちらを計算するか。

また、そのプロジェクトを実施しなかった場合に発生するコストについても、検討できる。ステップ4.10低品質データのコストがここで役立つ。組織がリスクを懸念している場合は、ステップ4.6リスク分析を参照のこと。

Chapter 4

第4章　10ステッププロセス

4. この要求から生じる潜在的な追加収入およびその他の利益の特定

高品質なデータのメリットを特定し、それを金額に換算することは長年の課題であったが、ビジネスインパクト・テクニックがここで役立つ。データ改善の価値と低品質データのコストは同じコインの裏表である。他のビジネスインパクト・テクニックのアウトプットを使用して、メリットを提示する。もう一度、ステップ4.10を確認する。

5. 定量化できない費用と利益の考慮

フォームには記載を求められないかもしれないが、定量化できない費用と効果もコメント欄やカバーレターに記載すること。顧客満足度の低下や従業員の士気の低下等、数値化できない効果や費用は、やはり可視化すべきである。その意味するところを簡単に説明し、例を示すこと。金額に定量化できない利益であっても、スコープ内のデータを利用するユーザー数、レポート数、ビジネスプロセス数等を定量化できる場合がある。ほとんどの組織は、定量的な費用と利益を求めるが、そうであっても、期待される定性的費用またはソフト費用と効果は必ず含める。

6. 費用と利益の比較

利益が費用を上回るかどうかを判断する。利益が生まれる時期と費用が発生する時期を考慮する。定量化された費用が定量化された利益を上回る場合、その要望をより現実的なものにするために、費用を減らし効果を増やす方法はあるか。定性的な費用と利益は、定量的なものと同じくらい、あるいはそれ以上に重要だと言えるだろうか。最終的な結果として、費用が利益を下回ることができそうもないことが分かったとしても、不合理な投資を行わないようにするために、それを知ることは重要である。

7. 必要に応じてROIを計算

投資利益率（ROI）は、様々な投資のオプションを評価し、ランク付けするために広く使用されている主要な財務指標の1つである。これは投資における費用からの利益または損失の比率である。また、単独の投資からの潜在的な利益を評価するためにも使用される。

ROIを計算する場合、資金配分を決定する者（経営者、管理職、審議会）がその結果を必要とする可能性が高い。データ品質に関連する様々な機会に、資金やその他のリソースをどのように投資するかを選択するのはあなたかもしれない。そうであれば、どのデータ品質プロジェクトや活動が最高の利益をもたらすかを判断するために、ROIを利用できる。

ROIは、初めに投資利益から投資費用を差し引き、その数字を投資費用で割るという計算を行う。次に100倍してROIをパーセンテージで表す。これを数式で示す、

$$ROI = (投資利益 - 投資費用) / 投資費用 * 100$$

データ品質プロジェクトにこれを適用する場合は以下の通り。

投資額 = 提案されたデータ品質活動に必要な金額（例えばデータ品質プロジェクト全体、またはデータ品質の問題の予防、データの修正、もしくはデータ品質を監視するための継続的なコントロールの実装によってデータ品質の問題の検出を行う、等の特定の改善活動）。

投資利益＝提案されたデータ品質活動（プロジェクト、予防措置、修正、コントロール等）に資金を使用することで得られる利益。

投資費用＝提案されたデータ品質活動（プロジェクトの実行、予防措置の展開、データ修正の実施、コントロールの監視等）を実施するためにかかる費用。

利益と費用に含まれるものは、それぞれの状況に合わせて変更できる。
コスト削減、利益の増分、価値の上昇、時間枠に注目してもよい。費用対効果分析から得た情報を使ってROIを計算する。

ROIはプラス（総利益が総費用上回る）かマイナス（総費用が総利益を上回る）のどちらかになる。プラスが望ましいことは明らかだ。しかし、もし計算がマイナスを示すのであれば、それもまた投資可否判断への重要なインプットとなる。

8. 要求の共有、伝達、販売

プラスのROIがあるだけでは十分ではないかもしれない。あなたの要求は、資金や資源を求める他の全ての要求と競合していることを忘れてはならない。資金を配分する人の多くは、データ品質やその重要性については詳しくないであろう。説明するためのストーリーはおそらく口頭と文書で伝える必要がある。最高のコミュニケーションスキルとプレゼンテーションスキルを駆使して、ストーリーを組み立て、参加者を惹きつけたい。

サンプルアウトプットとテンプレート

費用対効果分析のテンプレートは提供しない。というのも、前述の通り、費用と利益を尋ねる組織の標準フォームを使うべきであり、管理職や委員会に資金や承認を要求する際に使用することがあるからである。このフォームには、「プロジェクト申請フォーム」や「プロジェクト優先順位付けフォーム」等、コストと利益を要求する別の呼び名があるかもしれない。自分の組織で使用されているフォームが分からない場合はあなたの上司、または財務や予算編成プロセスに携わっている人に確認すると良い。

ステップ4.12 その他の関連するビジネスインパクト・テクニック

ビジネス効果とコンテキスト

このステップで概説したビジネスインパクト・テクニック以外であっても、あなたがよく知っている、あるいはあなたの組織で使用されている他のテクニックがデータ品質に適用できる可能性がある。

 定義

> **その他の関連するビジネスインパクト・テクニック**　データ品質がビジネスに及ぼす影響を判断するためのその他の定性的又は定量的手法で、組織が理解することが重要と考えられるもの。

他のテクニックを使う場合でも、「10ステッププロセス」のコンテキストの中で評価を行うことを忘れないでほしい。つまり、ここステップ4で行う作業として、ビジネスニーズとプロジェクト目標に合致していることを確認する必要がある。データ取得とアセスメント計画の準備をする必要もある。評価後も根本原因分析を行い、将来のデータエラーを防止し、現在のデータエラーを修正するための対策を講じる必要がある。本書では詳しくは触れないが、ビジネスインパクトを評価するための他のアプローチを以下に示す。

データ負債
John Ladley（2017, 2020a）は、技術的負債に関連する概念であるデータ負債について発表している。ソフトウェア開発における技術的負債とは、より良い長期的なアプローチを取ることを実施せずに、容易／短期的／限定的／その場しのぎのソフトウェアソリューションを選択することによるマイナスのインパクトと、そのような意思決定に伴う追加的な手戻りのための暗黙のコストのことである。全ての技術的負債が悪いわけではなく、中には計算されたリスクとして受け入れる場合もある。しかしより良い、より安定したアプローチが導入されなかったために、必要でありながら実装されなかったことに対応するためのコストを増加させることで、「利子」を蓄積する可能性がある。同じ考え方がデータにも適用される。データ品質の場合、データ負債はデータ問題を解決するために必要な金額となる。またデータ品質の問題に（予防、検出、修正を通じて）対処しないことを選択したがために、低品質データのコストによって組織が負った追加的な負担となることもある。この観点からすると、他のビジネスインパクト・テクニックから得られたことは、データ負債、あるいはデータ負債を計算するためのインプットとして位置づけられることが多い。データ負債は私の個人的な原理が実際に機能している例であり、様々なレベルで真実である、「今払うか、後で払うか、後で払えば必ず多く払うことになる」。

データガバナンスのビジネスケース
John LadleyはData Governance, Second Edition（2020b）の第5章でデータガバナンスのビジネスケースを概説している。データガバナンスに当てはまることはデータ品質にも当てはまる。彼の著書のこの章において、データ品質問題のコストに関して触れているのは短い段落であることに注意して欲しい。本書のステップ4に戻り、ビジネスインパクト・テクニックも利用してほしい。

ビジネスドライバー分析
Irina Steenbeekは、Data Management Toolkit（2019）の中で、データマネジメント機能を開発するための主な推進要因と利点を特定し、スコアリングする、ビジネスドライバー分析のテンプレートと手順を提供している。これらはデータ品質プログラムやプロジェクトに適用できる。

情報資産の評価
Doug Laneyは、Infonomics（2018）の中で、データ品質にも適用できる情報資産の価値付けと収益化の方法を紹介している。

アプローチ
アプローチは、選択した他のビジネスインパクト・テクニックに依存する。

サンプルアウトプットとテンプレート

アウトプットは、選択したその他のビジネスインパクト・テクニックに依存する。

ステップ4 まとめ

おめでとうございます！ビジネスインパクトの評価は、プロジェクトにおけるもう一つの重要なマイルストーンである。このステップは、プロジェクトで何度も使用していることであろう。ここでのテクニックは、以下のような様々な場面で活用できる。

- 次のような質問に答える。なぜデータ品質（またはこのプロジェクト）が重要なのか。組織やチーム、個人にどのような違いをもたらすのか。
- 声高に反対する、表面的にはサポートの言葉を聞くが行動が見られない等、抵抗が見られたり、聞いたり、感じたりした時に対処する。
- データ品質改善のビジネスケースを確立する。
- データ品質活動への適切な投資を判断する。
- 管理職の支持を得る。
- プロジェクトに参加するチームメンバーのモチベーションを高める。
- 取り組みの優先順位付けを行う。

ビジネスアクションとビジネスニーズへの影響、データ品質の問題、プロジェクトゴール、スコープ、スケジュール、リソース、コミュニケーション、エンゲージメント等、次のステップについて適切な判断を下すために結果を活用する。ビジネスインパクトを利用して作業を進めた後、プロジェクトのどこにいても、前進し続けよう！

 コミュニケーションを取り、管理し、巻き込む

このステップで、人々と効果的に働き、プロジェクトを管理するための提案。

- ビジネスインパクトの評価を実施する際、チームメンバーが協力的に作業できるよう支援する。
- プロジェクトのスポンサーや関係するステークホルダーと協力し、障害を取り除き、問題を解決する。
- 問題とアクションアイテムを追跡し、成果物が期限内に完了するようにする。
- プロジェクトスポンサー、チームメンバー、管理職、その他の技術的およびビジネス上のステークホルダーが以下を確実に行っているか確認する。
- ビジネスインパクトの評価へ適切に関与（積極的に関与する者、意見を提供する者、情報の確認のみする者）する。
- ビジネスインパクトから得られたもの基づき、結果と初期の提案が通知される。
- 反応とフィードバックを提供する機会を与えられる。
- プロジェクトのスコープ、スケジュール、リソースの変更について知らされ、今後の計画を知ることができる。

- ビジネスインパクト評価から得られた知見に基づく、以下の実施。
- プロジェクトのスコープ、目的、リソース、スケジュールの調整
- ステークホルダーとチームメンバーの期待の管理
- 将来の潜在的な改善が確実に実装され、受け入れられるために必要となるチェンジマネジメントの予測
- プロジェクトの今後のステップのためのリソースとサポートの確保

 チェックポイント

ステップ4 ビジネスインパクトの評価

次のステップに進む準備ができているかどうかは、どのように判断すればよいか。次のガイドラインを参考にして、このステップの完了と次のステップへの準備を判断する。
- 選択したビジネスインパクト・テクニックごとに評価が完了しているか。
- 複数のビジネスインパクト・テクニックを使用した場合、全てのテクニックの結果を統合し、文書化したか。
- このステップの結果は文書化されているか。
- 得られた知見と考察
- 既知の問題／潜在的な問題
- 既知の／予想されるビジネスインパクト
- 考えられる根本原因
- 予防、修正、コントロールの監視に関する初期の提案
- このステップで完了しなかったアクションまたはフォローアップの必要性
- プロジェクトに変更がある場合、プロジェクトスポンサー、関連ステークホルダー、チームメンバーによって最終決定され、合意されているか。例えば、次のステップに追加で必要な人材はいるか。もしそうなら、追加要員は特定され、確約されているか。資金は継続できているか。
- コミュニケーションと巻き込みに関する計画は最新か。チェンジマネジメントは含まれているか。
- このステップの間、人々とコミュニケーションを取り、管理し、巻き込むために必要な活動は完了したか。

ステップ5 根本原因の特定

ステップ5のイントロダクション

データ品質問題に迅速に対処するために、人は最も都合よく見える解決策に飛びつきがちである。その結果、**根っこにある原因**、すなわちデータ品質問題の**根本原因**に対処するのではなく表面的な**対症療法**となることが多い。

根本原因分析では、問題、課題、または状態の考えられる全ての要因を調べ、その実際の原因を特定する。実際は、問題の真の原因を特定することなく、対症療法のために時間と労力が費やされることが多くあるものだ。問題がなぜ起きたのか、そして再発防止のために何ができるのかを見付けることが、このステップでの主なゴールとする。

残念なことに、データ品質の問題が発覚した場合、企業はそのデータを修正するだけのことが多く、その修正作業が大規模となり多大なコストをかけることも珍しくない。しばらく通常通りのビジネスに戻り、そして数年後、同じ問題によって再びデータ修正作業に投資をすることになる。このコスト高で非生産的なサイクルは、予防に不可欠な根本原因の分析を見逃してしまう。

データ品質問題の根本原因は1つしかないと考える人もいるが、そうとは言えない。根本原因は1つだけではないと思ってほしい。根本原因のうち、いくつかは、他よりも影響が大きいかもしれない。根本原因の中には、複数要因が重なることに起因することもある。火には酸素、熱、燃料が必要で、この3つのうちどれか1つを取り除くことで火を防いだり消したりすることができる。それと同じように、特定された根本原因にも同じような依存関係が見られるかもしれない。

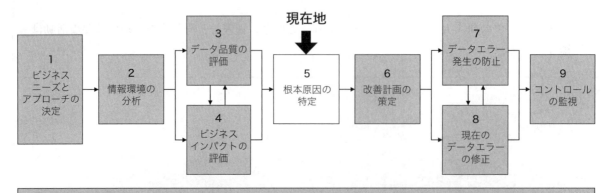

図4.5.1 「現在地」ステップ5　根本原因の特定

根本原因分析は、ステップ4での詳細なデータ品質評価に続いて行われることが多い。また、ビジネスニーズとデータ品質の問題が明確で、適切な専門家が問題に取り組んでいる場合は、詳細な評価を行わずに直ぐに根本原因分析を開始することもある。ステップ2、3、4で収集したものに対して追加情報が必要な場合は、必要に応じてこれらのステップを繰り返す。

サービスが提供できない、生産ラインがダウンしている、製品が出荷されない、注文できない等、最近発生したビジネスに重大な影響を与えた問題に関連し、データ品質が主要因であると疑われており、特別な注意が必要な場合もある。問題そのものに対処した後、管理者は二度と同じことが起こらないようにしたいと考えるので、その時点で根本原因の分析が行われる。あるいは、緊急事態を引き起こしたわけではなく、誰もが長年にわたって認識している問題であり、ビジネスを行う上でのコストとして受け入れているような問題である場合もある。問題によって生じる時間と費用の無駄遣いをなくすために、根本原因の分析に時間をかけて対処することを決めるかもしれない。

根本原因が特定されたら、その結果に加えて、ステップ6〜9で計画し実装する必要がある推奨改善策、およびプロジェクト計画やスケジュールやリソースへの潜在的な影響を確実に共有する。

 定義

根本原因分析とは、ある問題や状態の原因となるあらゆる可能性を調査し、その実際の原因を特定することである。

表4.5.1 ステップ5 根本原因の特定のステップサマリー表

目標	・データ品質問題の真の原因もしくは具体的なデータ品質エラーを特定する。 ・根本原因に対処するための具体的な改善提案を策定する。 ・確実な改善策実施の責任を負う最終的なオーナー、または最終的なオーナーが見つかるまで作業を進める暫定的なオーナーを特定する。
目的	・データ品質問題の真の原因にフォーカスした提案と今後の改善を確実に行う。 ・データの品質に最も大きな違いをもたらすものにフォーカスすることで、資金、時間、人材を最大限に活用する。
インプット	・**ステップ1**のスコープ内とプロジェクト目標にあるビジネスニーズとデータ品質の問題点 ・**ステップ2**情報環境の分析のアウトプット、情報ライフサイクルやその他の成果物等 ・**ステップ3**データ品質の評価のアウトプット、完了したアセスメントの結果 ・**ステップ4**ビジネスインパクトの評価のアウトプット、完了したアセスメントの結果 　ここまでに完了したすべての作業についての、以下の分析と統合： 　○ 主な観察/学んだ教訓/発見された問題/肯定的な発見 　○ 既知または推定される影響（質的もしくは量的の、収益、コスト、リスク、ビジネス、人／組織、テクノロジー、その他のデータと情報等に対するもの） 　○ 潜在的な根本原因 　○ 初期の提案 ・現在のプロジェクトの状況、ステークホルダーの分析、コミュニケーションと巻き込み計画

テクニックとツール	・**ステップ4ビジネスインパクトの評価**の優先順位付けのテクニック ・組織内で使用されているその他の優先順位付けテクニック ・ファシリテーションのテクニック ・この**ステップ5**での根本原因分析テクニック・根本原因を探る5つのなぜ、追跡調査、特性要因図/フィッシュボーン図 ・組織内で使用されているその他の根本原因分析テクニック
アウトプット	・スコープ内の各データ品質問題について 　○改善策を実装するオーナー 　○根本原因に対処するための具体的な改善提案 　○特定された根本原因 ・プロジェクトのこの時点で必要とされるコミュニケーションとエンゲージメント活動の完了 ・プロジェクト状況、ステークホルダー分析、コミュニケーション、エンゲージメント計画の更新
コミュニケーションを取り、管理し、巻き込む	・根本原因分析セッションの結果に、利害関係を持たない中立的な進行役を使用する。この進行役は参加者全員の意見を聞き、根本原因を特定し、次のステップへのオーナーシップを確立するプロセスを通じて、参加者をリードする。 ・根本原因分析セッションに参加する人々が、なぜその場にいるのかを理解し、参加する準備と意志を持っていることを確認する。 ・根本原因分析セッションでは、その場にいる目的とセッションのプロセスを迅速に確認する。人々が快適で、非難されることなく自由に話せるようにする。人々がより良い解決策を検討し、守りに入らず、責任転嫁するようなことなく、オープンで信頼できる雰囲気を作り出す。 ・根本原因分析セッションの後、アクションアイテムのフォローアップを行い、具体的な改善策の責任を負うこととなったオーナー達と(彼らのセッションの参加有無とは関係なく)話し合う。 ・プロジェクトスポンサーやその他のステークホルダーとの関わりを継続し、根本原因や、今後のステップで実施すべき提案事項や改善事項についての合意を得る。
チェックポイント	・各データ品質問題の根本原因は特定され、文書化されているか。 ・コミュニケーションと巻き込みに関する計画は、常に最新の状態に保たれているか。 ・それらの根本原因に対処するための具体的な提案事項が決定され、文書化されているか。 ・改善を実施することに責任を負うオーナーは特定されているか。 ・このステップの間、人々とコミュニケーションを取り、管理し、巻き込むために必要な活動は完了したか？例えば 　○このステップで得られた根本原因と具体的な提案事項を共有し、プロジェクトスポンサーやその他のステークホルダーから次に進めることの合意を得たか。 　○将来、提案の実施に協力を要請する可能性のある、他のチームの管理職を巻き込んでいるか。何が起きているのかを早めに知らせるようにする。

根本原因分析-改善サイクルの始まり

ステップ5からステップ10までを改善サイクルと考える(**図4.5.2**参照)。これら5つのステップはそれぞれ計画が必要となるプロセス、アクティビティ、テクノロジーが異なるため、個別のステップとなっているが、互いに関係があるため全体的に見る必要がある。それぞれの改善策はオーナーが異なることが多く、実装に携わる人々も異なる場合が多い。またどの改善をなぜ実施すべきかを理解しているデータ品質プロジェクトチームの一員である場合もあれば、そうでない場合もある。

(**ステップ9で**)コントロールが監視されたら、それが業務プロセスの一部となっていることを確認する。

問題が特定された場合、標準の業務手順には改善サイクルの5つのステップ、即ち根本原因の特定、必要な場合は改善計画の策定、データエラー発生の防止、現在のデータエラーの修正、コントロールの監視が含まれるべきである。もちろん適切な人に通知して対応してもらうためには、コミュニケーションとエンゲージメントが引き続き重要である。

根本原因分析の準備

根本原因を特定すべき問題が複数あるかもしれない。それら全てを調査するのに十分な時間がない場合は、各問題に対して根本原因分析に進むべき優先順位を付ける必要があるかもしれない。必要であれば、**ステップ4.8費用対効果マトリックス**またはその他のビジネスインパクト・テクニックを使用して、最優先の問題を選択する。

選択した問題については、プロジェクトのこの時点までに文書化したこと、得られたことを整理し、根本原因分析の準備をする。結果を文書化してあり、プロジェクトの成果物を管理していれば、これは簡単なことである。そうでない場合は、作業時間の追加を計画する。ライフサイクルのどこに根本原因があるのか、前のステップで文書化したはずの情報ライフサイクルをその判断に利用する。ここまでで得られた全てのことは、そこに存在するデータに影響を与えるプロセス、人／組織、テクノロジーを明らかにするものであり、そのどれもが根本原因となる可能性のあるものである。根本原因を突き止めるには、ライフサイクルの中でさらに詳細なレベルにまで踏み込む必要があるかもしれない。

このステップでは根本原因を特定するために使用できる3つのテクニックについて説明しており、既に使用しているかもしれない他の根本原因分析テクニックも含め**表4.5.2**で示す。表に示した根本原因分析テクニックには、それぞれのサブステップがあり、そのテクニックの具体的な説明がある。

ビジネス上の問題の緊急度や、発見した根本原因の複雑さに応じて1つのアプローチだけを使うこともあれば、複数アプローチの組み合わせや、最速のアプローチである5つのなぜを使って始めることもある。どの根本原因分析テクニックを使用するかを選択する。特定の根本原因分析セッションで、どのデータ

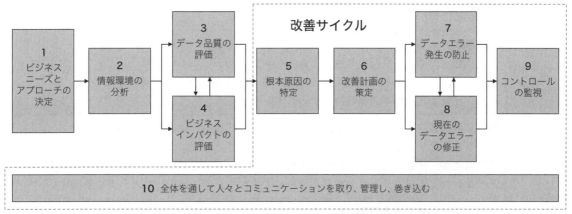

図4.5.2 改善サイクルを表した10ステッププロセス

品質問題、どのテクニック、または複数テクニックの組み合わせを使用するかを決定する。資料を準備し、根本原因分析セッションの会場と時間を決める。中立的な進行役と書記を指名する。進行役は答え（この場合は根本原因）を得るためのプロセスを通じて人々をリードするが、答えそのものを提供することはない。書記は決定事項、アクションアイテム、決定に至る理由を文書化する。特に合意に至るまでに長い議論があった場合は重要となる。

誰が関与する必要があるかを特定する。根本的な原因を突き止めるにはデータそのもの、ビジネスプロセス、人／組織、スコープ内のテクノロジーに関する専門知識を発揮できる人々の洞察力が必要である。根本原因分析テクニックは、個人で、データ品質プロジェクトチームと一緒に、1対1のインタビューを通じて、または少人数で、または数人グループで企画されたセッションで適用することができる。

根本原因分析セッションに参加する人たちが、その場にいる理由を理解し、参加する用意があり、参加の意志があることを確認する。セッション中、参加者が快適で、非難されることなく自由に話すことができると感じられるようにする。これは良い解決策につなげるための根本原因を見付けるためのセッションであり、指をさして非難するためのものではない。以下のタイミングで参加者が理解すべきことを見極める。

- 会議の前
- 会議の冒頭、迅速に共通の基本事項を共有
- 会議の終わりに、アクションアイテムとオーナーが明確であること
- 会議終了後、セッションのフォローアップとして

表4.5.2 10ステッププロセスにおける根本原因分析テクニック

\multicolumn{2}{l}{**根本原因分析**とは、ある問題や状態の原因となるあらゆる可能性を調査し、その実際の原因を特定することである。}	
サブステップ	根本原因分析テクニックの名称と定義
5.1	**根本原因を探る5つのなぜ。** データや情報の品質問題の真の根本原因を突き止めるために、「なぜ」を5回問う。これは製造業でよく使われる標準的な品質テクニックであり、データや情報の品質に適用しても適切に機能する。
5.2	**追跡調査。** 情報ライフサイクルを通じてデータを追跡し、処理の入力時点と出力時点でデータを比較し、問題が最初に発生した場所を判別することにより、問題の箇所を特定する。一旦場所が特定されれば、他のテクニックを使って最も多くの問題が見つかった場所ごとに、データ品質問題の根本原因を特定することができる。
5.3	**特性要因図／フィッシュボーン図。** データ品質問題の原因を特定、調査、整理し、原因間の関係を重要度や詳細度に応じて図式化する。これは事象、問題、状態、または結果の根本原因を明らかにするために、製造業でよく使われる標準的な品質テクニックであり、データや情報の品質に適用してもうまく機能する。
5.4	**その他の関連する根本原因分析テクニック。** 根本原因の特定に役立つその他の適用可能なテクニック。

提案 - 根本原因と改善計画の間

ステップ5の根本原因のリストから、ステップ6の詳細な改善計画にジャンプするのは難しい。それぞれの根本原因に対処するための具体的な提案事項が、この2つのステップの繋ぎ役となる。提案とは、根本原因に対して取り組む方法を示すアクションステートメントである。提案の内容は実に様々である。提案は誰かのToDoリストの単純な項目になることもあれば、ビジネスプロセスを更新するために数人を巻き込むこともあれば、新しいプロジェクトを開始することもある。

提案は**図4.5.3**の上段の提案と中段の提案のように、根本原因に対する全体的な解決策に取り組むことかもしれない。解決策が明確でない場合の具体的な提案は、解決策に向けてさらに調査を継続するためのオーナーを割り当てている下段の提案のように、直後の次のステップを示す記述となる。確実に進捗させるために、各提案にオーナーを割り当てるべきである。オーナーは後続のステップでの実装を監督する最終的なオーナーかもしれないし、最終的なオーナーを見付けることに同意する人かもしれない。通常、根本原因が全員の記憶に新しい**ステップ5**の終わりに、提案を作成するのが有効である。しかし**ステップ6**の最初に作成することもできる。

実装計画を策定する**ステップ6**に進む提案事項がいくつかある場合は、それら全体を調整し追跡する担当者を決めておくと有効である。

提案事項リスト内の項目が多数ありその全てを実施することが難しいと考えられる場合は、優先順位を付け直す必要があるかもしれない。**ステップ4.8費用対効果マトリックス**のような優先順位付けのテクニックは、改善計画に含めるべき提案事項を絞り込む際に有効である。**ステップ4.6リスク分析**を利用することも、特定の提案事項が実施されなかった場合のリスクを理解するのに役立つ。

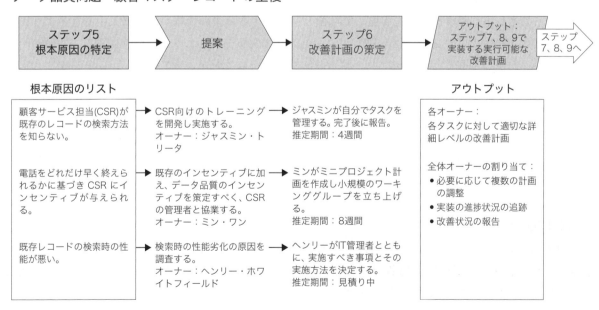

図4.5.3 提案の具体例 ―根本原因と改善計画の繋ぎ役

ステップ5.1 根本原因を探る5つのなぜ

ビジネス効果とコンテキスト

5つのなぜは、製造業でよく使われる標準的な品質テクニックであり、データや情報の品質に適用しても適切に機能する。このテクニックは個人、プロジェクトチーム、専門家グループによって使用することができる。5つのなぜのテクニックは、**ステップ4.4ビジネスインパクトを探る5つのなぜ**も応用されている。

なぜ（Why?）という言葉は、次の深いレベル、根本的な原因に近づく手助けをしてくれるものだと考えてほしい。その他の疑問詞、例えば何（What?）、誰（Who?）、いつ（When?）、どこ（Where?）、どのように（How?）、どのくらいの期間（How long?）、どのくらいの頻度で（How often?）等も根本原因を探るための手がかりや洞察を提供する。例えば次のようなものである。なぜこのデータ品質問題が発生したのか。なぜそのプロセスは失敗したのか。何が起こったのか。誰が関与していたのか。いつ起きたのか。どこで起こったのか。どのようにして起こったのか。どのくらい続いたのか。以前にも同じようなことがあったのか、あったのであればどのくらいの頻度だったか。

> **定義**
>
> 根本原因を探る5つのなぜとは、データや情報の品質問題の真の根本原因を突き止めるために、「なぜ」を5回問うテクニックである。

アプローチ

1. 5つのなぜ分析の準備

ステップ5のイントロダクションを参照して準備し、関連する背景の情報が直ぐに入手できるようにしておく。根本原因を特定するデータ品質の問題または具体的なデータエラーを明確にする。問題が明確であればあるほど、分析にフォーカスし、根本原因を見付けることができる。

2. 5つのなぜの実施

問題点から出発し、「なぜこのような結果になったのか」あるいは「なぜこのような状況が起きたのか」と問う。その答えからもう一度質問を5回繰り返す。例については、**サンプルアウトプットとテンプレート**のセクションを参照のこと。

3. 結果の分析

根本原因は複数あるか。根本原因に共通する特徴はあるか。
必要であれば、**ステップ5.2追跡調査および5.3特性要因図／フィッシュボーン図**のテクニックを使用して、根本原因についてさらに詳細を把握する。

4. 根本原因に対処するための提案の作成

見つかった根本原因に対処するための具体的なアクションを策定し、問題の再発を防ぐ。提案事項リスト内の項目が多数ある場合は、どれから取り組むべきか優先順位を付ける必要があるかもしれない。

5. 結果の文書化および適切な時期の行動

データ品質問題を記載する。その際に発見された根本原因、その問題に対処するための具体的な提案事項、結論に至った経緯も含める。またこのプロセスを通じて明らかになった、有形無形の追加のビジネスインパクトも記載する。

根本原因に対処するためのアクションアイテムの内、単純なものはこのステップでオーナーに割り当てられ、直ぐに作業を開始することができる。その他の提案事項は実装するのがより複雑であり、さらなる調査が必要な場合がある。このステップの結果は全て、**ステップ6改善計画の策定**のインプットとなる。

 キーコンセプト

症状と根本原因の違いの明確化。ある企業では新製品の発売が決定し、出荷日と企業の販売目標が設定されていた。収益が確認できるのは、製品が出荷された場合のみであった。四半期末の金曜日、製品は準備でき顧客も待っていたが、出荷に必要な事務処理が完了できていなかった。

- なぜ製品を配送できなかったのか。ピック・パック・シップ（製品を取り出し、梱包して、発送すること）が登録できなかった。
- なぜピック・パック・シップが登録できなかったのか。受注が登録できなかった。
- なぜ受注が登録できなかったのか。資材が出庫できなかった。
- なぜ資材が出庫できなかったのか。品目マスターデータが誤っていたからだ。

データを確認し、間違いを見付けることができる人が必要だった。システム内のマスターデータは、様々な人が更新しなければならなかった。全てのトランザクションを作成し直さなければならなかった。問題の原因が判明し、製品は出荷された。しかし真の根本原因は見つかったのだろうか。製品を期限内に出荷するという緊急課題は解決した。しかしこれは心臓発作を起こした患者の生命を維持することに似ていた。真の根本原因を突き止めるためには、危機を回避した後に「なぜ品目マスターデータに誤りがあったのか」という重大な疑問を投げかけ、それに答え、対処しなければならない。根本的な原因を理解し、対処しなければ、問題が再発する可能性が高く、製品を出荷するプロセスが再び危険にさらされることになる。

サンプルアウトプットとテンプレート

顧客マスターレコードの重複の根本原因を探る5つのなぜの利用

根本原因を探る5つのなぜの簡単な例は、**表4.5.3**を参照のこと。複数の潜在的な要因が見つかり、それぞれの根本原因を突き止めるために、別々に質問を続ける必要があるかもしれない。直ぐに取り組む

ことができる根本原因と、解決策を実装する前にさらなる調査が必要な根本原因のどちらに位置付けるかを判断する。

この例では、担当者のための検索テクニックに関する短いトレーニングコースを組むのに十分な情報がある。しかしシステムパフォーマンスの問題の本当の根本原因を理解し、解決策を策定するためには、さらなる調査が必要である。具体的な提案とは、根本原因にどのように対処できるかを示すものであり、アプローチが明確でない場合の具体的な提案は、当面の次のステップを示すものであることを忘れないで欲しい。

注意：この表は、5つのなぜの結果がどのように文書化されたかを示す、きれいで整然とした例を示している。5つのなぜのテクニックは有効だが、根本原因を見付ける実際のプロセスは、きれいでわかりやすいものであることはめったになく、最終的な結果を示した表がそれを暗示している。

表4.5.3　顧客マスターレコードの重複の根本原因を探る5つのなぜ

データ品質の問題：顧客マスターレコードに重複がある。 このテクニックは、1) 顧客マスターレコードの重複が一般的な課題である場合、または 2) 評価が完了し、重複レコードの実際の割合がわかっている場合に有効である。
なぜ、重複レコードがあるのか。 回答：カスタマーサービス担当者は既存のマスターレコードを使用するのではなく、新しいマスターレコードを作成してしまう。
なぜ、担当者は既存のレコードを使うのではなく、新しいレコードを作るのか。 回答：担当者は既存のレコードを検索したくない。
なぜ、担当者は既存のレコードを検索したがらないのか。 回答：検索条件を入力して結果が返ってくるまで、時間がかかりすぎる。
なぜ、検索時間が長いことが問題なのか。 回答：担当者はいかに早く取引を完了して、電話を終わりにできるかで評価される。 作業効率が悪くなるようなことは何でも回避する。毎回新しいレコードを作成する方が早い。担当者は重複レコードがなぜビジネスの他の部分にとって問題なのか、その理由に興味を持つことはなく、理解することもない。 **根本原因**：相反するモチベーション、インセンティブ、重要業績評価指標（KPI） **具体的な提案**：重複レコードを作成しないためのKPIとインセンティブの策定。 次のステップと注意事項：担当者の上司と会う。担当者の電話対応時間やその他のKPIを理解する。ビジネスKPIが変わるとは思わないこと。データ品質のKPI／インセンティブを設定し、重複記録の原因となる電話を終わらせるプレッシャーを相殺する。 **オーナー**：　　　　　　**期限**：
なぜ、検索結果が出るまで時間がかかりすぎるか。 回答1：カスタマーサービス担当者は、既存のレコードを検索する方法を知らない。 回答2：システムのパフォーマンスが悪い。
1：なぜ、担当者はレコードを検索する方法を知らないのか。 回答：担当者は適切な検索テクニックのトレーニングを受けていない **根本原因**：適切な検索テクニックのトレーニング不足。 **具体的な提案**：カスタマーサービス担当者向けのトレーニングの開発と実施。

> 次のステップと注意事項：担当者向けの短時間（15分間）のトレーニングを
> 1) 次回のチームミーティング、
> 2) 新入社員研修に以下の内容で組み入れることができるか、カスタマーサービスのマネージャーに確認する：
>   - 検索テクニックのやり方と、それを使って重複レコードを作らない方法。
>   - 重複記録が問題になる理由
> オーナー：　　　　　　　期限：

> 2：なぜ、システムのパフォーマンスが悪いのか？
> 回答：現時点でシステムのパフォーマンスが低下する理由は不明である。
> **潜在的な根本原因**：システムパフォーマンスの低下。
> **具体的な提案**：既存の顧客マスターレコードを検索する際の、システムパフォーマンスの低下の原因の調査。
> 次のステップと注意事項：技術パートナーと協力して、既存の顧客マスターレコードを検索する際のシステムパフォーマンスが悪い原因を明らかにする。
> オーナー：　　　　　　　期限：

マネジメントとプロセスの根本原因

この例はデータ品質問題の潜在的な根本原因である、プロセスの不備への対応を示している。製造現場の従業員が在庫から部品を出庫するという状況である。この従業員は同時にシステムに出庫実績を登録することになっている。彼は急いでおり、後で時間があるときにシステムに出庫実績を登録することにした。出庫実績はまったく登録されない（あるいは数日後まで登録されない）。必要な部品は揃っているため直ちに製造ラインに影響することはないが、後にフラストレーションがたまる。現在データには部品の必要性が反映されていない。在庫システムはそれらの部品が使用可能であるという状態となっているため、製造資源計画システムで処理されてもその部品は注文されない。

2週間後、別の従業員がその部品を必要となったときに、部品がないことに気づく。製造工程に影響を与え、場合によっては製造ラインが停止するほどだ。その結果、時間のロス、製品の納期遅れ、部品の発注を早めるためのコスト増等が発生する。

ログを調査してデータが登録されていなかったことが確認される。従業員が出庫実績を登録しなかったため、データがなかった。そこで「なぜ従業員は出庫実績を登録しなかったのか」と自問する。この質問に対する回答として可能性のあるものは以下のとおりである。そしてそれぞれの答えに対して「なぜ」を問い続け、それらに対処するための具体的な提案を練ることができる。

「自分がやるべきことだとは知らなかった」

その従業員は部品が在庫から出庫されたときに、その実績をシステムに記録することになっていることを知らなかった。

「いつやれば良いのかわからなかった」

この従業員は部品が在庫から出庫された直後に、実績を登録することになっていることを知らなかった。登録はスキャンまたは手入力で行うことができる。

「やり方を知らなかった」
従業員は、部品の出庫による在庫減の登録方法を知らなかった。

「できなかった」
従業員がログオンできなかったり、パスワードを忘れたりする等、システムを利用できなかった。

「なぜそうしなければならないのかわからなかった」
その従業員は、出庫を登録することが別の機能またはプロセスにとって重要であることを理解しておらず、それを行う気にならなかった。

前向きな行動が否定的な結果を生む
矛盾するメッセージ。以前、従業員は出庫実績を登録し、マネージャーはそのために時間をかけたことを叱責した。

後ろ向きな行動が否定的な結果を生まない
フィードバックする習慣がない。従業員は自分の行動（または行動しなかったこと）が、部品が発注されない原因となったことに気づかない。

- Ferdinand F. Fournies, Coaching for Improved Work Performance (2000) にヒントを得た例

ステップ5.2　追跡調査

ビジネス効果とコンテキスト

このテクニックは情報ライフサイクルを通じてデータを追跡することにより、問題の場所を特定する。処理するために情報ライフサイクルのあるポイントの入力となるデータと、処理後にそのポイントの出力となるデータを比較する。この2つの間に違いがあれば、問題のある場所が少なくとも1つは見つかったことになる。問題のある場所が複数見つかる場合もあり、その場所によっては他の場所よりも多くの問題を引き起こしている場合もある。その場所のデータに対して他のテクニックを使うことで詳細に掘り下げ、根本原因を特定することができる。

> **定義**
>
> **追跡調査**とは、情報ライフサイクルを通じてデータを追跡し、処理の入力時点と出力時点でデータを比較し、問題が最初に発生した場所を判別することにより、問題の箇所を特定する根本原因分析テクニックである。一旦場所が特定されれば、他のテクニックを使って最も多くの問題が見つかった場所ごとに、データ品質問題の根本原因を特定することができる。

アプローチ

1. 追跡調査テクニックを使う準備

ステップ5のイントロダクションを参照して準備し、どのデータ品質エラーを追跡するかを明確にする。関連する背景の情報、特に情報ライフサイクルや**ステップ2**で行った作業についてわかっていることがあれば、直ぐに入手できるようにしておく。情報ライフサイクルに関する作業が事前に行われていない場合は、この時点で調査し文書化する必要がある。可能であれば、リネージを明らかにするのに役立つツールを使用する。**ステップ3.6一貫性と同期性**を完了していれば、多くの追跡調査に必要な関連情報を既に入手しているはずだ。

具体的にどのデータセットを追跡するかを決める。**ステップ3**で最も多くのエラーが見つかったデータ、もしくはビジネスインパクトが大きなデータにフォーカスする。情報ライフサイクルにおける開始地点と、データを追跡する経路について合意する。経路は短くて単純な場合もあれば、長くて複雑な場合もある。

作業を注意深く計画し、オーナーを割り当てて、可能な限り効率的に作業を進める。**図4.5.4**に追跡調査の考え方を示す。

2. 情報ライフサイクルを通じて各ステップの処理の入力時点と出力時点でデータを比較

これはデータプロファイリングのテクニックを使用できるもう1つの場所である。**ステップ3.3データの基本的整合性**を参照のこと。入力時点と出力時点でデータを取得してプロファイリングし、比較して差異を見付ける。最終的にはあるプロセスステップに入るときには正しいデータが、それから出るときには正しくないデータになっている場所を見付ける。情報ライフサイクルの各ポイントについて以下を確認する。

- ＜プロセス／場所＞でデータは正しいか。
- 同じデータが＜次のプロセス／場所＞でも正しいか。想定される正当な変換を考慮することを忘れないようにする。

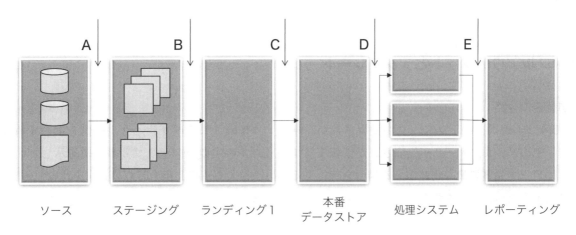

図4.5.4 追跡調査の経路の選択

- もし同じであれば追跡を続ける。同じでない場合は不一致の数を把握し、問題の状況を説明する。
- 必要に応じて追跡を続ける。

3. 発見されたものの分析

問題箇所の処理を分析する。入力時点（正しい時点）と出力時点（正しくない時点）の間でデータに影響を与える処理を特定する。必要に応じて、他の根本原因分析テクニックを適用する。例えば、根本原因を探る5つのなぜ、特性要因図／フィッシュボーン図、またはここに適切な他の根本原因分析テクニック等である。

問題は複数の場所にある恐れもある。問題が最も多く見つかった場所にフォーカスし、根本原因を突き止めるために5つのなぜやその他のテクニックを適用する。各場所にはデータの品質に影響を与え、根本原因となりうる異なるプロセス、人／組織、テクノロジーがある。

4. 発見された根本原因に対処するための具体的な提案事項の策定

データを正しくするために、何を変更する必要があるかを決定する。根本原因を突き止めるために、他の根本原因分析テクニックを使う。解決策を話し合い、発見された根本原因に対処するための具体的なアクションを立案する。そのアクションを実装すれば、問題の再発を防ぐことができるものである。このステップのイントロダクションで説明したように、必要に応じて優先順位を付ける。

5. 結果の文書化、適切な時期の行動

対処したデータ品質問題、使用したプロセス、問題が発見された場所、最も大きな問題が発見された場所を取り巻く環境（データ自体、プロセス、人／組織、テクノロジー）を文書化する。

発見された根本原因、その問題に対する具体的な提案事項、結論に至った経緯も含める。またこのプロセスを通じて明らかになった、有形無形の追加のビジネスインパクトも記載すること。

根本原因に対処するためのアクションアイテムのうち、単純なものはこのステップでオーナーに割り当てられ、直ぐに作業を開始することができる。その他の提案事項は実装するのがより複雑であり、さらなる調査が必要な場合もある。このステップの結果は全て、**ステップ6改善計画の策定**のインプットとなる。

サンプルアウトプットとテンプレート

追跡調査の経路

図4.5.4は追跡調査のテクニックが使用された、概要レベルの情報ライフサイクルの例を示している。AからEの文字は、データが処理された情報ライフサイクルの主要なステップ間の位置を示している。これはデータ品質に最も問題のある場所を特定するために、入力時点と出力時点の日付を比較する場所を決定するために使用された。

情報ライフサイクルでは、ライフサイクルのある段階においてより詳細なプロセスを示すことができる。

この場合、特定のプロセスの入力データと出力データを比較するかもしれない。

情報ライフサイクルに沿った複数の時点でデータを取得し、プロファイリングし、比較する場合のデータ取得およびアセスメント計画の例については、第6章のデータ取得およびアセスメント計画の策定のセクションを参照のこと。

ステップ5.3 特性要因図／フィッシュボーン図

ビジネス効果とコンテキスト

特性要因図は日本の品質コントロール統計学者であり、品質マネジメントの専門家として高く評価されている石川馨が考案したものである。石川ダイアグラム、フィッシュボーン図とも呼ばれる。フィッシュボーン（魚の骨）という言葉はアウトプット図の視覚的な印象に由来し、問題事象を魚の頭、原因を骨に見立てたものである。図4.5.5を参照のこと。このテクニックは事象、問題、状態、結果の原因を、特定、探索、整理するために使用され、原因間の関係を重要度または詳細度に応じて図式化する。このアプローチは製造業で効果的に使われていることでよく知られており、情報にも適用できる。データ品質に適用する場合、特定の欠陥とは特定のデータ品質問題または特定のデータ品質エラーを指す。

このテクニックは追跡調査テクニックによって、問題の具体的な場所が特定された時点で使用するとよい。特性要因図は、最も明白な原因以外も考慮に入れグループの知識を活用する。

> **定義**
>
> **特性要因図／フィッシュボーン図**のテクニックは、データ品質の問題やエラーの原因を特定し、調査し、整理し、原因間の関係を重要度や詳細度に応じて図式化する。これは事象、問題、状態または結果の根本原因を明らかにするために、製造業でよく使われる標準的な品質テクニックであり、データや情報の品質に適用してもうまく機能する。

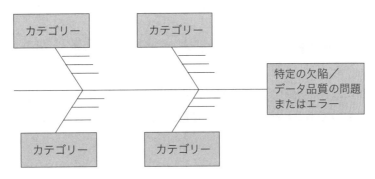

図4.5.5 特性要因図／フィッシュボーン図の構造

アプローチ

1. 根本原因分析（RCA：Root Cause Analysis）の準備

ステップ5のイントロダクションの情報を使用する。根本原因分析に関係すべき人を特定する。問題に関連するあらゆる情報を収集する（そのほとんどは前のステップのアウトプットである）。ミーティング前に必要な背景情報を提供し、チームがゴールを理解し、準備万端で参加できるようにする。対面であれバーチャルであれ、セットアップされたミーティングスペースが物理的にディスカッションに適しているようにし、コラボレーションが促進されるようにする。

2. 低品質データに関連する問題の提示

ミーティングの目的を説明する。問題を明確にすればするほど、根本原因を見つけやすくなる。分析すべきデータ品質の問題を全員が理解できるように、議論に時間をかける。欠陥／問題を提示する。これは「結果」として示され、フィッシュボーンの頭として表現される。図の右側のボックスに結果／データ品質問題を書き込んで、図を描き始める。物理的なもしくはバーチャルなホワイトボード、または全員が見ることができる大きな紙を使用する。

3. データ品質の問題／エラーの潜在的な根本原因のカテゴリー分け

以下の**表4.5.4**にある一般的な原因のカテゴリー、またはサンプルアウトプットとテンプレートの**テンプレート4.5.1**にある情報品質フレームワークに基づくカテゴリーから始めてもよい。発見された可能性のある原因を含め、プロジェクト全体を文書化する。

あるいはブレーンストーミングの手法を取り、参加者には考えられる原因を全て付箋に書き出してもらう。プロジェクト全体を通じて文書化された可能性のある原因を含め、それらをカテゴリー分けし図にまとめて配置する。

記載された結果／データ品質問題／エラー（頭）の左側に水平線を引く。次に、線から外れるように骨を描き、大カテゴリーでラベルを付ける。問題に合ったカテゴリーを使う。特に決まったセットや数はない。どの主要カテゴリーの議論を続けるかの優先順位付けが必要かもしれない。

4. 根本原因が特定されるまで確認の継続

特定された各カテゴリーや潜在的な原因について根本原因を探る5つのなぜを使用して、さらに深い質問を行い根本原因を特定する。「何が問題に影響しているのか、何が問題を引き起こしているのか。なぜこのようなことが起こるのか。問題を引き起こしているのはどのような人／組織か」。これらを水平に書いた骨から外れた枝骨としてリストアップする。アセスメントを通じて収集した根本原因を参照する。

根本原因を分析する際には、継続的な問題と突発的な問題の区別も考慮する。継続的な問題は長い間存在し、無視されてきたものである。突発的な問題は最近発生し、システムやビジネスに新たな圧力をかけているものである。

サンプルアウトプットとテンプレートには、このテクニックを使用して根本原因が特定された、2つの

フィッシュボーン図の例があるので参照して欲しい。**図4.5.6**は「なぜ品目マスターが間違っているのか」、**図4.5.7**は「なぜ情報がビジネス資産として管理されていないのか」という質問に答えたものだ。情報資産の根本原因は、データ品質の問題と同じであることが多い。

5. 発見された根本原因に対処するための具体的な提案事項の策定

主な根本原因に対する具体的な提案を作成する。そのような提案が実施されれば、問題の再発を防ぐことができるものだ。**ステップ5**のイントロダクションで説明したように、必要に応じて優先順位を付ける。

> **ベストプラクティス**
>
> **見過ごされがちな根本原因 - アーキテクチャと制約条件**
>
> 優れたデータモデルは、それを使用する各レベル（データベースの設計、アプリケーションとのインタラクション、アクセシビリティ）における制約と組み合わされることで高品質で再利用可能なデータを生み出し、多くの本番開始後のデータ品質問題（冗長性、データ定義の矛盾、アプリケーション間でのデータ共有の困難性等）を防ぐのに役立つ。最適化されたアーキテクチャと制約の設計というものは、データアーキテクチャとアプリケーションアーキテクチャの妥当なレベルに適切な制約を組み込む。検証や制約に関するルールは自社で開発したアプリケーションであれ、ベンダーから購入したアプリケーションであれ、企業全体で検討され実装されるべきである。
>
> - データベースレベルの制約は、全てのアプリケーションによるデータの全ての使用に対して十分に一般的でなければならないが、そのルールを上書きできるはDBAだけにしなければならない。
> - アプリケーション層では、使い方のニュアンスが強制されることがある。
> - いくつかのアクセシビリティルールは、中間層で強制されるかもしれない。

6. 結果の文書化、適切な時期の行動

発見された根本原因、その問題に対する具体的な提案事項、結論に至った経緯も含め、データ品質の問題を文書化する。またこのプロセスを通じて明らかになった、有形無形の追加のビジネスインパクトも記載すること。

根本原因に対処するためのアクションアイテムのうち、単純なものはこのステップでオーナーに割り当てられ、直ぐに作業を開始することができる。その他の提案事項は実装するのがより複雑であり、さらなる調査が必要な場合がある。このステップの結果は全て、**ステップ6改善計画の策定**のインプットとなる。

> 🎯 **ベストプラクティス**
>
> **突発的問題と継続的問題**
> David Loshin は問題の原因を特定する際、以下の点を確認することを提案している。
>
> - 継続的な問題 - 長い間存在し、無視されてきた問題
> - 突発的問題 - 最近発生し、システムに新たな圧力をかけている問題
>
> 継続的およ突発的な問題の原因を追跡する際に追加の確認事項がある場合は、Loshinの著書 Enterprise Knowledge Management：The Data Quality Approach（2001），pp.389-391を参照。

サンプルアウトプットとテンプレート

根本原因の一般的カテゴリー

表4.5.4はデータおよび情報の品質にも適用可能な、生産およびサービスプロセスで使用される根本原因の一般的な分類を示している。また根本原因のカテゴリーとなる可能性のある、情報品質フレームワークのセクションも取り上げている。

表4.5.4 根本原因の一般的カテゴリー

4つのM - 生産プロセスでよく使われる*	• Machines=機械（工具、設備） • Methods=方法論（仕事の進め方） • Material=材料（構成要素または原材料） • Manpower or People=労働力または従業員（人的要素）
4つのP - サービスプロセスでよく使われる*	• Policies=原則（上層部の決定ルール） • Procedures=手順（タスクのステップ） • People=人（人的要素） • Plant=設備（機器とスペース）
生産とサービスのプロセスでよく使われる*	• 環境（建物、物流、スペース） • 基準（評価尺度、データ収集）
その他	• マネジメント（マネジメントの関与、従業員の関与、プロセス、コミュニケーション、トレーニング、成果の評価）
情報品質フレームワークより	• これらのセクションは、根本原因分析におけるカテゴリーとして使用できる： 　○ ビジネスニーズ 　○ 情報ライフサイクル POSMAD 　○ 重要な構成要素：データ、プロセス、人／組織、テクノロジー 　○ 場所と時間 　○ 広範な影響力の構成要素：「要件と制約」「責任」「改善と予防」「構造、文脈、意味」「変化」「倫理」 　○ 文化と環境 　詳細はテンプレート4.5.1を参照

＊出典　Brassard, M and Ritter, D (1994, 2018). GOAL/QPC, Salem NH 03079; www.memoryjogger.com 許可を得て転載

情報品質フレームワークを用いた根本原因分析へのインプット

テンプレート4.5.1は、情報品質フレームワーク（FIQ：Framework for Information Quality）の各セクションを用いて、データ及び情報の品質問題の潜在的な根本原因を検討するためのワークシートである。FIQの全体像については**第3章 キーコンセプト**を参照。FIQには高品質のデータと情報を、確保するために必要な構成要素が列挙されている。これらのいずれかが欠落していたり、不十分であったりする場合、データと情報の品質問題の根本原因となる可能性がある。

テンプレート 4.5.1 情報品質フレームワークを用いた根本原因分析へのインプット

FIQ参照番号	情報品質フレームワーク（FIQ）のセクション	このカテゴリの何かがデータ品質問題の要因となっている可能性があるか？ その説明
	FIQは、高品質のデータと情報を確保するために必要な構成要素が列挙されている。これらのいずれかが欠落していたり、不十分であったりする場合、データと情報の品質問題の根本原因となる可能性がある。	
1	**ビジネスニーズ** 顧客、製品、サービス、戦略、ゴール、問題、機会	
2	**情報ライフサイクル**（POSMAD）- 計画、入手、保管と共有、維持、適用、廃棄	
3	**データ** 既知の事実または関心のある項目。情報を構成する明確な要素	
3	**プロセス** データや情報を取り扱う機能、手順、活動、アクション、タスク、（ビジネスプロセス、データマネジメントプロセス、テクノロジー、社外プロセス等）	
3	**人と組織** データや情報に影響を与える、またはデータを使用する、あるいはプロセスに関与する組織、チーム、役割、責任、および個人	
3	**技術** 人々や組織が使用するフォーム、アプリケーション、データベース、ファイル、プログラム、コード、データを保存、共有、または操作するメディア。ハイテクとローテクの両方がある	
4	**相互関連マトリックス** 情報ライフサイクルPOSMADにわたるデータ、プロセス、人と組織、テクノロジー間の活動と関係	
5	**場所**（Where）	
5	**時間**（When, How Often, How Long）	
6	**要件と制約** 業務、ユーザー、機能、テクノロジー、法、規制、コンプライアンス、契約、業界、内部ポリシー、アクセス、セキュリティ、プライバシー、データ保護	
6	**責任** 説明責任、権限、所有権、ガバナンス、スチュワードシップ、モチベーション、報酬	
6	**改善と予防** 継続的改善、根本原因、修正、監査、コントロール、監視、評価尺度、目標	
6	**構造、コンテキスト、意味** 定義、リレーションシップ、メタデータ、標準、リファレンスデータ、データモデル、ビジネスルール、アーキテクチャ、セマンティクス、タクソノミー、オントロジー、階層	

6	**コミュニケーション**　認識、巻き込み、働きかけ、傾聴、フィードバック、教育、訓練、文書化	
6	**変化**　変化とそれに伴う影響の管理、組織的なチェンジマネジメント、変更管理	
6	**倫理**　個人と社会の善、公正、権利と自由、誠実さ、行動規範、危害の回避、福祉の支援	
7	**文化と環境**　組織の態度、価値観、慣習、慣行、および社会的行動 組織の人々を取り囲み、彼らの働き方や行動に影響を与える状況	

文化を知ることが根本原因を導く

過去50年間に米国に移住した人々の人口統計データを使用したとする。そのデータを調べているうちに、あなたは興味深いことに気がついた。誕生日が元日である人の数が、統計的にあり得ないほど多いということだ。

彼らの誕生年をチェックする。統計的にありえない割合で同じ生年が記載されていたら、データの整合性を疑うかもしれない。おそらくレコードのサブセットに何かが起こり、有効で正確な値がこのデータに置き換えられたのだろう。しかし、誕生年フィールドのデータは問題ないとしよう。誕生月日はどうなっているのだろうか。

疑わしいレコードを絞り込んで、その人が移住した国を調べるかもしれない。あぁ！「ソマリア」が目に飛び込んでくる。ソマリア系アメリカ人の多くが元日に誕生日を祝うということを、どこかで耳にしたことがあるだろう。さらに見てみると、その多くが戦争や飢饉を経験した国の人々である。まさに「必要十分」という原則が実践された結果を目の当たりにしたのだ。

誰がその原則を実行に移したのか。おそらく多くの人々が、過去50年にわたって難民再定住に携わってきたのだろう。実際の生年月日が重要視されなかったり、記憶されなかったりする国もあることを認識しながら、これらの職員はジレンマに直面した。多くの難民は自分の誕生月日を知らないが、このデータは再定住プロセスで必要とされる。こうして、アメリカ国務省と国連の職員は、実際の誕生月日がわからないのに「1月1日」と記録するようになった。このデータは、他のユーザーの他の目的のためには問題を引き起こすかもしれないが、この再定住の目的のためには「十分に良い」と考えられるようになった。謎は解けた！

複数の根本原因分析テクニックの使用と提案の策定

ステップ5.1根本原因を探る5つのなぜのキーコンセプトのコールアウトボックスにあった品目マスターの例を続ける。思い起こせば、5つのなぜでは、製品を出荷するための伝票を作成する際には、品目マスターのデータの修正もする必要があることを示した。製品が出荷された後も、なぜ品目マスターのデータが間違っていたのか、その真の根本原因を調査する必要があった。**図4.5.6**は「なぜ品目マスターが間違っていたのか」という質問に対する答えをフィッシュボーン図に示したものである。根本原因には参照しやすいように番号が付けられている。

表4.5.5は根本原因に対処するための具体的な提案事項を示すことで、この例を続けている。いくつかの根本原因にはどのように対処するかに類似点があり、1つの提案の下にグループ化され、オーナーが割り当てられていることに注意されたい。

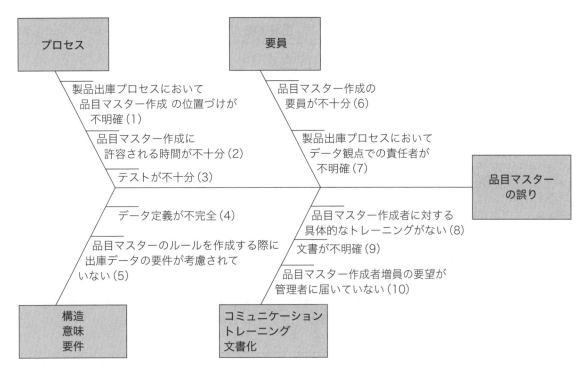

図4.5.6 フィッシュボーン図を利用した品目マスターの例

表4.5.5　品目マスターの例と提案事項

問題：製品出庫プロセスで使用される品目マスターデータに誤りがあり、最終的に製品の出荷が止まっていた。当時、製品を出荷するためにデータを修正した。現時点で根本原因の分析は完了している。以下の提案事項が実施されれば、正しい品目マスターデータが保証される。つまり、品目マスターデータが正しくないために製品の出荷が遅れることは今後なくなる。			
根本原因	提案事項	オーナー	期限
• 製品出庫プロセスにおいてデータ観点での責任者が不明確(7)	• 製品出庫チームと協力してデータスチュワードを任命する。 • データスチュワードの上司の合意を得る	データガバナンス・マネージャー	
• 製品出庫プロセスにおいて品目マスター作成の位置付けが不明確(1) • 品目マスター作成に許容される時間が不十分(2) • テストが不十分(3) • 品目マスター作成者に対する具体的なトレーニングがない(8) • 文書が不明確(9)	• データの側面で製品出庫プロセスを更新する。資材マスターの作成、所要時間の見積もり、テストシナリオ、トレーニング、文書化の具体的な手順を含む。	データスチュワード	
• データ定義が不完全(4) • 品目マスターを作成する際の取引データの要件が考慮されていない(5)	• データスチュワードがアナリストと協力してルールと要件を更新する	データスチュワード	
• 品目マスター作成者増員の要望が管理者に届いていない(10) • 品目マスター作成の要員が不十分(6)	• 製品出庫マネージャーは、データスチュワードとアナリストの上司から、根本原因に対処するために必要な時間と、継続的なプロセスのためのサポートを得る。	製品出庫マネージャー	

ビジネス資産としての情報を管理する上での障壁

南オーストラリア大学のDr. Nina EvansとExperience MattersのJames Priceによって、組織が情報資産を効率的に管理することの、障壁とメリットについての研究プロジェクトが実施された。調査対象となったどの組織も、自社のビジネスに不可欠なデータ、情報、知識、つまり情報資産を保有していることを認識した。しかし調査対象となったどの組織も、その価値や潜在的なメリットの大きさが認識されているにもかかわらず、情報資産が十分管理されていないことを認めている。

調査に参加したのはオーストラリア、南アフリカ、アメリカの組織の役員やCレベル幹部であり、その業種も公益、石油とガス、法律サービス、銀行、金融・保険、製造業、州や地方自治体等多岐に渡る。彼らの研究成果Information Assets：An Executive Management Perspective が、Interdisciplinary Journal of Information, Knowledge, and Management（Evans & Price, 2012）に掲載された。論文全文は、dataleaders.orgのウェブサイトからも入手できる。

Danette McGilvray, James Price , Tom Redmanの3人はこの調査に深い経験と知識を加え、企業が情

報をビジネス資産として管理するのを遅らせ、妨げ、阻んだりする障壁を示すフィッシュボーン図を作成した。**図4.5.7**は、企業が情報をビジネス資産として管理するのを遅らせ、妨げ、阻んだりする障壁の詳細、つまり最も一般的に見られる根本原因を示している。詳細な根本原因は、主に5つのカテゴリーに分類された。

- 経営者・実務者双方の認識不足
- ビジネスガバナンスの欠如
- 正当化の難しさ
- リーダーシップとマネジメント力の欠如
- 不適切または非効果的な手段

右端のボックスは、情報資産が適切に管理されていない場合の影響をさらに強調している。データ品質問題については、根本的な原因とその影響が同じであることが多い。

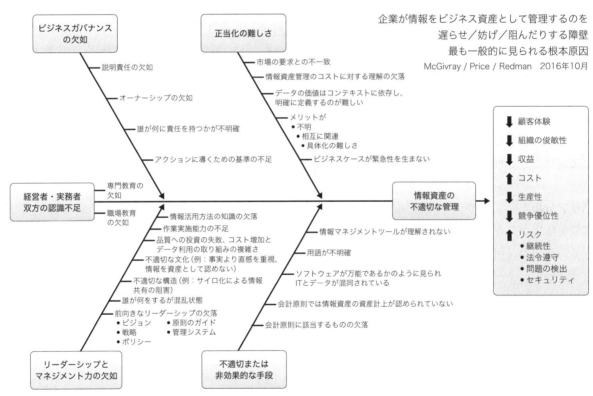

図4.5.7 情報をビジネス資産として管理する障壁—詳細フィッシュボーン図

ステップ5.4 その他の関連する根本原因分析テクニック

ビジネス効果とコンテキスト

本書で紹介する根本原因分析テクニックは、データ品質の欠陥の根本原因を見付けるために使用できる、基本的で実績のあるテクニックである。各組織で有効な他の根本原因分析テクニックがあれば、それを使用してほしい！

どのテクニックについても、プロジェクトを通して得られたこと、文書化したことを忘れずに利用する。これらのテクニックは、10ステッププロセスの流れの中で使うのが最も効果的である。**ステップ6、7、8**で不具合に対処する場合、ビジネスニーズとプロジェクト目標に合致していることを確実にするために、前のステップを「必要十分に」完了させておく必要がある。以下は本書では詳述されていないが、各組織が使用する可能性があるその他の根本原因分析テクニックの抜粋である。

故障モード影響解析（FMEA：Failure Modes and Effect Analysis）
FMEAは起こりうる全ての故障（モード）を主観的に列挙し、それぞれの故障がもたらす結果（影響）を評価する。その故障モードがシステムまたはコンポーネントの運用性にとってどの程度クリティカルであるかを、相対的なスコアで表すこともある。

変更分析
出来事や問題を記述する。次に同じ状況で、問題がない場合を記述する。2つの状況を比較し、相違点を文書化し、分析する。相違の結果が特定される。

バリア分析
対象を危害から守るために使用されているバリアを特定し、そのバリアが効果を発揮しているか、機能していないか、何らかの形で侵害されているかを確認するために出来事を分析する。これは有害なアクションから、ターゲットまでの脅威の経路を追跡することによって行われる。

商用の根本原因分析テクニック
ケプナー・トレゴー根本原因分析（Kepner-Tregoe Root Cause analysis）やアポロ根本原因分析™手法（Apollo Root Cause Analysis™ methodology）等。

ステップ5 まとめ

データ品質問題の根本原因を発見することは、プロジェクトにおける最も重要なマイルストーンの1つであり、これまでの全ての作業のゴールの一つでもある。これで情報に基づいた次のステップについての意思決定、つまり必要なビジネスアクションやコミュニケーション等ができるようになる。発見された根本原因に基づいて、必要に応じてプロジェクトのゴール、スコープ、スケジュール、リソースを更新する。どんなプロジェクトでも、できるだけ早く根本原因を突き止めたいものだ。**ステップ1〜4**を必要十分に完了させることで、フォーカスすべき適切な問題を選択することができ、根本原因分析を効

率的に行うために必要となる入力情報を十分に得ることができる。根本原因分析は、綿密なデータ品質の評価を実施することも、実施しないこともある。

根本原因分析の後、潜在的な根本原因を検証するために、さらに時間をかけてテストを実施する必要があるかもしれないし、発見した内容に確信が持てるのであれば、それに基づいて変更を実施できるかもしれない。いずれにせよ、あなたの提案は改善計画の策定へと自然に流れていくはずだ。

もちろん、結果と提案事項を文書化することも忘れてはならない。チェックポイント・ボックス内の質問を見直して、完了したか、次のステップに進む準備ができているかを判断してほしい。

 コミュニケーションを取り、管理し、巻き込む

このステップで、人々と効果的に働き、プロジェクトを管理するための提案。

- 根本原因分析セッションの結果に利害関係を持たない、中立的な進行役を使用する。この進行役は参加者全員の意見を聞き、根本原因を特定し、次のステップへのオーナーシップを確立するプロセスを通じて、参加者をリードする。
- 根本原因分析セッションに参加する人々がなぜその場にいるのかを理解し、参加する準備と意志を持っていることを確認する。
- 根本原因分析セッションでは、その場にいる目的とセッションのプロセスを迅速に確認する。人々が快適で、非難されることなく自由に話せるようにする。人々がより良い解決策を検討し、守りに入らず、責任転嫁するようなことなく、オープンで信頼できる雰囲気を作り出す。
- 根本原因分析セッションの後にアクションアイテムのフォローアップを行い、具体的な改善策の責任を負うこととなったオーナー達と話し合う。
- プロジェクトスポンサーやその他のステークホルダーとの関わりを継続し、根本原因や、今後のステップで実施すべき提案事項や改善事項についての合意を得る。

 チェックポイント

ステップ5 根本原因の特定

次のステップに進む準備ができているかどうかは、どのように判断すればよいか。次のガイドラインを参考にして、このステップの完了と次のステップへの準備を判断する。

- 各データ品質問題の根本原因は特定され、文書化されているか。
- それらの根本原因に対処するための具体的な提案事項が決定され、文書化されているか。
- 改善を実施することに責任を負うオーナーは特定されているか。
- コミュニケーションと巻き込み計画は、常に最新の状態に保たれているか。
- このステップの間、人々とコミュニケーションを取り、管理し、巻き込むために必要な活動は完了したか。例えば
- このステップで得られた根本原因と具体的な提案事項を共有し、プロジェクトスポンサーやそ

の他のステークホルダーから次に進めることの合意を得たか。
- 将来、提案の実施に協力を要請する可能性のある他のチームの管理職を巻き込んでいるか。何が起きているのかを早めに知らせるようにする。

ステップ6 改善計画の策定

ビジネス効果とコンテキスト

ステップ6では実施される様々な改善について説明責任を負うオーナーが特定されるため、改善サイクルの重要な次のステップである。複数の改善について誰が監督し、調整し、進捗を追跡するかが決定される。データ品質チームが実施する改善については、詳細な計画を立てる。プロジェクトチーム以外の者がこれらの改善を行うためには、プロジェクトチームと新しいオーナーの間で文書と知識の引継ぎが必要となる。

このステップで計画された改善は、ステップ7、ステップ8、ステップ9で実際に実装される。この3つのステップは、10ステッププロセスの中では別個のものとして分けられている。というのも多くの場合、人々は現在のデータエラーを修正する（ステップ8）ことしか改善策を考えないからである。エラーの再発を防止することも重要であり（ステップ7）、そのうちのいくつかは継続的に監視されるべきである（ステップ9）。改善すべき点を最終的に決定する際には、3つのステップ全てを考慮に入れる必要がある。

さらに多くの場合、実施には異なる人やチームが責任を負い、作業を行うには異なるプロセスやツールが必要となる。どの改善についても誰がそれを実施するかは、必要なスキル、リソースの有無、組織の構造に基づいて決定される。ある人にとっては、ステップ7でコントロールを最初に実装する者とし、ステップ9でそのコントロールを継続的にサポートし実行する者の間には明確な責任分担がある。DevOps環境で作業している場合、この2つの区別はあまりない。ステップ6ではこれらの点を全て考慮し、改善計画を組織の環境内で実際に効果的に実施できるようにする。

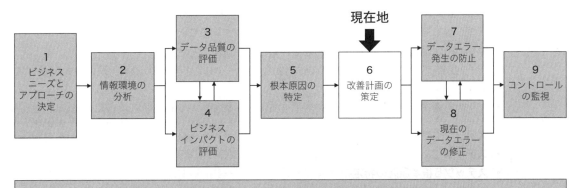

図4.6.1 「現在地」ステップ6 改善計画の策定

> **ベストプラクティス**
>
> **経営陣へのサポートの継続。** ステップ6は最終的な提言が確実に実施されるための、コミュニケーションと巻き込みが鍵となるプロジェクトの重要なポイントである。短い注意力や「次の大きなこと」によって経営陣の記憶が影響を受け、そもそもなぜデータ品質プロジェクトが行われたのかを忘れてしまうことがあまりにも多い。プロジェクトチームとして改善を実施することで得られる利益を思い出させるのは、あなたの仕事だ。ここで**ステップ4**のビジネスインパクト・テクニックや**ステップ10**のコミュニケーションと巻き込みを再度見直すことはよくあることで、様々な改善策についてオーナーやサポートが確保されており、実際に実装されることを確実にするために行われる。必要な努力を過小評価してはならない。計画が立てられこれからのステップで改善が実際に実装されない限り、それまでの作業は全て無駄になる。

他のステップとの関連における改善計画

このステップに至った経緯と、これからの方向性を思い出してみよう。**図4.6.2**を見ながら、ポイントを説明しよう。あなたは**ステップ1、2、3、4**の関連する活動を、順序に関係なく適切な詳細レベルで完了しており、プロジェクトはスコープ内のビジネスニーズ、データ品質問題、プロジェクト目標に対処しているだろう。4週間かかったかもしれないし、6ヵ月かかったかもしれない。この図は時間ではなくアクティビティを示している。

各ステップの後(例えば、情報環境の分析の後、各データ品質評価軸による評価の後、ビジネスインパクト・テクニックを使用した後)、または主要なマイルストーンで、白いボックスで示した項目を実施したはずだ。

表4.6.1 ステップ6 改善計画の策定のステップサマリー表

目標	・予防、修正、検知コントロール、コミュニケーション、チェンジマネジメントを含む、改善を導入するための計画を策定する。 ・計画の確実な導入に責任を持つオーナーを確認する。
目標	・プロジェクトを開始することになったスコープ内のビジネスニーズとデータ品質問題、およびプロジェクト目標が、計画中の改善によって対処されていることを確認する。 ・計画が根本原因の分析と、最終的な提言に基づいていることを確認する。 ・オーナーが改善の導入にコミットしていることを確認する。 ・データ品質プロジェクトでこれまでに行われたワークに、組織への効果実現につながるベストな機会を与える。 ・変化の影響を受ける人々が、その変化を支持し、参加し、受け入れるようにする。
インプット	・**ステップ1**で示された範囲内のビジネスニーズ、データ品質の問題、プロジェクトの目的 ・**ステップ2、3、4**の初期の提案事項で、**ステップ5**の根本原因分析に含まれなかったもの ・**ステップ5根本原因の特定**の、スコープ内の各データ品質問題に関する以下の項目: 　○ 特定された根本原因 　○ 根本原因に対処するための具体的な改善提案 ・改善を導入するための最終的または中間的なオーナー ・現在のプロジェクト状況、ステークホルダー分析、コミュニケーションと巻き込み計画

テクニックとツール		・提案事項のリストが長すぎて、すべてを実施できない場合の優先順位付け手法 ・改善計画のオーナーとサポートを確保するためのコミュニケーションと巻き込みの手法（**ステップ10参照**） ・改善を実施する際に、どんなアプローチを採用するかに応じたプロジェクトマネジメント手法
アウトプット		・プロジェクトおよび根本原因分析からの最終的な提案に基づいた、予防的、是正的、検知コントロールの実施計画 ・実施に責任を負う最終オーナー ・データ品質プロジェクトチームが導入する、改善策の詳細計画 ・プロジェクトチーム以外の人々が導入する改善に対する概要レベルの計画（可能であれば）、説明責任を引き受けた特定オーナーへ引き継ぐ文書と知見 ・改善を「売り込む」ために必要なコミュニケーションと巻き込み活動を完了し、オーナーと改善実施へのコミットメントを得る。 ・更新されたプロジェクト状況、ステークホルダー分析、コミュニケーションと巻き込みの計画
コミュニケーションを取り、管理し、巻き込む		・プロジェクトのスポンサーやその他のステークホルダーが、提案とそれを導入するための改善計画から得られる利益を理解し、提案に同意し、支援することを確認する。 ・現在のプロジェクトチーム内外を問わず、改善の導入責任者のオーナーとコミットメントを得る。 ・改善によって影響を受ける人々の間で、計画に対する認識を高める。
チェックポイント		・提案は最終化されたか。 ・改善が確実に導入されるよう責任を負うオーナーが特定され、その責任を引き受けたか。 ・プロジェクトチームが導入責任を負う場合、改善計画は完了しているか。 ・プロジェクトチームは文書化を完了し、プロジェクトチーム外の実施責任者への引継ぎおよび知見の移転を行ったか。 ・コミュニケーションおよびチェンジマネジメント計画は最新に保たれているか。 ・このステップの間、人々とコミュニケーションをとり、管理し、巻き込むために必要な活動は完了したか。

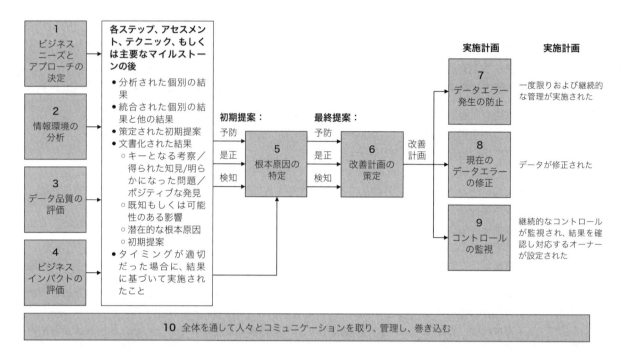

図4.6.2 初期提案からコントロール導入まで

各ステップにおいて、結果は分析され、統合され、文書化され、初期提案が策定されているはずである。そうであれば、**ステップ5**での根本原因分析の準備は万端である。文書化することで学んだことを思い出し、活用する最善の機会が得られる。提案事項はデータ品質の問題やエラーの予防、是正、検知（監視）するものとして記載され、各カテゴリーが考慮されていることを確認できる。

実施するのに適切なタイミングであれば、結果に基づいて実施したことが含まれているだろう。なぜなら**ステップ5**の前に、何らかの予防や修正を行っても良いからである。例えば業務プロセスが停止した緊急事態や、重要な報告が誤っており直ちに対処しなければならない場合等である。根本原因を特定する際には、これらの分野における追加作業がまだ必要かどうかを判断するため、これらの措置を考慮に入れる必要がある。

初期提案は、おそらくデータの修正をカバーしているだろう。常にそういう傾向がある。しかしエラーをどのように防ぐかについての提言も含まれるべきで、それには監視も含まれるかもしれない。注意点として、提案には全体的な解決策や、行動を前進させるために当面必要な次のステップを記載する。具体的な提案について詳しく知りたい場合は、**ステップ5**を見返してほしい。

用語の変化は微妙だが意味がある。やるべきことは、初期提案から始まり、最終的な改善の提案になる。最終提案は改善計画へと変わる。改善は様々な状況に当てはまることを忘れないでほしい。計画は小さな問題を迅速に解決する場合もあれば、根本原因を解決するために別のプロジェクトを派生させる場合もある。その根本原因は難解で複雑であり、長年にわたってビジネスプロセスに根深く入り込み、コストやリスクを増大させてきたものである。改善の多くは、何らかの形で再び**10ステッププロセス**を活用することができるだろう。

改善計画はその後、コントロールを実施するために実行される。ここでいうコントロールとは、高品質なデータを保証し、データ品質の問題やエラーを防止し、高品質なデータを生み出す可能性を高めるような直接的ワークや、チェックし、検知し、検証し、制約し、報酬を与え、奨励し、指示する様々な活動を指す。これらのコントロールは一過性のものとして実施することもできるし、長期間にわたって監視し続けることもできる。繰り返しになるが、データ品質コントロールには一般的にエラーを防止するもの、エラーを修正するもの、エラーを検知するものの3種類がある。エラーとは、データそのものに誤りがあり、その結果、対処しなければならないより大きなデータ品質の問題が浮き彫りになることを指す。

改善を実施する場合、予防、修正、検知に対応するものは、別々に実施することも一緒に実施することもできる。これらはデータ品質プロジェクトチーム自身が実施することも、プロジェクトチーム以外の者が個別に実施することも、組み合わせて実施することもできる。前述したように、誰かのToDoリストにある単純なタスクもあれば、ワークを管理するために別のプロジェクトが必要な複雑な活動もある。複数の改善を実施する場合は監督を行い、ワークを調整し、全体的な進捗を追跡するオーナーを任命することを検討しよう。

> **覚えておきたい言葉**
>
> 「パイプが壊れれば修理する。常設の清掃チームを組織することはできない。水道水が下水と混ざった場合は、システムを再設計する。他のクリーニング設備には投資しない」
>
> Håkan Edvinsson, Auther and Data Management Advisor, at DG Vision, Washington DC, December 2019

改善計画作成へのインプット

図4.6.3は様々な改善提案を、実施するための計画をまとめる際に考慮すべき時期、解決策の複雑さ、確実性、オーナーシップと巻き込みといった要素の概要を示している。各要素は相対軸上に配置されている。

どのような提案についても、様々な相対軸における位置づけが、その改善を実施するための実際の計画（いつ実施すべきか、誰がオーナーとなるべきか、他に誰が関与すべきか、どれくらいの期間で実施できるか）へのインプットとなる。ここまでの説明で、幅広く考え、予防、修正、検知の活動を考慮することを十分に強調できただろうか。

アプローチ

1．検討中の改善の提案を全て集める。
もしあなたがプロジェクトを通じて推奨事項を提案し、その結果を文書化しているのであれば、リストの作成は非常に簡単であろう。そうでない場合は、リストの作成に時間がかかるだろう。得られた知見が忘れられている場合、まず結果を分析し、総合するために、多少の再作業をしなければならない可能

性がある。第6章その他のテクニックとツールの結果に基づく分析、統合、提案、文書化、行動の項を参照されたい。

提案事項のリストには、修正活動、根本原因分析による予防活動、データ品質の問題を検知するためのコントロールの監視等が含まれることが多い。リストの項目は小さなものから大きなものまであり、実行に移すには様々なレベルのリソースと時間が必要になるだろう。

2．もしもこれ以前に提案が作成されていない場合は、今すぐ提案する。
これ以前に提案が作成されていない場合、特に根本的な原因に基づく提案がなされていない場合は、先に進む前に策定しよう。ステップ5で特定した根本原因を思い出し、提案の作成手順を再確認しよう。

3．必要であれば、提案リストに優先順位をつける。
提案事項のリストが短く、その全てを実施できる見込みである可能性もある。そうであれば、優先順位をつける必要はない。そうでなければ、優先順位をつける必要がある。例えば**ステップ4.8費用対効果マトリックスやステップ4.6リスク分析のようなビジネスインパクト・テクニックを使用して、提案事項を実施しない場合に生じる恐れのあるリスクや結果を検討する。**

優先順位をつける前に、プロジェクトを開始することになったビジネスニーズとデータ品質問題、プロジェクトの目的、新たに見つかったデータ品質の問題を振り返るようにする。提案事項の共通点を探す。優先順位をつける前に、グループ化するとよい。例えばそれらが、同じビジネスプロセスの一部であるかどうかである。

優先順位付けはプロジェクトチームが行い、その結果をプロジェクトスポンサーと個別に議論し、最終決定してもよい。あるいはプロジェクトスポンサーやその他のステークホルダーが、優先順位付けに参加してもよい。通常この種のセッションは、中立的なファシリテーターに指導してもらうのが最善であ

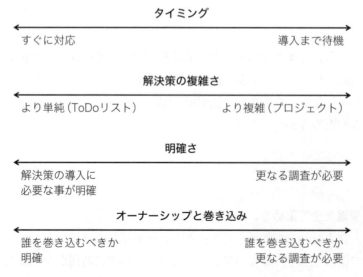

図4.6.3 改善計画作成時の検討

る。ファシリテーターは適切なプロセスが踏まれ、出席者が参加していることを確認する。これにより優先順位付けの結果が受け入れられ、実施される可能性が高まる。

4．誰が実施の責任を持つかを明確にする。

提案の優先順位付けと最終決定、提案に対処するための改善計画の策定と承認、実施のオーナーシップに誰が関与すべきかを決定しよう。正式なデータガバナンス構造やスチュワードが存在する場合は、それを活用するとよい。正式なデータガバナンスがない場合、例えば、次のような質問に答えなければならない。

- 誰が改善の実施に対して責任を負うのか。
- 誰に実施を支援する責任があるのか。
- 誰がインプットを提供し、相談に乗る必要があるのか。誰が知識を持っているのか。
- 誰にこの計画を周知する必要があるのか。
- 誰が決定権を持つのか。
- 誰がチェンジマネジメントの責任を負うのか。

最終的に合意された全ての提案事項について、誰が責任を負うか、少なくとも誰が最初のオーナーシップを持つべきかを明らかにしよう。

5．改善計画を策定する。

これが計画のステップであることを忘れないようにしよう。提案事項や改善事項は、予防のための**ステップ7**、是正のための**ステップ8**、コントロールの監視による検知のための**ステップ9**で実際に実施される。多くの場合、異なる人やチームが異なる種類の改善を担当するため、これらのステップは別々に呼び出される。しかしあなたの計画では、これらのステップを1つのチームが行う場合もあれば、別々のチームが行う場合もあるかもしれない。

ステップ7の予防活動の中には、一過性のものもあるかもしれない。その他の継続的なものについては、**ステップ7**と**ステップ9**の間で引継ぎが必要となる。異常を検知するコントロールの監視により、データ品質の問題を可視化し、迅速かつ早期に対処できるようにする。**ステップ8**で行われた修正は、**ステップ9**で実施される継続的な評価尺度にも反映させることができる。

一度に全てを修正しようとせず、実施する計画が根本的な原因に対処するものであることを確認しよう。全ての改善に大がかりなプロジェクトが必要なわけではない。すぐに効果が得られる短期的な活動を探す。

今後のステップで改善が確実に実施されるよう、誰がその作業を実施するのかを以下にまとめた。

既存のデータ品質プロジェクトチーム

全体として計画が実施された場合、（誰がその責任を負うかを問わず）ビジネスニーズ、データ品質問

題、プロジェクト目標が対処されていることを確認しよう。計画には必要な予防、修正、検知、コミュニケーションが含まれていることを確認する。

プロジェクトチームに割り当てられた改善策について、実施するための詳細な計画を立てよう。同じ優れたプロジェクトマネジメント・スキルを使って作業の進め方を整理し、管理しよう。コミュニケーションと巻き込みのための時間を含めるとよい。実施するワークに対する資金、リソース、サポートを確保しよう。監視されるべきコントロールを実施する場合は運用チームへのサポートの引き継ぎを計画し、問題が検知された場合に誰がその結果に対処するかを確認しよう。

プロジェクトチームの外部に割り当てられた改善について、プロジェクトチームはプロジェクトに関する知見や文書を他者に引き継ぐ準備をする必要がある。またプロジェクトチームは、プロジェクトで得られた知見に基づいて大まかな実施計画を立てても良い。資料の受け渡しとオーナーシップの合意に割く時間を、スケジュールに入れておこう。これらの引き継ぎは実施のオーナーシップがどのように割り当てられたかに応じて、複数の個人またはチームに行わなければならないかもしれない。

割り当てられた責任を行動に移すためには、計画を他の人々に「売り込み」、実行を促すための意識的な取り組みが必要である。影響を受けると思われる人たちは、プロジェクト全体を通じて情報を与えられており、さらに提案の実施に協力するよう求められているのが理想的である。プロジェクト全体を通じてより多くの人々が参加すればするほど、発見された問題の解決に参加する努力を拒否する可能性は低くなるだろう。

データ品質プロジェクトチーム以外
活動の結果や文書、その他のデータ品質プロジェクトチームが提供するあらゆるものを活用しよう。改善を実施し、データ品質への取り組みを支援することを約束しよう。

進行中のデータ品質プログラムまたはデータガバナンス・プログラム（データ・イン・アクション・トライアングルを思い出そう）がある場合、そのプログラムは誰が責任者であるかにかかわらず、実施状況を追跡することを望み、確実に完了するように推進と支援をしてくれるかもしれない。

 10ステップの実践例

改善の計画 - 魔法の瞬間
私が「魔法の瞬間」と呼ぶことが、データ品質プロジェクトからの具体的な提言に優先順位をつけるための、あるチームミーティングの最終回で起きた。データマネジメントのマネージャーは、提案の実行が割り当てられた時、自分のチームがそのうちのいくつかを実施することに同意した。しかし彼女は、提案された改善策を実施するための資金がないと嘆いた。

プロジェクトスポンサーであるマーケティングのマネージャーも同席した。彼女はプロジェクトを通じて適切に関わり、情報を得ていたため、会社とマーケティング部門の目標に対する提案の価値を認識していた。彼女はこう尋ねた。「その提案を実施するのにあなたのチームが必要

なコストはいくらだろうか？」データマネージャーは見積もりを答えた。マーケティングマネージャーは笑った。「マーケティングキャンペーン1回でもっとお金がかかっている。その提案を実施するためのお金を払おう！」と笑った。魔法のようなことが起こるのは、提案を実行できる人々と、改善費用を支払える人々が結びついたときだ。この実話から分かるように、プロジェクトを通じて適切な人材を確保するために必要なコミュニケーションは、努力に値するものである。

6．結果を文書化し、伝える。

プロジェクトチームが実施する詳細な改善計画を文書化する。プロジェクトチーム以外が実施する計画については、引き継ぎと最終的なオーナーシップを文書化する。このステップの最後にある「コミュニケーション」のボックスの提言を参照してほしい。

サンプルアウトプットとテンプレート

データを改善する複数の方法

以下は、ソースデータの移行準備にフォーカスした改善の例である。また改善や変更ごとに、いかに異なる計画が必要とされるかも示している。

ある大規模なグローバルプロジェクトでは、何百ものソースシステムからデータを移行し、新しいシステムに統合していた。データのプロファイリングはソースシステム（レガシーシステム）に対して、品目、顧客、受注等のデータ・サブジェクトエリア別に行われた。現在のデータ品質を示すプロファイリング結果は、新しいターゲットシステムの要件と比較された。データ準備活動はソースシステムにおけるデータの現状と、新しいプラットフォームでビジネスを運営するために必要とされるものとのギャップを埋めるために実施された。**表4.6.2**に概略を示すように、状況（ソース、データ・サブジェクトエリア、発見されたデータ品質問題、必要なリソース）に応じて、データは様々な方法で取り扱われた。

10ステップの実践例

ニュージーランド公共部門インフラストラクチャー庁におけるデータ品質識別の実施

リズはニュージーランドの運輸部門の、新しいデータ品質スペシャリストである。彼女の所属する機関は、データ品質フレームワークとエンタープライズ・データマネジメントプログラムの開発の初期段階にある。

彼女は10ステップを使った経験を語っている。

ビジネスの問題

データ品質が低いという苦情は多かったが、データ品質問題の優先度や緊急性を理解するための根拠がなかった。いくつかのソフトウェアプロジェクトでは、「問題箇所」のリストが作成されていたが、どこで問題が発生したのか、どのビジネスプロセスがその問題によって影響を受けた

のかを裏付ける文書はほとんどなかった。総じて数十年前の業務システムが何十個もあり、その多くは業務内のサイロ化した部分の内部サーバーに埋もれていた。システム障害を報告するヘルプデスクはあったが、データ関連の問題を記録する仕組みはなかった。

最近エンタープライズ・データウェアハウスを開発し、データサイエンティスト、ダッシュボード開発者、ビジネスインテリジェンス・アナリストを新たに数十人採用した。データは現在、新しい方法で組み合わされ提示されており、専門スタッフは日々の大部分を「使用するためのデータの準備」、つまりデータのプロファイリングやデータセットのクリーンアップに費やしていた。データやデータセットレベルでの中央記録がなかったため、スペシャリストたちはデータのビジネスオーナーを見つけなければならなかった。これは非常に時間がかかり、彼らの才能を無駄にし、離職率の高さにつながっていた。さらに根本原因の分析や、関連するソースシステムでデータを修正するための、効果的な改善計画を策定する組織的な能力がなかったため、データの問題が改善されることはなかった。

10ステップの使用
データ品質のベースラインを確立するためのパイロットプロジェクトとして、私は最近再開発されたシステムを選んだ。なぜなら極めて最新の技術的な成果物があり、ソースデータベースのインスタンスとサテライトデータウェアハウスのコピー間の緊密な同期があったからだ。新しいシステムであれば、データの基本的整合性のデータ品質評価軸（ステップ3）を使って整合性チェックを完了するのは簡単で、情報環境の調査（ステップ2）もスムーズに進むだろうと期待していた。またビジネスオーナーとテクニカル・データスチュワードのサポートも得た。

私はパイロットプロジェクトの目標を示し、関係者の様々なグループとワークショップを開いて、アナリティクスやダッシュボードのリクエストの処理等、データをビジネスプロセスに適用する際に発生するデータ品質の問題を報告するよう協力を求めた。この方法論は、**10ステップ**のフレームワークPOSMADを調整する議論から適用された。その成果は、(1) ステークホルダーグループのさらなる特定、(2) DQ Mattersによって概説されたデータ品質評価軸に関する理解の向上と適合したデータ品質評価軸を使用することの合意、(3) データ品質問題報告サービスの使用方法に関する合意であった。

実現したビジネス価値
データ品質の問題を記録することによる直接的な利点は、ビジネスにとっての価値という観点から問題を評価し対処できることだ。エビデンスの積み重ねは、評価の根本原因の分析のフェーズを経て改善計画を作成する際に、チームが優先順位と緊急性をつけるのに役立つ。

もうひとつの重要な利点は、スチュワードシップモデルの有効性に対する理解が深まったことだ。データ品質問題の報告を専門アナリストによるデータ活用の観点で位置づけることで、主要データセットのいくつかについてスチュワードが果たすべき役割における問題も明らかになった。またデータインシデントを記録するには、現在のテクニカル・チケッティングシステムでは不十分だという新たな認識も生まれている。データおよび情報のマネージャーがエンタープライズ・

データカタログの要件を収集している間、私はカタログの各データ項目にそのデータセットの問題ログへのリンクを設け、データとの主要な関係（例えば、有効なスチュワードやビジネスオーナーの連絡先等）を記録するという要件を提出した。

さらなる発展計画
データ品質プロジェクトの次のステップは、インシデントフォームを自動化するサービス、関連する成果物の保管を促進するサービス、中央でのデータ品質問題ファイルへのロギングを実行するサービスを含む、データ品質問題の中央記録システムを構築することである。私達の目標は、ダッシュボード技術（QLIK）を使って、データ品質問題ログに全組織がアクセスできるようにすることだ。データマネジメント・チームの記録管理には、Office 365ツール（Forms、Flow、SharePoint等）を使用する予定である。

期待される成果／データ品質の問題を解決するための行動
このプロジェクトでは10ステップフレームワークを用いることで、スチュワードシップモデルが可視化され、機能するようになった。データ品質の問題を記録し始めたことでより効果的な会話ができるようになり、問題に対処できるようになった。具体的には以下の通りである。

- ビジネスインパクト評価は、ビジネスオーナーが関与することで改善される。提起された問題は、ビジネスオーナーが価値と影響の観点から分類し、優先順位をつけることができるようになった。
- 根本原因分析のワークショップは、フィッシュボーン図のテクニックを使って特定の問題を根本原因のカテゴリーに分類し、改善活動の焦点を絞るためにテクニカル・データスチュワードと一緒に開催できるようになった。6つのカテゴリーとは、ユーザー知識、標準準拠、技術プラットフォーム、ビジネスプロセス、データソース、システム設計である。
- 改善計画は、ビジネスオーナーやテクニカル・データスチュワードと共同で作成することができる。

表4.6.2 データ準備計画

レガシーシステムのデータ品質が以下の状況なら…	…以下のデータ準備活動が行われた	改善計画の補足
ターゲットシステムの要件を満たした。	何も必要なかった。	
あまりに貧弱で使用できなかったか、データがまったく存在しなかった。	データが作成されたか購入された。	データ作成の計画を立て、進捗状況を個別に追跡した。 データ購入の責任を持つ担当を決定した。
要件を満たしていなかった。	レガシーシステムのソースでデータをクリーンにする。もしくは、ETLプロセスでデータを変換する	これらは好ましい選択肢であり、この表にある他のどの選択肢よりもリスクは小さかった。チームアナリストとソースアナリストの間、チームアナリストと開発者の間には、良好なコミュニケーションが必要だった。
要件を満たしていなかった - レコードの数が多く、必要な変更が複雑だった。	新しいプラットフォームにロードする前に、複数のデータソースから新しいマスターレコードを作成する。	顧客データソースの数が多くそれらを結合するのが複雑なため、ETLではできなかった。綿密な重複排除を必要とする別のデータ品質プロジェクトが開始され、新しいプラットフォームにロードする前にまず顧客データのすべてのソースをマスターに統合した。プロジェクト全体の計画と同期した期限を持つ、別のプロジェクト計画が作成された。
要件を満たしていなかった - レコードの数が少なく、必要な変更が複雑だった。	本番環境へのロード後、新しいプラットフォームがユーザーにリリースされる前に、手動で変更する。	これは、変更が複雑で人間の判断が必要なごく一部のデータセットに対してのみ行われた。

ステップ6 まとめ

ステップ6では、以下のいずれかを完了しているだろう。

- 前のステップの最後にまだ行われていない場合は、改善のための具体的な提案を作成した。
- 提案事項のリストが、確保が可能な時間とリソースで合理的に実施できる範囲を超える場合は、優先順位をつけた。
- 優先順位の高い提案事項のオーナーを特定した。
- 既存のプロジェクトチームで実施可能な、詳細な改善計画を策定した。
- 改善の背景となる情報を準備し、場合によっては概要レベルの計画を作成し、プロジェクトチーム

以外の実施に責任を持つ、あるいは持つべき人たちにオーナーシップを移譲した。

加えてプロジェクトのスポンサーや、その他のステークホルダーとのコミュニケーションや巻き込みを強化し、オーナーシップと計画への支持を確認する必要があることもおわかりいただけただろう。これでステップ7、8、9の改善を実際に実施することにより、改善サイクルを継続する準備が整った。

 コミュニケーションを取り、管理し、巻き込む

このステップで、人々と効果的に働き、プロジェクトを管理するための提案。

- プロジェクトのスポンサーやその他のステークホルダーが、提案とそれを実施するための改善計画から得られる利益を理解し、提案に同意し、支援することを確認する。
- 現在のプロジェクトチーム内外を問わず、改善の実施責任者のオーナーとコミットメントを得る。
- 改善によって影響を受ける人々の間で、計画に対する認識を高める。

 チェックポイント

ステップ6 改善計画の策定

次のステップに進む準備ができているかどうかは、どのように判断すればよいだろうか。次のガイドラインを参考にして、このステップの完了と次のステップへの準備を判断しよう。

- 提案は最終決定されたか。
- 改善が確実に導入されるよう責任を負うオーナーが特定され、そのオーナーは責任を受け入れたか。
- プロジェクトチームが導入の責任を負う場合、改善計画は完了しているか。
- プロジェクトチームは文書化を完了し、プロジェクトチーム外の実施の責任者への引き継ぎや知見の移転を行ったか。
- コミュニケーションプランとチェンジマネジメント計画は最新に保たれているか。
- このステップの間、人々とコミュニケーションを取り、管理し、巻き込むために必要な活動は完了したか。

ステップ7 データエラー発生の防止

ビジネス効果とコンテキスト

ようやく10ステッププロセスのステップ7まで来た。これは改善サイクルのステップのひとつで、評価作業の成果が形になってくる。このステップでは10ステッププロセスの他のステップに比べて、手順が少ないことにお気づきだろう。これは重要性が低いという意味ではない。やるべきことによっては時間がかかるかもしれないが、時間がかからないという意味でもない。他に比べて短いのはこの時点でやるべきことは、前のステップで判明したこと、あなたの提案、改善プランに完全に依存しているからだ。他のステップがうまくいっていればやるべきことは明確であり、このステップではデータエラーの再発を防ぐために、必要なことを実際に実行に移すだけだ。

データ品質プロジェクトチームのメンバーとステークホルダーは、成功によって勇気づけられる。そして更なるデータエラー発生の防止は、まさに進行中の成功と言える。全てのエラーを防止できるわけではないが、情報が大幅に改善されれば事業全体の士気が高まり、その後の改善プロジェクトの成功に対する期待も高まる。

「1オンス（約30g）の予防が1ポンド（約450g）の治療に匹敵する」ということわざが繰り返し使われるのには理由がある。にもかかわらず往々にして予防をスキップし、現在の誤りをすぐに修正し始める傾向がある。そうならないように注意してもらいたい。まず予防を**ステップ7**として、**ステップ8**での修正の前段にしているのはそのためだ。予防は長期的な利益をもたらし、情報の品質に対する信頼を高める。もし企業が予防を無視するのであれば、問題の再発を防ぐ努力なしにデータをクレンジングすることを正当化できるようになった場合のみ、意識的にそうすべきである。そして予防をせずに修正することを正当化できる理由等ほとんどない。

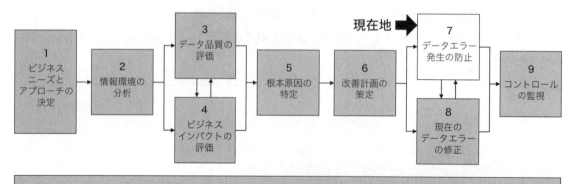

図4.7.1 「現在地」ステップ7データエラー発生の防止

第4章　10ステッププロセス

将来のデータエラーを防ぐということは、将来のデータクレンジング作業に時間とコストをかける代わりに、品質の高いデータを生み出すビジネスプロセスを得ることを意味する。一つの例を挙げれば、ある組織ではデータ品質の問題が深刻な影響を及ぼし、その影響は全社に及び、最高レベルの役員にまで及んでいた。私がこの組織で働き始めたとき、データブリッツと呼ばれる非常に高価なデータクレンジング活動が完了したばかりだった。私は担当者に会い、何が起こったのか詳しく聞いた。彼女はプロジェクト終了後に、振り返りを行ったと話してくれた。しばしば実施されないことなので、私は感心した。振り返りの結果について尋ねると、彼女は誇らしげにこう言った。「私達はついにデータブリッツのプロセスを完全に文書化した」。私はこう答えた。「オーケー。だけど、最初にデータブリッツを回避するやり方が分かった方が良いのでは？」彼女はしばらくの間沈黙した後、こう言った。「そうね。いい考えだけれど、今は他にやることがある」。これは予防が最優先事項ではないという私の経験を、さらに裏付けるものであった。予防の価値、特に予防にかかるコストは、データのクリーンアップにかかるコストよりも低いことを何度も何度も説いて回る必要があるのだ。

ステップ7で導入された予防活動の中には、ステップ9の監視の候補となるコントロールがある。ステップ7、ステップ8、ステップ9は、どのような順序でも並行でも順次でも実施できる。ただ予防することについては、忘れないでほしい！

> **覚えておきたい言葉**
>
> 「データ品質が水準以下であることに気づくと、企業はまず、既存の悪いデータを一掃するために、大規模な取り組みを始めるのが一般的だ。より良いアプローチはエラーの根本原因を特定し、排除することによって、新しいデータの作成方法を改善することに集中することである。」
>
> - Thomas C. Redman, Data's Credibility Problem, Harvard Business Review, December 2013

表4.7.1　ステップ7　データエラー発生の防止のステップサマリー表

目標	・データ品質の問題／エラーの根本原因に対処するソリューションを導入する。
目的	・データエラーの再発を防ぐため。 ・プロジェクトでこれまでに得られた知見を、組織のために確実に活用する。 ・データエラーのクリーンアップや修正への投資が、無駄にならないようにする。 ・変更の影響を受ける人々がその変更を支持し、参加し、受け入れるようにする。
インプット	・データ品質プロジェクトチームが実施する予防的コントロール計画（**ステップ6**から）。 　○ **ステップ8**（是正）および**ステップ9**（検知とコントロールの監視）とも連携した詳細な実施計画 　　注：改善には、個人の「ToDo」リストのタスクからプロジェクトまで、様々なものがある。 ・実施に責任を負う最終オーナー ・現在のプロジェクト状況、ステークホルダー分析、コミュニケーション、チェンジマネジメント計画
テクニックとツール	・データエラーの防止に役立つツール（**第6章のデータ品質管理ツール**を参照） ・実施への支援、資金、リソースを確保するためのコミュニケーションと巻き込みの手法（**ステップ10参照**）

アウトプット	• 根本原因に対処し、将来のデータエラーを防止するための管理策やソリューションの実施完了 • プロジェクトのこの時点で適切なコミュニケーション、巻き込み、チェンジマネジメント活動の完了 • - プロジェクト状況、ステークホルダー分析、コミュニケーション、チェンジマネジメント計画の更新
コミュニケーションを取り、管理し、巻き込む	• 実施期間中の継続的なサポートとリソースを確保する。 　○ 実施状況の追跡と報告をする • プロジェクトチーム以外の改善を導入した人々と連絡を取り合い、助けや励ましを提供し、進捗状況を把握し、必要に応じて作業を調整する。 • 変更点、期待値、新規または修正された役割、責任、プロセス等についての一貫した理解を確保するために、管理策の影響を受ける要員をトレーニングする。 • ドキュメンテーションを完成させ、実装の完了確認や承認を確実にする。 • このステップでの成功や成果を共有し、関係者を称える。 • 予防的解決策とコントロールを実施した結果、組織が得られる利点を周囲理解させる。
チェックポイント	• 根本的な原因に対処し、将来のデータエラーを防止するための解決策は実施されたか。 • 役割、責任、プロセス等の変更は文書化され、共有されているか。また影響を受ける人々は、その変更、新たな予測等を一貫して理解しているか。 • 必要なトレーニングは完了したか。 • このステップの間、人々とミュニケーションを取り、管理し、巻き込むために必要な他の活動は完了したか。 • コミュニケーションとチェンジマネジメント計画は最新に保たれているか。

第2章のデータ・イン・アクション・トライアングルを覚えているだろうか。三角形の3つの側面（プログラム、プロジェクト、運用プロセス）は、データ品質がどのように実行に移されるかを示している。あなたのデータ品質プロジェクトは三角形のプロジェクト（左側）に取り組んできた。データ品質エラーを防止するためのいくつかのコントロールは、プロジェクトの一部として一度だけ行うので良いかもしれない。例えばレコードを作成する人が、フリーフォームのテキストを入力するのではなく、承認されたリファレンスデータからのみ選択できるように、有効なコードを持つドロップダウンリストを実装する、といったことだ。しかしその他は、運用プロセス（三角形の右辺）の一部として導入する必要がある。

プロジェクトチームが運用プロセスを通じて継続性を確保する必要がある場合、一般的には2つのカテゴリーに分類される。1) 標準的な業務運用プロセスに組み込まれたデータ品質コントロール。例えば重複レコードの作成防止の方法を含むように業務プロセスを変更したり、新しい手順とそれが重要である理由について顧客サービス担当者にトレーニングしたり等。および2) データ品質エラー検出指標を備えたデータ品質ダッシュボード等、継続的で運用プロセスそのものであるデータ品質固有のコントロールである。

もしデータ品質プログラムが存在しないのであれば、プロジェクトからの提案の1つにデータ品質プログラムの導入を挙げることができる。これはトライアングルの3番目の側面であるプログラムにつながるものである。データ品質プログラムは、全ての導入の進捗を追跡するのに適したものである。またデータ品質に関する知識やスキルを持つ人材が居場所を確保し、他のチームやプロジェクトで利用できるよう継続性を確保する優れた方法でもある。

Chapter 4

第4章　10ステッププロセス

アプローチ

1．各予防改善の導入計画を確認する。
これは最初の評価と根本原因分析が完了してから時間が経過している場合や、予防措置を導入し始める時に特に重要である。改善活動が現在の環境にも適用できることを確認しよう。

改善活動やプロジェクトが、根本原因にフォーカスしていることを確認するとよい。**ステップ5**で発見された根本原因と**ステップ6**の計画を見直そう。

全てのデータにはライフサイクルがあることを忘れてはならない。ライフサイクルの適切な場所で、予防措置を講じるようにしよう。データの作成時に、データ品質の問題を防ぐことが最優先されるべきである。

あなたの作業によって害のある副作用が生じないように、慎重に改善を導入しよう。**情報品質フレームワーク**を参照し、計画に影響を与える構成要素が説明されていることを確認しよう。例えば改善に責任を持つ人／組織について考慮されているかどうかを確認しよう。**付録のクイックリファレンス**か**第3章の図3.3**のPOSMAD相互関連マトリックスの詳細と質問のサンプルを参照して、効果的な改善に役立ててほしい。

改善の多くはプロセスに関連するものであることを期待したい。結局のところ、データはビジネスプロセスの産物である。前述したように、いくつかの改善は簡単に導入できる「即効性のある」活動の形をとるだろう。一方でよりリソースを必要とする取り組みもあるだろう。

トレーニングを忘れないようにしよう！　さらなる提案については、**サンプルアウトプットとテンプレート**を参照してほしい。他の業務で収集されたデータの品質に依存していることを認識し、品質が低い場合に組織に与える影響を認識しよう。たいていの人は良い仕事をしたいと思っているはずなので、このくらいの意識でも長い道のりを歩むことができる。私はあるシステムの販売データに基づいて、再販業者に支払うリベートを決定する責任者の女性とプロジェクトに携わったことがある。彼女はその仕事で使っているデータが、数年前の仕事で彼女自身が同じシステムに入力したものと同じ種類のデータであることを認識していた。彼女はこう述べた、「このデータがどのように使われるのか、今私が知っていることを当時知っていたら、もっと注意深くなっていたのに！」

2．責務が割り当てられ、トレーニングが完了していることを確認する。
ここでは**ステップ1ビジネスニーズとアプローチの決定**で取り上げた、優れたプロジェクトマネジメントの原則が全て適用される。もちろん小規模な改善活動にプロジェクト憲章は必要ないが、大規模な改善活動にはプロジェクト憲章が必要な場合がある。

変更点、期待値、新規または修正された役割、責任、プロセス等についての一貫した理解を確保するために、コントロールの影響を受ける要員を訓練しよう。

3. 実装を完了する。

実行あるのみ！ 進捗状況を追跡し、報告しよう。ドキュメントを完成させよう。実装が完了したら、承認と完了確認を得よう。

4. 監視対象のコントロールの継続性を確保する。

コントロールを導入した人から、コントロールを監視しその結果についての対応をサポートする人へ、文書と知識の引継ぎを確実に行おう。これはこの時点か、**ステップ9コントロールの監視**でも行うことができる。

5. 結果を文書化し、伝える。

継続してプロジェクトスポンサー、その他のステークホルダー、そしてこれらの改善によって影響を受けると直近で確認された人々とコミュニケーションを取り、巻き込みを続ける。プロセス、役割、責任、共同作業の方法等の調整に全員が対応できるよう、チェンジマネジメントも含めよう。なぜその変更が行われたのか、その変更によってどのようなメリットがあるのかを、確実に理解してもらうようにする。ステップ10全体を通して人々とコミュニケーションを取り、管理し、巻き込むのアイデアを活用しよう。

サンプルアウトプットとテンプレート

将来のデータエラーを防止する例

以下は将来のデータエラーを防止するための活動例である。

- **データ作成にフォーカスする**。データを作成するプロセスと、データを作成する人の役割と責任を特定しよう。データ作成者に対する説明責任と報酬を導入しよう。優れたデータ品質の実践を強制または奨励する手順を導入し、文書化した研修やプロセスに含めるとよい。高品質のデータを作成する方法だけでなく、なぜ高品質のデータが重要なのかもトレーニングに含めよう。データ作成者とデータ利用者が一堂に会して問題を話し合い、両者のニーズを満たす方法を決定しよう。データを収集もしくは作成する際の一貫性と有効性のために、質問を標準化しよう。
- **トレーニング**。組織内のほぼ全ての人が、何らかの形でデータの品質に影響を与える。多くのユーザーは、自分の仕事の過程でデータを作成し、維持している。しかし自分が作成したデータが、他の人に利用されているという意識を持っている人が、その中にどれだけいるだろうか。データが会社全体に流れる中で、自分たちが触れるデータの品質がプラスにもマイナスにも影響することを理解しているだろうか。データ品質がコストや収益、顧客満足度に影響を与えることを理解しているだろうか。ほとんどの人はそうではない。データ利用者は10ステッププロセスやキーコンセプトについて全てを知る必要はない。しかしデータ品質についての知識は必要だ。新入社員オリエンテーションは、しばしばオンボーディングと呼ばれ、組織、部門、チーム、またはビジネスのレベルで行われる。データ品質に関するメッセージは、彼ら全員に合わせて調整することができる。行動基準、安全、セキュリティ等について、彼らが受ける標準的なトレーニングに組み込もう。彼らが触れるデータについて、どのように、そしてなぜ注意しなければならないかについて、短いセクションを設けてはどうだろうか。彼らが作成するデータについて具体的に説明しよう。同様に重要なのは、自分のデスクを横切るデータを大切に扱う理由を伝えることだ。データの一般的な例を示

し、それがどこを流れているか説明しよう。データを通じて彼らや彼らの仕事がどのように相互に関連しているのか、彼ら手元を流れるデータをどのように扱うか（あるいは扱わないか）によって、どのようにお互いを助け合ったり傷つけ合ったりするのかを説明しよう。自分が触った特定のデータが他の人にどのように利用され、どのような影響を与えるかについて例を挙げよう。なぜ品質の高いデータを確保することが重要なのかを理解できるようにしよう。

- **インセンティブ**。不注意にデータ品質に悪影響を与える可能性のあるビジネスの評価尺度やKPIを補完する、データ品質に対するインセンティブや評価尺度を導入しよう。例えばカスタマーサービス担当者にとって、迅速なカスタマーコールのターンアラウンド（つまり、サポートコール1件あたりの時間）は、しばしば唯一の評価尺度となる。電話を切らなければならないというプレッシャーは、データ入力に支障をきたすことを意味する。マネージャーと協力して、ビジネスとデータ品質評価尺度の整合性を確保しよう。全員がデータ品質から得られる利益を理解できるようにしよう。データ品質をサポートする人々のモチベーションを高め、報酬を与えるようにしよう。
- **データ品質に対する説明責任**。データ品質に関連する活動が職責に含まれ、年次業績評価の一部となるようにしよう。内部のデータ提供者からのデータの品質レベルに関するサービスレベル・アグリーメントを策定しよう。調達部門と協力し、外部データプロバイダーとの契約にデータ品質評価尺度を組み込もう。
- **信頼**。重要なデータに対する信頼、ひいてはその利用を高めよう。ベースライン評価の結果をユーザーに知らせ、フィードバックを得よう。現在進行中の予防活動、すでに完了した是正活動、改善の動機となった業務インパクトの結果を共有しよう。
- **コミュニケーション**。あらゆるレベルの管理者に、言葉と行動の両面からデータ品質ワークへの支持を示し、組織への影響を示してもらおう。
- **技術的バグ**。プロジェクト中に発見された、データ品質低下の原因となる技術的バグを修正しよう。
- **ビッグデータ**。データレイクに取り込まれる前に、データをきれいにするための取り込みプロセスとデータ品質活動を検証しよう。
- **機械学習とAI**。アルゴリズムの訓練に使用するデータが、機械学習やAIに使用するのに十分な品質であることを確認しよう。
- **組織のSDLCにおけるデータ品質**。10ステップのデータ品質活動を、組織の標準的なSDLC（プロジェクトを管理するためのアプローチ）に組み込もう。その変更の承認を得よう。今後のプロジェクトで改訂されたSDLCを使用するチームに対して、変更点についての認識を高めるようにしよう。現在のプロジェクトと協力して、できるだけ多くのデータ品質活動を取り入れよう。新しいシステムを本番稼動させる際に、高品質のデータを確保することは、データ品質の問題を防ぐ最も効果的な手段の一つである。
- **データ品質改善標準**。10ステップに基づく標準的なデータ品質改善手法を作成しよう。使用する人々にとって最も意味のある用語や表現を使用して、10ステッププロセスを組織に合うように修正しよう。

10ステップの実践例

ビジネスソリューションを自動化する人工知能プロジェクト

シエラクリーク・コンサルティングのプリンシパルであるMary Levinsは、人工知能（AI）プロ

ジェクトで、顧客向けのビジネス課題を解決した。

彼女は10ステッププロセスが、プロジェクトの成功にいかに重要であったかを説明している。

背景とビジネスニーズ
ある大手ケーブル＆インターネットプロバイダーは、AIと機械学習を使って顧客サービスを改善する方法を模索していた。新しいサービスを見積もる現在のプロセスは一貫性がなく、コストがかかり、顧客にとって予測不可能で受け入れがたい納期がかかっていた。AIを使ったリアルタイムの自動コスト見積もりは、現在の手作業によるプロセスよりも高い予測率でビジネス上の問題を解決できる可能性があった。しかしAIを使ったビジネスソリューションの成功は、関連する高品質のデータに依存しており、モデルの訓練に使われるデータの品質に左右される。信頼される持続可能なソリューションには、10ステッププロセスが不可欠だった。

ビジネスリーダーとそのチームは、様々なビジネス上の意思決定を行うために必要な、ビジネスデータについての一貫した予測可能な見解を持っていなかった。組織全体の多くの業務運用チームは、データの可視性とレポーティングのニーズを満たすために複数のソリューションを利用していた。これらのソリューションは、高価なシステムから低コストの手動ツールやスプレッドシートまで多岐にわたった。レポートやデータはこれらのソリューション内でもソリューション間でも異なっていたため、ビジネスリーダーはデータについての一貫した予測可能な見解を得ることができていなかった。そのためAIソリューションのために、利用可能で信頼できるデータを特定する際に大きな課題となった。

10ステップの使用
上述のような状況のため、解決すべき具体的なビジネス上の問題のひとつは、多くの要素をインプットとして用いてリアルタイムのコスト見積もりをより正確に予測することだった。まずビジネスニーズを明確に定義し（ステップ1ビジネスニーズとアプローチの決定）、次に情報環境を分析した（ステップ2）。この分析からデータガバナンスプロセスの欠如、部門間で一貫したデータ定義の欠如や共有の欠如等、多くのギャップがあることが明らかになった。改善計画が策定され（ステップ6）、これにはデータガバナンス・プログラムの導入と、情報ソース全体にわたる重要データエレメントの定義を主導するチームの結成が提案された。

最終結果
10ステップを使用することで、ビジネス上の問題と効果的なAIアルゴリズムに関連するデータを、明確に特定することができた。このアルゴリズムはリアルタイムのコスト見積もり用に開発されたもので、現在の手作業によるプロセスよりも高い予測率でビジネス上の問題を解決した。アルゴリズムの精度は、新たなデータガバナンスプロセスの導入や、10ステップアプローチで特定されたその他の改善計画を通じて、データの量と質が時間の経過と共に向上するにつれて、洗練され、改善されていく。

Chapter 4
第4章　10ステッププロセス

ステップ7 まとめ

このステップでは根本原因に対処し、将来のデータエラーの発生を防止するためのコントロールの実装を完了した。いつ、誰が、どのように責任を負ったかは、ステップ8で行う修正およびステップ9のコントロールの監視と整合性をとる必要がある。実装に関与した全ての人々を祝福し、成功を他の人々と共有するために時間を割くことを願っている。より品質の高いデータによってビジネスニーズをサポートすることで、組織の成功に貢献したことを実感してほしい。

 コミュニケーションを取り、管理し、巻き込む

このステップで、人々と効果的に働き、プロジェクトを管理するための提案。

- 実装期間中の継続的なサポートとリソースを確保しよう
- 実装状況の追跡と報告をしよう
- プロジェクトチーム以外で改善を導入している人々と連絡を取り合い、助けや励ましを提供し、進捗状況を把握し、必要に応じて作業を調整しよう
- 変更、期待、新規または修正された役割、責任、プロセス等についての一貫した理解を確保するために、コントロールの影響を受ける要員を訓練しよう
- 文書化を完了させ、実装の完了確認／承認を確実にしよう
- このステップでの成功や成果を共有し、関係者を称えよう
- 予防的解決策とコントロールを実施した結果、組織にもたらされる利益について周囲が理解できるようにしよう

 チェックポイント

ステップ7 データエラー発生の防止

次のステップに進む準備ができているかどうかは、どのように判断すればよいだろうか。次のガイドラインを参考にして、このステップの完了と次のステップへの準備を判断しよう。

- 根本的な原因に対処し、将来のデータエラーを防止するための解決策は導入されたか。
- 役割、責任、プロセス等の変更は文書化され、共有されているか。また影響を受ける人々は、その変更、新たな期待等を一貫して理解しているか。
- 必要なトレーニングは完了したか。
- このステップの間、人々とコミュニケーションをとり、管理し、巻き込むために必要な他の活動は完了したか。
- コミュニケーションとチェンジマネジメント計画は最新に保たれているか。

ステップ8 現在のデータエラーの修正

ビジネス効果とコンテキスト

現在のデータエラーを修正することは、情報およびデータ品質改善プロセスにおけるエキサイティングなマイルストーンである。しかし継続的な改善のためには、現在のデータエラーを修正するだけでなく、将来のエラーを防止することも重要である。Larry Englishは、データ修正活動は「一度きりのイベントとし、欠陥の発生を防ぐためのプロセス改善と組み合わせる」ことを強く推奨している(1999)。

データエラーがビジネスプロセスを停止させているとしたらどうだろう。この場合、ステップ5根本原因の特定の例のように、間違ったマスターデータ・レコードが製品の出荷を停止させている場合は直ちに修正する必要がある。重要なレコードが更新されたら、問題の根本原因を特定し再発防止策を実施しよう。

> **覚えておきたい言葉**
>
> 「ルール1:まず組織の最も重要な戦略にとって最も重要なデータにフォーカスし、使用されていないデータは無視すること。
> ルール2(予防してから修正する):まず上流の情報チェーンと供給元を改善することで、将来のエラーを防ぐこと。これらのデータソースが許容できる品質である場合、長期保存されるデータの重要な部分をクリーンアップの対象とすること。
> ルール3:データクリーンアップは、それ自体では長期的な戦略としてはほとんど成り立たない。
> ルール4:クリーンアップが必要な場合は、**絶対に繰り返さないようにすること。**」
>
> - Thomas C. Redman, Data Quality:The Field Guide (2001), p. 66

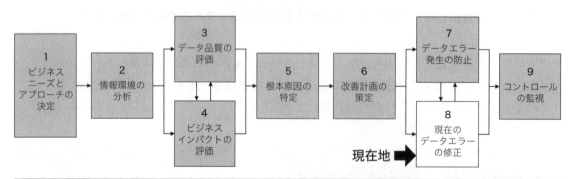

図4.8.1 「現在地」ステップ8現在のデータエラーの修正

表4.8.1 ステップ8　現在のデータエラーの修正のステップサマリー表

目標	• 既存のデータエラーを修正するソリューションを導入する。 • データエラーの場所、大きさ、影響について得られた知見を活用し、最も重要なデータを更新する。
目的	• 組織で使用されているデータが、ビジネスニーズをサポートし続けられるようにする。
インプット	• **ステップ6**のデータを修正するための改善計画： 　○ **ステップ3**のデータ品質の評価結果 　○ **ステップ7**（予防）および**ステップ9**（検知・コントロールの監視）とも連携した詳細な実施計画 　　注：改善には、個人の「ToDo」リストのタスクからプロジェクトまで、さまざまなものがある。 • 実施に責任を負う最終オーナー • 現在のプロジェクト状況、ステークホルダー分析、コミュニケーション、チェンジマネジメント計画
ツール	• データの修正とクレンジングを支援するツール（**第6章**の**データ品質管理ツール**を参照） • コミュニケーション、巻き込み、修正への支援、資金、リソースを確保するための手法（**ステップ10参照**）
アウトプット	• 仕様書に従って修正し、文書化と実施確認が行なわれたデータ • プロジェクトのこの時点で適切なコミュニケーション、巻き込み、およびチェンジマネジメント活動の完了 • プロジェクト状況、ステークホルダー分析、コミュニケーション、チェンジマネジメント計画の更新
コミュニケーションを取り、管理し、巻き込む	• 修正を完了するための継続的なサポートとリソースを確保する。 • 修正状況の追跡と報告をする。 • プロジェクトチーム以外の修正を行う人々と連絡を取り合い、助けや励ましを提供し、進捗状況を把握し、必要に応じてワークを調整する。 • 更新の一貫性を確保するため、手動による修正を行う担当者をトレーニングする。 • 行ったワークを文書化し、完了した修正の承認を得る • このステップでの成功や成果を共有し、関係者を称える。 • 修正によってビジネスにもたらされる効果を周囲に理解させる。
チェックポイント	• 現在のデータエラーは修正され、承認されているか。 • 結果は文書化され、伝えられているか。 • このステップの間、人々とコミュニケーションをとり、管理し、巻き込むために必要な活動は完了したか。 • コミュニケーション、巻き込み、チェンジマネジメントの計画は、常に最新の状態に保たれているか。

アプローチ

1．更新すべきレコードと必要な変更を確認する。

ステップ3のデータ品質の評価の結果を使用して、どのレコードを変更するかを具体的に確認する。

2．変更の方法とプロセスを決定する。

データ修正のオプションについては、**テンプレート4.8.1**を参照してほしい。修正のために選択された方法または方法の組み合わせが、いつ、どのように変更を行うかについてのプロセスを決定しよう。変更を加える最善の方法は何か。誰が関与するのか。どれくらいの時間がかかるのか。アプリケーションのソフトウェア更新や必要なリソースが確保できない等、データ修正作業に影響を与える他のタイミングに関する制約はあるか。

トランザクションデータの変更に対する、マスターデータの変更について検討しよう。例えば重複するマスターレコードのマージは、関連する未解決のトランザクションレコードが全てクローズされるまでできない場合がある。この場合、重複レコードにフラグを付け、関連するトランザクションレコードがまだオープンの間は使用されないようにする必要があるかもしれない。クローズされると、重複レコードはマージまたは削除できる。

手作業、記述されたプログラム、データ品質ツールの設定と実行のいずれであっても、手順を文書化し、変更に関与する人々をトレーニングしよう。ライフサイクル思考を修正プロセスに適用する。

テンプレート 4.8.1 データ修正オプション

オプション	備考	適用するオプション
手動	標準的なアプリケーションインターフェース、画面、キーボードを使用する。この方法で修正されたデータは、ユーザーインターフェースに組み込まれた編集機能を利用できるが、人為的なミスの可能性もある。他のオプションに比べてはるかに遅く、大量の更新がある場合には実用的ではない。	
キーストローク・エミュレーション	これはキーボードの使用を自動化するもので、手動と同じようにキーストロークを再現する。手動修正と同様、ユーザーインターフェースに組み込まれた編集機能を活用する。このようなツールは依然として人間の監視を必要とし、エラー処理も不十分な場合がある。	
データベースに直接大量更新	これは大量の記録を素早く更新する方法だが、残念なことに時間的なプレッシャーがある時には、必要以上に頻繁に行われてしまう。というのはこれはリスクの高いオプションであり、この方法の注意点はアプリケーションインターフェースの一部である編集、検証、トリガーがバイパスされるからである。これはさらなるデータ品質の問題や、データベースの参照整合性の問題を引き起こす可能性がある。変更された箇所について、きちんとした監査証跡が残っていないことが多い。	
データクレンジングツール	多くのデータクレンジングツールが市販されており、中には機械学習や人工知能を活用したものもある。 データクレンジングツールを比較する場合、異なる用語が同じ機能を表すことがある。例えばデータサイエンスの世界でよく使われるデータラングリング（data wrangling）やデータマンジング（data munging）とは、生データをクレンジング、変換、濃縮、構造化して、分析に使いやすくすることを指す。	

重複排除とエンティティ解決	実世界のオブジェクト（人、場所、物）に対する複数の参照が、同じオブジェクトを指しているのか、異なるオブジェクトを指しているのかを判断する機能と、同じ実世界のオブジェクトを表すレコードをマージするプロセスを提供するツール。	
カスタム・インターフェースプログラム	複雑で大量の変更には、カスタム・インターフェースプログラムが必要になることもある。このようなインターフェースプログラムの構築とテストには非常に時間がかかるが、その結果、質の高い変化がもたらされる。	
修正しないという決定	時には根本的な原因を解決し、既存のデータを修正するのではなく、前向きに良いデータを作成することだけに集中するという選択もある。	
全体	状況に応じて最適なオプションを選択してほしい。 修正に時間をかけすぎることに注意し、長期的な問題予防を犠牲にしないようにすること。	
オプション選択に影響を与える要素		
どのオプションがあなたのニーズに最も合うかを左右する、以下の要素についてよく考えてみてほしい：		これらは、必要なデータ修正にどのように適用されるのか。
ボリューム。少量のレコードは手動で更新できる。あなたの環境で、現実的に手動で更新できる数を決定しよう。大量のデータ（ビッグデータ）には専用のツールが必要な場合がある。処理可能なボリュームに制限があるかどうかを確認する。		
変更の複雑さ。1つまたは複数のデータフィールドに変更があるか。変更点は明確で分かりやすいのか。それとも複雑なアルゴリズムや計算、人間の判断が必要なのか。製品マスターに影響を与えうるサプライヤー属性の変更等、考慮すべき依存関係はあるか。		
変更に要する時間。変更を行うために必要な時間は、利用可能なリソース（ツールと人）で実現可能かつ実用的であり、プロジェクトのスケジュール内に収まるものでなければならない。		
必要なスキル。修正ツールを使用するには、どのようなスキルやトレーニングが必要か。データの内容や変更に関する知識を持つ者がシステムにアクセスし、ツールを使用することができるのか、それとも他の者が関与しなければならないのか。		
システムパフォーマンスへの影響。一部の変更は、他の変更よりもシステムパフォーマンスに大きな影響を与えるため、使用の少ない時間帯にスケジューリングする必要がある。		
ツールの入手可能性とコスト。すでに使用可能な道具は何か。新しいツールを購入する必要があるか。もしそうならコストはどの程度で、購入するまでにどのくらい時間がかかるのか。必要な資金があるか。		
ソリューションの寿命。特定のソリューションへの投資と、あなたや他の人がそれを使用できる期間の見込みのバランスを取ろう。		とろう→取ろう

3. 変更を加える。

手作業で行われた変更の一貫性を確保するために、文書化する。データ依存関係を分析して、変更自体がデータ品質の問題を発生させないことを確認しよう。そして常に注意を怠らないこと。変更は、予測しなかった影響を下流工程に及ぼす可能性がある。

警告

データを修正する際に、新たなエラーを発生させたり、ビジネスプロセスに悪影響を与えたりしないこと！ 修正によって害のある副作用が生じないよう、慎重に変更を行う。上流のデータに対する変更が、下流のシステムで使用されているデータに悪影響を与えないようにする。ユーザーとプロセスが修正を予期し、受け入れるように準備しよう。本番システムの使用率が低いタイミングに合わせて変更を行うことで、システムパフォーマンスの低下を避ける。例えば小売店のウェブサイトのトラフィックがすでに多く、システムパフォーマンスの低下が注文処理能力に影響を及ぼす可能性があるホリデーの最中に、データ変更を行ってシステムに負担をかけないようにする。ここでの要点は、変更が他の問題を引き起こさないようにすることである！

4. 変更点を文書化する。

将来の改善チームがデータ修正プロセスを追うことができるように、構造化された文書に変更点を記述しよう。構造化された文書とは、企業のナレッジマネジメント・システムやウェブサイト等を通じて情報を収集、保管、共有する組織的な方法を意味する。それは文書を自分のハードドライブに保存し、自分だけがアクセスできるようにすることを意味しない。作業結果を受け入れなければならない人たちから承認を得よう。

5. 結果を伝える。

データ修正の結果は、プロジェクトスポンサー、他のステークホルダー、データの利用者にも伝達されるべきである。修正がビジネスにどのような効果をもたらすかを説明しよう。修正によって予期せぬ影響があったかどうかを確認し、それに対処する。技術チームに報告し、変更に関する文書を提供しよう。データを修正する際に得られた知見は、ステップ9コントロールの監視の貴重なインプットとなる。なぜならここで使用されるのと同じプロセス、ツール、人材が、運用管理の中で検知されたエラーを修正する際にも、使用される可能性があるからである。

サンプルアウトプットとテンプレート

データ修正のオプション

データを修正するにはアプリケーションのユーザーインターフェースを通じて、手動で更新する以外のツールを使用する必要がある可能性が高い。データセットや変更内容によっては、異なるツールが必要になることもある。テンプレート4.8.1ではデータを修正するためのオプションと、どのオプションが最もニーズに合うかを左右する要因をまとめている。さらなる情報については、第6章のデータ品質マネジメントツールのセクションを参照してほしい。

Chapter 4

第4章　10ステッププロセス

データを修正する方法は、一般的に手動と自動の2つに分類される。プログラムが正しく作成され、最終的な変更の前にテストされれば、手動よりも自動の方が正確である。機械学習や人工知能の手法は人間の判断を再現すると主張しているが、それでも使用されているアルゴリズムと、そのアルゴリズムを訓練したデータの品質と同程度のものでしかない。それらが何に基づいているかを理解しよう。

> **🔑 キーコンセプト**
>
> **データ品質ツールの自動化。** データ品質ツールの自動化を目指す動きがあり、多くの研究が「自動データキュレーション」（生のデータセットを完全に自動化された（教師なしの）プロセスを通して、データのクリーニングと統合を行う能力）に向けられている。Rich Wangはこのコンセプトを「データ洗濯機」という造語で表現した。
>
> 最初のステップは、データ品質ルール（検証ルール）を自動生成することだ。しかし一部のツールはさらに進んで、実際のデータ修正を指向している。公的統計の作成においてデータ編集とは、調査データの誤りを発見し修正するために使われる用語である。また、「データインピュテーション」という実施方法も確立されている。データインピュテーションとは欠損値を埋めるやり方で、主に数値調査データに対して行われ、通常は統計的手法に基づいて行われる。
>
> 教師なしでのエンティティ解決や、機械学習とマスターデータマネジメントをどのように連携させるかについては、多くの研究がなされている。人為的なルールなしに同一人物、同一製品等のレコードをクラスター化できるため、クラスター内の値を比較したり置き換えたりすることも可能である。例えばもし10件のレコードのクラスターが同じ患者のものである可能性が高く、その10件のレコードのうち9件の住所が123で、10件目のレコードが124の場合、124が123に変更される可能性が高い。
>
> このようなデータ品質ツールの自動化は、ビッグデータ、デジタルトランスフォーメーションへの取り組み、より複雑な情報環境、新技術が利用可能になることによって推進されている。この分野における革新と変化は急速である。まだまだ続くだろう！
>
> - John Talburt, PhD、IQCP, Professor, University of Arkansas at Little Rock

ステップ8 まとめ

これでデータ品質評価で見つかった、現在のデータエラーの更新が完了した。**ステップ7**で実施される予防的コントロール、および**ステップ9**で実施されるコントロールの監視との調整を行ったはずだ。きちんと時間を取って修正に関与した全ての人をねぎらい、成功を他の人と共有しよう。ビジネスニーズをサポートするデータを修正することで、組織の成功に貢献したことを実感してほしい。

コミュニケーションを取り、管理し、巻き込む

このステップで、人々と効果的に協働し、プロジェクトを管理するための提案。

- 修正を完了するための継続的なサポートとリソースを確保しよう
- 修正状況の追跡と報告しよう
- プロジェクトチーム以外の修正を行う人々と連絡を取り合い、助けや励ましを提供し、進捗状況を把握し、必要に応じて作業を調整しよう
- 更新の一貫性を確保するため、手動による修正を行う担当者を訓練しよう
- 行った作業を文書化し、完了した修正の承認を得よう
- このステップでの成功や成果を共有し、関係者を称えよう
- 修正によってビジネスにもたらされた効果を、他者に理解させよう

 チェックポイント

ステップ8 現在のデータエラーの修正

次のステップに進む準備ができているかどうかは、どのように判断すればよいだろうか。次のガイドラインを参考にして、このステップの完了と次のステップへの準備を判断しよう。

- 現在のデータエラーは修正され、承認されているか。
- 結果は文書化され、伝えられているか。
- このステップの間、人々とコミュニケーションを取り、管理し、巻き込むために必要な活動は完了したか。
- コミュニケーション、巻き込み、チェンジマネジメントの各計画は、常に最新の状態に保たれているか。

ステップ9 コントロールの監視

ビジネス効果とコンテキスト

多くの標準的な品質の原則と実践方法は、データに適用することができる。コントロールもまた、品質の専門家から学べる分野である。経営学の世界的な専門家であり、品質に関する国際的な文献の第一人者であるJoseph M. Juranは、次のように述べている。「コントロールプロセスとは、実際のパフォーマンスを測定し、基準と比較し、その差に基づいて行動するフィードバックループである」（Juran, 1988, p.24.2）。

このステップではコントロールの監視に焦点を当てているが、品質は検査から生まれるものではなく、品質は監視のプロセスでもないということを理解しよう。むしろ品質は、ビジネスプロセスや情報システムを構築する際に組み込まれるべきものなのである。最善の予防策は、新しいソリューションが作成され展開される際に、データ品質を組み込むことである。コントロールの監視は、ビジネスプロセスと情報システムがどのように機能しているかを知るためのバックエンドプロセスである。

このステップでは、**ステップ7**で実装されたであろうコントロールや予防措置について測定する。また別のタイプのコントロールであるが、**ステップ8**で修正された重要なデータについて品質を監視すべきものを測定する。これらのステップの活動の中には、1回限りの取り組みとして検討されたものもあるかもしれない。ここでは、どれが継続的に追跡するに足る重要なものかを判断する。組織は何を管理し、測定することが重要なのかを可視化する必要がある。どのようなコントロールも、何がうまくいっていて何がうまくいっていないのかを理解し、対策を講じる必要があるかどうかを知らせてくれるものでなければならない。そしてそれぞれの状況下で、いつ、誰が、どのようなアクションを起こす必要があるのか、明確な方針が必要である。

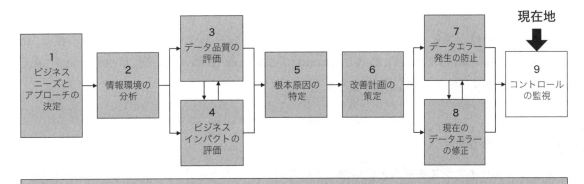

図4.9.1 「現在地」ステップ9 コントロールの監視

> **定義**
>
> コントロールとは、本書では一般的に高品質なデータを保証し、データ品質の問題やエラーを防止し、高品質なデータを生み出す可能性を高めるために、作業をチェックし、検知し、検証し、制約し、報酬を与え、奨励し、指示する様々な活動を指す。コントロールは一度だけ実施することもできるし、長期にわたって監視し続けることもできる。
>
> 具体的には「コントロールとは、システムを安定に保つためにシステムに組み込まれたフィードバックの一形態である。コントロールは、安定性の欠如を示す状態を（多くの場合、測定という形で）検知し、この観察に基づいて行動を開始する能力を持つ。」
>
> - Laura Sebastian-Coleman, Measuring Data Quality for Ongoing Improvement：A Data Quality Assessment Framework (2013), p. 52.

データ品質に関連するコントロールには、以下のような効果がある。

- データ品質の問題を可視化し、問題発生時に迅速に対応できるようにする。
- 私達が自信を持って他の優先事項に注意を向けることができるように、物事がうまくいっている場所を示す。
- 実施された改善を監視し検証する。
- 改善措置が望ましい効果を達成したかどうかを判断する。
- 成功した改善を標準化し、継続的に監視する。
- 改善を促す。
- 古いプロセスや行動への戻ってしまわないようにする。

特定のタイプのコントロール、評価尺度（多くの場合ダッシュボードの形）は、データ品質コントロールの最も知られたタイプの1つである。第6章 その他のテクニックとツールに、このステップを補足する尺度についての詳細がある。

業務プロセスにおけるコントロールおよび継続的な改善の監視を深く掘り下げるための優れた資料には、Laura Sebastian-Colemanの著書Measuring Data Quality for Ongoing Improvement：A Data Quality Assessment Framework (2013) がある。

> **ベストプラクティス**
>
> **監査とコンプライアンスチームとの協働。**本書では、ほとんどの事例やグッドプラクティスが、ビジネスやITの言葉を使って説明されている。例えば以下のようなものがある。
>
> 「国際機関の財務報告書には、国別合計に基づく集計データが含まれることが多い。そのため、

Chapter 4

第4章　10ステッププロセス

国別コードを企業のリファレンスデータとして管理し統制することが重要である。コードを標準化し、非標準データが報告書の合計を歪めないようにするために、グッドプラクティスに従うべきである。」

コンプライアンスや監査部門で働く同僚は、おそらくこのような声明に異議を唱えることはないだろう。しかし別の言葉を使って、より正確に懸念を表明してこう言うかもしれない。

> 「経営陣は不正確な財務報告を防止し、財務報告を公表する前に問題を発見するためのコントロールを実施することが期待されている。例えば不正確な国別合計に基づいてデータを集計することの影響は大きく、標準化されたデータのみが採用されるという保証がなければ、エラーの可能性も高くなる。私達が期待するのは、標準化された国別コードが定義されることである。私達は非標準値の使用を防止し、予防的コントロールが機能しなかった場合にそれを検出し、公表された財務報告書に表示する前にデータを修正するために、プロセスコントロールと技術的コントロールが実施されることを期待している。我々は正式なリファレンスデータ・ガバナンス機能が設置され、リファレンスデータ標準を確立し、実施する権限を与えられていることのエビデンスが示されることを期待している」

データ品質を評価、測定、または監視する場合は、ビジネスニーズとプロジェクト目標に最もよく対応した、時間、予算、その他のリソースの範囲内にあるコントロールおよびデータ品質評価軸を選択しよう。その際、一緒に仕事をする相手の言葉を話し、理解していることを確認しよう。

- Gwen Thomas, Sr. Compliance Officer

表4.9.1 ステップ9 コントロールの監視のステップサマリー表

目標	・新たなコントロールの開発、または既に実施されたコントロールの監視
目的	・改善が望ましい効果を上げているかどうかを判断する。 ・標準化、文書化、継続的なモニタリングにより、成功した改善を維持する。 ・継続的な改善を奨励し、古いプロセスや行動へ戻らないようにする。 ・プロジェクトでこれまでに得られた知見を、組織のために確実に活用する。 ・変更の影響を受ける人々がその変更を支持し、参加し、受け入れるようにする。
インプット	・データ品質プロジェクトチームが実施するモニタリング管理計画（**ステップ6**より） ・**ステップ7**（予防）および**ステップ8**（是正）とも連携した詳細な実施計画 ・実施に責任を負う最終オーナー ・現在のプロジェクト状況、ステークホルダー分析、コミュニケーション、チェンジマネジメント計画
テクニックとツール	・コントロールに応じて使用されるツール（**第6章のデータ品質マネジメントツール**を参照） ・**第6章の評価尺度** ・実施への支援、資金、リソースを確保するためのコミュニケーションと巻き込みの手法（**ステップ10参照**）

アウトプット	・監視すべきコントロールが実装され、文書化され、完了確認され、所有者が割り当てられていること ・プロジェクトのこの時点で適切なコミュニケーション、巻き込み、チェンジマネジメント活動の完了 ・プロジェクト状況、ステークホルダー分析、コミュニケーション、チェンジマネジメント計画の更新
コミュニケーションを取り、管理し、巻き込む	・モニタリング継続のための支援とリソースを確保する ・プロジェクトチーム以外で改善を実施する人々と連絡を取り合い、助けや励ましを提供し、進捗状況を把握し、必要に応じてワークを調整する。 ・変更、期待、新規または修正された役割、責任、プロセス等についての一貫した理解を確保するために、コントロールの影響を受ける要員を訓練する。 ・ドキュメンテーションを完成させ、実装の完了確認/承認を確実にする。 ・このステップでの成功や成果を共有し、関係者を称える。 ・監視の結果、組織がどのようなメリットを享受できるかを他者に理解させる。
チェックポイント	・コントロールは実施され、監視されているか。 ・監視の結果は、肯定的なものも否定的なものも含めて文書化され、対処されているか。 ・改善点は検証されているか。 ・成功した改善は標準化されているか。 ・このステップの間、人々とコミュニケーションをとり、管理し、巻き込むために必要な活動は完了したか。

アプローチ

1. どのコントロールを監視すべきかを決定する。

監視とは一度実施され、その後正常に機能すると仮定される一度限りのコントロールとは異なり、継続的または定期的に確認されるべきコントロールを指す。状況を検知して行動を開始する適切なコントロールは、ビジネスニーズ、プロジェクトの範囲と目的、過去に行った作業によって大きく異なる。以下はコントロールの候補である。

- ステップ5で明確にされ、ステップ7で実施された根本原因に対処する提案が、1回限りの取り組み以上のものであり、長期的に監視されるべきものである場合
- ステップ8で修正されたデータのうち、現在進行中の品質を追跡するに足る優先順位の高いもの
- 標準的な照合等、運用プロセスにおける既存のコントロールで、データ品質を含むように強化または拡張できるもの、あるいはすでにデータ品質に関する取り組みを強制または促進しているが、「データ品質コントロール」と呼ばれていないもの
- 機械学習やAIのアルゴリズム、ビジネスルールエンジン、ビジネスルールに基づくプロセスにデータ品質ルールを含める
- 評価尺度。単一のデータ品質チェックや、多くの評価尺度を組み合わせたデータ品質ダッシュボード等、様々な形態がある。
- 評価尺度は特定のデータにフォーカスするため、データのより広いコンテキストに対する可視性を失わないように、より大きなデータセットに対して定期的なデータ品質の評価を実施することに価値がある場合もある

- ETL（抽出-変換-ロード）プロセスにデータ品質チェックを組み込む
- データ品質の評価、活動、テクニックを組織の標準的なプロジェクトアプローチ（アジャイルやシーケンシャル等のSDLC）に統合し、各プロジェクトでそれらが守られていることを確認するプロセスを整備する
- データを利用する人々に対して定期的な調査を行い、監視されているデータが現在も彼らにとって重要であるかどうか、またデータの品質に対する彼らの信頼と信用が高まっているかどうかを判断する。ステップ3.1関連性と信頼の認識を参照のこと
- リファレンスデータのコントロール。許容値が指定され処理に組み込まれたら、様々な値の使用状況を監視し傾向の把握や誤用の検出を行う

2. コントロールを計画し、実施する。

ここまでに実施したデータ品質とビジネスインパクトの評価を見直そう。初期評価のうち、継続的に定期的にモニタリングする価値のあるものはどれか。これらの評価のうち、進捗を監視するための基準として使用できるものはあるか。初期評価に使用したプロセス、人材、技術を活用しよう。何がうまくいき、何がうまくいかなかったか。継続的なコントロールに対応するために、必要に応じてプロセスを修正しよう。コントロールを実装したプロジェクトチームから、運用環境でコントロールに責任を持つ人々への円滑な引き継ぎを確実に実施する。

統計的品質コントロール（SQC：Statistical quality control）は、統計的工程コントロールとも呼ばれ、1920年代にWalter Shewhartによって考案され、製造業では確立された手法である。SQCの目的は現在と過去のパフォーマンスを調べることによって、将来のプロセスパフォーマンスを予測しプロセスの安定性を判断することである。Tom RedmanがどのようにSQCを情報品質に適用したかについては、Data Quality for the Information Age（1996）、pp.155-183 を参照されたい。

ステップ4のビジネスインパクト・テクニックをいくつか使用し、ビジネスに対するコントロールの価値を検証しよう。

コントロールによって行動が求められた場合に、確実に実行されるようコミットメントを得よう。行動を伴わない監視は費用の無駄であり、有益な結果をもたらさない。

3. 実施内容に対する賛同を得る。

コントロールをサポートし、データ品質を確保するためのインセンティブを策定しよう。データ品質が知識労働者の行動に依存している場合（例えばサポート担当者が顧客と電話で話す際に、連絡先情報が更新されているかどうかを確認するために余分な時間を割く等）、その責任がマネジメント層によって支持され、職務内容や業績評価の一部として認識されていることを確認するようにしよう。

4. 実施された改善を評価する。

期待した結果が得られたかどうかを確認し、次のステップを決定しよう。あなた（そしてより重要なのは、業務やその他のステークホルダー）が満足しマイナスの副作用がなければ、改善を標準化しよう。プロセスとコントロールが標準業務手順の一部となり、研修、文書化、職責に含まれるようにするとよい。

満足のいく改善だが有害な副作用を伴う場合や、改善が満足いかない場合（実施が不十分であったため、または管理自体が良いアイデアではなかったため）等の問題がある場合は、**ステップ6改善計画の策定、ステップ7データエラー発生の防止、またはステップ9コントロールの監視**に戻り、実施計画または改善自体を再評価する。

5. コミュニケーション、コミュニケーション、そしてさらにコミュニケーション！

教育やフィードバックを通じてメリットを売り込もう。成功を祝い、宣伝しよう。コントロールが機能していない部分を調整しよう。ビジネスに提供された価値と、プロジェクトにおけるチームの成功を宣伝しよう。

6. データと情報の品質を改善するための、次の潜在的領域を特定する。

新たに発生した問題から再度開始し、10ステッププロセスを使用しよう。**ステップ5根本原因の特定とステップ6改善計画の策定**から、実施されなかった他の提案を見返すことを検討しよう。提案が現在の環境にまだ当てはまるかどうかを判断し、優先順位をつけ直し、さらに改善を実施しよう。

サンプルアウトプットとテンプレート

評価尺度ワークシート。

評価尺度を実装する場合、**テンプレート4.9.1**は、安定した持続可能な評価のプロセスを開発するためのチェックリストとして機能するだろう。**テンプレート4.9.1**は評価尺度の文書化だけでなく、考え方や計画の指針にもなる。また既存の尺度の評価にも使用できる。このテーマの詳細については、**第6章の評価尺度**を参照してほしい。評価尺度の種類や評価尺度の詳細レベルに応じて、必要に応じてテンプレートの概念を適用しよう。評価尺度の背後にある理由、特に評価尺度によって影響を受ける行動を常に特定しよう。

テンプレート4.9.1　評価尺度ワークシート

項目	説明	評価尺度への適用有無
評価尺度タイトル	評価尺度の名前。	
評価尺度定義	何が測定されるのか、明確で理解しやすい説明。	
ビジネスインパクトと受益者	評価尺度によるビジネスインパクト。評価が良い結果だった場合の主な受益者。評価を実施することによるその他の受益者または間接的受益者。	
行動	評価の結果として変化する行動。肯定的なものと否定的なものの両方の列挙。	
データとソース	評価尺度に関連するデータとそのソース。	
責任、プロセス、ツール	どのような測定をどのような頻度で実施するかの概要。使用するツール。プロセス全体の様々なタスクの責任者。	

目標、状態基準、管理限界値	評価の目標または基準。 結果に基づいて割り当てられるステータス (赤、黄、緑等)。 目標に達しない場合、どの時点で措置を講じるか。コントロール上限値および下限値。	
評価結果の使用とアクション	誰がこの評価結果を受け取り、使用し、どのような行動を取るかの概要。	
備考	該当する背景情報	

 10ステップの実践例

銀行におけるデータ品質コントロール

ある銀行のエリアコーディネーターである Ana Margarida Galvão は、ここで説明するデータ品質コントロールの開発と導入に携わった。彼女と彼女のチームは、銀行のデータ品質フレームワークのレベル3を改善するためのインプットとして10ステッププロセスを使用した。

背景
5000人の従業員と387の支店を擁するこのヨーロッパの銀行は、約130万人の顧客にサービスを提供している。同行は競合他社との差別化を図るため、効率化、プロセス改善、デジタル変革へのコミットメントに対して重要なステップを踏んでいた。彼らは意思決定や、BCBS239ガイドライン等の規制要件を遵守する上で、高品質なデータが重要な役割を果たすことを認識していた。

BCBS239はバーゼル銀行監督委員会の標準番号239で、銀行のリスクデータ集計能力と内部リスク報告実務を強化することを目的とし、原則をベースとした標準である。その原則を採用することで、銀行のリスク管理および意思決定プロセスが強化される。(「リスクデータ集計」とは、銀行のリスク報告要件に従ってリスクデータを定義、収集、処理し、銀行のリスク許容度や適性に照らしたパフォーマンスを測定できるようにすることを意味する。これには、データセットの並べ替え、結合、分解が含まれる。https://www.bis.org/publ/bcbs239.pdf を参照)。

そのゴールを達成するために、この組織は5つのレベルの防御からなる品質認証環境を開発し、情報フローのグローバルなバリデーションをより効率的な方法で実施できるようにした。**図4.9.2**を参照してほしい。

第1レベル　会計照合と運用バリデーション
会計照合はソースとなるアプリケーションと、会計システムとの間で毎日行われる。
運用バリデーションは運用段階において、正しい会計属性の付与と業務入力を確実にすることを主な目的として、繰り返し適用されるルールと手順を適用する。

第2レベル　商業的バリデーション

データウェアハウスやゴールデンソースからの情報は、商業エリア（支店および商業セントラル・ユニット）ごとに日次および月次ベースで蓄積される。エラーやインシデントが発生した場合、直ちに欠陥の解明と解決のために公開され、商業的バリデーションを実施する。

第3レベル　データ品質認証プロセス

データ品質認証プロセスは日次および月次で実施され、照合プロセス（残高コントロール）で構成される。また、10ステップのアプローチで改善されたデータ品質フレームワークも照会する。

第4レベル　規制報告コントロール

AnaCredit (Analytic Credit Datasets：分析的信用データセット)、COREP (Common Reporting Framework：共通報告フレームワーク)、FINREP (Financial Reporting：財務報告)の各レポートは、規制当局に受理される前に繰り返しバリデーションを受けなければならない。同行は欧州中央銀行（ECB）のタクソノミー（分類法）で定義された、必須のバリデーションとチェックを確実に行うツールを備えている。

第5レベル　委員会と監査

いくつかの委員会が設置され、データガバナンスとデータ品質のテーマを監視している。外部監査と内部監査は、この最後の防衛ラインの一部である。
これは、組織のデータ品質監視ガバナンスの最後の防御ラインである。

第3レベルでは、データ品質フレームワークはビジネスコントロールで構成される。これらのコントロールはツリーモデルで構成されている。データ品質評価軸が最下層で、次にバリデーション（複数の評価軸を含むことができる）、次にコントロール（複数のバリデーションで構成されることがある）、そしてテーマ（複数のコントロールで構成される）である。さらに、このフレーム

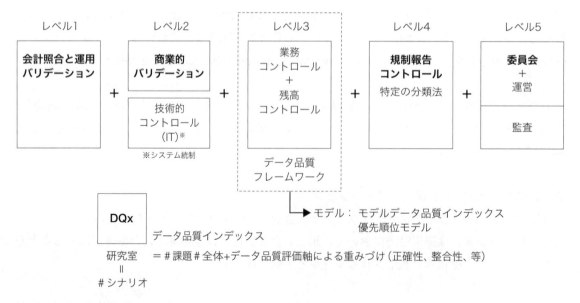

図4.9.2　データ品質認証環境：5つのレベルのコントロール

ワークには特定の計算モデルがある。モデルデータ品質インデックス（データ品質のユニークなインデックスを測定するモデルで、例外の数、ターゲット全体、重み、正確性、完全性等のデータ品質評価軸のタイプに基づいて計算される）および優先順位付けモデル（データ品質インデックス、影響、コントロールで定義されたリスクに基づいて監視の優先順位を付けることができるモデル）である。

このフレームワークには、様々なシナリオ、品質評価軸の重み付けや例外の重み付けが異なるシナリオに基づいて、データ品質インデックスの計算をシミュレーションできるラボもある。

効果
このフレームワークを通じて、情報の発信から最終報告まで、認証プロセスを効果的に監視することができる。このように問題の検出が発生源に近付き、モデルによる監視の優先順位付けが可能になることで、複数のプロセスの汚染を避けながら、より効率的に、より発生源に近いところで情報の修正を進めることができる。

時間の経過と共に、情報の品質が向上していることを確認できる。つまり全ての規制当局への報告書や銀行内部の計算プロセスにおいてミスが少なくなり、情報の伝達において規制当局から課される税金や罰金によるコストが減少することになる。例えばECBがBCBS239に対して行ったある実地検査では、ECBは非常に満足し、この分野での大きな進歩についてコメントした。

ステップ9 まとめ

おめでとう！　プロジェクトによっては、これが最後のステップとなる場合もある。あなたはプロジェクトを完了し、その成功を祝っている。

このステップでは、**ステップ7**で導入したどのコントロールを監視すべきかを決定した。また前のステップで実施されていない場合には、監視すべき追加的なコントロールを特定し、導入した。

コントロールの監視は、プロジェクトが終了し、チームが解散した後も継続されることを意味し、それらが運営プロセスの一部となったことを示している。コントロールを実施した者から、コントロールを監視する責任者への明確な引継ぎが不可欠である。さらに重要なのは、問題が検出されたときにその対策が講じられるという保証である。継続的改善サイクル（**ステップ5～10**の根本原因の分析、予防、是正、検知、コミュニケーション）の立ち上げは、標準的な業務手順となりうる。

プロジェクトチームとして、これらの責任を引き受けたオーナーがいることを確認するために、全力を尽くそう。彼らは管理そのものや、問題が見つかったときの対処法についてのトレーニングを受け、プロジェクトの背景となる文書を渡されているはずだ。彼らはデータ品質の問題が検出された場合、根本的な原因分析を行い、浮き彫りになった症状だけでなく、根本的な原因に取り組むべきであることがわかっているはずだ。明白に行われるデータエラーの修正だけでなく、改善を計画し、将来のデータエラーを防止することも知っているはずである。コントロール自体や監視のプロセスにも調整が必要かもしれない。

時間が経つにつれて同じ問題が発生し続けることもあるので、それに対処するために新しいプロジェクトを立ち上げることもある。調査員の帽子をかぶり、ステップ1ビジネスニーズとアプローチの決定から始めて、再び10ステッププロセスを活用しよう。新しい状況に適用できるステップを選択し、前のプロジェクトで得た経験、知識、スキルを使用して、別のデータ品質犯罪を解決しよう！

コミュニケーションを取り、管理し、巻き込む

このステップで、人々と効果的に働き、プロジェクトを管理するための提言。

- 監視継続のための支援とリソースを確保しよう
- プロジェクトチーム以外で改善を実施した人々と連絡を取り合い、助けや励ましを提供し、進捗状況を把握し、必要に応じてワークを調整しよう
- 変更、予測、新規または修正された役割、責任、プロセス等についての一貫した理解を確保するために、コントロールの影響を受ける要員をトレーニングしよう
- 文書化を完了させ、導入の完了確認／承認を確保しよう
- このステップでの成功や成果を共有し、関係者を称えよう
- 監視の結果、組織がどのような効果を享受できるかを周囲に理解させよう

チェックポイント

ステップ9 コントロールの監視

次のステップに進む準備ができているかどうか、どのように判断すればよいだろうか。次のガイドラインを参考にして、このステップの完了と次のステップへの準備を判断してほしい。

- コントロールは実施され、監視されているか。
- 監視の結果は、肯定的なものも否定的なものも含めて文書化され、対処されているか。
- 改善点は検証されているか。
- 成功した改善は標準化されているか。
- このステップの間、人々とコミュニケーションをとり、管理し、巻き込むために必要な活動は完了したか。

ステップ10 全体を通して人々とコミュニケーションを取り、管理し、巻き込む

ビジネス効果とコンテキスト

このステップの名前は、含まれる範囲の一部を表している。このステップには、データ品質プロジェクトの人的要素やプロジェクトマネジメントの側面等、実に幅広いテーマが含まれる。情報品質フレームワークにあるコミュニケーション、変更、倫理、文化と環境の概念を実践に落とし込んでいる。**ステップ10**をしっかり行うことは、データ品質プロジェクトの成功に不可欠である。**ステップ10**は他の全てのステップで必要に応じて参照され、適用されなければならない。それがこのステップが、図の中で他の9つのステップの下に描かれている理由である。

トピックは多岐にわたり、しかも重要なので、私は簡単なアドバイスしかできない。他の情報源からの手助けに鼓舞されることを期待する。いつ、誰と、どのような関わりを持つべきかを決めるのはあなた自身であり、これはデータ品質というアートの一部である。

実体験に基づく指示やガイドラインは本書の随所に記されているが、あなたが直面する状況は様々であるため、堅苦しいルールはあまり示していない。しかしここだけは「必ず」と言っておこう。プロジェクト全体を通じて、コミュニケーション、マネジメント、人の巻き込みに関連する**何かをしなければならない**。それなくして完全に失敗することはないかもしれないが、無視すれば、せいぜい限られた結果しか得られないだろう。

このステップはPowerPointのスライドを共有し、数回のミーティングを行う以上のものである。あなたの最高のスキルを駆使して、以下のような人々を巻き込むことになるだろう。

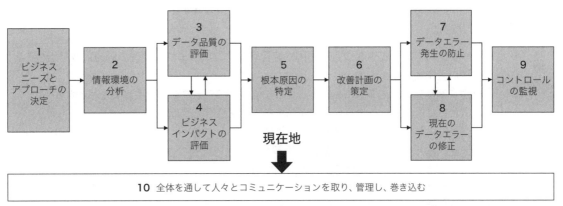

図4.10.1 「現在地」ステップ10 全体を通して人々とコミュニケーションを取り、管理し、巻き込む

- データ品質プロジェクトのスポンサーおよびその他のステークホルダー。サポートを獲得／維持し、進捗状況を常に把握し、情報およびデータ品質向上の価値を実証するため
- チームメンバー、プロジェクトへの貢献者、その上司。支援を得て協力を促すため
- プロセスおよびアプリケーションのオーナー。データの修正、プロセスの改善、コントロールの監視、トレーニングへのデータ品質の組み込み等の協力を得るため
- ユーザー。業務遂行のために情報に依存し、業務遂行中にデータ品質に影響を与えることが多い人々に対して、継続的改善がどのように自分たちが使用するデータに役立つか、また自分自身の行動がデータやそれを使用する他の人々にどのような影響を与えるかを知らせるため
- **全員**。注意深く耳を傾け、意見を聞き、彼らの懸念に対処し、その結果を確認する

> **! 警告**
>
> このステップをスキップしてはならない！ プロジェクト全体を通して人々とコミュニケーションを取り、管理し、巻き込まなければ、惨めな失敗をするか、結果や提案、実施した改善、その他のアクションに対して限定的にしか受け入れられないかのどちらかに陥るだろう。このステップを無視しては、成功に近づくことはできない。
>
> コミュニケーションは仕事の一部であり、仕事の邪魔をするものではない！ 人とコミュニケーションを取り、適切に関わることは、データ品質評価を行うことと同様にデータ品質ワークに不可欠であることを認識してほしい。

表4.10.1　ステップ10　全体を通して人々とコミュニケーションを取り、管理し、巻き込むのステップサマリー表

目的	・適切なコミュニケーションと巻き込み活動を、**10ステッププロセス**の各ステップおよびデータ品質プロジェクト全体に含める。 ・プロジェクトスポンサー、チームメンバー、その他のステークホルダーを早期に特定し、常に情報を提供し、意見を述べる機会を提供する。 ・優れたプロジェクト管理手法をデータ品質プロジェクトに適用する。 ・交渉、ファシリテーション、意思決定、傾聴、チェンジマネジメントなど、人と関わるスキルの習得を推進する。プロジェクトマネージャーやチームメンバーが強化すべきスキルを認識する。 ・データ品質の重要性と影響についての認識を高め、教育する。 ・成功を祝い、分かち合い、失敗から学ぶ。
目標	・データ品質プロジェクトの人的要因、変更管理、プロジェクト管理の側面に取り組むことで、成功の可能性を高める。 ・発生するとプロジェクトが遅延するリスクや、プロジェクトの成果が実施されなかったり、受け入れられなかったりするリスクが高まるような誤解を避ける。 ・プロジェクトに対する支援を獲得し、維持する。 ・ステークホルダーのニーズと懸念を理解し、最も効果的な方法を用いて適切なタイミングで、プロジェクトの影響を受ける人々と対話する。 ・提案、行動計画、改善が実行され、標準化され、受け入れられる可能性を高める。 ・データ品質プロジェクトを効果的かつ効率的に管理する。
インプット	・いずれかのステップの結果

Chapter 4

第4章　10ステッププロセス

テクニックとツール	• この**ステップ10**のサンプルアウトプットとテンプレート 　○ ステークホルダー分析 　○ RACI 　○ コミュニケーションおよび巻き込み計画 　○ データ品質の売り込みの30-3-30-3 • 組織の文化や環境に適したコミュニケーション、巻き込み、チェンジマネジメント、プロジェクトマネジメントのテクニック • **第6章その他のテクニックとツール**より 　○ ステークホルダー分析へのインプットとして必要であれば、調査の実施 　○ 課題とアクション項目の追跡（**ステップ1**から開始し、全体を通して使用する） 　○ 結果の分析、統合、提案、文書化、行動（**ステップ1**から開始し、全体を通して使用する）
アウトプット	• ステークホルダー分析とコミュニケーション計画 - プロジェクトの初期に実施し、常に更新し、プロジェクト全体を通して使用する。 • タイムラインと計画に基づき、コミュニケーションと人の巻き込みを完了 • 臨機応変に対応するコミュニケーションと人の巻き込み • プロジェクト計画、成果物、ステータスを作成し、プロジェクト期間中常に更新。
コミュニケーションを取り、管理し、巻き込む	• 人と仕事をし、プロジェクトを管理することに関連して次のことを考える。プロジェクトに含めるかどうかは、あなたの最善の判断で行い、全体を通して適切に適用してほしい。 　○ コミュニケーションと巻き込み：認識、連絡、フィードバック、傾聴、教育、トレーニング、文書化、交渉、ファシリテート、ライティング、プレゼンテーションスキル、ビジネスストーリーテリング、意思決定、社内コンサルティング、ネットワーキング、学習理論など、その他多数。 　○ 変更：変更とそれに伴う影響の管理、組織変更管理、変更の制御 　○ 倫理：個人と社会の善、公正、権利と自由、誠実さ、行動規範、危害の回避、福祉の支援 　○ プロジェクトマネジメント：チームの管理（対面およびバーチャル）、効果的な会議の開催、状況報告、使用する SDLC およびプロジェクトアプローチに関する基本スキル（アジャイル、ベンダー SDLC、ハイブリッドなど）
チェックポイント	• プロジェクトの**各ステップ**について： 　○ 結果、学習、提案、完了した行動を文書化し、共有し、フィードバックを促し、必要に応じて調整しているか。 　○ 必要な人に適切なトレーニングが提供されているか。 　○ 必要なサポートを受けているか、受けていない場合はそれに対処しているか。 　○ コミュニケーション、管理、巻き込みなど、さまざまな側面でスキルを持つ人々に、必要に応じて協力を求めているか。 　○ 一般的に人々とコミュニケーションをとり、プロジェクトを管理するために必要な活動を完了しているか。 　○ プロジェクトチームが生産的でその道程を楽しんでいるような、協力的で楽しい雰囲気を、あなた自身が作り出す手助けをしているか。 　○ あなた自身は倫理的行動の模範を示し、奨励しているか。 • プロジェクトの**終わり**に 　○ プロジェクトの成果は文書化され、適切に共有されたか。 　○ プロジェクトを振り返り、その結果を共有し、文書化し、将来参照できるようにしたか。 　○ 成功が認識され、プロジェクトスポンサー、チームメンバー、その他の貢献者、ステークホルダーに感謝されたか。 　○ データ品質プロジェクトから生じ、プロジェクト終了後も継続されるプロセス、アクション項目、もしくはプロジェクトに対して、所有者が特定され支援やリソースが割り当てられているか。

アプローチ

1. ステークホルダーを特定する。

プロジェクトの早い段階でステークホルダーを特定する。本書の冒頭で定義したように、ステークホルダーとは、情報およびデータ品質ワークに関心、関与、または投資している、あるいは情報およびデータ品質ワークによって（肯定的または否定的に）影響を受ける個人またはグループである。ステークホルダーはプロジェクトとその成果物に対して、影響力を行使できる。ステークホルダーは組織の内部にも外部にも存在し、ビジネス、データ、テクノロジーに関する利害を代表する。例えば製造プロセスの責任者は、サプライチェーンに影響を与えるデータ品質改善のステークホルダーとなる。

ステークホルダーには顧客やクライアント、プロジェクトスポンサー、一般市民、規制機関、個人作業者、対象領域の専門家、取締役会メンバー、エグゼクティブ・リーダーシップチーム、プロジェクトチーム・メンバーとそのマネージャー、プロセスオーナー、アプリケーションオーナー、ビジネスパートナー、委員会、事業部や部門等の組織単位、プロジェクトの業務に最も直接的に関与する人員等が含まれる。

ステークホルダーのリストは、プロジェクトの範囲によって長くなったり短くなったりする。ステークホルダーは、プロジェクト期間中に変わることもある。このリストは時間の経過と共に拡大され、プロジェクトの結果として行われた変更、提案、改善に影響を与えたり、影響を受けたりした人を含めることができる。私はステークホルダーという用語を広く使っているが、時折、チームメンバーやプロジェクトに意見を提供している人々、そのマネージャー等、特定のステークホルダーに言及することがある。それは彼らとの関わり方が、大きなグループと異なる場合である。

もちろん直属の上司はステークホルダーになるだろうが、その同僚や上司、上司の上司はどうだろうか。あなたの同僚や、あなたの部下やその同僚はどうだろうか。あなたとプロジェクトチームの立ち位置から360度見渡してみよう。あなたが思い浮かべる全ての人がステークホルダーになるとは限らないが、狭く考えて参加すべき人を見逃すよりは、広く考えて選別したほうがよい。

 キーコンセプト

取締役や経営幹部、その他の上級管理職は、組織全体の優先順位を決定するため、データ品質に影響を与える。彼らは資金調達やその他のリソース配分について決定を下す。データ品質の重要性に関する彼らの態度は、組織にとっての基調と模範となり、他の人々もそれを引き継ぐ。私達はしばしば、組織全体の方向性を決める取締役会や評議員会のことを忘れがちだ。取締役会のメンバーが乗り気になれば、データ品質ワークは彼らが気づかなかったり抵抗したりする場合よりもはるかに迅速に、適切なリソースを用いて進められる。彼らは組織内の説明責任レベルの最上位であり、経営幹部やその他の上級メンバーが何を優先事項とするかに影響を与える。

あなたの組織に幸運にも最高データ責任者（CDO）がいるのであれば、経営幹部や上級管理職レベルでデータ品質ワークを推進する優れた擁護者となる。最高データ責任者は、組織全体のデータガバナンスと資産としての情報の活用に責任を負う。この役割はCIO（最高情報責任者）と関

> 連する。CIOの肩書は情報を反映しているが、通常はテクノロジーに焦点を当てたものである。組織には両方が必要である。CDOは経営幹部チームの他のメンバーと共に、CIOと緊密に連携する必要がある。
>
> CDOは通常、組織がどのような情報を必要とし、何を収集し、どのような目的で使用するかを決定する。そのためCDO（最高データ責任者）は低品質なデータが組織に与える影響を、他者に理解させる上で大きな影響力を発揮し、ビジネスニーズを満たすために必要なデータ品質を、確保するための適切な注意とリソースを求めることができる。

2. ステークホルダー分析の実施。

ステークホルダーを特定したらステークホルダー分析を実施し、ステークホルダーとデータ品質ワークにおける役割（プロジェクトに特化したものであれ、より広範なデータ品質プログラムであれ）について詳しく知ろう。**サンプルアウトプットとテンプレートの表4.10.2**には、そのような洞察を得るのに役立つ質問が記載されている。

プロジェクトのステークホルダーを理解することが以下の助けになる。

- プロジェクトに対する期待や懸念を明らかにする。
- プロジェクトへの影響力と関心、希望する参加レベルを明らかにする。
- プロジェクトにリソースを提供する人々のニーズをよりよく満たす。
- コミュニケーションやトレーニングに意見を提供し、彼らとどのように関わっていくのがベストかを考える。
- 発生した場合プロジェクトが遅延するリスクや、プロジェクトの成果が実施されなかったり、受け入れられなかったりするリスクが高まるような誤解を避ける。

あなたはステークホルダー分析に情報を提供するために、2-3人または数人のスポンサー、ステークホルダー、ユーザーにインタビューすることを決定するかもしれない。その場合は、**第6章その他のテクニックとツールのサーベイの実施**にあるアイデアが役立つ。

RACIと呼ばれるマネジメントテクニックは、Responsible（実行責任者）、Accountable（説明責任者）、Consult（協議先）、Inform（報告先）の指定に基づいて、ステークホルダーの役割をさらに特定するために使用できる。**サンプルアウトプットとテンプレートのテンプレート4.10.1**を参照のこと。

3. コミュニケーションと巻き込みの計画を立てる。

プロジェクトの初期段階で、コミュニケーションと巻き込みに関する計画を立てよう。**サンプルアウトプットとテンプレートのテンプレート4.10.2**を出発点として使用しよう。コミュニケーションについての考え方を広げてほしい。即席のZoomミーティングや廊下でのおしゃべりはステークホルダーとの関係構築に大いに役立つが、コミュニケーションとは考えられていないことが多い。あなたの計画には、変化を管理するための活動が含まれているかもしれない。コミュニケーションは双方向であることを忘

れずに、ステークホルダーからフィードバックを得るための場や手段を盛り込み、注意深く耳を傾け、対話の機会を設け、疑問や懸念に対処しよう。計画を使用し、参照し、プロジェクトを通じて更新しよう。コミュニケーションのリマインダーとして活用するとよい。完了したコミュニケーションと巻き込みへの取り組みを文書化しよう。

コミュニケーションは様々な対象者、状況、利用可能な時間に合わせて適応させなければならない。そのためのテクニックの一つとして、**サンプルアウトプットとテンプレートのデータ品質の売り込みの30-3-30-3**を参照のこと。ここで触れたRACIテクニックは、様々な役割の人に役立つ頻度と詳細レベルを決定するためのインプットになる。例えば報告先の役割にある者は、実行責任者、説明責任者、協議先の役割にある者よりも頻度が低く、業務完了後に要約レベルで連絡を受けることが多い。

4. コミュニケーション、管理、巻き込みのスキルを向上させる。

コミュニケーションという言葉は、情報品質プロジェクトやデータ品質プロジェクトで必要となる様々なソフトスキルの出発点だと考えてほしい。結局のところ、企業は「人の集合体」(Conley, 2007)であるため、成功を期待するのであれば、人的要因を無視することはできない。

データ品質ワークの人的要素に対処するのに役立つものなら何でも、コミュニケーションや関連分野のスキルを向上させよう。プレゼンテーションスキル、交渉、ファシリテーション、意思決定、合意形成、傾聴、文書作成、プロジェクトマネジメント、チームマネジメントとチームワークの育成、社内コンサルティング、チェンジマネジメント、対立解消、コラボレーション、倫理、ネットワーキング等である。

情報の品質を売り込んだり、プロジェクトやプログラムを宣伝したりするのだから、営業やマーケティングについて考慮してもいいだろう。長年、チームは互いに遠隔で仕事をしてきた。私がこの本を書いている現在、世界の大部分は2020年のCOVID-19世界的大流行からのシャットダウンモードにある。新しい日常がどのようなものになるかはまだわからないが、直接顔を合わせることは減り、バーチャルな会議やイベントが増えることは間違いない。従ってバーチャルチームを管理する能力を高め、直接会って話をするために廊下を歩くことができないときでも賛同を得られるようにすることは、有用なスキルになるだろう。

今挙げた項目の全てを網羅することはできないので、このリストはあなたの興味を喚起するのに十分なものであればよい。圧倒されてはいけない。スキルを伸ばしたい分野を1つ選んでみよう。コーチ、メンター、書籍、クラス、専門組織、ウェブサイト等、これらの分野のスキルアップに役立つリソースは豊富にあることを忘れないでおこう。誰もが全てにおいてベストを尽くすことはできないので、(プロジェクトチームの内外を問わず)あなたのスキルを補うスキルを持つ人を見つけよう。手助けを申し出れば、たいてい相手も手伝ってくれる。

「マネジメント」もこのステップの一部であることにお気づきだろう。ある同僚は私に、あなたは人を管理するのではなく、プロジェクト、プログラム、プロセス等を管理するのだと言った。マネジメントという言葉を人に当てはめるかどうかは別として、プロジェクトは立ち上げから成功裏に完了するまで管理されなければならない。プロジェクトの全ての役割は、プロジェクトを通じて重要なパートとなる。

Chapter 4

第4章　10ステッププロセス

適切なコミュニケーションと人の巻き込みが不可欠である。

特に注目すべき点をいくつか挙げてみよう。

倫理

倫理は個人と社会の善、公正、権利と自由、誠実さ、行動規範、危害の回避、幸福の支援といった考えを含む、広範な影響力を持つ要素として、情報品質フレームワークにおけるキーコンセプトである。私はこのテーマの深掘には、Katherine O'KeefeとDaragh O BrienのEthical Data and Information Management：Concepts, Tools, and Methodsを強く推薦する。

> **覚えておきたい言葉**
>
> 「情報マネジメントの専門家として私達が自由に使えるツールやテクノロジーは、人々に利益をもたらす可能性もあれば、害をもたらす可能性もある。ごく少数の例外を除いて処理される全ての情報は、何らかの形で人々に影響を与える。
>
> コンピューティング能力、データ収集能力、機械学習技術の驚異的な向上により、偶然にせよ意図的にせよ、個人や社会の集団に危害が及ぶ可能性は大きい。
>
> このような大きな力と大きなリスクの結果、情報のマネジメントと使用に関連する意思決定が健全な倫理原則に基づいて行われるようになるために、情報マネジメントの専門家が倫理について適切な基礎知識を持つことがこれまで以上に重要になっている」
>
> - Katherine O'Keefe and Daragh O Brien, Ethical Data and Information Management（2018）p. 1.

多くの組織や専門職が、業務上の行動基準を定めている。IQインターナショナル（2005-2020）は、情報品質マネジメントのベストプラクティスを推進する非営利団体だった。その団体の倫理と職業上の行動規範は、ベストプラクティスのコールアウトボックスに含まれている。私は、データや情報を扱う全ての人が守るべき規範であり、必要に応じて議論され、適用されるべきものだと思う。

> **ベストプラクティス**
>
> **倫理および職業行動規範**。その目的は、「IQ国際倫理および職業行動規範は、情報／データ品質分野を堅固で高潔な基盤の上に構築するための、広範な取り組みの重要な要素である。この規範の必要性は情報／データ品質分野のイメージと評判に対して、私達が個人的にも集団としても責任を負っているという信念に基づいている。私達が組織と社会全般に貢献するために、この行動規範はプロとしての高い水準を定義し、望ましい一連の行動を強調し、日々の意思決定の指針となる枠組みを提供する。この行動規範は、私達が自分自身と互いに対して確立している一連の期待を明示するものであるため、私達はこの規範が、私達の学問分野における倫理的問題についての対話のきっかけとなり、情報／データ品質ワークに携わる全ての人が倫理的な意思決定と専門

家としての行動を取るよう奨励することを願っている」と述べられている。

倫理および職業行動規範
1. 誠実さと高潔さ
    1. 共有する全ての情報において、明確で簡潔かつ真実であること。
    2. 理論、立場、製品やサービスを支持または宣伝する広告、調査、その他の公表資料が、完全かつ正確で事実に即した情報に基づいていることを確認すること。
    3. 訂正や説明が必要な場合は速やかに、かつ専門的な方法で率直に伝えること。
    4. 全ての雇用およびサービスに従事する際に、専門家としての資格と限界を明確かつ正確に表明すること。
    5. 提供したサービスのメリットと達成した業績に基づいて、プロとしての評価を築くこと。
2. 尊重、公平性、機密保持、信頼
    1. 利益相反の可能性がある場合は、適切なステークホルダーに積極的かつ完全に開示すること。
    2. 利益相反を軽減できない案件へ関わるのを辞退すること。
    3. 評価すべきところは正当に評価すること。特に、出版物では貢献者の名前を明記すること。
    4. 他者が保有する著作権、特許、商標、その他全ての知的財産権を尊重し、遵守すること。
    5. あなたのプロフェッショナルなサービスやスキルを、公平かつ公正に提供すること。
    6. 預託された全ての私的な情報、個人情報、機密情報を厳重に保護すること。
    7. 機密情報やプライバシーの漏洩または専有情報の不正使用が、意図的または偶発的に発生した場合は速やかに関係者に通知すること。
3. プロとしての成長
    1. 継続的な教育、実務経験、研究、学習を通じて、個人としての専門的成長を追求すること。
    2. 継続的な支持表明、コミュニケーション、コラボレーション、指導、出版、その他の共有貢献を通じて、プロフェッショナルコミュニティの発展をサポートすること。
    3. 非独占的な知識、スキル、経験をオープンに仲間と共有すること。
    4. 他者のプロフェッショナル能力開発を奨励し、その機会を提供すること。
    5. 模範的なリーダーシップと行動を通じて、我々の職業の名声と能力を高めるよう努めること。
4. コミュニティと公共サービス
    1. プロフェッショナルとしての職務を遂行する上で、公衆の安全、健康、福祉を最優先すること。
    2. 公共の福祉と公益のために、専門的な情報／データ品質サービスをボランティアとして提供する機会を求めること。
    3. 世論に影響を与えることを意図したあらゆる形態のコミュニケーションにおいて、情報／データの質のベストプラクティスの遵守を推進し奨励すること。
    4. 事業、作業、専門的活動、またはボランティア活動に適用される全ての法律、規制、法令、方針を遵守すること。

出典IQインターナショナル　許可を得て使用。

彼らにとって何が得なのか（What's In It For Them）

皆さんはWIIFM（What's in it for me）をご存知だろうか。WIIFT（What's In It For Them）は、同じアイデアを私が少しひねったものだ。私達はプロジェクトの詳細を考え、資金やリソースを求め、私達がすべきことをできるようにするために多くの時間を費やしている。しかし、たとえ私達のプロジェクトがビジネスニーズと注意深く結びついていたとしても、それは私達のためのものではないことを絶えず自分に言い聞かせなければならない。他人のこと、彼らの具体的なニーズに焦点を移し、彼らのために何ができるかを考えなければならない。高品質なデータ全般、あるいはこのプロジェクトが彼らの生活をどのように向上させるのか。彼らのチームの日々の仕事をより良くするのか。彼らが責任を果たすのを助けるのか。業績を達成するのを助けるのか。上司を満足させるのを助けるのか。誰かと会う前に、「彼らにとって何の得があるのか」という質問をし、それに答えよう。

チェンジマネジメント

「私は変化しても構わない。これまでと違うことさえしないでくれれば！」人によって程度は異なるが、人間は変化に抵抗する。私はキャリアの初期に、重要な問題に対処するためのデータ品質評価と根本原因分析の結果について、人々に行動を起こさせることがなぜ難しいのか不思議に思っていた。その後、私は依頼していることのほとんど全てが、彼らがこれまでと違うことしなければならないことを意味していると気付いた。データの修正、ビジネスプロセスの更新、既存の役割と責任の設定や変更、テクノロジーの変更、新しい活動のための時間の確保等である。これは当然、すでに限られているリソースを圧迫し、しばしば前進を困難にした。

データ品質プロジェクトが、変化を引き起こすことを認識しよう。もし変化が管理されなければ、改善が実施**されず**、維持**されない**リスクが大幅に高まる。データ専門家は変化を管理するスキルを高めるか、この専門知識を持つ他者と提携する必要がある。変化の範囲によっては（訳註：変革とも）、さらなるサポートが必要かもしれない。しかしたとえ小さな変化であっても、それを認識し管理すべきである。

Margaret Rouse（年不詳）は、チェンジマネジメントをこのように定義している。「チェンジマネジメントは組織の目標、プロセス、またはテクノロジーの移行や変更に対応するための体系的なアプローチである。チェンジマネジメントの目的は、変化をもたらし、変化をコントロールし、人々が変化に適応できるようにするための戦略を実施することである。効果的にするためには、チェンジマネジメント・プロセスは、調整やリプレースが組織内のプロセス、システム、従業員にどのような影響を与えるかを考慮に入れなければならない」。彼女は組織チェンジマネジメント（OCM：Organizational Change Management）を「企業内の新しいビジネスプロセスや組織構造の変化、文化的な変化の影響を管理するための枠組み」と捉え、成功するOCM戦略には以下が含まれるべきだと述べている。

- 変化のための共通のビジョンに関する合意、さらに競合する施策がないこと
- ビジョンを伝え、変化のためのビジネスケースを売り込む強力なエグゼクティブリーダーシップ
- 日常業務がどのように変わるかについて従業員を教育する戦略
- 変化が成功したかどうかを測定する具体的な計画、および成功した場合と失敗した場合のフォローアップ計画

- 個人やグループが新しい役割や責任に対して主体性を持つよう促す、金銭的および社会的な報酬

変化を管理するには、様々なアプローチがある。以下は、さらに検討したいいくつかのアプローチである。

- John P. Kotter (2012) は8段階のプロセスを示している。危機意識を高める、変化推進チームを築く、ビジョンと戦略を生み出す、変化のためのビジョンを周知徹底する、従業員に幅広い行動を促す、短期的成果をあげる、成果を統合しさらなる変化を進める、新しいアプローチを文化への定着させる、である。
- William Bridges (2016) は3つのフェーズを示している：「終結、失う、手放す」「中立ゾーン」「新たな始まり」である。
- Gleicherの変化方程式。

$$Change = (D)(V)(F) > R$$
D＝現状への不満、V＝変革のビジョン、F＝最初の一歩、R＝抵抗。

変化が起こるためには、現状に対する不満、変化のビジョン、最初の一歩が、変化に対する抵抗よりも大きくなければならない (Beckhard & Harris, 1987)。

- Kathleen D. DannemillerとRobert W. Jacobs (1992) は、Gleicherの方程式を基礎としている。
    - 方程式の一つの項が欠けたらどうなるか？
    (V) も (F) もない (D) ＝フラストレーション
    (不満はあるが、ビジョンも第一歩もない)
    (D) に (V) がなく (F) がある ＝「今月のおすすめ」
    (不満と第一歩はあるがビジョンはない)
    (D) がなく、(V) があり、(F) がある ＝ 受動的に受け入れられるという希望的観測
    (ビジョンと第一歩はあるが、不満はない)

自分自身を見てみよう

あなたは一緒に仕事をする人たちから、見てほしいと思うような模範や態度を個人的に示しているだろうか。あなたはステークホルダーやプロジェクトチームから、見てほしいと思うような行動を模範としているだろうか。責任は自分にある。

企業文化

William E. Schneider (1999、2017) は、様々なタイプの企業文化について書いている。彼は読者が対立の原因や競争力の源泉を特定し、組織内の変化や改善に関する費用対効果の高い意思決定を行うためにこれらを活用できるよう支援している。

10ステップの実践例

ビジネス・ストーリーテリングと10ステップ

パートナーズ・フォー・プログレス®の創設者でCEOであるシフトストラテジスト、Lori Silvermanによれば、「人々に影響を与え、行動を起こさせる力を持つ唯一の叙述の形は、ストーリーである」

全てのステップからのアウトプットはあくまでもアウトプットである。そのアウトプットを文脈に置き換え、意味あるものにし、ビジネス・ストーリーテリングによって命を吹き込むのは、コミュニケーションスキルをどう使うか次第なのだ。

ストーリーテリングについて、Loriが語ってくれたことと10ステップについて見ていこう。

最近出席した会議をいくつか振り返ってみてほしい。数字や箇条書きの情報、データの視覚化を見たとき、人はどのように反応するのだろうか。私達は今、脳がデータを嫌うことを知っている。そう、その通りだ。データ、事実、数字、棒グラフ、円グラフ、ランチャート等のデータ視覚化。これらは全て説得の一形態である。これらは人々の心を動かすことはなく、しばしば議論を引き起こし、意思決定プロセスを遅らせる。人々に影響を与え、行動を起こさせる能力を持つ唯一の形式は、ストーリーである。事例やエピソード、事例研究、説明等ではなく、人々が共感しやすいたった一人の主人公が、葛藤（問題や一連の問題）を経験しそれを乗り越えようとする物語である。

このことは、**10ステッププロセス**において何を意味するのだろうか。**ステップ1**では、ストーリーを使ってビジネスニーズを人間味のあるものにできるが、データとは切り離しておくようにしよう。そこで顧客や消費者に関する実際のストーリーを活用できる。データ品質の問題が緩和されたとき、企業内の誰か（問題の影響を受けている人々の代表者）がどのような日常になるかについて、共同で作成したビジョンストーリーがそうかもしれない。

ステップ2と3では、データ品質の犯罪現場、それに続く調査、疑われる根本原因、それを軽減するための潜在的な方法について、おそらく今回は私立探偵としてのあなたの目を通して、どのようにミステリーストーリーを作ることができるだろうか。**ステップ5**で根本的な原因を明らかにするときに、このストーリーに戻って発展させることもできる。**ステップ4**で影響を伝えるとき、ストーリーの主人公はデータ品質の問題によって最も影響を受ける人物になる。複数のステークホルダーに影響を与える複数の問題がある場合、他者との一連のやり取りの中で問題の大きさを理解するようになっていく主人公のストーリーを語ることもできるだろう。ストーリーを構成する際には、利益よりも損失がより動機付けになることを念頭に置いてほしい。人々が何を得る立場にあるかを伝えるよりも、人々が何を失う立場にあるかのストーリーを展開したほうが良い。最終的な提案が実際に実施され、コントロールが監視されるようにするために**ステップ6、7、8、9**で伝えるストーリーも同様である。早い段階で整理したストーリーのいくつかは、どのステップでも他の人をトレーニングする際に役に立つようになる。

このようなストーリーはどこから得られるのだろうか。社内外の顧客や消費者、ステークホルダー、あなたや他の人が経験したことのある過去の体験から得られるかもしれない。これまでの人生経験からも、作り出せるかもしれない。

このプロセス全体を通して小さな成功のストーリーを集め、共有することも大切だ。例えば、時間の節約や、より機敏に仕事をこなせるようになった従業員、コスト削減が収益に反映され始めたリーダー、正しく進んでいることを示す個々の消費者からのフィードバック等である。

ストーリーの見つけ方、組み立て方、伝え方の詳細については、Karen Dietz, PhD, and Lori L. Silverman, Business Storytelling for Dummies（Wiley, 2013）を参照のこと。

🎯 ベストプラクティス

意思決定。プロジェクト全体を通じて意思決定が行われるだろう。正式なデータガバナンスがある場合は、それを利用して意思決定者を集めよう。そうでない場合でも意思決定を行う必要があり、時間がかかる可能性が高い。意思決定についてのLori Silvermanのコメントを見てほしい。

「私達の仕事では、何千とは言わなくても、毎日何百という意思決定を下している。**10ステッププロセス**も違いはない。本書で紹介されているように、各ステップには、あらゆる種類のステークホルダーが下すべき無数の意思決定が埋め込まれている。最も重要なのは、それぞれがどのようなものか（そしてそれを取り巻くコンテキスト）を明確にすること、それを文書化すること、答えを記録すること、誰がいつそれを意思決定したかを記録することである。この情報は透明性があり、プロジェクトに参加する全員が見ることができる必要がある。全ての決定が、そう、全ての決定が、行動の実行を意味することを忘れないでほしい。この行動も記録しよう。」

「**10ステッププロセス**全体が、意思決定のメカニズムでもある。このことを念頭に置くと、ステップ1でコンテキスト、提示された問題を具体化し、（ストーリーを通じて）それを伝えることが絶対的な鍵となる。これには2つの理由がある。第一に何が問題なのかを前もって明確にしておかなければ、その問題について「意味のある」洞察を得ることはできない。データについての観察が気付きになることはほとんどない。気付きとは、データを研究し、それに人間の推論を混ぜ合わせた後、得られた知見を総合することから生まれる真の発見であることを、心に留めておいてほしい。第二に避けがちな質問をすることが重要である。例えばスポンサー（および主要なステークホルダー）はデータ品質問題の原因をすでに知っていると考えているのか、またあなたが調査で学んだことを聞くことに前向きなのか、といった質問である。もし彼らが、それを軽減するためにどのような行動を取るべきか、すでに分かっていると信じているならそれを学びたい。このような場合は全て、彼らの直感は正しくても、間違っていても過去の経験に基づくデータの一形態である。答えを知っておくことで、後々迷走せずに済む。」

「気づきを伝える時、10ステッププロセスの各ステップにおいて洞察をストーリー化すること

> で、洞察にまつわる意思決定のプロセスを加速させることができる。これをどのように行うかについてのいくつかのアイデアは、ビジネス・ストーリーテリングに関するコールアウトボックスで紹介されている。」
>
> - Lori Silverman, The Shift Strategist, Founder/CEO of Partners for Progress®
> データでS.M.A.R.T.E.R.™の決断を下すことについての詳細は、YouTubeのLevel Up With Lori
> のエピソード10を参照（Silverman, 2020）

4. 全体を通して人々とコミュニケーションを取り、管理し、巻き込む。

ここで、これ以上言うことはない、行動しよう！

サンプルアウトプットとテンプレート

ステークホルダー分析

プロジェクトのステークホルダーが特定されたら、ステークホルダー分析を実施し、各ステークホルダーについて理解を深めよう。彼らの懸念は何か。プロジェクトによってどのような影響を受けるのか。彼らから何が必要か。

ステークホルダーを理解するために、**表4.10.2 ステークホルダー分析**を使用しよう。これはJohn Ladleyが作成したもので、彼の著書Data Governance, Second Edition（2020b）に掲載されている。データガバナンスを念頭に置いて開発されたとはいえ、データ品質やデータマネジメントのあらゆる側面に対して簡単に調整できる。また、データ品質プログラム全体のステークホルダーを見るときにも使える。ステークホルダーはデータガバナンスとデータ品質プログラムおよびプロジェクトの間で、重複することが予想される。

この表は下記のように使うと良い。

- ステークホルダー名の列を追加しよう。連絡先情報、役職、組織図内での位置づけ（事業部／部門／チーム）、データ品質プロジェクトまたはプログラムに関連する役割等、その他の基本事項を文書化しよう。該当する場合は、外部の請負業者、コンサルタント、その他のビジネスパートナーを含めよう。物理的な場所は、ミーティングをスケジュールする際のタイムゾーンの考慮に役立つ。
- 各ステークホルダーについて、表の質問に答えよう。表中の「変更」とは、あなたが達成しようとしていることを意味する。例えば変更はプロジェクト全体を指す場合や、資金や人員の要請、あるいは実施される提案に基づく変更等である。
- 表中の質問に加えて、各ステークホルダーがデータ品質とその重要性について何を知っているか（知らない、基本的な理解、十分な知識等）、および支持の度合い（否定的／反対、中立、肯定的／賛成／擁護等）を記しておくと、役に立つことが多い。

表4.10.2　ステークホルダー分析

ステークホルダーとは何か	彼らの役割は何か	彼らはどう反応するか	彼らの最大の関心事は何か	彼らに何を求めるのか	どのように彼らと仕事をすべきか
ステークホルダーとは、以下のような組織や個人を指す。 • 変化に影響を与えることができる • 変化の影響を受ける ステークホルダーには、以下のようなものがある。 • 個人 • 上級リーダー • IT部門や部門マネージャー等の従業員グループ • 委員会 • 顧客 • 政府またはその他の規制機関 • ブローカー/エージェント	各ステークホルダーの役割を特定する。そのステークホルダーは下記の役割を担うか。 • リソースを承認する必要がある、または変化が進められるかどうかを決定する必要がある（スポンサーまたはゲートキーパーとしての役割を果たす）。 • 取り組みの結果として変化する必要があるか（ターゲット）。 • 変化を実施する、あるいは変化するよう他者を説得する必要があるか（エージェント）。 • 取り組みの成果に反応する、もしくは判断をするか。 • 取り組みの支持者になる必要があるか（チャンピオン）。 • 取り組みの成功を左右する仕事をするか（リソース）。	取り組みの結果は、ステークホルダーにどのような影響を与えそうか。このステークホルダーは恩恵を受けるのか、それとも悪影響を受けるのか。予想される影響と事前の行動を考慮した場合、このステークホルダーはどのように反応する可能性が高いか。 • 目に見える形でサポートしてくれるか。 • 協力的か、反対はしないか。 • 迷っているか。 • オーケーと言いながら妨害したり、陰で文句を言ったりするか。 • 声高に懸念を表明するか。	そのステークホルダーの主な関心事は何か。 • 彼らはその変化に何を求め、何を期待しているのか。 • 彼らが変化を支持するかどうかに影響を与えるものは何か。 • このステークホルダーが、変化において情報を得ている、関与している、準備ができている、または正当化されていると感じるために、何が必要か。 • このステークホルダーにとっての「赤信号」や懸念点は何か。	そのステークホルダーに何を求めるのか。 • 承認／リソース • 目に見える支援／公的な支持 • 本人へのアクセス • チーム関係者へのアクセス • 取り組みへの妨害やブロックがないこと • 情報 • タスクの完了 • 柔軟性 • 行動の変化	知っていることを踏まえて、そのステークホルダーとどのように協力すべきか。 • 変化に対して、彼らにどのような準備をしてもらうか。 • 彼らとどのようにコミュニケーションを取るか。 • 彼らのニーズや懸念にどう対処するか。 • 彼らのニーズや懸念、反応についてもっと知る必要があるか。 • 彼らを変化チームの一員として直接、あるいは間接的に巻き込むべきか（チームの代表となる、意見を求める、定期的なフィードバックを提供する）。

RACI

RACIはもともと変化プロセスにおける、役割と責任を特定するために使用されるマネジメント技法である。RACIは役割と責任、決定権と責任、エスカレーションパスを特定する際に、データ品質プロジェクトに適用することができる。これはコミュニケーションおよび対象者に適した詳細レベルのインプットとなるものだ。例えば情報提供先の役割にある人と共有される内容は、実際にワークをしている責任ある役割の人よりもはるかに粗い。プロジェクトレベルでもビジネスプロセスレベルでも適用できる。

以下は、RACIの各文字の典型的な定義であるが、クライアントによって異なるのを見たことがある。あなたのプロジェクトにとってそれらが何を意味するのか、明確な定義を持つようにしてほしい。

- R＝Responsible（実行責任者）。作業を完成させる、または実施する人。
- A＝Accountable（説明責任者）。作業が達成されたことを説明しなければならず、最終的な責任を負う人。この人物は、（「担当者」である誰かに）作業の一部を委任することはできるが、説明責任を委任することはできない。
- C＝Consult（協議先）。作業や決定に意見を提供する人。

- I＝Inform（報告先）。作業や決定を通知される人。作業前に相談する必要はない。

厳密な階層関係やプロジェクトへの時間的コミットメントという観点からは、ARCIの順番が適切である。説明責任者は最終的なオーナーである。実行責任者はより大きな時間的コミットメントを持ち、説明責任者である人物に対して答える。協議先の役割を担う者は、通常、あまり時間を割かない。報告先の役割を担う人は、最も拘束時間が短い。

RACIのバリエーションとして、「S」（Supportive：支援者）が追加されたRASCIがある。支援者を使用する場合は、それがプロジェクトにとってどのような意味を持つかを必ず記述しよう（例：財政的支援、人的資源の提供、擁護、その他の支援的役割）。

テンプレート4.10.1は、プロジェクトに関連する役割を特定するために使用できる。最初の列には、プロセスのステップ、特定のプロセスまたはプロジェクト全体に関連する責任を列挙しよう。担当者の名前、役職、対応するRACIの役割を追加しよう。

一人の人間が多くのRACIの役割を持つことができ、RACIの役割は複数の人間が持つことができることを忘れないでおこう。

テンプレート4.10.1　RACIチャート

プロセスステップまたはプロジェクトの責任	名前	役職	RACIの役割			
			説明責任者 (Accountable)	実行責任者 (Responsible)	協議先 (Consult)	報告先 (Inform)

コミュニケーションと巻き込み計画

テンプレート4.10.2は、コミュニケーションプランと巻き込みプランの出発点として使ってほしい。コミュニケーションは双方向のものであり、ただ話しかけるだけでなく人々と関わりを持ちたいということを思い出させるために、通常は単なるコミュニケーションプランと呼ばれるものに、巻き込みという言葉を加えた。計画を立てるにあたっては、テンプレートのどこから始めても良い。具体的な対象者、メッセージ、インプットが必要なテーマ、コミュニケーションを含めるべき特定の会議等を書き出そう。情報を整理し、意味のある方法でフォーマットを作ろう。日付や対象者ごとに整理されることが多い。チェンジマネジメント活動を含めることもできる。詳細が決まったら、コミュニケーションプランのサマリーを作成し、進捗状況を確認しよう。スプレッドシートを使用する場合は、サマリーを最初のワークシートに記載し、コミュニケーション／巻き込み／チェンジマネジメントの各イベントまたは活動の詳細を文書化するために、同じファイル内の追加のワークシートを使用できる。

テンプレート 4.10.2 コミュニケーションプランと巻き込みのプラン

対象者	メッセージと望ましい行動	トリガー	コミュニケーション方法	内容の作成者	コミュニケーション担当者	準備事項	ステータス	目標日	完了日

対象者

誰が聞くべきか。誰が影響を受けるのか。組織、チーム、個人について考えよう。コミュニケーションを受け取るべきでない人はいるか。複数の対象者が特定されると期待される。

メッセージと望ましい行動

対象者は何を知る必要があるのか。何が変わりつつあるのか。対象者にどんな質問があるのか。どのような行動を取ってもらいたいのか。対象者はどのような影響を受けるのか。対象者はこの出来事についてどう感じるか（例：抵抗感、中立、支持）。このコミュニケーションと巻き込みの結果、相手にどう感じてもらいたいか。様々な反応にどう対処するかを考えよう。

トリガー

コミュニケーションのきっかけは何か。例えば四半期の最初の週、毎月の経営会議、プロジェクトのあるフェーズが完了した時等、何らかのタイミングなのか、イベントなのか。

コミュニケーション方法

コミュニケーションの方法は何か。組織内で有効なコミュニケーション手段（例：1対1のミーティング、グループワークショップ、社内ウェブサイト、ニュースレター、昼食をとりながらの雑談）を一つずつに挙げていこう。バーチャルと対面、どちらが良いか検討しよう。対象者や状況に応じて適切なものを選ぼう。

内容の作成担当者

誰がコミュニケーション内容の作成に責任を持つのか。誰がコンテンツやインプットを提供するのか。

コミュニケーション担当者

誰がコミュニケーションを実施するのか。多くの場合コンテンツを作成した人は、それを提供する他の誰かにそれを引き継ぐ。

準備

コミュニケーションの準備と完了のために、どのような行動が必要か。

ステータス

コミュニケーションのステータスは何か（例：特定済み、進行中、完了）。

目標日
コミュニケーションの予定日はいつか。

完了日
コミュニケーションが終了した実際の日付はいつか。

データ品質売り込みの30-3-30-3
表4.10.3は、目的、フォーカス、メッセージ等を考慮し、利用可能な時間に応じてコミュニケーションに適用できるテクニックの概要を示している。

表4.10.3 データ品質売り込みの30-3-30-3

	30秒	3分	30分	3時間
セッションの目的	好奇心を喚起する（「エレベータースピーチ」等）	状況を説明する（例：状況報告）	価値を教育し、質問に答える（例：レビューセッション）	コラボレーション（インタラクティブなワークショップなど）
セッションのフォーカス	未来志向でポジティブ志向	ビジネスおよびテクノロジーユーザーに提供される現状と価値	問題、懸念、成功ストーリー	全体像：データ品質のあらゆる側面をカバーする、あるいはいくつかの側面を深く掘り下げる。
対象者にどう思わせたいか	あなたのデータ品質に対する熱意と情熱	利用可能な資金とリソースでどれだけのことを達成したか	データ品質は価値があるが簡単ではない	例えばデータ品質はプロジェクトライフサイクルのあらゆる側面に統合されている。
メッセージ	シンプルで概要レベル、人脈や関係を築く	階層化され、シンプルでわかりやすい	統合のポイント、データ品質がビジネスに与える影響、ROI	詳細な定義、価値の例、成長の重要性の強調
対象者の望ましい行動	データ品質とあなたのイニシアチブに関する追加情報のリクエスト	データ品質へのサポート	データ品質の価値と有用性を理解する	合意とコンセンサス
準備はできているか				

出典：R. Todd Stephens, PhDより許可を得て改編

10ステップの実践例

30-3-30-3のテクニックを使う

世界的なハイテク企業で情報品質プログラムマネージャーを務め、現在は引退しているRodney Schackmannは、30-3-30-3のテクニックを使って次のことを行った。1) 情報品質への取り組みをよく理解していない、あるいは評価していない恐れのある対象者に対して、的を絞ったコミュニケーションを準備した。2) 特に取れる時間と注意力が劇的に異なる様々なレベルの管理職に対して、伝える必要のあるストーリーの異なるバージョンを作成した。**表4.10.4**は、彼がこのテクニックをどのように応用したかをまとめたものである。この表で言及されている「変化」とは、その時点であなたが共有/要求しているもの（例えば深刻なビジネス上のニーズに対処するための、情報品質プロジェクトを開始する、またはデータ品質評価と根本原因分析に基づく、具体的な提案を実施する）を指す。

彼は30秒のエレベーターピッチで3分の関心を持たせ、30分である程度の認知を得るように導くべきだと説明した。それぞれの時点で、以下のことの必要がある人たちと次のステップに進みたい。

問題を理解する
実行可能な手段とその利点を見極める
提案された解決策をサポートする

彼は一つひとつの交流が、耳を傾け、観察し、学ぶ機会でもあるという重要な気づきを共有した。またこのような会話やプレゼンテーションの機会は予想以上に頻繁に発生するため、適切なレベルの詳細で準備し、特定の対象者に合わせて調整できるようにしておくことが重要である。情報品質プログラムを成功裏に立ち上げたとしても、人員の入れ替わり、ビジネスの優先順位の移り変わり、業務内容の変更等の事象が発生した場合には、品質への取り組みを常に適切なものとし、優先順位を付け、目に見える形にしておく必要があることを忘れてはならない。そのためには、継続的な教育と「売り込み」が必要だ。その目標を達成するためには、適切なレベルの会話を準備しておくことが鍵となる。

表4.10.4 30-3-30-3テクニックの応用

	30秒	3分	30分	3時間
目的	好奇心を刺激する	コンセプトを売り込み、原則に賛同する理解を求める	教育し、価値を売り込み、質問に答え、オペレーショナルな賛同を求める	コンテキストとスキルトレーニングの提供
対象者	上級意思決定者	機能や業務オーナーのためのスタッフミーティング	業務管理者および主要オペレーション担当者	直接仕事をするすべての人々
戦略	その人物の重点分野に直接影響するビジネス上の問題を強調する。 もし、その問題がX金額改善されたら、関心を持つかを尋ねる(できれば実数を使うが、そうでなければ業界の改善率(%)の範囲を使う)。 彼らのキーパーソンにこのことを説明し、検討する機会を求める。	変化を監督する人々と、問題と機会を共に整理する。 狭い範囲(ホットスポット)なのか、より広い範囲でのアプローチが必要なのかを確認する。 賛同を求め、変化に影響を与えることのできるトップとの面会を求める。	概要レベルの問題とスコープを伝える。 現状を測定し、品質を向上させ、価値を引き出すためのプロセスを説明する。 現場で質問する。	問題と機会を整理する。 概要レベルの情報品質評価を実施し、情報品質スコアを設定する。 改善プロセスに反映するための意見を収集する。 (10ステップ)
フォーマット例	エレベータースピーチ	スタッフによるプレゼンテーション	主要ステークホルダーのプレゼンテーション	ワークショップ

ステップ10 まとめ

人々と効果的に働き、プロジェクトを管理することは、一次的な取り組みでは達成できない。**ステップ10に関連する何かを、他の全てのステップで行わなければならない。**このステップでは、参考になるアイデアをいくつか紹介した。いつ、どれくらいの頻度で、誰と、どのようなメッセージを伝えるかは、全てあなた次第であり、データ品質の技術の一部である。

コミュニケーションを取り、管理し、巻き込む

人々と効果的に働き、全てのステップでプロジェクトを管理するための提案。

- 人と協働し、プロジェクトを管理することに関連して、次のことを考えてみよう。プロジェクトに含めるかどうかはあなたの最善の判断で行い、全体を通して適切に適用してほしい。
- コミュニケーションと巻き込み:意識向上、連絡、フィードバック、傾聴、教育、トレーニング、

文書化、交渉、ファシリテート、ライティング、プレゼンテーションスキル、ビジネス・ストーリーテリング、意思決定、社内コンサルティング、ネットワーキング、学習理論等、数え上げればきりがない
- 変化：変化とそれに伴う影響の管理、組織変化管理、変化統制
- 倫理：個人と社会の善、公正、権利と自由、誠実さ、行動規範、危害の回避、幸福の支援
- プロジェクトマネジメント：チームの管理（対面およびバーチャル）、効果的な会議の開催、状況報告、使用するSDLCおよびプロジェクトアプローチに関する基本スキル（アジャイル、ベンダーSDLC、ハイブリッド等）

チェックポイント

ステップ10全体を通して人々とコミュニケーションを取り、管理し、巻き込む

次のステップに進む準備ができているかどうかは、どのように見分ければよいのだろうか。以下のガイドラインを参考に、ステップ10を他の全てのステップとプロジェクトの最後に組み込もう。

- プロジェクトの各ステップについて
  - 結果、学習、提案、完了した行動を文書化し、共有し、フィードバックを促し、必要に応じて調整しているか。
  - 必要な人に適切なトレーニングが提供されているか。
  - 必要なサポートを受けているか、受けていない場合はそれに対処しているか。
  - コミュニケーション、管理、巻き込み等、さまざまな側面でスキルを持つ人々に、必要に応じて協力を求めているか。
  - 一般的に人々とコミュニケーションをとり、プロジェクトを管理するために必要な活動を完了しているか。
  - プロジェクトチームが生産的でその道程を楽しんでいるような、協力的で楽しい雰囲気を、あなた自身が作り出す手助けをしているか。
  - あなた自身は倫理的行動の模範を示し、奨励しているか。
- プロジェクトの終わりに
  - プロジェクトの成果は文書化され、適切に共有されたか。
  - プロジェクトを振り返り、その結果を共有し、文書化し、将来参照できるようにしたか。
  - 成功が認識され、プロジェクトスポンサー、チームメンバー、その他の貢献者、ステークホルダーに感謝されたか。
  - データ品質プロジェクトから生じ、プロジェクト終了後も継続されるプロセス、アクションアイテム、もしくはプロジェクトに対して、所有者が特定され支援やリソースが割り当てられているか。

第4章 まとめ

第4章では10ステッププロセスについて、具体的な手順、サンプルアウトプット、テンプレート、そしてあなた自身がデータ品質プロジェクトを実行するのに十分な詳細を説明した。ステップ、アクティビティ、テクニックを適用する際には、何が適切で、何が最も有用な詳細レベルであるかについて、思慮深い選択をしなければならないことを見てきた。このような選択を助けるために、ガイドラインが用意されている。第1章から第3章までのコンセプトや、複数のステップで使える第6章のテクニック等、より詳細が必要な場合は外部のリソースや他の章のリファレンスを提示している。サンプルアウトプットのセクションや、10ステップの実践例のコールアウトボックスでは、10ステップがどのように適用されたかを実例で紹介している。

ステップ1では、顧客、製品、サービス、戦略、ゴール、問題、機会に基づき、優先度の高いビジネスニーズに取り組むプロジェクトを選択することの重要性を強調した。第5章では、ステップ1を補足し、成功の可能性が最も高くなるようにプロジェクトを構成する際の指針を示した。

ステップ2では、情報環境(要件と制約、データとデータ仕様、プロセス、人／組織、テクノロジー、スコープ内の情報ライフサイクル)を分析した。得られた知見は、品質やビジネスインパクトを評価する対象のデータが、実際にビジネスニーズに関連するデータであることを確認するためのインプットとなった。またその知見は、アセスメント結果をよりよく理解し、分析するのに役立つ背景も提供した。

ステップ3では、データ品質評価軸(データの定義、測定、管理に使用される情報の側面や特徴)に基づく品質評価の選択肢が示された。適切な評価軸を選択するための提言も与えられた。評価では、データ品質に関する問題の大きさと種類が示され、データに関する意見を超えて、事実が明らかになった。

ステップ4では、ビジネスインパクト・テクニック(データ品質問題の影響を分析するための定性的、定量的技法)が提供された。これらは、データ品質への取り組みに対する支持を得たり維持したりする必要がある場合に、プロジェクト内のあらゆる場所で使用された。

ステップ5では、根本原因分析のテクニックを提供し、次のステップでの改善が単なる症状ではなく、問題の真の原因に対処できるようにした。ここまでステップで得られた全ての知見に基づいて、ステップ6で改善計画が作成された。

データ品質問題の再発を防止するためのコントロールが、ステップ7で実際に実施された。プロジェクト中に発見された現在のデータ品質エラーは、ステップ8で実際に修正された。ステップ9では定期的にモニタリングするための管理が導入され、新たな問題を迅速に発見し、解決できるようになった。

どんなデータ品質プロジェクトでも、コミュニケーション、人々の巻き込み、プロジェクトの管理が不可欠であるため、ステップ10から適切な活動が他の全てのステップでも確実に行われるようにした。

プロジェクトを終了しているなら、おめでとう！プロジェクトが成功し、**10ステッププロセス**が有効に活用されたことを願っている。あなたは今、身の回りにあるデータ品質の側面を認識し、どのようなデータ品質状況にも対処できる方法論を適用する経験を積んだ。本書を身近に置き、様々な方法で何度も活用し、高品質なデータを通じて組織に価値を提供し続けよう。

最後のまとめについては、**第7章**に進んでほしい。

Chapter 5

第5章
プロジェクトの組み立て

作業を計画し、計画を実行する（Plan your work–work your plan.）

Norman Vincent Peale

インフラを構築するか、結果を出すか、どちらかを選ぶという贅沢はない。両方が必要なのだ。

John Zachman, originator/creator of the Framework for Enterprise Architecture

本章の内容

- 第5章のイントロダクション
- データ品質プロジェクトのタイプ
- プロジェクトの目標
- SDLCの比較
- SDLCにおけるデータ品質とガバナンス
- データ品質プロジェクトにおける役割
- プロジェクトの期間、コミュニケーション、巻き込み
- 第5章 まとめ

第5章のイントロダクション

10ステップの方法論の3つの主要部分であるキーコンセプト、10ステッププロセス、プロジェクトの組み立てについては、第2章で説明した。この章では、プロジェクトの組み立ての側面についてより詳しく説明する。10ステップの方法論をうまく適用するためには、それを使う人が自分の作業を適切に整理することが不可欠である。ステップ1.2プロジェクトの計画の手順と、本章の情報を併用して、プロジェクト計画を作成するとよい。

データ品質問題への取組みについてマネージャーに相談を持ち込むと、最初に「なぜこれをやりたいのか」と「どのように役立つのか」と問われるであろう。その答えが納得できたら次に懸念されるのは、その取り組みにどれだけの費用がかかるのか、人材等、どれだけのリソースが必要なのか、そしてどのように達成するのかということである。ほとんどの人は、次のような非常に具体的なものを求めている。「もしxyzの問題があるなら、これだけのリソースを使い、これだけの時間をかけ、これだけのコストをかけて、これだけのステップを踏むべきだ」。

10ステップを適用する方法は、担当やチームにより実に様々であるため、そこまで規定したものを提供することは不可能である。しかし本章の目的は、これらの重要な課題に対処し、プロジェクトを立ち上げる際の選択肢のガイドとなることである。プロジェクトを適切に立ち上げることは、プロジェクト全体の作業を管理する上で非常に重要であり、計画したことを達成するために不可欠である。

データ品質プロジェクトのタイプ

すでにお分かりのように、本書はデータ品質ワークとその方法論を適用する手段として、プロジェクトを使用している。もしあなたがプロジェクトという言葉を狭い意味で捉えているなら、私の定義や10ステップの方法論が適用できる多くの状況を受け入れるために、その言葉を広い意味で捉え直す必要がある。第3章キーコンセプトで説明したように、一般的にプロジェクトとは1回限りの取り組みの単位であり、取り組むべき特定のビジネスニーズと達成すべき目的を持つ。ここでプロジェクトという言葉は、10ステップの方法論を利用するあらゆる構造化された取り組みを含む、広い意味で使用される。ステップ1.1では、ビジネスニーズとデータ品質問題の状況に優先順位をつけ、フォーカスすべきプロジェクトを選定した。

次に、フォーカスしたプロジェクトに取り組むための活動を特定し、整理しなければならない。そのためには、プロジェクトタイプと呼ばれる以下のカテゴリーを使ってプロジェクトを分類することが有効だ。なぜならこれらのプロジェクトタイプによって、どのように作業を計画し、調整するかが異なるからだ。

- データ品質改善を主目的としたプロジェクト

- 一般的なプロジェクトの中でのデータ品質活動
- 10ステップ／テクニック／アクティビティの一時的な部分適用

これら3つのタイプのプロジェクトは、ステップ1.2で紹介したが、本章ではさらに詳しく説明する。この3つのタイプに分類することで、プロジェクトアプローチの方向性が定まる。プロジェクトアプローチとは、良く知られているSDLC（アジャイル、シーケンシャル等）のような、作業を組み立て実行するための手段である。プロジェクトのタイプとアプローチによって、どのプロジェクトマネジメント活動が必要なのか決まる。例えばプロジェクト計画、プロジェクト憲章、機能やユーザーストーリーの作成等である。プロジェクト計画立案とは、選択したアプローチを使って問題に取り組むために、どのように10ステップを最大限に活用するかを具体的に決めることである。10ステッププロセス内のステップを、様々な組み合わせ、様々な詳細レベル、様々なタイプのプロジェクトやアプローチで使用し、ビジネスニーズやデータ品質の問題を引き起こした状況に対処する。

状況からプロジェクト計画へと進む、前述したプロセスは、次のように要約できる。

> "状況"→"プロジェクトの焦点"→"プロジェクトタイプ"→"プロジェクトアプローチ"→"プロジェクト計画"

問題の状況を認識した後に、それを解決するための効果的な行動に移せることの重要性は、過小評価することはできない。それゆえこの章を設けたのである。もちろんこの行動は、できるだけ早く行いたいものだ。しかし、しっかりと実施すれば、10ステップはデータ品質の取り組みのどの段階においても適切で有用なものとなる。

現実にある状況でデータ品質の側面を識別できなければならない。次に3つのプロジェクトタイプそれぞれについて説明するが、10ステップが役立つ様々な状況を強調するためにいくつかの例も挙げる。データ品質はたとえ当初はそのように認識されていなくても、多くの状況において重要な要素である。

なおいくつかの例は、「データ品質改善を主目的としたプロジェクト」と、「一般的なプロジェクトの中でのデータ品質活動」の両方に記載されている。状況は同じだがデータ品質活動を独立したプロジェクトとして管理するか、別のプロジェクトに組み込むかは、組織が全体的な問題をどのように管理しているかによって決まる。

プロジェクトタイプ：データ品質改善を主目的としたプロジェクト

説明

データ品質改善を主目的としたプロジェクトは、組織に悪影響を及ぼしている特定のデータ品質問題に集中する。データ品質の問題が疑われる、あるいは既に知られている特定のデータ品質問題を改善することで、ビジネスニーズをサポートすることがゴールである。内部で作成されたデータでも、外部から取得したデータでも、どのようなデータセットでも対象となりえる。

このタイプのプロジェクトは、10ステッププロセスから該当するステップを選択する。それはデータ品質問題を取り巻く情報環境とビジネスニーズを理解し、データ品質を評価し、ビジネス価値を示すためである。最も持続的な成果を得るためには根本的な原因を特定し、データを管理するための新たなプロセスの導入や既存プロセスを強化する等、問題の再発防止によってデータを改善することをゴールとすべきである。データの改善には、現在のデータのエラーを修正することも含まれる。データ品質を維持するために、一部の改善策やコントロールは継続的な監視対象となる。コミュニケーションを取り、プロジェクトを管理し、人材を巻き込むことは、プロジェクト全体を通して行われる。10ステッププロセスはプロジェクト計画の基礎となる。

このプロジェクトタイプのバリエーションは、10ステップを基礎として、特定の組織にカスタマイズしたデータ品質改善手法を作成することである。

例
データ品質改善を主目的としたプロジェクトが実施される状況の例としては、以下のようなものがある。類似しているものもあるが、スコープに大小の差がある場合もあることに注意する。

- 低品質のデータは、組織にとって有用なものにするために改善する必要がある。
- 既存のデータレイクのデータ取込みプロセスを強化する。
- 同じクエリのレポートが一致しない原因を特定し、その原因を修正する。
- データを最大限に利活用するために、データにラベルを付けるか既存ラベルの質を上げる必要がある。
- 組織が、データを購入するベンダーを決めようとしている。購入契約を結ぶ前に、外部データの品質についてもっと知ることができれば有益である。
- データサイエンティストがデータを利用する前に、データ処理に費やす時間を削減する。
- 低品質のデータに関する苦情を調査し、今後の改善を監視するためのDQベースラインを確立する。
- データの継続的な健全性を測定するためのダッシュボードを導入し、結果に基づいて行動するためのプロセスとオーナーを確立する。
- 既知のデータ品質問題の根本原因を特定し、現在のエラーを修正し、将来のデータエラーを防止するためのプロセスを導入する。
- データ品質の問題が、個人の日常業務の一環として発生し続けている。
- 組織はデータ品質に問題を抱えており、最初のステップとしてデータプロファイリング・ツールを購入することを決めている。ツールよりもビジネスニーズ、プロセス、成果にフォーカスした、より良いアプローチが必要だ。

プロジェクトアプローチとチーム
10ステッププロセスは、プロジェクト計画を構築するための基礎としてうまく機能する。プロジェクトチームは、解決すべき問題に応じて規模が異なる。それは1人で構成されることもあれば、必要に応じて質問を投げかけるリソースを備えた3～4人の小さなチームで構成されることもあれば、大きなチームで構成されることもある。

プロジェクトのスコープ内で、ビジネス、データ、人／組織、テクノロジーに精通した代表者を含める必要がある。例えばシステム改善で技術的な変更が必要な場合、チームに改善実施のためのIT専門家を加える必要がある。システム的な統制を実施するのであれば、実装するためのITも必要になる。ビジネスプロセスを再設計するのであれば、ビジネスアナリストや対象領域の専門家を含めるべきである。個人的に、データ品質問題に出くわすかもしれない。外部ベンダーから購入したデータのファイルを毎日、毎週、または毎月受け取り、ロードする責任を負うこともあるだろう。データのロードは1、2回は正常に完了するものの、その後ロードプログラムが失敗すると、データを元に戻したうえで原因分析を行わなければならず、ベンダーはしばしばファイルの再送を要求される。このようなことは余計な作業が必要となり、ユーザーがタイムリーにデータを利用することに支障をきたす。この場合、4週間のデータ品質改善プロジェクトの基礎として10ステップを使用することができる。数時間かけてプロジェクトのアプローチと目標を策定し、上司にプレゼンして承認を得る。ロード失敗の根本原因を特定し、将来的に問題を防止するためのより良いプロセス（おそらく、ファイル形式の変更を検出するためのロード前の自動データプロファイリングを含む）を実装するために、この10ステップを迅速かつ論理的な方法で適用する。あなたは上司やファイルを送るベンダーとコミュニケーションをとり、適切に対応する。

プロジェクトマネジメントの観点では、プロジェクトのタイプが異なればリスクも異なる。データ品質改善を主目的としたプロジェクトは予算を削減されるリスクがある。というのもLaura Sebastian-Colemanが指摘するように、「人は物事を直すのが好きなのではなく、新しいものを作るのが好きなのだ」。プロジェクトの様々な場面でビジネスインパクト（ステップ4）と最高のコミュニケーションスキル（ステップ10）を継続的に使い、人々にメリットを再認識させ最後まで支持されるようにする必要があるかもしれない。

期間

このタイプのプロジェクトのスケジュールを見積もるのは難しい。というのもデータを評価するまでは、実際にどの程度の問題があるのかわからないからだ。ステップ3のデータの品質の評価で何を見つけるかによって、残りのステップの期間が決まる。見積もりに最善を尽くしたうえで、ステークホルダーにはデータ品質評価の結果により、これらの見積もりは変更されることがあるということを認識させる。またステップ5で根本原因が判明した時点では、低品質データの予防活動として何を実施すべきかが固まってくるので、再度見積もりの変更が必要かもしれない。

期間のガイドライン

初めてデータ品質改善プロジェクトを実施する場合は、2〜4人のプロジェクトチームで3〜4カ月を目安にする。結果が出るまでに時間がかかりすぎると、組織は興味を失う。その3〜4カ月の間に1つのデータソースに対して1-2種のデータ品質評価軸を検証の対象とし、ステップ1-5を完了するのが目安となる。評価の結果と根本原因の分析によっては、改善対策実装の期間が長くなる場合がある。

データ品質の簡易評価は、1つのデータソースからの小規模なデータセットを使って、1人で1カ月以内に行うことができる。このプロジェクトは各ステップが数週間ではなく数日で完了するように、タイトなスケジュールが設定されるだろう。

最初のプロジェクトが終わると、各ステップとその完了のために必要となる時間について、より感覚をつかめていることだろう。組織内で仕事が早く行われたり、あるいは遅く行われたりする文化的、環境的な側面にも気づくだろう。このような経験はその後の改善プロジェクトの見積もりをより良くすることに活かされる。

10ステップの実践例のコールアウトボックスで、中国の通信事業者におけるデータ品質改善プロジェクトに10ステッププロセスがどのように活用されたかを説明する。10ステップはカスタマイズされた方法論、トレーニング、コーチングにも使用されたことに注意してほしい。

 10ステップの実践例

中国の通信会社における10ステップの活用

DGWorkshop (Beijing) Technology Consulting Co, Ltd.のCEOであるChen Liuは、10ステップに基づいて顧客のためにカスタマイズされた方法論を設計し、顧客と同僚の両方にアプローチに関するトレーニングとコーチングを提供した。彼は10ステッププロセスが使われた次のようなプロジェクトを紹介した。

顧客

中国最大の通信会社（9億5000万人以上の携帯電話ユーザーを抱える）の地方企業。この地方企業には12の支社があり、1000社以上のチャネルパートナー、3000万人以上のユーザーがいる。

背景

この地方通信企業のマーケティンググループは、チャネルパートナーから販売手数料が遅れたり、計算が間違ったりしているという苦情を受けた。このため、ゼネラルマネージャーはデータガバナンス（DG）の重要性を強調し、IT部門の4つの重要目標の1つとしてデータガバナンスを実施するようビッグデータ・チームに命じた。チームはビジネスユーザーとゼネラルマネージャーの期待に応えなければならないというプレッシャーにさらされていた。

プロジェクト

プロジェクトが立ち上げられ、経営陣、ビジネス部門、IT部門が参加した。IT部門のビッグデータ・チームが主導し、マーケティング部門と協力した。以下の10ステップが用いられた。

ステップ1．ビジネスニーズ：ビジネス上の問題とプロジェクトの定義から始め、DGが会社にとって真に意味するものは何か、プロジェクトの価値とは何かを見極めた。その結果ビジネス、組織、システム、データに正しいスコープを定義することにつながった。

ステップ2．情報環境の分析：関連するビジネスプロセス、システム、データ、各担当者の責任を確認し、環境全体を把握するためにデータフロー図とCRUDマトリックスを作成した。また、システムまたは人手によるデータ処理における矛盾の可能性を発見した。

ステップ3．品質評価：完全性、一貫性、適時性、メタデータの品質というデータ品質評価軸を

使用した。

ステップ4. ビジネスインパクト：顧客満足度の観点と投資額の観点から分析した。その結果、1つの本質的な問題に焦点を絞ることになった。それは第一次調査による19の重要な発見事項のうちの5つの重要問題の中の1つだった。

ステップ5～9. 根本原因を分析し、ビジネスプロセス、ビジネス支援システム、データ仕様に修正を加えた。データ品質とガバナンス能力をIT中心からビジネス中心、企業レベルへと強化した。

ステップ10. コミュニケーション：プロジェクトチーム内だけでなく、ビジネス部門や経営幹部とのコミュニケーションにも注意を払った。

メリット
この1年にわたるプロジェクトの結果、いくつかのメリットが見られた。

- このビジネスケースは、低品質データに関連する注文数と金額的価値の分析を用いて作成された。これはITチームとビジネスチームの両方に感銘を与え、通信会社の副社長にも認められた。
- データの問題は減少し、データの質は向上し、いずれも定量評価が可能となった。
- プロジェクトにおいては、データガバナンス、データ品質、データライフサイクル、メタデータマネジメント等をカバーする全体的な役割と責任、方針、プロセスを定義した。その結果、当初の問題を解決するだけでなく、プロジェクトの成果を通常運用に組み込み、プログラムを持続可能なものにした。
- データマネジメントの成熟度評価に基づくロードマップを設計し、今後1～3年間の方向性を示した。
- このプロジェクトは2018年5月の、第2回中国データ標準化およびガバナンス賞（2nd China Data Standardization and Governance Awards）において「ベストプラクティス賞」を受賞した。

プロジェクトタイプ：一般的なプロジェクトの中でのデータ品質活動

説明
10ステッププロセスの各ステップ、テクニック、アクティビティを一般的なプロジェクトや方法論、またはSDLCに組み込むことで、データの品質に取り組む。データは構成要素ではあるが多くの場合は主目的ではない。一般的なプロジェクトではデータの作成、取り込み、強化、移動、統合、アーカイブ等が含まれることが多い。このようなプロジェクトを成功に導くためには、ビジネスニーズを満たすデータを準備し、データに関連するリスクに備えることが重要となる。

このような大規模プロジェクトにおけるデータ品質の問題は、最終テスト中や新システムの本稼働直前に対処するよりも、初期段階で発見して対処する方が修正コストははるかに少なくて済む。プロジェクトを進める段階で、データ品質に関連するタスクを組み込むことで、本番稼動後に発生し得る多くの問

題を防ぐことができる。データの品質はスムーズな移行で従来通りの事業継続を可能にするか、不安定な移行で基本的な事業活動すら継続できなくなるかの分かれ目となる（例えば、決算がタイムリーに完了するか遅れるか、契約した製品の品質と納期を守れるか、発生した問題の回避策に高価な出費が必要になるか）。

このタイプのプロジェクトでは、組織で使用されている認可されたプロジェクト手法に加えて、データ品質活動を組み込むことにより強化できる。そうすることで同じ方法論を使用する他のプロジェクトで行われる作業も強化する。

例

一般的なプロジェクトでは、プロセスの改善や、新しいアプリケーションの購入または開発を含むソリューションの構築を行う。多くのプロジェクトにおいて、既存のレガシーソースからのデータの移行と統合は、大きな部分を占める。例えば新しい人事システムの実装、レガシーシステムからのデータ移行を伴う新しいアプリケーションの構築、複数の業務機能とデータソースを統合したERP（Enterprise Resource Planning system）等があり、これらはデータ準備を重視しなければ成功しない。あなたの組織において、データ品質を考慮することが重要となるような状況に心当たりはあるだろうか。

- 組織はオンプレミスのシステムからクラウドベースに移行する。ビジネスプロセス、責任分担、データの移行がスムーズに行われるようにしなければならない。
- グローバル組織は新しいプロセスを開発し、一元化されたアプリケーションをインストールする等、人事を管理するアプローチを一新しようとしている。
- 組織はEU一般データ保護規則（GDPR）等の規制に準拠する必要があり、コンプライアンスを確保するための全社的プロジェクトが開始された。
- 会社の主要部門が売却された。この部門に関連するデータを既存のシステムから切り離し、新しいオーナーに引き渡さなければならない。
- 組織は機械学習に投資し、データを使ってモデルのトレーニング、検証、チューニングを行っている。データの品質が低かったり、不明だったりすることは、アウトプットの信頼性と有用性にリスクをもたらす。
- レガシーソースからデータを統合する、サードパーティ・ベンダーのアプリケーションを初めて導入している。
- 組織内の主要なシステムが廃止されることになり、チームは古いデータをアーカイブし、稼働中のデータをそれに代わる現行の本番システムに移行しなければならない。
- 組織はデータレイクを構築している。データ品質に重点を置くことは、最終的な成果物の品質向上につながる。
- 組織は新会社を買収し、人材、プロセス、データを統合しなければならない。
- 組織には、全てのプロジェクトで使用される独自開発のSDLCがある。適切なデータ品質活動によってデータ側面が強化されれば、それはより有用になる。
- 組織はシックスシグマまたはリーン手法を使用している。適切なデータ品質のステップ、テクニック、アクティビティを加えることで、データ側面を強化することができる。

プロジェクトアプローチとチーム

10ステップの関連するデータ品質活動は、より大きなプロジェクト（アジャイル、シーケンシャル、ハイブリッド等）の基礎となるあらゆるSDLCに組み込むことができる。また適用可能な10ステップのテクニックは、組織が採用しているプロジェクトマネジメントのスタイルや、プロジェクトで使用されているサードパーティの方法論と組み合わせることもできる。例えばデータプロファイリングを含めることで、ソースとターゲットのマッピングの質を向上させ、より短時間で完了することにもつながる。プロジェクト全体のスコープにもよるが、データ品質に特化して責任を持つ人あるいはチームが、大規模なプロジェクトの一部として加わる場合もある。

一般的なプロジェクトにデータ品質ワークを組み込む場合、データ品質ワークのスケジューリングは極めて重要である。データ品質活動が、他のタスクと同様にプロジェクト計画全体に記載されるようにし、明確な責任、成果物、期限も分かるようにする。「そうですね、データ品質は重要だと思います。私達は今の作業を継続しますので、（そちらで）作業をしてきてください。終わったら、必ず私達に声をかけてください」。こんなことを耳にするかもしれないが、それはデータ品質ワークを統合するという本質的な部分が欠けている。データ品質活動の担当者が中心的なチームメンバーとして認識されていることを確認すべきである。データ品質のワークと担当者も、他のプロジェクトのワークや担当者と同様に可視化される必要がある。

プロジェクト開始時に入念な計画を立てることで、データ品質活動がプロジェクト内に確実に統合される。データ品質がプロジェクトに組み込まれるのは早ければ早いほど良い。しかしプロジェクトに参加する時期が遅くなったとしても、適切なデータ品質活動を追加することで、プロジェクトの成功に大きく貢献することができる。このタイプのプロジェクトのアウトプットは、データ品質活動やテクニックが含まれる新たなあるいは変更された業務プロセスとなる。

データはプロジェクトのできるだけ早い段階でプロファイリングされ、評価されるべきである。そうすればデータ品質の問題が発覚しても、対処する時間が残っているかもしれない。同じ問題がプロジェクトの後半に見つかったり無視されたりすれば、プロジェクト遅延のリスクは高まる。データ品質の問題に優先順位をつけて順に解決すれば、本番稼働後にビジネスが中断するリスクは低くなる。また運用チームにオペレーションを移管する前の、保証期間や安定化期間の延長が必要となる可能性も低くなる。

> **覚えておきたい言葉**
>
> 「本番データのデータプロファイリングによる分析は、データ指向のプロジェクトのライフサイクルでは必須の作業なので省略してはならず、要件定義が完了する前に実施されるべきである。分析の一環としてプロファイリングを行う必要性と、本番データの機密を守る必要性との間にはしばしば対立関係が存在するが、データ中心のプロジェクトに立ち向かうことを選択した以上、プロファイリングは避けて通るべきではない。通常は受け入れ可能な妥協点を見つけるか、システム導入前に再設計のために必要となる数カ月の追加のスケジュールが必要となる。」
>
> April Reeve, Managing Data in Motion (2013)

> **警告**
>
> データ品質を無視すること＝リスク！データに直接向き合わないということは、それすなわちプロジェクトがデータについて仮定を置いていることに他ならない。古い考えを持つような人は、しばしば次のような態度をとる。「私達アプリケーション開発チームは、魅力的な新しいプロジェクトに取り組んでいる。私達はソースシステムからのデータ品質については何もできない。だから私達はプログラムを書き、インターフェースを開発し、新しいシステムをリリースする。データが私達の期待している通りの状態であることは大前提だ」。実に危険な態度である！

プロジェクトタイプ：10ステップ／テクニック／アクティビティの一時的な部分適用

説明

ビジネスニーズやデータ品質の問題に迅速に対処するために、10ステッププロセスのどの部分でも活用することができる。例えば日常業務や運用プロセスでサポートの問題が発生した場合や、異常事態や緊急事態へ対応する場合等である。これは一般的な意味で正式なプロジェクトとはいえないが、本書で使われている広い意味でのプロジェクトには当てはまる。

例えばある重要なビジネスプロセスが停止し、データの品質がその一因であると疑われる。一人で取り組むこともあれば、少人数の専門家集団で問題に取り組むこともある。ステップ1ビジネスニーズとアプローチの決定を利用し、解決すべき問題への理解を確認するためにヒアリングを行う。ステップ2情報環境の分析を利用し、問題が発生した状況におけるデータ、プロセス、人／組織、テクノロジーについて十分に理解していることを確認する。ライフサイクル思考を使って、これら4つの重要な構成要素で何が起きていたかを遡る。根本原因を特定するのである。

第2章の冒頭に出てきた健康の例え話を覚えているだろうか。心臓発作では患者の生命を維持することが最優先である。重要なビジネスプロセスを継続させることは患者の生命を維持することに例えられるので、素早くデータを修正し、短期的な回避策を実施する。プロセスが再稼動したら10ステップを使って全ての根本原因に対処し、問題の再発を防止する。この場合データ品質改善を主目的としたプロジェクトを、別途立ち上げる必要があるかもしれない。より大規模なプロジェクトのスコープが今対処した問題と重なる部分がある場合、データ品質ワークをより大規模なプロジェクトに組み込むことを意味するかもしれない。

これらの例は10ステップを十分に理解すれば、直面する可能性のある多くの状況に対する解決策を開発するために、10ステッププロセスをどのように応用できるかを示している。10ステップの使用の契機が何であれ、どのステップ、テクニック、アクティビティを問題に当てはめ、そしてどのように組織的に進行するかについて、適切な決定を下さなければならない。本書に書かれていることは全て一時的に、あるいは個人として10ステッププロセスを使うのに役立ち、プロジェクトチームで実施する場合よりも簡略化された方法でも実現できる。

例

特別な状況や予期せぬ事態が発生したときに、どのステップやテクニックが役立つかを判断できるよう、10ステップに精通する。

- データマネジメントのいくつかの側面（ガバナンス、品質、モデリング等）が、あなたの日常業務の重要な一部となっており、時にはその全責任を負うこともある。
- データ品質を管理することは自身の日常業務とは**関係ない**が、データ品質の問題が業務の妨げになっていることに気付いている。
- データ品質の問題が明るみに出た場合、その問題とビジネスニーズを素早く結びつけて、その問題に対処するために時間を費やすことが有意義かどうかを判断する必要がある。
- 主要なビジネスプロセスをサポートするデータの起源を、よく理解する必要がある。**ステップ2 情報環境の分析**から選択した手順を使用して、データのリネージ（来歴）を調査し、文書化する。
- データ品質、データガバナンス、ビジネス用語集、データモデリング等のデータ関連活動の価値を示す必要がある。
- データ品質またはガバナンスプログラムの中には、次年度に向けて検討中のデータ品質またはガバナンス活動の候補が山ほどある。どの活動が最大の効果が期待でき予算に組み込むべきか、優先順位をつける必要がある

プロジェクトアプローチとチーム

10ステップのどれを使ってもよい。個々のプロセスの標準となるテクニックが見つかるかもしれない。例えば外部ソースからのデータロードを担当しており、データ提供者からのフォーマットやコンテンツの変更に問題があった場合、ロード前にデータのプロファイリングを速やかに実施する必要があるかもしれない。これによりロードプログラムが失敗して初めて問題に気付き、手戻りが発生するというようなことを防ぐことができる。さらに良い予防法は、データ提供者と定期的にコミュニケーションを取り、根本的な原因を分析してプロセスを改善することである。

チームの規模や構成は、調査／分析の範囲によって異なる。一時的なプロジェクトの場合、プロジェクトチームは1人かもしれない。それでも、以下の**データ品質プロジェクトにおける役割**のセクションの各役割を意識して欲しい。縮小した形で適用することができる役割も多い。上司が非公式にプロジェクトスポンサーの役割を果たし、正式なチームに所属しない場合もある。それでも自分のやっている作業に関心を持つ人（潜在的なステークホルダー）をよく考え、相談すべき対象領域の専門家を特定する。コミュニケーションはプロジェクトチームだけのものではない。上司があなたの仕事を認識し、上司のサポートを得られるようにする。定期的に状況報告を行い、フィードバックを得る。あなたの活動、進捗状況、結果について、部門の定例会議で他のスタッフに報告する。

より重大で注視すべき問題である可能性もある。その場合は独自の短期のデータ品質改善を主目的としたプロジェクトを立ち上げ、数週間で完了させることもできる。スコープを注意深く管理し、必要に応じて上司やその他のステークホルダーを巻き込む。

プロジェクトタイプの区別が有用な理由

3つのプロジェクトタイプを区別することは、データ品質プロジェクトを計画し実行する際に役立つ。一時的な部分適用のプロジェクトタイプが一直線上の左側にあると考えてほしい。これはこのプロジェクトタイプが他の2つよりも短期間であり、複雑でなく、低コストであることを示している。データ品質改善を主目的としたプロジェクトは中間に位置する（それ自体はスコープによって大きく異なる可能性がある）。一般的なプロジェクトの中でのデータ品質活動は右側で、より長期間であり、より複雑になる。

プロジェクトに必要な期間と労力に影響を与えるものとして以下のような側面がある。多くの場合これらの側面はデータ品質の3種類プロジェクトタイプ間で異なるため、プロジェクトを計画する際に考慮する必要がある。資金負担の担当部署、予算の承認者、ステークホルダーの数、プロジェクト作業自体のスコープと複雑さ、プロジェクトの開始日と期間、プロジェクトで必要な人数と知識とスキル、意思決定プロセスとその関与者、コミュニケーション、巻き込み、チェンジマネジメントの範囲等である。

プロジェクトの影響や効果を、実際に測定することは簡単ではないことを付け加えておく。10ステッププロセスのステップ4では、あらゆるタイプのデータ品質プロジェクトで使用できる、ビジネスインパクトの評価のテクニックをいくつか紹介している。どのプロジェクトタイプにおいてもリソースの特定と確保、インプット情報の入手、プロジェクト全体の意思決定の推進のためにすでに実施されている標準化されたデータガバナンスを活用する。標準化されたデータガバナンスが存在しない場合は、これらの活動にはより期間を要するものとして計画する。

プロジェクトの目標

以下はよく見られるプロジェクト目標の例であり、前述の3つのプロジェクトタイプのいずれにおいても、プロジェクト計画の一部として明示されることがある。プロジェクト目標はビジネスニーズでもなければ、データ品質の問題でもないことに注意してほしい。これらはプロジェクト期間中に完了すれば、ビジネスニーズを満たし、データ品質の問題に対処できる、具体的で測定可能な業務の記述である。

- データ品質への支持の獲得
- データ品質のベースラインの確立
- データ品質問題の根本原因の特定
- 改善（予防、修正）の実施
- データ品質評価尺度とその他の監視（検出）の実施

プロジェクト目標はこれらだけではないかもしれないが、どのデータ品質のプロジェクトタイプにも当てはまるものが多い。データ品質改善を主目的としたプロジェクトでは、データ品質のベースラインの確立がいかに重要であるかは容易に想像できる。しかしデータ品質のベースラインを確立することは、アプリケーション開発や移行プロジェクト等、一般的なプロジェクトの中でのデータ品質活動においても適用される。現在のデータ品質を評価し新システムの要件と比較することで、両者のギャップが明ら

かになる。データの修正やプロセスの適正化等ギャップを埋めるための具体的な改善は、その後の次なる目標となる。

図5.1は、左の列の下に典型的なプロジェクトの目標を示している。網掛けのセルは、10ステップのうち各目標を達成するために実行する可能性が高いステップを示している。いくつかの目標は、別の目標のための作業が事前に完了したことの上に成り立っていることがおわかりいただけるだろう。

この図は各ステップの詳細レベルを示してはいない。それには異なる選択作業が必要だ。またこの図は、完了までの期間も示していない。それは詳細度、プロジェクトタイプやアプローチによって異なる。**第4章 10ステッププロセス**では、1行目の列見出しにある各ステップを実行するための詳細を説明している。

SDLCの比較

プロジェクトの運営のアプローチ方法は様々である。前述したように、SDLCはソリューション／システム／ソフトウェア開発ライフサイクルを表す一般用語であり、本書ではデータ品質プロジェクトに使用されるアプローチ方法（ウォーターフォール、アジャイル、その他、いくつかの組み合わせ）として使用している。SDLCは、ソリューションを開発するためのアプローチとプロジェクト内のフェーズを定義する。SDLCは、プロジェクト計画とプロジェクトチームが行うべきタスクの基礎を提供する。SDLCは組織の内部で作成し使用することも、ベンダーによって提供されることもある。**図5.2**は典型的なSDLCのフェーズを、SDLCの他の4つのモデルで使用されているフェーズと比較している。

有用なSDLCは多いが、プロジェクトの成功の可能性を高めるために重要なデータ品質（とガバナンス）の活動が、多くのSDLCには欠けている。例えばほとんど全てのプロジェクトで、要件収集に関連する

ステップ # プロジェクトの目標	1 ビジネスニーズとアプローチの決定	2 情報環境の分析	3 データ品質の評価	4 ビジネスインパクトの評価	5 根本原因の特定	6 改善計画の策定	7 データエラー発生の防止	8 現在のデータエラーの修正	9 コントロールの監視	10 全体を通して人々とコミュニケーションを取り、管理し、巻き込む
データ品質への支持の獲得				全目標：必要であればステップ4を利用						全目標：ステップ10を全体に適用
データ品質のベースラインの確立										
データ品質問題の根本原因の特定		データ品質のベースラインの結果とステップ5の利用								
改善（予防、修正）の実施		データ品質のベースラインの結果、特定された根本原因、ステップ6、7、8の利用								
データ品質評価尺度とその他の監視（検出）の実施		データ品質のベースラインの結果、特定された根本原因、実装された改善、ステップ9の利用								

図5.1 データ品質プロジェクトの目標と10ステッププロセス

何らかの活動がある。そのフェーズを別の名前で呼ぶこともできる。しかしながら要件を収集するのであれば、データ品質の観点もプロジェクト計画のそのフェーズ内に含めるべきである。

このデータ品質の方法論のステップ、テクニック、アクティビティは、どのようなSDLCやプロジェクト計画にも統合することができる。プロジェクト開始時に入念な計画を立てることで、適切なデータ品質活動がプロジェクト全体の計画に組み込まれることが保証される。

SDLCにおけるデータ品質とガバナンス

データ中心のアプリケーション開発、データ移行、統合プロジェクトに、データ品質とガバナンスの活動を組み込むことは、データ品質の問題を防ぐ最善の方法の1つである。品質のパイオニアであるW.Edwards Demingは「品質とは設計されるものであって、検査されるものではない」と説いている。この点を強調するために、彼はHarold F.Dodgeの言葉を引用した。「製品の品質を検査で組み込むことはできない」。タグチメソッドとして知られる田口玄一も、品質コントロールを製品設計に組み込むことで、設計段階で製品の品質を向上させることを重視した一人である。我々もプロダクトとしての情報やプロセスの設計に確実にデータ品質を組み込むことで、彼らと同じ視点を実現することができるだろう。

表5.1から表5.8は、図5.2の最上段に示したSDLCの各フェーズで、一般的な活動の一部をリストアップしたものである。同時に実施可能なデータガバナンスと品質に関する活動も併記している。表5.9は典型的なアジャイルのアプローチであるスクラムの活動を、関連するSDLCのフェーズにマッピングしたものである。各フェーズを以下に簡単に説明する。

- **立ち上げ**：取り組むべき問題や機会を明確にする。プロジェクトを始動する。スコープとゴールを

典型的なSDLCのフェーズ	立ち上げ	計画	要件分析	設計	構築	テスト	デプロイ	本番サポート
伝統的ウォーターフォールモデル			要件分析	システム設計	開発	結合/テスト	デプロイメント	保守
アジャイルモデル	プロダクトロードマップ	プロダクトリリースプランニング	バックログルーミング	スプリントプランニング とスプリント実行			リリース	本番サポート
SAP Activate 方法論		準備 (Prepare)	評価 (Explore)		実現化 (Realize)		デプロイ (Deploy)	運用 (Run)
オラクル・ユニファイドメソッド (OUM)		開始 (Inception)	詳細化 (Elaboration)		構築 (Construction)		移行 (Transition)	本番 (Production)

図5.2 ソリューション開発ライフサイクル（SDLC）の比較

定義し承認を得る。初期の体制を作る。
- **計画**：プロジェクトのスコープとゴールを洗練する。プロジェクトを管理、実行、監視するための計画を立てる。プロジェクトの活動、依存関係、制約を特定する。初期のスケジュールを作成する。
- **要件分析**：詳細なニーズと目標を調査、評価、特定する。優先順位を設定する。活動の順序を決め、計画を洗練する。
- **設計**：ソリューションの候補を定義し、依存関係と制約に基づいて最適なオプションを選択する。ソリューションの機能要件と品質要件を満たす方法を決定する。必要に応じて計画と要件を調整する。
- **構築**：ソリューションを構築する。
- **テスト**：要件が満たされたかどうかを判断する。必要に応じて計画、要件、設計を調整する。
- **デプロイ**：ソリューションを本番稼動させる。ユーザーに提供する。デプロイメントを安定させる。運用とサポートに移行する。
- **本番サポート**：ソリューションを保守し強化する。本番環境でのユーザーをサポートする。

SDLCのモデルによってフェーズの名前、組織、コーディネーション、タイミング、形式は様々である。それでもほとんどのケースで、ここにある8つのフェーズにマッピングすることができる。

各表の左の列は、SDLCのフェーズと、そのフェーズでプロジェクトチームが担当する典型的な活動を示している。次の2つの列は、そのチーム活動中のデータガバナンスとスチュワードシップ、データ品質と準備活動の概要をリストアップしたものである。データガバナンスとスチュワードシップは一つの列にまとめた。それは相互依存性が高く、技術的なものではなく、意思決定に重点を置いているためである。データ品質と準備活動も一つの列にまとめたが、こちらはソリューションと意思決定に反映されるスキル、技術的要素、分析に重点を置いている。

表の情報を使ってSDLCを強化し、これらの活動をプロジェクトにどのように統合できるかを判断して欲しい。最終的なゴールは、結果として得られるアプリケーション、プロセス、データがビジネスの遂行に使用できることであり、渡されるデータが全て他の人が使用できるような品質であることである。そうすることで品質の低さがビジネスに与える悪影響を減らし、データに依存している人々からの信頼を高めることができる。

この場を借りて、Masha Bykinの専門知識とこのセクションへの意見に感謝する。これらの表は、最初に以下サイトで発表された。McGilvrayおよびBykin「Data Quality and Governance in Projects：Knowledge in Action」, **The Data Insight&Social BI** Executive Report, Vol.13, No.5. (2013, Cutter Consortium)。次のサイトでエグゼクティブ・レポート全文の無料ダウンロードが可能。https://www.cutter.com/offer/data-quality-and-governance-projects-knowledge-action-0。
詳細は本レポートを参照。

表5.1　SDLCフェーズ：立ち上げ-データガバナンスと品質活動

チーム活動 - 立ち上げフェーズ	データガバナンスと スチュワードシップ活動	データ品質と準備活動
ビジネス課題と機会の定義	・スコープとゴールに必要となるデータのサブジェクトエリアを特定する（顧客、注文履歴、商品等）。 ・全体的なスコープとゴールの中でのデータ品質に関するゴールを設定する。 ・ドメイン内のデータエレメントの定義が利用可能かどうかを評価する。 ・高品質のデータと情報がビジネスゴールを支え、低品質のデータがそれを妨げるということを明確にする。	・スコープ内で可能なデータソースを特定する。 ・既知のデータ品質問題と既存の品質評価尺度を収集し、信頼性を評価する。 ・データ品質に問題が見つかった場合の潜在的なリスクとプロジェクトへの影響を特定する。
初期リソース割り当て	・契約交渉、人的資源の配分、予算の承認、スケジュールの設定において、データスチュワードシップとガバナンス活動が考慮されていることを確認する。 ・初期計画、要件分析、データ品質評価のサポートのためのリソースを割り当てる。	・契約交渉、人的資源の配分、予算の承認、スケジュールの設定において、データ品質の問題、活動、ツールが確実に考慮されていることを確認する。 ・初期のデータ品質の評価、要件分析のサポートのためのリソースを割り当てる。

©2013,2020 Danette McGilvray, Masha Bykin

表5.2　SDLCフェーズ：計画-データガバナンスと品質活動

チーム活動 - 計画フェーズ	データガバナンスと スチュワードシップ活動	データ品質と準備活動
プロジェクトの管理と監視方法の決定	・データガバナンスとスチュワードシップがプロジェクトチームとどのように関わるかを決定する。 ・データガバナンスとスチュワードシップ活動の状況を把握し、報告するための計画を立てる。 ・データ準備活動において、プロジェクトとプロジェクト以外のリソースとの間で、データの知識に関する情報交換をどのように行うかを決定する。	・データ品質リソースがプロジェクトチームとどのように関わるかを決定する。 ・データ品質活動の状況を把握し、報告するための計画を立てる。
ゴールを支える調査活動	・用語集、データモデル、その他のデータソースのメタデータの存在および完全性を確認し、ギャップとそれを埋めるために必要な活動を特定する ・データ・サブジェクトエリアの求めるデータセットの概要を確認する（全ての有効な顧客のレコード、過去10年間の注文履歴、過去5年間の全ての現行製品および廃止製品等）。	・主要なデータソースに対して、迅速かつ概要レベルのデータプロファイリングを実施する。この情報をデータソースの選定や、プロジェクトおよびこの計画段階で考慮すべきデータ品質の問題に対する、初期的な洞察として活用する。 ・現時点で判明しているデータ品質に関する問題が、プロジェクトに与える影響やリスクの評価を支援する。

概要レベルの活動、依存関係、制約の確認	・必要となるデータガバナンスとスチュワードシップ活動を特定し、プロジェクト計画へ組み込む。この表の各SDLCフェーズの活動を参照のこと。 ・既知のデータ品質問題に優先順を付け、データ品質アナリストと協力して解決策を計画する。 ・データ準備活動の進捗を追跡し、依存関係として管理する。	・必要となるデータ品質と準備活動を特定し、プロジェクト計画に組み込む（データプロファイリングと他の評価、データ品質問題に対する解決策の計画等）。この表の各SDLCフェーズの活動を参照のこと。 ・データ品質活動にあたり、影響を与えたり、妨げたり、無視するとリスクを増加させたりするような依存関係や制約を特定する。 ・プロジェクト以外のチームと協力し、新たな要件に基づくのではなく、既知の問題や現在のビジネスニーズに基づいてデータの準備に着手する（不要データの削除、データ量の削減等）。
最初のスケジュールの作成	・ゴール達成のためのスチュワードシップ活動の時間とリソースを見積もる。 ・データ問題の分析と意思決定のための時間を割り当てる。	・既知のデータ品質問題を含め、ゴール達成のためのデータ品質活動の時間とリソースを見積もる。
リソース割り当ての微調整	・計画中に確認されたデータガバナンスとスチュワードシップ活動を考慮して、リソース配分を調整する。	・確認されたデータ品質の問題とデータ準備活動を考慮して、リソース配分を調整する。

©2013,2020 Danette McGilvray, Masha Bykin

表5.3 SDLCフェーズ：要件分析-データガバナンスと品質活動

チーム活動 - 要件分析フェーズ	データガバナンスと スチュワードシップ活動	データ品質と準備活動
ユースケースの作成	・ユースケース内のデータエレメントを特定する。ユースケース間で定義が一貫していることと用語集に記載されていることを確認する。	・情報ライフサイクル（POSMAD -計画: Plan、入手: Obtain、保管と共有: Store and Share、維持: Maintain、適用: Apply、廃棄: Dispose）への影響を共有するためにユースケースを分析する。
機能要件分析	・機能要件分析へデータスチュワードを参画させる（分析セッション、プロセスレビュー、成果物レビュー）。 ・全ての機能要件に関連するデータエレメントを特定する。 ・ビジネスルール、データ定義、有効な値のセットが検証され、整合性があり、文書化されていることを確認する。 ・SDLC全体（設計、構築等）で使用される用語集とデータ定義の整合性を確認し、更新を実施する。	・整合性、完全性、適時性、一貫性、正確性、重複排除等のデータ品質に関する要件を収集する。 ・ビジネスルール分析を使用し、テスト、初期ロード、継続的な品質チェック（本番環境で実施）のためにデータ品質対策の要件が理解され、文書化されていることを確認する。

	データ品質の評価とデータ準備活動によって、要件が共有されていることを確認する。根本原因分析に基づき推奨される改善策を含める。解決策が修正措置と再発防止措置の両方を考慮したものであることを確認する（ビジネスプロセスの改善、トレーニング、役割／責任の変更、自動化されたビジネスルール、データ品質モニタリング等）。	
物理データ分析	・データ品質活動で明らかになった疑問点や問題をフォローアップする。 ・データの問題や準備中のギャップがプロジェクトに与える影響を確認する。全体的な要求事項の成果物に優先順位を付けて解決策を追加し、後続のSDLCフェーズでの確実な対処を推進する。 ・データ品質活動から得られた知見に基づき用語集を更新する（ビジネスルール、計算、有効値等）。 ・データ準備の問題や依存関係に対処し続けるために、プロジェクト以外のチームとの協力を継続する。	・実際のデータと既知の要件とのギャップ確認するために、綿密なデータプロファイリングとその他の該当する評価を実行する（完全なデータセットを使用）。この結果をSDLCの設計、構築、テストにおけるフェーズを通して利用する。 ・対象とするデータ母集団（選択基準等）と、そのデータへのアクセス方法を確定する。 ・アセスメントで得られた知見が要件や成果物に反映され、設計、構築、テストの過程で対応されるようにする。 ・データ品質問題の根本原因を特定し、要件と設計の両方へのインプットとして使用する。

©2013,2020 Danette McGilvray, Masha Bykin

表5.4 SDLCフェーズ：設計-データガバナンスと品質活動

チーム活動 – 設計フェーズ	データガバナンスとスチュワードシップ活動	データ品質と準備活動
アーキテクチャ	・要件に基づいたデータ取り扱いのアプローチを決定し、既存のアーキテクチャやツールとのギャップを特定する（ETLツールやフラットファイルを使用したロード等）。	・概要レベルの設計において、全てのカテゴリーのデータの適切な取り扱いを検討する（トランザクションデータ、マスターデータ、リファレンスデータ、コンフィギュレーションデータ、購入データ、メタデータ等）。
問題の追跡と解決策	・以前に特定されたデータ準備の依存関係の状況を確認する。 ・未解決のままプロジェクトに持ち込む必要のある、データ品質問題の回避策を設計する。 ・ソリューション設計に優先順位を付け、決定する。	・実際のデータ品質と要求されるデータ品質とのギャップを埋めるための解決策として、修正策（データのクレンジング、修正、強化、作成等）および再発防止策を提案する。

データモデル設計	・モデル作成へ参加する。 ・データモデルと用語集の定義を整合させる。 ・サブジェクトエリアとデータエレメント間の相互依存関係を確認する。	・新モデル作成時にデータプロファイリングの結果を利用する。統合を促進するために既存のデータソースと新モデルの違いを考慮する。
ユーザーインターフェース設計	・使いやすさとタスク実行の迅速性と、データの品質を保護する機能のバランスをとるために、インターフェース設計に意見を提供する。 ・画面内のデータエレメントを特定する。定義が画面間で一貫性があり、用語集に記載されていることを確認する。 ・トレーニングやヘルプコンテンツに定義を組み込む。	・有効な値のセット、ルール、ユーザーインターフェースで対処可能なデータ品質の問題を明らかにするために、プロファイリング結果を利用する。
データ移動／ETL設計	・ソースとターゲットのマッピングと変換ルールを、レビューし検証する。 ・有効な値セットや階層を、標準化する機会を探す。 ・全体的なソースからターゲットへのデータの流れについて合意があることを確認する。	・データエレメントの内容を特定するために、プロファイリングやその他のアセスメント結果を利用する。これによりソースからターゲットへのマッピングや変換を、列見出しや内容に関する意見ではなく、実際のデータに基づいて実施できる。 ・データをロードする最適な順序を決定する手助けをする。
テスト計画	・テスト中に検証すべき主要なデータエレメント、指標、ルールを特定し、優先順位を決定する。 ・継続的（すなわち本番稼動後）に監視すべき主要なデータエレメント、指標、ルールを特定し、優先順位を決定する。	・テストデータのソースを特定し、内容が十分に把握され、比較が機能することを確認するためにプロファイリングを行う。（つまり、テスト中にデータの問題や差異に費やす時間を短縮する）。 ・スコープ内の全カテゴリーのデータのテストを計画する（トランザクションデータ、マスターデータ、リファレンスデータ、設定データ、購入データ、生成データ、メタデータ等）。 ・データ品質のためのテスト方法の設計を支援する。テスト段階に加え、本稼働後もテストを繰り返すことができるように再利用性を考慮する。
デプロイ計画	・ヘルプ、トレーニング、コミュニケーション用コンテンツの作成に必要なデータに関連した成果物とドキュメント（ビジネスルール、用語集等）を利用できるようにする。	・手動プロセスに関わる問題と解決策を文書化し、それらをトレーニングおよびコミュニケーションに含めるようにする。 ・システムがユーザーにリリースされる前に、自動化できず手動で実行する必要があるデータ準備のステップを含める。 ・デプロイ計画へデータ品質チェックを組み込む（例：ロード前に正しいデータソースを確認し、ロード後にデータ品質チェックを行う）。

©2013,2020 Danette McGilvray, Masha Bykin

表5.5 SDLCフェーズ：構築-データガバナンスと品質活動

チーム活動 – 構築フェーズ	データガバナンスとスチュワードシップ活動	データ品質と準備活動
機能の構築	・開発者やアナリストが、データの意味や正しい使用方法を調査するのを支援する。	・データ準備ソリューションを実装し、要件と設計に基づいて調整する。 ・必要に応じて、データ準備の一環として新しいデータを作成する。 ・本番稼働後のデータ品質問題を防ぐため、ビジネスプロセスの改善を実施する。
要件と設計の精緻化	・要件と設計の調整に伴う活動については、表5.3と表5.4を参照のこと。	・要件と設計の調整に伴う活動については、表5.3と表5.4を参照のこと。
問題の追跡と解決	・問題に対して推奨される解決策が、定義やルール等と一貫していること、そしてそれがデータ品質に悪影響を及ぼさない方法であることを確認する。 ・根本原因を解決できるようにするため問題をレビューする（できればこの構築フェーズで）。	・データ品質問題の根本原因を特定し、解決策を提案する。 ・問題の結果を記録し、特に解決策によってデータ品質に影響が残る場合や、トレーニングやコミュニケーションに含める必要がある場合は注意する。

©2013,2020 Danette McGilvray, Masha Bykin

表5.6 SDLCフェーズ：テスト-データガバナンスと品質活動

チーム活動 - テストフェーズ	データガバナンスとスチュワードシップ活動	データ品質と準備活動
テスト実施	・ユーザーインターフェースやレポートのデータエレメントを用語集の定義やヘルプコンテンツに整合させる。 ・ユーザビリティテストにより、データ品質をサポートする機能がバイパスされずに設計どおりに動作することを確認する。 ・テスト担当者が、データの意味や正しい使用方法を調査するのを支援する。	・テストデータのロード前、テスト中、テスト後にデータプロファイリングを実施しチェックする。 ・定義やルールを含むテスト結果と仕様の間の差異を記録する。 ・様々な種類のテストに関連したデータに依存するチーム間のフィードバックループを作成する。 ・テスト結果の分析を手助けし、テスト中に発見された問題の解決策についてフィードバックを提供する。
問題の追跡と解決	・ステークホルダー間のコミュニケーションを調整し、問題の優先順位付けのために意見を提供する。	・完全に解決されていない問題が文書化され、本番運用サポートチームに引き継がれ、運用の準備が整っていることを確認する ・（先送りされた要件とともに課題としてバックログに含める等）。

©2013,2020 Danette McGilvray, Masha Bykin

表5.7 SDLCフェーズ：デプロイ-データガバナンスと品質活動

チーム活動 – デプロイフェーズ	データガバナンスとスチュワードシップ活動	データ品質と準備活動
本番環境への変更のリリースと安定化	• デプロイ中に発見されたデータに関する問題を共有し、解決を支援する。 • データに関する成果物や文書に対して、リリース時の変更内容を反映する。	• デプロイ計画へ参画する。 • デプロイから安定化の間に発見された問題を特定し調査する。 • プロジェクト期間中に実施されたデータ品質の評価とテスト結果を活用し、データ品質コントロールの継続的なモニタリングを支援する。 • 標準的なビジネスプロセスに組み込まれた、データ品質活動に関するトレーニングが完了していることを確認する。

©2013,2020 Danette McGilvray, Masha Bykin

表5.8 SDLCフェーズ：本番サポート-データガバナンスと品質活動

チーム活動 – 本番サポートフェーズ	データガバナンスとスチュワードシップ活動	データ品質と準備活動
システム健全性の監視、ユーザーサポート、継続的な保守と強化	• 必要に応じてデータ品質チェックの優先順位を設定し、決定する。その結果に基づいて行動を起こす責任を明確にする。 • データ品質を維持し向上させるために、表5.2から5.7の該当するSDLC活動を繰り返す。	• 必要に応じて、新たに追加すべき自動化されたデータ品質チェックを継続して探し、提案する。 • 定常的なデータ品質評価を実施する。 • 特定されたデータ品質に関する問題を調査し、原因を分析し、解決策を提案する。 • データ品質の維持・向上のための表 5.2 から表 5.7 の中で該当するSDLC アクティビティを繰り返す。

©2013,2020 Danette McGilvray, Masha Bykin

表5.9 アジャイルとデータガバナンスと品質活動

アジャイル・スクラム*のアクティビティとハイライト	表5.1〜5.8の関連するSDLCフェーズと同じアクティビティ
プロダクトロードマップ • エンド・ツー・エンドの実行ではなく、プロダクトビジョンと価値の高いマイルストーンにフォーカスする。 • 主要な役割、スキル、リソースを確認し、小規模なチームを編成する。	• 立ち上げ（表5.1） • 計画（表5.2）
リリースプランニング • （ロードマップに基づき）優先順位の最も高いストーリーをプロダクトバックログから選択し、次期リリースに反映する。 • ロードマップ全体ではなく、1つか2つの次期リリースにフォーカスする。	• 計画（表5.2） • 要件分析（表5.3） • 設計（表5.4）

プロダクトバックログ・グルーミング • ステークホルダーとテクノロジーチームが共同で実施する。 • リリース計画中に立ち上げ、スプリントプランニングとスプリント実行（次回以降のスプリント）まで継続する。 • ストーリーを記述し、優先順位付けし、順序付けし、小さなインクリメントにサイズを調整する。 • ストーリーのスプリントの準備が整うまで、価値、デザインアプローチ、受け入れ基準の明確化を繰り返す。	• 要件分析（表5.3） • 設計（表5.4）
スプリントプランニング • 少数の「準備完了」したストーリーの規模をより詳細に見積もり、スプリントバックログとして選択する。 • スプリントバックログをタスクに分解する。	• 計画（表5.2） • 要件分析（表5.3） • 設計（表5.4）
スプリント実行 • スプリントバックログ内のストーリーを開発し、リリース用にパッケージ化する。 • テスト実行はコンストラクションの一部であり、理想的には構築に統合する。 • 実装により、新たな要件や設計上の問題を抽出する。 • 未完了のワークをプロダクトバックログに戻し、場合によっては技術的負債として扱う。 • レトロスペクティブ（振り返り）でより良いプロセスを明確にする。	• 要件分析（表5.3） • 設計（表5.4） • 構築（表5.5） • テスト（表5.6）
リリース • 1つまたは複数のスプリントパッケージを本番環境に移行する。 • 問題と新しい要件を、プロダクトバックログを通じて反復的に管理する。	• デプロイ（表5.7） • 本番サポート（表5.8）
本番サポート • 自動化されたデータ品質チェックを含み、運用プロセスとシステムを監視する。 • 問題と影響に基づいて、スプリントバックログにインプットを提供する。	• 本番サポート（表5.8）

©2013,2020 Danette McGilvray, Masha Bykin
＊Kenneth S.Rubin Essential・Scrum：A Practical Guide to the Most Popular Agile Process.Addison-Wesley Professional,2012による。

> **覚えておきたい言葉**
>
> 「組織はプロジェクトに多大なリソースを投資している。（中略）明らかに、プロジェクトが効果的であればあるほど、会社のコストは減少し、ビジネスはより早くその成果を活用して製品を提供し、サービスを展開し、収益を増加させることができる。これまで多くのプロジェクトは、人材、プロセス、テクノロジーに力を注いできた。にもかかわらず、期待した効果を得られないプロジェクトは多い。（中略）依然としてデータと情報の側面に完全に取り組めていないプロジェクトが多くを占める。多くのプロジェクトがこの見落としのために失敗し、また他のプロジェクトはデータ品質の問題の傷跡を残し、ビジネスプロセスや後続のプロジェクトに長期的な負担を強いている。プロジェクトアプローチにおいてデータ品質とデータガバナンス活動を不可欠なものと位置付けることで、プロジェクトポートフォリオの成功率を高めることができる」。

Chapter 5

第5章 プロジェクトの組み立て

> -Danette McGilvray and Masha Bykin,
> "Data Quality and Governance in Projects : Knowledge in Action,"
> The Data Insight&Social BI Executive Report, (2013), p.3.

🔑 キーコンセプト

データ品質における開発者の役割 ソフトウェアはデータ生成の主な源泉であるがゆえに、データ品質問題を発生させる主要因ともなる。当社のソフトウェアシステムは、技術的な教育とスキルを持つ開発者やエンジニアによって設計され構築されている。彼らはコードの書き方を教わっており、アプリケーションがシステム的に正しく動作することを確認する。データが重要な成果物であり、適切に取り扱わなければならないという事実について、彼らはしばしば十分な教育を受けていない。彼らは低品質データがもたらす影響についてあまり気にせず、下流でのデータの利用について意識しないかもしれない。情報を取得して利用できるようにすることが、ビジネスシステムの真の目的であるということを忘れがちである。

データ品質に関する問題の多くは、開発の過程で発生する。エンティティやアトリビュートの命名方法、使用するデータ型、許容する値のセット、ビジネスルールの実装方法等、機能要件ではカバーされない詳細を検討する必要がある。データ品質に与える影響の大きさを開発者が認識していなければ、納期を守ることを優先し、データ品質を犠牲にするかもしれない。

開発者は、テクニカル・データスチュワードとしての役割について訓練を受けたうえで責任が与えられ、データエレメントの期待される意味を文書化した詳細な用語集を提供され、対象領域の専門家に質問して回答を得られる権利を提供されるべきである。これらがない場合、データの扱い方に関する曖昧さに対処することに、多くの時間が費やされる。その負担は大きく、開発チームが向き合うタイトなスケジュールを守ることは不可能となり、多くの損失を生む。開発者が適切なトレーニングとリソースを得ることで貴重な時間が節約され、より良いシステムをより良いデータで提供することができる。

データ品質への全体的なアプローチは、ソフトウェア開発者を最前線のデータのスチュワードとして迎え入れ、彼らにデータの価値を教え、データツール、スキル、用語集を備えさせ、品質基準を満たすデータをソフトウェア配布の目標のひとつにする。

> -Masha Bykin, Senior Data Engineer

データ品質プロジェクトにおける役割

データ品質プロジェクトを成功させデータ品質を維持するには、ビジネス、データ、テクノロジーに関する知識とスキルが必要である。そのためには組織内の様々なレベルでのコミュニケーション力と、詳細な分析能力が求められる。組織戦略の全体像を把握する能力と、データ品質を向上させるための具体的な行動を、評価結果に基づいて決定する能力が求められる。データを照会し、データに対する制約を理解し、データモデルを解釈する能力が求められる。CEOから個人的なデータ利用者までの全ての人とうまくコミュニケーションできる能力を持ち、さらにビジネスニーズを理解し、複雑なプログラムコードを書く知識とスキルを持っていることを、一人の人間に期待することは非現実的だ。言い換えれば、データ品質ワークを遂行するには協力体制が必要なのだ。

データ品質プロジェクトチームを編成する際には、必要なスキル、知識、経験を明確にする。これらはプロジェクトゴール、スコープ、スケジュールによって異なってくる。必要なスキルを全て持っているわけではなくとも、学ぶ力を持っている人がいることを認識する。その人の個性が役に立つ面もあれば、その個性によってはある役割に押し付けることで相性が悪くなる面があることも考慮する。しかし彼らが持つ個性を、プロジェクト内の他の分野に活かすこともできる。誰もが自分の知識、経験、個性を仕事に活かす。優れたマネージャーは部下の指導やコーチングを行い、彼らのスキルを最大限に活用し、ギャップがある場合にはさらなるスキルを身につけるための支援を行う。

チームの中心メンバーを決める。ときには、他のメンバーに意見や専門知識を求めることも必要になるであろう。プロジェクトメンバーの中には、メンバーとして認識されていながらも、プロジェクトに参加できる時間が限定されている兼任チームメンバーもいる。その他、必要に応じて一時的に連絡をとるだけのメンバーもいる。

表5.10にデータ品質プロジェクトで一般的に必要とされる役割と、それに対応するスキルと知識を示す。職種、役割、責任は変化し続けており、それらを表現する用語は組織によって異なる場合がある。この表では、組織によって異なる呼び方をされる可能性のある役割を、いくつかにグループ化した。ステークホルダー分析によって学んだことは、ここでも役に立つ（ステップ10参照）。

それぞれの役割について、組織内でそのスキルと知識を持つ人を見つける。もちろん一人で多くの役割を果たすこともできる。また、役割によっては複数の人を必要とするものもある。

データ品質改善を主目的としたプロジェクトに取り組んでいる場合は、プロジェクトチームと兼任チームメンバーを探す際にこの表を使用できる。兼任チームメンバーはコアチームの一員ではない。彼らは必要な知識とスキルを持ち、プロジェクトをよく理解してはいるが、コアメンバーよりもプロジェクトにかかわることができる時間が短い。一般的なプロジェクトの中でのデータ品質活動の場合は、プロジェクト全体における役割と誰がその役割を担うべきかを考慮する。既存の役割と、データ品質ワークを確実に遂行するために必要となる役割とのギャップを明確にし、これに取り組む。プロジェクト内の他のチームと連携する、データやデータ品質専門のチームがあると効果的に機能するだろう。

この表に、以下の質問に対する回答を記載するような列を追加して、各役割とそれがプロジェクトにどのように適用されるかを検討する。

- プロジェクトにこの役割は必要か。
- 役割もしくは職種を組織内では何と呼ぶか。
- プロジェクトではどのスキルや知識が必要か。
- プロジェクトでは、具体的に誰がその役割を果たすのか。誰が彼らを管理するのか。
- 本人（とその上司）から参加への同意と支援を得られるか。
- 本人はプロジェクトに参加したいと思っているか。可能な限り、個人の興味や意欲を考慮する。
- プロジェクトが達成しようとしていることに関心を持っている人を集めるようにする。そうでない場合は、彼らのやる気と関心を引き出すための（そして場合によっては維持するための）追加の時間が必要なる場合があることを考慮する。

マネージャー、プロジェクトマネージャー、プログラムマネージャーは、実際に作業を行う個々の担当者や実務者を指揮するので、データ品質ワークに影響を与える。彼らはリソースを割り当て、優先順位を決め、資金を調達するものを決定する。部下が仕事に必要なトレーニングを受けられるようにする。必要性がある場合には、他のマネージャーから追加的な支援を得るための橋渡しを行う。また彼らは多くの障害を防ぎ、現れた障害に対処することで、プロジェクトをより円滑に進めることを支援できる人材でもある。

表5.10　データ品質プロジェクトの役割

役割	責任、スキル、知識
プロジェクトスポンサー	プロジェクトに資金的、人的、技術的資源を提供する個人またはグループ。言動を通じてプロジェクトへのサポートを示すべきである。
ステークホルダー	情報とデータ品質ワークに関心がある、関与している、投資している、あるいは（良くも悪くも）影響を受ける個人またはグループ。ステークホルダーは、プロジェクトとその成果物に対して影響力を行使することができる。ステークホルダーは組織の内外に存在し、ビジネス、データ、テクノロジーに関する利益を代表することができる。ステークホルダーのリストの長さは、プロジェクトのスコープによって変動する この行は、以降の行に含まれていないその他のステークホルダーを表現するために使用される（この表にある全ての役割は、一般的にステークホルダーと見なすことができる）。
プロジェクトマネージャー スクラムマスター プロダクトオーナー	プロジェクトの目的を達成する責任者。選択したプロジェクトアプローチを用い、プロジェクトを立ち上げ、計画、実行、監視、コントロール、完了し、プロジェクトをリードする。
ビジネスプロセス・オーナー アプリケーションオーナー プロダクトマネージャー	プロジェクトスコープ内のプロセス、アプリケーション、プロダクトの責任者。影響力のある重要なステークホルダー。

データアナリスト データエンジニア データサイエンティスト レポート開発者／アナリスト	・データを使用し保存するテクノロジーに関する知識（システム／アプリケーション／データベース）を持つ。 ・データ構造、リレーション、データモデル、データ要件を理解する。 ・スコープ内のデータ内容および関連するデータ仕様に関する知識（メタデータ、データ標準、データ要件等）を持つ。 ・業界標準の言語（SQL、XML）とデータストア設計のベストプラクティス（抽象化、正規化等）を理解する。 ・データプロファイリングとデータカタログの知識を持つ。 ・ソースとターゲットのマッピングを作成する。 ・データの意味を理解または調査する。
（プロセスの）対象領域の専門家 ビジネスアナリスト ビジネスユーザー スーパーユーザー／パワーユーザー	・ビジネスプロセスを深く理解する。 ・プロセスをサポートする情報についての知識を持つ。 ・データのビジネス上の用途と意味を理解する。 ・評価対象のデータを扱うアプリケーションを理解する。 ・情報ライフサイクル全体に影響を与える組織、チーム、役割、責任に精通している。 ・データとプロセスの関係を理解する。 ・有効な値やビジネスルールを含むデータ定義を理解する。
データスチュワード	David Plotkinは、著書の**データシチュワードシップ**（2024）の第2版で、データスチュワードのタイプについて紹介しており、2つの主要なタイプはビジネス・データスチュワードとテクニカル・データスチュワードであるとしている。他のバリエーションとして、サポート役データスチュワードとなる運用データスチュワードとプロジェクト・データスチュワードがあるとしている。これ以降の行で、彼の著書でのデータスチュワードのタイプ別の情報を要約した。
ビジネス・データスチュワード	特定のビジネスエリアやビジネス機能、およびそのエリアが所有するデータの主要な代表者。組織内のデータ品質、利用、意味の責任者。通常データを熟知し、データと緊密に連携し、疑問点の問い合わせ先を知っている。
テクニカル・データスチュワード	アプリケーション、データストア、ETLプロセス（抽出、変換、ロード）の仕組みに関する知識を持つIT担当者。
運用データスチュワード	通常データを直接操作し（例：データ入力）、データ品質の低下を含むデータの問題が発見された場合、ビジネス・データスチュワードを支援し、即座にフィードバックを行う。
プロジェクト・データスチュワード	プロジェクトにおけるデータスチュワードシップを代表し、プロジェクトでデータの問題が発生した場合や、新しいデータを管理する必要がある場合に、適切なビジネス・データスチュワードに報告する。
データモデラー	・データモデルとデータディクショナリの作成と保守を担当する。 ・関連するメタデータに関する知識を持つ。
データベースアドミニストレーター（DBA）	・データマネジメント・ソフトウェアを指定し、取得し、保守する。 ・ファイルやデータベースを設計し、検証し、セキュリティを確保する。 ・データベースを日常的に監視し管理する。 ・データベースの物理設計を行う。

開発者（アプリケーション、ETL、Webサービス、統合スペシャリスト等）	・プログラムを開発し、コードを作成する。 ・プログラムやコードの単体テストを実施する。 ・ソースシステムから、データベース、データウェアハウス、データレイク、その他のデータストアへのETLデータプロセスを理解し開発する。 ・使用環境に関連する言語やテクノロジーの知識を持つ（XML、共通(Canonical)モデル、統合プログラミング、エンタープライズ・サービスバス等）。
エンタープライズアーキテクト	・企業のデータ標準とテクノロジーを通じて、組織の戦略的目標が最適化されることを確実にする。 ・プロジェクトスコープ内の組織、ビジネスエリア、アプリケーションのアーキテクチャを理解する。 ・品質とガバナンスのプロセスが、組織の全体アーキテクチャと整合していることを確認する。
データアーキテクト	・プロジェクトスコープ内の組織、ビジネスエリア、アプリケーションのアーキテクチャを理解する。 ・情報マネジメントの本質と、自分の環境内でデータを効果的に構造化し適用する方法を理解する。
ITサポート	・ITインフラ、システム、ソフトウェア、ネットワーク、システムキャパシティ等を担当する。

プロジェクトの期間、コミュニケーション、巻き込み

この章の最後に、期間、コミュニケーション、巻き込みについて一般的な話をする。これらはいずれもデータ品質プロジェクトを組み立てる際に影響を与えるからである。

本書で広義に定義されるデータ品質プロジェクトは、他のプロジェクトと同様、期間を見積もるのが難しいことが多い。**アセスメント**という側面は、データ品質プロジェクト計画に不確実性をもたらすものである。データの品質については多くの意見がある。実際のデータ品質問題の大きさと場所を明らかにするのはアセスメントだけである。情報環境の分析や、データ品質とビジネスインパクトの評価により明確になったことは、プロジェクトの残りのスケジュールに影響し当初見積もりの変更を要する可能性がある。

アセスメントでは解決しようとしていた問題よりも多くの問題が明らかになることもしばしばあり、根本的な原因に対処するためには、当初の想定以上の時間やリソースが必要になることもある。プロジェクトを通じて定期的にチェックポイント（結果の確認、次のステップの見積もり）を設けることは、優先順位の見直し、習得したことに基づいたプロジェクトの調整、順調なプロジェクト進行のために有用である。

プロジェクトが実現しようとする改善には**変化**が伴う。変化を受け入れることが容易ではない人もい

る。新しい役割を担う人、新しいプロセスを学ばなければならない人、より良いかもしれないが見た目は違うデータを受け取るようになる人もいる。したがって改善のための変更が加えられるたびに、コミュニケーション、トレーニング、文書化を含む対策も計画する必要がある。これらは、優れたチェンジマネジメントの基礎を形成するものである。

ほとんどの組織にはどのようなアプローチやSDLCを使うにせよ、プロジェクトマネジメントに精通した人がいる一方、チェンジマネジメントの経験がある組織は少ない。プロジェクトによる影響に対するチェンジマネジメントに関して、最も効果的なアプローチについてのアドバイスができる知識豊富な人材を採用すべきである。詳細については、**ステップ10全体を通して人々とコミュニケーションを取り、管理し、巻き込む**を参照のこと。

以下は人々を巻き込むためのガイドラインである。これらの記述にあたってのアイデアを提供してくれたRachel Haverstickに感謝する。

フォーカス
ミーティング中や活動中は、ビジネス上の問題にしっかりとフォーカスする。進行役に任命される人はグループの議題を維持する能力に長けており、話が脱線しそうになればうまくかわして、話題を元に戻すことができる人であるべきである。

初期段階での成功
最初の作業として成功の可能性が高い活動を選び、プロジェクトの最初の数週間でチームが成功を報告できるようにする。

上司の協力
各チームメンバーの責任について、それぞれの上司と話し合う。各メンバーがプロジェクトに費やすと思われる見積もり時間を上司に伝え、各チームメンバーの支援が必要な場合には協力してもらう。

状況の共有
他の作業チームにも、プロジェクトやその目標、状況を知ってもらう。プロジェクト間の情報共有を可能にすることで、チームワークを促進し作業の混乱や重複を防ぐ。

分割実行
納期を守ることが難しい場合は、プロジェクトをいくつかのサブタスクに分割し、小グループに割り当てて同時並行で進める。タスクの分割には最善の判断が必要となる。プロジェクト内の全てのタスクを同時に完了させる必要はない。
これはアジャイルアプローチの優れた進め方であり、他のプロジェクト方法論にも適用することができる。

称賛
チームが困難な一連の仕事を成功させたら、称賛し休息を与える。そうすることでチームメンバーの士気が高まるだけでなく、プロジェクトが適切に管理されていることを認識させることができる。

第5章 まとめ

ステップ1.1では取り組むべきビジネスニーズとデータ品質の問題を確認し、プロジェクトがフォーカスすべきものを確定した。次のステップは作業内容の整理である。**ステップ1.2プロジェクトの計画**が出発点であった。その**ステップ1.2**の手順と、ここ**第5章プロジェクトの組み立て**の情報を使用した。

この章の情報は、プロジェクトの成功には欠かせないものである。問題解決や、組織の環境やプロセスにおける作業の完了のために必要な人材や活動がある。これらを効果的に特定し、組織化し、管理できなければならない。うまくいかなければ、プロジェクトのきっかけとなったビジネスニーズを解決できる可能性は低い。

この章では以下に関する決定を下す際に、プロジェクトを最適に組み立てるためのガイダンスを提供した。

- データ品質プロジェクトはどのタイプに当てはまるか。データ品質改善を主目的としたプロジェクトか。より大きな一般的なプロジェクトの中でのデータ品質活動といえるか。それとも10ステップ／テクニック／アクティビティの一時的な部分適用か。
- プロジェクト進行のベースとするのはどのプロジェクトアプローチか。サードパーティまたは社内のSDLCか、それはアジャイル、シーケンシャル、ハイブリッドのどれか。10ステッププロセスそのものが、プロジェクト計画の基礎になるのか。
- プロジェクトの目的は何か、具体的にはその目的を達成するために、10ステッププロセスのどのステップ、アクティビティ、テクニックを使用するか。状況に合わせて必要なステップを選び出す。どのステップもその詳細度は、様々なレベルで実施することができる。自分達のニーズに合っているものを選択する。

これらの検討事項を判断しプロジェクトを組み立てるために、自分自身の知識と経験を**本章、第2章、第4章のステップ1とステップ10**の情報で補う。現時点での理解をもとに最善の選択をし、プロジェクトが進むにつれてわかってくることをもとに調整を行う。プロジェクトの組み立ては、データ品質のアートの一部といえる。経験すれば進歩し、その後のプロジェクトはよりスムーズに進むようになる。前進し続けるために、**第3章のキーコンセプト**をより深く理解し、**第4章の詳細情報**を利用してプロジェクトを進める。楽しみはまだまだ続く！

Chapter 6

第6章
その他のテクニックとツール

偉業は一時的な衝動でなされるものではなく、
小さなことの積み重ねによって成し遂げられるのだ

- Vincent van Gogh

本章の内容

- 第6章のイントロダクション
- 問題とアクションアイテムの追跡
- データ取得とアセスメント計画の策定
- 結果に基づく分析、統合、提案、文書化、行動
- 情報ライフサイクルのアプローチ
- サーベイの実施
- 評価尺度
- 10ステップとその他の方法論と標準
- データ品質マネジメントツール
- 第6章 まとめ

第6章のイントロダクション

第6章は、10ステッププロセスの各所で応用できるテクニックやツールについて記している。プロジェクト全体を通して、また本書で言及される都度、この章を参照して欲しい。テクニックの中には製造品質やプロジェクトマネジメントを起源とし、他の品質への取り組みにおいて長年採用されてきたものもある。ここではデータ品質への応用例を示す。表6.1は、第4章の10ステップを適用する際に、この章の情報がどのように活用できるかを示している。

表6.1　第6章のテクニックの利用箇所

第6章その他のテクニックとツールのセクション	応用可能な10ステップの箇所
問題とアクションアイテムの追跡	**ステップ1ビジネスニーズとアプローチの決定**で使用を開始する。プロジェクト全体を通じて、問題とアクションアイテムを管理することを標準化する。
結果に基づく分析、統合、提案、文書化、行動	**ステップ1ビジネスニーズとアプローチの決定**で使用を開始する。各ステップ、アセスメント、テクニック、アクティビティの終了時に以下を実施することを標準化する。 ・完了した作業の意味を理解する。 ・他の活動からの知見と合わせる。 ・現時点での知識に基づいて初期の提案を行う。 ・適切に文書化する。 ・適切な時期にその結果に基づいて行動する。
データ取得とアセスメント計画の策定	**ステップ3データ品質の評価**および**ステップ4ビジネスインパクトの評価**。何を、いつ、誰が、どのようにデータを取得し、どのようなデータ品質評価軸で、どのようなビジネスインパクト・テクニックで評価するかの具体的な計画。これが各サブステップで示された手順を補完する。
情報ライフサイクルのアプローチ	**第3章キーコンセプト**。情報ライフサイクルとPOSMADの概念の修得時。 **ステップ1 ビジネスニーズとアプローチの決定**。プロジェクトがフォーカスするものを決定し、スコープとプロジェクト計画のインプットとして使用するために、概要レベルの情報ライフサイクルを利用。 **ステップ2 情報環境の分析**。その後のステップに役立てるための、情報ライフサイクルの必要十分な詳細度の理解。 **ステップ3 データ品質の評価**。データを取得し、品質を評価すべき場所の決定。 **ステップ4 ビジネスインパクトの評価**。ビジネスインパクトの評価のインプットとして、コストや収益に影響を与える業務が情報ライフサイクルのどこで行われているのかの理解。 **ステップ5 根本原因の特定**。必要に応じて根本原因の場所を追跡するために、情報ライフサイクルを利用する。 **ステップ6改善計画の策定、ステップ7データエラー発生の防止、ステップ8現在のデータエラーの修正**。ライフサイクルのどこで防止措置を講じるべきか、どこでデータ修正を行うべきかの判断へのインプットとする。

	ステップ9 コントロールの監視。情報ライフサイクルの、どの部分に継続的な監視策を導入すべきかの決定。継続的な監視のための情報ライフサイクルを開発する。 **ステップ10全体を通して人々コミュニケーションを取り、管理し、巻き込む**。人々が情報ライフサイクルのどこで関与しているのか、また彼らが行う業務を理解し、最適なコミュニケーションと関わりをもつ方法を、見出すためのインプットとして活用する。
サーベイの実施	**ステップ1ビジネスニーズとアプローチの決定** **ステップ3.1関連性と信頼の認識**（データ品質評価軸として） **ステップ4.7関連性と信頼の認識**（ビジネスインパクト・テクニックとして） **10ステッププロセスの全ての段階でのインタビューの実施、ワークショップやフォーカスグループの企画、大規模なアンケートの実施等、正式な方法で情報を収集する場合。**
評価尺度	**ステップ9コントロールの監視**。データ品質評価尺度の継続的な監視の導入。
データ品質マネジメントツール	**プロジェクトを通して参照する**。業務を補強するために使用できるツールの決定。
10ステップとその他の方法論と標準	組織が他の方法論（シックスシグマ等）や規格（ISO等）を使用している場合に参照する。

問題とアクションアイテムの追跡

プロジェクトを管理する上で重要なのは、問題とアクションアイテムを追跡する能力である。ソフトウェアアプリケーションの利用やその他の好みの方法があるかもしれない。そうでない場合は、**テンプレート6.1アクションアイテム／問題追跡**を利用してほしい。これはスプレッドシート形式で容易に利用できる。問題用とアクションアイテム用にシートを分けてもよいし、同一シートのままでもよい。未解決のアクションアイテム／問題用のシートと、同じフォーマットの解決済み用のシートを1枚ずつ保管する。解決した項目は解決済み用シートに移す。こうすることで未解決用シートは整理され、解決した項目は必要に応じて簡単に参照できるようになる。必要に応じて、優先順位等重要となるその他の情報の列を追加する。もちろん、スプレッドシートを使うことを忘れないこと。進捗ステータスを定期的にレビューし更新することで問題が解決され、アクションアイテムが完了していることを確認する。

テンプレート6.1 アクションアイテム／問題追跡

番号	説明	担当者	ステータス*	記載日	完了目標	完了日	コメント／回答
1							
2							
その他							

＊データ品質プロジェクトで利用されるステータスの種類
 - O = オープン（Open）：項目は特定され記録済、作業開始前
 - IP = 作業中（In Progress）：項目の作業進行中
 - D = 完了（Done）：項目は解決し完了
 - X = キャンセル（Cancelled）：検討対象外等、未解決のまま完了

データ取得とアセスメント計画の策定

概要
データ取得とアセスメント計画は、ステップ3.3データの基本的整合性でデータをプロファイリングする際等、データそのものを詳細に調査するデータ品質評価の重要な活動である。ビジネスインパクトの評価の場合、データ取得計画に概説されているような詳細は必要ないかもしれないが、それでもアセスメント計画は必要だ。

 定義

データ取得とは、データをフラットファイルに抽出して安全なテスト用データベースにロードしたり、レポート用データストアに直接接続したりする等、使用するデータをアクセスまたは入手する方法を指す。**データ取得計画**は誰が、いつ、どこから、どのような方法で、どのデータを取得するのかを詳細に記したものである。またベースライン／一時的データ品質評価、移行、テスト、レポーティング、評価尺度やダッシュボードのための継続的なデータ品質コントロール等の目的で、データセットを取得する必要がある場合にも役立つ。**データアセスメント計画**とは、データの品質やデータのビジネスインパクトを評価する方法を企画するものである。

なぜデータ取得とアセスメント計画なのか。綿密なデータ品質評価のために関連データを取得することは、想定以上に難しいことが多い。データをどのように取得し、評価するかを考えるために「必要十分な」時間を取ることは、時間の節約、手戻りの回避、誤解の防止につながる。よく練られたデータ取得とアセスメント計画は、評価結果をレビューする人々の信頼につながる。

ステップ3データ品質の評価またはステップ4ビジネスインパクトの評価の開始時に、スコープ内のデータ品質評価軸またはビジネスインパクト・テクニックに基づいて、最初のデータ取得およびアセスメント計画を策定する。各評価軸を検証する前、または各テクニックを使用する前に、最初の活動とし

てデータ取得とアセスメント計画をさらに洗練し、最終化する。**ステップ2情報環境の分析**で得られた知見を活用する。例えばスコープ内の情報ライフサイクルを知ることは、データ品質評価のためにどの時点でデータを取得すべきかを決めるのに役立つ。このセクションの最後の10ステップの実践例の**コールアウトボックス**の例を参照のこと。

データ取得

データ取得とはデータの抽出、アクセス、入手を指す。データ取得の方法には、データをフラットファイルに抽出して安全なテスト用データベースにロードする方法、レポート用データストアに直接接続する方法、サードパーティ・ベンダーからのデータにアクセスし、アセスメントの準備が整うまで安全なランディングエリアにロードしておく方法等がある。データ取得計画では、いつ、どこで、誰が、どのようにデータを取得するかを詳細化する。これは以下のような目的でデータセットが必要な場合にいつでも有用となる。

- ベースラインを設定するための最初のデータ品質評価
- 一時的なデータ品質評価
- 評価尺度やダッシュボード等でデータ品質状況を監視する場合
- ソースからターゲットデータストアにデータを移行する場合
- テスト用に特化したデータセットが必要な場合
- 報告目的で特別なデータセットが必要な場合
- 修正すべきデータの取得

データ取得計画を立てる際には**テンプレート6.2**が使用できる。このテンプレートは上記で挙げたような理由で、目的のデータが正しく取得できるようにするためのチェックリストとなる。品質評価の対象となるデータの取得は、想定以上に難しいことが多い。十分な準備をすることで時間を節約し、エラーを防ぎ、取得したデータが実際に期待通りのデータであり、ビジネスニーズやプロジェクトの目的に関連していることを確実にできる。データ取得計画を綿密に練るために費やす時間は、データを慌てて抽出し、そのデータが望んだものと異なるとこがわかり、何度も抽出し直さなければならなくなった場合にかかる時間のことを考えれば、ごくわずかである。データへのアクセス許可を得るために承認プロセスを経なければならない場合は、コミュニケーションも重要になる。

データをどのように取得するか綿密に計画していたとしても、その計画は必ず文書化すること！ 私はあるプロジェクトでこのことを、身をもって学んだ。プロジェクトチームとテクニカルチームを集めてミーティングを行い、データ取得の詳細について合意した。しかしそのプロセスと決定事項を、電子メールで文書化することを怠った。初回のデータ抽出では期待されたものが含まれていなかったにもかかわらず、抽出を行った者は自分の理解している通りのデータを抽出したものと考えていた。詳細な情報を書き起こしていなかったためにコミュニケーションに齟齬が生じたことは明らかだ。企画会議での議論と各人の記憶に頼っていたのだ。再度ミーティングを開き、詳細をメールに書き起こし、各自で再確認した。次の抽出は成功したが、その過程で1週間以上を失った。

データ取得後、本格的な評価を開始する前に、取得したデータが仕様と一致していることを検証する。

データセットは要求通りの母集団となっているか。データは適切なタイミングで必要な出力フォーマットで取得され、適切な場所にコピーされたか。

テンプレート6.2 データ取得計画

トピック	説明	各自のプロジェクト用の説明
データストア	対象データが存在するデータストア、アプリケーション、システム。取得するデータのデータストア、アプリケーション、システムごとに、以降の情報を確認する。	
母集団の特性	平易な言葉で、取得するデータの母集団を定義する。 これにより以下が可能となる。 1) 技術者でない人が、評価されるデータについて議論し、理解する。 2) 評価されるデータを取得する際の、抽出条件の根拠を提供する。 以降の項目について検討する。 ・抽出するレコードの種類をビジネス用語で記述する。例えば、評価対象となる母集団の前提を次のように記述する。「現在有効な顧客」「過去1年間に製品を購入した有効な顧客」「フランスとドイツで現在販売されている製品のレコード」 ・レコードの作成日や最終更新日等、時間的な考慮事項も含める。例「カスタマーサポートチームが作成した直近1,000件のレコード。作成日／タイムスタンプも付与された状態」「直近1ヶ月に作成された全レコード」。	
選択基準	取得すべき母集団を選択する際には、具体的なデータストアごとに以下を考慮する。 ・特に優先順位の高いCDE（重要データエレメント）の関心が高いかもしれない。注意：初めてCDEを検証する場合は、同じレコードの他のフィールドも含めて確認すべきである。重要ではないかもしれないが、CDEを理解するための有用なコンテキストが含まれている。このような広い視野は、選考基準を見直したり、初回に使用した基準を裏付けたりするのにも役立つ。 ・正確なテーブル名とフィールド名を記載する（SQL文を含めることもできる）。例えば「現在有効な顧客」がシステム内でどのように識別されるかを決定する。アプリケーションにその母集団を指定するフラグがあれば、抽出は比較的簡単だ。多くの場合、基準はそれほど単純ではない。選択基準はかなり複雑になることもあり、例えば「現在有効な顧客」が次のような条件となる「ABCテーブルの中央削除フラグがブランクであり、SUBテーブルの参照サーバーフラグがブランクである全ての顧客レコード」。 ・挿入日、作成日、更新日、または履歴／ジャーナル／監査テーブルを確認して対象レコードの存在期間を考慮する。 ・データモデルを考慮する。リレーションシップは抽出するデータにどのような影響を与えるのか。例えば、場所データとそれに関連する連絡先データが必要なのか、連絡先データとそれに関連する場所データが必要なのか。	

データ取得方法	必要なツールとともに、データアクセス方法と出力形式も含める。例えば、 • データ選択のためにフロントエンドのアプリケーションインターフェースを使用する。 • 本番データベースから抽出（そしてAccessデータベースに入れる）。 • レポーティングデータベースに直接接続する（12時間の遅延を除き、データは本番データベースと同じ）。 • フラットファイルに抽出する（csvやxml形式等）。 • テーブルに抽出する（安全なステージングエリアのテーブル等）。 • 本番データベースに直接接続する（警告！本番のパフォーマンスに影響するため、この方法は推奨できないが、この方法で成功しているという話を何人かから聞いた）。 • 本番データをアプリケーションテスト環境にコピーする（テスト環境も、常に変化するものなので、注意が必要だ。アセスメントが完了するまでの間、データを管理された環境に置く方がよい）。	
追加のデータエレメンとまたはテーブル	追加的に取り込むべきデータエレメントやテーブルを特定する。それ自体は品質テストの対象外かもしれないが、次にあげるよう要件で必要となる。 • **参照**：参照テーブルを利用したコードの説明。 • **識別**：ユニークコード識別子、相互参照識別子。 • **分析**：最終更新日、特定のコードでグループ化。 • **レポーティング**：販売員別や地域別等特定のカテゴリー情報。 • **根本原因分析**：誰が、いつ、その記録を作成、更新、削除したか。	
サンプリング	サンプリングが必要な場合は、使用するサンプリング方法。 重要：サンプリング方法が有効であることを確認するために、統計の経験が豊富な人の協力を得る！ レコードを取得する際に、いかなるバイアスも含まれないようにする。 テーブルとレコードのおおよその数を知ることで、以下の見積もりができる。 1) アセスメント中にデータを保存するために必要なスペース。 2) データを評価するための作業量と時間。	
テーブル数とレコード数の推定	データの取得時期を確認する。以下を考慮する。 • あらゆる更新スケジュールと本番運用カレンダー。データ取得のタイミングは、本番システムへの影響が最も少ないときに行う。 • 複数のシステムで同じデータを取得する場合は、データが情報ライフサイクルにより移動するので、取得タイミングを慎重に調整する。 • 外部ソースからデータを受け取る場合は、可能な限り最新のものを使用する。あるプロジェクトでは、外部ファイルが四半期ごとに送られてきた。次のファイルの到着予定は2週間後だった。次のファイルが来るまで評価を遅らせることを決定した。2カ月以上前のデータではなく、最新のデータで評価できるようにするためだ。 • データを取得するときは、スナップショットをとることになる。取得後できるだけ早くアセスメントを行うよう計画する。	

タイミング	話し合い、合意し、文書化する。 • 具体的なデータ取得作業。 • 誰が作業を実行するのか。	
責任	• 必要となる特別な知識、スキル、経験、アクセス権限、またはデータへのログイン情報。 • 各作業の完了時点。 • データを取得するための一連の活動。	

サンプリング方法

対象となる母集団全体を評価できる場合もある。母集団全体が最後に作成された100レコードほどと、少ない場合もある（データが手作業で評価される）。世界中の全ての有効な顧客数と同じくらい大規模な場合もある（データの基本的整合性を評価するために自動化されたデータプロファイリング・ツールが使用される）。いずれも母集団の全体のレコードが取得される。

母集団全体でない場合は、母集団のサンプルを取得しなければならない。サンプリングとは集合全体の特性を判断するために、集合の一部を使用することである。母集団の代表的なメンバー（レコード等）をテストのために選択するテクニックである。サンプリングは、正確性の評価を信頼できる情報源と手作業で比較する場合等、対象となる母集団全体に対して評価を行うには費用がかかりすぎたり、時間がかかったりする場合に行われる。使用されるサンプリング方法は、評価の対象となるサンプルレコードが、対象の母集団全体を代表する有効なものであることを保証できなければならない。

有効なサンプルを取得した後、そのサンプルに対して評価を完了させる。その結果は、母集団全体を代表するものと想定される。つまりデータ品質評価において、サンプリングされたレコードの評価結果は、母集団全体のレコードのデータ品質評価に近似していることになる。サンプルが母集団をどれだけよく表しているかを決定する2つの特徴がある。

- **サイズ**。母集団に対して統計的に有効な結果を提供するために、チェックする必要のある最小必要レコード数。
- **安定性**。あるサンプルサイズで一定の結果が得られ、その後サンプルサイズを増やしても同じ結果が得られる場合、そのサンプルは安定性があるといえる。

様々なサンプリング方法があるが、最も一般的なのはランダムサンプリングだ。ランダムとは、母集団の全てのメンバー（この場合は全てのレコード）がサンプルの一部に選ばれる確率が等しいことを意味する。対象の母集団とサンプリング方法の両方に意図しないバイアスを含まないようにする。つまり、対象の母集団とサンプル法で得られた部分集合が、考慮すべき母集団を除外しないようにする必要がある。

警告

サンプリング方法が有効であることを確認！あなたの組織には、統計チーム、サンプリングのベストプラクティスを持つソフトウェア品質保証グループ、統計を業務の一部として使用するアクチュアリー（保険数理士）やデータサイエンティストがいるかもしれない。対象とする母集団の一部のメンバーが他のメンバーよりも含まれる可能性が低くならないように、バイアスが導入されないことを確認しよう。サーベイの結果が有効であり、母集団全体に対して一般化できることが求められている。

データアセスメント計画

データ品質に関して、データアセスメント計画の策定は次を前提とする。1) データ取得計画に従ってデータが収集されること、2) 品質評価対象のデータが、プロジェクトチームが利用できる安全な場所にあること。データ品質の評価の場合、データ取得計画はアセスメント計画と組み合わされるかもしれない。ビジネスインパクトの評価の場合、詳細なデータは取得されないことが多いので、データ取得計画よりもアセスメント計画にフォーカスすることになる。

 定義

データアセスメント計画は、データの品質かデータのビジネスインパクト、またはその両方をどのように評価するかの概略を計画する。

テンプレート6.3データアセスメント計画を参照のこと。データアセスメント・タスクを特定するために、第4章のステップ3及び4から、プロジェクトスコープ内のデータ品質評価軸、またはビジネスインパクト・テクニックに関する手順を参照する。列1にタスクをリストアップし、残りの列を完成させる。アセスメントで使用するツールは必ず記入する。詳細は本章の**データ品質マネジメントツール**を参照のこと。

アセスメント成功の鍵は、責任分担と適切なスキルと知識を持つ人材といえる。アセスメント計画の中には、全ての作業を1人か2人で行える比較的シンプルなものもあれば、複数人での調整が必要なものもある。いずれにせよ、アセスメント計画に「必要十分の」時間をかけることは有益である。アセスメントタスクの順序を作成し、文書化し、関係者が各自の責任を認識し、同意していることを確認する。作業を行う人の上司も忘れてはならない。計画を立てなかった場合と比べ、アセスメントははるかに効果的かつ効率的に行われるであろう。

例としてステップ3.3データの基本的整合性を使用したアセスメントを考えてみよう。ここでは人の介在を必要とするデータプロファイリング・ツールを使用している。ほとんどのツールベンダーは、自社のデータプロファイリング・ツールはビジネスユーザーであれば誰でも使えるほど簡単であると主張している。しかしデータをプロファイリングツールにロードしたり、目的のデータセットをツールに表示

させたりするには、技術的な専門知識が必要になることが多い。データを取得するためには、パスワードとアクセス権を持つITグループの誰かが担当する必要があるかもしれない。データの経験があり、ツールを実行できるプロジェクトチームのメンバーはいるかもしれないが、結果を分析する知識を持っている者はいるだろうか。具体的なタスクをどのように分割し割り当てるかは、ツールの使いやすさ、個人の特定のスキルや知識、各メンバーが対応可能な時間によって決まる。データプロファイリング・ツールを使用した、データの基本的整合性のアセスメントタスクのサンプルを以下に示す。

- アセスメント対象のデータを取得する。これはデータがデータ取得計画に従って取得され、プロジェクトチームが利用できる安全な場所にあることを前提とする。
- データをツールにロードする、または、ツールをデータセット接続する。
- ツールを実行する。
- 結果をレビューし分析する。以下は想定されるオプション。
  - データアナリスト(場合によってはテクノロジー専門家と共に)が結果に対する予備の分析を行い、ビジネス専門家とのレビューセッションを実施し、ツールの結果を確認する。
  - データアナリストは結果を報告書にまとめ、ビジネス専門家とのレビューセッションを実施する。
  - ビジネス専門家はツールの結果を自らレビューし分析する。
  - データ専門家もしくはテクノロジー専門家が結果を報告書にまとめ、ビジネス専門家にメールでフィードバックを求める。この方法はお勧めしないが、選択肢の一つではある。優れた分析を行うには、プロジェクトチームの誰かと対象分野の専門家との間で、コンテキストを理解し議論することが必要である。このオプションを選択する場合、ビジネス専門家は何が期待されているのか、なぜ期待されているのかを十分に知らされていなければならない。
- 発見された問題を強調し、質問やコメントを把握する。これは全てのオプションについて行わなければならない。ツールによっては、ツール内でこれらを文書化する機能を備えているものもある。
- 他のアセスメント結果と統合する。
- 得られた知見に基づいて、具体的な提案をする。
- このステップを文書化する。
- アクションアイテムを割り当て、次のステップを決定する。
- 本章の結果に基づく分析、統合、提案、文書化、行動を参照。

テンプレート6.3 データアセスメント計画

1	2	3	4	5	6
データアセスメント・タスク	タスクの内容	関与する担当者	関与の特性(説明責任者／実行責任者／協業先／報告先)	知識／スキル／経験／必要データへのアクセス	タスクの実行時期

Chapter 6

 10ステップの実践例

データ取得とアセスメント計画 - 顧客マスターデータ品質プロジェクト

ビジネスニーズ
ある企業では顧客マスターレコードを持つデータベースがあり、マーケティングでは計画策定に、営業は対象顧客選定に、製品チームは新製品リリースのためのアイデアや戦略の出発点として、他のチームも様々な用途に使用していた。このようなビジネスでの利用を支えているデータの品質に課題があった。中心的なデータ品質プロジェクトチームはMehmet Orun, Wonna Mark, Sonja Bock, Dee Dee Lozier, Kathryn Chan, Margaret Capriles, and Danette McGilvrayで構成された。

計画のインプット
ステップ1ビジネスニーズとアプローチの決定でコンテキスト図を作成した。ステップ2情報環境の分析でさらにそれを洗練した。このコンテキスト図は全体を一覧できる情報ライフサイクルを表し、プロジェクト全体を通じて参照され、データ取得とアセスメント計画の策定に使用された。次の2つのデータ品質評価軸が対象となった。1) データの基本的整合性：データプロファイリングのテクニックを用いる。2) 一貫性と同期性：情報ライフサイクルの経路に存在する2つ以上のデータストアでデータのプロファイリングと比較が行われるため。

メリット
次のような理由によりアセスメント結果に対する信頼性が高く評価された。1) 評価対象とした本番の実データが、ビジネスニーズとプロジェクト目標に関連するデータであることが明らかであったこと。2) アセスメント自体が適切に計画され、実行されたこと。プロジェクト全体から得られたメリットとしては、既知の問題にフォーカスしたデータの修正と、将来の問題を防止するためのプロセス改善が挙げられる。

データ取得計画
3つのデータソース（内部データ1、外部データ2）をプロジェクトのスコープとして選択した。図6.1は情報ライフサイクルの概要を示しており、データが流れる各環境にあるデータストアを表している。ソースからステージ1、ランディング、ステージ2、そして顧客マスターへとデータが流れる。情報ライフサイクルは、フローの下に現在の用途と想定される今後の用途を列挙することで完成する。これらの用途はPOSMADの適用フェーズを表している。

データ取得計画はデータのフローの中で、全ての環境から同時にデータが抽出されるように慎重に設計された。取得されたデータはすぐに評価するものもあれば、後で使うために残しておくものもあった。その後アセスメントが完了するまでの間、データは安全な別の環境に保管され、データが更新されることはない。そのうちの3つの環境（ソース、ステージ1、顧客マスター。図では黒い矢印）のデータは、同社が最近購入したデータプロファイリング・ツールを使ってプロファイリングされた。ランディング環境とステージ2環境のデータはすぐに評価は行わず、後に根本

原因分析で必要となる場合に備えて保管した。

データアセスメント計画

作業は「作業単位」に分けられ、データソース（A、B、C）や顧客マスター環境のテーブルの種類（D、E）によって論理的にグループ化された。作業単位は、**図6.1**の小さなボックスに文字で示されている。**図6.2**には、各作業単位におけるデータの評価の役割分担も示している。作業単位A、B、Cは、それぞれ割り当てられたデータをソース環境およびステージ1環境でプロファイリングし、その結果を両者間で比較した。作業単位 D と E は、顧客マスター環境の中で割り当てられたテーブルのプロファイリングを行い、テーブル間の比較を行った。チームはニーズ、リソース、利用可能な時間に基づいて、プロファイリングと分析の詳細レベルを決定した。分析は各作業単位内で行われた後、全作業単位の結果を統合した。この計画では、使用されたツールは示されていない。

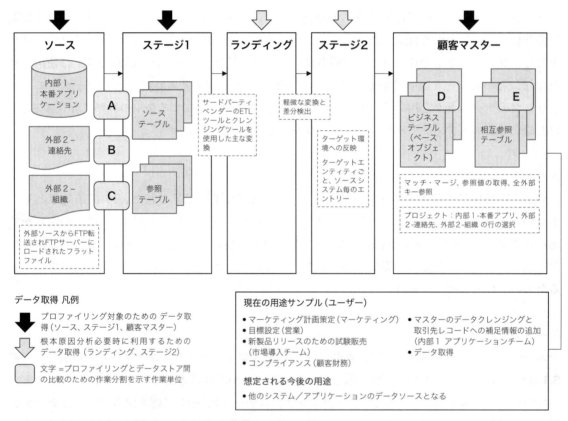

図6.1 情報ライフサイクルを使用したデータ取得と品質アセスメント計画全体図の例

作業単位	作業責任対象	ソース環境	ステージ1環境	比較
A	内部1 – 本番アプリケーション	内部1 アプリケーションテーブルのプロファイリング	内部1 アプリテーブル： 1. 項目の詳細プロファイリング 2. 単一テーブル構造のプロファイリング	ソースからステージ1 3. テーブル間分析 　差分がある場合のみドリルダウン
B	外部2 – 連絡先	外部2 連絡先テーブルのプロファイリング	外部2 連絡先テーブルにて 1. 項目の詳細プロファイリング 2. 単一テーブル構造のプロファイリング	ソースからステージ1 3. テーブル間分析 　差分がある場合のみドリルダウン
C	外部2 – 組織	外部2 組織テーブルのプロファイリング	外部2 組織テーブルにて 1. 項目の詳細プロファイリング 2. 単一テーブル構造のプロファイリング	ソースからステージ1 3. テーブル間分析 　差分がある場合のみドリルダウン

作業単位	作業責任対象	ソース環境	比較
D	ビジネステーブル （ベースオブジェクト）	ビジネステーブル 1. 項目の詳細プロファイリング 2. 単一テーブル構造のプロファイリング	ビジネステーブル間で 3. テーブル間分析
E	相互参照テーブル	相互参照テーブル 1. 項目の詳細プロファイリング 2. 単一テーブル構造のプロファイリング	相互参照テーブル間で 3. テーブル間分析

図6.2 データ品質アセスメント計画の例

結果に基づく分析、統合、提案、文書化、行動

ビジネス効果とコンテキスト

10ステッププロセスで行われる全ての作業は、ビジネスニーズを満たしプロジェクトの目標を達成するために、十分な情報に基づいた意思決定と効果的な行動を支援するものであることを忘れないでほしい。このテクニックは結果に基づく分析、統合、提案、文書化、行動への規律あるアプローチを提供することで、業務上で最大限に活用できるようになる。プロジェクト開始時に結果の追跡を開始し、各ステップでアセスメント、テクニック、アクティビティを継続する。

分析とは、いずれか1つのステップ、アセスメント、テクニック、アクティビティの結果を評価し、慎重に検討することを意味する。**統合**とは、2つ以上の結果を考察した上で分析と同様のことを行うことを意味する。分析する時は結果を考察し、それを構成する部分に分解する。統合する時は複数の結果とそれらの部分をまとめて、より広い観点での関係、関連、パターンを見つけ出し、より良い解決策を形成する。複数のアセスメントを同時に実施する場合は、それらを総合的に評価し解釈して結果を統合するようにする。このような広い視野が不足していると、ある分野を最適化する一方で別の分野に悪影響を及ぼす解決策を開発するリスクがあり、さらにはそれに気付かないことすらある。最善の解決策というのは、全ての領域にプラスの影響だけを与えマイナスの影響を与えないものである。あるいは全ての領域でプラスではないにしても、少なくともマイナスの影響は最小限に抑える。プロジェクトで行われる全てのことには何らかの目的があり、データ、プロジェクト、ビジネスニーズやプロジェクトの目的について、十分な情報に基づく意思決定を行い、効果的な行動を取れるように導くことを忘れてはならない。

結果の一覧表を最新状態にしておく（テンプレート6.4結果の分析と文書化を参照）。重要な結果を得た場合はすぐに追加する。各時点で分かっていることに基づき初期の提案を行う。その後の新たな知見により、その提案を修正する。決定事項を文書化し、適切なタイミングで行動を起こす。この情報をマイルストーン会議に持ち込むことで、確かな意思決定を行うための適切な指示を得ることができる。全てを文書化する！サーベイの実施、アセスメントの完了、マイルストーン会議の終了、プロジェクトの重要な意思決定等、プロジェクト全体を通じてこれらの手法を活用する。

テンプレート6.4 結果の分析と文書化

ステップ／アセスメント／テクニック／アクティビティ	主な考察／得られた知見／明らかになった問題／ポジティブな発見	既知または考えられる影響（収益、コスト、リスク、ビジネス、人／組織、テクノロジー、その他のデータと情報等。これらの質的／量的の両観点で）	想定される根本原因	初期の提案	アクション／フォローアップ／未解決の質問

必要に応じて、上記の行の項目の詳細が記載された別のワークシートを追加するか、詳細が記載されているファイル名を示す。
必要に応じて、別のワークシートを追加し、最終的またはほぼ最終的な提案事項のリストを作成する。分類し、優先順位をつける。

番号	提案	分類	備考	優先順位
1				
2				
3				

> **！警告**
>
> **文書化を怠るな！** 文書化作業を嫌がるケースはあまりにも多い。文書化が単なる紙切れやファイルだと思っているからだ。そうではない！ 基本的に文書化とは、作業完了の証拠である。何が起こり、何を学び、どのような行動をとったか、あるいはどのような行動をとる予定なのかの証拠である。アセスメントのアウトプット、つまり目に見える作業の証拠は、作成物という形で現れる。作成物には問題／アクションアイテムのログ、マッピング情報、表、プレゼンテーション資料、文書、スプレッドシート、プロセスフロー、グラフィック等、様々な形式がある。文書化すること、つまり結果を整理して記録することは、理解を深め、さらなる分析につながることが多い。作成物は、論理的で、後で見つけやすいファイル構造に整理して保管する。また、文書化は、チームが生産的な分析セッションを行っている際に、その「なるほど！」という瞬間を記

録するだけでも簡単に行える。

質問を受ける！ 結果に基づく分析、統合、提案、文書化、行動には構造的なアプローチを取る。最初から規律を守ることで、プロジェクトの各ステップで時間を節約し、手戻りを避け、意思決定の際に正しい情報を入手できるようにし、全体として作業結果を最大限に活用できる。根本的な原因を特定し改善計画を策定する際に、手戻りを防ぐことができる。また質問されたときに、提案した内容や実施した措置の背景となる情報を提供できるため、自分の作業に対する信頼感も生まれる。そして質問されたり、さらには異議を唱えられたりするだろう！

アプローチ

データ品質の評価のステップ、またはビジネスインパクトの評価のステップ、テクニック、または主要なアクティビティを完了した後の結果の分析には、以下のアプローチが使用できる。

1. 分析の準備

以下の質問の回答を準備する。これにより、分析すべき結果を適切なコンテキストに置くことができる。

- 何を測定したのか。
- どのように測定したか（誰が測定したのか、いつ測定したのかを含む）。
- なぜ測定したのか。
- どのような仮説が用いられたのか。

2. 理解を深め、分析に役立つ方法で結果を書式化

データを適切に可視化することは、自分自身でデータを理解するためにも、また他の人とコミュニケーションをとるためにも不可欠である。効果的にデータを可視化し、データについてコミュニケーションする方法は本書の範囲外であるが、参考になる情報源はいくつかある。本章の**可視化とプレゼンテーション**のセクションを参照のこと。

- グラフやチャートで視覚的に表示された結果を分析するのは、多くの列や行がある大きなスプレッドシートで表示されたデータを理解するよりも簡単なことが多い。
- 何をグラフ化しているのかを明確にすること。一例として事実なのか（例えば、都市名の項目は完全性が高く、記入率は99％）、それとも推測を含むのか（例えば、レコードを一見したところ、顧客ファイルには大学が多いようだ）を明確にすること。
- テストの実施中に行われた仮説は全て明示しておくこと。

> **覚えておきたい言葉**
>
> 「グラフィックスとは、定量的な情報を推論するための最善の手段である。たとえ非常に大きな数値の集合であっても、その数字を説明し、検討し、要約する最も効果的な方法は、それらの数字が図示されたものを見ることであることが多い。さらに、統計情報を分析し共有するあらゆる方法の中で、適切に設計されたデータグラフィックは、通常、最も単純であると同時に最も強力である。」
>
> - Edward R. Tufte, The Visual Display of Quantitative Information, Second edition (2001)

3. 分析の実施

アセスメントの結果を丁寧にレビューしディスカッションする。多くのデータストアにまたがって幅広く分析することもあれば、フォーカスしたデータセットを掘り下げて分析することもある。以下のアイデアを検討すると良い。これらは、AMACOM Books, Michael J. Spendolini, **The Benchmarking Book** (AMACOM, 1992), pp.172-174から引用し、許可を得て使用している。

パターンや傾向の特定

これは分析の最も基本的な形式のひとつである。

不正確な情報の確認

これは誤った解釈、不適切な記録、意図的な虚偽表示、エラー等に起因する正しくない情報である。以下を手がかりに確認する。

- その情報は、予想されたもの、あるいは比較可能な他のデータから大きく逸脱していないか。
- 複数のソースからから得られた矛盾するデータはないか（例えば、チームの異なるメンバーが同じ対象サブジェクトについて収集した情報等）。大きな矛盾は調査すべきである。

欠落や変動の特定

存在しないものが、存在するものと同様に重要であることも多い。欠落とは入手可能であるべきデータが抜けていることである。変動とは説明がつかないデータ傾向の著しい変化を意味する。

不適切な情報の確認

一部の情報は、他の情報と比較して「適合」しないように感じることがある。期待していた情報から明らかに逸脱している場合もある。

実際の結果と当初想定または要件と比較

以下を確認する。

- 違いはあるか（高いか低いか）。
- その違いは説明できるか（当初想定時に未知の要因があったために、想定との違いが生まれた等）。
- その違いは、重要なデータにあるのか、それほど重要でないデータにあるのか。

質問を投げかける

例えば次のようなものだ。

- すぐに目につく危険信号や問題はないか。
- 考えられる原因や影響はあるか。
- これらの調査結果で想定されるビジネスへの影響は何か。たとえ答えが定量的でなく定性的なものであっても、この質問にできるだけ詳細に答えることが常に重要である。
- ビジネスインパクトに関するより詳細な情報が必要か。イエスの場合は、ステップ4ビジネスインパクトの評価を参照のこと。
- 追加情報の収集やテストの追加実施は必要か。
- 現時点でこのステップは完了したと考えられるか。

反応の確認

結果に対する回答。

- 結果に対するチームメンバーの反応はどうか。
- 対象分野の専門家、アナリスト、他のユーザー、個人の貢献者から、結果に対してどのような反応があるか。
- この結果に対する管理者の反応はどうか。
- どのような結果が期待されていたのか。
- どのような結果が想定外だったのか。

4. 必要に応じた、他の個々のステップ、アセスメント、テクニック、アクティビティに対する分析の繰り返し

個々のアセスメントから得られた提案は、第一次報告と考えるべきである。全てのテストが終了した後、それらを統合して最終的なものとする。

5. 複数のステップ、アセスメント、テクニック、またはアクティビティから得られた分析と結果を統合

この時点までに行われた全ての作業の結果を組み合わせて分析する。複数のアセスメント結果を統合する場合は、上に挙げた質問と同じものを使用する。その他の質問については、テンプレート6.4および以下のサンプルアウトプットとテンプレートセクションの説明を参照のこと。それらの間に相関関係があるかどうかを調べる。例えばユーザーのデータ品質に対する認識をサーベイした場合、その認識は評価した他の評価軸の実際の品質結果と一致しているのか。組み合わされた結果を解釈し、本来のビジネスニーズに結びつける。

統合するものをプロジェクト内の他のアセスメントだけに限定してはいけない。他のチームによって作成された有用な情報を含むレポートや、プロジェクトに影響するような戦略の変更に関する最近の企業の発表等、他の関連情報も含めるべきである。

6. 結果を理解するための必要なフォローアップの実施

分析と統合は通常、さらなる疑問を提起する。すでに評価されたデータについてより詳細な情報を求め

たり、まだ評価されていない関連データを持ち込んだり、さらに別の人と話をすることもあるだろう。

> 🎯 **ベストプラクティス**
>
> **スコープ逸脱の回避**。データ品質プロジェクトを通じて多くの興味深いことを学ぶだろう。あなたやチームは、データ品質の"罪"を解決するために、様々な手掛かりを探ることに多くの時間を費やすことになるだろう。プロジェクトに関連するものもあれば、そうでないものもある。あるプロジェクトではチームメンバーの誰もがいつも、「我々は泥沼にはまるのではないか」と疑問を呈することがあった。これが、調査中のものに追加の詳細調査が必要となったときの合図だった。私達はビジネスニーズとプロジェクトの目的とともに、プロジェクト憲章を簡単に再確認し、それから次のような疑問について話し合った。
>
> - 追加の詳細調査は、ビジネスニーズやプロジェクト目標に重要かつ実証可能な影響を与えるか。
> - 詳細調査によって、データの品質や価値に関する仮説を証明または反証できる証拠を得られるか。
>
> そうすることで不要なスコープ逸脱を防いだ。追加作業が必要になったときは、その追加となる時間と労力がプロジェクトに役立つべきだと考えたからこそ意識的に判断を下したのだ。スコープ逸脱を避けることは、自分の判断力を働かせ、「必要十分」の原則を適用する例である。

7. 結論の導出と提案

論理的に比較し、妥当な結論を導き出すのは難しいことだ。最終的な提案をまとめる前に一旦休息をとり、再度検討する時間を設けるとよい。提案には、重大で予期せぬことが発見されたために、直ちに実施すべき行動も含めることができる。提案は後のステップで継続的な監視を考慮すべきビジネスルールや、データ品質チェックのリストであることもある。

提案はさらなる情報が判明するまでの一次提案的なものとみなされる。データ品質を評価するための投資は価値ある結果をもたらすが、長期的な利益はアセスメント中に発見された問題の根本原因に対処して初めて実現する。根本原因分析と防止策を提案に含める。既存の提案事項を更新し、その時点までに判明したことに基づいて新たな提案事項を追加する。

8. 分析と統合の結果の要約と文書化

テンプレート6.4または同等のものを使用すると良い。サーベイの実施、各ステップ、アセスメント、テクニック、主要なアクティビティの完了、プロジェクト計画の重要なマイルストーンの達成のたびに、分析、初期の提案、文書化が完了していることを確認する。

9. 適切なタイミングでの行動

適切なタイミングで提案に対する適切な行動をとる。提案の中にはできるだけ早く実施すべきものもあり、かなり簡単に達成できるものもある。その場合はすぐにプロジェクト計画に組み込む。そうでない

ものは状況の全体像を把握し、実施しようとする改善内容が正しいものであることを確認するために、全てのアセスメントと根本原因の分析が終わるまで待つべきである。方法論の多くの場所において、行動のタイミングはバランスと適切な判断が重要である。すぐに何かをする必要があることが明らかな場合は、もたもたしていてはいけない。その一方で、「構え、撃て、狙え（訳註：狙え→撃てではなく、とにかく先に行動するという意味）」症候群に陥ってはならない。

サンプルアウトプットとテンプレート

テンプレート6.4結果の分析と文書化を参照のこと。このテンプレートは結果を文書化するためのフォーマットを提供するだけでなく、これらの質問に答えることで分析と統合をさらに深めることができる。これは各ステップ、アセスメント、テクニック、アクティビティを完全に完了したかどうかを確認するチェックリストになる。以下の質問に対する答えについてディスカッションし、文書化する。

- どのステップ、アセスメント、テクニック、アクティビティが完了したか、または議論されているか。
- 何が重要な見解か。
- どのような知見を得たか。
- どのような問題が発見されたのか。
- どのようなポジティブな発見があったのか。
- どのような既知のあるいは予測される影響が見つかったのか。これらは収益、コスト、リスク、ビジネス、人／組織（組織全体、特定のチームや個人、サプライヤー、顧客、ビジネスパートナー）、プロセス、テクノロジー、その他のデータや情報の質等に対する定性的または定量的な影響となる。
- 根本原因の可能性としてどのようなものが見えてきたか。
- 初期の提案をまとめることはできたか。
- 次のステップは何か。フォローアップは必要か。未解決の質問はあるか。分析や統合中に発見したことに対処し、プロジェクトを前進させるために何をする必要があるか。

具体的なアクションアイテムとその担当者、期限を明確にする。一番右の列の項目は、問題やアクションアイテムの追跡に使用している方法（本章で前述したテンプレート6.1等）に入力し、担当者や期限等の詳細を管理できる。

どの質問についてもどれが想定通りで、どれが想定外だったかを書き留めておくとよいだろう。これは管理者に結果を説明する際に有用だ。「想定通り、この問題はアセスメントで検証された。この問題に取り組むためのリソースは分かっており、準備は整っている」 または 「この結果は想定していなかった。今すぐ取り組むことが重要であるが、まだ準備が不足している。今後の2週間で4人のリソースを追加することを提案した」。

各項目のその他の詳細情報は、同じファイル内の別のワークシートに記入するか、詳細を記述した別のファイル名をリスト化する。

最終的またはほぼ最終的な提案事項のリストを、別のワークシートに追加する。必要に応じて分類し、

優先順位をつける。例えば継続的に監視すべき具体的なビジネスルールや、データ品質チェックの分類を追加するとよい。プロジェクト全体を通してこれらを文書化しておけば、**ステップ9コントロール**の監視の段階に入ったときに、より簡単に実施できるようになる。

図6.3は結果を分析し文書化する際の、テンプレートの使用例を示している。情報が分かっている場合と分かっていない場合があることに注意。プロジェクトを進めていくうちに、以前の結果をさらに理解するのに役立つ追加情報が見つかるかもしれない。

ステップ／アセスメント／テクニック／アクティビティ	主な考察／学んだ教訓／明らかになった問題／ポジティブな発見	既知または考えられる影響	想定される根本原因	初期の提案	アクション／フォローアップ／未解決の質問
ステップ2：情報環境の分析					
人／組織、プロセス、データの間の相互作用	Aチームは、顧客レコードを参照するだけと想定していたが、実際はアプリケーション1の中で顧客レコードを作成していた。	Aチームが作成するデータは他のチームが作成する同様のデータと一貫性がない可能性が高い。クレジットチームはアプリケーション1と2の両方のデータを利用する。差異があった場合は、顧客への信用額を決定する際にどちらのデータを利用すべきか判断できない。	Aチームはデータ入力やデータ標準のトレーニングを受けたことがない。このことは顧客レコードの品質に悪影響を及ぼしかねない。	Aチームにおけるデータ入力の役割を理解するために、組織構造、役割、責任範囲を確認する必要がある。もしAチームが他のチームと重複するデータ入力を行っているならば、人や責任をシフトすべきかどうかを判断する必要がある。いずれにせよ、データ入力を行う全チームに対して、標準に則ったデータ入力方法とその重要性に関するトレーニングが必要かもしれない。データアナリストは、データ入力トレーニングのドラフト版作成のために、このステップで得た知見を利用できるだろう。	ステップ3のデータ品質の評価において、Aチームが作成するデータの品質とBチームが作成するものとの間に差異があるかどうかを判断する。もともとはAチームがアプリケーション1で作成した顧客データのみプロファイリングを行う計画だった。加えて、Bチームがアプリケーション2で作成したデータもプロファイリングを行い、比較する。これはプロジェクトスコープに一貫性と同期性のデータ品質評価軸を加えることになり、追加の時間が必要となる。データ品質チームはBチームの管理者の合意を得ること、プロジェクトスポンサーからスコープ増加の了承を得ることをリードする。
ステップ2.1 関連する要件と制約の理解	品質評価の対象となっているデータのいくつかに対して、法務部門で明確な要件があることがわかった				データ品質評価の結果を、法務部門の専門家にレビューしてもらうことに関して合意を得る。プロジェクトチームのデータアナリストに法的要件を確認してもらい、それをコンプライアンステストやデータ入力トレーニングの一部にできるように、データのルールとして定義してもらう。
ステップ2.2 関連するデータとデータ仕様の理解	2つのチームが同一エンティティに対して矛盾のあるデータモデルを保守していることが確認された。	2つのアプリケーションで生成される同一データは一貫性がない可能性が高い。データ利用者の混乱を招く可能性がある。			アプリケーション1のデータとアプリケーション2のデータを比較し、問題の影響範囲を確認する。2つのチームのデータモデラーを巻き込む。
ステップ3：データ品質の評価					
ステップ3.3 データの基本的整合性 – 完全性／登録率	親の組織ID番号の登録率が想定していたよりも低い。	登録率の低さは、危機的とまでは言えない。			登録率が本当に低いのか、それとも親組織IDを持たない独立会社が複数あるのか、データアナリストとSMEに確認してもらう。
ステップ3.3 データの基本的整合性 – 一貫性	30％のレコードで国コードと国名の矛盾が見つかった。	レポートへの影響は何か。			必要な修正と防止策の実施を判断する前に、レポートへの影響を確認する。

図6.3 分析と文書化の結果の例

情報ライフサイクルのアプローチ

このセクションでは、情報ライフサイクルを表現するための4つのアプローチについて概説する。スイムレーン、SIPOC、IPマップ、表形式である。これは、第4章10ステッププロセスのステップ2.6関連する情報ライフサイクルの理解を補足するものである。ライフサイクルとPOSMADの紹介については、第3章キーコンセプトを参照のこと。

データフロー・ダイヤグラムやビジネスプロセス・フローはよく知られているかもしれない。これらは情報ライフサイクルを示したり、文書化したりするために使用できる。どのように可視化するにしても、目標はデータや情報ライフサイクルを通じてデータ、プロセス、人／組織、テクノロジーといった重要な構成要素間の相互作用を理解することであることを忘れないでほしい。ライフサイクル思考を使って1) 組織内にすでに存在する図や文書から、これらの重要な構成要素を認識する、2) 情報ライフサイクルに関連して何が欠けているかを評価する、3) 根本原因分析と改善（防止、修正、検出）のためのインプットをまとめる。ライフサイクルを定義する際に、利用可能な文書や知識を使用する。すでに手元にあるものを追加調査で補う。

スイムレーン・アプローチ
情報ライフサイクル（またはその一部）は、しばしばフローチャートを用いて図示される。フローチャートは水平、垂直、異なる詳細レベル等、様々な形をとることができる。フローチャートの例としては、プロセスフロー、プロセスマップ、フローダイアグラム、データフロー・ダイアグラム（情報の流れを図式化したもの）等がある。

私は特に、情報ライフサイクルを視覚的に表現するスイムレーン法を好んで使っている。スイムレーンとは、プロセスフロー・ダイヤグラムの一種で、プロセス、タスク、作業単位、役割等を水平方向または垂直方向のレーンに分割したものである。この方法は時の試練を乗り越え、1990年に出版されたGeary RummlerとAlan Bracheの著書、Improving Performance：How to Manage the White Space on the Organization Chart (third edition、2013)で広く知られるようになった。スイムレーン・アプローチは、ライフサイクルの各フェーズを通じて現れる4つの重要な構成要素（データ、プロセス、人／組織、テクノロジー）を一目で把握するために使用できる。POSMAD-計画 (Plan)、入手 (Obtain)、保管と共有 (Store and Share)、維持 (Maintain)、適用 (Apply)、廃棄 (Dispose) を思い出してほしい。

- データ：図示の主題そのもの。例えば、サプライヤー・マスターデータのライフサイクル等。
- プロセス：プロセス内のステップは適切なシンボルを使用してスイムレーンに配置され、その間に矢印でプロセスの流れを示す。
- 人／組織：個々のスイムレーンは組織、チーム、役割を示す。
- テクノロジー：プロセスステップとテクノロジーとの相互作用を示すために、多くの場合、中央のレーンを使用した独自のスイムレーンに示される。

プロジェクトを進めるために、スコープ内にあるPOSMADのフェーズと重要な構成要素、そして必要

となるその詳細レベルを決定する。適切な詳細レベルがわからない場合は概要レベルから始め、その詳細が現時点で必要な重要情報になると思われる場合にのみ、より詳細に掘り下げる。テンプレート6.5は、横向きのスイムレーンのテンプレートである。

テンプレート6.6に示すように、スイムレーンを縦にすることもできる。これは組織レベルでよく機能し、各レーンには特定の組織単位の管理下にある情報ライフサイクルの活動と、それらの間の関係が示される。

図6.4は、フローチャートでよく使われる記号のリストとその定義である。ほとんどの情報ライフサイクルは、ここにある記号で十分に表現できる。

図6.5はスイムレーン・アプローチを用いた、サプライヤーマスターレコードの情報ライフサイクルを示している。マスターレコードを作成するための最初の依頼から始まり、いくつかのプロセスとステップを経て、サプライヤーマスターレコードの3つの主な用途である、サプライヤーへの注文、ベンダーへの支払い、従業員への経費の払い戻しが完了する。

サプライヤーマスターの情報ライフサイクルを調べると、最後のスイムレーン（用途の1つが従業員への払い戻し）のように、意味をなさないものがあることが分かる。従業員が旅費の払い戻しを受けるには、サプライヤーマスターレコードを設定する必要があった。「それはおかしい！」と言われるかもしれない。しかしそれが当時のプロセスだった。想定外のこと、面倒に思えることが数多く見つかるだろう。プロセスとテクノロジーは時間と共に進化し、ビジネスの変化に応じて回避策が生み出される。**図6.5**は、現在("as-is")の情報ライフサイクルである。現在の情報ライフサイクルを確認することは、重複作業を浮き彫りにし質の低いデータの根本原因を知る手がかりを得られるので、プロセス改善にも有用である。より効率的な将来("to-be")の情報ライフサイクルを開発するためにも、同様のスイムレーン・アプローチを使用できる。

テンプレート6.5　情報ライフサイクル・テンプレート - スイムレーン - 横型

タイトル：	データ／情報：
プロジェクト：	プロセス：
作成者：	人／組織：
日付：	テクノロジー：
役割A	
役割B	
テクノロジー	
役割C	
役割D	

第6章 その他のテクニックとツール

テンプレート6.6 情報ライフサイクル・テンプレート - スイムレーン – 縦型

タイトル：			データ／情報：		
プロジェクト：			プロセス：		
作成者：			人／組織：		
日付：			テクノロジー：		
サプライヤー	インプット／要件	プロセス	アウトプット／要件	顧客	備考

フローチャートの記号	説明
アクティビティ	プロセス内のアクティビティまたはタスクを示す。この記号は他の適切な記号がないときにも使用される。四角形内に簡潔なタイトルか短い説明を記述する。
プロセスの流れ	プロセスの流れや方向。
判断ポイント	プロセス内で判断が必要なポイントを示す。菱形からの出力は通常分岐条件を示す（例: Yes または No、真または偽、その他の判断基準）。菱形からの流れは選択されたオプション（判断）によって進む方向が決まる。判断の結果によって次の活動内容が変わる。
データ	電子的なファイルを示す。
データストア	データベース等のデータストア内の情報が、検索されたり配置されたりする場所を示す。
ドキュメントまたはレポート／複数のドキュメント	ドキュメントやレポートとして取得される情報を示す（例：ハードコピー形式、報告書、コンピューターからの印刷物）。
ターミネーター	端子。フローチャートの開始と終了を示す。
コネクター	フローチャートの同一ページの離れた場所または別のページにフローが継続することを示す。円内に文字や数字を記入し、継続先を表す。
検査	検査活動を示す。処理の流れは一旦停止し、アウトプットの品質の強化が行われる。一般的にはここまでの活動を担当した者はこの検査は行わない。いつ承認が必要かも指定できる。
注釈	点線で指し示した記号に対する追加情報を注釈として記述する。フローチャートの記号に対して点線の接続線と四角形で示すので、実線で示した処理フローとの混同を避けることがでる。
入出力	処理への入力と処理からの出力。

図6.4 一般的なフローチャート記号

タイトル	サプライヤーマスター情報ライフサイクル	データ	サプライヤーマスター
プロジェクト	サプライヤーマスターデータ品質改善	プロセス	サプライヤーマスターレコードの作成、利用、維持
作成者	ML	人／組織	調達、買掛金、サプライヤー、従業員
日付		テクノロジー	サプライヤーマスター、ERP

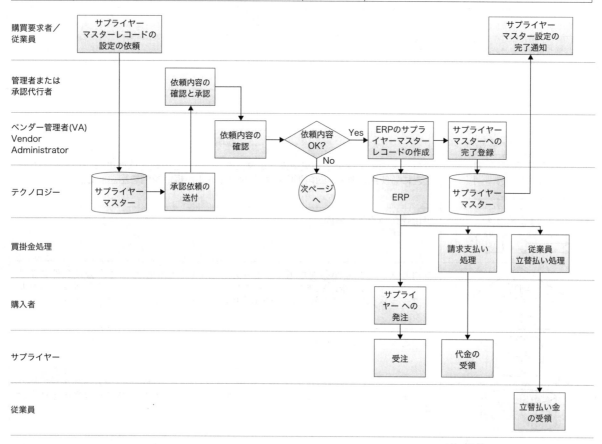

図6.5 横型スイムレーン・アプローチを使用した情報ライフサイクルの例

SIPOC

SIPOC図は、プロセスマネジメントや改善（シックスシグマやリーン生産方式等）において、ビジネスプロセスの主要な活動を示すためによく使用される。これはプロセス全体を一目で見るのに便利である。また情報ライフサイクルの可視化にも使用できる。SIPOCとは、Supplier-Input-Process-Output-Customerの略である。サプライヤー（Supplier）はプロセスに関わる情報、材料、その他のリソースを提供する人々や組織を示す。インプット（Input）とは、サプライヤーがプロセスに提供する情報や材料のことである。プロセス（Process）とは、入力を変換し、理想的には付加価値を加える一連の手順を指す。アウトプット（Output）とは、製品、サービス、情報等、顧客が使用するものである。顧客（Customer）とは、プロセスからのアウトプットを受け取る人、組織（内部または外部）、別のプロセスを指す。主要な要件をこのモデルに追加することもできる。SIPOC はより詳細なプロセスマップが必要な場合に、その境界を設定できる。テンプレート 6.7 に、SIPOC 図のテンプレートを示す。

テンプレート 6.7 情報ライフサイクル・テンプレート - SIPOC

タイトル：			データ／情報：		
プロジェクト：			プロセス：		
作成者：			人／組織：		
日付：			テクノロジー：		
サプライヤー	インプット／要件	プロセス	アウトプット／要件	顧客	備考

情報プロダクト・マップ（IPマップ）

情報プロダクト・マップ（IPマップ）は、情報ライフサイクルを可視化するもう一つのアプローチである。ソフトウェアとリサーチのコンサルタント会社であるIQOLabのCEO兼創設者であるChristopher Heienによれば、IPマップは情報プロダクト（IP）を製造するための情報・マニュファクチャリングシステム（IMS）全体のデータとプロセスを表している。入力はデータユニット（DU）であり、システム全体を流れるデータを概念的にグループ化したものである。IMSは、データから情報を作成するための一連のプロセスである。IPとは、顧客（情報を使用／活用する人を意味する）に届く前のデータの最終的な形である。IPはレポート、取り引き（販売注文、請求書、クレーム、サービス要求等）、他の形態（PowerPointプレゼンテーション、オーディオファイル、グラフィック、テキスト等）をとることができる。まだ新しいモデルと考えられているIPマップは、IMSを文書化し、DUコスト、品質、純価値を意識しながらデータの流れをシミュレートするために使用される。IPマップは必ずしも物理的なデータフローを示すとは限らず（示すかもしれないが）、データフローの知覚的な認識を示すこともある。図6.6はIMSの基本的な表現をIPマップとして示しており、ステークホルダーの役割やSIPOCのグループ分けによる分割も示している。

例としてIPマップは、配送に関連するデータで何が起こるかを示すために使用できる。IP利用者1は、荷物を配達するために情報を必要とする配送ドライバーかもしれない。配送ドライバーにとっての情報プロダクトの価値は、配送が無事に完了しドライバーに報酬が支払われることである。利用者2は配達

日時に関する情報を得る顧客であり、その価値は顧客満足度向上とリピーターになる可能性を高めることかもしれない。利用者3は、ビジネスインテリジェンス・グループのアナリストで、配送情報を使ってレポートを作成し、荷物をより速く配送する方法を探ろうとしている。利用者への情報プロダクトの受け渡しにはコストがかかるが、同時に価値をもたらすものでなければならない。情報製造システムにおけるこのような相互作用を理解することで、メーカーが製造ラインの経済価値を理解するのと同じように、情報プロダクトの経済価値を理解できる。

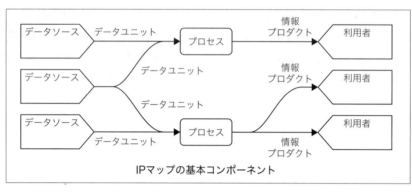

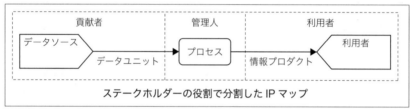

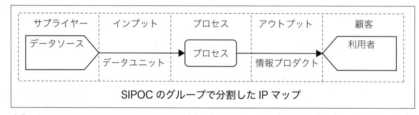

出典：C.H.Heien, University of Arkansas at Little Rock, **Modeling and Analysis of Information Product Maps**. Thesis (Ph.d.) (2012) 許可を得て使用

出典：Modeling and Analysis of Information Product Maps の図 1,3,4
C.H. Heien, University of Arkansas at Little Rock による博士論文
https://library.ualr.edu/record=b1775281~S4 で参照可能。許可を得て使用

図6.6 IP マップの表記

> 📖 **定義**
>
> **情報プロダクト・マップ（IPマップ）** とは、「請求書、顧客からの注文、処方箋等の情報プロダクトがどのように組み立てられるかを理解し、評価し、記述するのを支援するためにデザインされた図式モデルである。IPマップは組織内で日常的に生産される情報プロダクトの製造に関連する詳細を把握するために、体系的に表現することを目的としている。」
>
> - Richard Y. Wang, Elizabeth M. Pierce, Stuart E. Madnick, Craig W. Fisher（Eds.）,
> Information Quality（2005）, p. 10.

このセクションの執筆にあたり、Christopher Heienの協力と専門知識に感謝する。IPマップの詳細についてはC. H. Heienの博士論文Modeling and Analysis of Information Product Maps（2012）；Heien他のMethods and Models to Support Consistent Representation of Information Product Maps（2014）；Lee他のCEIP Maps：Context-embedded Information Product Maps（2007）を参照のこと。

表形式アプローチ

表形式アプローチは、データライフサイクルに関する情報を収集するシンプルな方法である。一連のライフサイクルタスクやステップの重要な属性を文書化し、理解するための表を作成する。表形式アプローチは、タスク、役割、時期、依存関係等のギャップや矛盾に関する詳細情報を、簡単に示すことができるので有用である。またライフサイクルの新しいプロセスを開発する際にも、このアプローチを使うことができる。**表6.2**は、表形式アプローチの使用例を示しており、テンプレートとしても使用できる。列見出しを修正して、サマリー情報の下の行の各アクティビティやタスクについて最も把握すべき重要な情報を反映する。

- **表のヘッダー情報**。ここまでで情報品質に影響を与える4つの重要な構成要素、すなわちデータ、プロセス、人／組織、テクノロジーを認識していただけたと思う。重要な構成要素が全てのタスクに適用される場合は、ヘッダーはそのままにする（例えば、表全体が財務データに適用される）。タスクによって重要な構成要素が異なる場合は、そのコンポーネントを表す列を追加する。
- **No.** 参照しやすいように、タスクに番号を振る。
- **アクティビティ**。動詞─名詞の形式（訳註：英語で主語を省略した文型。）で活動やタスクを記述する。
- **手動／自動**。タスクが人によって完了するのか、プログラムによって自動的に完了するのかを示す。
- **時期**。アクティビティがいつ行われるかを記述する（例：日次、月次、四半期、年次）。必要に応じてより具体的に記述する。例えば、時間帯（毎日13:00UTC）、毎月何日（平日の10日）、他のプロセスとの依存関係（四半期末決算完了時）等。
- **役割**。タスクを実行する人またはチームのタイトル。具体的な名前、チーム名、連絡先等の列を追加することもできる。
- **従業員／契約社員／ベンダー**。タスクを実行する人は会社の従業員か、契約社員か、それともサードベンダーか。指定によってコミュニケーション先や問題のエスカレーション先が異なる可能性があるため、この情報は有用である。
- **備考**。このステップの出力、参考文献、未解決の質問、問題点等の追加情報。

表6.2は、情報ライフサイクルの部分集合（この場合、財務情報のオンプレミス・テープバックアップのアーカイブと処分、つまり廃棄フェーズ）に対して、表形式アプローチがどのように使用されたかを示している。多くの空欄があるが、これはライフサイクルの理解にギャップがあることを示している。このギャップを、ヒアリングをして欠けている部分を補う機会として活用する。

この例ではタスクが従業員、契約社員、ベンダーのいずれによって行われたかを示すことで、どの管理者／チーム／組織とコミュニケーションをとるべきか、またプロセスレベルの作業者では解決できない問題を、どこにエスカレーションすべきかを判断するのに役立った。

このアプローチは、アーカイブと処分のプロセスにクラウドサービスプロバイダーを使用することで、同様の情報ライフサイクルを表現するために簡単に使用できる。サービスプロバイダーに確認し、密接に協力して、データが確実にアーカイブされ、時期が来れば最終的に完全に処分または削除されるようにする。データが「クラウドにある」ため、これらの詳細について心配する必要がなくなると誤解している人が多い。騙されてはいけない。データに対する責任は自分自身にある。

表6.2 情報ライフサイクルの例 – 表形式アプローチ

タイトル	財務データのアーカイブとオンプレミス・テープバックアップの処分	データ	財務情報
プロジェクト	財務データ・アーカイブ・プロジェクト	プロセス	
作成者	品質太郎	人／組織	財務、IT、保管業者、処分業者
日付		テクノロジー	コンピューターセンターXYZのテープバックアップとサーバー

No.	アクティビティ／タスク	手動／自動	時期	役割	従業員・契約社員ベンダー	備考
1	アーカイブする必要のあるレコードを特定する。	自動	?	法務？財務？	従業員	レコードのアーカイブ時期を誰が決めるのか。その基準は何か。
2	アーカイブ用に関連メディアにタグを付ける。					
3	タグ付きメディアは、他のメディアとは別に安全なデータセンターに保管する。					
4	タグ付けされたメディアを保管業者に転送する。					タグ付きメディアはどのように保管業者に転送されるか。
5	アーカイブされたメディアを最終処分時まで保管する。					
6	アーカイブされたメディアにタグを付け、最終的に処分する。		オフサイトの保管業者			レコードの処分時期は誰が決めるのか。その基準は何か。
7	最終処分のタグが付けられたメディアを破砕により処分する。		処分業者			

8	処分証明書を作成する。					証明書はどこに保管されるのか。
9	処分日、テープID、担当者、場所等を記録する。					処分情報はどこに記録されるか。

サーベイの実施

サーベイとは、状況、条件、意見を評価するための正式なデータ収集方法である。対象母集団の人々の意見を収集、分析、解釈することによって達成される。サーベイは個人を対面または電話でインタビューするだけの簡単なものかもしれないし、同じインタビューを多くの人と個別に繰り返すものかもしれない。ワークショップやフォーカスグループを数人で実施したり、オンラインで数百人から詳細な回答を集めたりするような複雑なものかもしれない。

サーベイはインタビュー、アンケート、フォーカスグループ、ワークショップの形を取れる。以下のステップ（第4章10ステッププロセスより）にはサーベイが含まれることが多く、このセクションの一般的な情報を活用できる。具体的なアンケートの手順や例については、各ステップを参照してほしい。

- ステップ1.1 - ビジネスニーズの優先順位付けとプロジェクトフォーカスの選択
    - スポンサー、ステークホルダー、ユーザーにインタビューを行い、現在ビジネスにとって何が最も重要かを発見し、その情報を、プロジェクトがフォーカスするポイントを選択するためのインプットにする。
    - プロジェクトの初期段階でステークホルダー分析を実施し、データ品質ワークにおけるステークホルダーの役割（プロジェクトに特化したもの、またはより広い視点でデータ品質プログラムに関するもの）、データ品質とビジネスニーズに対するステークホルダーの認識を把握する。
- ステップ3.1 - 関連性と信頼の認識（データ品質評価軸）及びステップ4.7 - 関連性と信頼の認識（ビジネスインパクト・テクニック）
    - スポンサー、ステークホルダー、ユーザーにサーベイを行い、彼らの次の認識を把握する。1) 関連性 - 彼らにとって最も重要なことと、低品質データが彼らの職務に与える影響を理解することにより、ビジネス上の価値を示すこと。2) 信頼性 - データ品質に対する彼らの意見。
    - データ品質とビジネスインパクトのどちらか一方の観点にのみ関心がある場合でも、サーベイ時にはその両方を調査する。
    - 関連性のサーベイ結果は、データ品質への取り組みに対するビジネスケースの構築に役立つ。またデータ品質プロジェクトに含めるべきデータの優先順位を決めたり、品質を評価したり、継続的な品質マネジメントを行うべき重要性の高いデータを選んだりする際の、インプットとして利用できる。
    - 信頼性のサーベイ結果は、データの品質に関する**意見**と、他のデータ内容のデータ品質評価に基づくデータ品質の**実態**とを比較するために使用できる。これにより、コミュニケーションを通じて認識と現実のギャップに対処できる。

- ステップ3.4 – 正確性（データ品質評価軸）
    - 正確性を評価する際に、信頼できる参照元が個人である場合はサーベイを使用する。例えば組織のデータストアに存在する自身に関するデータの正確性を確認するために、顧客にヒアリングできる。有効な結果を得るためには、十分に計画され標準化されたアンケートとプロセスが必要となる。
- ステップ4.4 - ビジネスインパクトを探る5つのなぜ
    - 同じテーマについて複数の人にこのテクニックを使う場合は、標準化されたプロセスと比較可能な結果を保証するためにアンケートを作成する。
- その他のステップ、アクティビティ、テクニック - サーベイ、インタビュー、アンケート、ワークショップ、フォーカスグループ、その他の正式な方法を通じて情報を収集する。

アプローチ

サーベイを作成し実施する際には、目的、形式、参加人数に応じて以下のステップを必要に応じて調整し、適用する。以下に説明するプロセスは、Sarah Mae Sinceroの **Surveys and Questionnaires - Guide** (2012)（クリエイティブ・コモンズ・ライセンス 表示 4.0 インターナショナル（CC BY 4.0）の下でライセンスされている）を参考に作成した。

1 サーベイの目的／業務上の必要性の明確化、サーベイのゴールの策定

なぜサーベイを行うのか。サーベイの具体的な狙いは何か。サーベイからどのような知見を得たいのか。プロジェクトの段階にもよるが、ステップ1と2でビジネスニーズと情報環境について行った作業が、これらに対する答えを与えてくれるかもしれない。

2 サーベイの母集団、サンプリング方法、サーベイ方法の特定

対象母集団

対象母集団を決定する。背景、経験、スキル、言語、地理的位置等を考慮する。データ品質プロジェクトの一環としてサーベイ対象の可能性のある母集団には以下のようなものがある：

- 組織の内部
    - 全従業員
    - チームまたは事業部内の全従業員または一部の従業員
    - ビジネスプロセスやトランザクションの一部、特定のアプリケーション、特定のレポート内等で、当該データを使用する全従業員または一部の従業員
- 組織の外部
    - 組織にデータを提供する、または組織のデータを使用するビジネスパートナー
    - 顧客データの正確性を評価するための参照元として信頼できる顧客
- 役割別
    - 役員、幹部、シニアリーダー
    - マネージャー、プログラムマネージャー、プロジェクトマネージャー
    - 関心のあるデータを使用する個人の担当者

サンプリング方法

多数の人をサーベイ対象にする必要があるが時間や資源の制約のために実現できない場合、サンプルと呼ばれる対象集団の部分集合を何らかのサンプリング方法を用いて選択しなければならない。データのサンプリングと同様に、サンプリング方法はサーベイ、テスト、アセスメントのために、母集団の代表的なメンバーを選択するために使用される手法である。代表的とは、実際にサーベイされた部分集合からの回答が、仮に全員からサーベイできたと仮定した場合の母集団全員の回答に近似していることを意味する。ランダムサンプリングは、サーベイ対象者のレコードの一部を選択する方法の1つである。サーベイ完了後、サンプルからの結果は母集団全体の結果を表していると推測される。対象母集団やサンプリング方法が、意図しないバイアスを含まないようにする。つまり対象母集団やサンプル方法によって得られたサブセットは、調査に必要な分野の母集団を省いてはならず、母集団のどの分野も多すぎたりしてはならない。

少人数をサーベイする場合、ランダムサンプリングのような自動化されたサンプリング方法は必要ない。しかしサーベイ対象者を選ぶ際に、サンプリングの考え方は考慮すべきである。具体的に誰をサーベイ対象にするのかを慎重に検討する。例えば大規模のチームから数人とか、販売代理店のトップ3とか、ある地域の顧客トップ10等。単に影響力のあるリーダーや数人のユーザーを選んで意見を聞きたいだけの場合は、ここで述べたようなサンプリング方法を気にする必要はない。

サーベイ方法

サーベイ方法とは、データを収集するために使用する手法のことである。目的とサーベイのゴールに最も合致し、リソースを最も有効に活用でき、予定の期間内に完了し、高い回答率を得ることができるサーベイ方法を決定する。回答率とは、達成率または返答率とも呼ばれ、サーベイに回答した人の数をサンプル数（つまりサーベイに参加する機会を与えられた人）で割ったもので、通常はパーセンテージで表される。サーベイ方法の例としては以下のようなものがある：

- オンラインサーベイ（インターネットまたはイントラネット）。オンラインでサーベイの回答を入力できるURLリンク付き
- 電話サーベイ。回答者に電話をかけ、回答をフォームに入力
- 対面または電話によるインタビュー。回答者に質問し、回答内容を記録
- 電子メールによるサーベイ。サーベイ内容の添付資料、またはURLリンクを含めた電子メールを送信
- ハードコピーのアンケート。回答者が手作業で記入し、郵送または直接手渡し
- フォーカスグループまたはワークショップ。ファシリテーターを交え、グループで質問を実施

本書で取り上げるいくつかの目的のために効果的なサーベイ方法の1つは、対面またはビデオ会議を通じて人に直接インタビューすることだ。回答すべき質問は、測定可能な尺度を利用して標準化する。これは結果を分析する際に、回答を定量化するのに役立つ。加えて更なる対話を進めるために、自由な回答を求める質問も盛り込むとよい。このプロセスによって、人々が直面している重要課題の全体像が明らかになることがよくある。サーベイは電子的に実施し、必要に応じてフォローアップの電話により回答を明確にするということもできる。

3 リソースの確認

サーベイに必要な予算、人材、テクノロジーがあることを確認する。サーベイには以下の人的リソースが必要となる。

- サーベイ実行担当者
    - サーベイを実施する人を募集する。インタビューを実施するのは、データ品質チームから1人か2人かもしれないし、複数人で回答を集めるかもしれない。
    - 全ての担当者にサーベイの背景と、サーベイを実施する理由を理解してもらう。
    - 質問内容を理解し、一貫性のある回答を取得し、参加を促すことができるよう、必要に応じてトレーニングを行う。
- アンケート回答者
    - サーベイの回答者が、質問に答えるのに適切な知識と経験を持っていることを確認する。
    - データを利用する社内ユーザーを対象にサーベイを実施する場合は、サーベイについて上司にも通知し、サーベイ実施の理由、そのチームが参加対象になった理由を理解してもらうことが有効である。上司のサポートは回答率を高めるのにも役立つ。
    - ビジネスパートナーをサーベイ対象にする場合は、自組織とビジネスパートナーとの間の公式な連絡係に計画内容を必ず伝える。
- サーベイへの支援者
    - 選択したサーベイ方法によっては、技術的なサポートが必要になる場合がある。例えばウェブサイトのセットアップや、回答を収集するためのデータベースの作成、回答からレポートを作成する仕組み等がある。
    - サーベイへの参加を促す管理者が必要となる場合もある。

サーベイに関わる全ての人に、積極的に協力してもらえるようにする。サーベイの目的と、サーベイを成功させるために果たす役割を理解してもらう。

4 アンケート、補足情報、サーベイプロセスの作成

アンケートおよび補足情報

アンケートは、サーベイ参加者に尋ねる一連の質問で構成されるサーベイ手段である。質問は考えや行動、好み、特徴、態度、事実を引き出すために使われる。補足情報とは、回答者の参加を促し、背景や経緯を解説し、サーベイの回答手順を説明するために必要なものである。以下の推奨事項は、情報を明確に提示するのに役立つものである。

- 導入部：回答者の視点からサーベイを考える。このサーベイを実施する理由、その結果の利用方法を説明する。回答者の所属組織や、回答者自身にとってのメリットを説明する。サーベイの機密性に関して注意を喚起する（機密性がある場合）。サーベイの回答期限を明記し、質問がある場合の連絡先を明記する。回答者の氏名、役職、組織内の職務／チーム等、アンケート結果の分析に役立つ適切な情報を収集する。インタビューを実施する際は、日時、場所、回答者、インタビューを実施する者、その他の参加者を記録する。

- **本文**：これは質問と回答のセクションである。包括的でありながらも簡潔でなければならない。回答欄は、回答者にとって記入しやすく、データを収集する側にとっても記録、保存、文書化が、やりやすい形式でなければならない。質問はあなたのゴールを目指すために必要な情報を、引き出すものでなければならない。
- **結論部**：これは回答者が追加情報、洞察、フィードバックを提供できるようにするものだ。最後に感謝の言葉で締めくくる。

質問には以下のようなものがある。

- 全て定性的かつ自由回答を求める質問で、選択肢は提供しない
- 全て定量的で、全ての質問に定量的な選択肢がある
- 定性的および定量的の組み合わせ

回答尺度

回答尺度は質問に対する標準的な回答方法を提供し、回答の分析を容易にする。サーベイで使用される回答尺度は、質問の種類によって異なる。回答は、「はい」と「いいえ」のどちらかを選ぶような単純なものから、複数の回答の選択肢から選ぶような複雑なものまである。回答尺度のオプションについては、ベストプラクティスのコールアウトボックスを参照のこと。各質問や回答の選択肢に重み付けをしたり数値を割り当てたりすることは、計算や分析に有用である。

 ベストプラクティス

サーベイの回答尺度-サーベイの質問に対する回答のオプション。各回答尺度には利点と欠点がある。経験則では、回答者が理解しやすく、調査員が解釈しやすい回答尺度を使用するのが最善である。

二者択一
絶対的に正反対の選択肢だけがある2段階選択肢。このタイプの回答尺度は、回答者は質問に対する答えを中立にすることができない。例として、
- はい／いいえ
- 真／偽
- 公平／不公平
- 賛成／反対

レーティングの選択肢
レーティングの選択肢は3つ以上のオプションを提供する。3段階、5段階、7段階の評価は、全てレーティングの選択肢に含まれる。例として、
1. 3段階評価 ：
    - 良い－普通－悪い
    - 賛成－どちらともいえない－反対

- 極めて – 中程度 – 全く
- 多すぎる – まあまあ – 少なすぎる
2. 5段階評価（リッカート尺度等）：
   - 強く賛成 – 賛成 – どちらともいえない／中立 – 反対 – 強く反対
   - 常時 – 頻繁 – 時々 – まれ – 皆無
   - 極めて – 非常に – 中程度 – やや – 全く
   - 非常に良い – 平均以上 – 平均 – 平均以下 – 非常に悪い
3. 7段階評価：
   - 並外れて良い – 極めて良い – 非常に良い – 良い – 普通 – 悪い – 非常に悪い
   - 非常に満足 - 満足 – やや満足 – 普通 – やや不満 – 不満 – 非常に不満

- Sarah Mae Sincero, Survey Response Scales（2012）
この記事の文章はクリエイティブ・コモンズ・ライセンス 表示 4.0 インターナショナル（CC BY 4.0）の下でライセンスされている。

サーベイプロセス

サーベイプロセスでは、サーベイの実施方法、各段階での関与者、時間枠に関する詳細を概説する。サーベイ実施中およびサーベイ前後に適切なコミュニケーションを行うことを忘れてはならない。サーベイプロセスを策定する際の背景として、POSMAD、情報ライフサイクル思考、データ品質のフレームワークを活用する。サーベイは独自のライフサイクルを持つ情報のひとつであり、質の高い情報でなければならない．

- （Plan）サーベイを**計画**する。
- （Obtain）サーベイの実施により、関心のある情報を**入手**する。
- （Store/Share）結果を**保管**し、プロジェクトチームがアクセスできる方法を提供して共有する。
- （Maintain）必要に応じて回答を**維持**し更新する。
- （Apply）回答結果を分析し、意思決定を行い、プロジェクトのゴールを達成するために行動を起こすことに、サーベイ結果を**適用**する。結果に関心を持つ人々や、結果に影響を受ける人々とコミュニケーションを図り、関係を深める。
- （Dispose）サーベイデータは適切な時期に**廃棄**するか、将来の参考のためにアーカイブする。このデータには、回答者リスト、結果を含むデータストア、分析、統合、提案、行動、その他の文書が含まれる。

5 アンケートとサーベイプロセスのテスト、必要に応じた修正

回答者が理解し適切に回答できるよう、分かりやすさを確認する。必要に応じて修正し、参加者により分かりやすいアンケートを作成する。サーベイツールを使用する場合は、結果を入力するためのユーザーインターフェースをテストする。データ入力が簡単かどうか、サーベイ結果を適切に分析できるかテストする。効果的なデータ収集方法を策定するために、必要に応じてサーベイを修正する。

6 アンケートの実施、サーベイの完了

サーベイ対象者のリストを作成または抽出する。選択したサンプリング方法を使用する。設計したプロセスでサーベイを開始する。サーベイ実施中に以下を行う。

- 結果を収集する。
- サーベイ期間中の回答状況を監視し、サーベイが順調に進んでいることを確認する。
- 目標とする数の回答が得られた場合、または期間が終了した場合は、サーベイを停止する。

7 回答データの処理、保存

サーベイ終了後、全ての回答が収集され、文書化されていることを確認する。情報は、将来参照できるようにする。

8 サーベイの回答の分析・解釈、結論の導出

詳細については、本章の結果に基づく分析、統合、提案、文書化、行動のセクションを参照のこと。サーベイ自体のコピー、サーベイ対象者のリストと人数、サーベイを実施した人のリスト、期間、使用したプロセス等を必ず保管する。品質に対する認識を、他のデータ品質評価で得られた実際の品質結果と比較する。

9 結果の共有、プロジェクトの目標達成への利用

サーベイ結果を聞く必要のある、それぞれの対象者に適したコミュニケーション方法を用いて、サーベイ結果を共有する。対象者にはプロジェクトのスポンサーやステークホルダー、何らかの形でプロセスを実施または支援した人、回答者自身とその上司が含まれる。回答者とフォーカスグループ・ミーティングを開催し、回答や認識について話し合うこともできる。決定したこと（または決定する必要があること）と、その結果を実行に移すための具体的な提案を重視する。人々とのコミュニケーションと関わり方については**ステップ10**を参照。具体的なサーベイ結果、得られた知見、ビジネスへの影響、データ品質問題の根本原因の示唆、第一次提案を共有できる。サーベイ資料のコピー、回答者、サーベイの依頼者数と回答者数、サーベイの計画・実施に携わった人、使用したサーベイプロセス等、サーベイの背景や追加的な詳細を付録として追加することもできる。

ビジネスニーズに対応し、プロジェクトの目的を達成できるよう、サーベイ結果をプロジェクトの意思決定に役立てる。

評価尺度

評価尺度はコントロールの一種である。**ステップ9コントロールの監視**にここでの説明を補足する情報がある。評価尺度は重要なデータ品質コントロールのひとつとなり、データ品質の問題を可視化することでビジネス価値を提供し、迅速に対処できるようになる。この可視化によって問題が最初に現れたときの対処が可能となり、修正が行われたときの進捗状況を示すことができ、採用された防止措置の成功を確認できる。しかし評価尺度やきれいなダッシュボードは、それ自体が目的ではない。評価尺度は以

下のような用途に役立つ。

- 意見を事実に置き換える
- リソースと努力をどこに集中させるかを決定する
- 問題の原因を特定する
- ソリューションの有効性を確認する
- データと情報を通じて、ビジネスニーズをサポートする行動を促す
- 適切に実施されている分野を認識し、アクションが必要でない分野を特定する

最後の一行の効果は過小評価されている。管理者は問題が本当にタイムリーに明るみに出ているのか、リソースが適切な場所に向けられているのか、何度疑問に思ったことだろう。評価尺度は、こうしたニーズを満たすのに有効である。緑色の評価尺度は安心できる、問題なし、対策は不要ということを意味する。赤は危険信号であり、今すぐ行動を起こさなければならないことを意味する。それはまた、最も必要とされる領域に対して行動が取られていることを意味する。評価尺度プロセスが十分な検討のもと作成されており、その目的に同意し、実行していることが前提である。

評価尺度を計画する際は、その理由、ビジネスへの影響、関心が持たれる理由を明確にする。その結果を最適化するのに必要十分な評価尺度を導入する。評価尺度が必要だから、かっこいいダッシュボードが欲しいからという理由で評価を行うことは決してない。情報は簡潔で、見やすく、使う人が理解できるものにする。

様々な対象者と用途に合わせた異なる詳細レベル

図6.7に示すように評価尺度の詳細を3つのレベルに分け、それぞれに異なる対象者と用途を考える。ダッシュボード（Dashboard）、ドリルダウン（Drilldown）、詳細（Detail）という3つのDを考えてみる。

ダッシュボード。サマリーレベルの評価尺度は、概要が一目で分かる。読者は判定指標と共に何が測定されたかをすぐに理解できる。判定指標は評価尺度の状態をわかりやすい言葉で示す。例えば緑色は「結果が目標を達成または上回る」、黄色は「結果が目標に達しない、または好ましくない傾向」、赤色は「結果が許容範囲外、または急激な好ましくない変化」を表す。

図6.7 評価尺度の詳細レベル

Chapter 6

第6章　その他のテクニックとツール

ドリルダウン。ドリルダウンはダッシュボードの評価尺度に関する追加情報を提供する中間レベルのビューである。ドリルダウンでは、ダッシュボードの数値に関する追加情報を示すが詳しすぎるということはない。ドリルダウンレベルでは、多くの場合、時間的な傾向や履歴が表示される。データ品質測定の結果や、目標との比較、各測定の判定指標が表示される。ドリルダウンレベルは、これらの要約された評価尺度や個々のテストが重要である理由を説明するのに適している。ドリルダウンレベルの主な対象者は、管理者、データスチュワード、より詳細な情報を必要とするその他の個人関係者だ。しかし、あくまでも詳細情報をサマリーしたレベルである。

詳細。詳細はデータ品質テストの出力であるレポートや、ドリルダウンやダッシュボードレベルの評価尺度のために、サマリーする際に利用した実際のレコードの形で提供されることが多い。詳細レポートは通常、管理者クラスが参照することはないが、評価尺度自体の正確性について疑問が生じた場合には、そのアウトプットを利用できるようにすべきである。品質評価の例外データとして特定されたものを修正するために使用する場合は、特定の者だけが作業を許されるべきである。例えばデータ品質チーム、ビジネスチーム、ITチーム等、その業務を行うのに最も適切と判断された者等である。これらのレポートは、根本原因分析や継続的改善のためのインプットとしても利用できる。このような詳細を見る権限を与えられた者だけが、アクセスできるように注意すること。

例と用語

一例としてダッシュボードレベルでは、主要な製品マスターのアトリビュート（製品名、測定単位等）を使用する4つのシステム間の一貫性の状況を要約して表示できる。また製品の企業データ標準への準拠レベルも含まれることがある。ダッシュボードレベルには、在庫、購買、注文入力、エンジニアリング、部品表、資材計画、原価管理でアイテムレコードがどのように使用されるかを、簡潔に説明するドリルダウンページへのリンクが含まれている。ダッシュボードレベルは、アイテムデータの質の低さが、いかに全てのビジネス分野にリスクをもたらすかを示している。

ドリルダウンには各システムの詳細レベルページへのリンクと共に、システム別の主要アトリビュートの状況が含まれる。詳細レベルでは、赤色評価に対するテストの詳細状況が示される。例えば根本原因の調査、防止活動、クリーンアップ活動等を誰が担当しているか、またそれらの取組みの状況等である。実際の例外記録があるファイルへのアクセスを管理するために、更新を担当する責任者にリンクと共に通知がEメールで送られる（そのリンクはオンラインで参照できる評価尺度のページにあるのではない）。

重要なポイント：このセクションでは、データ品質の測定と継続的な監視かつ全体的な取り組みを意味する言葉として「評価尺度」を使用している。個々のデータ品質のチェックや測定を意味する言葉として「テスト」を使用している。あなたの組織では、それぞれの測定やテストを何と呼んでいるだろうか。評価尺度か、ビジネスルールか、データ品質チェックか。私のクライアントのほとんどは、すでに独自の用語を使っている。もしあなたの組織がすでに一連の用語を使用しているのであれば、その用語に統一すること。そうでない場合は、プロジェクトチームとして用語を定義し、一貫して使用する。

評価尺度の一般的ガイドライン

以下は評価尺度を使い始める際に、留意すべき重要なポイントである。

- ビジネスニーズへ関連付ける（顧客、戦略、ゴール、問題、機会）。これらの影響を与えるものを測定する。
- 改善が必要な点を追跡し、それを明確に示す指標となる。
- 望ましい行動を促進する。望ましい行動を定義する。次に望ましい行動を理解し、奨励するために必要な評価尺度を決定する。評価尺度は行動を変えることができる。あなたが望む行動に変えるようにする。そうしなければ、求めたものは得られるかもしれないが、本当に望んでいたものとは限らない。
- 適用が比較的容易であること。業務を複雑化させたり、過度の負荷を生じさせたりしないこと。
- シンプルで、わかりやすく、意味のあるものであること。チームメンバーはそれを他の人に説明できなければならない。
- 共通言語を作成するか、既存の共通言語を利用する。多様なチームメンバーや評価尺度を使用する人の間での共通言語を使用する。
- 正確に、完全に、タイムリーに収集する。データ品質評価尺度は、それ自体のデータ品質が高くなければならない。
- 表現と可視化が正確であること。ステップ3.10プレゼンテーション品質はここでも適用される。たとえ基本的な数値が正しくても、評価尺度の可視化が誤解を招いたり、誤解を助長したりするものであれば、評価尺度自体が質の高いものとは言えない。
- バランスの取れた全体像を提供する。どれか一つのデータにフォーカスすると、他を犠牲にしてそのデータを改善することになりかねない。いくつかの一般的な評価尺度を追跡して、チェックやバランスとして機能させるとよいだろう。
- レビューの実施　データやプロセスに最も近い人たちの経験を活用する。評価尺度を確立しようとする試みを議論し、全員に改善点を見つけるよう要請する。評価尺度が使用されるにつれて、それに関する疑問や問題を報告するよう全員に依頼する。

> **！警告**
>
> 評価尺度は行動を変えることができる！評価尺度は、あなたが望む行動を変えるということを認識してほしい。そうしなければ、求めたものは得られるかもしれないが、本当に望んでいたものとは限らない。例えばデータ品質評価尺度で完全性／充足率だけを測定している人を見たことがある。これは納得できる、なぜなら彼らが最初に知りたいのはデータが存在するかどうかだからである。完全性／充足率だけを測定することの問題点は、データを入力する人たちが評価尺度を向上させることだけのために、フィールドにまず何でも記入するということを助長することである。このような場合、完全性の評価尺度は上がるが、データの品質は実際には下ってしまう。これを防ぐために、必ず完全性に加えて有効性の評価尺度を含める（レコードのx%がフィールドに値を持ち、そのうちx%が有効である）。

Chapter 6
第6章　その他のテクニックとツール

結果の解釈

状況指標。数値はそれ自体で何をすべきかを教えてくれるものではない。評価の結果を他の人が正しく解釈できるように、結果の状況を表現しなければならない。これは取るべき行動があれば、それを判断するのに利用できる。状況指標はそのコンテキストを提供する。判定状況を示すための尺度と定義を決定する。例として。**図6.8の2**つの例を参照のこと。

状況選択基準。個々のテスト結果について、状況指標をどのように割り当てるかを正確に決定しなければならない（例えば、データ品質ルール1が100％未満の場合は緑色ではないのか。どの時点で結果が赤になるのか、つまり対策が必要なのか）。私はこれを「状況選択基準」と呼んでいる。状況選択基準をどのように決定するかは、繰り返しになるが、コンテキストが全てである。必要なコンテキストを提供し、評価尺度の状況選択基準を決定するために使用できるテクニックについては、**ステップ4.9ランキングと優先順位付け**を参照のこと。図6.9は評価尺度に適用されるランキングと優先順位付けのセッションの結果を、どの様に記録するかの例を確認して欲しい。

次に、ランク付けセッションで得た知見を利用して、最終的な状況選択基準を設定する。図6.9では、「患者生年月日」の全体的なランク付けが「高」であったとする。図6.10評価尺度の判定選択基準の例の入力として、この情報を使ってみる。患者生年月日は重要なアトリビュートなので、判定選択基準は「緑」を100％に設定した。100％を下回ると判定が赤になるため、黄色の判定は適用されない。テストされる患者生年月日のデータ品質ルールが2つあることが分かる。患者生年月日のテストを両方とも一緒にランク付けした場合、状況選択基準は両テストで同じにする。同じ考え方で、全てのデータ品質テストの状況選択基準を設定する。

図6.9と図6.10のデータ品質ルールの例は、全て**ステップ3.3データの基本的整合性**で使用したテクニックであるデータプロファイリングを使用して実行したものである。データ品質評価軸は、その評価軸を評価するために使用されるアプローチによって大まかに分類されることに注意したい。つまりデータをプロファイリングするということは、ここに挙げた2つのテスト（完全性と有効性）よりも、患者生年月日、診断コード、その他のデータフィールドについてより詳しく知ることができるということだ。継続的に監視するためにどれが最も重要かを決めるべきだ。監視にはコストがかかるので、何が価値あ

図6.8　状況指標の2つの例

ランキングと優先順位付けワークシート ― 評価尺度の状況選択基準への入力

ランク付けの観点／代表の決定 例：事業部、部課、重要な業務プロセス、重要な役割				受付	病院管理部門	看護師	内科医	全体ランク（域の中で最高いもの*)）
テスト#	データエレメント	DQルールのタイプ	DQルールの定義	この行には各列に各領域をランク付けするにあたっての代表者とその役割を記入する。例）エンタープライズ・データスチュワード、対象領域専門家、部門長				
1A	患者生年月日	完全性	生年月日項目に値が存在すること					例）高
1B	患者生年月日	有効性	有効性=値の形式がYYYY-MM-DDであること					
2A	診断コード	完全性	診断コード項目に値が存在すること					
2B	診断コード	有効性	値が診断コード参照テーブルの有効なコードと一致すること					
…								

ルールやテストが失格の場合、<事業部、部門、重要ビジネスプロセス、重要な役割>にどのような影響があるか？
　高 ＝プロセスの完全な失敗や容認できない財務問題、コンプライアンス問題、法的問題、同様の高いリスク
　中 ＝プロセスが阻害され、結果的にいくつかの経済的影響につながる
　低 ＝結果的に軽微な経済的影響がある
　― ＝ここはデータ品質テストが行われない
例）患者生年月日の完全性テストが失敗の場合（生年月日が欠落している等）、受付にどのような影響があるか？
　　患者生年月日の2つのテストを別々ではなく両方一緒にランク付けできる
　　＊全領域のなかで最も高いランクが最終的なランクとなる。この最終ランクを状況選択基準の設定に使う。
例）影響が「高」の場合は、緑に設定する基準は100％かそれに近いものにするべきである。

図6.9 評価尺度の状況選択基準への入力としてのランキングと優先順位付け

状況選択基準の評価尺度　　　緑　黄　赤

データ品質テスト番号	データエレメント	テストタイプ	テストの定義	緑の基準（結果が目標を達成）	黄の基準（結果が目標に達しない、または好ましくない傾向）	赤の基準（容認できない結果、即刻対策が必要）	注記	当月の結果
1A	患者生年月日	完全性	生年月日項目に値が存在すること	目標=完全性が100%	―	99.9%以下		
1B	患者生年月日	有効性	有効性=値の形式がYYYY-MM-DDであること	目標=有効性が100%	―	99.9%以下		
2A	診断コード	完全性	診断コード項目に値が存在すること	目標=診断コードが95-100%存在すること	94.9―85.0%	84.9%以下		
2B	診断コード	有効性	値が診断コード参照テーブルの有効なコードと一致すること	目標=列に値ある場合は100%診が有効な断コードであること	―	99.9%以下		

図6.10 状況選択基準の評価尺度の例

るものかをよく考える。**ステップ4.9ランキングと優先順位付け**がここで役立つ。あるプロジェクトでは当初、特定のデータフィールドを非常に重要なものとして優先順位をつけていた。ランク付けセッションで提供されたコンテキストでは、全ての事業部門がこのデータフィールドを低評価とした。そのデータフィールドを継続して監視する価値があるのかを問いたださなければならない。

可視化とプレゼンテーション

これまで紹介したスプレッドシートは、詳細を検討するためのものだ。結果をどのように報告し、可視化するかは別の問題である。可視化とプレゼンテーションとは、結果をどのように提示するかということである。人々が評価尺度から何かを学び、それをどう活用すべきかを理解して欲しい。データと情報の形式、外観、表示は、その用途をサポートするものでなければならず、**ステップ3.10プレゼンテーションの品質**で扱うデータ品質評価軸でもある。

同じ例を使って、どのように報告するか決めることができる。例えば、全てのテスト結果をデータエレメント別に報告したいか。データ品質評価軸や特性別（完全性や有効性等）に報告したいか。主要なビジネスプロセス、またはビジネスラインごとに、関心のある評価尺度を全て報告したいのか。肯定的な側面から結果を報告するか、否定的な側面から結果を報告するか（例えば、完全性の達成率が80％であることを報告するか、それとも20％のレコードでそのフィールドのデータが欠落していることを報告するか）。全てを肯定的または否定的のどちらかから報告することに一貫性を持たせることは、結果を見る側の混乱を避けるのには有効だ。また評価尺度の最終更新日時を表示するのも良い方法である。

一般的な可視化や情報・グラフィックス、あるいはダッシュボードのデザインについて学ぶのに役立つ多くのリソースが存在する。1983年に初版が発行され、2001年に改訂されたEdward TufteのThe Visual Display of Quantitative Information、これは古典的な名著である。
Stephen Few (2013)、Wayne Eckerson (2011)、Cole Kussbaumer Knaflic (2015)、Stephanie D.H. Evergreen (2020)、Dona M. Wong (2010) 等が私のお気に入りだ。コミュニケーションにグラフィックを取り入れる。私が早くから学んだことのひとつは、色覚異常の方を考慮することだ。色覚異常の方でも、またカラーグラフィックがグレースケールや白黒で印刷されている場合でも、色が区別できるようにする。色を補うために形やパターンを使用することは、ここで役立つ。

この限られたスペースで私が言えることは、対象者を念頭に置くことだ。例えば管理者（状況を素早く知りたい人）、あるいは管理者を含む結果に基づいて行動する人たち。デザインし、プロトタイプを作り、フィードバックを得て、調整し、それを繰り返す。利用する可視化ツールやレポーティングツールによっては、オリジナルデザインは使用できないかもしれない。一方ツールには、普段まったく使用しない可視化のオプションが提供されているかもしれない。評価尺度の本番運用が始まったら引き続きフィードバックを受け入れ、質問やフィードバックがある人が評価尺度の責任者に簡単に連絡できるような仕組みをプロセスに組み込む。プロセスにテストの追加／削除、プロセス自体の更新／改善の機能が含まれていることを確認する。データ品質評価尺度を他のビジネスダッシュボードに統合する方法を検討し、データ品質が管理者にとって他の定期的な確認項目と同様に重要であることを示す。ある企業のデータ品質評価尺度については、**10ステップの実践例**のコールアウトボックスを参照のこと。

コミュニケーションと巻き込み

この評価尺度のセクションを通して評価尺度に関わることは全て、コミュニケーションをとり、支持を得て、準備をし、耳を傾け、他者を巻き込む必要があることに気づいていただけたと期待する。データ品質テストの実施と同様に、人々を巻き込むことが評価尺度の成功に不可欠であることを認識する。

> ### 覚えておきたい言葉
>
> 「ダッシュボードは視覚的認識が持つ途方もない力を活用して、迅速かつ効果的にコミュニケーションできるように設計できるが、それは視覚的認識を理解し、人々の見方や考え方に沿ったデザインの原則と実践を適用する場合に限られる。」
>
> - Stephen Few, Information Dashboard Design: Displaying data for at-a-glance monitoring (Second edition, 2013). p. 1.

10ステップの実践例

評価尺度 - データ品質の状態、データ品質のビジネス価値、プログラムのパフォーマンス

背景

ミシェル・コッホ(Michele Koch)、バーバラ・ディーマー(Barbara Deemer)、そして彼らのチームに対して、データ品質評価尺度プログラムについて我々と共有してくれたことに感謝する。ナビエント社は米国のフォーチュン500に入る企業で、連邦、州、地方レベルの教育機関、医療施設、政府の顧客に教育ローンマネジメントおよびビジネスプロセス・ソリューションを提供している。データガバナンス・プログラムは、エンタープライズデータ品質プログラムを立ち上げた3年前から実施されていた。これには、エンタープライズ・データマネジメント戦略の一部であるデータガバナンス・プログラムの傘下に組織された、データ品質サービスチームも含まれる。データ品質サービスチームはデータ品質プログラムを管理し、データ品質要求、プロジェクト実行、本番サポート／データ品質ツール管理、継続的監視、データ品質コンサルティング、トレーニング等のサービスを提供している。彼らはデータスチュワードやデータガバナンス・プログラムの一員であるその他の人々と緊密に連携している。プログラムが導入されると、最初のプロジェクトは評価尺度の開発だった。評価尺度ダッシュボードは本番稼動し、現在は運用プロセスとして継続中である。評価尺度ダッシュボードの外観は図6.11を、評価尺度のプロセスフローの概要は図6.12を参照のこと。

評価尺度の説明

3つのカテゴリーの評価尺度が作成され、以下、報告された。

- **データ品質の状態** データ品質評価尺度(ナビエント社ではビジネスルールと呼ぶ)は毎週更新され、ダッシュボードの4分割の左上に表示される。ステップ3.3データの基本的整合性のプロセスは、サードパーティのデータプロファイリング・ツールを使用して、データ品質の初

期ベースラインを作成するために使用された。同じツールを評価尺度にも使用し、時間と共に変化する状態の監視、保存、レポーティングのための追加機能を活用した。ダッシュボードの可視化には別のツールを使用した。

- **データ品質からのビジネス価値** ビジネス価値の評価尺度は、データ品質ビジネスルールの最新の実行結果に基づいて毎月更新される。これらの評価尺度を開発するために、ビジネスインパクト・テクニックのうち3つを使用した。ステップ4.3用途、ステップ4.9ランキングと優先順位付け、ステップ4.10低品質データのコストである。彼らは自社に適用される低品質データによる典型的なコストを特定し、そのコストを会社の営業予算の項目にマッピングした。その後、各ビジネスルールに関連する具体的なコストを調査した。ビジネス価値の項目とその結果は、生み出された収益、回避されたコスト、無形の利益の3つのカテゴリーのいずれかにマッピングされ、要約される。要約された収益とコストは定量化され、ダッシュボードの4分割の右上に表示されている。無形の利益は、簡単に定量化できないものの強調すべき重要な価値を説明したものである。この説明はドリルダウンページで見ることができる（図には表されていない）。データ品質を管理することによる無形の利益は具体的な評価尺度にもよるが、リスクの低下につながる。そのリスクとは、評判の低下、組織の信頼の低下、従業員の士気の低下、顧客満足度の低下、規制やコンプライアンス上のリスク、効果的な競争力の低下、株主価値への影響等である。

- **データ品質プログラムのパフォーマンス** これらの評価尺度は、ダッシュボードの下の2つの四角に表示されている。これはDQサービスチームによる重要で付加価値のある、しかし気づかれることの少ない作業を可視化するものである 。この2つのセクションは毎月更新される。1) データ品質問題の数 -アーカイブ、完了済、進行中、監視中の数が含まれる。2) データ品質取組みの数-DQコンサルティング中、継続監視中、プロジェクト支援中の数が含まれる。

各評価尺度のカテゴリーごとに、詳細レポートからダッシュボードレベルの状況がまとめられている。各セクション内をクリックしてドリルダウンし、ビジネスルール別や事業部門別に基づいた情報を選択する機能がある。本番稼動後は経験を積みながら、新しい評価尺度の追加や、データスチュワードとの連携のための運用プロセスを改善し続けた。新しい評価尺度をリクエストしてから、本番稼動までの時間は劇的に短縮された。

評価尺度が確実に実行されていることを確認するために、チーフ・データスチュワードとデータガバナンス・プログラムディレクターは、プロセスに関与している人々の活動を確認し、作業を行っている人を評価し、感謝し、必要であれば上司にフォローアップを行い、より前向きな参加を促している。

ビジネス上のメリット

10年以上にわたり、その評価尺度から示される価値は他の企業イニシアチブの資金源となり、ナビエント社の収益増加、コストと複雑性の減少に貢献してきた。またデータに自信を持ち、組織全体のデータリテラシーを向上させることができた。同社のデータガバナンス・プログラムは、長年にわたっていくつかの業界賞を受賞している。業界賞は組織にとってのビジネス価値を示すことができるかどうかが、重要な審査要素となっている。

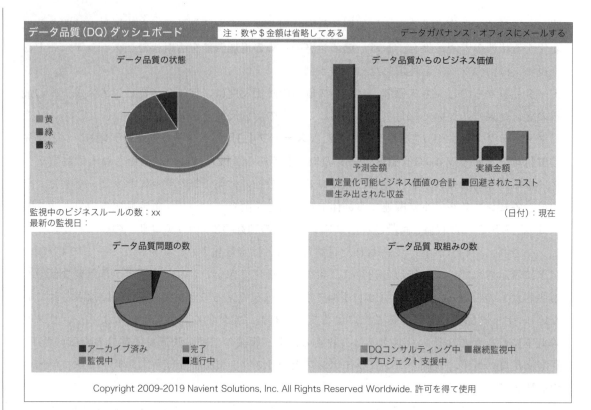

図6.11 評価尺度ダッシュボードの例

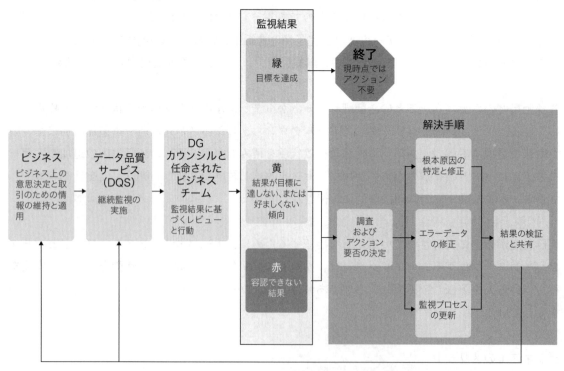

図6.12 評価尺度　プロセス概要

10ステップとその他の方法論と標準

あなたの組織が外部のアプローチ、方法論、あるいは標準を使用している場合は、その方法論に加えて10ステップも良く理解できるようになると良い。10ステップにある適切なステップ、アセスメント、テクニック、アクティビティを使用し、それらのアプローチで取り組まれている（または取り組むべき）データ品質ワークを強化できる。ここでは2つだけ取り上げる：シックスシグマとISO8000データ品質である。

シックスシグマ

シックスシグマとは、欠陥を削減してゼロに近づけることを指す。また組織のビジネスプロセスを改善するための手法でもある。シックスシグマは1980年代にモトローラで始まり、確立されて、多くの成功を収めてきた。10ステップはシックスシグマを補完するものだが、出発点が情報である点が異なる。10ステップは組織が関心を持つあらゆる事柄の成功を、それを支えるデータや情報を改善することで高めようとするものである。10ステップは、データ、プロセス、人／組織、テクノロジー、情報ライフサイクル、これらの相互作用を発見し、関係をより深く理解できるようにする。そこから新しくより良い解決策が考案され、管理されることができるようになる。

私はシックスシグマと10ステップの両方に精通している同僚の一人に、この2つの関係をどのように見ているかを説明してくれるよう頼んだ。彼は2つの見解を示した。1）シックスシグマが実施するために大規模な組織的取り組みを必要とするのに対し、10ステップは個人やどんな規模のチームでもすぐに利用できる。もちろん、どのような組織であっても、10ステップを広く活用することで利益を得ることができる。しかし組織全体のサポートがまだない場合でも、個人やチームが自ら10ステップを適用することで価値を得ることができる。2）10ステップを知っている人は、シックスシグマのプロジェクトのデータと情報の側面でより良い仕事ができる。

シックスシグマに精通している人にとって、10ステップはシックスシグマに不可欠なDMAICを使って理解できる。DMAICとは5つのステップの頭文字をとったもので、問題を明らかにすることから始まり、解決策を実装するまでの作業である。

- 定義（Define）。問題、要件、プロジェクトのゴールを記述
- 測定（Measure）。現在のプロセスの主要な側面に関するデータを収集、問題または機会を検証し、定量化
- 分析（Analyze）。データの分析、問題の深い理解、因果関係の検証、根本原因の発見
- 改善（Improve）。解決策の実装
- 定着（Control）。結果の測定・監視、必要に応じた対策の実施

図6.13はデータ品質改善サイクルをDMAICに、そして10ステッププロセスに大まかにマッピングしたものである。

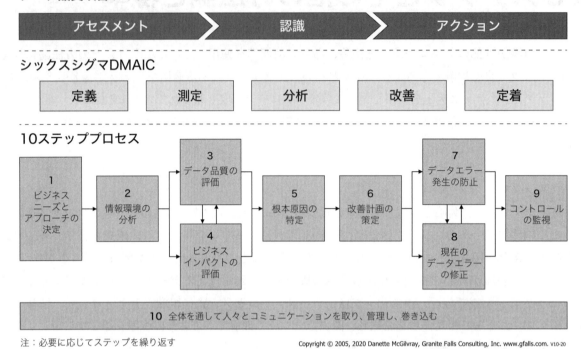

図6.13 10ステップとシックスシグマのDMAIC

Chapter 6

第6章　その他のテクニックとツール

 10ステップの実践例

シックスシグマと10ステッププロセスによるデータ品質の向上

図6.14はシックスシグマをプロジェクトの標準としているある企業が、10ステップの使用をどのように取り入れたかを示している。彼らはシックスシグマを、継続的な改善のための品質プロセスモデルとして位置づけた。それは定義（Define）、測定（Measure）、分析（Analyze）、改善／改革（Improve/Innovate）、定着（Control）を用いた、体系的で科学的かつ事実に基づいたモデル（DMAI2C）である。彼らは10ステッププロセスと共に、シックスシグマを基盤としたデータ品質の手法を作り上げたのである。

シックスシグマ・グリーンベルト認定プロジェクトでは、価格設定をサポートするためのプロセス改善とデータ品質強化を実現するために、DMAI2Cプロセスと10ステップの全てを活用した。ここには記載されていないが、その他のユースケースは10ステッププロセス内の適用可能な様々なステップを活用している。例えばビジネス活動がないにもかかわらず、活動記録が活動中のまま放置されるのを防ぐためのソリューションが検討された。

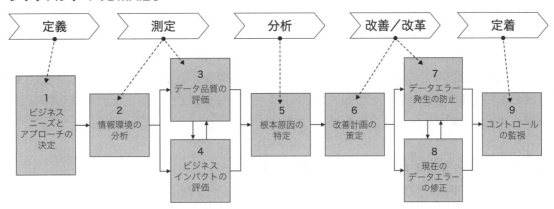

シックスシグマ・グリーンベルト認定プロジェクト
プロセス改善と特定のデータフィールドのデータ品質強化を実現するためにDMAICプロセスと10ステップのすべてを活用した

図6.14　10ステップとシックスシグマDMAI2Cのプロジェクトへの適用

ISO 8000：国際データ品質標準

2020年の時点で、国際標準化機構（ISO）は2万3000以上の規格を開発し発行している。ISOの目的は専門家を集めて知識を共有し、市場関連の国際規格を開発することである。その国際規格は革新を支援し、世界的な課題に対する解決策を提供するもので、自主的で合意に基づき開発されるものである。以下、データ品質に関連するISO規格を紹介する。このセクションの執筆にあたり、ISOに認定された産業データの専門家であるピーター・イールズ（Peter Eales）の協力と専門知識に感謝する。

ISO 9001 - 品質マネジメントシステム

読者は国際規格ISO9001-品質マネジメントシステムに馴染みがあるかもしれない。かなりの数のグローバル企業が、サプライヤーにISO9001の認証取得を要求している。例えば遠心ポンプを購入する場合、サプライヤーがISO 9001の認証を受けていることを要求するだけでなく、石油およびガスに関連する組織はポンプがAPI 610 - 石油、石油化学、天然ガス産業用の遠心ポンプ、または同じタイトルのISO規格であるISO 13709に適合していることを要求する。このように規格の適合条項を参照することで、買い手は納品された商品が要求された規格や仕様を満たしているかどうかを確認できる。

ISO 8000 - データ品質

ISO 9001で規定されている品質マネジメントの一般原則は、データ品質マネジメントにも適用される。しかしデータは無形であるため、データを製品として扱うための独自の品質マネジメント上の考慮事項がある。ISO8000-データ品質のシリーズは、新たなマネジメントシステムを確立するものではない。むしろデータが製品である場合のためにISO 9001を拡張または明確化したものであり、データ品質シリーズの規格である。ISO 8000はデータ品質に関する語彙に、ISO 9000シリーズの語彙の多く（全てではない）を採用している。ISO 8000ファミリーは多くの個別部分から構成されている。ISO8000ファミリーはデータ品質に関連する様々なサブジェクトエリアに分かれており、主な2つのサブジェクトエリアはデータ品質マネジメントとマスターデータ品質である。

ISO 8000-61 - データ品質マネジメント：プロセス参照モデル

60シリーズの中で、ISO 8000-61が本書の内容に最も関連する。これはデータ品質マネジメントに必要な詳細な構造を規定している（**図6.15**参照）。全体的なデータ品質マネジメントは、**第2章データ品質の実際**のデータ・イン・アクション・トライアングルのプログラム側と呼んでいたものに似ている。このプログラムはデータ品質を管理するための継続的な基盤であり、データ品質を維持するための重要な要素であるが、その詳細は本書の範囲外である。個々のISOプロセスのいくつかは、10ステッププロセスのステップ、テクニック、アクティビティにマッピングされており、それらの実行方法について詳細が記載されている。例えば、ISOの「データ品質の監視とコントロール」のプロセスは、**ステップ9コントロールの監視**に対応する。ISO 8000-61では、各プロセスはデータ品質の保証のために適用される目的、結果、アクティビティによって定義されている。このプロセスは、データ品質マネジメントのプロセスの能力や組織の成熟度を、評価し改善するための参考として使用されるため、この分野の改善を目指す組織にとって有用なロードマップとなる。ISO 8000-61はまた、データ品質マネジメントの基本原則、データ品質マネジメントプロセスの構造、各データ品質マネジメントプロセスの説明を含み、デジタルデータセットのデータ品質マネジメントをカバーしている。これらのデータセットには、データベースに格納された構造化データだけでなく、画像ファイル、オーディオやビデオの録画、電子

Chapter 6

第6章　その他のテクニックとツール

文書等非構造化データも含まれる。ISO 8000-61プロセスモデルの詳細については、Tim KingとJulian SchwarzenbachのManaging Data Quality（2020）を参照して欲しい。

ISO 8000-150 - データ品質マネジメント：役割と責任
組織が役割と責任の基本を理解したい場合に使用する。付録として**図6.16**および役割と責任に関する詳細な説明がある。組織がデータ品質プログラムを構築する場合、パート150から始めるとよい。

ISO 8000-100 - マスターデータ - 特性データの交換：概要
マスターデータ品質シリーズでは、データの品質をボトムアップ、つまり意味のある最小要素、プロパティ値、測定単位から取り組む。詳細は、ISO 8000-110 – Master data: Exchange of characteristic data: Syntax, semantic encoding, and conformance to data specification.　に概説されている。

ISO 8000 - データアーキテクチャ
ISO 8000 を支えるアーキテクチャには、データ仕様、データディクショナリ、識別スキーム等の要素が含まれる。図 6.17 は、ISO 8000-1 の図 1-データアーキテクチャを編集したものである。この図はISOの他の規格が、アーキテクチャの特定の要素をどのように規定しているかを示している。これらの仕様はデータ型、表現形式（フォーマット）、測定単位、測定条件（許容範囲等）、値の階層構造等、高

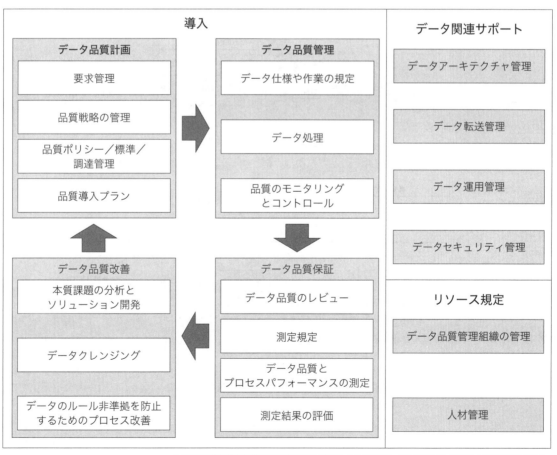

この図は国際標準化機構(ISO)の許可を得て転載したものである。ISO 8000-61 の図2として掲載されている。

図6.15　ISO 8000-61 データ品質マネジメントの詳細構造

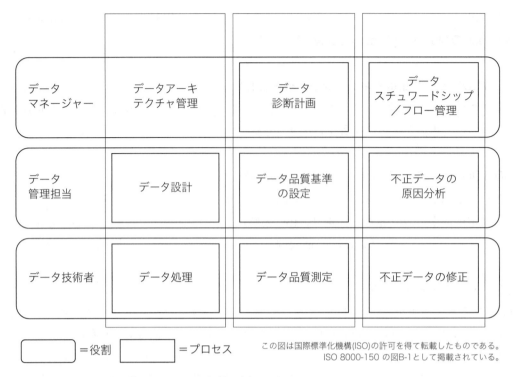

図6.16 ISO 8000-150 データ品質マネジメントの役割と責任

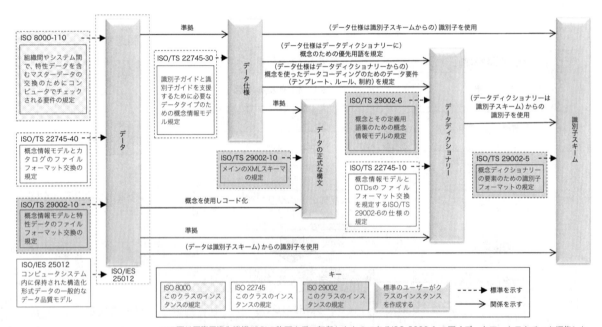

図6.17 アーキテクチャ内の要素を指定する他のISO規格と連携したデータアーキテクチャ

品質なデータを構成する規格を示すものである。

データディクショナリ関連のISO規格

低品質データに悩む組織に共通する要因は、データディクショナリがないことである。**図6.17**は、データディクショナリがISO 8000データアーキテクチャの重要な要素であることを示している。データディクショナリは ISO 29002 - Industrial automation systems and integration - Exchange of characteristic data および ISO 22745 - Industrial automation systems and integration - Open technical dictionaries and their application to master data で定義されており、同じ意味を持つ用語と定義をリンクし、各用語と定義の原典を参照するように設計されている。これらのデータディクショナリは、既存の規格と重複することを意図しているのではなく、個人、組織、場所、商品、サービスを記述するために使用される、包括的な用語集を提供するものであることに留意すべきである。データディクショナリは組織全体で一貫した用語が使用され、付随する定義を参照することで用語が理解できるようにすることに利用できる。

データディクショナリが識別子スキームの識別子を使用する場合、データをデジタル形式で交換できるという付随する利点もある。これはデータが機械可読であることを保証するために不可欠であり、組織のDX（デジタルトランスフォーメーション）の取り組みにおける重要な要件である。

ISO 25012 データ品質関連規格

ISO25000製品シリーズは、SQuaRE (System and Software Quality Requirements and Evaluation) とも呼ばれ、ソフトウェア製品の品質を評価するための、フレームワークの作成をゴールとしている。しかしISO/IEC 25012では、コンピューターシステム内に構造化された形式で保持されるデータの、一般的なデータ品質モデルを定義し、さらに次のような特有のデータ品質特性、または品質評価軸を定義している。正確性、完全性、一貫性、信頼性、最新性、アクセス可能性、コンプライアンス、機密性、効率性、精度、追跡可能性、理解容易性。これらの特性または評価軸は、本書に概説されているデータ品質評価軸にマッピングすることができる。

メリット

ISO 8000のような標準を採用することで、組織はデータ品質マネジメントに何が含まれるかを再定義する必要がない。適用方法は、組織の成熟度に合わせて段階的に管理できる。なお、標準は契約により参照することが可能である。すでに契約で標準を指定する組織も多い。多くの組織は、機械可読データを利用する能力を必要としていた。もしそうであれば、ISO 8000を適用することで、購入する品目やサービスの契約に適切な条項を追加できる。契約書にISO8000の関連箇所を引用することで、製品またはサービスに、その品目またはサービスのデータ記録を添付するよう求めることが実現できる。これにより両者は、以下の例のように納品物が契約を満たしているかどうかを検証できる。

請負業者、下請業者またはサプライヤーは、要請があった場合、本契約の対象品目に関する技術的データを以下のとおり電子形式で提供するものとする。
サプライヤーは、供給する製品またはサービスの技術的データを提供しなければならない。
各項目は、ISO 8000-115* 準拠の識別子を含む必要がある。この識別子は、曖昧性がなく国際的に認められた識別子を自由に複合してISO 8000-110** 準拠のレコードに、解決できるものでなければならない。

*ISO 8000-115 - マスターデータ - 品質識別子の交換：構文，意味及び解決の要求事項
**ISO 8000-110 - マスターデータ - 特性データの交換：構文，意味的暗号化及びデータ仕様への適合性

国際基準を適用すれば、本書の原則や標準との比較ができるようになる。本書と標準規格の両方が、一般的に合意された原則をいかに活用しているかを理解できるだろう。重要なのは本書がこれらの原則、さらには標準規格を実践的に実施する方法を示していることである。

データ品質マネジメントツール

データ品質ワークを始める時、最初にする質問が、「どんなツールを買おうか」である人が多い。ツールは有形であり、ベンダーの売り込みは魅力的だ。データは…そう…無形だ。それは分かる。しかしなぜ、どの様に、いつ使うのかも理解せずにデータ品質マネジメントツールを購入しても、電動のこぎりを買っても自動的にカスタムメイドのキャビネットが手に入るわけではないのと同じように、高品質のデータは手に入らない。適切なツールは仕事を楽にしてくれるが、ツールそれ自体では、ビジネスニーズをサポートするデータの品質は得られない。

どの様なツールをいつ、どの様に活用するのがベストなのかを知っている、その様なスキルと知識を持った人材も必要だ。そこで10ステッププロセスの出番となる。すでにデータ品質ツールを導入しているが効果的な使い方がわからないという場合は、10ステップが有用である。10ステップはツールを包む「ラッパー」であると考える。ベンダーは、ツールの使い方に関するトレーニングを提供すべきである。10ステッププロセスを使用することで、ビジネスニーズをサポートするデータに時間を費やし、データ品質の問題を引き起こした情報環境を理解し、どのデータを何故評価すべきかを判断し、データを改善するためにツールの結果をどの様に使用するかを、修正と防止の両方の観点から確実に行うことができる様になる。ビジネスニーズ、プロセス、データに関する適切な知識を持つ人が、テクノロジーを実装し使用するスキルを持つ人々と協力して初めてツールの価値が得られる。

テクノロジーの専門家を、成功に欠かせないパートナーとして扱うべきであり、実際そうである。もし私達がカーボン紙やファックスの時代に戻ったとしたらどうだろう。テクノロジーのおかげで私達は組織として、社会として、どんなに素晴らしい進歩を遂げたことだろう！　ツールは役に立つが、ツールだけでは奇跡は生まれない。このことを強調するのは、ツールへの投資が優先されると、データ品質マネジメントに必要な人材、プロセス、組織構造には資金が回らないことが多いからである。同じ過ちを犯してはならない。テクノロジー、プロセス、人／組織と同等にデータを重視する。

機能の背後にある手法に注意すること。人工知能や機械学習によって、以下の表で説明されている機能のいくつかが飛躍的に向上したとしても、それだけで高品質なデータが保証されるわけではない。人間の介入はほとんど必要ないと主張する人もいる。テストし、結果を見て、アルゴリズムを修正すればよいと。最初のデータ品質のベースラインのために結果を使用する前か、本番稼動させるより前に、ツールが必要ものを生成していることを確認すべきである。テクノロジーパートナーと協力して、基礎となる手法が提供する機能と、必要なリソースにどのような違いがあるかを判断する。お客様の環境内で

ツールがどのように使用されるかを理解する。

ツール中心の見方しかしないことへの注意を強調したが、多くのデータ品質タスクに役立つツールがあることを知っておくとよい。それらは必ずしも「データ品質ツール」と分類されているわけではない。ツールは賢く使う。

ツールの市場は常に変化しているので、特定のツール名やベンダーについて言及することはしない。その代わりに機能性にフォーカスする。ある年にはベンダーが提供したスタンドアローン・バージョンの機能が、翌年には競合他社に買収され、より大規模なツールセットの1モジュールになっている可能性もある。機能はオンプレミスまたはクラウド上のツールによって提供される。機能性やベンダーは、時間の経過とともに現れたり消えたりすることがある。機能のパッケージ化、統合、分離の方法も変わる。新しい機能や、古い機能に対する新しい用語に注意する。データマネジメントで使用される用語は、データサイエンス、統計学、ソフトウェア開発で同じ機能に対して使用される用語と異なる場合がある（データクレンジングとデータラングリング、もしくはデータマンジングとデータ編集）。今までにない方法で機能を統合し、創造する「次世代」ツールが登場し始めているので注目してほしい。

ツールに見られる機能

 ベストプラクティス

まずニーズを理解し、それからツールを見つける。ロマリンダ大学助教授のMichael Scofield氏（MBA）は、先にデータ品質のニーズを理解し、後からそれに合ったツールを見つけることの重要性を強調する。同氏は、ツールが役立つ3つの一般的なデータ品質ニーズを挙げている。
- **データの理解** データの意味や挙動を認識し、理解すること。
- **データの修正** 名前や住所の更新や検索置換特化の機能等、データの修正や更新。
- **データの監視** データが流れているとき、あるいは静止しているときに、新たな異常に注意を促したり、解決済みと思われていた継続的な問題を浮き彫りにしたりするテストを適用してデータをチェックする。

次のページからの2つの表は、ツールに見られる機能について説明している。ツールの機能やツールの種類は、適切に使用されればデータの品質を向上させたり、より高品質なデータを可能にする環境やシステム設計を作り上げたり、その他の品質問題に取り組むことができる。機能とツールに関する情報の作成において、Anthony J. Algminの専門知識と援助に感謝する。

- **表6.3**は、「データ品質」機能または「データクレンジング」機能として分類されることが多い機能について説明する。
- **表6.4**は、データ品質に影響を与えたり、データ品質をサポートしたりする可能はあるものの、通常は「データ品質」機能とは呼ばれない機能の一覧である。

表の使い方

表6.3と**表6.4**を次のように活用する：

- 表の機能、定義、例をよく理解する。
- データ品質ツールに分類されているかどうかにかかわらず、説明されている機能を持つツールを組織内で探す。ツールやベンダーの名前、使用中のバージョン、詳細情報の問い合わせ先、データ品質ワークをサポートするために機能やツールをどのように使用できるかをメモしておく。
- ベンダーが話していることを解釈するために、カンファレンスや、ベンダー主催のショーや、オンラインでツールを調べた内容等の情報を利用する。ツールから得られる具体的な機能と結果は、使用される各ツールによって異なる。問い合わせすることを恐れてはいけない！場合によっては、ツールに投資する前にオープンソースツールを使って実験することも有効だ。
- 同義語、定義、新機能、ニーズに合った特定のツール等が発見されたら追加する。
- 多くの新しいツールや伝統的なツールが、機械学習や人工知能によって強化されている。それでもなお、提供される機能を理解する必要がある。

表6.3 データ品質ツールにある一般的な機能

データ品質機能	定義と注意事項
データディスカバリーまたはデータ関係ディスカバリー	データ品質を管理するには、まずどのようなデータがあるのかを知る必要がある。ディスカバリーツールは複数のデータセットを確認して、利用可能なデータを特定し、データに隠された関係、変換、ビジネスルールを見つけたり、検証したりできる。 自動データディスカバリーツールの使用は、データ移行、データモデリング、ビジネスインテリジェンス、データ品質とガバナンスの取り組みをサポートし、ソースからターゲットへのマッピングプロセスを自動化できる。
データプロファイリング	データの存在、有効性、構造、内容、その他の基本的特性を発見するための分析テクニックを提供。ドメイン分析とも呼ばれる。他のツールでも、よく似た調査機能または分析機能を持つ場合があるが、データプロファイリングほど堅牢ではない。データプロファイリング・ツールはデータを詳細に解析し、関連するメタデータ情報を明らかにする。データプロファイリングは分析に使用されるが、プロファイリングツールは通常データを変更しない。ビッグデータの世界では、より大規模な情報のセットに最適化された同様のツールがある。 データのプロファイリングは、市販のツール（有償、無償オープンソースの両方がある）を使うことも、SQLを使用してクエリーを記述したり、レポートライターを使用してアドホックレポートを作成したり、統計分析ツールを使用したりする等、他の手段で行うこともできる。データプロファイリングから得られる有用な情報については、**ステップ3.3データの基本的整合性**を参照のこと。
クレンジングまたはスクラビング	データの準備や修正等、データの更新を示す一般的な用語。構文解析、標準化、データバリデーション、データ増幅、重複排除、変換等のテクニックが使用できる。使われることは少ないが、キーボード打鍵のエミュレーションという方法もある。 データサイエンスの世界でよく使われるデータラングリング（wrangling）やデータマンジング（munging）という用語は、分析に使いやすくするために生データをクレンジング、変換、強化、構造化することも指す。

		データクレンジング機能は、マッチング前のデータ準備によく使用される。フィールド自体の品質が高いほど、マッチング結果も良くなる。クレンジングツールは、大規模な更新のためにバッチモードで使用することも、アプリケーションに組み込んでオンラインでリアルタイムに使用することもできる。これは、データを最初に作成するときのデータ品質の問題を防ぐのに役立つ。
	構文解析（Parsing）	複数値のフィールドを個々の部分に分離する機能。例えば、文字列やフリーフォームのテキストフィールドを構成要素単位、意味のあるパターン、属性に分離し、それらのパーツを個別のフィールドに移動しラベル付けを行う。別々のフィールドにデータを持つことで、データをより柔軟に利用できる。例：商品説明の自由形式テキストフィールドを高さ、重さ、その他の物理的特性に分ける、フルネームを姓、名、ミドルネームのフィールドに分ける。住所を番地と通り名に分ける。
	標準化	類似のフォーマットや承認された値等、規則やガイドラインに従う形式に変更されたデータを示す一般的な用語。標準化は構文解析をやりやすくすることが多い。マッチング、リンク、重複排除をより効果的に実施するために、多くのツールでは標準化と構文解析の両方が使われている。例：古くから存在するコードリストを、新しいリファレンスデータテーブルにある承認された有効な値と比較して更新し、関連するアクティブなトランザクションレコードのコードを更新する。ソースシステムの電話番号の様々なフォーマットをターゲットシステムで使用される1つのフォーマットに標準化する。色々な形式で登録されている会社名を一つのバージョンに更新する。
	エンリッチメント（強化）、オーグメンテーション（増幅）、エンハンスメント（拡張）	既存のデータに新しい情報を追加することを指す用語。例：既存の物理的所在地の住所レコードにGPS座標を追加する。Dun & BradstreetのDUNS番号（共通で利用される企業識別コード）を追加してマッチングとエンティティの解決を改善する。 公的機関が提供する豊富なオープンデータセットがあり、膨大な量の情報を無料で提供している。この外部データは、内部データの有用性を高めるための追加的なコンテキストを与える。例：犯罪データ -危険な地域を特定し、定期的なパトロールの強化が必要な場所を決定するために地元警察が使用する。気象情報 - 道路の除雪と公共の安全を高めるための作業員のスケジュールを立てる際に使用する。過去のイベント情報 - 将来のイベントに備え、交通障害の発生を回避するために、地元交通が使用する。
	バリデーション（適合確認）とベリフィケーション（検証）	コンピューターに入力されたデータが正しいかどうかをチェックするために使われる一般的な用語。（ソフトウェアの世界では、この2つの言葉には特定の定義がある。データの世界では特別な定義はなく、両者は同じ意味で使われることもある）。 **バリデーション**（適合確認）：本番システムへの入力が標準や妥当性に順守していることを確認する。注：バリデーションは、その入力がそのレコードの正しいものであったかどうか（これは正確性である）を示すものではなく、その入力が有効な値であるかどうかを示すものである。 例： • 郵送先住所をその国の公認郵便サービスファイルと比較し、更新する。これはアプリケーションの一部として、新しいレコードが作成されたときにチェックする。バッチモードまたはリアルタイムで行うことができる。

	- 画面に入力されたデータが許容値の範囲内にある。そうでない場合、ポップアップボックスが警告を表示し、データ入力者は処理を続行する前にその値を有効な値に変更しなければならない。 **ベリフィケーション**（検証）：入力されたデータまたは作成されたコピーが、オリジナルのソースと正確に一致していることを確認するプロセス。 例： - データを2回入力し、その2回分を比較する二重入力。 - 入力されたデータを、別の担当者が元のソースや文書と照らし合わせてチェックするデータ校正。 - ディスクのコピーがオリジナルとまったく同じであることを保証する、データ検証機能を内蔵したバックアップソフトウェア。
照合（Reconciliation）	照合とは、プロセスの一貫性や互換性を持たせる際によく使われる用語である。 例： - 財務では、銀行明細書の照合 - テクノロジーでは、データソースからのレコード数とターゲットにロードされたレコード数の照合 多くの照合はデータの品質を保証しているが、通常はそのように紹介されることはない。すでにデータ品質をサポートしている組織の標準プロセス内での照合に注意を払う。業務プロセスに追加の照合を組み込むことを検討する。
変換	データの変更を意味する一般的な用語。これには、ETL（Extract-Transform-Load）プロセスにおいて、様々なデータストアに存在する同じデータに差異があるものを解決することも含まれる。ソース・ツー・ターゲット・マッピング（STM）は、データをソースから目的の場所に移動させるために必要な情報を、必要な変換ロジックとともに提供する。 例： - ソースからターゲットに、データを移動する際の解析または標準化 - 複数のデータソースを統合する際に、ビジネス要件やテクノロジー要件に合わせてデータを変更
一意性と重複排除： エンティティ解決／レコードマッチング／レコードリンク／レコード重複排除	実在するオブジェクト（人、場所、物）に対する複数の情報が、同じオブジェクトを指しているのか、それとも異なるオブジェクトを指しているのかを判断する能力に関する一般的な用語。実在する同じオブジェクトを表すレコードをマージするプロセスを含む場合もある。これがマスターデータマネジメントの主な目的である。 **エンティティ解決**(ER:Entity Resolution) -「実在するオブジェクトに対する2つの情報が同じオブジェクトを指しているのか、それとも異なるオブジェクトを指しているのかを判断するプロセス。エンティティという用語は、実在する対象である人、場所、物を表し、解決という用語が使われるのは、ERが基本的に、（参照した情報が同じエンティティなのか、それとも異なるエンティティなのか）という問いに答える（解決する）決定プロセスだからである」(Talburt, 2011, p.1)。 **レコードマッチング** - 類似性の高いレコードを特定する。例えば顧客、ベンダー、従業員の名前や住所の重複レコードを見つけたり、製品やアイテムのマスターレコードの重複を見つけたりする。

	レコードリンク - 2つ以上のレコードに同じ識別子を割り当てることで、重要な関係を示し、保持しつつ、個々のレコードを分離するプロセス。ハウスホールディングとは、特定の世帯に関連する全てのレコードをリンクする際に使用される用語である。例えば新しい当座預金口座を持つ若い成人は、銀行に多くの口座を持っている可能性のある両親とリンクされる。 これらの用語はしばしば同じ意味で使われるが、厳密にはやや異なる。エンティティ解決とは、2つのレコードが等しいかどうか（重複レコードかどうか）を判断するプロセスである。レコードマッチングは、エンティティの解決を達成するために最も一般的に使用される手法である。 詳細は**ステップ3.5－意性と重複排除**を参照。 これらの用語は常に一貫して使用されているわけではないことに注意。ツールベンダーが使用している用語と定義を確認する必要がある。 以下のリソースにある追加情報が参考になる：Herzog, Scheuren, Winkler, **Data Quality and Record Linkage Techniques** (2007); Talburt, **Entity Resolution and Information Quality** (2011); Talburt and Zhou, **Entity Information Life Cycle for Big Data** (2015).
一意性と重複排除： 生存権(Survivorship)／マージ／コンソリデーション／重複排除	重複レコードを解決するプロセスの同義語。オプションとして： - 1つのレコードを「マスター」として選択し、重複するレコードから追加情報をマージする。 - 複数のソースもしくは同じエンティティのインスタンスからのデータを使用して、新しい「最善の組み合わせのレコード」を作りあげる。 - ノンマージング（仮想マージング）システム マージプロセスはツールによって自動的に実行することも、担当者が手動で重複の可能性があるリストを確認し連結を完了させることもある。 **マッチマージ**または**マージパージ** - よく使われる表現。1) 重複の可能性のあるレコードの識別、2) レコードの統合またはマージ。
監視とコントロール	データ品質ルールやその他のコントロールの順守状況を継続的に監視し、問題がある可能性がある場合に警告を発する機能。これは問題に積極的に対処し、データを修正し、実施された防止措置が意図した結果通りのものかどうかを判断する。
キーボード打鍵のエミュレータ	表計算ソフトのマクロのように、アプリケーションの標準インターフェースの使用を、キー入力の模倣によって手動と同じように自動化し、データを更新するために使用される。レコード数が多すぎて、手動での更新は難しいが、データクレンジングツールの機能は必要としない場合に役立つ。
画面スクレイピング	画面上の表示からデータを収集し、別のアプリケーション用に変換する方法。

表6.4 データ品質をサポートする他のツールにある機能

機能	定義
データガバナンス	データマネジメントの多くの側面は、データガバナンスの傘下に入ることが多い。データガバナンスと銘打たれたツールの表面的なものだけではなく、提供される具体的な機能を理解する必要がある。これらのツールにはメタデータマネジメント、データ品質のプロファイリングとクレンジング、ワークフローマネジメント、監視等が含まれることが多い。
メタデータマネジメント	メタデータを取得して文書化し、利用できるようにするあらゆるツール。 メタデータ機能の種類:メタデータリポジトリ(メタデータを含むデータストア)、ビジネス用語集(ビジネス用語と定義)、データディクショナリ(データストア、構造、テーブル、フィールド、リレーションシップ、フォーマット、使用法、データ起源に関する詳細情報)、ラベリングまたはタグ付け(データのグループ化または分類)
データカタログ	製品の在庫を調べたり、物理的な建物の所在を把握したりするのと同じように、データ資産の棚卸しも常に必要としてきた。データカタログは、データ資産がどこにあり、それについてより詳しく知るための一種のツールである。 Bonnie O'NeilとLowell Frymanは The Data Catalog: Sherlock Holmes Data Sleuthing for Analytics (2020) の中で次のように述べている。「データカタログとはデータ資産の自動化された目録…ユーザーが利用可能な全てのデータソースを発見し探索できるようになる」。彼らはデータカタログをデータのリファレンスと表現し、書籍のカードカタログやデータショッピングのオンラインカタログと比較している。データカタログは機械学習によって拡張されたり強化したりすることが多い。 データカタログツールには、データのプロファイリング機能、メタデータの可視化、情報ライフサイクルの取得(リネージという言葉を使用)、関連するデータ資産の表示、検索結果に基づく他のデータ資産の表示等の機能がある。データカタログには様々な種類があり、含まれる機能はベンダーやツールによって異なる。 データカタログの起源は、膨大なデータに対するアドホックな分析や、その他のデータサイエンス活動を促進する必要性が始まりだ。
データモデリング	データモデリングとは、データ、定義、構造、関係を表す図(データモデル)を作成する機能のことである。 データモデルとは、組織のデータの構造を視覚的に表現する方法である。また、データベースでデータをどのように表現するかの仕様でもある。データモデルは、データがどのように構成されているかをグラフィカルに反映する。モデルがより明示的であるほどデータの品質に関しては優れているといえる。
ビジネスルール	ビジネスルールを整理して保存し、他のシステムで利用できるようにする機能。 ビジネスルールとは、ビジネス上のやりとりを記述し、行動のルールを確立する正式な原則またはガイドラインのことである。これらのやりとりは、結果として生じるデータの挙動を通知し、品質のチェックが可能となる。ビジネスルールには、そのルールが適用されるビジネスプロセスと、そのルールが組織にとって重要である理由も記述できる。

	組織内で意思決定ロジックを管理し展開するために必要なテクノロジーとビジネスロジックを調整するために、様々なテクノロジーが利用できる。ビジネスルール・リポジトリー、ルール・エンジン、ビジネスルール・マネジメントシステム (BRMS) 等である。
リネージ	時間につれて、また情報ライフサイクルを通じて、データとメタデータの動きを理解し、可視化する機能。 データライフサイクル、データリソース・ライフサイクル、プロバンス、データサプライチェーン、情報・バリューチェーン等は、リネージに関連する他のフレーズである。
データマッピング・ツール	ソース・トゥ・ターゲット・マッピング (STM) は、データソースの場所と情報、データが移動するターゲットデータストアの場所、ターゲットシステムの要件を満たすために必要な変換を記述する。 STMはスプレッドシートを使って手動で管理することができ、開発者が変換を手動でコーディングするために使用できる。開発者がコードを生成するために使用したり、データ統合ツールで使用したりできるように、要件をマッピング仕様に変換するツールもある。
抽出-変換-ロード (ETL)	抽出-変換-ロードのプロセスは、ソースデータストアからデータを抽出し、ターゲットシステム要件に適合するようにデータを変換および集約し、ターゲットデータストアにロードする。ETLは開発プロセスであると同時に運用プロセスでもある。 ETLツールの中には、データのプロファイリングを行う機能を備えているものもある。ETLツールを効率的に使用することで、データ品質に向上させる効果も期待できる。
アプリケーション開発ツール	本格的なプラットフォームや専門的な開発ツールには、開発者用ツールキットやコンポーネントが含まれているものもある。それらは優れたデータ品質に貢献するものであり、すでにアプリケーションで利用可能であるかアプリケーションの一部となっている。 例： ・住所を簡単に検証し標準化するための開発コンポーネント ・データ移動の結果を検証するデバッグまたはテストツール。ソースデータ全体を保持するのには長さが足りないターゲットフィールドに、ソースデータを挿入する等。
ビジネスプロセス・マネジメント (BPM) とワークフローマネジメント	BPMとワークフローマネジメントの違いについては、混乱や意見の相違がある。BPMは、組織全体および対外的なプロセスを調整し、それらのプロセスの継続的な改善を含む。 ワークフローマネジメントは、プロセス内の複数のタスクやアクティビティを追跡する機能により、プロセスの繰り返しのステップを自動化できる。フォームの開発、整理、ルーティングを行い、プロセスの一部である特定の役割をサポートするワークフローマネジメントはBPMの一部として含まれることが多い。 これらのツールは、データ品質タスクをビジネスプロセスに統合し、データ品質問題の監視、割り当て、エスカレーション、解決等のデータ品質マネジメントプ

	ロセスを追跡するために使用される。またデータ仕様、特にビジネスルールに関する情報を含んでいたり、その入力であったりすることもある。
特定分野向けアプリケーション。CRM（カスタマーリレーションシップ・マネージメント）やERP（エンタープライズ・リソースプランニング）等	アプリケーションに組み込まれた、特定のデータ対象分野にフォーカスした機能を検討する。データ品質を向上させたり、データ品質の問題を未然に防いだりできる。
検索とナビゲーション	必要な情報を簡単、確実、迅速、包括的に見つける機能。検索とは、Google検索のように、用語そのものを使って必要なものを見つけること。ナビゲーションとは、ウェブサイトを通してクリックするとき等、何かを見つけるために論理的な構造を通じて移動することである。
OCR	光学文字認識（OCR: Optical Character Recognition）は、テキストやハードコピー文書の画像を、デジタル化されたデータに変換するプロセスである。 OCRは広く使用されているが、データ収集プロセスであるため、特にデータエラーの原因となりやすい。データ作成方法として高品質なデータを確保するためには、十分な管理が必要である。
音声認識	音声認識は、音声をデジタル化されたデータに変換するプロセスである。OCRと同様、音声認識もますます利用されるようになっているが、データ収集プロセスであるため、特にデータエラーの原因となりやすい。
コラボレーションツール	コラボレーションツールは、個人やチームの共同作業の生産性を高める。例えばオンラインカレンダー、ビデオ会議、インスタントメッセージ、共有ホワイトボード等である。 高品質のデータを確保するには、ビジネス、データ、テクノロジーに関するスキルと知識を持った人々が、組織内の様々な立場で、通常は地理的にも異なる場所での共同作業が必要となるものである。従って人々の共同作業を支援するツールは、データ品質ワークを支援できる。
アナリティクス、ビジネスインテリジェンス、データ可視化	このような機能を備えたツールは数多くあり、意思決定や、事後報告やリアルタイムの業務に利用されている。 これらのツールは10ステッププロセスに役立つ。 • 多くの場合、これらのツールの出力は、データ品質の問題を意図せずに発見する。 • データプロファイリング専用ツールの代わりに使用する。 • データ品質の分析およびビジネスインパクト評価をサポートする。 • 改善の結果を示す（修正と防止の両方）。 • データの監視およびコントロールの導入結果を追跡し、結果の提示を行う。

ツールと10ステップ

すでに述べたように10ステッププロセスはツールに依存せず、所有しているツールをより効果的に使用するのにも有用である。ツールを購入する必要がある場合は、プロジェクト活動、時期、予算において、その選択プロセスを考慮することを忘れてはならない。選定プロセスはビジネス、テクノロジー、データのニーズを満たすための明確な選択基準を策定することから始まる。次に選択基準に沿った機能

を持つツールを特定する。ツールの使用場所と使用者を理解するとともに、ツールを使用する人に必要な知識と経験も理解する。調査、インタビュー、デモンストレーション、場合によっては概念実証（PoC）を通じて、機能、ツール、ベンダーを比較する。最終的な選択、交渉、購入、ツールの導入、トレーニングの受講を行う。10ステッププロセスの構成の中で、必要な箇所にツールを適用する。

> **覚えておきたい言葉**
>
> 「使いこなしていないツールは無駄が多すぎる。メタデータレポジトリ、データカタログ、データディクショナリ、データリネージ - これらは全て重要な機能だと考えてよい。しかし、たとえ最高の「トールのハンマー」であっても、誰も手に取らずにテーブルの上に置かれているのであれば、どこにでもあるハンマーを誰かに振ってもらうことの方が、まだ多くのことを成し遂げられるだろう。（訳註：トールのハンマーとは、北欧神話に登場する雷神トール（Thor）が持つ伝説的な武器を指し、それは強大な力を持つハンマーである）。
>
> まず人をやる気にさせることにエネルギーを注ぎ、それからツールを最適化する。これによりリソース投資の効率が向上し、貴重な副次的利点がもたらされる。より強力なツールを使って活動を強化する前に、より小規模で安全な状況で活動を学んだり調整したりできるのだ。見た目が重要なので、ミスの影響範囲は最小限に抑え、成功したときはその効果を最大化したいと考えている。
>
> ステレオスピーカーと同じように、どんなアンプも不要なノイズまで増幅する、そのノイズを取り除くことができない限り、増幅されてしまう。データ品質の出番である！」
>
> - Anthony J. Algmin,
> Data Leadership: Stop Talking About Data and Start Making an Impact！（2019）, p. 75

第6章 まとめ

この章では10ステッププロセスの様々な箇所で応用できるテクニックを概説したが、ここで詳述することで、**第4章**での不必要な繰り返しを避けることができた。この章の初めの**表6.1**に戻り、10ステップ内のどこで本章の情報を使うかを思い出して欲しい。

本章のテクニックには、情報ライフサイクルを可視化するための様々なアプローチ、サーベイの実施、データ取得とアセスメント計画の策定、評価尺度の導入等が含まれる。問題とアクションアイテムを追跡するテクニックはプロジェクトマネジメントに役立ち、さらには10ステッププロセスがシックスシグマやISO標準とどのように併用できるかを示している。全てのステップ、アセスメント、アクティビティは、**結果に基づく分析、統合、提案、文書化、行動**というテクニックを利用すべきである。

10ステッププロセスは特定のデータ品質ツールに特化したものではないが、適切なツールを適切な時に適切な場所に適用することが、データ品質ワークの助けになる。すでに手持ちのツールがある場合は、10ステッププロセスを利用して、より効果的にツールを活用できる。どのツールがプロジェクトに適用できるかを検討している場合は、最後のセクション**データ品質マネジメントツール**にある、各ツールの機能をラベル付けして説明した2つの表を使用してほしい（特定のツール名やベンダーではない）。

これらのテクニックをテンプレートや例と共に使えば使うほど、ニーズや状況に合わせた適用や調整がよりできるようになる。

Chapter 7

第7章
最後に一言

プロセスの経験を積むにつれ、準備段階や技術的なことの多くは日常的なものとなっていく。残るのは発見と学習のプロセス、興味を持つ人々とのネットワークを構築するプロセス、自分の仕事や組織に新しいアイデアを持ち込むプロセスである。耳を傾け、学ぼうとする意欲のある人にとっては、それは非常にやりがいのある経験になるだろう。

- Michael Spendolini The Benchmarking Book, 1994

今いるところから始め、
持っているものを使い、
できることをやる。

- Arthur Ashe

ここまでたどり着いたことを称賛！あなたが最初の、あるいは10番目のプロジェクトを完成させたにせよ、この本を読み終えて何から始めようかと考えているにせよ、この本が価値あるものだと思っていただけたのであれば幸いだ。

私は10ステップに熱中している。ここで紹介されている実践的なコンセプト、プロセス、テクニックは、あらゆる組織のあらゆる部分を支える、あらゆるデータや情報に適用することができる。言語、文化、国に関係なく機能する。私はそれをクライアントとともに見てきたし、この本の初版を使った人たちや私のトレーニングに参加した人たちから聞いた。

10ステップの方法論は、組織における役割や配置に関係なく機能する。初心者でも経験者でも通用する。あなたはデータ品質の先駆者、すなわちこのような問題に目を向け、取り組んだ最初の人かもしれない。今まさに、多くの人がデータ品質に取り組んでいるところだとしても、10ステップからその取り組みを強化できる何かが見つかるはずだ。出発点がどこであっても、あなたは組織に価値をもたらすことができる。

世界は進化し続けている。常に新たな流行語や新しいテクノロジーが登場する。社内の再編成、合併、買収、売却によって、役割や責任は変化する。自分ではコントロールできないイノベーションや出来事が、世界をひっくり返すかもしれない。全てがビジネスニーズ（顧客、製品、サービス、戦略、ゴール、問題、機会）に影響を与える可能性がある。10ステップに概説されている基本事項が、こうした変化を乗り越える指針になるということは朗報だ。どのような状況であれ、ビジネスニーズを特定し、優先順位をつける。それらのニーズを取り巻く情報環境（関連するデータ、プロセス、人／組織、テクノロジー）を理解する。情報ライフサイクルを通じて何が起こっているかを知る。組織の成功を左右する効果的なソリューションに進むためのステップを選択する。

対人スキルを磨きデータスキルを高めることが、成功に導く最善策だ。他の人に手を差し伸べ、支援を申し出て、その人の専門知識を活用して欲しい。データ品質に影響する要素は非常に多く、全てを自分で行うことは不可能だ。以前、あるカンファレンスの参加者はこう言った。「私は以前、皆さんは全てを知ることはできない、と言っていた。今は、知らなければならないことが多すぎて、皆さんは重要なことだけについてですら、全てを知ることができない、と言っている」。本当にその通りだ！

最後に、いくつかアドバイスをさせていただこう。これは重要な成功要因で、あなたの成功を見出す（see つまり "C"）ものである。

- コミットメント（Commitment）。あきらめないこと。
- コミュニケーション（Communication）。そのための時間を作ること。
- コラボレーション（Collaboration）、コーディネーション（Coordination）、協力（Cooperation）。もう十分説明した。
- 変化（Change）。変化に対処する方法を学ぶ。変化は不快感をもたらすので、不快に慣れる必要がある。データ品質重視がもたらす変化に他の人が取り組むのを支援して欲しい。
- 勇気（Courage）。データ品質の世界では勇気についてあまり語られないが、新しいことをしたり、

異なることを提案したり、先導したりするには勇気が必要だ。居心地が良く不安もストレスもない状態から一歩踏み出し、自分自身を伸ばし、革新する勇気が必要である。データ品質チームや経営陣も、成功したという一般的な評価が得られるまで、変化を受け入れ実現させる勇気が必要だ。

データ品質の取り組みを真に持続可能なものにするには、経営陣の支援が必要であるが、すぐにCEOの意見を聞くことができなくとも落胆する必要はない。もちろんCEOの協力は素晴らしいことであるが、それができなくても取り組みをやめる必要はない。以下の「必須ではない」に対し、「必要である」を提案する。

- 始めるにあたってCEOの支持は「必須ではない」…しかし、適切なレベルの経営陣のサポートは「必要である」。経営陣と役員会からの支持を目標に、できるだけ上層部から追加の支持を得なければならない。
- 全ての回答を待つことは「必須ではない」…しかし、下調べと積極的なヒアリングは「必要である」。
- 一度に全てをやることは「必須ではない」…しかし、行動計画を立ててから始めることは「必要である」。

前に進み続け、経験を積み重ね、学び続けるのだ。質の高いデータと信頼できる情報で、世界に変革をもたらそう。この旅を楽しみながら！

Appendix

付録
クイックリファレンス

本章の内容

- 情報品質フレームワーク
- POSMAD相互関連マトリックスの詳細
- データ品質評価軸
- ビジネスインパクト・テクニック
- 10ステッププロセス
- ステップ1〜4のプロセスフロー
- データ・イン・アクション・トライアングル

情報品質フレームワーク

情報品質フレームワーク（FIQ）は、7つの主要なセクションを考えることで容易に理解することができる。**図A.1**を参照のこと。

1：ビジネスニーズ - 顧客、製品、サービス、戦略、ゴール、問題、機会（Why）

織にとって重要なものを示すために使われる包括的な言葉である。ビジネスニーズは顧客、製品、サービス、戦略、ゴール、問題、機会によって推進される

2：情報ライフサイクル（POSMAD）

情報は、そのライフサイクル全体を通じて適切に管理されなければならない。情報ライフサイクルの6つのフェーズを覚えるには、POSMADという頭字語を使う。また、リネージ、データライフサイクル、情報バリューチェーン、情報サプライチェーン、情報チェーン、情報リソース・ライフサイクルとも呼ばれる。

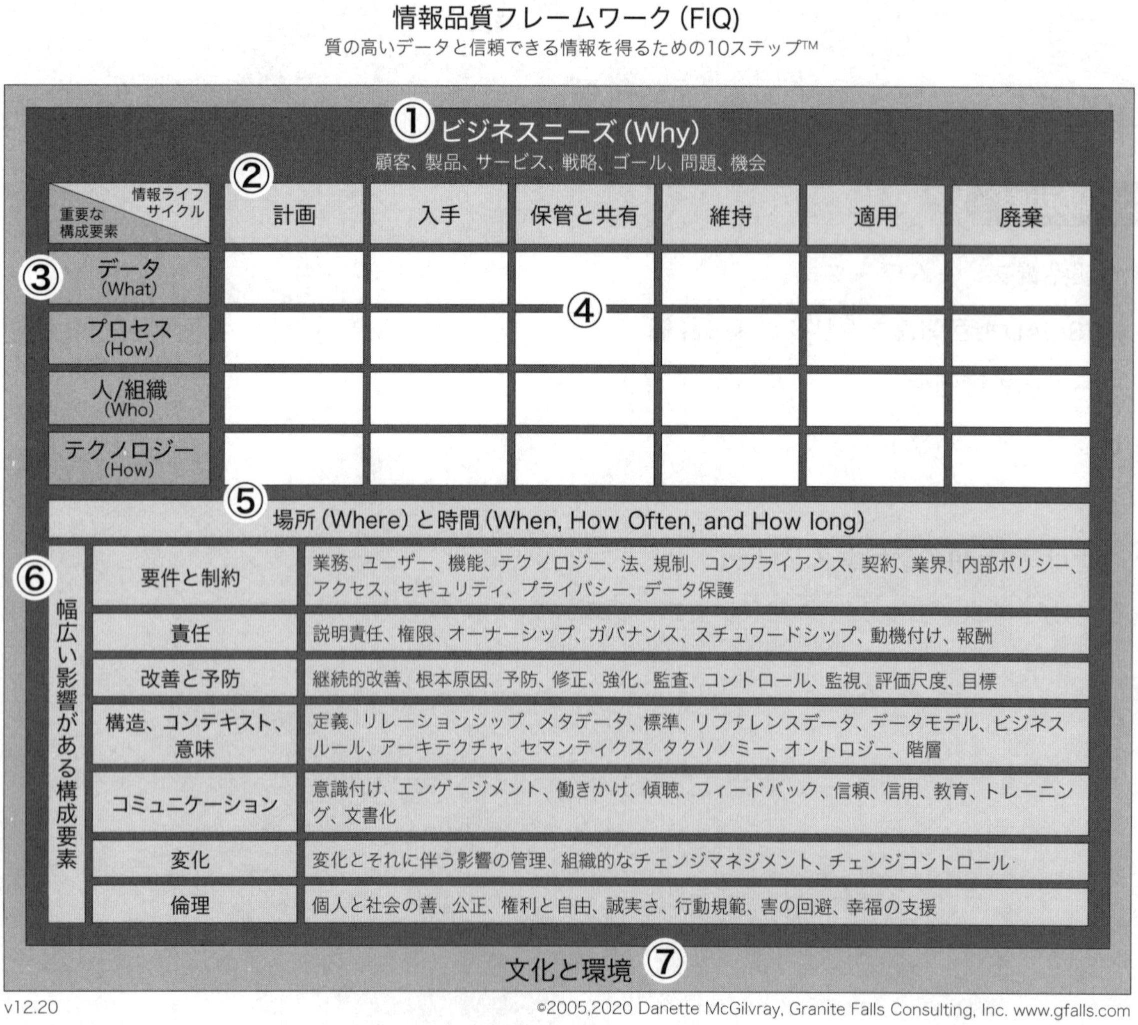

情報品質フレームワーク (FIQ)
質の高いデータと信頼できる情報を得るための10ステップ™

重要な構成要素	情報ライフサイクル	計画	入手	保管と共有	維持	適用	廃棄
	① ビジネスニーズ (Why) 顧客、製品、サービス、戦略、ゴール、問題、機会						
③ データ (What)	②			④			
プロセス (How)							
人/組織 (Who)							
テクノロジー (How)							
⑤ 場所 (Where) と時間 (When, How Often, and How long)							

⑥ 幅広い影響がある構成要素		
	要件と制約	業務、ユーザー、機能、テクノロジー、法、規制、コンプライアンス、契約、業界、内部ポリシー、アクセス、セキュリティ、プライバシー、データ保護
	責任	説明責任、権限、オーナーシップ、ガバナンス、スチュワードシップ、動機付け、報酬
	改善と予防	継続的改善、根本原因、予防、修正、強化、監査、コントロール、監視、評価尺度、目標
	構造、コンテキスト、意味	定義、リレーションシップ、メタデータ、標準、リファレンスデータ、データモデル、ビジネスルール、アーキテクチャ、セマンティクス、タクソノミー、オントロジー、階層
	コミュニケーション	意識付け、エンゲージメント、働きかけ、傾聴、フィードバック、信頼、信用、教育、トレーニング、文書化
	変化	変化とそれに伴う影響の管理、組織的なチェンジマネジメント、チェンジコントロール
	倫理	個人と社会の善、公正、権利と自由、誠実さ、行動規範、害の回避、幸福の支援

文化と環境 ⑦

v12.20　　©2005,2020 Danette McGilvray, Granite Falls Consulting, Inc. www.gfalls.com

図A.1　情報品質フレームワーク（セクション番号付き）

計画（Plan）

リソースを準備する。目的を特定し、情報アーキテクチャを計画し、標準と定義を策定する。アプリケーション、データベース、プロセス、組織等をモデリング、設計、開発する場合、多くの活動は情報の計画フェーズの一部と考えられる。

入手（Obtain）

データや情報を取得する。例えば、レコードの作成（アプリケーションを介して内部的に、または顧客がウェブサイトから情報を入力することにより外部的に）、データの購入、外部ファイルの読み込み等。

保存と共有（Store and Share）

リソースに関する情報を保持し、何らかの配布方法で利用できるようにする。データは、電子的（データベースやファイルなど）に保存されることもあれば、ハードコピー（ファイルキャビネットに保管された紙の申込書など）として保存されることもある。データは、ネットワーク、エンタープライズ・サービスバス、電子メールなどの手段を通じて共有される。

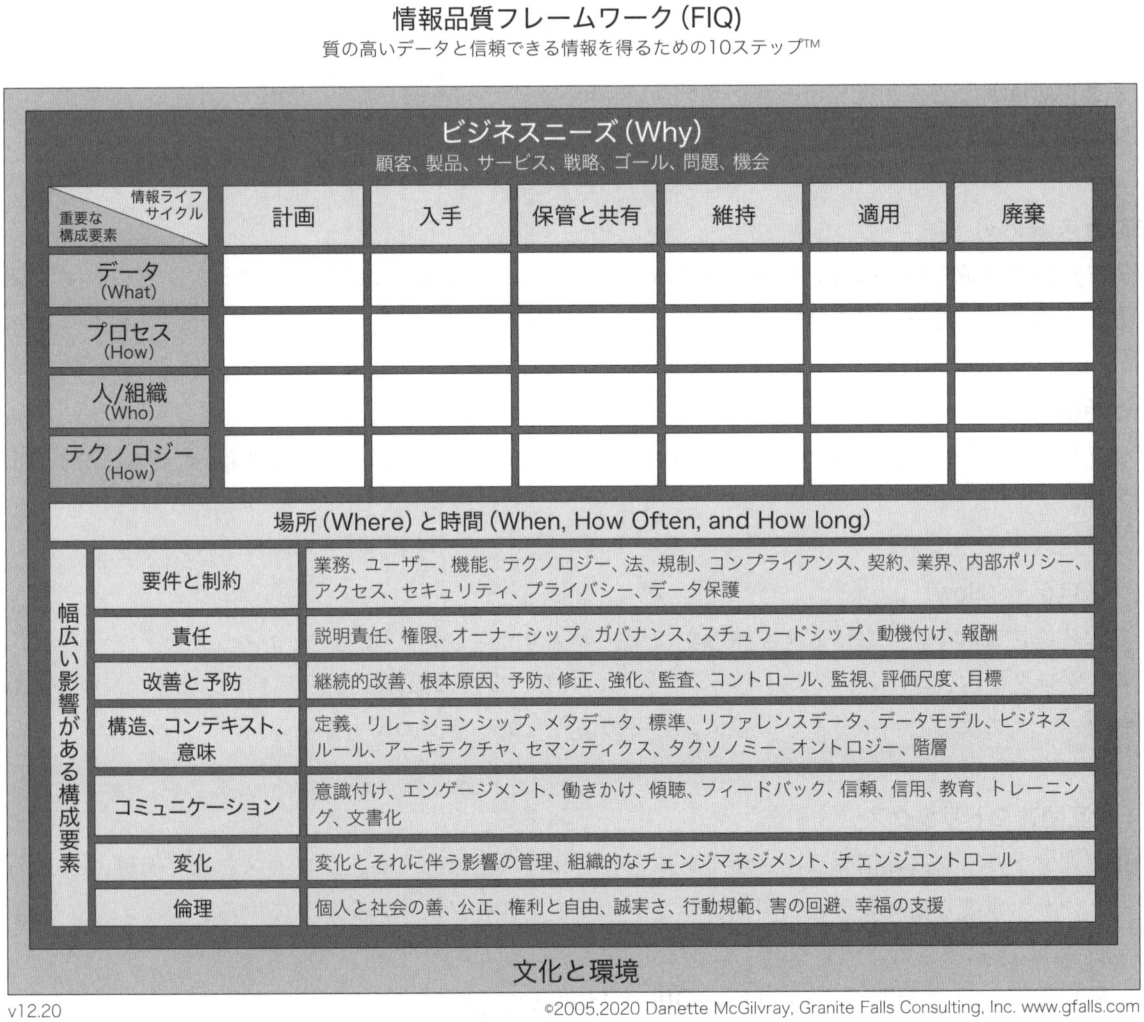

情報品質フレームワーク（FIQ）
質の高いデータと信頼できる情報を得るための10ステップ™

ビジネスニーズ（Why）顧客、製品、サービス、戦略、ゴール、問題、機会							
重要な構成要素 / 情報ライフサイクル		計画	入手	保管と共有	維持	適用	廃棄
	データ(What)						
	プロセス(How)						
	人/組織(Who)						
	テクノロジー(How)						
場所（Where）と時間（When, How Often, and How long）							
幅広い影響がある構成要素	要件と制約	業務、ユーザー、機能、テクノロジー、法、規制、コンプライアンス、契約、業界、内部ポリシー、アクセス、セキュリティ、プライバシー、データ保護					
	責任	説明責任、権限、オーナーシップ、ガバナンス、スチュワードシップ、動機付け、報酬					
	改善と予防	継続的改善、根本原因、予防、修正、強化、監査、コントロール、監視、評価尺度、目標					
	構造、コンテキスト、意味	定義、リレーションシップ、メタデータ、標準、リファレンスデータ、データモデル、ビジネスルール、アーキテクチャ、セマンティクス、タクソノミー、オントロジー、階層					
	コミュニケーション	意識付け、エンゲージメント、働きかけ、傾聴、フィードバック、信頼、信用、教育、トレーニング、文書化					
	変化	変化とそれに伴う影響の管理、組織的なチェンジマネジメント、チェンジコントロール					
	倫理	個人と社会の善、公正、権利と自由、誠実さ、行動規範、害の回避、幸福の支援					
文化と環境							

v12.20　　©2005,2020 Danette McGilvray, Granite Falls Consulting, Inc. www.gfalls.com

図 A.2　情報品質フレームワーク

維持（Maintain）
リソースが適切に機能し続けるようにする。データの更新、変更、変換、操作、解析、標準化、分類、キュレーション、ラングリング、マンジング、検証、確認、ソート、クレンジング、またはスクラブ、データの強化または増強、レコードのマッチングまたはリンク、レコードの重複排除、レコードのマージまたは統合等。

適用（Apply）
ビジネスニーズをサポートし、対処するために情報を使用する。人であれ機械であれ、情報に基づいた意思決定を行い、効果的な行動をとる。これにはトランザクションの完了、レポートの作成、レポートの情報による経営判断、自動化されたプロセスの実行等、あらゆる情報利用が含まれる。

廃棄（Dispose）
情報が使用されなくなったら、削除または廃棄する。データ、記録、ファイル、その他の一連の情報をアーカイブまたは削除する。

3：重要な構成要素
情報ライフサイクル全体を通じて影響を与える4つの主な要因。

データ（What）
既知の事実や関心のある項目。ここで、データは情報とは異なる。

プロセス（How）
データや情報を取り扱う機能、活動、アクション、タスク、手順（ビジネスプロセス、データマネジメント・プロセス、社外プロセス等）。

人と組織（Who）
データに影響を与える、またはデータを使用する、あるいはプロセスに関与する組織、チーム、役割、責任、個人。

テクノロジー（How）
プロセスに含まれる、または人々や組織が使用するフォーム、アプリケーション、データベース、ファイル、プログラム、コード、およびデータを保存、共有、または操作するメディア。テクノロジーには、データベースのようなハイテクと、紙のコピーのようなローテクの両方がある。

4：相互関連マトリックス
相互関連マトリックスは情報ライフサイクルの各フェーズと、データ、プロセス、人／組織、テクノロジーといった重要な構成要素との関係、つながり、インターフェースを示している。

5：場所（Where）と時間（When, How Often, How Long）
イベント、活動、タスクが行われる場所と時間、情報が利用可能になる時間、利用可能になる必要があ

る時間等、常に場所と時間を考慮しよう。

FIQの上半分は、最初の行に沿って誰が、何を、どのように、なぜ、どこで、いつ、どのくらいという疑問詞に答えていることに注目してほしい。

6：幅広い影響がある構成要素

情報の品質に影響を与える追加的な要素である。これらの要素を構成する以下のカテゴリーは、RRISCCE（「リスキー」と発音）の頭文字をとっている（訳註：RRISCCEは、要件と制約（Requirement and constraints）、責任（Responsibility）、改善と予防（Improvement and Prevention）、構造、コンテキスト、意味（Structure, Context, and Meaning）、コミュニケーション（Communication）、変化（Change）、倫理（Ethics））の原文単語の頭文字をとったもの）。これはこれらの幅広い影響の構成要素を無視することは、RRISCCE（リスキー）であることを思い出させるためのものである。低品質なデータのリスクは、これらの構成要素に確実に対処することによって低下する。もしそうでなければ、低品質なデータのリスクは高まる。

要件と制約

要件とは満たさなければならない責務である。データと情報は、組織がこれらの責務を果たすことができるようサポートするものでなければならない。制約とは制限や規制のことであり、つまり行えないことや、行うべきではないことを指す。

責任

責任とは高品質なデータを確保するために、多くの人が自分のやるべきことを実行すべきだという事実を示す。

改善と予防

継続的な改善と予防は、高品質なデータを持つことは一度限りのプロジェクトや単一のデータクリーンアップ活動で達成されるものではない、ということを示している。これには、データ品質問題の根本原因を特定し、予防することも含まれる。

構造、コンテキスト、意味

データや情報の作成、構築、生成、評価、使用、管理するためには、、データの構造、コンテキスト、意味に関する情報が必要となる。

コミュニケーション

コミュニケーションとは、人々の巻き込みやデータ品質ワークの人的要因に取り組むあらゆる活動を含む広義の用語である。これらの活動は、データ品質評価の実施方法を知ることと同様に、データ品質への取り組みを成功させるために不可欠である。

変化

変化とその影響の管理には、一般的に2つの側面がある：1）バージョンコントロールや、データフィールドの追加などデータストアへの変更とその結果としての下流の画面やレポートへの影響等を扱う、テ

クノロジーに関連するチェンジコントロール。2) 組織的なチェンジマネジメント（OCM）。文化、動機づけ、報酬、行動を確実に一致させ、望ましい結果が得られるように、組織内の変化を管理することが含まれる。

倫理

倫理とはデータの使用について私達が行う選択が、個人、組織、社会に与える影響を考察する。10ステップの方法論におけるデータ品質への全体的なアプローチを踏まえると、これらは何らかの形でデータに触れたり、データを使用したりする人々にとっても必要な行動である。

7：文化と環境

文化とは組織の態度、価値観、慣習、慣行、および社会的行動を指す。これには、文書化されたもの（公式方針、ハンドブック等）と、文書化されていない「物事のやり方」、「物事の進め方」、「意思決定の方法」

情報品質フレームワーク (FIQ)より
相互関連マトリックスの詳細と質問のサンプル

重要な構成要素 ＼ 情報ライフサイクル	計画 Plan	入手 Obtain	保管と共有 Store &Share	維持 Maintain	適用 Apply	廃棄 Dispose
データ (What)	ビジネスニーズとプロジェクトの目標は何か？どのデータが必要となるのか？どんなビジネスルール、データ標準やその他のデータ仕様が適用できるのか？	どのデータを入手するのか（内部や外部）？どのデータがシステムに入力されるのか（個別のデータエレメントや新規レコード）？	どのデータを保管するのか？災害時の迅速なリカバリのためにバックアップすべき重要なデータはどれか？	どのデータを更新や変更するのか？どのデータが共有、移行、統合のために加工されるのか？どのデータが計算もしくは集計されるのか？	ビジネスニーズや要件、業務処理、自動化プロセス、分析、意思決定、評価のためにどのような情報が必要か、利用可能なのか？	どのデータはアーカイブが必要か？どのデータは削除する必要があるか？
プロセス (How)	概要プロセスとはどのようなものか？詳細なアクティビティやタスクは？トレーニングやコミュニケーション戦略はどのようなものか？	データはどのようにソースから入手されるのか（内部や外部）？データはどのようにシステムに入力されるのか？新規レコードが作成されるトリガーは何か？	データを保管するプロセスはどんなものか？データを共有するプロセスはどのようなものか？	どのようにデータは更新されるのか？変更の検知のために監視されるのか？影響を評価されるのか？標準はどのようにメンテナンスされるのか？アップデートのトリガーは何か？	データはどのように利用されるのか？データの使用のトリガーは何か？情報はどのようにアクセスされ、保護されるのか？利用者に対して情報はどのように提供されるのか？	データはどのようにアーカイブされるのか？データはどのように削除されるのか？アーカイブされる場所やプロセスはどのように管理されるのか？アーカイブのトリガーは何か？最終的な削除のトリガー何か？
人／組織 (Who)	誰がビジネスニーズやプロジェクト目標を明確にし、優先度を決めるのか？誰がプロジェクト計画を策定するのか？誰がリソースをアサインするのか？誰がこのフェーズに関わる人々を管理するのか？	誰がソースから情報を入手するのか？誰が新しいデータやレコードを作成するのか？誰がこのフェーズに関わる人々を管理するのか？	誰がデータを保管するテクノロジーを開発しサポートするのか？誰がデータを共有するテクノロジーを開発しサポートするのか？誰がこのフェーズに関わる人々を管理するのか？	誰が更新されるものを決めるのか？システムを変更し品質を保証するのは誰か？誰が変更について知る必要があるか？誰がこのフェーズに関わる人々を管理するのか？	誰が直接データにアクセスできるのか？誰がその情報を利用するのか？誰がこのフェーズに関わる人々を管理するのか？	誰が保持ポリシーを設定するのか？誰がデータを削除できるのか？誰がデータをアーカイブするのか？誰が最終削除をするのか？誰が知る必要があるのか？誰がこのフェーズに関わる人々を管理するのか？
テクノロジー (How)	プロジェクト範囲の概要アーキテクチャはどのようなものか？どんなテクノロジーが、ビジネスニーズやプロセス、人を支するのか？	新規レコードや新しいデータをシステムに作成するのにどのようにテクノロジーが使われているのか？	データを保管するテクノロジーはどのようなものか？データを共有するテクノロジーはどのようなものか？	システム内でデータはどのようにメンテナンス、更新されるのか？	情報にアクセスしても良いテクノロジーは何か？ビジネスルールはアプリケーションアーキテクチャにどのように適用されるのか？	システムからデータやレコードを削除するのに使用されるテクノロジーは何か？データのアーカイブに使用されるテクノロジーは何か？それはどのように使われるのか？

v12.20 ©2005,2020 Danette McGilvray, Granite Falls Consulting, Inc. www.gfalls.com

図A.3 POSMAD相互関連マトリックスの詳細と質問のサンプル

等の両方が含まれる。**環境**とは組織の人々を取り囲み、彼らの働き方や行動に影響を与える状況を指す。文化や環境とは、社会、国、言語、政治等の外部要因等、組織に影響を与え、データや情報、それらの管理方法に影響を与える可能性のある、より広範な側面を指すこともある。

POSMAD相互関連マトリックス詳細

POSMAD相互関連マトリックスは情報品質フレームワークの一部である。**図A.3**には、マトリックスの各セルに質問のサンプルが記載されており、これに答えることで、情報ライフサイクルの各フェーズと、データ、プロセス、人／組織、テクノロジーといった重要な構成要素との関係、つながり、インターフェースを理解することができる。

データ品質評価軸

表A.1 10ステッププロセスにおけるデータ品質評価軸

データ品質評価軸。 データ品質評価軸とは、データの特性、側面、または特徴である。データ品質評価軸は、情報とデータの品質への要求を分類する方法を提供する。評価軸はデータと情報の品質を定義、測定、改善、管理するために使用される。以下の評価軸を用いてデータ品質を評価する方法は、10ステッププロセスの**ステップ3データ品質の評価**に記載されている。**図A.4を参照。**	
サブステップ	データ品質 ディメンション名と定義
3.1	**関連性と信頼の認識**：情報を利用する人々やデータを作成、維持、廃棄する人々の主観的な意見のこと。1) 関連性 - どのデータが彼らにとって最も価値があり重要であるか、2) 信頼 - 彼らのニーズを満たすデータの品質に対する信頼。
3.2	**データ仕様**：データ仕様には、データにコンテキスト、構造、意味を与えるあらゆる情報と文書が含まれる。データ仕様はデータや情報の作成、構築、生成、評価、利用、管理に必要な情報を提供する。例えばメタデータ、データ標準、リファレンスデータ、データモデル、ビジネスルール等である。データ仕様が存在しなかったり、完全でなかったり、その品質が低ければ高品質のデータを作成することは困難であり、データ内容の品質を測定、理解、管理することも難しくなる。
3.3	**データの基本的整合性**：データの存在（完全性／充足率）、有効性、構造、内容、その他の基本的特性。
3.4	**正確性**：データの内容が、合意され信頼できる参照元と比較して正確であること。
3.5	**一意性と重複排除**：システム内またはデータストア間に存在するデータ（フィールド、レコード、データセット）の一意性（正）または不要な重複（負）のこと。
3.6	**一貫性と同期性**：様々なデータストア、アプリケーション、システムで保存または使用されるデータの等価性のこと。
3.7	**適時性**：データおよび情報が最新であり、指定されたとおりに、また期待される期限内に使用できること。

3.8	**アクセス**：許可されたユーザーがデータや情報をどのように閲覧、変更、使用、処理できるかを制御する能力のこと。	
3.9	**セキュリティとプライバシー**：セキュリティとは、データや情報資産を不正なアクセス、使用、開示、中断、変更、破壊から保護する能力のことである。個人にとってのプライバシーとは、個人としての自分に関するデータがどのように収集され、利用されるかをある程度コントロールできることである。組織にとっては、人々が自分のデータがどのように収集され、共有され、利用されることを望んでいるかを遵守する能力である。	
3.10	**プレゼンテーションの品質**：データや情報の形式、見た目、表示は、その収集や利用をサポートする	
3.11	**データの網羅性**：関心のあるデータの全体的な母集団またはデータユニバース（全体像）に対して、利用可能なデータがどれだけ包括的かを示す。	
3.12	**データの劣化**：データに対する負の変化率のこと。	
3.13	**ユーザビリティと取引可能性**：データが、意図された業務取引、成果、使用目的を達成すること。	
3.14	**その他の関連するデータ品質評価軸**：その他、組織が定義、測定、改善、監視、管理する上で重要と考えられるデータおよび情報の特性、側面、または特徴。	

ビジネスインパクト・テクニック

表A.2 10ステッププロセスにおけるビジネスインパクト・テクニック

ビジネスインパクト・テクニック。 ビジネスインパクト・テクニックとは、データの品質が組織に及ぼす影響を判断するための定性的および定量的な方法である。これらの影響は、品質の高いデータから得られる良い影響と、品質の低いデータから得られる悪い影響の両方がある。以下のテクニックを用いたビジネスインパクトの評価方法は、10ステッププロセスの**ステップ4 ビジネスインパクトの評価**に記載されている。**図A.4**を参照。

サブステップ	ビジネスインパクト・テクニックの名称と定義
4.1	**エピソード**。品質の低いデータがもたらすマイナスの影響や、品質の高いデータがもたらすプラスの影響の例を集める。
4.2	**点と点をつなげる**。ビジネスニーズとそれをサポートするデータとの関連を説明する。
4.3	**用途**。データの現在および将来の用途をリスト化する。
4.4	**ビジネスインパクトを探る5つのなぜ**。データ品質がビジネスに与える真の影響を認識するために、「なぜ」を5回問う。
4.5	**プロセスインパクト**。データ品質が業務プロセスに与える影響を説明する。
4.6	**リスク分析**。品質の低いデータから起こりうる悪影響を特定し、それが起こる可能性、起こった場合の重大性を評価し、リスクを軽減する方法を決定する。
4.7	**関連性と信頼の認識**。情報を利用する人々、およびデータを作成、維持、廃棄する人々の主観的な意見のことである。1) 関連性 - どのデータが彼らにとって最も価値があり重要である。2) 信頼 - 彼らのニーズを満たすデータの品質に対する信頼。

4.8	**費用対効果マトリックス。**	問題、推奨案、改善施策の効果と費用の関係を評価し、分析する。
4.9	**ランキングと優先順位付け。**	データの欠落や誤りが特定のビジネスプロセスに与える影響をランク付けする。
4.10	**低品質データのコスト。**	低品質データによるコストと収益への影響を定量化する。
4.11	**費用対効果分析とROI。**	データ品質に投資することで予想される費用と潜在的な利益を比較する。それには投資利益率（ROI）の計算を含むことがある。
4.12	**その他の関連するビジネスインパクト・テクニック。**	データ品質がビジネスに及ぼす影響を判断するための、その他の定性的又は定量的手法で、組織が理解することが重要と考えられるもの。

10ステッププロセス

1. ビジネスニーズとアプローチの決定

ビジネスニーズ（顧客、製品、サービス、戦略、ゴール、問題、機会に関連する）と、プロジェクトの範囲内にあるデータ品質問題を特定し、合意する。プロジェクト期間中、作業の指針として参照し、全ての活動の最前線に立ち続ける。プロジェクトを計画し、リソースを確保する。

2. 情報環境の分析

ビジネスニーズとデータ品質問題を取り巻く環境を理解する。関連する要件と制約、データとデータ仕様、プロセス、人／組織、テクノロジーと情報ライフサイクルを適切な詳細レベルで分析する。これは全て後続ステップのインプットとなる。すなわち、適切なデータのみが品質評価されるようにし、結果の分析、根本原因の特定、将来のデータエラー発生の防止、現在のデータエラーの修正、コントロール状況の監視のための基礎とする。

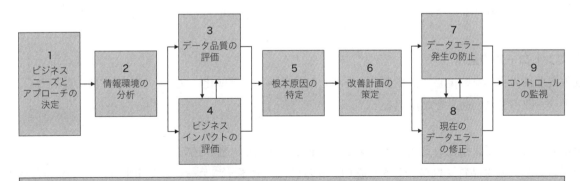

図A.4 10ステッププロセス

3. データ品質の評価

プロジェクトの範囲内で、ビジネスニーズとデータ品質問題に該当するデータ品質評価軸を選択する。選択した評価軸でデータ品質を評価する。個々の評価を分析し、他の結果と統合する。初期段階での推奨事項を提案し、文書化し、その時点で必要な措置を講じる。データ品質評価の結果は、残りのステップでどこに焦点を当てるべきかの指針となる。

4. ビジネスインパクトの評価

品質の低いデータがビジネスに与える影響を判断する。様々な定性的、定量的テクニックがあり、それぞれのテクニックは比較的短時間で評価が容易なものから、時間がかかり評価がより複雑なものまで順序付けされている。これによりビジネスインパクトについて、目的に適合し、利用可能な時間とリソースの範囲内で、最適なテクニックを選択することができる。協力を得たり、データ品質ワークの裏付けとなる効果を明確にしたり、取り組みの優先順位を決めたり、抵抗勢力に対処したり、プロジェクトに参加するメンバーを動機付けたりする必要がある場合はいつでも、どのステップでも、いずれかのテクニックでも使用しよう。

5. 根本原因の特定

データ品質問題の真の原因を特定し、優先順位を付け、それに対処するための具体的な推奨事項を策定する。

6. 改善計画の策定

将来のデータエラーを防止し、現在のデータエラーを修正し、コントロール状態を監視するために、最終的な推奨事項の提案に基づいて改善計画を策定する。

7. データエラー発生の防止

データ品質問題の根本原因に対処し、データエラーの再発を防止する解決策となる、改善計画を実施する。解決策は、単純作業からさらなるプロジェクトの組み立てまで多岐にわたる。

8. 現在のデータエラーの修正

データを適切に修正する改善計画を実施する。下流システムが変更に対応できることを確認する。変更を検証し、文書化する。データ修正によって新たなエラーが発生しないことを確認する。

9. コントロールの監視

改善実施後の状態を監視し、検証する。成功した改善内容を標準化、文書化し、継続的に監視することにより、改善された結果を維持する。

10. 全体を通して人々とコミュニケーションを取り、管理し、巻き込む

情報およびデータ品質プロジェクトを成功させるには、コミュニケーションを取り、人々を巻き込み、プロジェクト全体を管理することが不可欠である。これらは非常に重要なので、他の全てのステップの一部として含めるべきである。

ステップ1〜4のプロセスフロー

図A.5、**図A.6**、**図A.7**、および**図A.8**は、**図A.4**に示した「10ステッププロセス」のステップ1〜4のプロセスフローを示している。

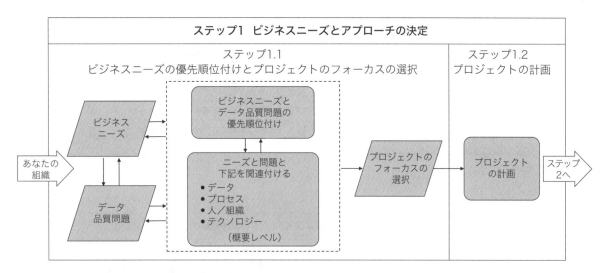

図A.5　ステップ1「ビジネスニーズとアプローチの決定」のプロセスフロー

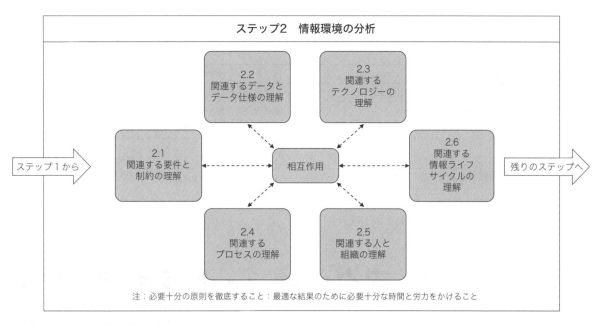

図A.6　ステップ2「情報環境の分析」のプロセスフロー

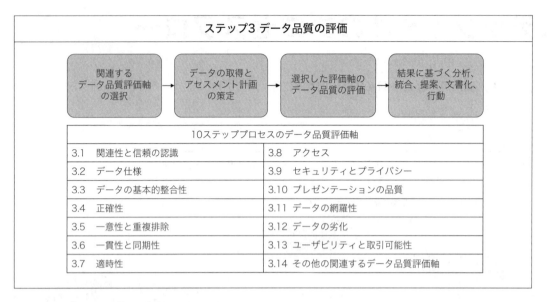

図A.7 ステップ3「データ品質の評価」のプロセスフロー

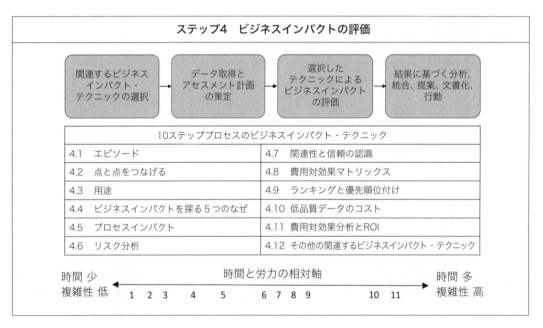

図A.8 ステップ4「ビジネスインパクトの評価」のプロセスフロー

データ・イン・アクション・トライアングル

データ・イン・アクション・トライアングル（**図A.9**参照）は、10ステップの方法論を、プログラム、プロジェクト、運用プロセスを通じて現実の問題を解決するために、データ品質全般がどのように実践されているかという、より広いコンテキストの中に位置づけている。10ステップは、これらの各プロセスを通じて行われる作業をサポートする。データ品質戦略（またはあらゆるデータ戦略）を策定する際には、ロードマップと実行計画において三角形の各辺を考慮する。作業はトライアングルのどの側面から始めてもよく、うまく機能するなら、並行的、反復的、または順次実行することができる。しかし、

組織でデータ品質を維持するためには、ある時点ですべての側面に取り組まなければならない。

プロジェクト

プロジェクトとは、ビジネス上のニーズに対応する1回限りの取り組みである。プロジェクトの期間は期待される要件の複雑さによって決まる。プロジェクトの成果物には、プロジェクトでは継続的な生産プロセスや運用プロセスの実装を目的とすることが多い。プロジェクトは一人、あるいは大規模なチームによる構造化された取り組みであることもあれば、複数のチームによる調整が必要となる場合もある。ITの世界では、プロジェクトはソフトウェア開発プロジェクトにおけるアプリケーション開発チームによる業務とほぼ同じ意味である。

本書「データ品質プロジェクト実践ガイド：質の高いデータと信頼できる情報を得るための10ステップ第2版」ではデータ・イン・アクション・トライアングルのプロジェクトの側面をカバーしている。プロジェクトはデータ品質ワークの手段として使用される。この言葉は幅広い意味で使用されており、次の3つの一般的なプロジェクトタイプが含まれる：1) データ品質改善を主目的としたプロジェクト、2) アプリケーション開発、あらゆる種類のデータ移行または統合など、一般的なプロジェクトの中でのデータ品質活動　3) 10ステップ／テクニック／アクティビティの一時的な部分適用。

運用プロセス

一般的に、**運用プロセス**とは、（プロジェクトの環境とは対照的に）運用の環境の中で行われる、特定の目的に向けた一連の活動のことである。ITの世界で運用プロセスは、本番環境でソフトウェアをサポートするIT運用チームが行う業務と同義である。ここでは日常業務、実行プロセス、または本番サポート業務の中に、データ品質を向上させる、またはデータ品質問題の発生を防止する活動を含めることについて話している。たとえば新入社員研修にデータ品質を意識させること、サプライチェーンプロセスで発生した課題に10ステップの考え方を迅速に適用すること、またはデータ品質モニタリングの結果に対して行動を起こすことを、担当者の通常業務の役割の一つとすること等がある。

プログラム

一般的に**プログラム**とは、関連する活動やプロジェクトを全体的に調整しながら管理し、個別に管理するだけでは得られない利点を得るための継続的な取り組みのことである。複数の事業部門がそれぞれ独

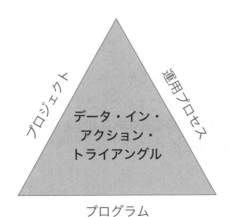

Copyright ©2015,2020 Danette McGilvray, Granite Falls Consulting, Inc. www.gfalls.com

図A.9　データ・イン・アクション・トライアングル。

自のサービスやデータ品質アプローチを開発すると、重複した時間、労力、コストが生まれてしまうが、プログラムはこれを回避する。多くの事業部門が利用する共通のサービスを提供するプログラムがあることにより、各事業部門は自分たちの特定のニーズに合わせてサービスを調整することに専念することができる。

データ品質（DQ）プログラムは、プロジェクトや運用プロセスで活用されるデータ品質に特化したサービスを提供する。例えばトレーニング、DQツールの管理、データ品質の問題に対処するための専門的な知識やスキルを活用した内部コンサルティング、データ品質のヘルスチェックの実施、データ品質に関する意識の向上と業務への支援、標準としての10ステップの採用や独自のデータ品質改善手法の開発への活用等である。

DQプログラムは、あなたの会社に合わせてどのような組織構造にも組み込むことができる。例えばDQプログラムは、データ品質サービスチームの一部として、データガバナンス・オフィスの一部としての独立したプログラムとして、データマネジメント機能の一部であるデータ品質センター・オブ・エクセレンスとして、全社的なビジネス機能として、またはエンタープライズデータ・マネジメントチームの一部として組み込まれることがある。

データ品質プログラムを持つことは、組織内のデータ品質を維持するために不可欠である。データ品質への取り組みはデータ品質プロジェクトを実施することで開始されるが、プロジェクトは最終的には終了する。このプログラムにより、プロジェクトで使用されたデータ品質プロセス、手法、ツールの知識、スキル、経験を持つ人材が、新しいプロジェクトや運用プロセスでも引き続き利用できるようになる。

関係

進行中のプログラムは、プロジェクトと運用プロセスの両方が利用できるサービスを提供する。プロジェクトは運用プロセスを開発し実装する。プロジェクトが終了し実稼働が始まった後は、その運用プロセスが継続する。通常のビジネス（運用プロセスの遂行）の過程で、ビジネスニーズは進化し問題や新たな要件が発生する。このような問題に対処するために新たなプロジェクトが開始されるかもしれない。

DevOpsとDataOpsについて

図A.10は、データ・イン・アクション・トライアングルをDevOpsとDataOpsに適用したもので、トライアングルの各辺に主な概要レベルのアクティビティが記載されている。言葉は異なるが、元のデータ・イン・アクション・トライアングルの根底にある考え方は同じである。しかしDevOpsとDataOpsのアプローチは、逐次的というよりも反復的である。

付録

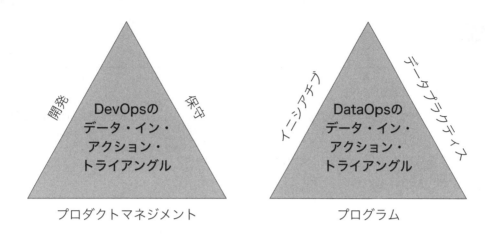

図A.10　データ・イン・アクション・トライアングル　DevOpsとDataOpsの場合

用語集

> 私は意味のある強い言葉が好きだ。
>
> - Louisa May Alcott, Little Women
>
> 言葉のさまざまな意味や不完全さを示すのはとても難しい。
> 私たちには言葉しかないのだから。
>
> - John Locke

太字の単語は、用語集の中で個別に説明されているもの。

5G
通信において5Gは携帯電話ネットワークの第5世代テクノロジー標準のことで、帯域幅の高速化とレイテンシーの短縮により、ダウンロード速度を向上させる。

APPI
日本の個人情報の保護に関する法律（2003年法律第57号）（Act on the Protection of Personal Information）。

CCPA
米国のカリフォルニア州消費者プライバシー法（California Consumer Privacy Act）。

DataOps
より良いデータマネジメントやアナリティクスを実現するために、共同プロセスやツールの使用、分離されている可能性のあるチーム（ビジネスユーザー、データサイエンティスト、データエンジニア、アナリスト、データマネジメント等）間のパートナーシップに関するもの等が含まれている。

DevOps
歴史的に分離していたITチームと運用チームとの間のコラボレーションや共有テクノロジーを組み合わせるか、少なくとも促進するというアプローチを表している。ITチームはアプリケーションのソフトウェアを開発してリリースし、運用チームはソフトウェアのデプロイ、保守、サポートを行う。

DPA
イギリスのデータ保護法2018（Data Protection Act）

GDPR
欧州連合（EU）の一般データ保護規則（General Data Protection Regulation）。

HIPAA
米国の「医療保険の携行性と責任に関する法律1996」(Health Insurance Portability and Accountability Act)。

PDCA (Plan-Do-Check-Act)
プロセスや製品を改善、管理するための基本的な品質テクニック。

PDSA (Plan-Do-Study-Act)
Plan-Do-Check-Act (PDCA) のバリエーションで、CheckのステップをStudyに置き換えたもの。

POSMAD
情報ライフサイクルの基本フェーズ（計画：Plan、入手：Obtain、保管と共有：Store and Share、維持：Maintain、適用：Apply、廃棄：Dispose）の頭文字をとったもの。

ROI
投資利益率。費用対効果分析とROIを参照。

RRISCCE
(「リスキー」と発音する)。情報品質フレームワークにおける幅広い影響がある構成要素の頭文字をとったもの：要件と制約 (Requirement and constraints)、責任 (Responsibility)、改善と予防 (Improvement and Prevention)、構造、コンテキスト、意味 (Structure, Context, and Meaning)、コミュニケーション (Communication)、変化 (Change)、倫理 (Ethics) の幅広い影響がある構成要素を無視することは、RRISCCE (リスキー) であることを思い出させるためのものである。低品質なデータのリスクは、これらの構成要素に確実に対処することによって低下する。もしそうでなければ、低品質なデータのリスクは高まる。

SDLC
ソリューション／システム／ソフトウェア開発ライフサイクルを表す一般用語であり、本書ではデータ品質プロジェクトに使用されるアプローチ方法（ウォーターフォール、アジャイル、その他、いくつかの組み合わせ）として使用している。SDLCは、ソリューションを開発するためのアプローチとプロジェクト内のフェーズを定義する。SDLCは、プロジェクト計画とプロジェクトチームが行うべきタスクの基礎を提供する。SDLCは組織の内部で作成し使用することも、ベンダーによって提供されることもある。

SIPOC（サプライヤー-インプット-プロセス-アウトプット-カスタマー）
プロセスマネジメントや改善（シックスシグマやリーン生産方式等）において、ビジネスプロセスの主要な活動を示すためによく使用される。また情報ライフサイクルの可視化にも使用できる

アーキテクチャ (Architecture)
一般には、構造物やシステムの構成要素、それらがどのように体系化されているか、そしてそれらの相

互関係を指す。多くの人が建物や広場、その周辺環境のデザインに適用されるアーキテクチャについてよく知っている。エンタープライズアーキテクチャは以下の領域を包含する。1) ビジネスアーキテクチャ：データ、アプリケーション、テクノロジーに関する要件を確立するもの、2) データアーキテクチャ：ビジネスアーキテクチャによって作成され、必要とされるデータを管理するもの、3) アプリケーションアーキテクチャ：ビジネス要件に従って指定されたデータを操作するもの、4) テクノロジーアーキテクチャ：アプリケーションアーキテクチャをホストし、実行するもの（DAMA International, 2017）。

アクセス（Access）
データ品質評価軸の一つ。許可されたユーザーがデータや情報をどのように閲覧、変更、使用、処理できるかを制御する能力。

維持（Maintain）
POSMADの情報ライフサイクルのフェーズの一つ。情報が適切に機能し続けるようにする。このフェーズの活動には、データのデータの更新、変更、操作、解析、標準化、検証、確認、データの強化または増強、データのクレンジング、スクラブ、変換、レコードの重複排除、リンク、一致、レコードのマージまたは統合等が含まれる。

一意性と重複排除（Uniqueness and Deduplication）
データ品質評価軸の一つ。システム内またはデータストア間に存在するデータ（フィールド、レコード、データセット）の一意性（正）または不要な重複（負）。

一時データ（Temporary data）
処理を高速化するためにメモリに保持される。人間が見ることはなく、技術的な目的で使用される。データカテゴリーの一つとみなされることもある。

一貫性と同期性（Consistency and Synchronization）
データ品質評価軸の一つ。様々なデータストア、アプリケーション、システムで保存または使用されるデータの等価性。

イベントデータ（Event data）
モノが実行したアクションを示す。イベントデータは、トランザクションデータや測定データに似ている。

運用プロセス（Operational processes）
（プロジェクトの環境とは対照的に）運用の環境の中で行われる、特定の目的に向けた一連の活動のこと。データ・イン・アクション・トライアングルの側面の一つ。

エピソード（Anecdotes）
ビジネスインパクト・テクニックの一つ。品質の低いデータがもたらすマイナスの影響や、品質の高いデータがもたらすプラスの影響の例を集める。

オントロジー (Ontology)
哲学の世界では、物事の在り方や存在についての科学や研究のこと。データの観点からは、データは存在するものを表すものでなければならない。この文脈でオントロジーとは、概念が互いにどのように関連しているかを含む、概念の正式な定義の集合のことである。オントロジーを通じてデータを理解し、相互に参照することができる。

改善 (Action)
データ品質改善サイクルの概要レベルのステップの3番目のもの。このコンテキストでは、データ品質問題の予防、現在のデータエラーの修正、管理策の実施、定期的な評価による検証などの活動（評価と認識の結果）を指す。

改善と予防 (Improvement and Prevention)
情報品質フレームワークにおけるRRISCCEの幅広い影響がある構成要素の一つ。高品質なデータを持つことは一度限りのプロジェクトや単一のデータクリーンアップ活動で達成されるものではない、ということを示している。継続的改善、根本原因、予防、修正、強化、監査、**統制**、**監視**、評価尺度、目標が含まれる。

階層 (Hierarchy)
あるものを他のものよりも上位にランク付けしたシステムのこと。**タクソノミー**の一種。親子関係は単純なタクソノミーである。他の例としては、組織図、財務の勘定科目表、製品階層等がある。データの関係や、それに伴う品質への期待は、階層によって理解できるものもある。

カタログメタデータ (Catalog metadata)
データセットのコレクションを分類し整理するために使われる**メタデータ**。

監査証跡メタデータ (Audit trail metadata)
特定のタイプの**メタデータ**であり、通常はログファイルに保存され、改ざんから保護されている。例としてはタイムスタンプ、作成者、作成日、更新日等がある。監査証跡メタデータはセキュリティ、コンプライアンス、フォレンジックの目的で使用される。監査証跡メタデータは通常、ログファイルまたは同様のタイプの記録に保存されるが、テクニカルメタデータとビジネスメタデータは通常、それらが記述するデータとは別に保存される。

監視 (Monitoring)
データ品質ルールやその他の**コントロール**の順守状況を継続的に監視し、問題がある可能性がある場合に警告を発する機能。

完全性 (Completeness)
フィールドに値が存在する度合いを測定する情報品質の特性で、充足率と同義。**データの基本的整合性**のデータ品質評価軸で評価される。

関連性と信頼の認識（Perception of Relevance and Trust）
データ品質評価軸の一つであり、ビジネスインパクト・テクニックの一つでもある。1）関連性 - どのデータが彼らにとって最も価値があり重要であるか、2）信頼 - 彼らのニーズを満たすデータの品質に対する信頼。

機械学習（ML：Machine Learning）
AIの一分野であり、高度なアルゴリズムを用いてコンピューターソフトウェアがより適切な判断を下せるようにするもの。

企業資源計画（ERP：Enterprise Resource Planning）
財務、人事、製造、流通、販売、顧客管理などにありがちな、独立したシステムのプロセスとデータを統合するソフトウェア。ERPに含まれる一連のアプリケーションは、管理および運用のビジネスプロセスを自動化、管理、サポートする。

機密データ（または制限付きデータ）（Sensitive data (or restricted data)）
不正アクセスから保護されるべき情報のこと。機密性ラベルは、アクセス、プライバシー、セキュリティ制御の実施を支援するために情報セットに割り当てられる。機密データは、閲覧権限のない人に閲覧されるとリスクが高まる。ほとんどの組織は機密データを不正な閲覧から保護するために、セキュリティおよびプライバシー管理を実装している。「機密データ」は、特定の規制の文脈（例えば、個人情報保護法）において特別な意味を持ち得ることに留意することが重要である。また人に関するデータは組織内では「機微」とみなされるかもしれないが、一部のデータ（例えば、健康に関するデータ、宗教的信条や政治的意見に関するデータ）は、より高い「機密性」基準の対象となるかもしれない。**データカテゴリー**とみなすこともできる。

計画（Plan）
POSMADの情報ライフサイクルのフェーズの一つ。リソースの準備。目的を特定し、情報アーキテクチャを計画し、標準と定義を策定する。アプリケーション、データベース、プロセス、組織等をモデリング、設計、開発する場合、多くの活動は情報の計画フェーズの一部と考えられる。

構造、コンテキスト、意味（Structure, Context, and Meaning）
一般的に構造とは部品の関係や組み合わせや、それらがどのように配置されているかを指す。コンテキストとは何かを取り巻く背景、状況、条件のことである。意味とは何かがどのようなものか、あるいはどのようなものであることが意図されているかを指し、何かの目的や意義も含まれる。データ品質を管理するためには、データがどのように構造化されているのか、他のデータとどのように関連しているのか、どのようなコンテキストで使われ何を意味しているのかを理解しなければならない。理解されていないものを効果的に管理することは不可能だ。**情報品質**フレームワークにおける**RRISCCE**の幅広い**影響がある構成要素**の一つ。トピックには**定義**、リレーションシップ、メタデータ、標準、リファレンスデータ、データモデル、ビジネスルール、アーキテクチャ、セマンティクス、タクソノミー、オントロジー、階層等が含まれる。

構文解析（Parsing）
例えば、文字列やフリーフォームのテキストフィールドを構成要素単位、意味のあるパターン、属性に分離し、それらのパーツを個別のフィールドに移動しラベル付けを行う。

顧客（Customer）
組織が提供する製品やサービスを利用する人々。広く言えば組織内では、経営幹部、管理職、従業員、サプライヤー、ビジネスパートナーが、あなたが提供するデータや情報顧客かもしれない。そして彼らは最終顧客に製品やサービスを提供するために、そのデータや情報を利用する。

誤情報（Misinformation）
偽情報だが、害を与える意図をもって作られたり共有されたりしたものではない情報（Yakencheck、2020年）。

コミュニケーション（Communication）
人々の巻き込みやデータ品質ワークの人的要因に取り組むあらゆる活動を含む広義の用語。これらの活動は、データ品質評価の実施方法を知ることと同様に、データ品質への取り組みを成功させるために不可欠である。また、情報品質フレームワークにおけるRRISCCEの幅広い影響がある構成要素の一つであり、意識付け、エンゲージメント、働きかけ、傾聴、フィードバック、教育、トレーニング、文書化等が含まれる。

コントロール（Control）
本書では一般的に高品質なデータを保証し、データ品質の問題やエラーを防止し、高品質なデータを生み出す可能性を高めるために、作業をチェックし、検知し、検証し、制約し、報酬を与え、奨励し、指示する様々な活動を指す。コントロールは一度だけ実施することもできるし、長期にわたって監視し続けることもできる。具体的には「コントロールとは、システムを安定に保つためにシステムに組み込まれたフィードバックの一形態である。コントロールは、安定性の欠如を示す状態を（多くの場合、測定という形で）検知し、この観察に基づいて行動を開始する能力を持つ」(Sebastian-Coleman, 2006) (Sebastian-Coleman, 2013)。

根本原因分析（Root Cause Analysis）
ある問題や状態の原因となるあらゆる可能性を調査し、その実際の原因を特定すること

根本原因を探る5つのなぜ（Five Whys for Root Causes）
根本原因分析テクニックの一つ。ータや情報の品質問題の真の根本原因を突き止めるために、「なぜ」を5回問う。製造業でよく使われる標準的な品質テクニックであり、データや情報の品質に適用しても適切に機能する。

サーベイ（Survey）
状況、条件、意見を評価するための正式なデータ収集方法。

質の高いデータと信頼できる情報を得るための10ステップ（Ten Steps to Quality Data and Trusted Information™）

データと情報の質を確立し、評価し、改善し、維持し、管理するため方法論。3つの主要分野から構成されている。キーコンセプト - 読者にとってデータ品質ワークを適切に実施するために理解すべきであり、この方法論の不可欠な構成要素となる基本的な考え方。プロジェクトの組み立て – 作業を組み立てるためのガイダンスだが、他のよく知られたプロジェクトマネジメント手法に取って代わるものではなく、これらの原則をデータ品質プロジェクトに適用するためのもの。10ステッププロセス-10ステッププロセスを通してキーコンセプトを実行するための手順 - 方法論全体の名前の由来となった実際の10ステップ。簡略化して「10ステップ」とした場合は方法論全体を指す。「10ステッププロセス」はステップそのものを指す。

集計データ（Aggregate data）

複数のレコードや情報源から収集され、要約された情報。データカテゴリーの一つとみなされることが多い。

充足率（Fill rate）

完全性を参照。

重要データエレメント（CDE：Critical data elements）

最も重要なビジネスニーズに結びついたデータフィールドであり、品質を評価し、継続的に管理することが最も重要であるとみなされる。

重要な構成要素（Key Components）

情報品質フレームワークのセクションの一つ。情報ライフサイクル全体を通じて影響を与える4つの主要分野：データ（What）、プロセス（How）、人と組織（Who）、テクノロジー（How）。

情報環境（Information environment）

データ品質の問題を取り囲む、あるいは発生させた、あるいは悪化させた可能性のある設定、条件、状況を。これには、要件と制約、データとデータ仕様、プロセス、人／組織、テクノロジー、情報ライフサイクルが含まれる。

情報データ（Information Data）

データとは既知の事実やその他の関心事項を指し、情報とは文脈の中でのそれらの事実を指す。10ステップの方法論では、データと情報はしばしば同じ意味で使われることがあるが、例外的にこれらの区別が重要なケースがある。情報は、そのライフサイクルを通じて適切に管理されるべき資産である。

情報品質（Information quality）

10ステップの方法論では、ソースとなる情報とデータが、必要な用途すべてにおいて信頼できる度合いを表す。すなわち、意思決定、事業運営、顧客サービス、企業目標の達成のために、適切な情報を、適切なタイミングで、適切な場所に、適切な人々に提供すること。データ品質とも呼ばれる。

情報品質フレームワーク（FIQ：Framework for Information Quality）

高品質なデータを確保するために必要な構成要素を構造的に可視化、整理したもの。このフレームワークを使うことで、低品質な情報を生み出す複雑な環境を理解し、どの構成要素が欠けているのかあるいはうまく機能していないのかを認識するための、体系的な検討が可能になる。これは根本原因を特定し、現状の問題を修正し、再発を防止するために必要な改善策を決定するのに役立つ。

情報プロダクト・マップ（IP Map）

請求書、顧客からの注文、処方箋等の情報プロダクトがどのように組み立てられるかを理解し、評価し、記述するのを支援するためにデザインされた図式モデルである。IPマップは組織内で日常的に生産される情報プロダクトの製造に関連する詳細を把握するために、体系的に表現することを目的としている（Wang et al, 2005）。**情報ライフサイクル**を理解し可視化するためのアプローチの一つ。

情報ライフサイクル（Information Life Cycle）

データや情報の寿命を通じて変化し発展していく過程のこと。あらゆるリソースを最大限に活用しその利益を得るために、**データ、プロセス、人／組織、テクノロジー**は、情報ライフサイクルを通じて管理されなければならない。POSMADという頭字語は、情報ライフサイクルにおける6つの基本的なフェーズを表している。また、情報品質フレームワークのセクションの一つでもある。情報ライフサイクルは、**スイムレーン**、SIPOC、IPマップなど、さまざまな方法で可視化できる。

人工知能（AI）

環境を感知し、思考し、学習し、感知したものや目的に応じて行動を起こすことができるコンピューターシステムの総称（PwC、2020年）。

信頼（Trust）

10ステップでは、データと情報の品質に対する信頼が求められる。データと情報を使用する人にとっては、データと情報がニーズを満たすものであり、データと情報を管理（計画、作成、取得、更新、維持、変換、保管、共有、廃棄、アーカイブ）する人にとっては、品質が仕様を満たし、**ユーザー**（人、プロセス、機械など）のニーズを満たすものであるという信頼。

スイムレーン（Swim Lane）

プロセスフロー・ダイヤグラムの一種で、プロセス、タスク、作業単位、役割等を水平方向または垂直方向のレーンに分割したもの。情報ライフサイクルの各フェーズを通じて、ライフサイクルの各フェーズを通じて現れる4つの**重要な構成要素**（データ、プロセス、人／組織、テクノロジー）を一目で把握するために使用できる。

スタンダード（Standard）

信頼できるものと認められ、比較の基準となるものの総称。データ品質では主に**データ標準**にフォーカスする。

ステークホルダー（Stakeholder）
情報とデータ品質ワークに関心がある、関与している、投資している、あるいは（良くも悪くも）影響を受ける個人またはグループ。ステークホルダーは、プロジェクトとその成果物に対して影響力を行使することができる。ステークホルダーは組織の内外に存在し、ビジネス、データ、テクノロジーに関する利益を代表することができる。ステークホルダーのリストの長さは、プロジェクトのスコープによって変動する。

正確性（Accuracy）
データ品質評価軸の一つ。データの内容が、合意され信頼できる参照元と比較して正確であること。データ品質評価軸。

制約（Constraints）
要件と制約を参照。

責任（Responsibility）
情報品質フレームワークにおけるRRISCCEの幅広い影響がある構成要素の一つ。説明責任、権限、オーナーシップ、ガバナンス、スチュワードシップ、動機付け、報酬等がある。

セキュリティとプライバシー（Security and Privacy）
データ品質評価軸の一つ。セキュリティとは、データや情報資産を不正なアクセス、使用、開示、中断、変更、破壊から保護する能力。個人にとってのプライバシーとは、個人としての自分に関するデータがどのように収集され、利用されるかをある程度コントロールできることである。組織にとっては、人々が自分のデータがどのように収集され、共有され、利用されることを望んでいるかを遵守する能力。

セマンティクス（Semantics）
一般的に、単語や記号、文章が何を意味するか、あるいは何を意味すると解釈されるかといった物事の意味を指す。データ品質を管理するためには、データが何を意味するのか、そして人々が何を意味すると考えているのかを知らなければならない。

相互関連マトリックス（Interaction Matrix）
情報品質フレームワークのセクションの一つ。情報ライフサイクルの各フェーズと、データ、プロセス、人／組織、テクノロジーといった**重要な構成要素**との関係、つながり、インターフェースを示している。

ソース・ターゲット・マッピング（STM：Source-to-target mapping）
必要な変換ロジックとともに、データをソースから目的地に移動するための情報を提供する。データソースの場所と情報、データが移動するターゲットデータストアの場所、ターゲットシステムの要件を満たすために必要な変換を記述する。

測定データ（Measurement data）
メーター、センサー、RFID（radio frequency identification）チップ、その他のデバイスを介して捕捉さ

れ、マシン・ツー・マシン接続によって送信される。

組織（Organization）
営利目的、教育、政府、医療、非営利団体、慈善団体、科学、研究等、あらゆる業界のあらゆる規模の企業、学会、機関、施設を意味する包括的な言葉。全ての組織が何らかの製品やサービスを提供するビジネスを営んでおり、全ての組織が成功のためにデータと情報に依存しているので、10ステップはこれら全てに適用できる。

その他の関連する根本原因分析テクニック（Other Relevant Root Cause Analysis Techniques）
根本原因の特定に役立ち、利用可能なその他のテクニック。

その他の関連するデータ品質評価軸（Other Relevant Data Quality Dimensions）
その他、組織が定義、測定、改善、監視、管理する上で重要と考えられるデータおよび情報の特性、側面、または特徴。

その他の関連するビジネスインパクト・テクニック（Other Relevant Business Impact Techniques）
データ品質がビジネスに及ぼす影響を判断するためのその他の定性的又は定量的手法で、組織が理解することが重要と考えられるもの。

対象分野の専門家（SME）
ビジネスプロセスを深く理解し、プロセスをサポートする情報についての知識を持つ。スーパーユーザー、パワーユーザーとも呼ばれる。

タクソノミー（Taxonomy）
物事を順序付けられたカテゴリーに分類する。例えば動物や植物は、界、門、綱、目、科、属、種に分類される。デューイ十進分類法も分類法のひとつで、図書館で本を区分けして分類するのに使われている。これらのタクソノミーをサポートするデータを管理するために、タクソノミー自体を理解する必要がある。タクソノミーはまた、データそのものをよりよく管理し、語彙を統制し、ドリルダウン形式のインターフェースを構築し、ナビゲーションと検索を支援するために作成される。関連用語として**フォークソノミー**を参照。

知識労働者（Knowledge worker）
仕事や職責を果たすためにデータや情報を利用する人。情報生産者、情報消費者、情報顧客、情報利用者とも呼ばれる。

抽出-変換-ロード（ETL：Extract-Transform-Load）
ソースデータストアからデータを抽出し、ターゲットシステム要件に適合するようにデータを変換および集約し、ターゲットデータストアにロードする。

重複（Duplication）
一意性と重複排除を参照。

追跡調査（Track and Trace）
根本原因分析テクニックの一つ。情報ライフサイクルを通じてデータを追跡し、処理の入力時点と出力時点でデータを比較し、問題が最初に発生した場所を判別することにより、問題の箇所を特定する。

定義（Definition）
単語や語句の意味を述べたもの。ここでは質の高いデータの基本的な側面として、データが定義されており、その意味が理解されていることを念頭に置くための一般的な用語である。

低品質データのコスト（Cost of Low-Quality Data）
ビジネスインパクト・テクニックの一つ。低品質データによるコストと収益への影響を定量化する。

データ（Data）
既知の事実やその他の関心事項を指す。データと情報はしばしば同じ意味で、また、情報品質のフレームワークにおける4つの重要な構成要素の1つでもある。10ステップの方法論では例外的にこれらの区別が重要なケースもある。

データアセスメント計画（Data assessment plan）
データの品質やデータのビジネスインパクトを評価する方法を企画するもの。

データ依存（Data-dependent）
社会、家族、個人、組織（営利、非営利、政府、教育、医療、科学、研究、社会サービス等）は全て、意識しているかどうかにかかわらず成功するために情報に依存している。

データ・イン・アクション・トライアングル（Data in Action Triangle）
ほとんどの組織での業務はプロジェクト、運用プロセス、プログラム、およびそれらの関係を通じて行われることを示すモデル。

データカテゴリー（Data category）
共通の特性や特徴を持つデータのグループ化。分類によって扱いが異なるデータもあるため、構造化データを管理するのに便利である。10ステップで使用され本書で説明されているデータカテゴリー（マスターデータ、トランザクションデータ、リファレンスデータ、メタデータ）は、データを扱う人々がよく使う用語である。さらに、集計データ、履歴データ、報告用データ／ダッシュボードデータ、機密データ、一時データなど、システムやデータベースの設計方法、データの使用方法に影響を与える補足的なデータカテゴリーもある。異なるカテゴリー間の関係と依存関係を理解することは、データ品質への取り組みを方向付けるのに役立つ。

付録

データガバナンス（Data governance）
情報資産の効果的なマネジメントのための関与ルール、意思決定権限、実行責任を規定し、強制するための方針、手順、構造、役割、説明責任の組織化と実施すること（John Ladley, Danette McGilvray, Anne-Marie Smith, Gwen Thomas）。

データ取得（Data capture）
データをフラットファイルに抽出して安全なテスト用データベースにロードしたり、レポート用データストアに直接接続したりする等、評価やその他の用途のために使用するデータをアクセスまたは入手する方法

データ仕様（Data Specifications）
データ品質評価軸の一つ。データにコンテキスト、構造、意味を与えるあらゆる情報と文書が含まれる。データ仕様はデータや情報の作成、構築、生成、評価、利用、管理に必要な情報を提供する。データ仕様という言葉は10ステップの方法論で使用される包括的な用語でもあり、データや情報に**構造、コンテキスト、意味**を与えるあらゆる情報や文書を含む。ここでは、**メタデータ、データ標準、リファレンスデータ、データモデル、ビジネスルール**に重点が置かれている。

データスチュワードシップ（Data stewardship）
代理として情報資源を管理し、組織の最善の利益について公式に説明責任与えるデータガバナンスのアプローチ。このアプローチに関連する正式な役割は、常にではないが、データスチュワードと呼ばれることが多く、エンタープライズ・データスチュワード、ビジネス・データスチュワード、テクニカル・データスチュワード、ドメイン・データスチュワード、オペレーション・データスチュワード、プロジェクト・データスチュワードなど様々なタイプのデータスチュワードがある。

データストア（Datastore）
生成または取得され、保管され、利用されるあらゆるデータの集合体を意味するものであり、その関連するテクノロジーは問わない。

データセット（Dataset）
評価、分析、修正等のために取り込まれ使用されるデータの集合であり、多くの場合、全体データストアの部分集合である。

データドリブン（Data-driven）
組織がデータ分析に基づいて意思決定を行うことを支援するための具体的かつ意図的な取り組み、または企業文化を変革し、より効率的かつ効果的に事業を運営するためにデータをより良く活用するための重点的な取り組み。

データの基本的整合性（Data Integrity Fundamentals）
データ品質評価軸の一つ。データの存在（完全性／充足率）、有効性、構造、内容、その他の基本的特性。

データの品質 (Data quality)
情報品質を参照。

データの劣化 (Data Decay)
データ品質評価軸の一つ。データに対する負の変化率。

データの網羅性 (Data Coverage)
データ品質評価軸の一つ。関心のあるデータの全体的な母集団またはデータユニバース（全体像）に対して、利用可能なデータがどれだけ包括的かを示す。

データ標準 (Data standards)
データがどのように命名され、表現され、フォーマットされ、定義され、管理されるかについての合意、規則、ガイドラインのこと。これは、データが適合すべき品質レベルを示す。

データ品質改善サイクル (Data Quality Improvement Cycle)
データ品質を管理するとは継続的なプロセスであり、**評価、認識、改善**という大きく3つのステップを通じて行われるという考え方を示している。良く知られた**PDCA**（Plan-Do-Check-Act）または**PDSA**（Plan-Do-Study-Act）テクニックの修正版。

データ品質評価軸 (Data Quality Dimension)
データの特性、側面、または特徴。データ品質評価軸は、情報とデータの品質への要求を分類する方法を提供する。評価軸はデータと情報の品質を定義、測定、改善、管理するために使用される。

データフィールド (Data field)
フィールドを参照。

データプロファイリング (Data profiling)
データの存在、有効性、構造、内容、その他の基本的特性を発見するための分析テクニックを提供。ドメイン分析とも呼ばれる。データプロファイリングのテクニックは、**データの基本的整合性**のデータ品質評価軸を評価するために使用される。

データモデリング (Data modeling)
データ、定義、構造、関係を表す図（データモデル）を作成するプロセス。

データモデル (Data model)
特定のドメインにおけるデータ構造を、テキストによる補足と共に視覚的に表現したもの。データモデルは以下のいずれかである：1) ビジネス指向 - 組織にとって何が重要かを表し、テクノロジーに関係なく組織のデータ構造を視覚化する。2) テクノロジー指向 - 特定のデータマネジメント手法の観点から特定のデータ集合を表し、データがどこに保管され、どのように整理されるかを示す（リレーショナル、オブジェクト指向、NoSQL等）。データモデルは組織がデータを表現し、データを理解するための

主要な成果物。

データレイク（Data lake）
膨大な量の生データを保持する**データストア**の一種。こうした大量のデータは、しばしば**ビッグデータ**と呼ばれる。

適時性（Timeliness）
データ品質評価軸の一つ。データおよび情報が最新であり、指定されたとおりに、また期待される期限内に使用できること。

適用（Apply）
POSMADの情報ライフサイクルのフェーズの一つ。ビジネスニーズをサポートし、対処するために情報を使用する。人であれ機械であれ、情報に基づいた意思決定を行い、効果的な行動をとる。これにはトランザクションの完了、レポートの作成、レポートの情報による経営判断、自動化されたプロセスの実行等、あらゆる情報利用が含まれる。

テクニカルメタデータ（Technical metadata）
テクノロジーやデータ構造を記述するための**メタデータ**。

テクノロジー（Technology）
プロセスに含まれる、または人々や組織が使用するフォーム、アプリケーション、データベース、ファイル、プログラム、コード、およびデータを保存、共有、または操作するメディア。テクノロジーには、データベースのようなハイテクと、紙のコピーのようなローテクの両方がある。また、**情報品質**のフレームワークにおける4つの**重要な構成要素**の1つでもある。

点と点をつなげる（Connect the Dots）
ビジネスインパクト・テクニックの一つ。ビジネスニーズとそれをサポートするデータとの関連を説明する。

等価性（Equivalence）
さまざまな場所に保存され使用されている同じデータは同じ事実を表し概念的に同等であるべきであるという考え方。これはデータの値や意味が等しいこと、あるいは本質的に同じであることを示す。一貫性と同期性を参照。

同期性（Synchronization）
一貫性と同期性を参照。

投資収益率（ROI：Return on Investment）
（1）投資額に対する投資利益の割合。（2）一般的に、データ品質への投資から得られる利益を示す手段。費用対効果分析とROIを参照。

特性要因図／フィッシュボーン図（Cause-and-Effect/Fishbone Diagram）
ビジネスインパクト・テクニックの一つ。データ品質の問題やエラーの原因を特定し、調査し、整理し、原因間の関係を重要度や詳細度に応じて図式化する。これは事象、問題、状態または結果の根本原因を明らかにするために、製造業でよく使われる標準的な品質テクニックであり、データや情報の品質に適用してもうまく機能する。

トランザクションデータ（Transactional data）
組織が業務を遂行する際に発生する、内部または外部のイベントやトランザクションを記述するデータ。

取引可能性（Transactability）
ユーザビリティと取引可能性ユーザビリティを参照。

偽情報（Disinformation）
個人、団体、組織、国を欺き、害を与え、操るために意図的に作られた偽情報（Yakencheck、2020年）。

入手（Obtain）
POSMADの情報ライフサイクルのフェーズの一つ。データや情報を取得する。例えば、レコードの作成（アプリケーションを介して内部的に、または顧客がウェブサイトから情報を入力することにより外部的に）、データの購入、外部ファイルの読み込み等。

認識（Awareness）
データと情報の真の状態、ビジネスへのインパクト、根本原因を理解する。データ品質改善サイクルの概要レベルのステップの2番目のもの。

廃棄（Dispose）
POSMADの情報ライフサイクルのフェーズの一つ。情報が使用されなくなった場合に、その情報を削除または廃棄すること。レコード、ファイル、データセットまたは情報のアーカイブまたは削除が含まれる。

場所と時間（Location and Time）
情報品質フレームワークのセクションの一つ。イベント、活動、タスクが行われる場所と時間、情報が利用可能になる時間、利用可能になる必要がある時間等。

発見都度の文書化（Document as Discovered）
知見が得られたらその時に記録する。洞察やアイデアが浮かんだら、それを記録する。それらは忘れることなく（忘れることは後で再発見するための手戻りを意味する）、現在のステップまたはプロジェクトの後段階で利用できるようになる。

幅広い影響がある構成要素（Broad Impact Components）
情報品質フレームワークのセクションの一つ。情報の品質に影響を与える追加的な要素。その要因を構

成するカテゴリーの単語の頭文字をとって、RRISCCEと呼ぶ。

バリデーション（適合確認）（Validation）
本番システムへの入力が標準や妥当性に順守していることを確認するチェック。ベリフィケーション（検証）も参照のこと。ソフトウェアの世界では、バリデーションとベリフィケーションについて特定の定義がある。データの世界では特別な定義はなく、両者は同じ意味で使われることもある。バリデーションは、その入力がそのレコードの正しいものであったかどうか（これは正確性である）を示すものではなく、その入力がの有効性があるかどうかを示すものである。

ビジネスインパクト・テクニック（Business Impact Technique）
データ品質が組織に及ぼす影響を評価するための定性的および定量的な手法。これらの影響は、品質の高いデータから得られる良い影響と、品質の低いデータから得られる悪い影響の両方がある。

ビジネスインパクトを探る5つのなぜ（Five Whys for Business Impact）
ビジネスインパクト・テクニックの一つ。データ品質がビジネスに与える真の影響を認識するために、「なぜ」を5回問う。

ビジネスニーズ（Business needs）
組織にとって重要なものを示すために使われる包括的な言葉。顧客、製品、サービス、戦略、ゴール、問題、機会によって推進される。別の言い方をすれば、ビジネスニーズは顧客に製品とサービスを提供するために必要となるすべてのものを含んでいる；サプライヤー、従業員およびビジネスパートナーとの作業；そしてそのために取り組むべき戦略、ゴール、問題、機会等。また、情報品質フレームワークのセクションの一つでもある。

ビジネスメタデータ（Business metadata）
データの非技術的側面とその使用法を記述するメタデータ。

ビジネスルール（Business rule）
ビジネス上の相互関連を記述しアクションのルールを確立する、守るべき原則またはガイドライン。またそのルールが適用されるビジネスプロセスと、そのルールが組織にとって重要である理由が記載されることもある。ビジネスアクションとは、ビジネス用語で、ビジネスルールに従った場合に取られるべき行動を指す。結果を表すデータの振る舞いは、要求事項やデータ品質ルールとして明確化され、遵守状況をチェックすることができる。データ品質はビジネスルールとビジネスアクションへの準拠（または非準拠）の結果としてのアウトプットである。データ品質ルール仕様は物理的なデータストアレベルで、データ品質をチェックする方法を説明する。

ビッグデータ（Big Dat）
大量のデータ。しばしば複数のVで表現され、最も一般的な3つのVは、Volume（量）、Velocity（頻度／速度）、Variety（多様性）。その他のVには、Variability（可変性）、Veracity（確実性）、Vulnerability（脆弱性）、Volatility（劣化速度）、Visualization（可視性）、Value（価値）などがある。

必要十分の原則（Just Enough Principle）
結果を最適化するために「必要十分な」時間と労力を費やす。一滴も多くないが、一滴も少なくもない。必要十分とは、ずさんであることでも、手抜きをすることでもない。必要なのは、優れたクリティカルシンキングである。結果を最適化するために、ステップ、テクニック、アクティビティに十分な時間をかけよう。それは2分かもしれないし、2時間、2日、2週間、2カ月かもしれない。知っていることに基づいて決断し、次に進もう。状況が変わったり、新たな知識が明らかになったりしたら、その時点で調整する。

人と組織（People and Organizations）
情報ライフサイクルのいずれかのフェーズにおいて、データに影響を与える、またはデータを使用する、あるいはプロセスに関与する組織（事業部、部門など）、チーム、役割、責任、個人。情報品質のフレームワークにおける4つの重要な構成要素の1つ。

評価（Assessment）
(1) 実際の環境や実際のデータを要件や期待値と比較すること。(2) データ品質改善サイクルの概要レベルのステップの最初のもの。

費用対効果分析とROI（Cost-Benefit Analysis and ROI）
ビジネスインパクト・テクニックの一つ。データ品質に投資することで予想される費用と潜在的な利益を詳細な評価を通じて比較する。それには投資利益率（ROI）の計算を含むことがある。

費用対効果マトリックス（Benefit vs. Cost Matrix）
ビジネスインパクト・テクニックの一つ。問題、推奨案、改善施策の効果と費用の関係を評価し、分析する。

フィールド（Field）
値を格納する場所のことを指す。リレーショナルデータベースでは、フィールドは列、データエレメント、属性と呼ばれることもある。非リレーショナルデータベースでは、フィールドはキー、値、ノード、リレーションシップと呼ばれることもある。データフィールドとも呼ばれる。

フィッシュボーン図（Fishbone Diagram）
特性要因図／フィッシュボーン図を参照。

フォークソノミー（Folksonomy）
「フォーク」と「タクソノミー」から派生したもので、主にタグ付け（コンテンツにメタデータを追加すること）を通じて発生する。ソーシャルタギング、コラボレイティブタギング、ソーシャルクラシフィケーション、ソーシャルブックマークとも呼ばれる。タグは、（構造化されたタクソノミーとは対照的に）非公式で構造化されていないタクソノミーを作成し、より簡単にコンテンツを見つけるために使用される。タグのデータを使うことで、コンテンツの可視性、分類、検索性が向上する（Techopedia, 2014）。

プライバシー (Privacy)
セキュリティとプライバシーを参照。

プレゼンテーションの品質 (Presentation Quality)
データ品質評価軸の一つ。データや情報の形式、見た目、表示は、その収集や利用をサポートする。

プログラム (Program)
関連する活動やプロジェクトを全体的に調整しながら管理し、個別に管理するだけでは得られない利点を得るための継続的な取り組みのこと。**データ・イン・アクション・トライアングル**の側面の一つ。

プロジェクト (Project)
ユニークな製品、サービス、結果を生み出すために行われる一時的な取り組み（Project Management Institute, 2020）。取り組むべき特定のビジネスニーズと達成すべき目標を持った、1回限りの取り組みの単位である。本書でプロジェクトという言葉は、ビジネスニーズに対処するために10ステップの方法論を活用する、あらゆる構造化された取り組みを意味するために広く使用される。プロジェクトアプローチ、プロジェクト目標、プロジェクトタイプを参照。またデータ・イン・アクション・トライアングルの側面の一つでもある。

プロジェクトアプローチ (Project approach)
どのようにソリューションを提供するか、どのようなフレームワークやモデルを用いるかを指す。これはプロジェクト計画、プロジェクト内のフェーズ、実施するタスク、必要なリソース、プロジェクトチームの構造の基礎を提供する。使用するモデルは10ステッププロセスそのものでも、状況に最も適したSDLCモデルでもかまわない。

プロジェクトスポンサー (Project sponsor)
プロジェクトに資金的、人的、技術的資源を提供する個人またはグループ。言動を通じてプロジェクトへのサポートを示すべきである。

プロジェクトタイプ (Project type)
データ品質プロジェクトを、次のプロジェクト タイプのいずれかに分類する：(1) データ品質改善を主目的としたプロジェクト、(2) 一般的なプロジェクトの中でのデータ品質活動、(3) 10ステップ／テクニック／アクティビティの一時的な部分適用。プロジェクトタイプによって、**プロジェクトアプローチ**と、プロジェクト作業の組織化、マネジメント、達成方法が決まる。

プロジェクトマネージャー (Project manager)
プロジェクト目標を達成する責任者。選択した**プロジェクトアプローチ**を用い、プロジェクトを立ち上げ、計画、実行、監視、コントロール、完了し、プロジェクトをリードする

プロジェクトマネジメント (Project management)
知識、スキル、ツール、テクニックをプロジェクト活動に適用し、プロジェクトの要件を満たすこと

(Project Management Institute, 2020)。プロジェクトマネジメントの必要性は、すべてのプロジェクトアプローチに適用され、また、どの SDLC が使用されていても適用される。しかし、例えばプロジェクト憲章とビジョンステートメント、スプリントとフェーズのように、アプローチによっては用語が異なるかもしれない。プロジェクトタイプとプロジェクトアプローチによって、どのプロジェクトマネジメント活動が必要で、どのように作業を計画・調整するかが決まる。

プロジェクト目標（Project objectives）
プロジェクト期間中に達成すべき具体的な成果。これは、ビジネスニーズおよび対処すべきデータ品質問題に沿ったものでなければならない。

プロセス（Processes）
データや情報を取り扱う機能、活動、アクション、タスク、手順（ビジネスプロセス、データマネジメント・プロセス、社外プロセス等）。ここで使用される「プロセス」とは一般的な用語であり、何を達成すべきかを記述する概要レベルの機能（「注文管理」や「テリトリー割り当て」等）から、どのように達成すべきかを記述するより詳細なアクション（「注文書の作成」や「注文書のクローズ」等）までの活動を、インプット、アウトプット、およびタイミングとともに捉えるものである。**情報品質のフレームワークにおける4つの重要な構成要素の1つ。**

プロセスインパクト（Process Impact）
ビジネスインパクト・テクニックの一つ。データ品質が業務プロセスに与える影響を説明する。

プロファイリング（Profiling）
データプロファイリングを参照。

文化と環境（Culture and Environment）
情報品質フレームワークにおける**RRISCCEの幅広い影響がある構成要素の一つ**。文化とは組織の態度、価値観、慣習、慣行、および社会的行動を指す。環境とは組織の人々を取り囲み、彼らの働き方や行動に影響を与える状況を指す。文化や環境とは、社会、国、言語、政治等の外部要因等、組織に影響を与え、データや情報、それらの管理方法に影響を与える可能性のある、より広範な側面を指すこともある。

ベリフィケーション（検証）（Verification）
入力されたデータまたは作成されたコピーが、オリジナルのソースと正確に一致していることを確認するプロセス。バリデーションも参照。ソフトウェアの世界では、バリデーションとベリフィケーションについて特定の定義がある。データの世界では特別な定義はなく、両者は同じ意味で使われることもある。

変化（Change）
情報品質フレームワークにおける**RRISCCEの幅広い影響がある構成要素の一つ**。変化とそれに伴う影響のマネジメント、組織的なチェンジマネジメント、チェンジコントロールが含まれる。すべての種類の変更が管理されなければ、それは改善が実行され、維持されないことの危険を非常に高める。(1) チェ

ンジコントロールはテクノロジーに関連し、バージョンコントロール、データストアへの変更とその結果としての下流の画面やレポートへの影響等を扱う。(2) 組織変更管理 (OCM) は組織内の変化を管理し、文化、動機づけ、報酬、行動を確実に一致させ、望ましい結果を促すことが含まれる。

報告用データ／ダッシュボードデータ (Reporting/dashboard data)
レポートやダッシュボードで使用されるデータであり、独立したデータカテゴリーとしてではなく、データの数ある用途のひとつであると考えられている。しかし、これを独自のデータカテゴリーと考える場合もある。

保管と共有 (Store and Share)
POSMADの情報ライフサイクルのフェーズの一つ。情報を保持し、何らかの配布方法で利用できるようにする。データは、電子的 (データベースやファイルなど) に保存されることもあれば、ハードコピー (ファイルキャビネットに保管された紙の申込書など) として保存されることもある。データは、ネットワーク、エンタープライズ・サービスバス、電子メールなどの手段を通じて共有される。

マスターデータ (Master data：Master reference data)
組織のビジネスに関与する人、場所、モノを記述する。例えば人 (例：顧客、従業員、ベンダー、サプライヤー、患者、医師、学生)、場所 (例：場所、販売地域、オフィス、地理空間座標、電子メールアドレス、URL、IPアドレス)、モノ (例：アカウント、商品、資産、デバイスID) が含まれる。

マスター・リファレンスデータ (MRD：Master reference data)
リファレンスデータとマスターデータを組み合わせたデータカテゴリー。

メタデータ (Metadata)
文字通り「データに関するデータ」を意味する。メタデータは他のデータを記述、ラベル付け、特徴付けし、情報のフィルタリング、検索、解釈、利用を容易にする。メタデータの例にはデータフィールドに与えられた名前、定義、リネージ、ドメインの値、コンテキスト、品質、条件、特性、制約、変更方法、ルールに関する記述情報が含まれる。メタデータの種類には、テクニカルメタデータ、ビジネスメタデータ、ラベルメタデータ、カタログメタデータ、監査証跡メタデータなどがある。

メディア (Media)
ユーザーガイド、サーベイ、フォーム、レポート (電子版かハードコピーかを問わない)、ダッシュボード、アプリケーション画面、ユーザーインターフェース等 (これらに限定されるわけではない)、情報を表現する様々な手段。

網羅性 (Coverage)
データの網羅性を参照。

モノのインターネット (IoT：Internet of Things)
センサーと固有の識別子 (UID) を持つ、相互に関連する「モノ」が接続されたシステムのことで、人間対人間、人間対コンピューターのやりとりを必要とせずに、インターネット経由でデータを転送するこ

とができる。モノというのはコンピューティング・デバイス、機械、物体、動物、あるいは人間でもありうる。IoTは、何十億ものスマートデバイスからなるセンサーネットワークであり、人、システム、その他のアプリケーションを接続してデータを収集し、共有し、相互に通信し、対話する。

有効性（Validity）
データフィールドの値が、ルール、ガイドライン、**標準**に準拠している。何が有効であるかの表示はフィールドによって異なる。例えば、値は許容値のリスト内にあるか？値は有効なパターンまたはフォーマットに適合しているか。値は、指定された日付範囲、または最大値と最小値の範囲内や設定されたその他の範囲内にあるか。値は特定のデータ入力基準に従っているか。**データの基本的整合性**の**データ品質評価軸**の一部として評価または測定される。

ユーザー（User）
データや情報を利用する人を意味する一般的な言葉。ユーザーの同義語には、**知識労働者**、情報消費者、情報顧客等がある。ユーザーは機械や自動化されたプロセスであることもある。

ユーザビリティと取引可能性（Usability and Transactability）
データ品質評価軸の一つ。データが、意図された業務取引、成果、使用目的を達成すること。

要件と制約（Requirements and Constraints）
要件とは満たさなければならない責務である。制約とは制限や規制のことであり、つまり行えないことや、行うべきではないことを指す。多くの場合、「何が行えないか」という視点から見ると、色々な考慮すべきことが見えてくる。制約は多くの場合、要件として肯定的に記述することができる。要件や制約の出所は、業務、ユーザー、機能、テクノロジー、法、規制、コンプライアンス、契約、業界、内部ポリシー、アクセス、セキュリティ、プライバシー、データ保護等のカテゴリーに由来するか、またはそれらに基づく。それぞれのカテゴリーについて考慮することで、データ自体やプロジェクトのプロセスやアウトプットによって満たされなければならない重要な項目（要件）や避けなければならない重要な項目（制約）を明らかにすることができる。**情報品質**フレームワークにおける**RRISCCEの幅広い影響がある構成要素**の一つ。

用途（Usage）
ビジネスインパクト・テクニックの一つ。データの現在および将来の用途をリスト化する。

ライフサイクル（Life cycle）
何かがその寿命を通じて変化し発展していく過程のこと。**情報ライフサイクル**および**リソース・ライフサイクル**を参照。

ラベル付きデータ（Labeled data）
タグや注釈が付けられたデータのこと。構造化データのメタデータは、ほとんどの場合データ自体とは別に保存されるが、ラベル付けされたデータでは、メタデータとコンテンツは、コンピューターや人間の分析者がそれらを解釈して利用できる方法で一緒に保存される。データラベリングは、非リレーショ

ナルデータベースに格納された大量のデータに対してよく使われる手法である。

ラベルメタデータ (Label metadata)
データや情報セットにタグのような注釈を付けるために使用され、通常は大量のデータで使用される。構造化データのメタデータはほとんどの場合、データ自体とは別に保存されるが、ラベル付きデータでは、メタデータとコンテンツは一緒に保存される。**ラベル付きデータ**を参照。

ランキングと優先順位付け (Ranking and Prioritization)
ビジネスインパクト・テクニックの一つ。データの欠落や誤りが特定のビジネスプロセスに与える影響をランク付けする。

リスク分析 (Risk Analysis)
ビジネスインパクト・テクニックの一つ。品質の低いデータから起こりうる悪影響を特定し、それが起こる可能性、起こった場合の重大性を評価し、リスクを軽減する方法を決定する。

リソース・ライフサイクル (Resource Life Cycle)
あらゆる資源（人、資金、施設・設備、材料・製品、情報）を管理するために必要なプロセス。ユニバーサル・リソース・ライフサイクルとも呼ばれる。**情報ライフサイクル**を参照。

リネージ (Lineage)
情報ライフサイクルを通じた、時間経過に伴うデータとメタデータの移動。情報ライフサイクルの同義語またはサブセットとして使われることが多い。情報ライフサイクルを文書化、可視化、管理するツールの機能を説明するために、特にベンダーによって使われている。

リファレンスデータ (Reference data)
システム、アプリケーション、**データストア**、プロセス、ダッシュボード、レポート、**トランザクションデータ**やマスターデータによって参照される値の集合または分類体系のこと。例えば、有効な値のリスト、コードリスト、ステータスコード、地域や州の略語、人口統計に用いられる項目、フラグ、製品タイプ、性別、勘定表、製品タイプ、小売ウェブサイトのショッピングカテゴリー、ソーシャルメディアのハッシュタグ等がある。

リレーションシップ (Relationship)
データ間や4つの重要な構成要素間などのつながりや関連を表す一般的な用語。データに関する多くの期待がリレーションシップで表現されることがあるため、リレーションシップを理解することはデータ品質を管理する上で不可欠である。データモデル、タクソノミー、オントロジー、階層は全て関係を示している。

履歴データ (Historical data)
ある時点における重要な事実が含まれており、誤りを訂正する場合を除き、これを変更してはならないもの。データカテゴリーの一つとみなされることが多い。

倫理（Ethics）

情報品質フレームワークにおけるRRISCCEの幅広い影響がある構成要素の一つ。倫理はデータの使用について私達が行う選択が、個人、組織、社会に与える影響を考察する。この幅広い影響力を持つ倫理の構成要素を体現する考え方には、個人と社会の善、公正、権利と自由、誠実さ、行動規範、害の回避、幸福の支援等がある。10ステップの方法論におけるデータ品質への全体的なアプローチを踏まえると、これらは何らかの形でデータに触れたり、データを使用したりする人々にとっても必要な行動である。

ルール（Rules）

ビジネスルールを参照。

レイテンシー（Latency）

あるノードから別のノードに移動する間の期間または遅延時間、もしくは刺激／指示に対する応答の遅延。

レコード（Record）

リレーショナルデータベースではレコードは行であり、いくつかのフィールドや列で構成される。非リレーショナルの世界では、レコードという概念は明確には定義されていない。非リレーショナルの文脈でレコードという単語を耳にすることがあるかもしれない。その場合は、その単語が具体的に何を意味するのかの定義を確認する必要がある。本書では、レコードは一般的にデータフィールドのグループを意味する。

図、表、テンプレートのリスト

イントロダクション

表 I.1　コールアウトボックス、説明、アイコン 32
表 I.2　ステップサマリー表の説明 33

第1章 データ品質とデータに依存する世界

図 1.1　リーダーのためのデータ宣言 44
図 1.2　リーダーのためのデータ宣言と議論のための問いかけ 45

第2章 データ品質の実際

図 2.1　10 ステップの方法論―コンセプトから結果まで 54
図 2.2　データ・イン・アクション・トライアングル 55
図 2.3　データ・イン・アクション・トライアングル―車の例え 58
図 2.4　データ・イン・アクション・トライアングル―関係 60
図 2.5　データ・イン・アクション・トライアングル　DevOps と DataOps の場合 62
表 2.1　情報品質（IQ）プロフェッショナルに不可欠な知識 64
図 2.6　DAMA-DMBOK2 データマネジメント・フレームワーク（DAMA ホイール）.........67

第3章 キーコンセプト

図 3.1　構成要素を可視化する - マイプレートと FIQ 75
図 3.2　情報品質フレームワーク 76
図 3.3　POSMAD 相互関連マトリックスの詳細と質問のサンプル 79
表 3.1　構造、コンテキスト、意味に関する用語と定義（FIQ 幅広い影響がある構成要素）.........81
表 3.2　POSMAD 情報ライフサイクルのフェーズと活動 88
図 3.4　価値、コスト、品質、と情報ライフサイクル 89
図 3.5　情報ライフサイクルは直線的なプロセスではない 91
図 3.6　組織構造と POSMAD 情報ライフサイクル 92
図 3.7　顧客との相互関連と POSMAD 情報ライフサイクル 93
図 3.8　役割と POSMAD 情報ライフサイクル 94
図 3.9　情報ライフサイクルは互いに交差し、相互に作用し、影響を与え合う 95
表 3.3　10 ステッププロセスにおけるデータ品質評価軸 - 名称、定義、注記 98
表 3.4　10 ステッププロセスにおけるビジネスインパクト・テクニック - 名称、定義、注記 108
図 3.10　ビジネスインパクト・テクニックの時間と労力の相対軸 111
図 3.11　データカテゴリーの例 114
表 3.5　データカテゴリー - 定義と注記 115
図 3.12　データカテゴリー間の関係 120
図 3.13　エンティティリレーションシップ図（ER 図）.........133
表 3.6　データモデルの比較 135
表 3.7　ビジネスルール、ビジネスアクション、およびデータ品質ルール仕様 138
図 3.14　10 ステッププロセス 143
図 3.15　データ品質改善サイクル 145
図 3.16　データ品質改善サイクルと 10 ステッププロセス 147
表 3.8　10 ステッププロセスの情報品質フレームワーク（FIQ）とのマッピング 148
表 3.9　情報品質フレームワークの 10 ステッププロセスとのマッピング 151

第4章 10ステッププロセス

第 4 章はじめに

図 4.0.1　10 ステッププロセス 156
図 4.0.2　地図 - 用途に応じた詳細レベルの違い 157

ステップ 1 - ビジネスニーズとアプローチの決定
図 4.1.1　「現在地」ステップ 1 ビジネスニーズとアプローチの決定 164
表 4.1.1　ステップ 1 ビジネスニーズとアプローチの決定のステップサマリー表 165
図 4.1.2　ステップ 1「ビジネスニーズとアプローチの決定」のプロセスフロー 167
テンプレート 4.1.1　ビジネスニーズとデータ品質問題ワークシート 173
図 4.1.3　ビジネスニーズとデータ品質問題ワークシートの例 174
表 4.1.2　データ品質プロジェクトのタイプ 177
テンプレート 4.1.2　プロジェクト憲章 182
図 4.1.4　コンテキスト図／概要レベルの情報ライフサイクル 184

ステップ 2 - 情報環境の分析
図 4.2.1　「現在地」ステップ 2 情報環境の分析 192
表 4.2.1　ステップ 2 情報環境の分析のステップサマリー表 193
図 4.2.2　ステップ 2「情報環境の分析」のプロセスフロー 196
図 4.2.3　要件と制約の詳細レベルの例 200
テンプレート 4.2.1　要件の収集 201
表 4.2.2　データ品質評価軸と要件収集 204
図 4.2.4　データの詳細レベルの例 206
テンプレート 4.2.2　詳細データグリッド 208
テンプレート 4.2.3　データマッピング 209
表 4.2.3　データ仕様の収集 210
図 4.2.5　コンテキストモデル 211
図 4.2.6　リレーショナルテクノロジー詳細レベルの例 215
表 4.2.4　POSMAD 情報ライフサイクルと CRUD データ操作のマッピング 219
図 4.2.7　プロセスの詳細レベルの例 222
表 4.2.5　相互影響マトリックス：データと重要ビジネスプロセス 223
表 4.2.6　相互影響マトリックス：ビジネス機能とデータ 224
表 4.2.7　相互影響マトリックス：プロセスとデータ 224
図 4.2.8　人と組織の詳細レベルの例 226
表 4.2.8　POSMAD のフェーズと関連する役割と肩書 227
表 4.2.9　相互影響マトリックス：役割とデータ 230
図 4.2.9　データレイクの情報ライフサイクルの例 232
図 4.2.10　情報ライフサイクルの進化 236

ステップ 3 - データ品質の評価
図 4.3.1　「現在地」ステップ「現在地」ステップ 3 データ品質の評価 240
表 4.3.1　ステップ 3 データ品質の評価のステップサマリー表 241
表 4.3.2　10 ステッププロセスにおけるデータ品質評価軸 242
図 4.3.2　ステップ 3「データ品質の評価」のプロセスフロー 245
テンプレート 4.3.1　データ仕様の品質 - 簡易評価 249
表 4.3.3　データ仕様の品質 - 評価、作成、更新時のインプット 251
図 4.3.3　代表的なプロファイリング機能 256
表 4.3.4　データプロファイリングを通じたデータの理解 260
表 4.3.5　データの基本的整合性 - データ品質チェック、分析と対策のサンプル 262
図 4.3.4　正確性の評価のための決定フロー 270
図 4.3.5　マッチングの結果 一致、不一致、グレーエリア 282
図 4.3.6　マッチング 偽陰性と偽陽性 283
テンプレート 4.3.2　一貫性の結果 294
表 4.3.6　適時性の追跡と記録 298
表 4.3.7　適時性の結果と初期の提案 298
図 4.3.7　アクセスを管理する一般的な機能 300
図 4.3.8　データ利用者の分類 302
図 4.3.9　責任マトリックスの例 305

図 4.3.10　アクセス要件の例（ギャップの記述あり）.........306
図 4.3.11　アクセス要件の例（ギャップの記述と対応する制御方法あり）.........306
図 4.3.12　キャッスルブリッジの 10 ステップ データ保護／プライバシー／倫理影響評価（DPIA）.........315
表 4.3.8　プレゼンテーションの品質 - データを収集するメディアの比較 319
テンプレート 4.3.3　網羅性の結果 322
図 4.3.13　データ劣化の分析のための顧客連絡先確認日の利用 325

ステップ 4 - ビジネスインパクトの評価

図 4.4.1　「現在地」ステップ現在地 ステップ 4 ビジネスインパクトの評価 332
表 4.4.1　ステップ 4 ビジネスインパクトの評価のステップサマリー表 333
表 4.4.2　10 ステッププロセスにおけるビジネスインパクト・テクニック 335
図 4.4.2　ステップ 4「ビジネスインパクトの評価」のプロセスフロー 338
テンプレート 4.4.1　情報エピソードのテンプレート 343
テンプレート 4.4.2　情報エピソードの例 - 価格設定に関する法的要件 343
テンプレート 4.4.3　低品質データの代償 346
図 4.4.3　点つなぎパズル 347
図 4.4.4　点と点をつなげるテクニック 349
図 4.4.5　点と点をつなげる例 – 小売業 351
図 4.4.6　点と点をつなげる例 – メタデータ 352
図 4.4.7　プロセスインパクトの例 – 高品質データの場合のサプライヤーのマスターレコード 361
図 4.4.8　プロセスインパクトの例 – 低品質データの場合のサプライヤーのマスターレコード 362
表 4.4.3　サプライヤーマスターレコード 低品質データによる再作業のコスト 363
テンプレート 4.4.4　リスク分析 366
図 4.4.9　リスクスコアとリスクレベルのチャート 366
テンプレート 4.4.5　関連性と信頼の認識に関するサーベイ 373
表 4.4.4　認識の分析 - 関連性と信頼 374
図 4.4.10　費用対効果マトリックス とリストのテンプレート 376
テンプレート 4.4.6　費用対効果マトリックス ワークシート 379
図 4.4.11　費用対効果マトリックス – 結果の評価 379
表 4.4.5　費用対効果 - データ品質の優先評価軸 380
図 4.4.12　費用対効果マトリックス – 2 つの例 381
表 4.4.6　例 - データの欠落や誤りがビジネスプロセスに与える影響 383
表 4.4.7　ランキング分析 385
表 4.4.8　Loshin の低品質データによるコストの種類 389
表 4.4.9　English の低品質データによるコストの種類 390
テンプレート 4.4.7　直接経費の計算 391
テンプレート 4.4.8　損失収益の計算 - 例 392

ステップ 5 - 根本原因の特定

図 4.5.1　「現在地」ステップ 5 根本原因の特定 400
表 4.5.1　ステップ 5 根本原因の特定のステップサマリー表 401
図 4.5.2　改善サイクルを表した 10 ステッププロセス 403
表 4.5.2　10 ステッププロセスにおける根本原因分析テクニック 404
図 4.5.3　提案の具体例 – 根本原因と改善計画の繋ぎ役 405
表 4.5.3　顧客マスターレコードの重複の根本原因を探る 5 つのなぜ 408
図 4.5.4　追跡調査の経路の選択 411
図 4.5.5　特性要因図／フィッシュボーン図の構造 413
表 4.5.4　根本原因の一般的分類 416
テンプレート 4.5.1　情報品質フレームワークを用いた根本原因分析へのインプット 417
図 4.5.6　フィッシュボーン図を利用した品目マスターの例 419
表 4.5.5　品目マスターの例と提案事項 420
図 4.5.7　情報をビジネス資産として管理する障壁ー詳細フィッシュボーン図 421

ステップ 6 - 改善計画の策定
図 4.6.1 「現在地」ステップ 6 改善計画の策定 425
表 4.6.1 ステップ 6 改善計画の策定のステップサマリー表 426
図 4.6.2 初期提案からコントロール導入まで 428
図 4.6.3 改善計画作成時の検討 430
表 4.6.2 データ準備計画 436

ステップ 7 - データエラー発生の防止
図 4.7.1 「現在地」ステップ 7 データエラー発生の防止 438
表 4.7.1 ステップ 7 データエラー発生の防止のステップサマリー表 439

ステップ 8 - 現在のデータエラーの修正
図 4.8.1 「現在地」ステップ 8 現在のデータエラーの修正 446
表 4.8.1 ステップ 8 現在のデータエラーの修正のステップサマリー表 447
テンプレート 4.8.1 データ修正オプション 448

ステップ 9 - コントロールの監視
図 4.9.1 「現在地」ステップ 9 コントロールの監視 453
表 4.9.1 ステップ 9 コントロールの監視のステップサマリー表 455
テンプレート 4.9.1 評価尺度ワークシート 458
図 4.9.2 データ品質認証環境：5 つのレベルのコントロール 460

ステップ 10 - 全体を通して人々とコミュニケーションを取り、管理し、巻き込む
図 4.10.1 「現在地」ステップ 10 全体を通して全体を通して人々とコミュニケーションを取り、管理し、巻き込む 463
表 4.10.1 ステップ 10 全体を通して人々とコミュニケーションを取り、管理し、巻き込むのステップサマリー表 464
表 4.10.2 ステークホルダー分析 476
テンプレート 4.10.1 RACI チャート 477
テンプレート 4.10.2 コミュニケーションプランと巻き込みのプラン 478
表 4.10.3 データ品質売り込みの 30-3-30-3 479
表 4.10.4 30-3-30-3 テクニックの 481

第 5 章 プロジェクトの組み立て
図 5.1 データ品質プロジェクトの目標と 10 ステッププロセス 497
図 5.2 ソリューション開発ライフサイクル（SDLC）の比較 498
表 5.1 SDLC フェーズ：立ち上げ - データガバナンスと品質活動 500
表 5.2 SDLC フェーズ：計画 - データガバナンスと品質活動 500
表 5.3 SDLC フェーズ：要件分析 - データガバナンスと品質活動 501
表 5.4 SDLC フェーズ：設計 - データガバナンスと品質活動 502
表 5.5 SDLC フェーズ：構築 - データガバナンスと品質活動 504
表 5.6 SDLC フェーズ：テスト - データガバナンスと品質活動 504
表 5.7 SDLC フェーズ：デプロイ - データガバナンスと品質活動 505
表 5.8 SDLC フェーズ：本番サポート - データガバナンスと品質活動 505
表 5.9 アジャイルとデータガバナンスと品質活動 505
表 5.10 データ品質プロジェクトの役割 509

第 6 章 その他のテクニックとツール
表 6.1 第 6 章のテクニックの利用箇所 516
テンプレート 6.1 アクションアイテム／問題追跡 518
テンプレート 6.2 データ取得計画 520
テンプレート 6.3 データアセスメント計画 524
図 6.1 情報ライフサイクルを使用したデータ取得と品質アセスメント計画全体図の例 526
図 6.2 データ品質アセスメント計画の例 527

テンプレート 6.4　結果の分析と文書化 528
図 6.3　分析と文書化の結果の例 534
テンプレート 6.5　情報ライフサイクル・テンプレート - スイムレーン - 横型 536
テンプレート 6.6　情報ライフサイクル・テンプレート - スイムレーン – 縦型 537
図 6.4　一般的なフローチャート記号 537
図 6.5　横型スイムレーン・アプローチを使用した情報ライフサイクルの例 538
テンプレート 6.7　情報ライフサイクル・テンプレート - SIPOC.........539
図 6.6　IP マップの表記 540
表 6.2　情報ライフサイクルの例 – 表形式アプローチ 542
図 6.7　評価尺度の詳細レベル 550
図 6.8　状況指標の 2 つの例 553
図 6.9　評価尺度の状況選択基準への入力としてのランキングと優先順位付け 554
図 6.10　状況選択基準の評価尺度の例 554
図 6.11　評価尺度ダッシュボードの例 558
図 6.12　評価尺度 プロセス概要 558
図 6.13　10 ステップとシックスシグマの DMAIC.........560
図 6.14　10 ステップとシックスシグマ DMAI2C のプロジェクトへの適用 561
図 6.15　ISO 8000-61 データ品質マネジメントの詳細構造 563
図 6.16　ISO 8000-150 データ品質マネジメントの役割と責任 564
図 6.17　アーキテクチャ内の要素を指定する他の ISO 規格と連携したデータアーキテクチャ 564
表 6.3　データ品質ツールにある一般的な機能 568
表 6.4　データ品質をサポートする他のツールにある機能 572

付録クイックリファレンス

図 A.1　情報品質フレームワーク（セクション番号付き）.........582
図 A.2　情報品質フレームワーク 583
図 A.3　POSMAD 相互関連マトリックスの詳細と質問のサンプル 586
表 A.1　10 ステッププロセスにおけるデータ品質評価軸 587
表 A.2　10 ステッププロセスにおけるビジネスインパクト・テクニック 588
図 A.4　10 ステッププロセス 589
図 A.5　ステップ 1「ビジネス・ニーズとアプローチの決定」のプロセスフロー 591
図 A.6　ステップ 2「情報環境の分析」のプロセスフロー 591
図 A.7　ステップ 3「データ品質の評価」のプロセスフロー 592
図 A.8　ステップ 4「ビジネスインパクトの評価」のプロセスフロー 592
図 A.9　データ・イン・アクション・トライアングル 593
図 A.10　データ・イン・アクション・トライアングル　DevOps と DataOps の場合 595

参考文献

- Adelman, S., Abai, M. and Moss, L. (2005). Data Strategy. Upper Saddle River: Addison-Wesley.
- Algmin, Anthony. (2019). Data Leadership: Stop Talking About Data and Start Making an Impact! Studio City: DATAVERSITY Press.
- Al-Hakim, L. (ed.). (2007). Challenges of Managing Information Quality in Service Organizations. Idea Group, Inc.
- Allemang, D. and Hendler, J. (2011). Semantic Web for the Working Ontologist: Effective Modeling in RDFS and OWL. Waltham: Morgan Kaufmann.
- Allyn, B. (2020). '"The Computer Got It Wrong": How Facial Recognition Led to False Arrest of Black Man'. NPR.org. "www.npr.org/2020/06/24/882683463/the-computer-got-it-wrong-how-facial-recognition-led-to-a-false-arrest-in-michig" Accessed 25 June 2020.
- Altarade, M. (n.d.). 'The Definitive Guide to NoSQL Databases'. "https://www.toptal.com/database/the-definitive-guide-to-nosql-databases" Accessed 5 June 2020.
- Anand, S. (2011). 'Oracle Unified Method (OUM)'. OracleApps Epicenter. "http://www.oracleappshub.com/methodology/oracle-unified-method-oum/" Accessed 8 May 2020.
- Barker, R. (1989). Case*Method: Entity Relationship Modelling. Boston: Addison-Wesley.
- Batini, C. and Scannapieco, M. (2006). Data Quality: Concepts, Methodologies, and Techniques. Berlin: Springer.
- Beattie, A. (2020). 'A Guide to Calculating Return on Investment (ROI)'. Investopedia.com. "https://www.investopedia.com/articles/basics/10/guide-to-calculating-roi.asp" Accessed 29 May 2020.
- Beckhard, R. and Harris, R.T. (1987). Organizational Transitions: Managing Complex Change. Boston: Addison-Wesley.
- Biere, M. (2018). Business Intelligence for the Enterprise. IBM Press/Pearson.
- Booch, G., Rumbaugh, J. and Jacobson, I. (2017). The Unified Modeling Language User Guide. 2nd ed. Boston: Addison-Wesley.
- Borek, A., Parlikad, A., Webb, J., and Woodall, P. (2014). Total Information Risk Management: Maximizing the Value of Data and Information Assets. Waltham: Morgan Kaufmann.
- Brackett, M. (2000). Data Resource Quality. Boston: Addison-Wesley.
- Brassard, M. and Ritter, D. (2018). The Memory Jogger II: A Pocket Guide of Tools for Continuous Improvement & Effective Planning. 2nd ed. Methuen: GOAL/QPC. (Original publication, 1994).
- Bridges, W. with Bridges, S. (2016). Managing Transitions: Making the Most of Change. Boston: Da Capo Press.
- British Library. (n.d.) 'Business and management Genichi Taguchi'. "https://www.bl.uk/people/genichi-taguchi" Accessed 11 June 2020.
- Brue, G. and Launsby, R. (2003). Design for Six Sigma. New York: McGraw-Hill.
- Cavoukian, A. (2011). 'Privacy by Design: The 7 Foundational Principles'. (PDF). "https://iapp.org/resources/article/privacy-by-design-the-7-foundational-principles/" Accessed 31 Aug 2020.
- Championing Science. (2019). 'In honor of Albert Einstein's birthday – Everything should be made as simple as possible, but no simpler'. "https://championingscience.com/2019/03/15/everything-should-be-made-as-simple-as-possible-but-no-simpler/" Accessed 24 Jan 2020.
- Chang, R.Y. and Morgan, M.W. (2010). Performance Scorecards: Measuring the Right Things in the Real World. San Francisco: Jossey-Bass.
- Chapin, D. (2008). 'MDA Foundational Model Applied to Both the Organization and Business Application Software'. Object Management Group (OMG) Working Paper. March.
- Cloudflare. (n.d.). 'What Is a Public Cloud? | Public vs. Private Cloud'. "https://www.cloudflare.com/learning/cloud/what-is-a-public-cloud/" Accessed 6 June 2020.
- CNBC. (2020). 'About $1.4 billion in stimulus checks sent to deceased Americans'. "https://www.cnbc.com/2020/06/25/1point4-billion-in-stimulus-checks-sent-to-deceased-individuals.html" Accessed 30 June 2020.
- Codd, E.F. (1970). 'A Relational Model of Data for Large Shared Data Banks'. Communications of the ACM, 13, No. 6 (June). "https://www.seas.upenn.edu/~zives/03f/cis550/codd.pdf" Accessed 29 July 2020.
- Cole, A. (2018). 'The Crucial Link Between AI and Good Data Management'. Techopedia.com. "https://www.techopedia.com/the-crucial-link-between-ai-and-good-data-management/2/33477" Accessed 26 June 2020.
- Conley, C. (2007). PEAK: How Great Companies Get Their Mojo from Maslow. San Francisco: Jossey-Bass.
- Cooks Info. (Modified 2018). 'Soft-ball Stage'. "https://www.cooksinfo.com/soft-ball-stage" Accessed 19 March 2020.
- Covey, S. (2004). Seven Habits of Highly Effective People. New York: Free Press, a Division of Simon & Schuster, Inc.
- Crosby, P. (1996). Philip Crosby's Reflections on Quality. McGraw-Hill.
- Cuzzort, R. and Vrettos, J. (1996). The Elementary Forms of Statistical Reason. New York: St. Martin's Press.
- DAMA International. "www.dama.org" Accessed 25 March 2020.

- DAMA International. (2020). 'Certified Data Management Professionals'. "https://cdmp.info/" Accessed 24 July 2020.
- DAMA International (2017). DAMA-DMBOK: Data Management Body of Knowledge. 2nd ed. Henderson, D., Early, S., Sebastian-Coleman, L. (eds.). Basking Ridge: Technics Publications.
- Dannemiller, K. D. and Jacobs, R. W. (1992). 'Changing the Way Organizations Change: A Revolution of Common Sense'. The Journal of Applied Behavioral Science, December. Revised Gleicher change equation from Beckhard & Harris (1987).
- Dean, W. (2020). 'Using artificial intelligence, agricultural robots are on the rise'. The Economist. "https://www.economist.com/science-and-technology/2020/02/06/using-artificial-intelligence-agricultural-robots-are-on-the-rise" Accessed 15 Feb 2020.
- Deming, W. E. (2000). Out of the Crisis. Cambridge: MIT Press. Pgs. 29, 227.
- Dennedy, M., Fox, J. and Finneran, T.R. (2014). The Privacy Engineer's Manifesto: Getting from Policy to Code to QA to Value. Berkeley, CA: Apress Media.
- Dietz, K. and Silverman, L. (2013). Business Storytelling for Dummies. Hoboken: John Wiley & Sons.
- Doherty-Nicolau, K., Hovasha, J., O'Keefe, K. and O Brien, D. (2020). 'Guidance on Temperature Scans in the Workplace'. Castlebridge. "https://castlebridge.ie/product/guidance-on-temperature-scans-in-the-workplace/" Accessed 4 Sep 2020.
- Dontha, Ramesh. (2017). 'Who came up with the name Big Data?' Tech Target: Data Science Central. Blog. "https://www.datasciencecentral.com/profiles/blogs/who-came-up-with-the-name-big-data" Accessed Aug 31, 2020.
- Doran, G. (1981). 'There's a S.M.A.R.T. way to write management's goals and objectives'. Management Review, 70 (11): 35–36.
- Earley, S. (ed.). (2011). The DAMA Dictionary of Data Management. 2nd ed. DAMA International. Basking Ridge: Technics Publications.
- Eckerson, W. W. (2011). Performance Dashboards: Measuring, Monitoring, and Managing Your Business. Hoboken: Wiley.
- Edvinsson, H. (2019). 'Data Diplomacy: Data Design with Lasting Peace'. Conference Session. DATAVERSITY: DG Vision. (December).
- English, L. (1999). Improving Data Warehouse and Business Information Quality. John Wiley & Sons.
- English, L. (2009). Information Quality Applied. Indianapolis: Wiley Publishing, Inc.
- Encyclopædia Britannica. (2017). 'William of Ockham,' Vignaux, P. contributor. "https://www.britannica.com/biography/William-of-Ockham" Accessed 24 Jan 2020.
- Eppler, M. J. (2003). Managing Information Quality: Increasing the Value of Information in Knowledge-intensive Products and Processes. Berlin: Springer.
- Evans, N. and Price, J. (2012). 'Barriers to the Effective Deployment of Information Assets: An Executive Management Perspective'. Interdisciplinary Journal of Information, Knowledge, and Management Volume 7. "http://www.ijikm.org/Volume7/IJIKMv7p177-199Evans0650.pdf" Accessed 6 Feb 2020.
- Everest, G.C. (1976). 'Basic Data Structure Models Explained with a Common Example'. Computing Systems 1976, Proceedings Fifth Texas Conference on Computing Systems, Austin, TX, 1976 October 18-19, pp. 39-46. (Long Beach, CA: IEEE Computer Society Publications Office). "https://www.researchgate.net/publication/291448084_BASIC_DATA_STRUCTURE_MODELS_EXPLAINED_WITH_A_COMMON_EXAMPLE" Accessed 24 Jan 2020.
- Evergreen, S.D. (2020) The Data Visualization Sketch Book. Thousand Oaks: SAGE Publications.
- Few, S. (2013), Information Dashboard Design: Displaying data for at-a-glance monitoring. 2nd ed. El Dorado Hills: Analytics Press.
- Firican, G. (2017). 'The 10 Vs of Big Data'. TDWI.org. "https://tdwi.org/articles/2017/02/08/10-vs-of-big-data.aspx" Accessed 27 Jan 2020.
- Foote, K. D. (2017). 'A Brief History of Big Data'. DATAVERSITY.net. "https://www.dataversity.net/brief-history-big-data/" Accessed 10 Jan 2020.
- Forsey, C. (n.d.). 'What is Semi-Structured Data?' Hubspot. "https://blog.hubspot.com/marketing/semi-structured-data" Accessed 5 June 2020.
- Fournies, F. (2000). Coaching for Improved Work Performance. New York: McGraw-Hill.
- FreeCountryMaps.com. (n.d.). 'Free Country Maps'. "https://www.freecountrymaps.com/map/country/france-map-fr/" Accessed 13 May 2020.
- Gonick, L. and Smith, W. (1993). The Cartoon Guide to Statistics. HarperCollins.
- Gordon, K. (2013) Principles of Data Management: Facilitating Information Sharing. 2nd ed. Swindon: BCS Learning and Development Ltd.
- Gorman, A. (2009). 'Many refugees celebrate assigned birthdays on Jan. 1'. Seattle Times. "https://www.seattletimes.com/nation-world/many-refugees-celebrate-assigned-birthdays-on-jan-1/" Accessed 10 Jan 2020.
- Grady, R. B. (1992). Practical Software Metrics for Project Management and Process Improvement. Englewood Cliffs: Prentice-Hall.
- Grady, R. B. and Caswell, D. L. (1987). Software Metrics: Establishing a Company-Wide Program. Englewood Cliffs: Prentice-Hall.

- Greenberg, P. (2018). 'Evolution of data platforms: Using the right data for the right outcomes'. Social CRM: The Conversation. ZDNet.com. "https://www.zdnet.com/article/evolution-of-data-platforms-using-the-right-data-for-the-right-outcomes/" Accessed 24 July 2020.
- Greenberg, P. (2018). 'What to do with the data? The evolution of data platforms in a post big data world.' Social CRM: The Conversation. ZDNet.com. "https://www.zdnet.com/article/evolution-of-data-platforms-post-big-data/" Accessed 25 June 2020.
- Guaspari, J. (1991). I Know It When I See It: A Modern Fable About Quality. 1st ed. New York: AMACOM.
- Halpin, T. (2015). Object-Role Modeling Fundamentals: A Practical Guide to Data Modeling with ORM. Basking Ridge: Technics Publications.
- Harvard Graduate School of Business Administration. (2002). Finance for Managers. Boston: Harvard Business School Press.
- Hay, D.C. (1996). Data Model Patterns: Conventions of Thought. New York: Dorset House, p. 254.
- Hay, D. (2006). Data Model Patterns. Burlington: Elsevier.
- Hay, D. (2011). Enterprise Model Patterns: Describing the World. Basking Ridge: Technics Publications.
- Hay, D. (2018). Achieving Buzzword Compliance: Data Architecture Language and Vocabulary. Basking Ridge: Technics Publications.
- Hay, D. and Von Halle, B. (2003). Requirements Analysis. Upper Saddle River: Prentice Hall PTR.
- Heien, C.H., (2012). 'Modeling and Analysis of Information Product Maps'. PhD Thesis. University of Arkansas at Little Rock. "https://library.ualr.edu/record=b1775281~S4" Accessed 20 March 2020.
- Heien, C., Wu, N., and Talburt, J. (2014). 'Methods and Models to Support Consistent Representation of Information Product Maps'. Proceedings of the 19th International Conference on Information Quality (ICIQ), Xi'an, China, August. "https://drive.google.com/file/d/0B81NXHLVoIS3aHltLWtyOG9GVms/view?usp=sharing" Accessed 20 March 2020.
- Herzog, T.N., Scheuren, F.J., and Winkler, W.E. (2007). Data Quality and Record Linkage Techniques. New York: Springer.
- Hirsi, I. (2017). 'Why so many Somali-Americans celebrate their birthday on Jan. 1'. MinnPost. "https://www.minnpost.com/new-americans/2017/01/why-so-many-somali-americans-celebrate-their-birthday-jan-1/" Accessed 10 Jan 2020.
- Hoberman, S. (2015). Data Model Scorecard: Applying the Industry Standard on Data Modeling Quality. Basking Ridge: Technics Publications.
- Hoberman, S. (2016). Data Modeling Made Simple: A Practical Guide for Business and IT Professionals. 2nd ed. Basking Ridge: Technics Publications.
- Hoberman, S. (2020). The Rosedata Stone: Achieving a Common Business Language. Basking Ridge: Technics Publications.
- Hoff, R. (1992). "I Can See You Naked": A Fearless Guide to Making Great Presentations. Andrews and McMeel.
- Huang, K., Lee, Y. W., and Wang, R. Y. (1999). Quality Information and Knowledge. Prentice Hall PTR.
- IBM. (n.d.). 'Relational Database'. "https://www.ibm.com/ibm/history/ibm100/us/en/icons/reldb/" Accessed 6 June 2020.
- Idexcel Technologies. (2019). 'The Differences Between Cloud and On-Premises Computing'. idexcel.com. "https://www.idexcel.com/blog/the-differences-between-cloud-and-on-premises-computing/" Accessed 6 June 2020.
- Imai, M. (1997). Gemba Kaizen: A Commonsense, Low-Cost Approach to Management. McGraw-Hill.
- Inmon, B. (2016). Data Lake Architecture: Designing the Data Lake and Avoiding the Garbage Dump. Basking Ridge: Technics Publications.
- Inmon, W.H. (2005). Building the Data Warehouse. 4th ed. Indianapolis: Wiley Publishing, Inc.
- Inmon, W.H., O'Neil, B., and Fryman, L. (2008). Business Metadata: Capturing Enterprise Knowledge. Morgan Kaufmann.
- International Organization for Standardization (ISO). (2008) ISO/IEC 25012:2008 Software engineering – Software product Quality Requirements and Evaluation (SQuaRE) – Data quality model.
- International Organization for Standardization (ISO). (2010) ISO/TS 22745-10:2010 Industrial automation systems and integration – Open technical dictionaries and their application to master data – Part 10: Dictionary representation.
- International Organization for Standardization (ISO). (2010) ISO/TS 29002-6:2010 Industrial automation systems and integration – Exchange of characteristic data – Part 6: Concept dictionary terminology reference model.
- International Organization for Standardization (ISO). (2011a) ISO/TS 8000-1:2011 Data quality – Part 1: Overview. Figure 1: Data architecture.
- International Organization for Standardization (ISO). (2011b) ISO/TS 8000-150:2011 Data quality – Part 150: Master data: Quality management framework. Figure B-1: Data quality management: Roles and responsibilities.
- International Organization for Standardization (ISO). (2015) ISO 9001:2015 Quality management systems – Requirements.
- International Organization for Standardization (ISO). (2016a) ISO 8000-61:2016 Data quality – Part 61: Data quality management: Process reference model. Figure 2: The detailed structure of data quality management.

- International Organization for Standardization (ISO). (2016b) ISO 8000-100:2016 Data quality – Part 100: Master data: Exchange of characteristic data: Overview.
- IQ International. (n.d.). 'IQ Performance Domains'. "https://www.iqint.org/certification/exam/iq-performance-domains/" Accessed 25 March 2020.
- IQ International. (n.d.). 'Code of Ethics and Professional Conduct'. "https://www.iqint.org/about/code-of-ethics-and-professional-conduct/" Accessed 11 June 2020.
- Jacobs, R.W. (1997). Real-Time Strategic Change. Berrett-Koehler Publishers.
- Jugulum, R. (2014). Competing with High Quality Data: Concepts, Tools, and Techniques for Building a Successful Approach to Data Quality. Wiley.
- Juran, J. M. (1988). Juran's Quality Control Handbook. 4th ed. McGraw-Hill.
- Juran, J. M. (1995). Managerial Breakthrough: The Classic Book on Improving Management Performance. McGraw-Hill.
- Kaplan, S. and Garrick, B.J. (1981). 'On the Quantitative Definition of Risk'. Risk Analysis, Vol. 1, No. 1. "https://www.nrc.gov/docs/ML1216/ML12167A133.pdf" Accessed 22 Feb 2020.
- Kau, M. (2019). 'Top 10 real-life examples of Machine Learning'. Bigdata-Madesimple.com. "https://bigdata-madesimple.com/top-10-real-life-examples-of-machine-learning/" Accessed 26 June 2020.
- Kimball, R. and Ross, M. (2005). The Data Warehouse Toolkit.
- 3rd. ed. Indianapolis: John Wiley and Sons, Inc.
- King, T. and Schwarzenbach, J. (2020). Managing Data Quality. BCS Learning & Development Ltd.
- Knaflic, C.N. (2015). Storytelling with data: a data visualization guide for business professionals. Hoboken: John Wiley & Sons.
- Knight, M. (2021). 'What is DataOps?' DATAVERSITY.net "https://www.dataversity.net/what-is-dataops/" Accessed 9 March 2021.
- Kotter, J. P. (2012). Leading Change. Harvard Business Review Press.
- Ladley, J. (2017) 'Why Data Debt is a Powerful Metric for Proving Data Management and Governance'. Blog. "https://www.firstsanfranciscopartners.com/blog/data-debt-data-management-metric/" Accessed 29 July 2020.
- Ladley, J. (2020a). 'A Bit More on Data Debt'. Blog. "https://johnladley.com/a-bit-more-on-data-debt/" Accessed 17 Aug 2020.
- Ladley, J. (2020b). Data Governance: How to Design, Deploy, and Sustain an Effective Data Governance Program. 2nd ed. Elsevier Academic Press.
- Ladley, J., McGilvray, D., Price, J., Redman, T. (2017). 'The Leader's Data Manifesto'. "www.dataleaders.org" Accessed 6 May 2020.
- Laney, D. (2018). Infonomics: How to Monetize, Manage, and Measure Information as an Asset for Competitive Advantage. New York: Bibliomotion, Inc.
- Lee, Y., Fisher, J., McDowell, D., Simons, J., Chase, S., Leinung, A., Paradiso, M., and Yarsawich, C. (2007). 'CEIP Maps: Context-embedded Information Product Maps'. Proceedings of the Thirteenth Americas Conference on Information Systems. Key Stone, Colorado, August 2007. "http://mitiq.mit.edu/Documents/Publications/Papers/2007/Lee%20et%20al%20CEIP%20Maps%20AMCIS%202007.pdf" Accessed 20 March 2020.
- Lee, Y.W., Pipino, L.L., Funk, J.D., and Wang, R.Y. (2006). Journey to Data Quality. MIT Press.
- Lindstedt, D. and Olschimke, M. (2016). Building a Scalable Data Warehouse with Data Vault 2.0. Waltham: Morgan Kaufmann.
- Lombardi, E. (2019). 'Quotes About the Importance of Words.' ThoughtCo.com. "https://www.thoughtco.com/quotes-about-words-738759" Accessed 20 April 2020.
- Loshin, D. (2001). Enterprise Knowledge Management: The Data Quality Approach. San Diego: Morgan Kaufmann, pp. 83-93, 389–391.
- Loshin, D. (2003). Business Intelligence: The Savvy Manager's Guide. Morgan Kaufmann.
- Loshin, D. (2006). 'The Data Quality Business Case: Projecting Return on Investment'. Informatica White Paper.
- Mansfield, S. (2019). How to Write A Business Plan (Your Guide to Starting a Business), Kindle ed. "https://www.amazon.com/Write-Business-Plan-Guide-Starting-ebook/dp/B07Q3N5BBR/" Accessed 28 Feb 2020.
- Marr, B. (2019). 'What's the Difference Between Structured, Semi-Structured and Unstructured Data?'. Forbes.com. "https://www.forbes.com/sites/bernardmarr/2019/10/18/whats-the-difference-between-structured-semi-structured-and-unstructured-data/#45acc04b2b4d" Accessed 5 June 2020.
- Maydanchik, A. (2007). Data Quality Assessment. Bradley Beach: Technics Publications, p. 7.
- McComb, D. (2004). Semantics in Business Systems: The Savvy Manager's Guide. Morgan Kaufmann.
- McGilvray, D. (2013). 'Data Quality Projects and Programs' In: Sadiq S. (ed.) Handbook of Data Quality: Research and Practice. Berlin: Springer. pp. 41-73.
- McGilvray, D. and Bykin, M. (2013). 'Data Quality and Governance in Projects: Knowledge in Action'. The Data Insight & Social BI Executive Report, Vol. 13, No. 5. Cutter Consortium, p. 1. "https://www.cutter.com/offer/data-quality-and-governance-projects-knowledge-action-0" Accessed 26 June 2020

- McGilvray, D. and Redman, T. (2012). '"My Life is a Data Quality Battle": Is This How Your Customers Talk About Your Company?' IQ International. "https://www.iqint.org/publication/life-data-quality-battle-customers-talk-company/" Accessed 19 Feb 2020.
- McGilvray, D., Price, J., and Redman, T. (2016) 'Barriers that slow/hinder/prevent companies from managing their information as a business asset'. Diagram. Dataleaders.org. "https://dataleaders.org/tools/root-cause-analysis/" Accessed 28 July 2020.
- Mezak, S. (2018). 'The Origins of DevOps: What's in a Name?' DevOps.com. "https://devops.com/the-origins-of-devops-whats-in-a-name/" Accessed 25 June 2020.
- Moen, R.D. and Norman, C.L. (2010) 'Circling Back: Clearing up the myths about the Deming cycle and seeing how it keeps evolving'. QP. November, pgs. 22-28. "http://www.apiweb.org/circling-back.pdf" Accessed 30 July 2020.
- MongoDB. (n.d.). 'NOSQL Explained'. "https://www.mongodb.com/nosql-explained" Accessed 19 Sept 2019.
- Myers, D. (2018) '"Know Thy Self" IQCP Assessment'. "http://dqmatters.com/silver_package" Accessed 28 July 2020.
- Myers, D. (n.d.). 'Research on the Dimensions of Data Quality'. "http://dimensionsofdataquality.com/research" Accessed 17 Aug 2020.
- Nagle, T., Redman, T. and Sammon, D. (2017). 'Only 3% of Companies' Data Meets Basic Quality Standards'. Harvard Business Review. "https://hbr.org/2017/09/only-3-of-companies-data-meets-basic-quality-standards" Accessed 13 June 2020.
- NAICS Association. (n.d.). 'Frequently Asked Questions'. "https://www.naics.com/frequently-asked-questions/#NAICSfaq" Accessed 3 April 2020.
- O'Keefe, K. and O Brien, D. (2018). Ethical Data and Information Management: Concepts, Tools, and Methods. London: Kogan Page.
- Olson, J.E. (2003). Data Quality: The Accuracy Dimension. San Francisco: Morgan Kaufmann.
- O'Neil, B. and Fryman, L. (2020). The Data Catalog: Sherlock Holmes Data Sleuthing for Analytics. Kindle ed. Basking Ridge: Technics Publications.
- O'Rourke, C., Fishman, N., and Selkow, W. (2003). Enterprise Architecture: Using the Zachman Framework. Thomson Course Technology.
- Pande, P.S., and Holpp, L. (2002). What Is Six Sigma? McGraw-Hill.
- Pande, P.S., Neuman, R.P., and Cavanagh, R.R. (2000). The Six Sigma Way. McGraw-Hill.
- Pande, P.S., Neuman, R.P., and Cavanagh, R.R. (2002). The Six Sigma Way: Team Fieldbook. McGraw-Hill.
- Parker, M.M., Benson, R.J., and Trainor, H.E. (1988). Information Economics: Linking Business Performance to Information Technology. Prentice Hall.
- Peale, N.V. (1992). Norman Vincent Peale: Three Complete Books: The Power Of Positive Thinking; The Positive Principle Today; Enthusiasm Makes The Difference. New York: Wings Books.
- Plotkin, D. (2012). 'Designing in Data Quality with the User Interface'. DATAVERSITY.net. "https://www.dataversity.net/designing-in-data-quality-with-the-user-interface/" Accessed 11 June 2020.
- Plotkin, D. (2014). Data Stewardship: An Actionable Guide to Effective Data Management and Data Governance. 1st ed. Waltham: Morgan Kaufmann.
- Plotkin, D. (2020). Data Stewardship: An Actionable Guide to Effective Data Management and Data Governance. 2nd ed. Elsevier Academic Press.
- Project Management Institute. (2020). 'What is Project Management?'. "https://www.pmi.org/about/learn-about-pmi/what-is-project-management" Accessed 27 July 2020.
- PwC. (2020). 'Sizing the prize: What's the real value of AI for your business and how can you capitalize?' "https://www.pwc.com/gx/en/issues/analytics/assets/pwc-ai-analysis-sizing-the-prize-report.pdf" pp. 1-2. Accessed 26 June 2020.
- Ranger, S. (2020). 'What is the IoT? Everything you need to know about the Internet of Things'. ZDNet.com. "https://www.zdnet.com/article/what-is-the-internet-of-things-everything-you-need-to-know-about-the-iot-right-now/" Accessed 22 June 2020.
- Redman, T.C. (1992). Data Quality: Management and Technology. Bantam.
- Redman, T.C. (1996). Data Quality for the Information Age. Boston: Artech House, pp. 155-183.
- Redman, T.C. (2001). Data Quality: The Field Guide. Woburn: Digital Press, p. 66, 227.
- Redman, T.C. (2008). Data Driven: Profiting from Your Most Important Business Asset. Boston: Harvard Business Press.
- Redman, T.C. (2013). 'Data's Credibility Problem'. Harvard Business Review. "https://hbr.org/2013/12/datas-credibility-problem" Accessed 21 March 2020.
- Redman, T.C. (2016a). 'Assess Whether You Have a Data Quality Problem'. Harvard Business Review. "https://hbr.org/2016/07/assess-whether-you-have-a-data-quality-problem" Accessed 9 Aug 2019.
- Redman, T.C. (2016b). Getting in Front on Data: Who Does What. Basking Ridge: Technics Publications.
- Redman, T.C. (2017a). 'Seizing Opportunity in Data Quality'. MIT Sloane Management Review. "https://sloanreview.mit.edu/article/seizing-opportunity-in-data-quality/" Accessed 13 June 2020.

- Redman, T. (2017b). 'The Data Manifesto: A TDAN.com Interview'. Interviewed by Robert Seiner for TDAN.com, May 17. "http://tdan.com/the-data-manifesto-a-tdan-com-interview/21432" Accessed 20 May 2017.
- Redman, T.C. (2018). 'If Your Data Is Bad, Your Machine Learning Tools Are Useless'. Harvard Business Review. "https://hbr.org/2018/04/if-your-data-is-bad-your-machine-learning-tools-are-useless" Accessed 10 October 2019.
- Redman, T. C. and Kushner, T. (2019). 'Data Quality and Machine Learning Readiness Test'. "https://dataleaders.org/wp-content/uploads/2019/12/DQ-MLReadinessTest_final.pdf" Accessed 19 June 2020.
- Reeve, A. (2013). Managing Data in Motion: Data Integration Best Practice Techniques and Technologies. Waltham: Morgan Kaufmann.
- 'risk, n.'. OED Online. (2020). Oxford University Press. "https://oed.com/view/Entry/166306?rskey=c4JYpg&result=1" Accessed 24 Feb 2020.
- Ross, R.G. (2013). Business Rule Concepts: Getting to the Point of Knowledge. 4th ed. Business Rule Solutions, LLC., p. 25, 38, 84.
- Rouse, M. (2005). 'Injectable ID chip (biochip transponder)'. WhatIs.com. "https://internetofthingsagenda.techtarget.com/definition/injectable-ID-chip-biochip-transponder?vgnextfmt=print" Accessed 10 Jan 2020.
- Rouse, M. (n.d.). 'Change Management'. Brunskill, V. and Pratt, M., contributors. WhatIs.com. "https://searchcio.techtarget.com/definition/change-management" Accessed 22 May 2020.
- Rouse, M. (n.d.). 'Organizational Change Management (OCM)'. WhatIs.com. "https://searchcio.techtarget.com/definition/organizational-change-management-OCM" Accessed 22 May 2020.
- Rubin, K.S. (2012). Essential Scrum: A Practical Guide to the Most Popular Agile Process. Boston: Addison-Wesley Signature Series, Pearson Education, Inc.
- Rummler, G.A. and Brache, A.P. (1990). Improving Performance: How to Manage the White Space on the Organization Chart. San Francisco: Jossey-Bass.
- Rummler, G.A. and Brache, A.P. (2013). Improving Performance: How to Manage the White Space on the Organization Chart. 3rd ed. San Francisco: Jossey-Bass.
- Schneider, W.E. (1999). The Reengineering Alternative: A Plan for Making Your Current Culture Work. New York: McGraw-Hill.
- Schneider, W.E. (2017). Lead Right for Your Company's Type: How to Connect Your Culture with Your Customer Promise. New York: AMACOM.
- Scofield, M. (2008). 'Fundamentals of Data Quality'. NoCOUG Journal, February.
- Seattle Public Utilities. (2020). "http://www.seattle.gov/utilities" Accessed 28 July 2020.
- Sebastian-Coleman, L. (2013). Measuring Data Quality for Ongoing Improvement: A Data Quality Assessment Framework. Waltham: Morgan Kaufmann, p. 52.
- Sebastian-Coleman, L. (2018). Navigating the Labyrinth: An Executive Guide to Data Management. DAMA International. Basking Ridge: Technics Publications.
- Seiner, R. (2014). Non-Invasive Data Governance. Basking Ridge: Technics Publications.
- Sessions, R. (1950). 'How a "Difficult" Composer Gets That Way'. New York Times. 8 January, p. 89. "https://timesmachine.nytimes.com/timesmachine/1950/01/08/90480390.pdf" Accessed 28 Jan 2020.
- Sharma, S. (2017). ' "Activate" is new SAP Implementation methodology'. Practical Project Insights. "https://www.projectmanagement.com/blog-post/26378/Activate- -is-new-SAP-Implementation-methodology" Accessed 8 May 2020.
- Shiba, S., Graham, A., and Walden, D. (1993). A New American TQM: Four Practical Revolutions in Management. Productivity Press and Center for Quality Management.
- Shillito, M.L., and De Marle, D.J. (1992). Value: Its Measurement, Design & Management. John Wiley & Sons.
- Silverman, L. (2006). Wake Me Up When the Data Is Over: How Organizations Use Stories to Drive Results. Jossey-Bass.
- Silverman, L. (2020). 'Making SMARTER™ Decisions with Data—Creating a Data-Informed Enterprise ("Level Up With Lori" Ep. 10).' "https://www.youtube.com/playlist?list=PLifX31Xz9ggX9yUE6f6Z5dpbEMTyn8doe" Accessed 30 April 2020.
- Silverston, L. (2001a). The Data Model Resource Book (Revised ed.) Volume 1: A Library of Universal Data Models for All Enterprises. John Wiley & Sons.
- Silverston, L. (2001b). The Data Model Resource Book (Revised ed.) Volume 2: A Library of Universal Data Models for All Enterprises. John Wiley & Sons.
- Silverston, L. and Agnew, P. (2009). The Data Model Resource Book: Volume 3: Universal Patterns for Data Modeling. Indianapolis: Wiley Publishing, Inc.
- Simsion, G.C. and Witt, G.C. (2005). Data Modeling Essentials. 3rd ed. San Francisco: Morgan Kaufman Publishers, p. xxiii, p. 17.
- Sincero, S.M. (2012a). 'Surveys and Questionnaires – Guide.' Explorable.com. (Jul 10, 2012) "https://explorable.com/surveys-and-questionnaires" Accessed 22 Aug 2019. The text in this article is licensed under the Creative Commons-License Attribution 4.0 International (CC BY 4.0).

- Sincero, S.M. (2012b). 'Survey Response Scales'. Explorable.com. (June 6, 2012). "https://explorable.com/survey-response-scales" Accessed 22 Aug 2019. The text in this article is licensed under the Creative Commons-License Attribution 4.0 International (CC BY 4.0).
- Spendolini, M. J. (1992). The Benchmarking Book. New York: AMACOM, pp. 172-174.
- Spewak, S.H., and Hill, S.C. (1992). Enterprise Architecture Planning: Developing a Blueprint for Data, Applications and Technology. New York: John Wiley & Sons, Inc., pp. xix–xx. Winchester Mystery House story.
- Steenbeek, I. (2019). The Data Management Toolkit. Data Crossroads, p. 147.
- Stephens, R.T. (2003). 'Marketing and Selling Data Management'. Conference session, DAMA International Symposium/Wilshire Meta-Data Conference, Orlando.
- Sterbenze, C. (2013). '12 Famous Quotes That Always Get Misattributed'. Business Insider. "https://www.businessinsider.com/misattributed-quotes-2013-10" Accessed 10 Jan 2020.
- Sullivan, D. (2015). NoSQL for Mere Mortals. Hoboken: Addison Wesley.
- Swanson, R.C. (1995). The Quality Improvement Handbook: Team Guide to Tools and Techniques. St. Lucie Press.
- Talburt, J.R. (2011). Entity Resolution and Information Quality. San Francisco: Morgan Kaufmann.
- Talburt, J.R. and Zhou, Y. (2015). Entity Information Life Cycle for Big Data: Master Data Management and Information Integration. Waltham: Morgan Kaufmann.
- Techopedia. (2014). 'Folksonomy'. "https://www.techopedia.com/definition/30196/folksonomy" Accessed 28 Apr 2020.
- Thamm, A., Gramlich, M. and Borek, A. (2020). The Ultimate Data and AI Guide. Munich: Data AI Press.
- Thomas, G. (2008). Poem. "http://datagovernance.com/dh3_song_parodies.html" Accessed 1 March 2008.
- Tufte, E.R. (1983). The Visual Display of Quantitative Information. Cheshire: Graphics Press.
- Tufte, E.R. (2001). The Visual Display of Quantitative Information. 2nd ed. Cheshire: Graphics Press.
- tutorialspoint. (2020). 'SDLC – Waterfall Model'. "https://www.tutorialspoint.com/sdlc/sdlc_waterfall_model.htm" Accessed 8 May 2020.
- Two-Bit History. (2017). 'The Most Important Database You've Never Heard of'. "https://twobithistory.org/2017/10/07/the-most-important-database.html" Accessed 18 Sept 2019.
- University of Arkansas at Little Rock. (n.d.). 'Information Quality Program.' "https://ualr.edu/informationquality/" Accessed 20 May 2020.
- US Bureau of Labor Statistics. (2020). 'Table 16. Annual total separations rates by industry and region, not seasonally adjusted'. "https://www.bls.gov/news.release/jolts.t16.htm" Accessed 13 April 2020.
- US Department of Agriculture. (2020). 'My Plate'. "https://www.myplate.gov/" Accessed 29 Dec 2020.
- US Department of Commerce, National Institute of Standards and Technology. (n.d.). 'Information Security'. "https://csrc.nist.gov/glossary/term/information_security" Accessed 4 Jan 2020.
- US Food & Drug Administration. (2018). 'Facts About the Current Good Manufacturing Practices (CGMPs)'. "https://www.fda.gov/drugs/pharmaceutical-quality-resources/facts-about-current-good-manufacturing-practices-cgmps" . Accessed 16 May 2020.
- Wacker, M. B., and Silverman, L. L. (2003). Stories Trainers Tell: 55 Ready-to-Use Stories to Make Training Stick. Jossey-Bass/Pfeiffer.
- Walmsley, P. (2002). Definitive XML Schema. Upper Saddle River: Prentice Hall PTR.
- Wang, R.Y., Pierce, E.M., Madnick, S.E., and Fisher, C.W. (eds.) (2005). Information Quality. Armonk: M.E. Sharpe. p. 10.
- West, M. (2011). Developing High Quality Data Models. Burlington: Morgan Kaufmann.
- Wiefling, K. (2007). Scrappy Project Management™: The 12 Predictable and Avoidable Pitfalls Every Project Faces. Silicon Valley: Scrappy About™.
- Witt, G. (2012). Writing Effective Business Rules: A Practical Method. Waltham: Morgan Kaufmann.
- Wikipedia. (2020). '5G'. "https://en.wikipedia.org/wiki/5G" Accessed 22 June 2020.
- Wikipedia. (2020). 'SMART criteria'. "https://en.wikipedia.org/wiki/SMART_criteria#cite_note-Doran-1981-1" Accessed 4 May 2020.
- Wong, D. M. (2010). The Wall Street Journal Guide to Information Graphics: The Dos & Don'ts of Presenting Data, Facts, and Figures. New York: W. W. Norton & Company.
- Yakencheck, J. (2020). 'Combating disinformation campaigns ahead of 2020 election' "https://searchsecurity.techtarget.com/post/Combating-disinformation-campaigns-ahead-of-2020-election" Accessed 10 Dec 2020.
- Zachman, J. (2016). 'The Framework for Enterprise Architecture: Background, Description and Utility'. Zachman International Enterprise Architecture. Zachman.com. "https://www.zachman.com/resources/ea-articles-reference/327-the-framework-for-enterprise-architecture-background-description-and-utility-by-john-a-zachman" Accessed 1 Dec 2019.

索引

注記:「b」、「f」、「t」のついたページ番号は、それぞれボックス、図、表を示します。

10ステップの実践例コールアウトボックス
- 30-3-30-3のテクニックを使う 480b
- 一貫性と同期性 (SRA) 293b
- オーストラリアにおけるデータ品質教育のための10ステップの活用 185b
- 改善の計画 - 魔法の瞬間 432b
- キャッスルブリッジの10ステップ データ保護／プライバシー影響評価 (DPIA) 313b
- 銀行におけるデータ品質コントロール 459b
- シアトル公益事業におけるデータ品質改善プロジェクトのための10ステップの活用 186b
- シックスシグマと10ステッププロセスによるデータ品質の向上 561b
- 情報ライフサイクルの進化 (中央銀行) 235b
- ステップ2情報環境の分析から得られた知見 237b
- 正確性アセスメント 277b
- 中国の通信会社における10ステップの活用 490b
- データ取得とアセスメント計画 - 顧客マスターデータ品質プロジェクト 525b
- データ品質評価軸を使用したレポートの改善 290b
- データ品質要件を収集するためのガイドライン 203b
- 適時性 (SRA) 297b
- ニュージーランド公共部門インフラストラクチャー庁におけるデータ品質識別の実施 433b
- ビジネス・ストーリーテリングと10ステップ 473b
- ビジネスソリューションを自動化する人工知能プロジェクト 443b
- 評価尺度 - データ品質の状態、データ品質のビジネス価値、プログラムのパフォーマンス 556b
- 費用対効果マトリックス - 1つのテクニック、2つの会社 380b
- 南アフリカにおける10ステップの様々な使い方 185b
- 用途のビジネスインパクトテクニック 355

10ステップの方法論 53, 61, 66, 69
10ステッププロセス ....
...... 53, 54f, 61, 69, 74, 143-145, 143f, 559-561, 574-575, 589-592
4C、ダイヤモンド品質 96
5G 40
5つのなぜ、根本原因を探る5つのなぜ 406-410, 406b, 408t
5つのなぜ、ビジネスインパクトを探る 356-359
Aera Energy .... アエラ・エナジー社を参照
AI .... 人工知能を参照
Castlebridge 258b, 307, 313-315b
CDE .... 重要データエレメントを参照
Coddの正規化ルール 130
COVID-19 36
CRUD 218-219, 219t
DAMA 66
DAMA DMBOK2 データマネジメント知識体系ガイド第2版 66, 67f
DAMA DMBOK2 データマネジメント・フレームワーク 66, 67f
DAMA データマネジメント用語辞典 66
DAMAインターナショナル 66
DAMAホイール ....
.... DAMA DMBOK2 データマネジメント・フレームワークを参照
DAMA南アフリカ 185b
DataOps 61, 62
DBMS .... データベースマネジメントシステムを参照
DevOps 61, 62, 594, 595f
DGWorkshop 490b
DMAI2C 561b
DMAIC 560b, 561b
DMBOK2 ....
..... DAMA DMBOK2 データマネジメント知識体系ガイド第2版を参照
EAPチーム ....
.... エンタープライズアーキテクチャ・プラン (EAP) チームを参照
Englishの低品質データによるコストの種類 390t
ERD (Entity Relationship Diagram) 129
ERP (Enterprise Resource Planning system) 492
ETL: Extract-Transform-Load .... 抽出ー変換ーロードを参照
Experience Matters 35, 420-421
FMEA: Failure Modes and Effect Analysis ....
.... 故障モード影響解析を参照
GDPR .... 一般データ保護規制を参照
Global Data Excellence 39
GPSシステム 74
InfoSec .... 情報セキュリティを参照
IoT : Internet of Things .... もののインターネットを参照
IPマップ .... 情報プロダクト・マップ (IPマップ) を参照
IQCP: Information Quality Certified Professional ....
.... 63, 情報品質認定プロフェッショナルを参照
IQインターナショナル 63
ISO 8000 - データアーキテクチャ 563
ISO 8000：国際データ品質標準 562
ISO 8000-100 - マスターデータ 563
ISO 8000 - データ品質 562
ISO 8000-150 - データ品質マネジメント 563
ISO 8000-61 - データ品質マネジメント 562
ISO 9001-品質マネジメントシステム 562
ISO: International Organization for Standardization (国際標準化機構) 82t, 114, 124, 249t, 517t, 562, 563f, 564f, 565
JOLTS (Job Openings and Labor Turnover Survey) 323
KBP : Key Business Process .... 重要ビジネスプロセスを参照
Know Thy Self 64

Loma Linda University	220b, 255b, 567
Loshinの低品質データによるコストの種類	389t
MBA（経営学修士）プログラム	47
MDMシステム	279
Metawright, Inc	41
ML	機械学習（ML）を参照
MRD	マスター・リファレンスデータを参照
NAICS (North American Industry Classification System)	122, 北アメリカ産業分類システム（NAICS）を参照
Navient	20, 388, 556-558b
NoSQL	134, 213-214
OCM (Organizational Change Management)	組織チェンジマネジメント（OCM）を参照
ORM (Object Role Modeling)	129, 137t
PDSA (Plan-Do-Study-Act)	Plan-Do-Study-Act（PDSA）を参照
Plan-Do-Check-Act (PDCA)	145
POSMAD情報ライフサイクル	
とCRUD	218
顧客との相互関連と	93f
フェーズと活動	88-89t
役割と	94f
POSMAD相互関連マトリックス	79f
RRISCCE	80, 142, 585
SDLC	ソリューション開発ライフサイクル（SDLC）を参照
SIPOC	サプライヤー-インプット-プロセス-アウトプット-カスタマーを参照
SQC (Statistical quality control)	統計的品質コントロール（SQC）を参照
STM	ソース・ツー・ターゲット・マッピング（STM）を参照
The World Bank Group	300, 304
UI	ユーザーインターフェースを参照
University of Arkansas at Little Rock	47, 278, 451
University of South Australia	420-421
XMLスキーマ	131
アーキテクチャ	415b
アエラ・エナジー社（Aera Energy）	344-345, 372
アクセス	299, 300b, 300f, 302f
アクセス権マトリックス	305
アクセス要件	301
アクセスレベル	303
アジャイル	179b, 487, 493, 497, 505t, 512
アセスメント	272, 511
アセスメント計画	518-529, 526f
意思決定	474b
一貫性	291-295, 291b, 294t

一般データ保護規制（General Data Protection Regulation）	39, 200, 312, 388, 492
一般的なビジネスインパクト	169
一般的なプロジェクトの中でのデータ品質活動	プロジェクトタイプを参照
インタビューとサーベイ	169
ウィンチェスター・ミステリーハウス	344
ウォーターフォール	497
運用プロセス	56
エッセンシャル・データモデル	130
エピソード	340-346, 340b, 343t
エピソードの収集	340
エレベーターピッチ	68
エンタープライズアーキテクチャ・プラン（EAP）チーム	344
エンタープライズアーキテクチャのためのザックマンフレームワーク	ザックマンフレームワークTMを参照
エンティティの解決	280
オッカムの剃刀	134
オブジェクト指向プログラム	131
オブジェクトマネジメントグループ	135-137t
オプショナリティ	129
オントロジー	84
オンプレミスとクラウドコンピューティング	218
カージナリティ	128
改善サイクル	402, 403f, データ品質改善サイクルも参照
階層	84
回答尺度	547
概要データモデル	129
概要レベルのコンテキスト図	184, 184f
学位、情報品質の	47
可視化	555
カスタム・インターフェースプログラム	449t
価値	89-90, 89f
ガバナンス、SDLCにおけるデータ品質と	498-499, 500-506t
カラムストア	130
カラムプロファイリング	256
環境	85
関係	59, 60f
完全性	99, 242t, 252, 262-263t, 534f, 552b
関連性と信頼の認識	367-374, 367b, 373-374t
キーバリュー・ストア	130
機械学習（ML）	41, 258b
期間のガイドライン	489-490
企業文化	472

北アメリカ産業分類システム (NAICS)	122
キャッスルブリッジ (Castlebridge)	258b, 307, 313-315b, 315f
教育機関、データ（品質）マネジメントのための	47
共通語彙	72
共有データ	170
共有プロセス	170
協力	578
記録されたデータ品質問題	169
クイック・アセスメント・パラメーター	86
区別	60-61
クラウドコンピューティングとオンプレミス	218
クラスター	131
グラフストア	130
車の例え	57-59, 58f
クレンジング	260-261t, 285, 327, 389, 438, 447t, 567, 568-572t
グローバル・データ・エクセレンス (Global Data Excellence)	39
経営陣へのサポートの継続	426
決定権	61
検証（ベリフィケーション）(Verification)	390t, 570t
構造化データ	217
高品質なデータのトレンドと必要性	39-41
小売業、点と点をつなげる	350-351, 351f
コーディネーション	578
コーディングとデータ	47
コールアウトボックス定義	31, 32t
顧客	69, 76
顧客連絡先確認日	324, 325f
国際標準化機構 (ISO)	124
故障モード影響解析 (FMEA: Failure Modes and Effect Analysis)	422
コストの種類	388-390, 389-390t
細かいアクセス制御	303
コミットメント	578
コミュニケーション	61, 84, 511, 578
テクニック	68
と巻き込み計画	477-479, 478t
コラボレーション	578
コンテキスト図	184, 184f, 196, 230-232 525b
コンテキストモデル	135t, 211
コントロール	454
根本原因の一般的カテゴリー	416, 416t, 417-418t
根本原因分析	400-424
根本原因を探る5つのなぜ	406-410
サーベイまたは検査のプロセス	169, 273, 368-374, 374t
回答尺度	547
実施	543-549
シナリオ	273
手段	273
プロセス	275
方法	545
最善のシナリオ	67
再利用 (80／20ルール)	162
再利用可能なリソース	90
ザックマンフレームワークTM	79, 83t, 485
サプライヤー-インプット-プロセス-アウトプット-カスタマー (SIPOC)	539
サンプリング方法	522, 545
シアトル公益事業 (Seattle Public Utilities)	186b
シーケンシャル	487, 493, 513
時間	場所と時間を参照
時間と労力の相対軸	359
資産	42
シックスシグマ	559-561, 561b
DMAIC	560f
プロジェクト	53
実際のデータ品質の例	170
質の高いデータと信頼できる情報	50
修正	240, 426t, 446
充足率	完全性を参照
柔軟性	163
重要データエレメント	159, 197, 206-213, 207-208b, 254
重要な構成要素	77-78
重要な成功要因	578
重要ビジネスプロセス (KBP：Key Business Process)	224
重要用語	69-71
状況指標	553, 553f
状況選択基準	553, 554f
照合	329
詳細レベル	157-158, 157f, 158b
データの詳細レベル	206f
人と組織の詳細レベル	226f, 226-228
プロセスの詳細レベル	222f
要件と制約の詳細レベル	200f
リレーショナルテクノロジー詳細レベル	215f
称賛！	578
情報エピソードのテンプレート	342, 343t
情報環境	195b, 309
情報顧客	利用者を参照
情報資産の評価	397
情報消費者	利用者を参照

情報セキュリティ (InfoSec) 301
情報品質認定プロフェッショナル (IQCP: Information Quality Certified Professional) 63
情報品質フレームワーク (FIQ) 74-86, 75f,171b, 582-587
    10ステッププロセス 148-150t
    セクション番号 76-80,76f
    幅広い影響がある構成要素 80-84t
情報プロダクト・マップ (IPマップ) 539, 540fb
情報ライフサイクル 87-96, 230, 232f, 236f
情報ライフサイクル、概要レベルの 184f
情報ライフサイクル (POSMAD) 77, 218,219t, 582
    顧客との相互関連 93f
    役割と 94f
    アプローチ 535
    価値、コスト、品質と 89
    再利用可能なリソース 90
    思考 91
    組織構造とPOSMAD 92f
    直線的プロセス 90, 91f
    データレイクの 232f, 235
    の進化 236f
    のフェーズと活動、POSMAD 88, 88t
情報ライフサイクルのフェーズの概要 87
    横型スイムレーン・アプローチを使用した 538f
商用の根本原因分析テクニック 422
職業行動 469-470b
職務規定 61
人工知能 41, 42b,258b
信頼 246
スイムレーン・アプローチ 535-538, 536-537t,537-538f
スクラム 498, 505-506t
スケーラブル 162
スコアリングガイドライン 274-276
ステークホルダー 70, 466-475
ステークホルダー分析 467-468, 476t
正確性 269, 270bf, 277b
正確性アセスメント 277
整合性 .... データの基本的整合性を参照
制約 80, 199-205, 200f, 201-204t
責任 80
責任マトリックス 305f
セキュリティとプライバシー 307-315, 307b,313-315b
説明責任 61, 140b,142, 476
セマンティクス 83
セマンティック・データモデル 129
選択基準 ....
    102t, 207, 237b, 260t, 275, 286, 292, 320, 502t, 520t, 574

相互作用マトリックス 78, 79f, 584
    データと重要ビジネスプロセス 223t, 224
    ビジネス機能とデータ 224t, 225
    プロセスとデータ 224t, 225
ソース・ツー・ターゲット・マッピング (STM) 209, 216, 568-573t
組織チェンジマネジメント (OCM) 61, 85
ソリューション開発ライフサイクル(SDLC) ....
    .... 176b, 178t, 326, 336, 443, 465, 487, 492, 497-507
    におけるデータ品質とガバナンス 498-507, 500-506t
    の比較 497-498, 498f
損失収益の計算 392t
存続 280
大惨事 170
対象母集団 543
代表的なプロファイリング機能 255, 256f
タクソノミー 84t
ダッシュボード 550
チェンジマネジメント 59, 85, 418t, 431, 471-472, 477
知識労働者 .... 利用者を参照
抽出-変換-ロード (ETL : Extract-Transform-Load) ....
    .... 117t, 216, 259, 289, 436t, 457, 502-503t, 511t, 570t, 573t
重複の解決 285
重複排除 .... 278, 一意性も参照
直接経費の計算 391t
直線的なプロセス 90, 91f
追跡調査 410-413, 410b, 411f
ツール 51, 566-575, 568-574t
津波 ....
    テクノロジーとデータ 39
    法規制の 39
低品質データのコスト 387-393, 387b, 389-392t, 392-393
低品質データの代償 345-346, 346t
データ 36-37
データ・イン・アクション・トライアングル ....
    .... 55-62, 55f, 58f, 72, 592-595, 593f
    DevOpsとDataOps 61, 62f, 595
    関係 59, 60f
    車の例え 57-59, 58f
データ (品質) マネジメント 47-48
    教育機関 47
データアセスメント計画 518, 523-527, 524t
データ依存 37
データインターフェース 216
データエンジニアリング 66
データカテゴリー 112-121
    間の関係 119, 120f
    定義 115, 115-119t

なぜ気にすべきか	120-121
例	113-114, 114f
データガバナンス	56-57, 139-143, 140b
の定義	140-141
とデータ品質	140
のビジネスケース	397
データ品質プロジェクト	511
タイプ	プロジェクトタイプを参照
目的	496-497, 497f
役割	508-509, 509-511t
データグリッド	208t, 212-213
コーディングと	47
データサイエンス	66
データ取得計画	518, 520-522t
データ取得とアセスメント計画の策定	518-527
データ準備計画	436t
データ仕様 84, 104, 121-139, 121b, 205-213, 210-211f, 247-255, 249-252t	
簡易評価	249, 249-250t
間の関係	122-123
使用中	217
データ標準	124-125, 125b
データモデル	127-137, 127b
テクノロジー指向のデータモデル	130-133
ビジネス指向のデータモデル	129-130
評価、作成、更新	253, 251-252t
情報と	42-43, 71
メタデータ	123-124
リファレンスデータ	126
データスチュワードシップ	139-143, 141b
データストア	71
データセット	71
転送中	216
データと重要ビジネスプロセス	223t, 224-225
データと情報のマネジメントシステム	43
データドリブン	37
データに依存する世界	36-42
データの基本的整合性 104-105, 255-269, 260-267t, 523-524, 553-554	
データの基本的整合性のテスト	268
データの集計	303
データの取得（capture）	245, 518-527, 526f
データの準備	281
データの網羅性 101-102t, 105, 188, 204t, 243t, 310, 320-322, 329	
データ標準	99t, 121-126, 209, 210t, 249t, 417t
データ品質	50, 220b, 268
データ品質（DQ）プログラム	594

SDLCにおける	498-507
アクティビティ	491-494
データ品質アセスメント計画	526f
データ品質売り込みの30-3-30-3	479-481, 479-481t
データ品質改善サイクル	145-147, 145f
と10ステッププロセス	146-147, 147f
の例	146
データ品質改善を主目的としたプロジェクト プロジェクトタイプを参照	
データ品質コントロール、銀行における	459b
チェック、分析と対策のサンプル	262-267t
ツール	451b, 566-575, 568-574t
データ品質ツールにある一般的な機能	567, 568-571t
データ品質ツールの自動化	451
データガバナンスと	142-143
データ品質における開発者の役割	507b
データ品質認証環境	460f
データ品質の知識、専門家のための	48
データ品質評価軸 96-106, 97b, 240, 243b, 290b, 291b, 329-330, 329b, 587-588t	
10ステッププロセスでの	97-103, 98-102t
アクセス	300
一意性と重複排除	278
一貫性と同期性	291
関連性と信頼の認識	247
正確性	270
セキュリティとプライバシー	307
選択	103-104
その他の関連するデータ品質評価軸	329
データ仕様	247
データの基本的整合性	255
データの劣化	323
適時性	296
評価軸と要件収集	200-202, 203b, 204t
評価軸の優先付け方法	106
複数のデータ品質評価軸	103
プレゼンテーション品質	316
網羅性	320
ユーザビリティと取引可能性	326
要件の取集	201-205, 203-205b, 204t
理由	97
データ品質マネジメント	562-566, 563-564f
問題	169-174, 170b, 173t, 174f
ルール	123
データ品質ルール仕様	81-84t, 122-123, 138-139, 138-139t
データフィールド	71
データ負債	179b, 397
データプロファイリング	258b, 260-262t, 269-270
ツール	257, 285-286
用途とメリット	258-260

データベース・マネジメントシステム (DBMS)	213
データ保護／プライバシー／倫理影響評価 (DPIA)	315f
保存	216
データボルト	131
データマッピング	209t, 213
データマネジメント・プロフェッショナル認定資格	66
データマネジメント知識体系ガイド第2版	66
データモデル	99t, 122-137, 127b, 209, 249t, 417t, 572t
データ用語とビジネス用語	353b
データライフサイクル	88
データリテラシー	46-47, 556-558b
データ利用者	301, 302f
データレイク	40, 71, 119t, 134, 214, 232f, 235, 289, 443, 488, 492
データ劣化	322-325, 325f
テーブルスペース	131
適時性	295-299, 296b, 298-299t
適切なレベルの管理職	67
テクノロジー	38, 213-221, 215f
テクノロジー指向のデータモデル	130-133
とデータの津波	39
点と点をつなげる	347-353, 347b, 347-352f
等価レコード	279
同期性	291-295, 291b, 293-295b
統計的品質コントロール (SQC)	457
統合	527
投資利益率 (ROI)	394b
ドキュメントストア	131
特性要因図	413-421, 413b, 413f, 419f, 421f
突発的問題と継続的問題	416b
ドメイン	63
トランザクションデータ	113-115, 116t, 120f, 217, 223t, 341
取引可能性	326-329, 326b
ドリルダウン	551
二者択一	547b
ノンリレーショナルデータベース	130
パーティション	131
場所と時間	79, 416t
幅広い影響がある構成要素	80-85, 610
バリア分析	422
バリデーション	459-460, 568-569t
半構造化データ	217
反復アプローチ	160
非構造化データ	217

ビジネスアクション	122
ビジネスインパクト・テクニック	106-112, 107b, 333, 396b, 399b, 588-589t
5つのなぜ	356b
エピソード	340b
関連性と信頼の認識	367b
組み合わせ	112
時間と労力	110-111, 111f
選択	111
その他のビジネスインパクトテクニック	396b
低品質データのコスト	387b
10ステッププロセスにおける	108, 108-110t
点と点をつなげる	347b
必要な理由	107
費用対効果分析とROI	394b
費用対効果マトリックス	374b
プロセスインパクト	359b
用途	353b
ランキングと優先順位付け	382b
リスク分析	364b
ビジネス機能とデータ	224t, 225
ビジネスケース、データガバナンスの	397
ビジネス指向のデータモデル	129
ビジネスドライバー分析	397
ビジネスニーズ	69, 76, 103, 166b, 168-173, 173t, 174f, 309, 525-527b
ビジネス用語とデータ用語	353b
ビジネスルール	83t, 99t, 121-124, 129, 138-139, 139b, 210t, 249-252t, 267t, 417t, 572t
ビジネスルールの父	138
ビッグデータ	40, 119t, 214, 256, 279, 288, 443, 449t, 451b, 568t
必要十分の原則	158-159, 159b, 198b, 304
人と組織	225-230, 226f
評価尺度	549-558, 550f, 554f, 556b
ガイドライン	552
ダッシュボード	558f
プロセス概要	558f
ワークシート	458-461, 458-459t
表形式アプローチ	541-543, 542-543t
費用対効果分析とROI	393-396, 394b
費用対効果マトリックス	374-381, 374b, 376f, 379-380t, 379f, 381f
フィールド	71
フィールドレベル	283
フィッシュボーン図	413-421, 413b, 413f, 419f, 421f, 特性要因図も参照
フェーズ、情報ライフサイクルの	88
複数のデータ品質評価軸	103

不正確な在庫データ	358
物理データモデル	131
プライバシー	307-315, 307b, 313-315b
プレゼンテーション	555
プレゼンテーション品質	315-319, 316b, 319t
フローチャート記号	535, 537f
プログラム	56-57
プロジェクト	56, 70, 175-189, 175-176b, 177-178t, 182-183t
プロジェクトアプローチ	177, 487-489, 493-495
プロジェクト期間	511-512
プロジェクト計画	487
プロジェクト憲章	181, 182-183t
プロジェクトタイプ	23, 58, 175-176b, 177-178t, 486-496
プロジェクトチーム	493
プロジェクトのフォーカス	168
プロジェクトの役割	509-511t
プロジェクトマネジメント	161-162, 175-176
プロジェクト目標	179, 497-498, 497f
プロセス	221-225, 223-224t
プロセスインパクト	359-363, 359b, 361-362f
プロセス参照モデル	562-563
プロセス重視	163
プロセスとデータ	224t, 225
プロセスフロー	167, 167f, 196-197, 196f,
データ品質の評価	245f
プロファイリング	データプロファイリングを参照
文化と環境	85, 586-587
文書化	160, 160b, 535
分析	524, 527-528
変化	48, 85, 511, 578
変更分析	422
法規制の津波	39
方法論の使用	67
巻き込み	511
巻き込み、管理職の	66-69
マスター・リファレンスデータ（MRD）	114
マスターデータ	113-114, 115-119t, 570t
マスターデータ・マネジメント（MDM）システム	279
マッチング	283, 282-283f
南オーストラリア大学	420
命名規則	125, 210t, 251t
メタデータ	81-84t, 113b, 115, 115-118t, 121-124, 210t, 249t, 417t, 572-573t
点と点をつなぐ	352, 252f
メディア	311
モノのインターネット（IoT）	40
問題とアクションアイテムの追跡	516-517t, 517, 518t
役割、データ品質プロジェクトの	508, 509-511t
役割とデータの相互影響マトリックス	229, 230t
勇気	277b, 578
有効性	99t, 123, 210t, 242t, 255, 263t, 568
ユーザー	70, 78-79, 228t
ユーザーインターフェース	217
ユーザビリティ	326-329
優先順位付け、ランキングと	381-387, 382b, 383t, 385-386t
要件	80, 199-205, 200f, 201t, 204t
要件の収集	201
用途	353-356, 353b, 355-356b
ライフサイクル思考	91-96, 153, 226, 233, 448, 494, 535, 548
顧客接点の視点からの	93
組織から見た	92
役割とデータの視点からの	94
ランキングと優先順位付け	381-387, 382b, 383t, 385-386t
リーダーのためのデータ宣言	43, 44-45f
リサーチ	168-169
リスクスコア	366f
リスク分析	363-367, 364b, 366tf
リスクレベルのチャート	366f
リネージ	88
リファレンスデータ	99t, 113-114, 121-127, 126b, 210t, 249t, 417t
料理の例え	54
リレーショナルデータベース	130
倫理	85, 469-470, 586
倫理および職業行動規範	469-470b
レーティングの選択肢	547-548b
レコード	71
レコード重複排除	280
レコードマッチング	280
レコードリンク	280
レコードレベル	283
レントゲン	51
論理モデル	130-131

人名索引

注記:「b」、「f」、「t」のついたページ番号は、それぞれボックス、図、表を示します。

Agnew, P. 137t
Algmin, A.J. 567, 575b
Allemang, D. 137t
Altarade, M. 214
Ashe, A. 577
Ashton, L. 186b
Barker, R. 137t
Behr, K. 62
Beimborn, S. 89b 186b
Bock, S. 274b 525b
Borek, A. 10, 185 ....41, 365
Boyce, R. 103 213
Brache, A. 279 535
Brassard, M. 214 416
Bridges, W. 247 472
Bykin, M. 177b, 499, 500-506t, 507b
Capriles, M. 525b
Cavoukian, A. 311
Chamberlin, D. 213
Chan, K. 525b
Chapin, D. 137t
Codd, E.F. "Ted" 130, 213
Cole, A. 42b
Conley, C. 468
Covey, S.R. 199b
Dannemiller, K.D. 472
da Vinci, L. 73, 155
Debois, P. 61
Deemer, B. 556b
Deming, W.E. 145, 309, 498
Dennedy, M. 157 311
Dietz, K. 474b
Dodge, H.F. 498
Doran, G.T. 176b
Drucker, P. 176b
Eales, P. 562
Eckerson, W. 555
Edvinsson, H. 429b
Einstein, A. 134
el Abed, W. 15, 39
Ellis, H. 131
English, L. 87, 90b, 388, 446
Evans, N. 420
Everest, G. 132
Evergreen, S.D.H. 555
Few, S. 556b
Firican, G. 40
Fisher, C.W. 540b
Fournies, F.F. 410
Fryman, L. 572t
Galvão, A.M. 459

Garrick, B.J. 364
Gentile, M. 207b
Gordon, K. 251t
Gramlich, M. 41
Grobler, P. 185b
Halpin, T. 137t
Haverstick, R. 67, 512
Hay, D.C. 127, 130, 133f, 135-137t
Heien, C. 539
Hendler, J. 137t
Herzog, T.N. 285, 571t
Hoberman, S. 127, 133, 135-137t, 251t
Hopper, G. 244b
Inmon, B. 131, 232f
Ishikawa, K.（石川馨）................413
Jacobs, R.W. 472
Johnston, P. 279
Juran, J.M. 453
Kaplan, S. 364
Kim, G. 61
King, T. 563
Kliban, B. 48
Knaflic, C.K. 555
Koch, M. 556b
Kotter, J.P. 472
Kushner, T. 41
Ladley, J. 43, 73, 140b, 397, 475
Laney, D. 40, 397
Levins, M. 443b
Liu, C. 490b
Loshin, D. 389t, 416b
Lozier, D.D. 525b
Madnick, S.E. 540b
Mansfield, S. ....366t, f
Mark, W. 525b
Maydanchik, A. 323
Mezak, S. 62
Mougalas, R. 40
Munro, D. 186b
Myers, D. 64, 244
Nagle, T. 346t
Nash, A. 62
O Brien, D. 307, 313-315b, 469, 469b
O'Keefe, K. 258b, 307, 315b, 469
Olson, J.E. 254b
O'Neal, K. 43
O'Neil, B. 572t
Orun, M. 203b, 525b
Parlikad, A.K. 365
Peale, N.V. 485
Pierce, E.M. 540b

Plotkin, D. 139b, 142, 316b, 510t
Price, J. 35, 43, 420, 421f
Redman, T. 41, 43, 49, 170b, 296
Reese, S. 186
Reeve, A. 216
Ritter, D. 416t
Ross, R. 83t, 138
Rouse, M. 471
Rubin, K.S. 506t
Rummler, G. 535
Sadiq, S. 65t
Sammon, D. 346t
Schackmann, R. 480b
Scheuren, F.J. 571t
Schneider, W.E. 472
Schwarzenbach, J. 563
Scofield, M. 220b, 255b, 567b
Sebastian-Coleman, L. ...454b, 454, 489
Seiner, R. 81, 140, 189b,
Shewhart, W. 145, 457
Silverman, L. 473b
Silverston, L. 59, ...130, 137t
Simsion, G. 127b, 137t
Sincero, S.M. 544, 548b
Smith, A.-M. 140b
Soulsby, D. 41
Spafford, G. 62
Spendolini, M.J. 530, 577
Spewak, S. 344
Steenbeek, I. 397
Stephens, R.T. 124, 479t
Taguchi, G.（田口玄一）.............498
Talburt, J. 278, 451b, 570t
Thamm, A. 41
Thomas, G. 114, 119t, 140b, 300, 300f, 302f, 304b, 455b
Tufte, E.R. 530b, 555
van Gogh, V. 515
Wang, R.Y. 451b, 540b
Webb, J. 365
West, M. 135
Wiefling, K. 158, 181b
Winkler, W.E. 285, 571t
Witt, G. 127b
Wong, D.M. 555
Woodall, P. 365
Yonke, C.L. 344, 371
Zachman, J. 83t, 485
Zhou, Y. 279, 571t

著者について

Danette McGilvrayは25年以上にわたり、世界中の人々が組織の基盤となる情報資産の価値を高める支援に尽力してきた。彼女は実利的な結果に焦点を当て、最も重要なデータの品質管理を支援することで、得られる情報を信頼でき、安心して活用できるようにしている。データ依存の現代社会において、これは不可欠なことである。

Danetteと彼女の会社、Granite Falls Consultingは、組織の戦略、ゴール、課題、機会と、それらを実現するために必要な「適切なレベル」のデータと情報の品質確保のための実践的なステップをつなぐことに秀でている。また、データや情報に対する信頼と利用に影響を与える要素として、コミュニケーション、チェンジマネジメント、人的要因にも重きを置いている。

Granite Fallsの「魚の釣り方を教える」アプローチは、組織がビジネス目標を達成するのを支援すると同時に、今後何年も組織に利益をもたらすスキルと知識の向上にも貢献している。顧客のニーズにはコンサルティング、トレーニング、個別メンタリング、エグゼクティブ向けワークショップの組み合わせを通じて応え、データが関わるあらゆる状況に合わせてカスタマイズしている。

Danetteは2008年に出版された著書データ品質プロジェクト実践ガイド：質の高いデータと信頼できる情報を得るための10ステップ（Morgan Kaufmann）の中で、豊富な経験を初めて共有した。この本はデータ品質の分野で古典的な存在となっており、彼女の10ステップの方法論は、データ品質の確立、評価、改善、維持を行うための体系的でありながら柔軟なアプローチである。この手法は営利企業、政府、教育機関、医療、非営利組織など、あらゆる種類の組織に適用可能で、国、文化、言語を問わず使用できる。彼女の本は大学院の教科書としても使われ、中国語版は同言語で初めてのデータ品質関連の書籍となった。

Danetteの2021年版の第2版（Elsevier/Academic Press）は、基本の10ステップを維持しつつ、実践的な詳細、事例、テンプレートを更新している。彼女はデータと情報の品質に関して全体的な視点を持ち、データ品質が世界を救う可能性があると強く信じている。この第2版が、新世代のデータ専門家に役立つとともに、これまでデータや情報の管理に携わってきた人々にも刺激を与えることを願っている。

Danetteには、danette@gfalls.com で連絡できる。LinkedInで彼女とつながり、X（旧Twitter）（Danette_McG）でもフォローしていただきたい。品質の高いデータと信頼できる情報への道のりでGranite Fallsがどのようにサポートできるかをご覧いただき、また書籍からの主要なアイデアやテンプレートの無料ダウンロードについては、www.gfalls.com を参照していただきたい。

翻訳者紹介

木山靖史（きやま やすし）
翻訳リーダーおよび監修
DAMA日本支部会長。慶應義塾大学商学部卒業。味の素に入社後、営業、マーケティングを経て情報企画に転じ、EDI、MDM、EAI、ERP導入プロジェクト、事業KPIのためにグループ各社のデータを供給するDATA HUBの構築、運営に従事し、データマネジメントプロジェクト導入に携わった。退職後は、DMBOKの各章を補完する海外の良書の翻訳を進めている。

宮治徹（みやじ とおる）
翻訳担当
DAMA日本支部副会長。横浜国立大学教育学部卒業。新卒で日本アイ・ビー・エムに入社後、通信メディア業界を中心とした大規模SIプロジェクトを歴任。アーキテクトとして主にデータベースの設計や実装を担当。2022年に退職後はフリーランスとしてITプロジェクトの支援やデータマネジメントのコンサルティング活動を行っている。

井桁貞裕（いげた さだひろ）
翻訳担当
DAMA日本支部理事。国際基督教大学教養学部卒業。大手レンタルビデオチェーン本部での商品マスタ管理業務を経験した後、データマネジメントのコンサルタントとして、幅広い業界でデータモデリング、データガバナンス、データクオリティマネジメント導入などに従事。2016年より、DAMA日本支部に参加し、データ品質に関する研究会を中心に活動。

データ品質プロジェクト実践ガイド
質の高いデータと信頼できる情報を得るための10ステップ

2024年12月23日　第1版第1刷発行

編著者	Danette McGilvray
監訳者	木山靖史・宮治徹・井桁貞裕
発行者	浅野祐一
発行	株式会社日経BP
発売	株式会社日経BPマーケティング
	〒105-8308 東京都港区虎ノ門4-3-12
装丁・制作	マップス
編集	松原敦
印刷・製本	TOPPANクロレ株式会社

ISBN 978-4-296-20519-6
©2021　Elsevier Inc.
Printed in Japan

本書の無断複写・複製（コピー等）は著作権法上の例外を除き、禁じられています。
購入者以外の第三者による電子データ化および電子書籍化は、私的使用を含め一切認められておりません。
本書籍に関するお問い合わせ、ご連絡は下記にて承ります。
https://nkbp.jp/booksQA